你我与哺乳动物的故事

NIWO
YU
BURUDONGWU
DE
GUSHI

一起见证2.25亿年的演化传奇

内蒙古自然博物馆／编著

内蒙古人民出版社

图书在版编目(CIP)数据

你我与哺乳动物的故事 / 内蒙古自然博物馆编著. —呼和浩特：内蒙古人民出版社, 2024.1
ISBN 978-7-204-17565-9

Ⅰ. ①你… Ⅱ. ①内… Ⅲ. ①哺乳动物纲-普及读物 Ⅳ. ①Q959.8-49

中国国家版本馆 CIP 数据核字(2023)第 018110 号

你我与哺乳动物的故事

作　　者　内蒙古自然博物馆
策划编辑　贾睿茹
责任编辑　杜慧婧
责任监印　王丽燕
封面设计　王宇乐
出版发行　内蒙古人民出版社
地　　址　呼和浩特市新城区中山东路 8 号波士名人国际 B 座 5 层
网　　址　http://www.impph.cn
印　　刷　内蒙古爱信达教育印务有限责任公司
开　　本　787mm×1092mm　1/16
印　　张　36.5
字　　数　650 千
版　　次　2024 年 1 月第 1 版
印　　次　2024 年 1 月第 1 次印刷
书　　号　ISBN 978-7-204-17565-9
定　　价　188.00 元

如发现印装质量问题，请与我社联系。联系电话：(0471)3946120

编委会

扫码开启

哺乳动物探秘之旅

神奇动物知多少？即刻探秘全知道！

百科传声筒

想听我给你讲知识？想听哪里点哪里！

探索通讯站

想认识更多朋友？线上互动等你聊！

动物百事通

我们身边的哺乳动物，你了解吗？

集动物图片

想收获哺乳动物图谱？趣味拼图等你领！

前言

提起中生代，许多人的脑海中首先会想到恐龙、翼龙或蛇颈龙等爬行动物，似乎在地球这个美丽而又宽广的舞台上哺乳动物并没有占据一席之地。可是你知道吗？哺乳动物曾和恐龙共同生活了一亿多年。

早在三叠纪晚期，哺乳动物就已经出现，而且分化出许多不同的类群，但大部分都是体形较小的动物。也许你会说，在恐龙称霸的时代，体形那么小的哺乳动物都不够给恐龙塞牙缝呢！但古生物学家在我国辽西地区发现的巨爬兽或许可以改变你的这一看法，因为巨爬兽不仅是目前已知中生代时期体形最大的哺乳动物，而且它们的食物还包括幼年的恐龙。此外，一些新的研究表明，哺乳动物在距今约 1.65 亿年前的侏罗纪时期已经高度分化。它们不再安于穴居生活，从而开始飞天遁地、上树下水，以适应不同的环境。

6600万年前的白垩纪大灭绝，终结了“恐龙主宰的时代”，也为哺乳动物的崛起扫清了道路。哺乳动物在中生代时期练就的各种本领也都派上了用场：恒定的体温和毛发可以帮助它们度过严寒，良好的夜视能力和敏锐的听觉可以帮助它们在黑暗中找到食物。在大灭绝事件不久后，幸存下来的哺乳动物迎来了属于它们的新时代。它们的数量开始迅速恢复，向着更多的生态位拓展自己的领地，逐渐成为地球上的新一代霸主。

哺乳动物是地球上适应能力最强、多样化程度最高的生命形式之一。虽然在过去的漫长岁月中，它们有些已经消失在历史的尘烟中，但还有一部分动物历经无数次变迁，存活至今，成为名副其实的“活化石”。可是你知道它们是如何躲过大灭绝，又如何征服大自然的吗?

现生的哺乳动物约有5500个种，其中最大的哺乳动物——蓝鲸，它们的身长可达33米，体重可达190吨。而最小的凹脸蝠体长约2.5厘米，体重仅约2克。或许你会认为哺乳动物的演化没有恐龙的演化那么引人入胜，但它们也以自己的方式呈现出了别样的精彩绝伦之处。

除此之外，哺乳动物的起源也是人类起源的序曲。人类属于哺乳动物中的灵长类动物，与哺乳动物有着从远到近的亲缘关系。探索你我与哺乳动物的故事，可以让我们更加直观地了解哺乳动物的演化过程。

《你我与哺乳动物的故事》以图文并茂的形式，从哺乳动物的起源—前行—驰骋—崛起—兴盛—征服六个方面带领大家一起探索哺乳动物的演化之路，了解多样而绚烂的生命，一睹它们的真容。也希望《你我与哺乳动物的故事》成为大家理解人类与这个神奇生物群体的纽带，激发大家对自然界的热情，同时也为大家开启一扇通向更广阔知识世界的门窗。

阅读指南 | YUEDU ZHINAN

本书分为六章: 起源、前行、驰骋、崛起、兴盛、征服。

- **第一章**着重介绍下孔类动物;
- **第二章**介绍哺乳型类;
- **第三章**介绍单孔类和具有代表性的早期哺乳动物;
- **第四章**介绍后兽类（有袋类）;
- **第五章**介绍真兽类;
- **第六章**主要介绍人类。

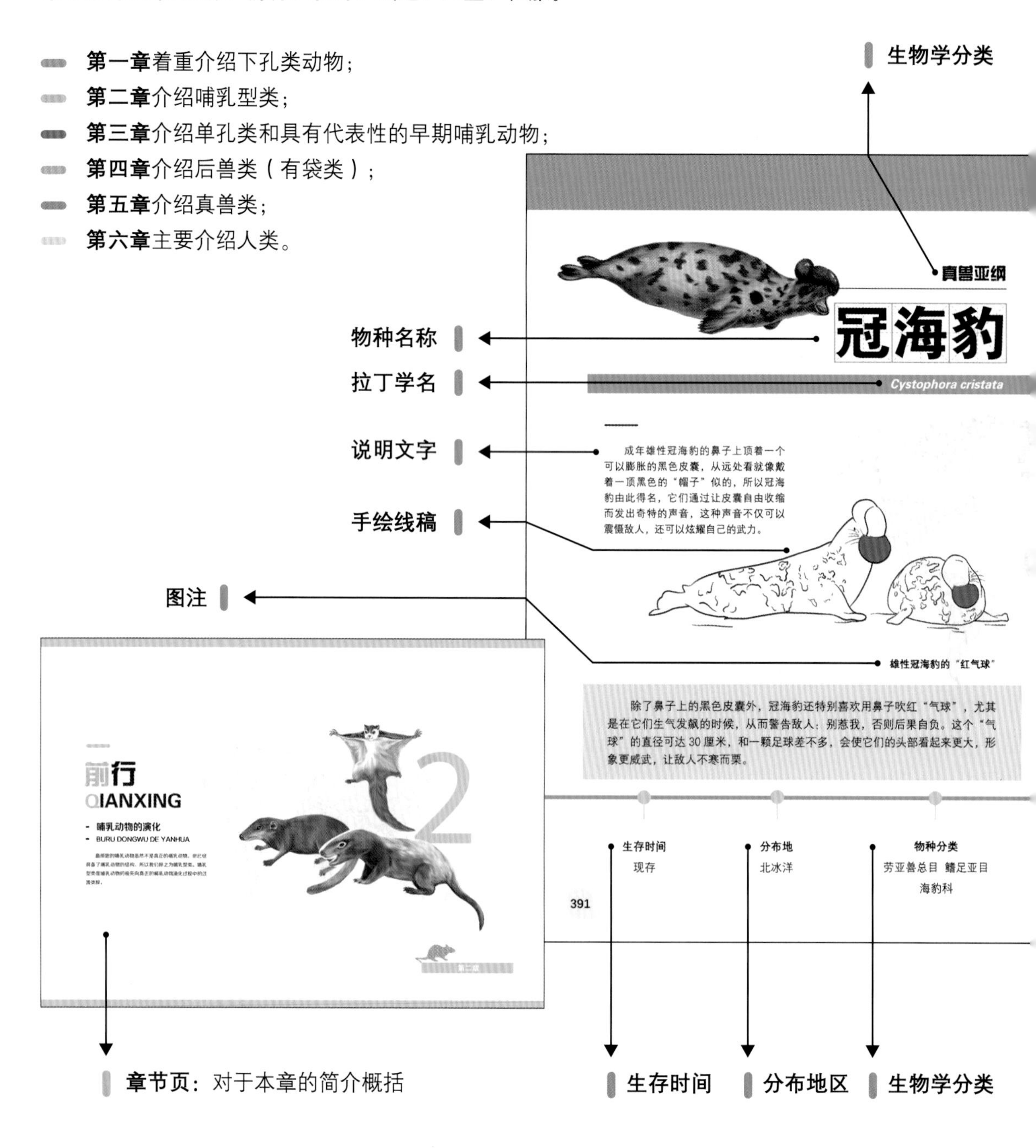

标题: 用以显示当页的主题

图注: 对于图片的说明

说明文字: 对于相关物种特征、习性等描述

简介: 对主题进行简单概述

演化树: 各物种之间的演化关系树

体长和体重标注: 体长为身长 + 尾长的总和

色标: 每页印有该章特有的识别色块，提示所在章节。

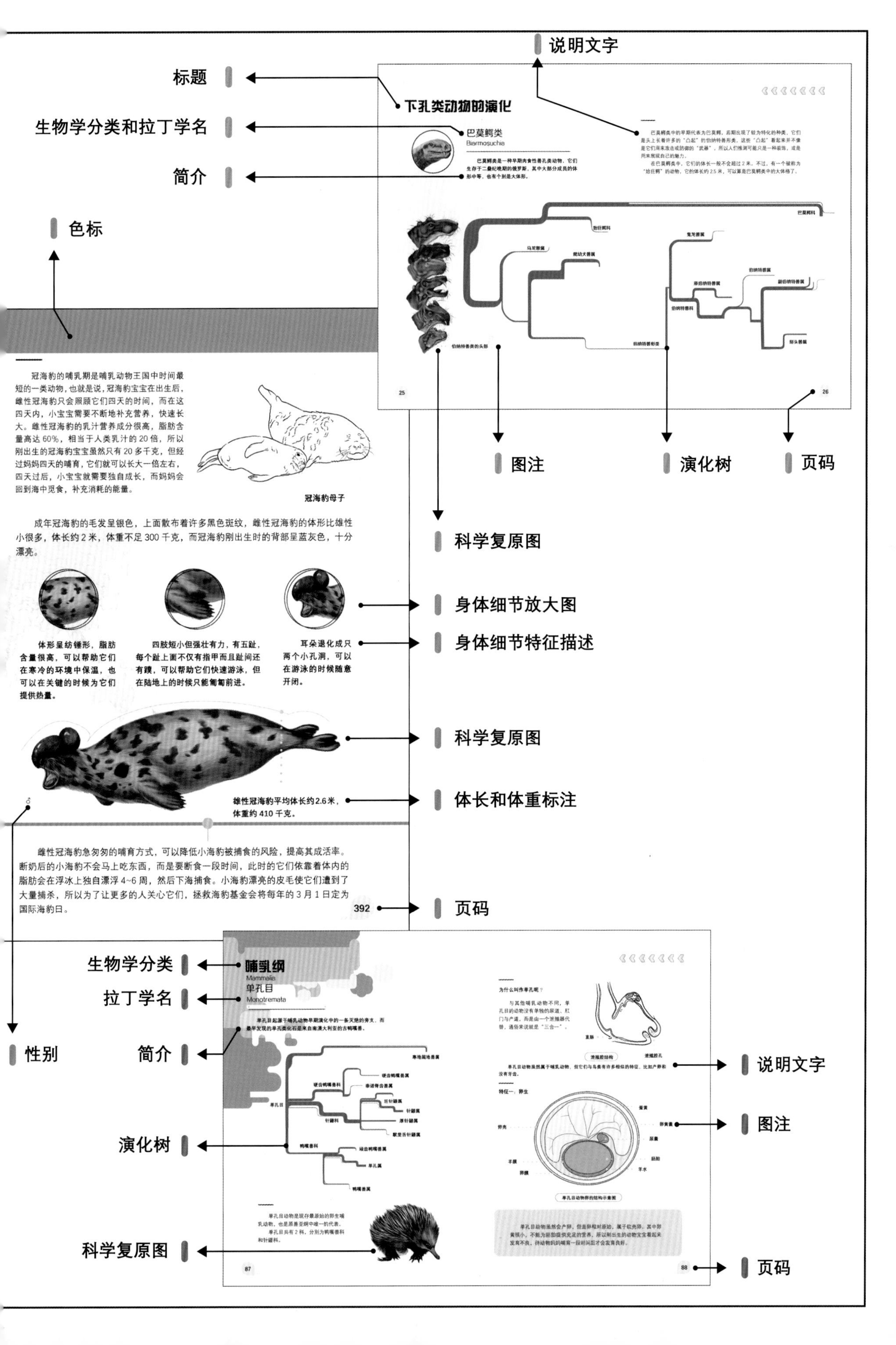

说明文字
标题
下孔类动物的演化
生物学分类和拉丁学名
巴莫鳄类
Biarmosuchia
简介
色标
图注
演化树
页码
冠海豹的哺乳期是哺乳动物王国中时间最短的一类动物，也就是说，冠海豹宝宝在出生后，雌性冠海豹只会照顾它们四天的时间，而在这四天内，小宝宝需要不断地补充营养，快速长大。雌性冠海豹的乳汁营养成分很高，脂肪含量高达 60%，相当于人类乳汁的 20 倍，所以刚出生的冠海豹宝宝虽然只有 20 多千克，但经过妈妈四天的哺育，它们就可以长大一倍左右，四天过后，小宝宝就需要独自成长，而妈妈会回到海中觅食，补充消耗的能量。
冠海豹母子
成年冠海豹的毛发呈银色，上面散布着许多黑色斑纹，雌性冠海豹的体形比雄性小很多，体长约 2 米，体重不足 300 千克，而冠海豹刚出生时的背部呈蓝灰色，十分漂亮。
科学复原图
身体细节放大图
身体细节特征描述
体形呈纺锤形，脂肪含量很高，可以帮助它们在寒冷的环境中保温，也可以在关键的时候为它们提供热量。
四肢短小但强壮有力，有五趾，每个趾上面不仅有指甲而且趾间还有蹼，可以帮助它们快速游泳，但在陆地上的时候只能匍匐前进。
耳朵退化成只两个小孔洞，可以在游泳的时候随意开闭。
科学复原图
雄性冠海豹平均体长约2.6米，体重约 410 千克。
体长和体重标注
雌性冠海豹急匆匆的哺育方式，可以降低小海豹被捕食的风险，提高其成活率。断奶后的小海豹不会马上吃东西，而是要断食一段时间，此时的它们依靠着体内的脂肪会在浮冰上独自漂浮 4~6 周，然后下海捕食。小海豹漂亮的皮毛使它们遭到了大量捕杀，所以为了让更多的人关心它们，拯救海豹基金会将每年的 3 月 1 日定为国际海豹日。
392
页码
生物学分类
哺乳纲
Mammalia
拉丁学名
单孔目
Monotremata
性别
简介
演化树
科学复原图
说明文字
图注
页码

目录

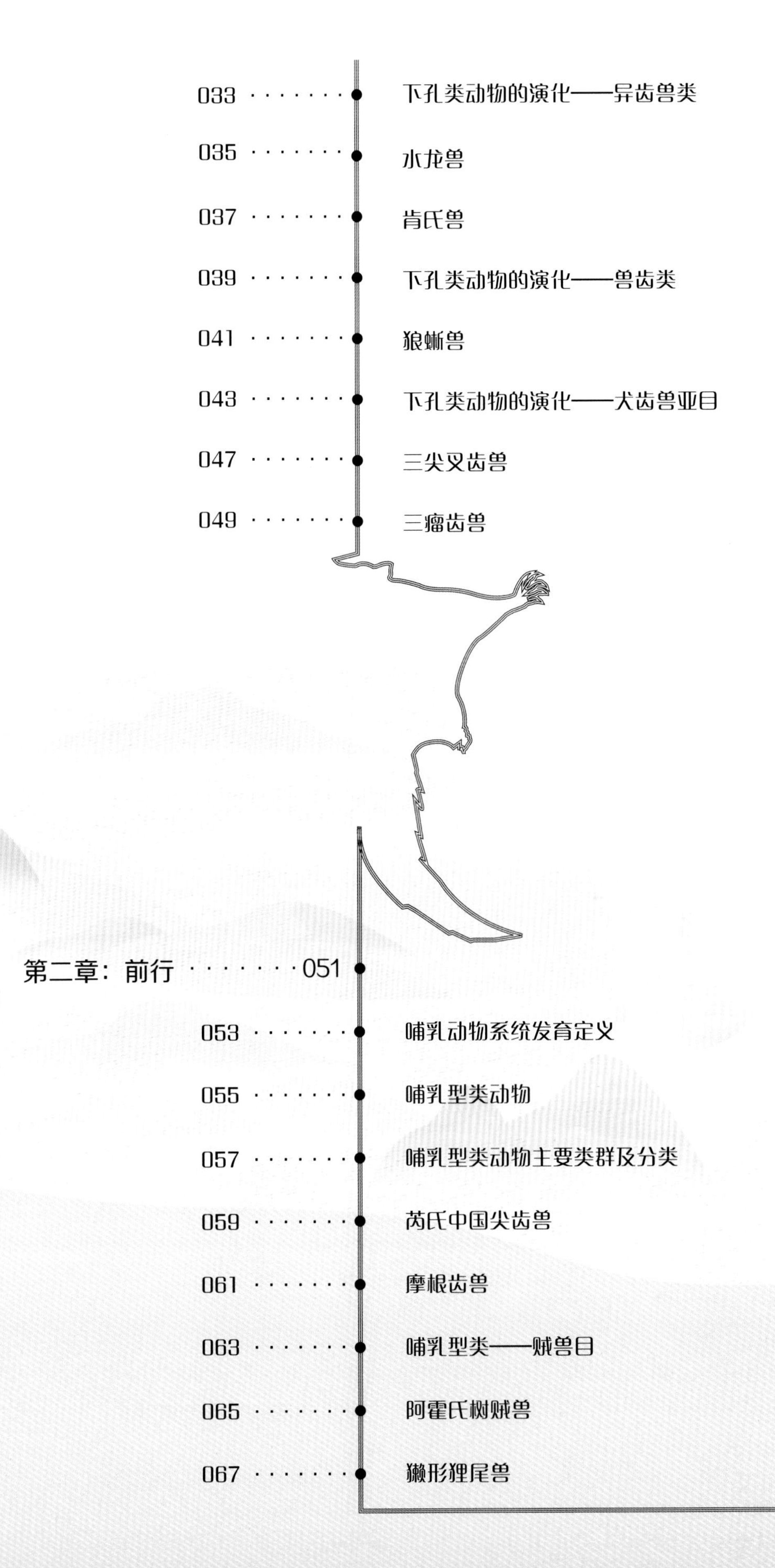

目录

目录

录

目录

目录

序　章

XUZHANG

地球是什么颜色的？

在46亿年前，地球诞生了，那时候的地球是一个红色的大火球，在随后的几百万年中外部慢慢冷却，形成固体地壳。

在地球最初诞生的5亿年间，大量的陨石撞向地表，在这样恶劣的环境下，地球上没有生物生存的痕迹。

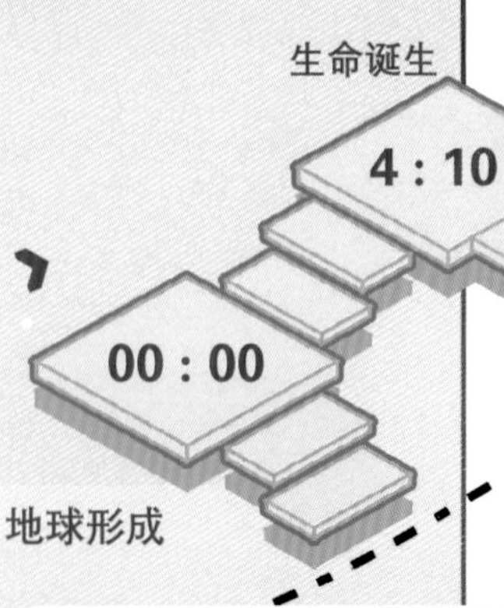

如果将地球演化史浓缩成24小时，那哺乳动物是什么时候才出现的呢？

在大规模的陨石撞击结束后，地球逐渐趋向稳定，生命随之诞生。

地球生命经历了约40亿年的演化，距今时间越远的生物，人们对它们的认知便越少，而我们也只能通过化石去推测、还原当时生物的特征。

什么是哺乳动物?

哺乳动物在中国被称为兽类，这种称呼已有2000多年的历史，目前全世界的哺乳动物有5500多种。

哺乳动物的体形差异较大，体形较小的哺乳动物如鼩鼱，身长只有4~6厘米，不及成年人类的手指长度。

蓝鲸是迄今为止最大的现生哺乳动物，身长22~33米，体重约等于25只成年亚洲象。

哺乳动物的主要特征

01 现生哺乳动物大部分是**胎生**，依靠**乳腺**哺育后代。

02 体表有**毛发**，**体温恒定**。

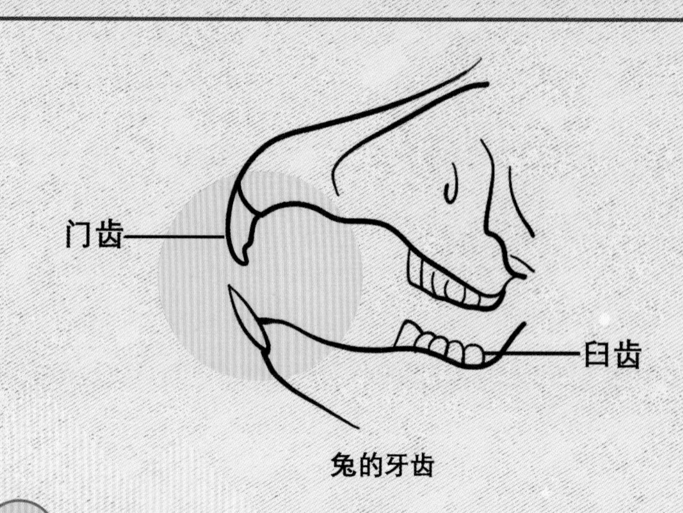

兔的牙齿

03 **牙齿分化**

牙齿的分化使哺乳动物捕食猎物的能力大大提高，消化能力也随之增强。

门齿 一般用来切断食物。

犬齿 一般尖锐锋利，用来撕裂食物。

臼齿 一般接触面较为宽阔，用来磨碎食物。

现生哺乳动物的分类

原兽亚纲

指卵生的恒温动物，即原始的哺乳动物。例如针鼹和鸭嘴兽等。

后兽亚纲

指有袋类，它们没有真正的胎盘，用育儿袋哺育后代。例如袋鼠、考拉等。

真兽亚纲

有真正胎盘的哺乳动物。例如人类、熊猫、狼和兔子等。

地质年代

我们用年、月、日、小时和分钟等单位来表示时间，如果想要了解地球诞生 46 亿年中的某个时间，我们该用什么单位呢？

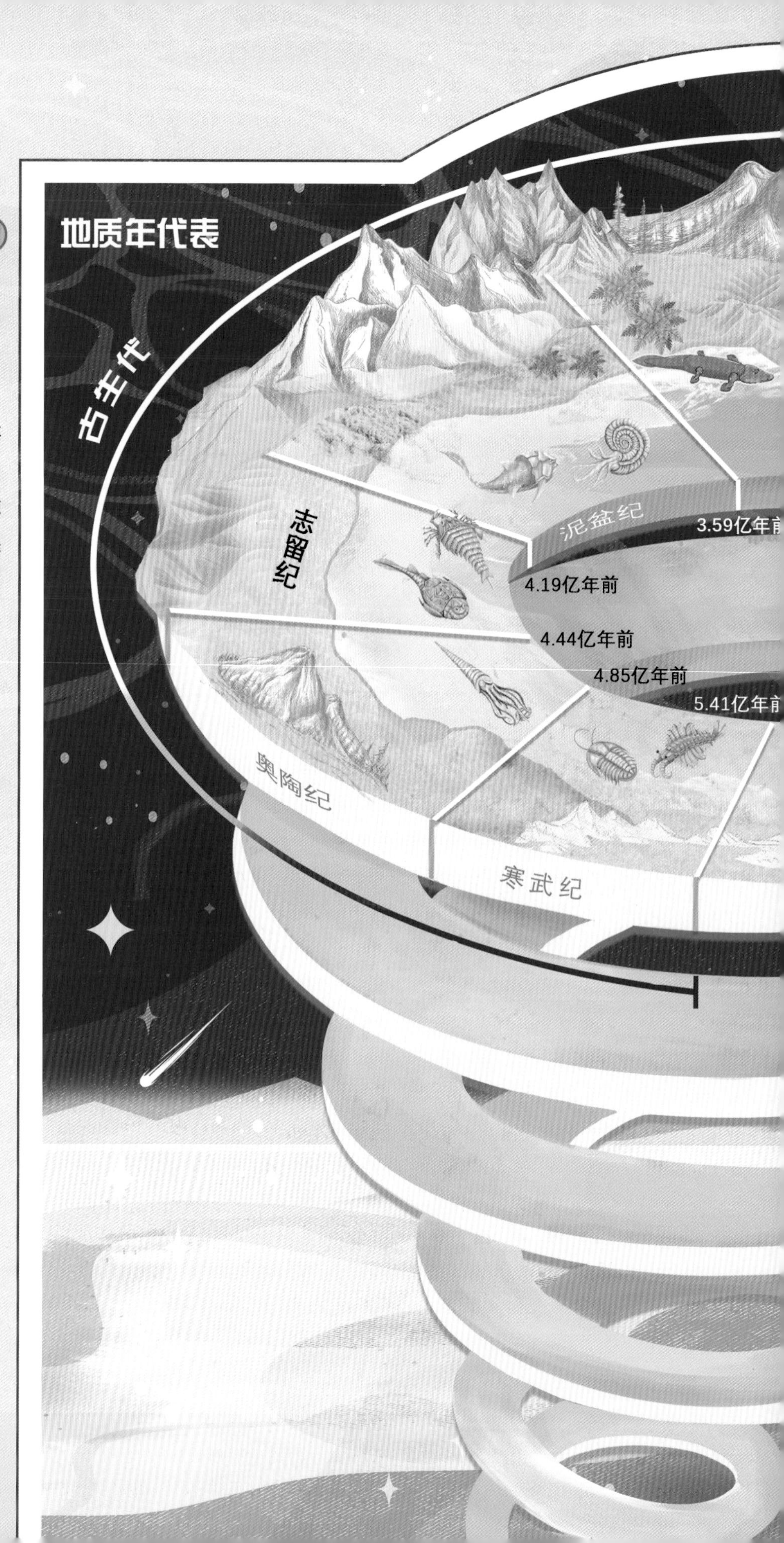

地质学家给出了答案。他们将地质年代划分为：**宙**、**代**、**纪**、**世**和**期**等单位。

起源

QIYUAN

- 哺乳动物的演化

- BURU DONGWU DE YANHUA

在恐龙出现之前，有一类爬行动物统治着地球，虽然它们出现在晚石炭世，但在二叠纪就已经出现在地球的各个角落。随着时间的演化，它们的后裔（犬齿兽类）最终演化为当今地球上最重要的动物门类——哺乳动物。

第一章

起　源

QIYUAN

羊膜动物的定义及演化

哺乳动物与爬行动物的祖先被称为羊膜动物。

什么是羊膜动物?

我们常吃的鸡蛋在古生物学家的眼中就是一种“羊膜卵”，鸡蛋中的小鸡胚胎的外面包裹着的那层保护膜则被称为羊膜，羊膜卵也因此得名，而能够产羊膜卵的动物叫作羊膜动物。

羊膜动物是由两栖动物演化而来，但与两栖动物不同的是，羊膜动物可以在离开水的环境中产卵。从石炭纪开始，一些羊膜动物可以直接将卵产在陆地上，幼崽出壳后便可以在陆地上生活。

已知最早的羊膜动物之一——林蜥

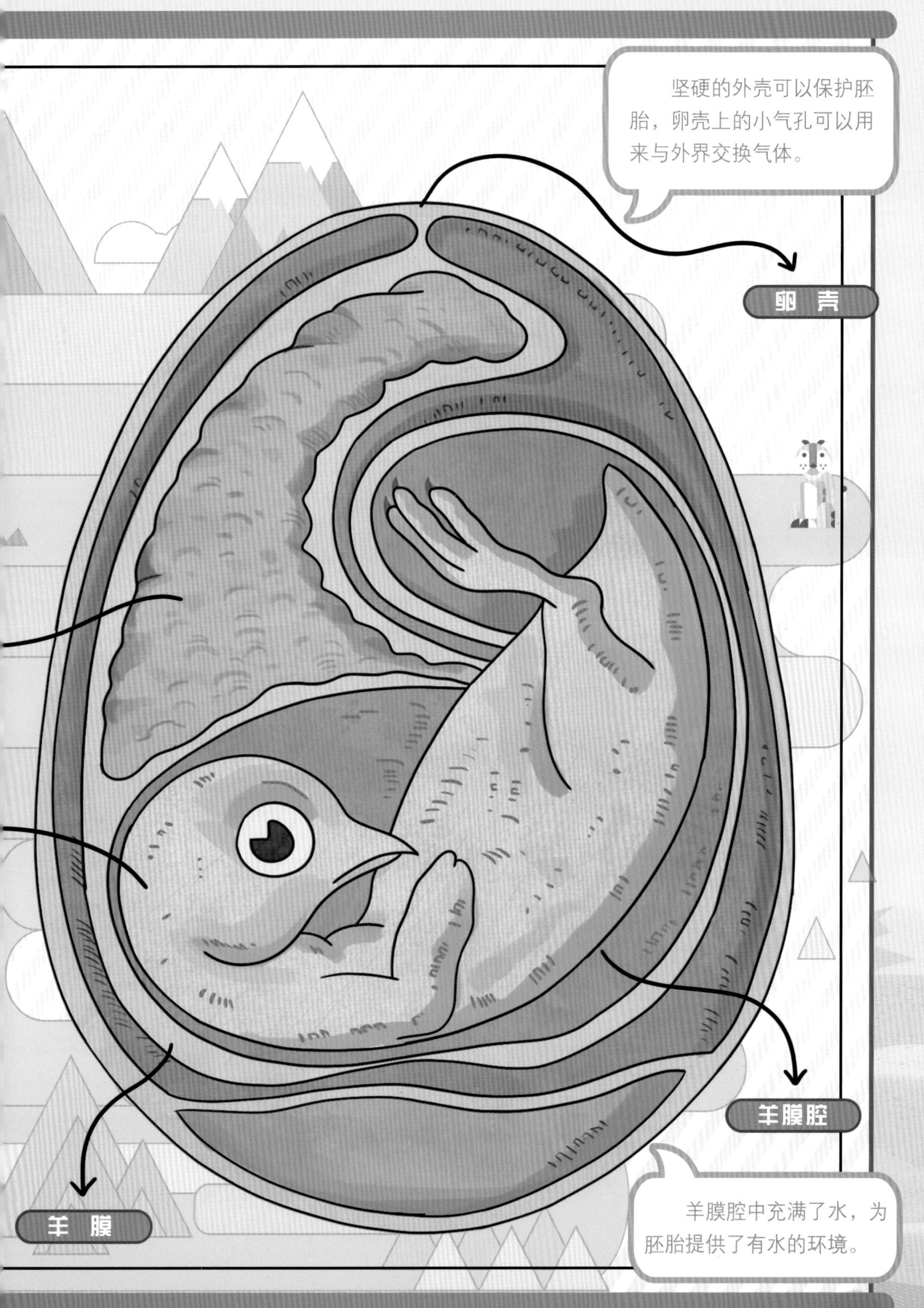
坚硬的外壳可以保护胚胎，卵壳上的小气孔可以用来与外界交换气体。
卵 壳
羊膜腔
羊 膜
羊膜腔中充满了水，为胚胎提供了有水的环境。

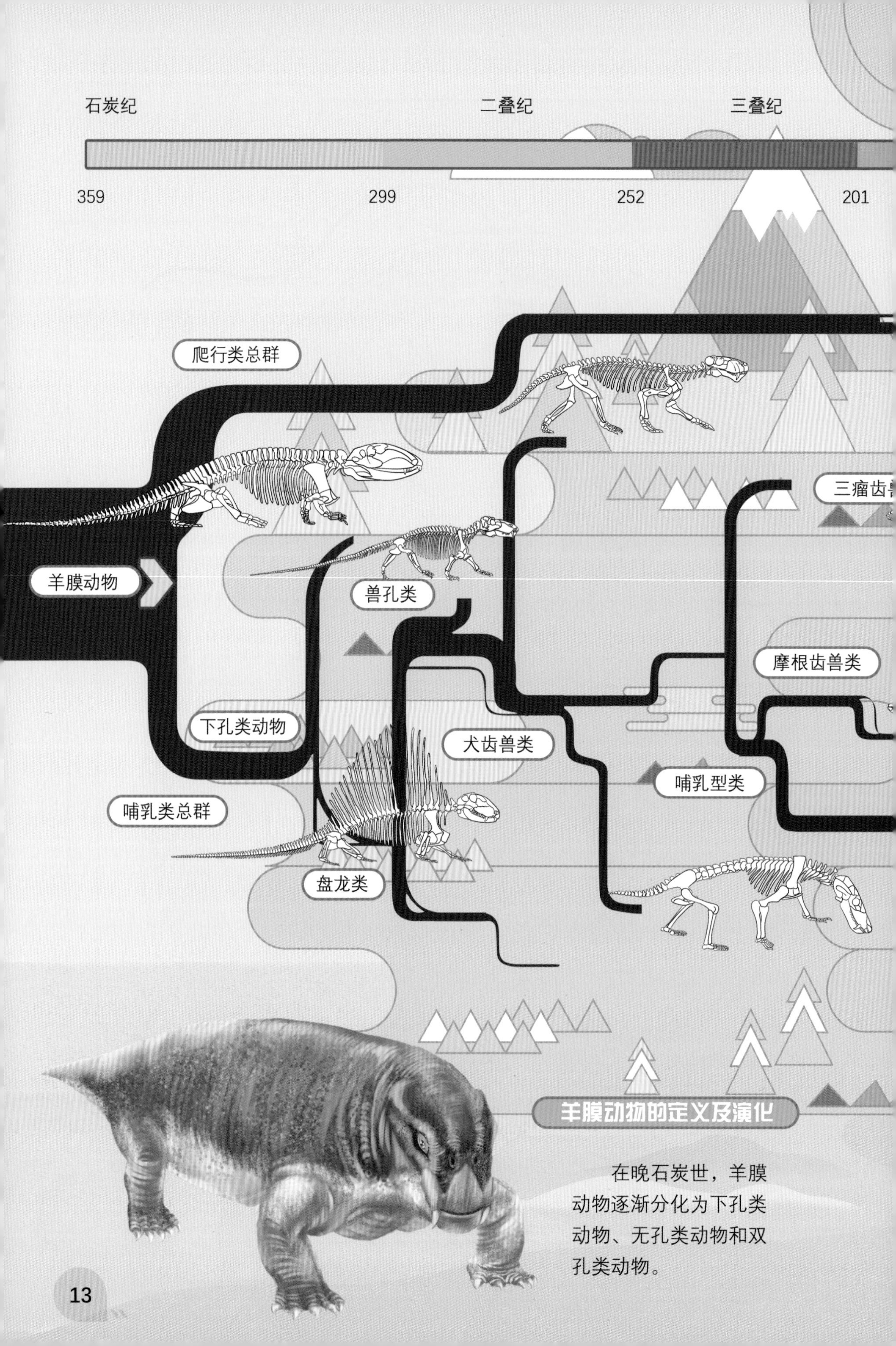

羊膜动物的定义及演化

在晚石炭世，羊膜动物逐渐分化为下孔类动物、无孔类动物和双孔类动物。

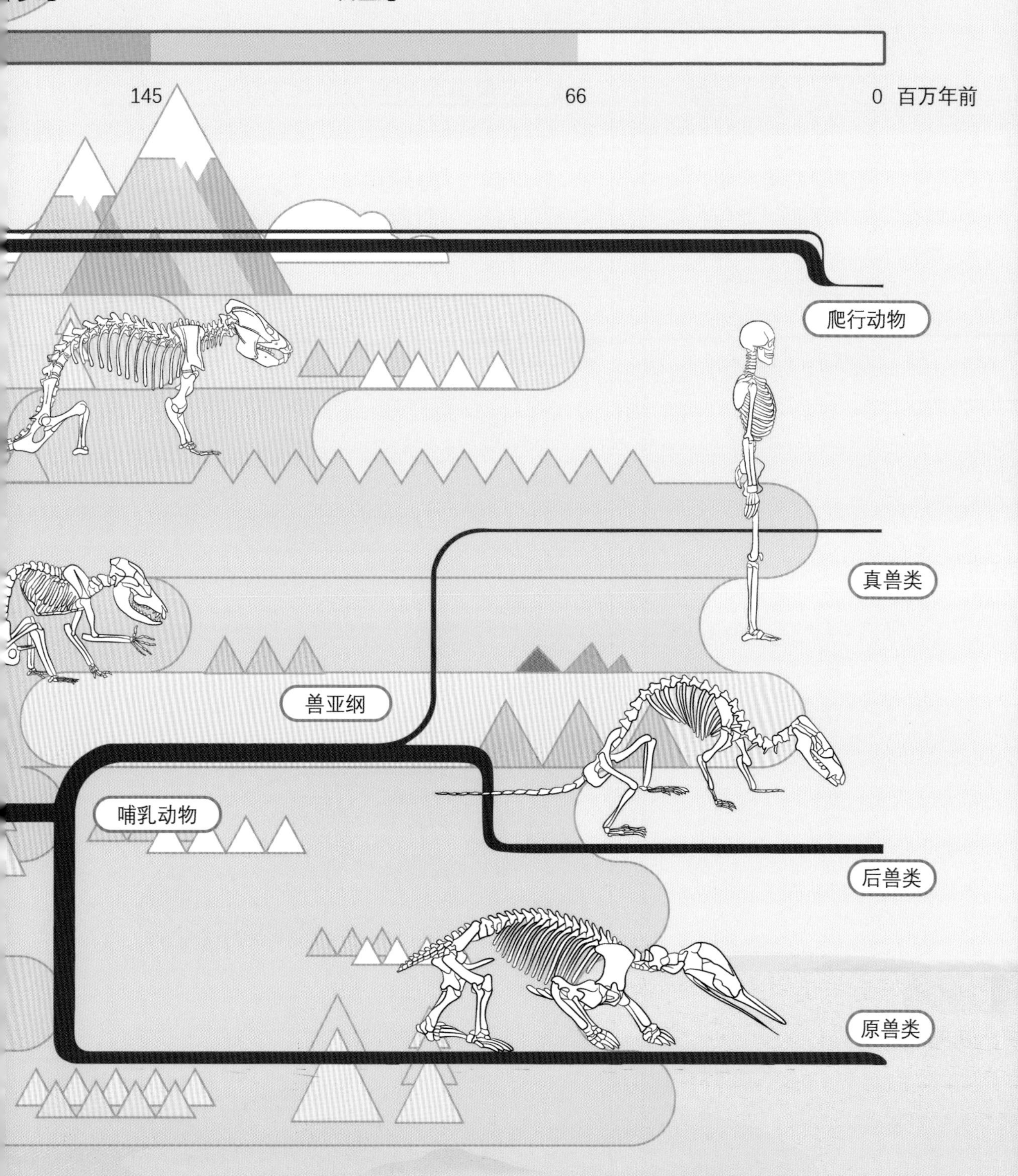

下孔类动物是哺乳动物的祖先，双孔类动物中有人们熟知的恐龙和翼龙，而无孔类动物包括龟鳖的祖先。从爬行动物的卵生、变温到大部分哺乳动物的胎生、恒温，这种转变是脊椎动物史上的一次重大飞跃。

下孔类动物的演化

下孔类动物最早出现在古生代末期，它们在地球上生存了7000万年，主要由似哺乳爬行动物组成，其中也包括了哺乳动物的祖先——盘龙类。

下孔类动物与其他爬行动物不同的地方在于头骨中颞孔的位置和数量。

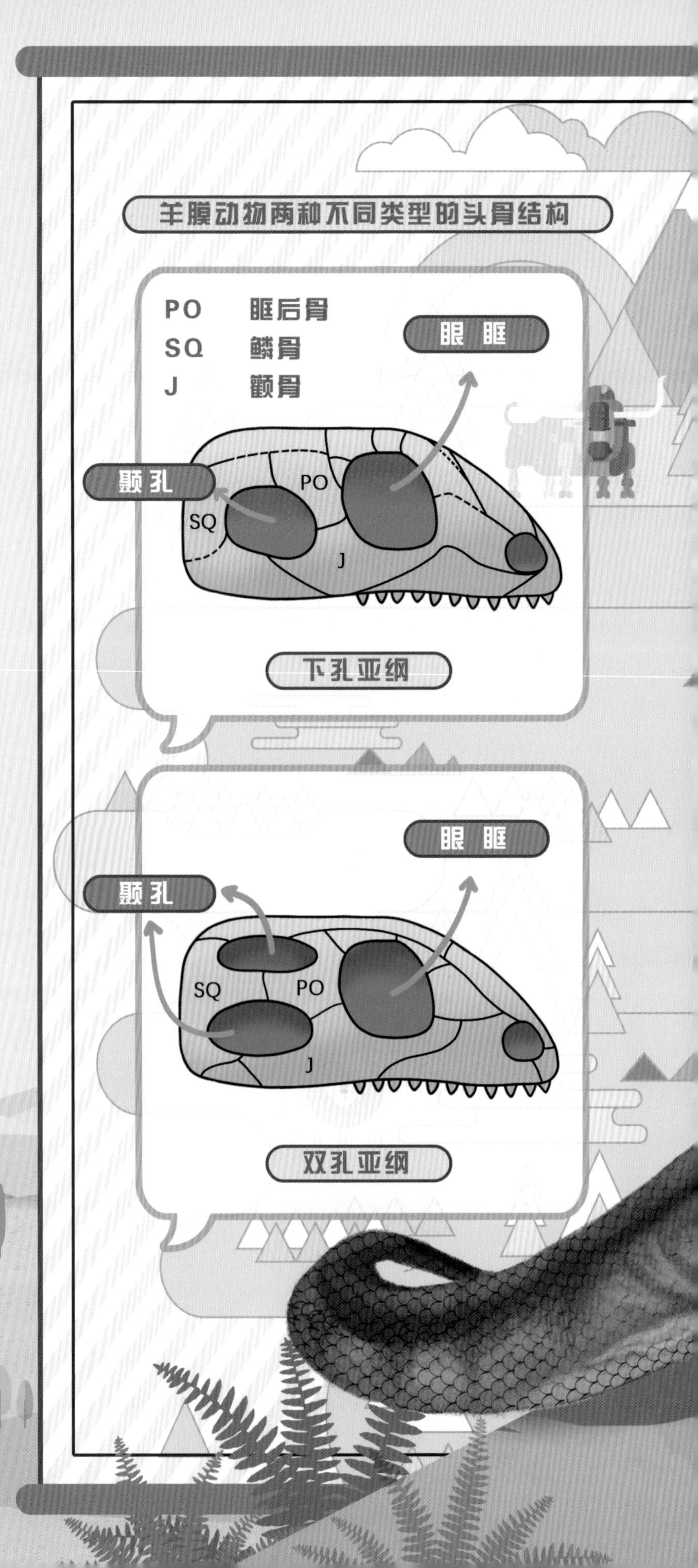

二叠纪早期的盘龙类成员

下孔类动物系统发育图

盘龙类在石炭纪晚期最先从下孔类中演化出来，在二叠纪晚期，盘龙类被更进步的兽孔类完全替代，而在二叠纪至三叠纪大灭绝时，下孔类受到重创，盘龙类灭绝，只有少数兽孔类存活。

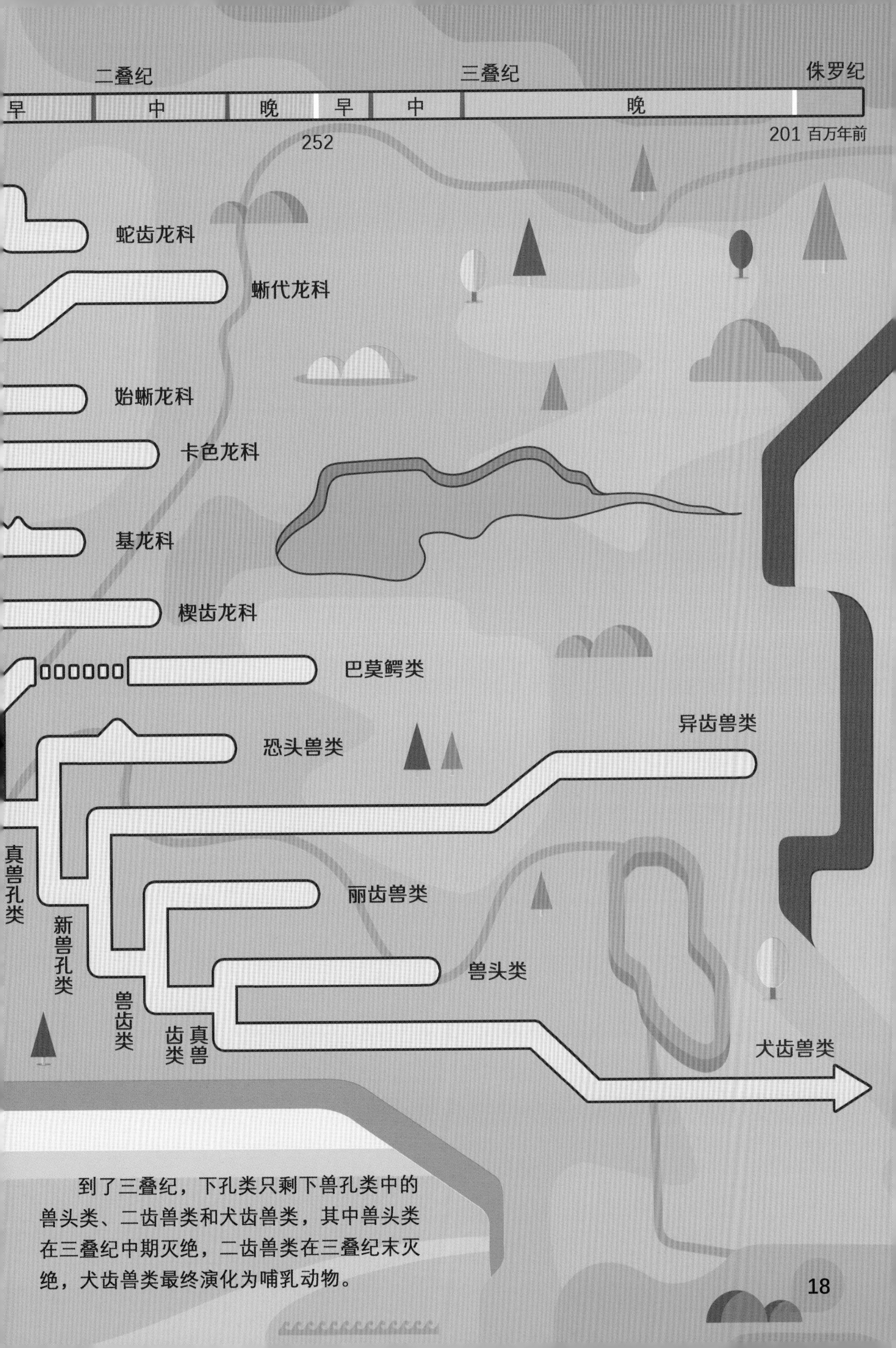

到了三叠纪，下孔类只剩下兽孔类中的兽头类、二齿兽类和犬齿兽类，其中兽头类在三叠纪中期灭绝，二齿兽类在三叠纪末灭绝，犬齿兽类最终演化为哺乳动物。

下孔类动物的演化

兽孔目 Therapsida

兽孔目是下孔类中的进步种群，生存于晚二叠世和三叠纪。中国和南非是此类化石的著名产地。它们的颞孔扩大，进步的兽孔类的颞孔上缘不是由后眶骨与鳞骨构成，而是由顶骨构成，方骨与方轭骨则缩小。齿骨相应地增大，牙齿也典型地分化了，有门齿、犬齿和臼齿之别。

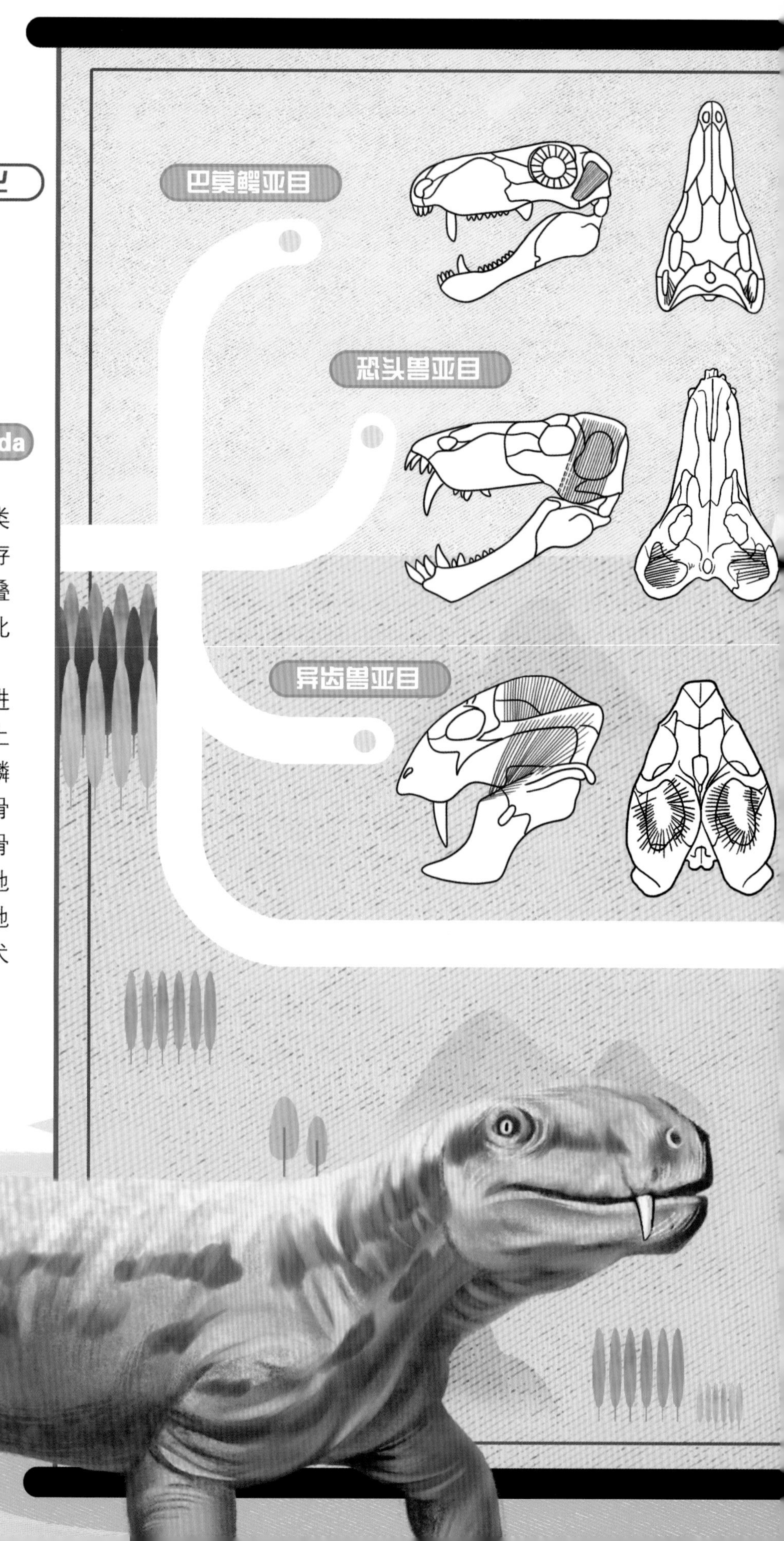

兽孔目主要类群的头骨示意图

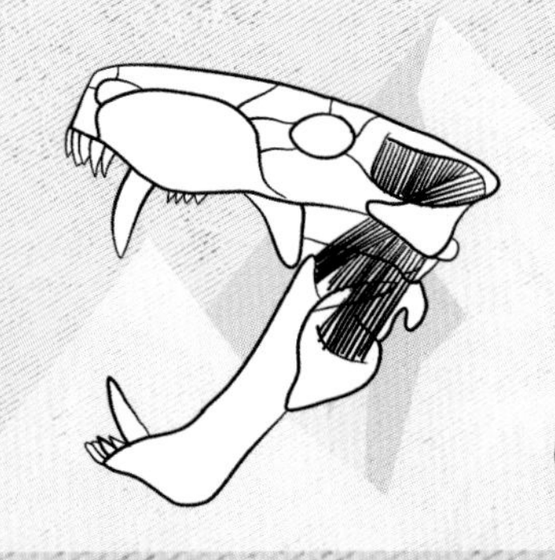
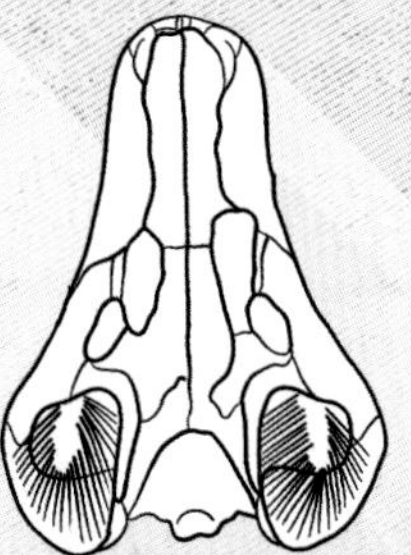

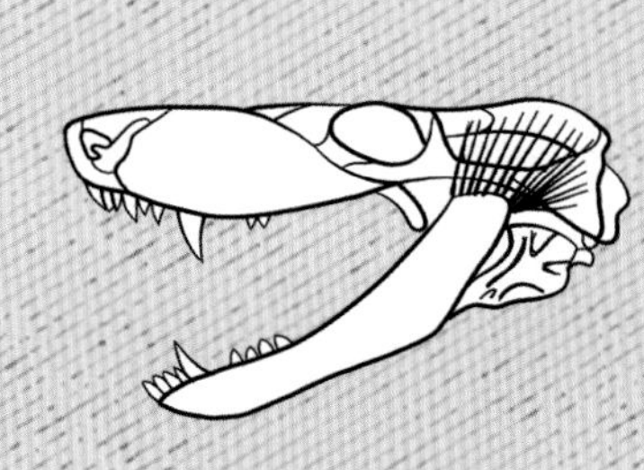
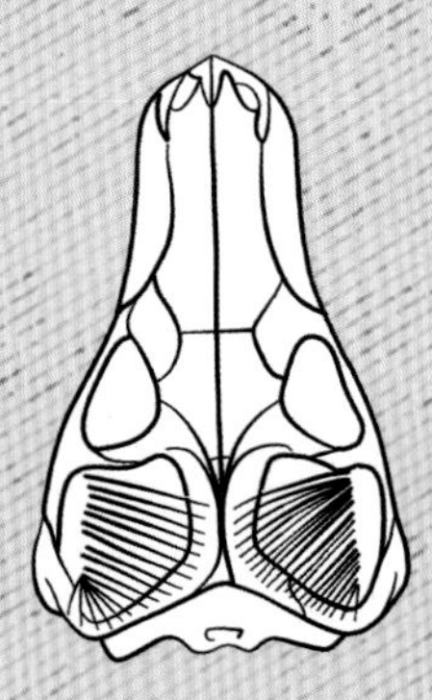

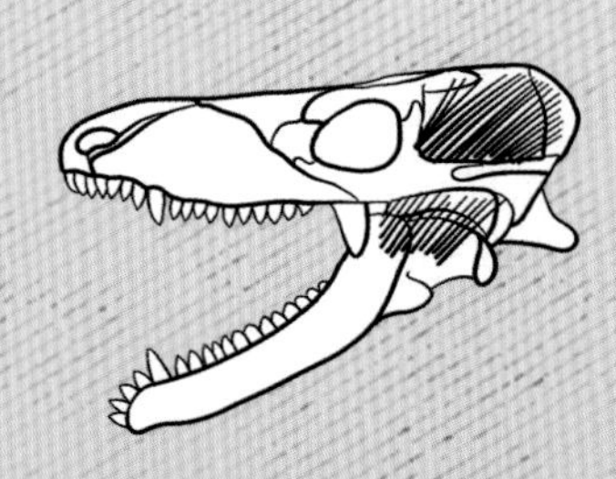
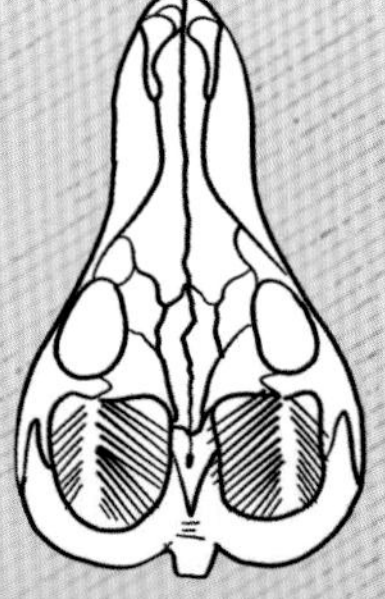

随着时间的推移，兽孔类动物的身上出现了越来越多和哺乳动物相似的特征：它们的上颌出现了次生腭结构。正是因为这一结构的出现，它们才可以一边呼吸一边咀嚼食物，从而提高代谢速度。它们初步摆脱了像蜥蜴似的匍匐状态，直立程度逐渐增加。

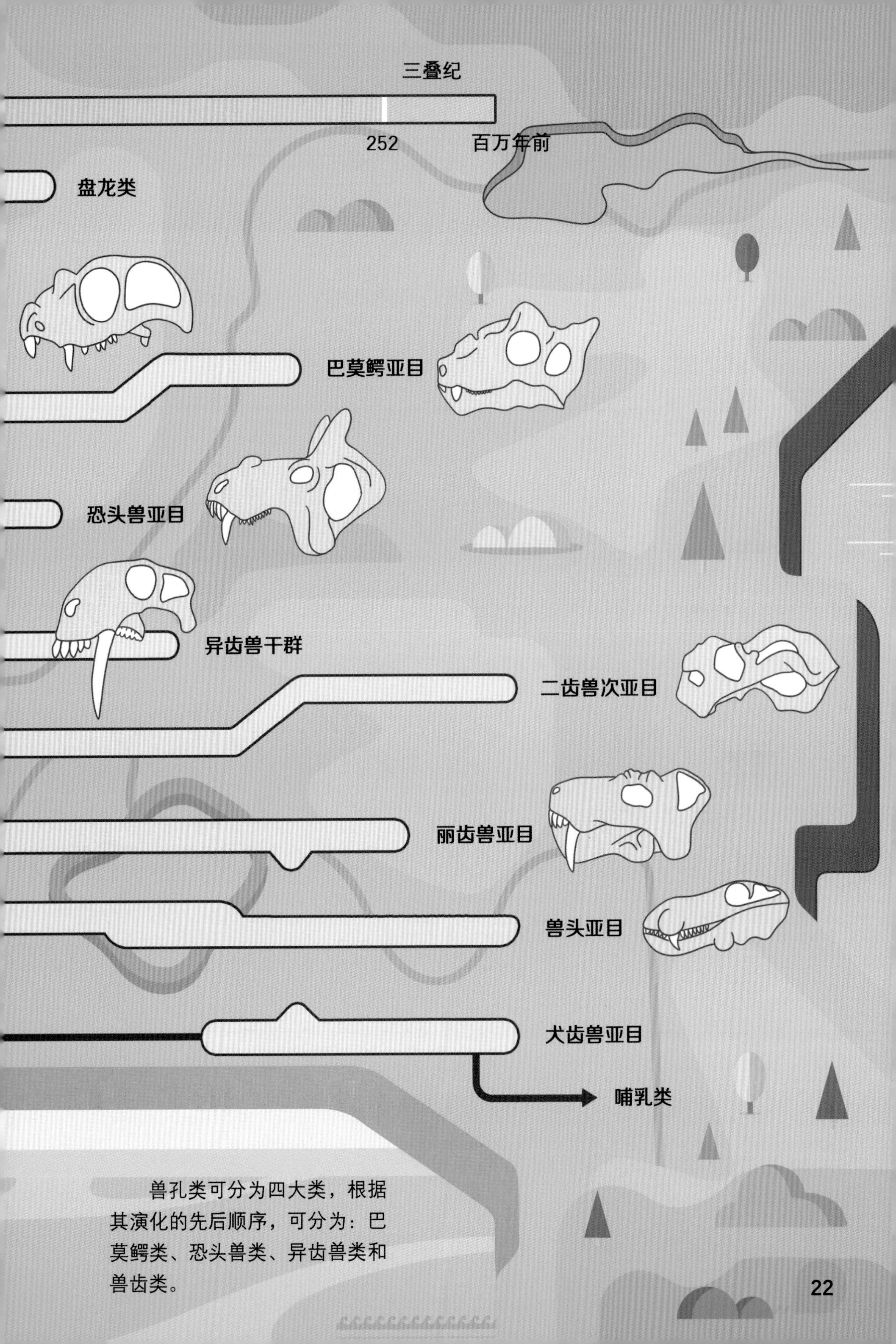

兽孔类可分为四大类，根据其演化的先后顺序，可分为：巴莫鳄类、恐头兽类、异齿兽类和兽齿类。

巴莫鳄类

巴莫鳄类的成员出现在约2.67亿年前，它们大多长得“中规中矩”，不论是体形还是特化的装饰结构，都没有其他兽孔类成员那么夸张。虽然巴莫鳄类是食肉动物，但可能因为身体结构比较原始等因素，它们并没有占领陆地生态位的顶峰，即便是体形较大的“始巨鳄”，在演化史中也只是转瞬即逝。

01

02

恐头兽亚目

恐头兽亚目的祖先是中小型的肉食动物，它们的后代在中二叠世占据了多种多样的生态位。其中拥有“铁头功”的貘头兽转为彻底的植食性动物。貘头兽的体形矮胖，头骨凸起，所以古生物学家推测种群之间可能为了争夺地盘或求偶，用头互相碰撞。

恐头兽亚目消失后，随之兴盛的便是异齿兽亚目。其中有一种叫作恐齿龙兽的动物十分有趣，因为人们最早发现的不是它，而是它的粪便。

在阿根廷曾发现了一个被称为“史前公厕”的位置，那里堆满了动物的粪便化石，在粪便化石的周围还有许多的恐齿龙兽的骨骼，“史前公厕”的出现证明了恐齿龙兽是一种群居性的植食性动物，而成堆的粪便更像是在威慑它的敌人。

兽齿类，其中包括丽齿兽亚目、兽头亚目和犬齿兽亚目。其中兽头亚目和犬齿兽亚目因为较近的亲缘关系，所以被合称为“真兽齿类”。

下孔类动物的演化

巴莫鳄类
Biarmosuchia

巴莫鳄类是一种早期肉食性兽孔类动物，它们生存于二叠纪晚期的俄罗斯，其中大部分成员的体形中等，也有个别是大体形。

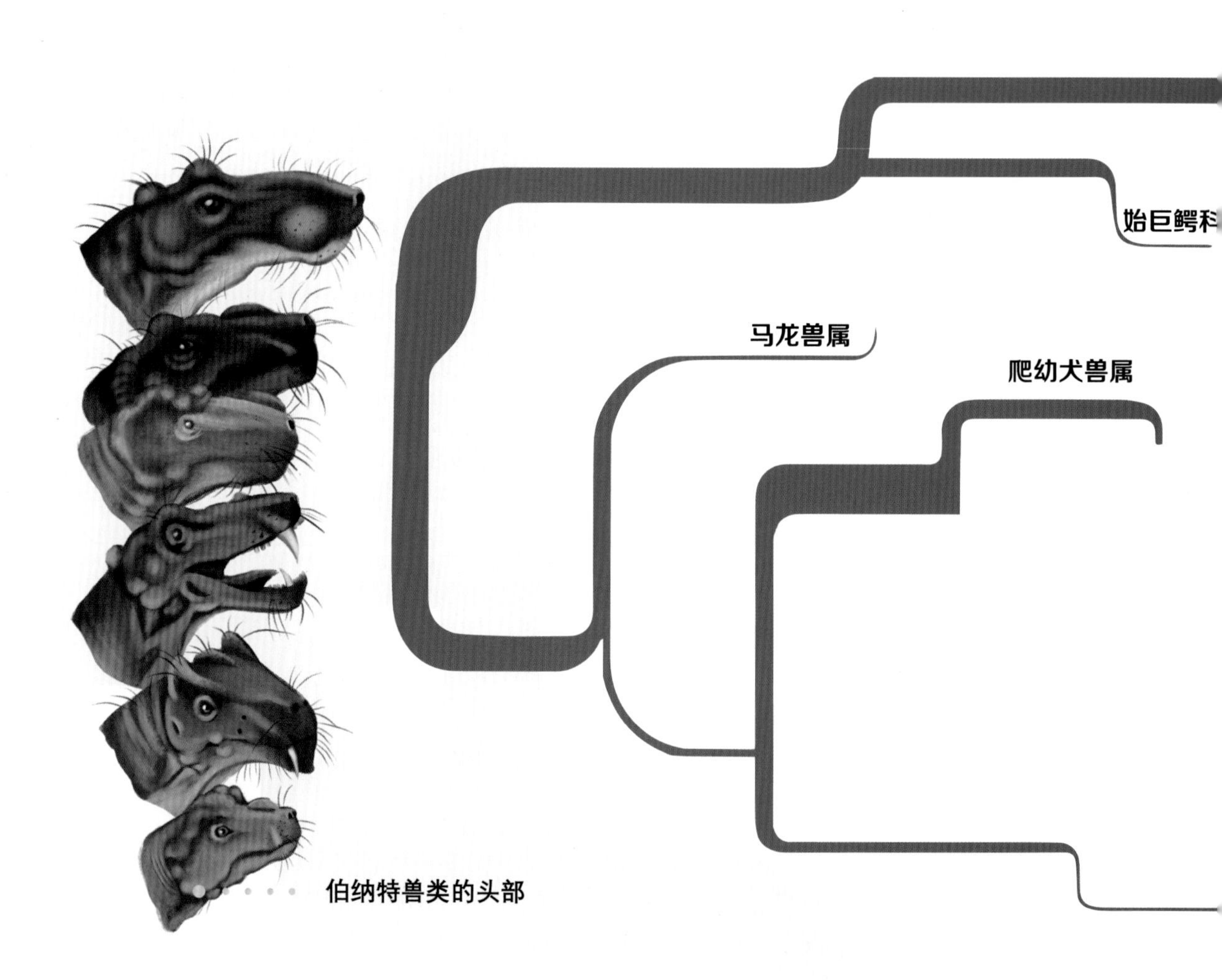

伯纳特兽类的头部

巴莫鳄类中的早期代表为巴莫鳄，后期出现了较为特化的种类，它们是头上长着许多的“凸起”的伯纳特兽形类，这些“凸起”看起来并不像是它们用来攻击或防御的“武器”，所以人们推测可能只是一种装饰，或是用来展现自己的魅力。

在巴莫鳄类中，它们的体长一般不会超过 2 米。不过，有一个被称为“始巨鳄”的动物，它的体长约 2.5 米，可以算是巴莫鳄类中的大体格了。

巴莫鳄科

鬼龙兽属

伯纳特兽属

副伯纳特兽属

原伯纳特兽属

伯纳特兽科

獬头兽属

伯纳特兽形类

下孔类动物

巴莫鳄

Biarmosuchus tener

巴莫鳄的肢骨十分粗壮，而且较楔齿龙长，可以帮助它们将身体抬离地面。

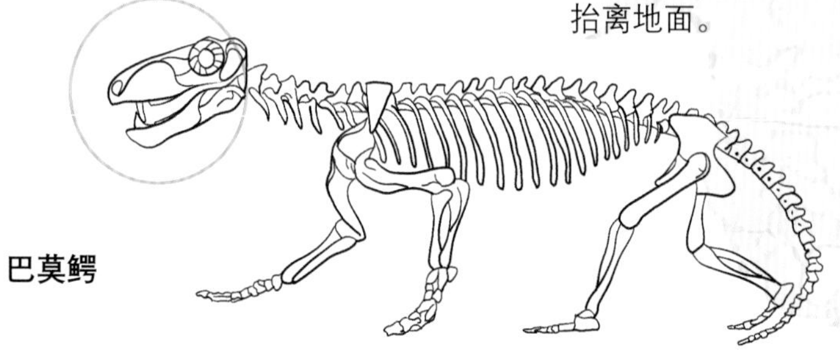

巴莫鳄

巴莫鳄的头骨结构与它的“前辈”楔齿龙类相近，但有些结构在演化过程中发生了较大的改变。

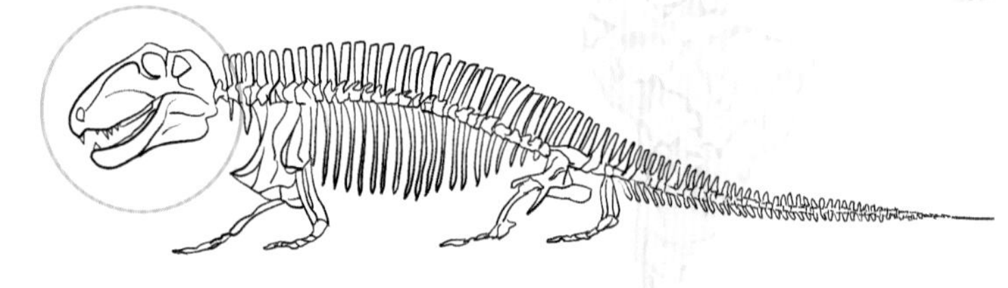

楔齿龙

巴莫鳄的名字中有“鳄”字，它不会和鳄鱼是亲戚吧？

答案是NO! 虽然名字中都有“鳄”字，但无论从外形还是生活方式，它们并不相像，更别提亲戚关系了。

生活时期	化石发现地	物种分类
二叠纪晚期	俄罗斯	兽孔目 巴莫鳄亚目 巴莫鳄科

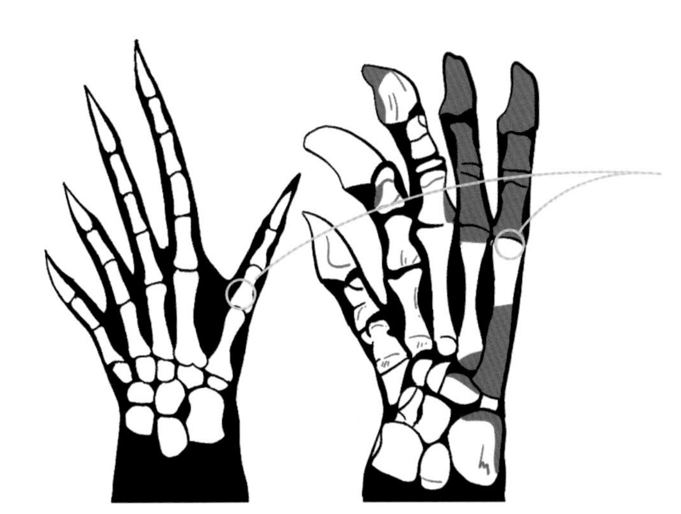

与楔齿龙类相比，
巴莫鳄的第五指更长，
指骨更粗壮。

左：哈普托兽（一种小型楔齿龙类）
右：巴莫鳄类

巴莫鳄属于较原始的下孔类动物，它有着与其他原始下孔类动物不同的特点，那就是眼睛后方的洞孔。巴莫鳄眼睛后方的洞孔相较其他原始下孔类动物大一些，所以古生物学家推测巴莫鳄的咬合力不强。

最被人们深入了解的巴莫鳄类大概就是我们在前文中提到过的“始巨鳄”。始巨鳄成年后的体长约 2.5 米，只听它的名字就会让人想到许多恐怖动物的画面，但实际上它并没有那么恐怖。

下孔类动物的演化

恐头兽类

Dinocephalia

恐头兽亚目可谓是“来也匆匆，去也匆匆”。它们如恐龙一样盛极一时，却在后来彻底消失。

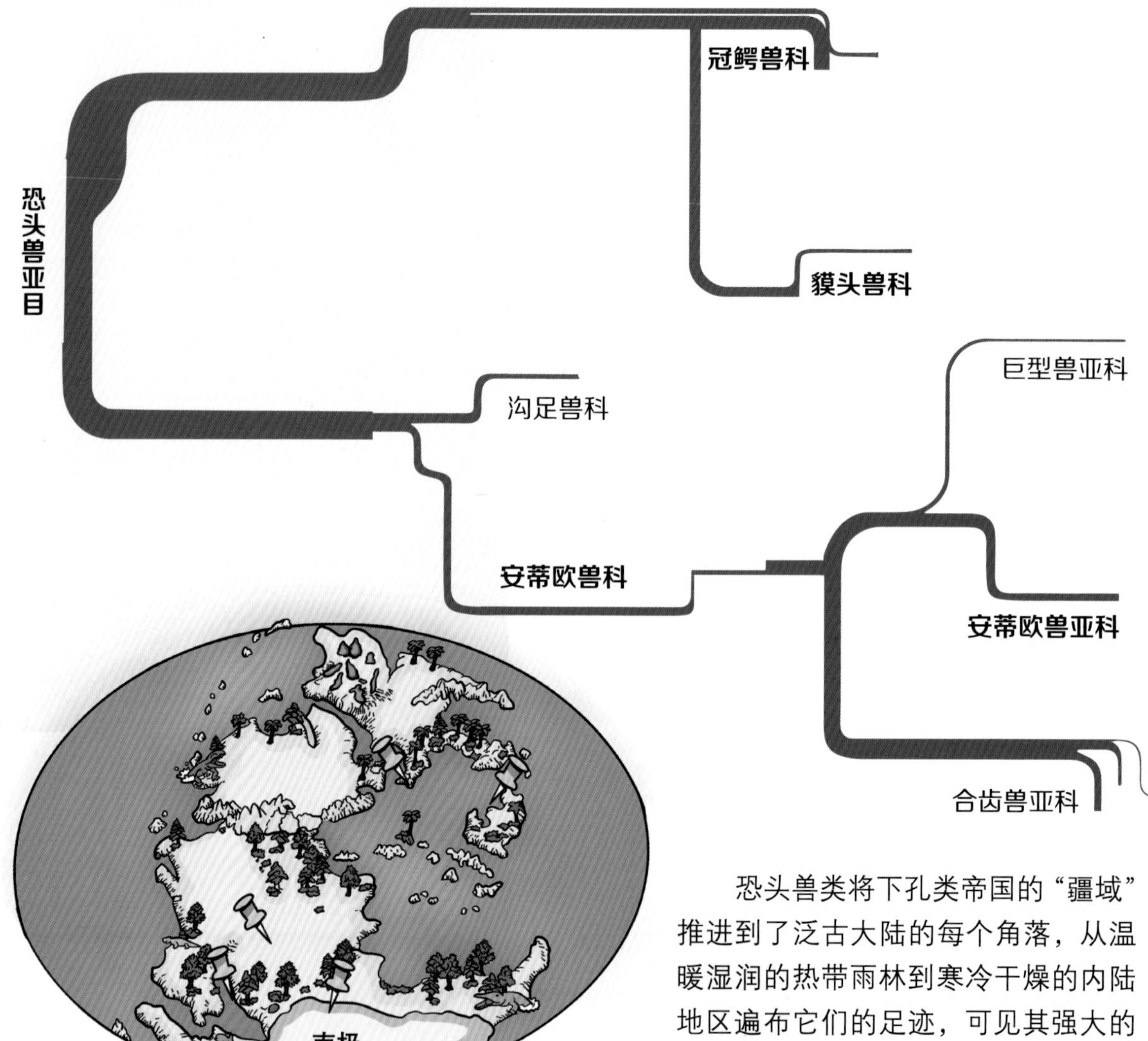

恐头兽类的分布示意图

恐头兽类将下孔类帝国的“疆域”推进到了泛古大陆的每个角落，从温暖湿润的热带雨林到寒冷干燥的内陆地区遍布它们的足迹，可见其强大的适应能力。它们的迅速崛起，使得下孔类家族进入了全面繁盛的时代。

恐头兽类留给人们的印象是庞大的身躯、凶猛的表情和恐怖的头部，其实它们早期的演化并没有如此的特征。

拥有“除草机”之称的貘头兽类和“肉食主义者”安蒂欧兽类，是恐头兽类家族中占据主导地位的两个分支。

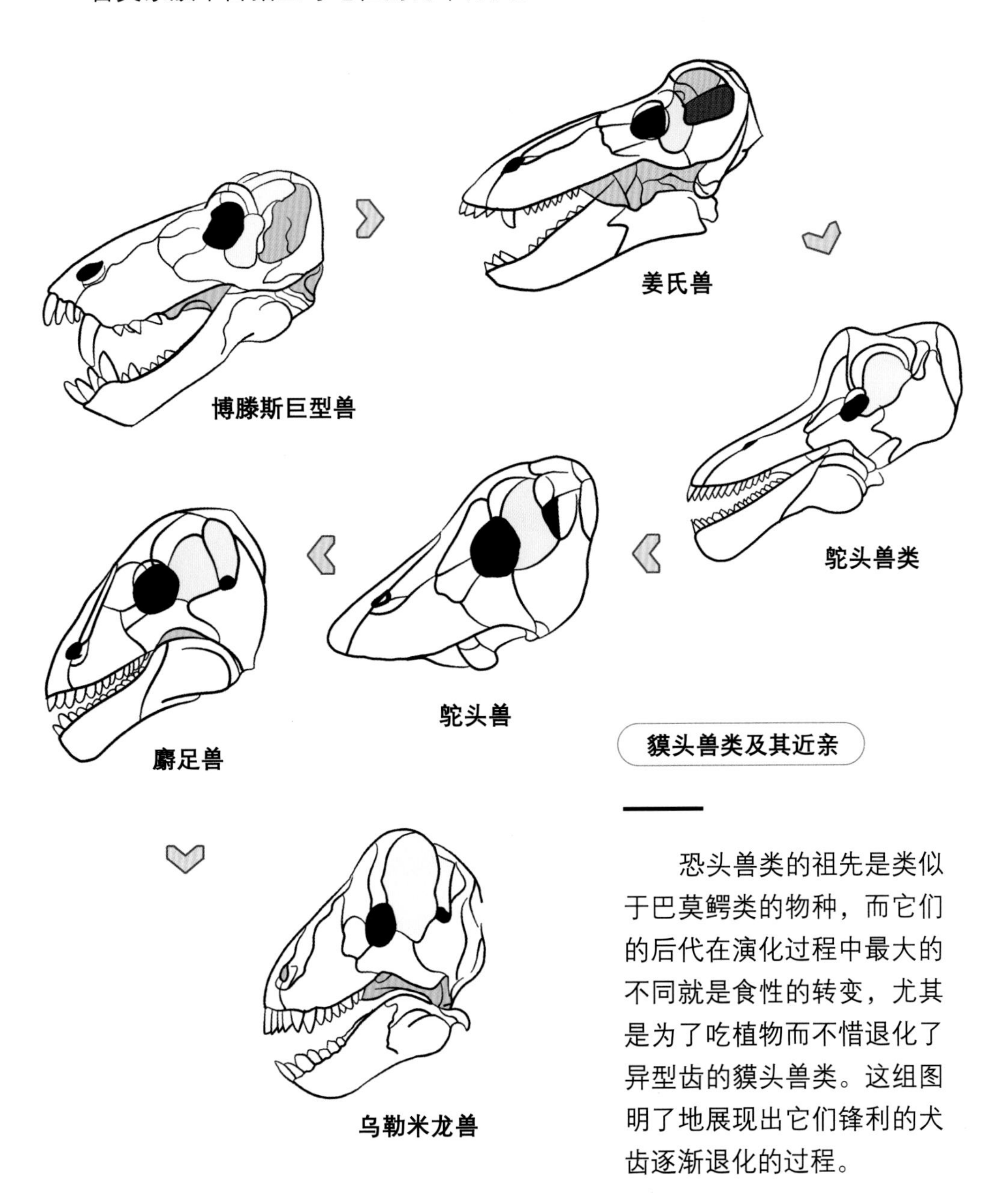

貘头兽类及其近亲

恐头兽类的祖先是类似于巴莫鳄类的物种，而它们的后代在演化过程中最大的不同就是食性的转变，尤其是为了吃植物而不惜退化了异型齿的貘头兽类。这组图明了地展现出它们锋利的犬齿逐渐退化的过程。

下孔类动物

冠鳄兽

Estemmenosuchus

乌拉尔冠鳄兽和奇异冠鳄兽最大的区别在于乌拉尔冠鳄兽的体形更大，但头上的“角”不明显；奇异冠鳄兽的体形较小，但棱“角”分明。奇异冠鳄兽的“角”不是用来攻击敌人的，而是起装饰作用。

生活时期	化石发现地	物种分类
二叠纪	俄罗斯	兽孔目 冠鳄兽科 冠鳄兽属

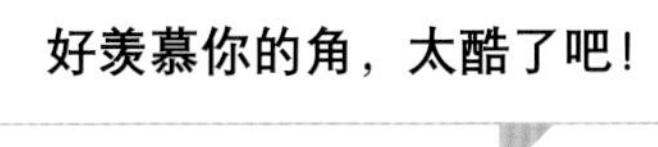

乌拉尔冠鳄兽

我更羡慕
你的身材。

奇异冠鳄兽

冠鳄兽的身材像是河马和犀牛的集合体，脸颊两旁延伸出较宽的角，头上的角更像是现生鹿科动物的角，嘴里长有獠牙。它们不是肉食性的动物。

冠鳄兽是一种看起来很奇怪的动物，它们的头上长有特别的角，看起来十分凶猛。它凭借独特的外貌经常出现在许多史前动物展中。

下孔类动物的演化

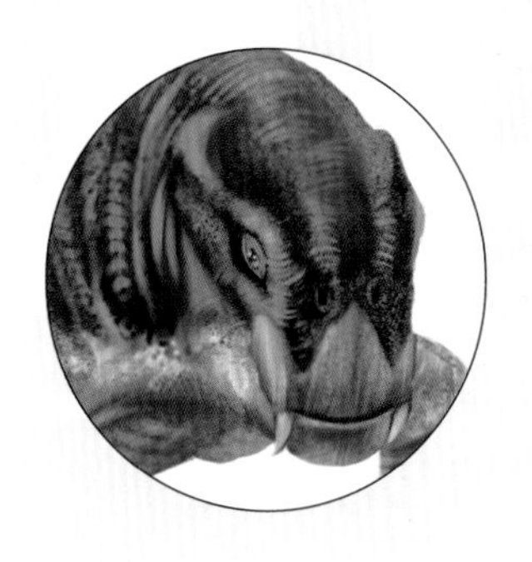

异齿兽类

Anomodontia

异齿兽亚目是古老的植食性族群，它们的体形庞大，四肢粗壮，虽然没有次生腭结构，但在二叠纪晚期的时候十分繁盛，直至三叠纪才灭绝。

异齿兽类在演化过程中出现了三大重要分支：

文努科维亚兽下目

奔龙兽下目

二齿兽下目

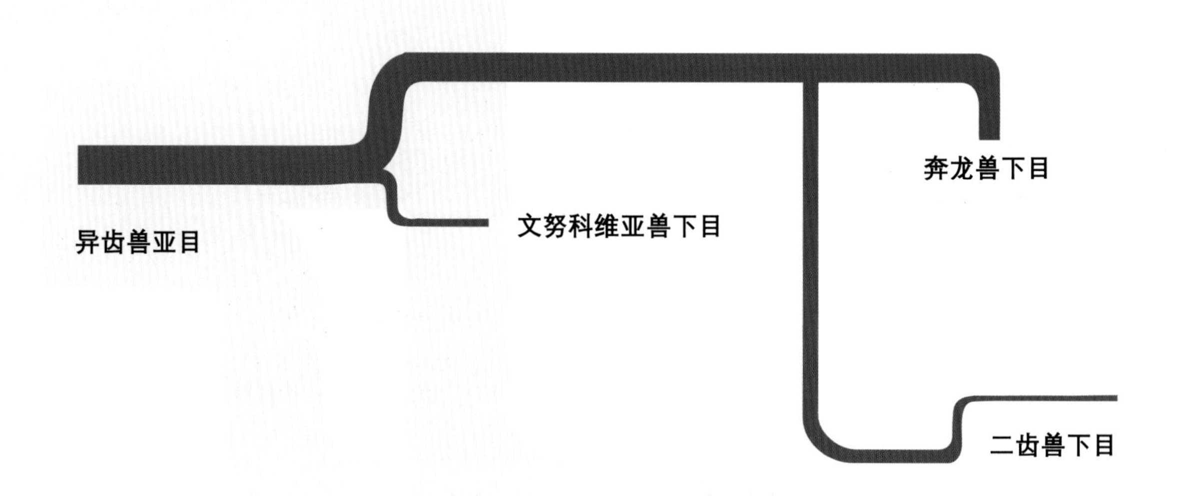

这群动物最早是以短小的身材出现，例如文努科维亚兽下目中的苏米尼兽，它是下孔类中最早树栖的动物之一。

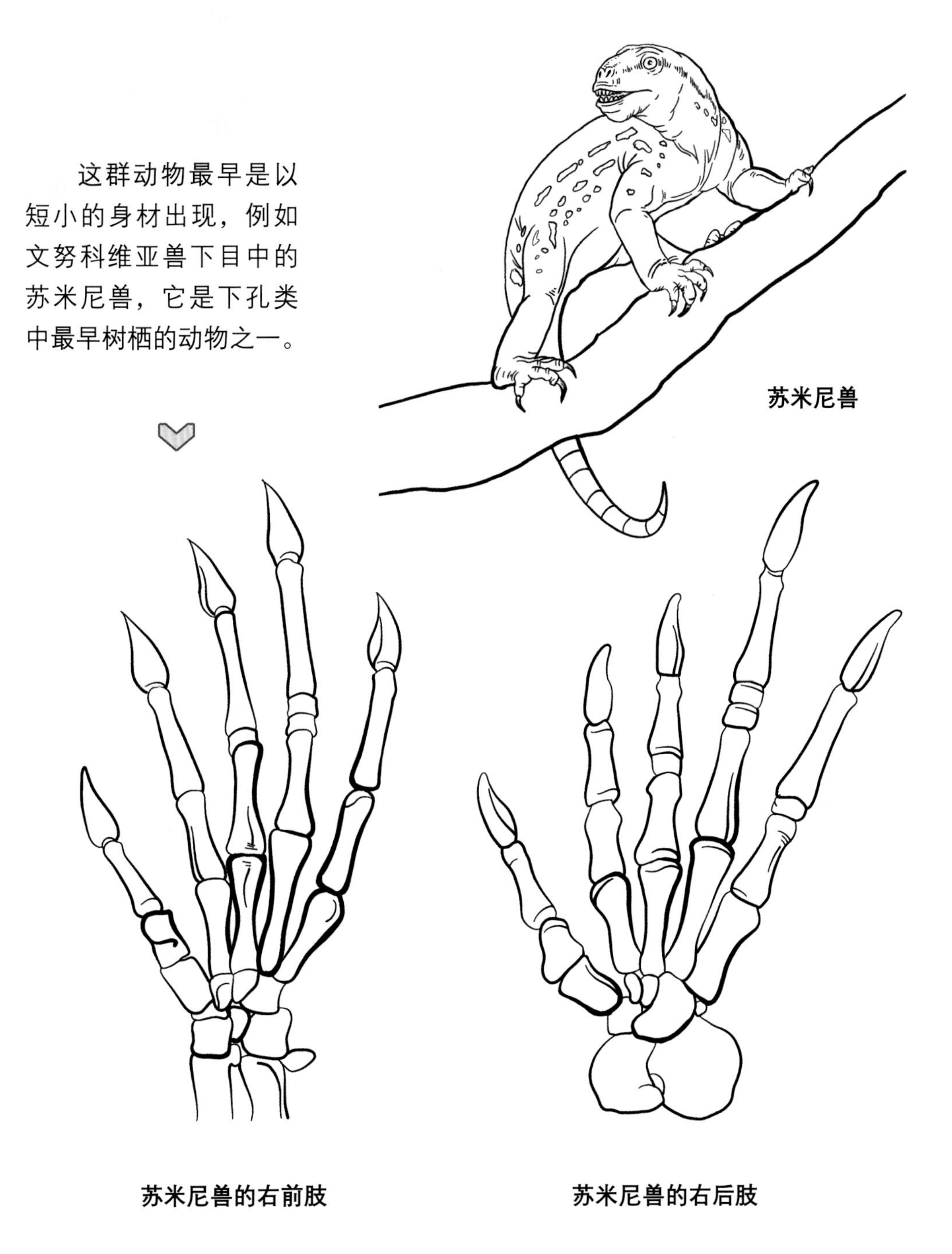

苏米尼兽

苏米尼兽的右前肢　　苏米尼兽的右后肢

苏米尼兽的体形很小，有着修长的前、后肢，其前、后肢的长度约有肢体的一半，它们的指尖长而弯曲，像是现在鸟类的爪子，这可能是它们适合在树上攀援的原因。

下孔类动物

水龙兽

Lystrosaurus

水龙兽的食性曾颇受争议，一部分人认为水龙兽是肉食性动物，它们有着坚硬的头骨，而这个有力武器可以将猎物击晕，方便狩猎；另一部分人认为水龙兽是植食性动物，它们特殊的头骨结构可以用来取食坚硬的植物。

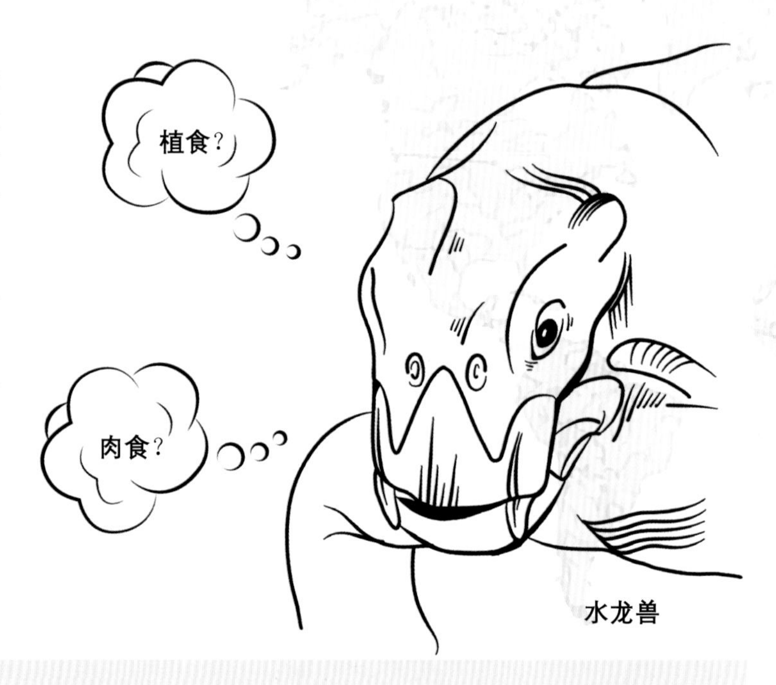

水龙兽

直到近代，古生物学家才发现水龙兽竟然长着坚硬的角质喙，可以用来咬断坚硬的植物。至此，它们的食性才确定了下来。

生活时期	化石发现地	物种分类
二叠纪晚期到三叠纪早期	中国、印度和南非	兽孔目 异齿兽亚目 冠鳄兽科

在二叠纪晚期曾发生过一次大灭绝，看起来十分笨重的水龙兽却在这次灾难中存活下来，这一切都要归功于它坚硬的头骨。

水龙兽的名字很酷，但是长相却与之不太相符。它们的身材与现生的河马很像，面部长有向下弯曲的牙齿，头骨十分坚硬，鼻孔接近眼睛，嘴部有角质喙。

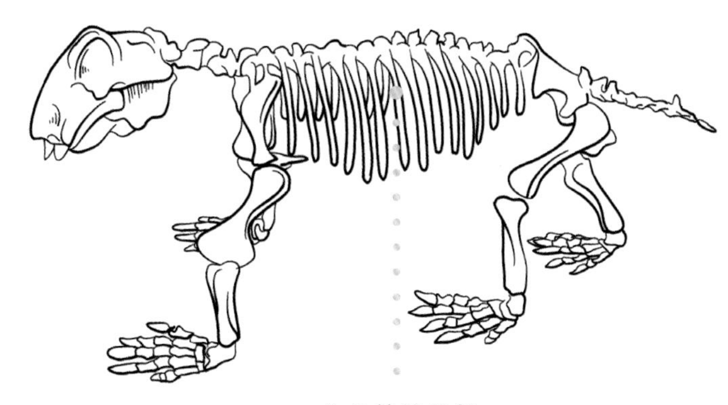

水龙兽的骨架

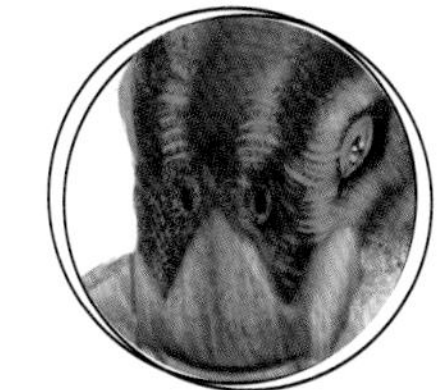

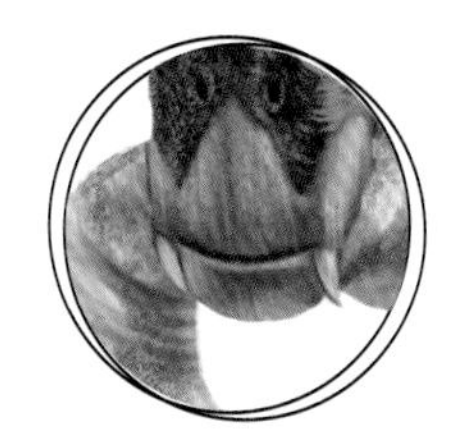

水龙兽分布示意图（晚二叠纪，约 2.6 亿年前）

水龙兽的行动比较笨拙，但它们的足迹曾遍布如今的中国、印度、俄罗斯、南非，南极洲等地。要知道陆生的它们是无法远渡重洋的，所以古生物学家意识到，三叠纪早期的大陆是一块完整的超大陆，由于后期的分裂才开始漂移，而广泛分布的水龙兽就是支持“大陆漂移学说”的有力证据。

水龙兽的头骨像把铲子，可以用来挖洞，并且它们在后期养成了冬眠的习惯。所以许多生物在地表经历灾难时，水龙兽却可以幸免于难。

下孔类动物

肯氏兽

Kannemeyeria

肯氏兽的生存可谓是“内忧外患”：

①天灾

九龙壁化石

“九龙壁”是证明二齿兽类动物群居的直接证据，化石中是一窝肯氏兽幼体，从化石发现地的岩层环境推测，它们很可能是因为陷入沼泽而亡。

被伪鳄类攻击的肯氏兽

②天敌

肯氏兽虽然长有獠牙却不会攻击敌人，就连逃跑都是慢吞吞的，导致许多动物都会去捕食它们，尤其是它们的天敌——犬颌兽。

生活时期	化石发现地	物种分类
三叠纪	除北极以外的大陆都有分布	兽孔目 二齿兽亚目 肯氏兽科

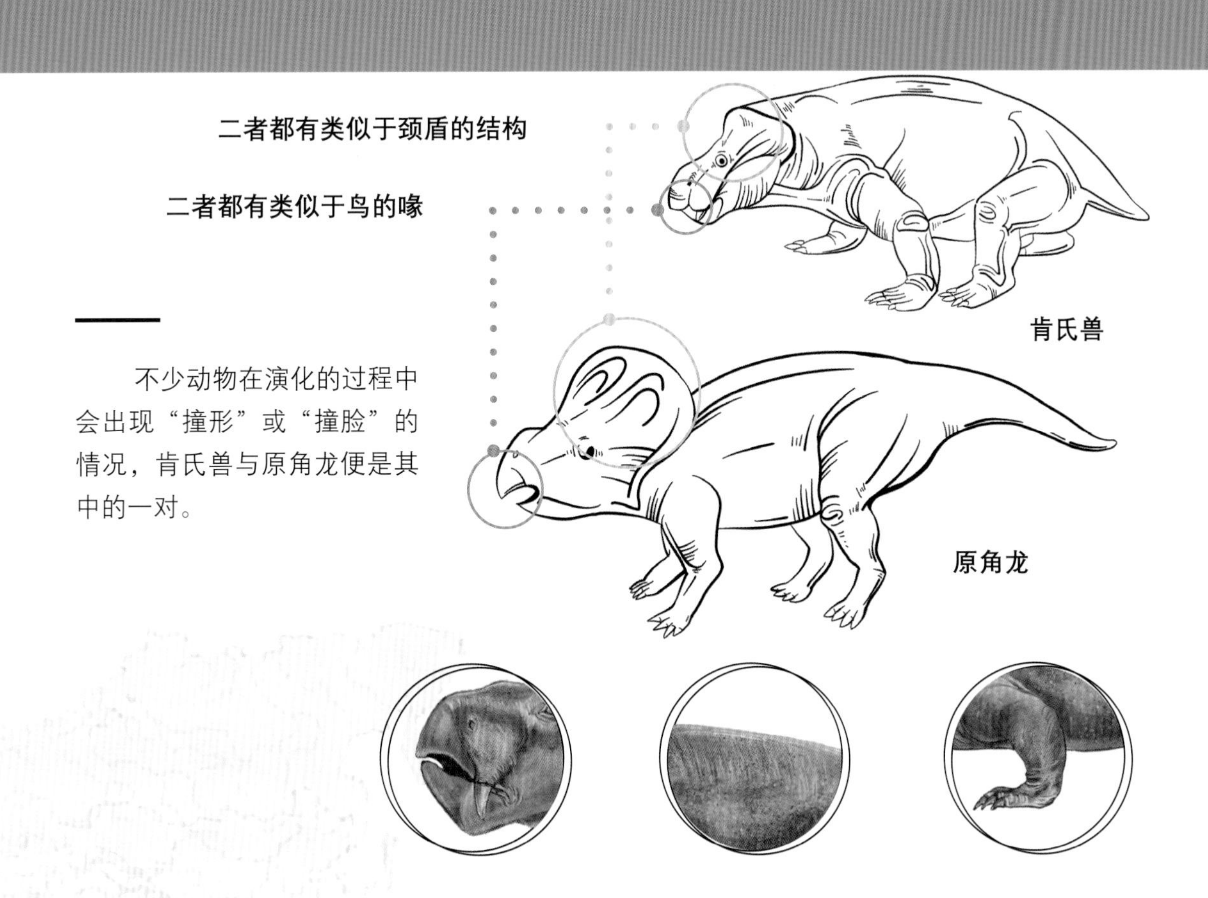

不少动物在演化的过程中会出现“撞形”或“撞脸”的情况，肯氏兽与原角龙便是其中的一对。

肯氏兽的体长可达 3 米，庞大的身体不仅可以保护自己，还可以容纳更多的食物。肯氏兽是一种植食性动物，它们不仅可以咬断植物，还可以将植物连根拔起。

肯氏兽是一种温和的动物，它们会互相照顾、一起觅食，不会主动攻击其他动物。它们有穴居的习性，擅长用强壮的吻部和两颗棒状的长牙挖洞。洞穴不仅可以帮助它们躲避天敌，还可以辅助它们寻找地下的食物和水源。

下孔类动物的演化

兽齿类
Theriodonts

兽齿类是一种生活在二叠纪中期的肉食性爬行动物，它们的家族从二叠纪末期至三叠纪早中期都比较繁盛。根据出现的时间顺序可以将兽齿类分为三大支：丽齿兽亚目、兽头亚目和犬齿兽亚目。

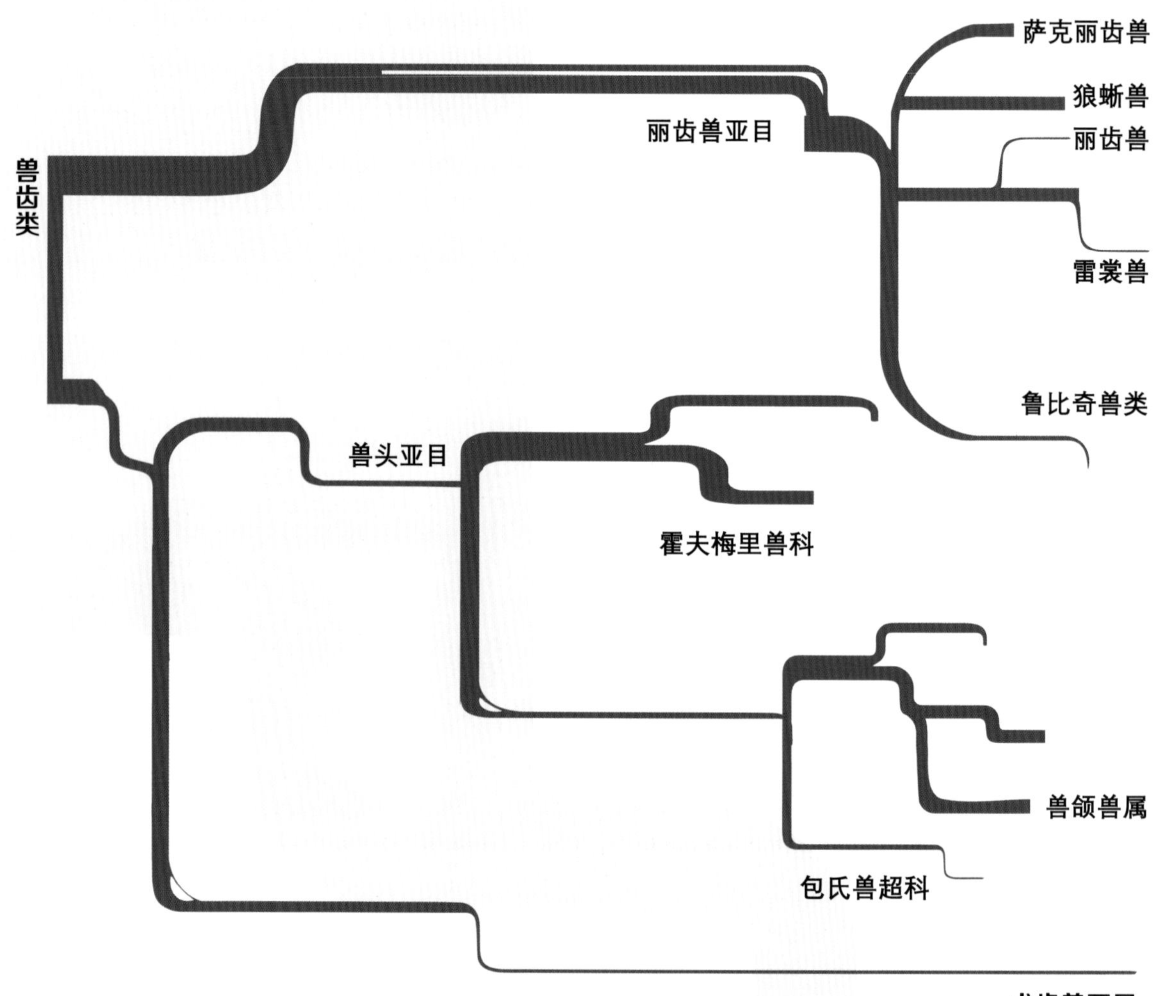

兽头亚目、犬齿兽亚目的牙齿与丽齿兽类相比，分化程度更高，身体结构也更加接近哺乳动物，它们属于兽孔目家族中与哺乳动物关系最亲密的类群。

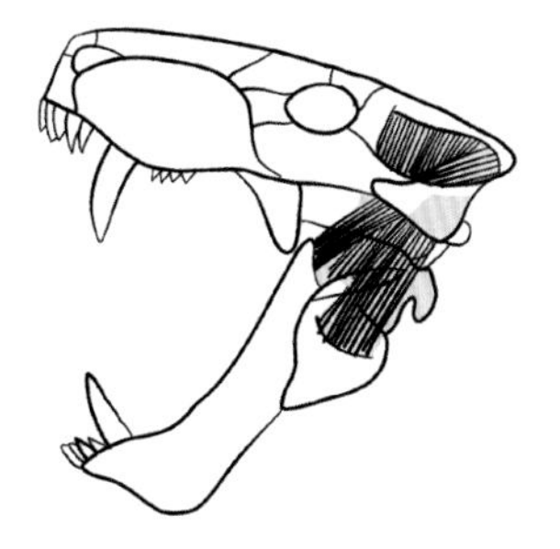
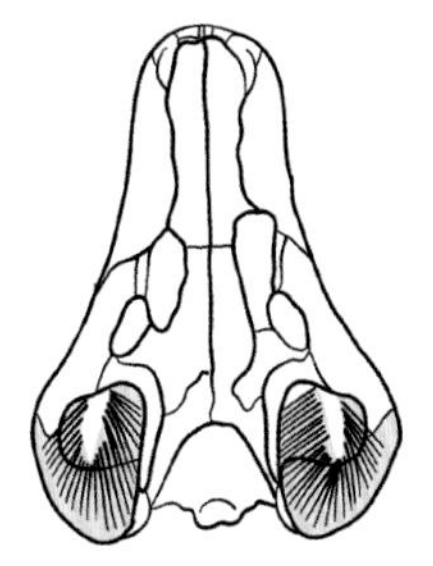

丽齿兽亚目

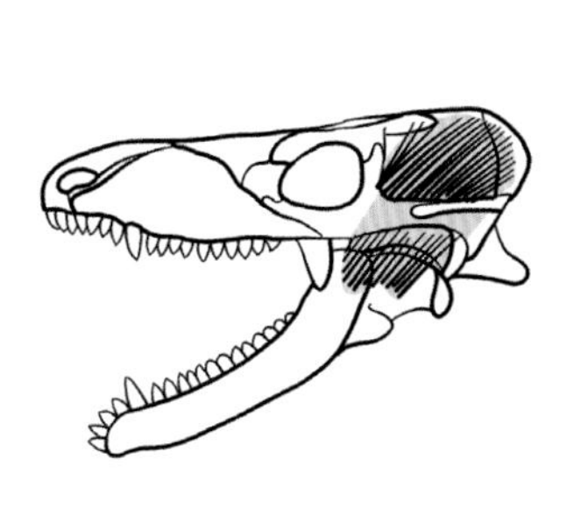
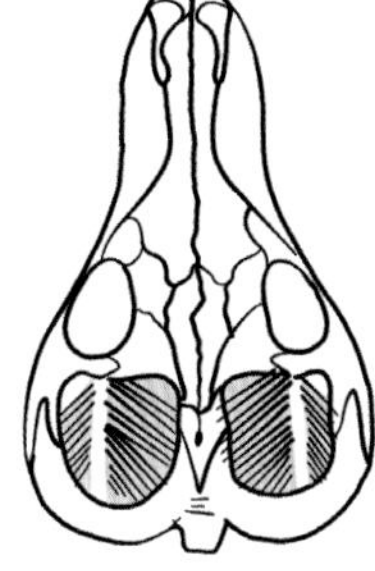

犬齿兽亚目

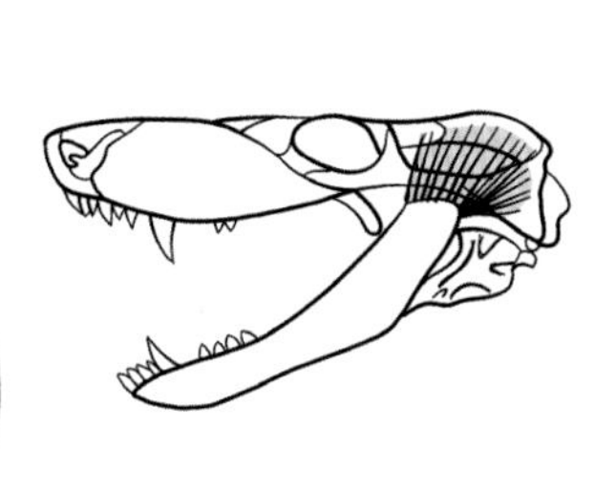
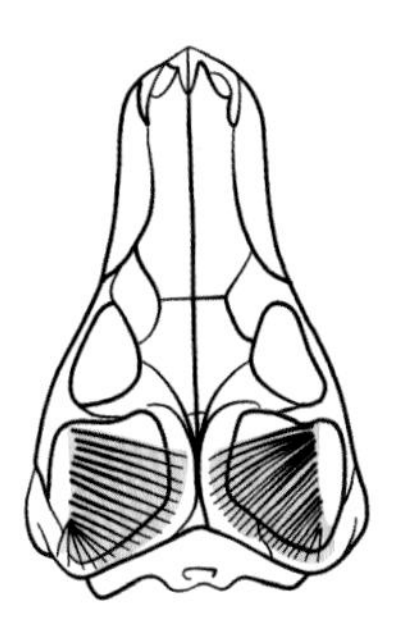

兽头亚目

莫舍惠茨氏兽捕食

正是因为兽头亚目和犬齿兽亚目与哺乳动物有高度的相似性，使得它们复原出来的样貌会自然地具有哺乳动物的特征。

例如兽头亚目的莫舍惠茨氏兽，它们的复原图具有“狗头鼠脸”的特征，辨识度很低，如果只通过头骨辨认这些动物，简直是太难了。

下孔类动物

狼蜥兽

Inostrancevia

狼蜥兽一般通过伏击的方式狩猎，它们的身体结构仿佛就是为了捕食盾甲龙这类动物而演化出来的，一方面拥有锋利的犬齿与强大的咬合力，另一方面拥有极快的扑击能力，可谓是“所向披靡”。

生活时期	化石发现地	物种分类
二叠纪末期	俄罗斯	兽孔目 丽齿兽亚目 丽齿兽科

从头骨来看狼蜥兽的眼窝处较小，鼻腔却大一些，因此研究人员认为狼蜥兽在狩猎时主要依靠的是嗅觉而不是视觉。

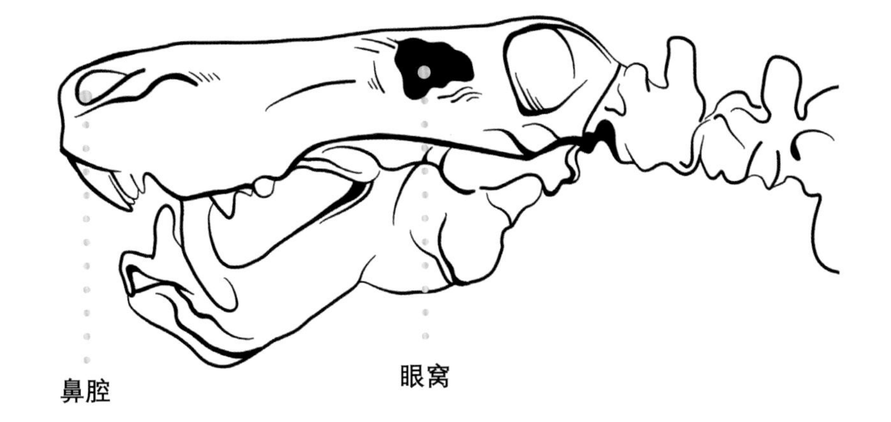

狼蜥兽被称为“具有狼性的蜥蜴”，最主要的原因就是它们有尖而锋利的犬齿，而身体又与蜥蜴相似。目前发现最长的狼蜥兽犬齿约 15 厘米，这也间接证明了它们在当时的独特地位。

狼蜥兽是二叠纪时期体形最大的肉食性动物之一，锋利的上犬齿加之突出的门齿以及复杂的关节和肌肉系统使得它们成为当时的顶级猎食者。

下孔类动物的演化

早期犬齿兽类演化

犬齿兽亚目

Cynodontia

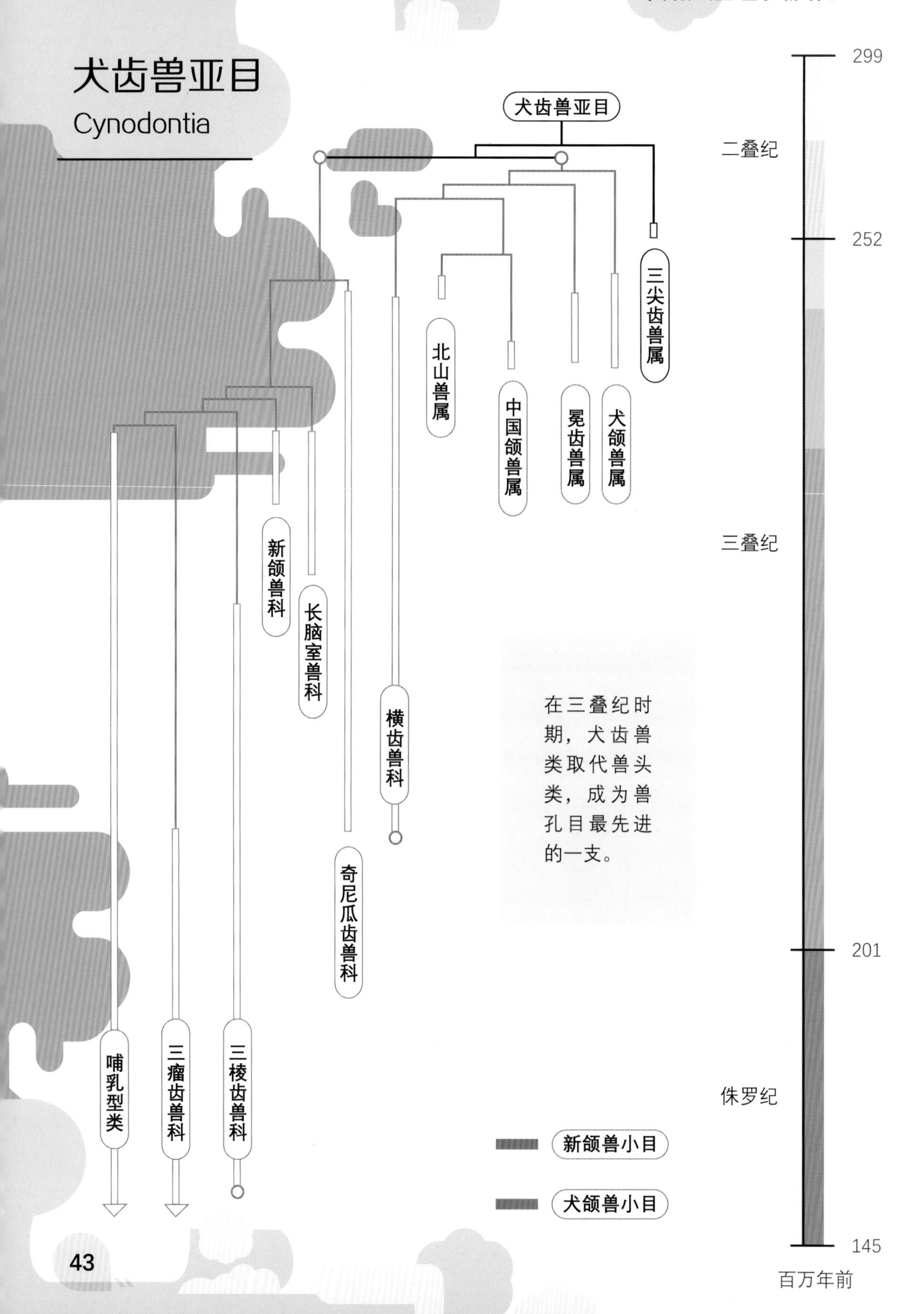

在三叠纪时期，犬齿兽类取代兽头类，成为兽孔目最先进的一支。

犬齿兽类主要分为犬颌兽小目和新颌兽小目，犬颌兽小目只兴盛了很短暂的一段时间，而新颌兽小目不断缩小体形，完善自身结构，最终在充满危险的中生代生存下来。

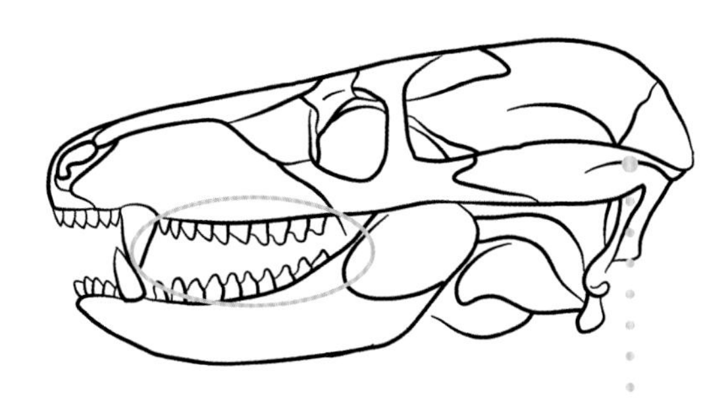

犬齿兽亚目

犬齿兽亚目和兽头亚目的头骨比较

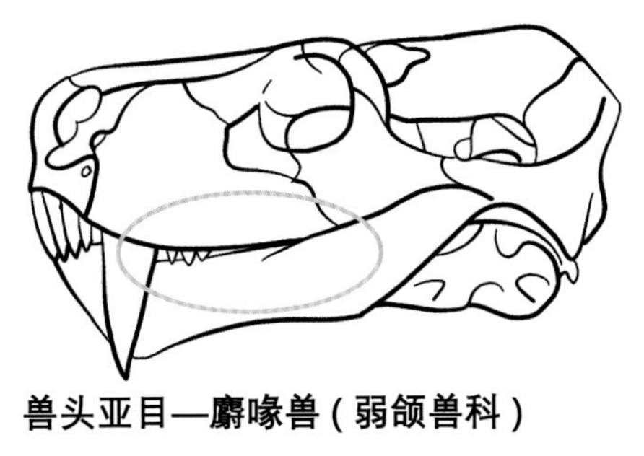

兽头亚目—麝喙兽（弱颌兽科）

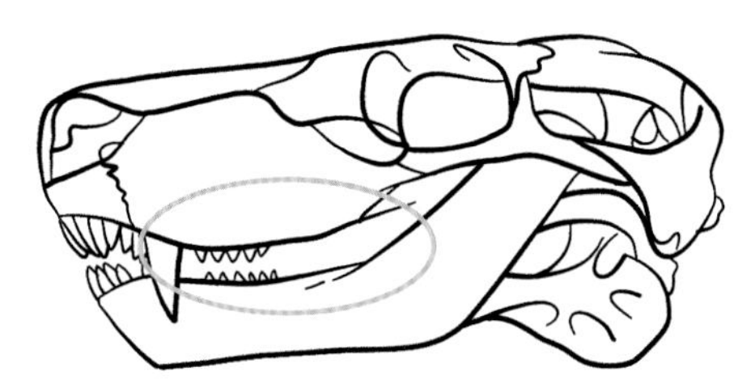

兽头亚目—弱颌兽科

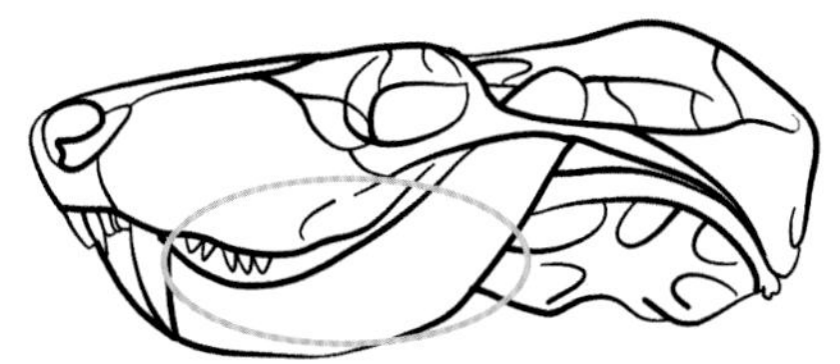

兽头亚目—霍夫梅里兽科

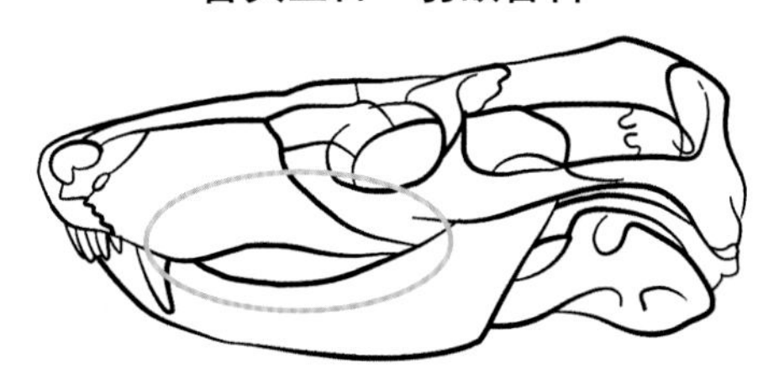

兽头亚目—兽颌兽

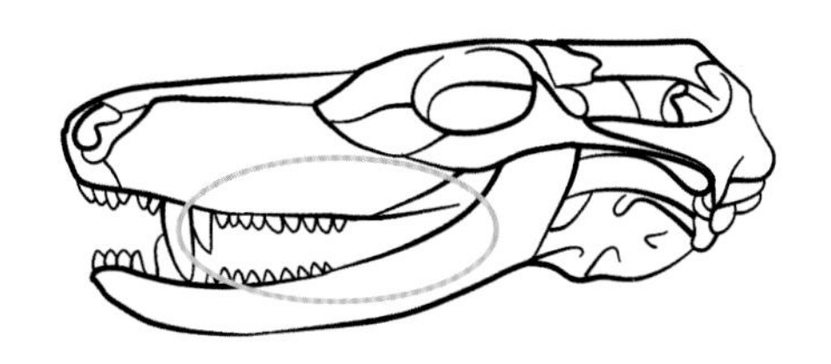

兽头亚目—似鼬鳄兽（包氏兽科）

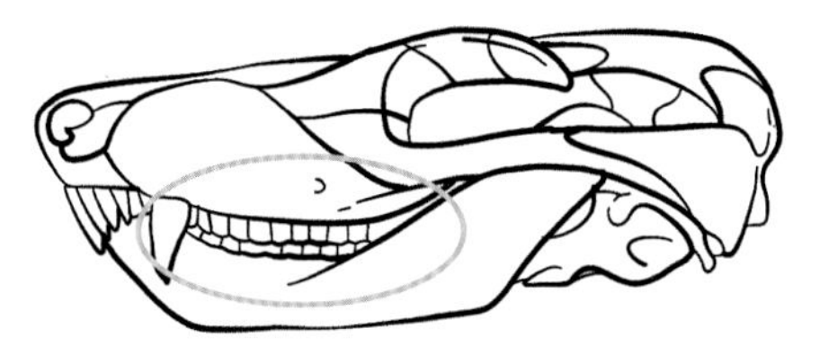

兽头亚目—包氏兽（包氏兽科）

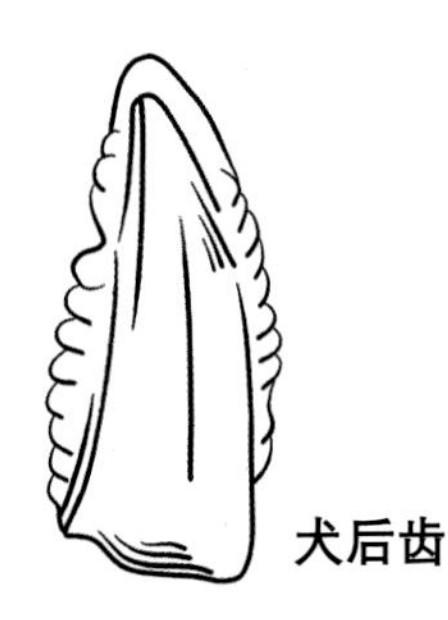

犬后齿

犬齿兽类的牙齿全部分化，尤其是它们的犬后齿（哺乳动物臼齿的雏形）有着像花瓣一样的齿尖，它们可以轻松地撕碎猎物，这一特征使犬齿兽类的取食能力增强。

原犬鳄龙是犬齿兽类基干位置的成员，它们的拉丁文名为*Procynosuchidae*，意为“过去的狗鳄鱼”，因此它们的复原图头型更偏向于狗。原犬鳄龙较为特别的就是四肢有蹼，可以在水中活动。

原犬鳄龙

三尖叉齿兽类为适应当时低氧的环境演化出了与现生哺乳动物相似的横膈膜。有了横膈膜，这些动物便可以进行腹式呼吸，从而帮助肺部吸收氧气。

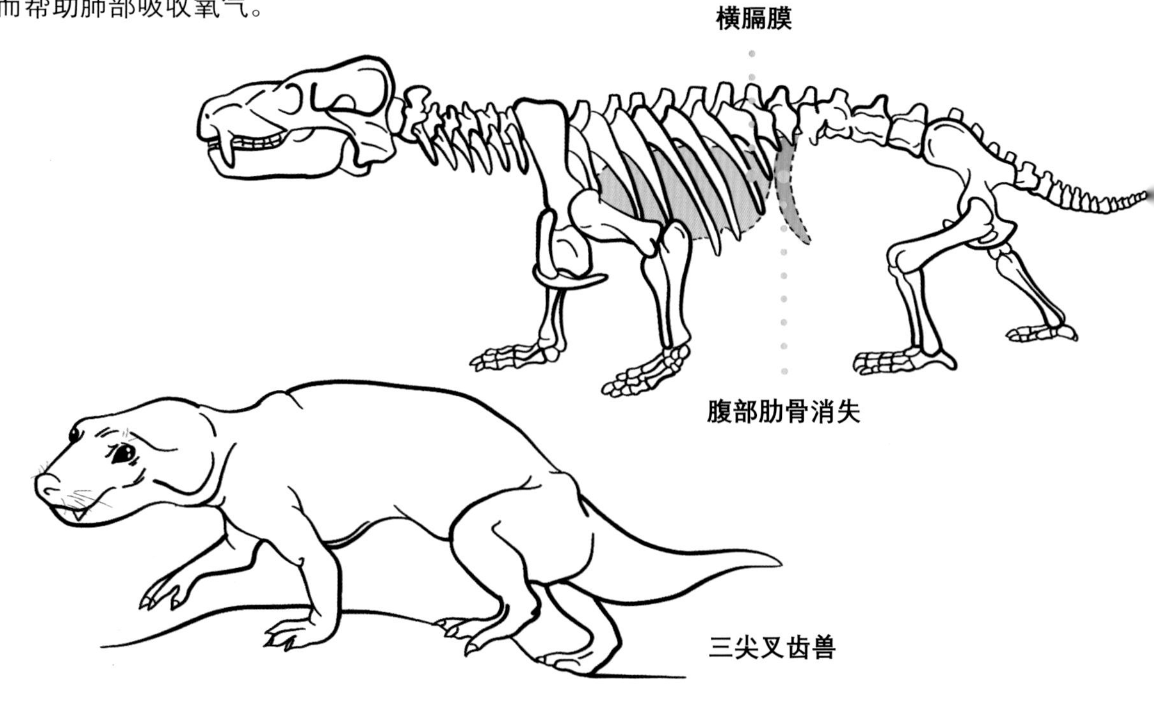

三尖叉齿兽

横齿兽科的动物与犬颌兽小目的其他家族成员关系较远，不过它们却是家族中生存时间最长的一类。它们经历了二叠纪到三叠纪的大灭绝事件，直到侏罗纪才逐渐消亡。它们主要以植物为食，为了适应环境，它们的牙齿也向着有利于切割植物的方向演化。

横齿兽科

A：负鼠（哺乳动物，现生）

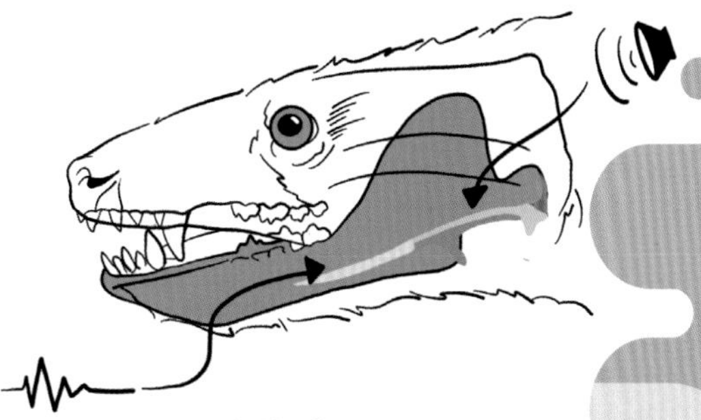

B：阿氏燕兽（哺乳动物，早白垩世）

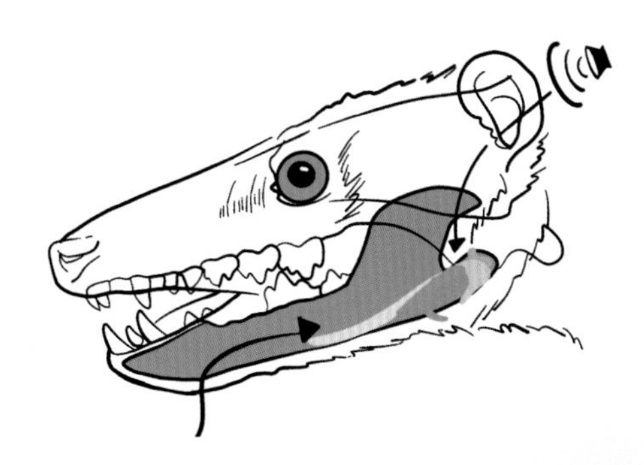

C：中国尖齿兽（哺乳型类，早侏罗世）

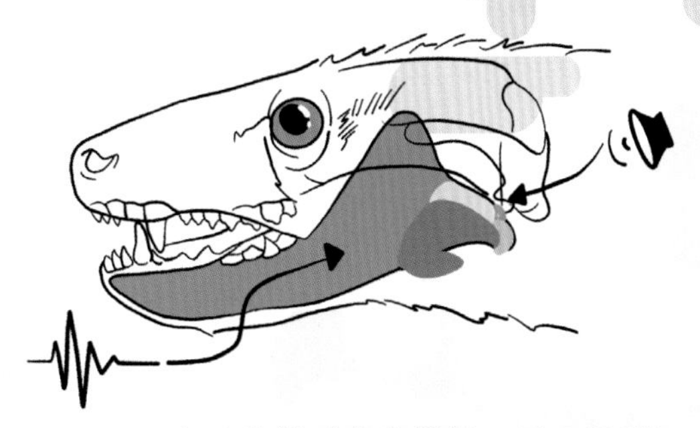

D：三尖叉齿兽（犬齿兽类，早三叠世）

在犬齿兽类向哺乳动物的演化过程中，犬齿兽类下颌的骨头数量减少，多余的骨头经过演化成为内耳的一部分，有了新的作用。随着听小骨的形成，动物的听觉从依靠下颌感受震动转变为接收空气震动。

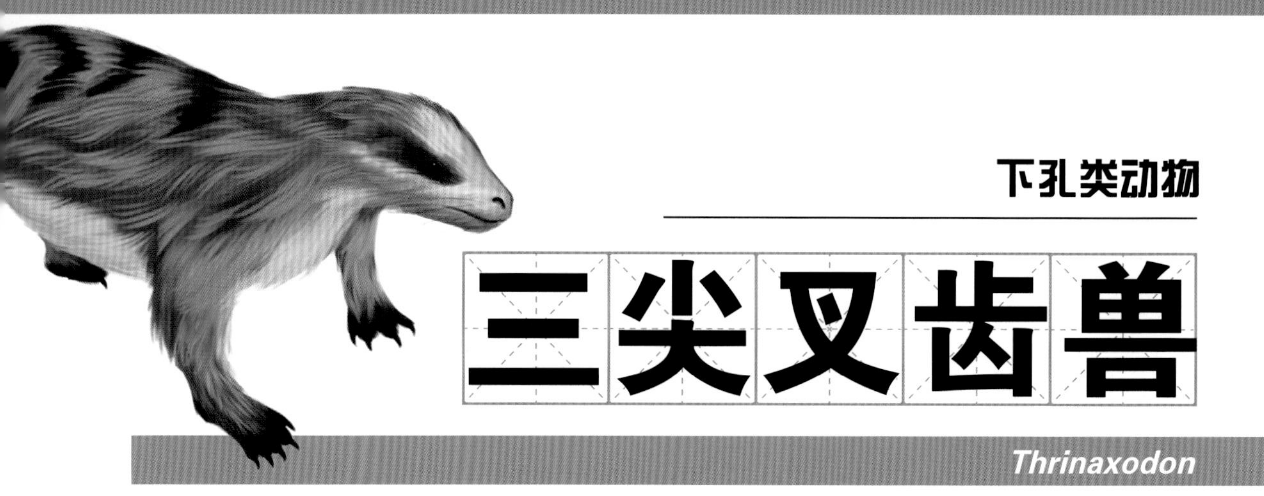

下孔类动物

三尖叉齿兽

Thrinaxodon

在 1975 年古生物学家发现了一块十分特别的洞穴化石，它们的身份和故事在许多年后才被揭开。这两位主人公一位是三尖叉齿兽，另一位是布氏顶螈。从姿势上看，它们蜷缩依偎在一起，但其实它们属于捕食关系，所以这块化石引发了人们无数的猜想……

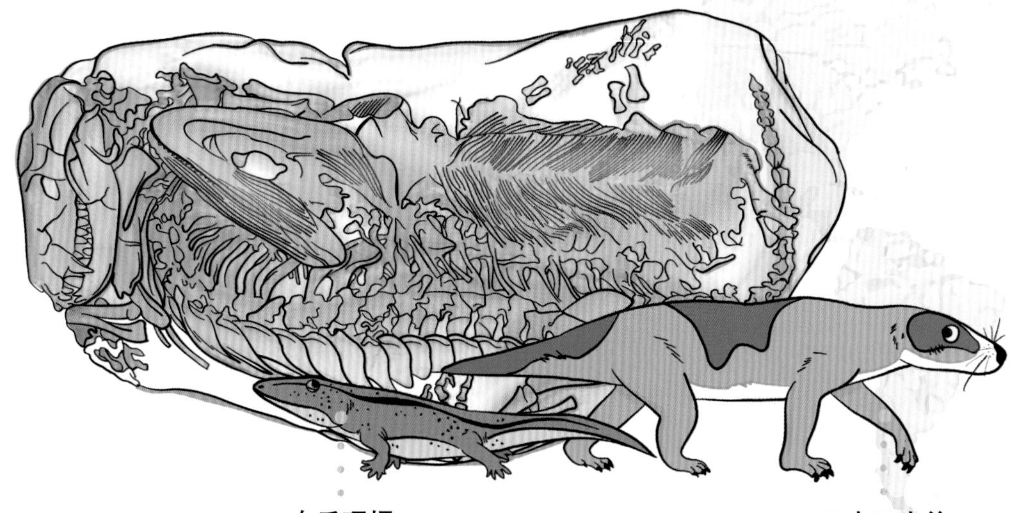

布氏顶螈　　三尖叉齿兽

猜想一：布氏顶螈是被捕食的猎物，还没有来得及被三尖叉齿兽食用。
猜想二：三尖叉齿兽在休眠，布氏顶螈急需一个容身之所。
猜想三：布氏顶螈是被洪水冲入洞穴中。

生活时期	化石发现地	物种分类
三叠纪早期	非洲，俄罗斯、中国	兽孔目 犬齿兽亚目 三尖叉齿兽科

经过研究人员对化石的剖析，布氏顶螈的肋骨的确有伤口，但并不是出自三尖叉齿兽，而且布氏顶螈更像是主动进入洞穴，因此研究人员推测出一个当时的情景：

三尖叉齿兽正在洞穴中长眠，布氏顶螈忍着剧痛缓慢行走着，为了躲避天敌寻找一个安身之处。突然，布氏顶螈看到了一个洞穴，为了不惊醒三尖叉齿兽，它蹑手蹑脚地爬了进去，没想到突如其来的洪水将它们掩盖……

“依偎”

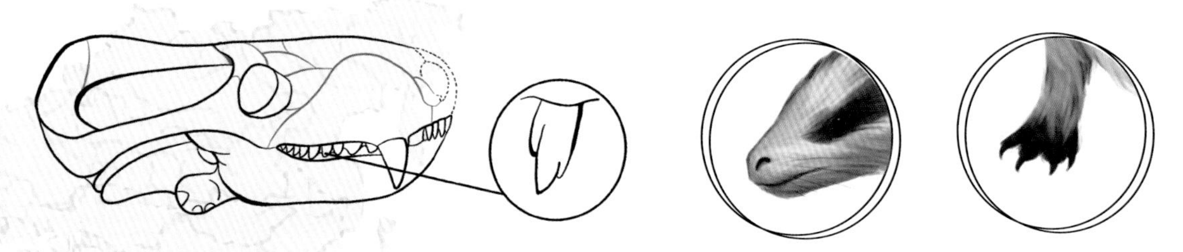

三尖叉齿兽的名字来源于它们的牙齿，它们的犬后齿分化出了三个尖尖的部位，因此叫作三尖叉齿兽。在它们头骨的前端有许多小孔，研究人员推测这是胡须生长的位置。胡须与性别无关，是重要的感知器官。

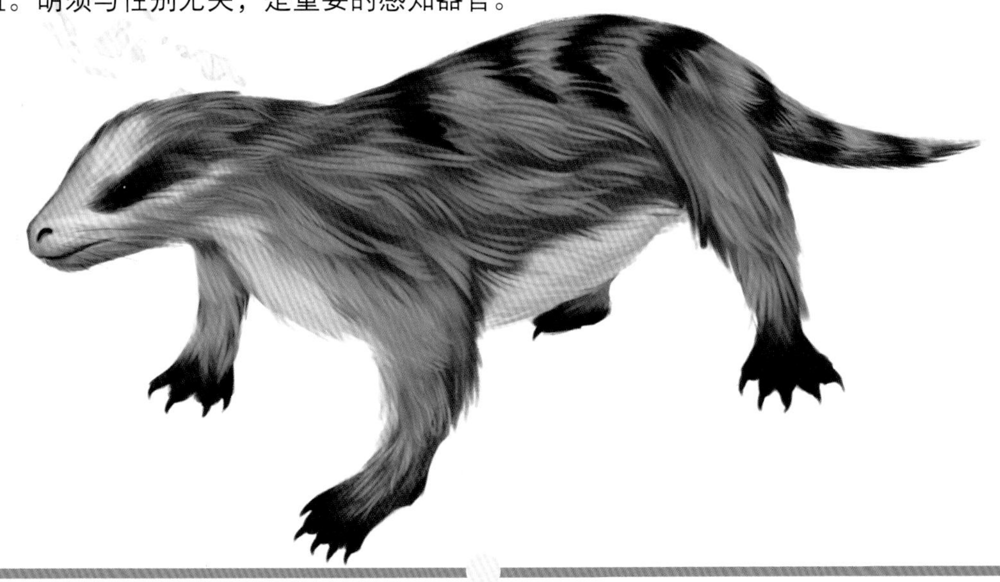

三尖叉齿兽的身材矮小，全身覆有毛发，以一些小动物或昆虫为食。它们眼睛的位置与一般爬行动物不同，爬行动物的眼睛多分布在头部的两侧，三尖叉齿兽的眼睛则靠近头部中间，可以直视前方。它们还有锋利的爪子，可以帮助它们开凿地洞。

下孔类动物

三瘤齿兽

Tritylodon

在侏罗纪的陆地上有体形庞大的恐龙，天空中有翱翔的翼龙，水中有鱼龙与蛇颈龙，而与这些动物同时期生活的犬齿兽家族像是在夹缝中求生。

挖掘

三瘤齿兽是犬齿兽家族中最“先进”的一员。它们具有许多哺乳动物的特征，因此曾被归类于哺乳动物。但是它们的头骨等部位的结构与似哺乳爬行动物相似，后又被归为下孔类动物。

生活时期	化石发现地	物种分类
侏罗纪早期	南非	兽孔目 犬齿兽亚目 三瘤齿兽科

三瘤齿兽的属名意为 “有三齿尖的牙齿”，这是因为它们的犬后齿上面有 3 个齿尖。其牙齿的形状表明，它们是植食性动物。

从三瘤齿兽的前肢与肩部的结构来看，它们适合挖掘洞穴，因此古生物学家推测它们可能是一种穴居动物。

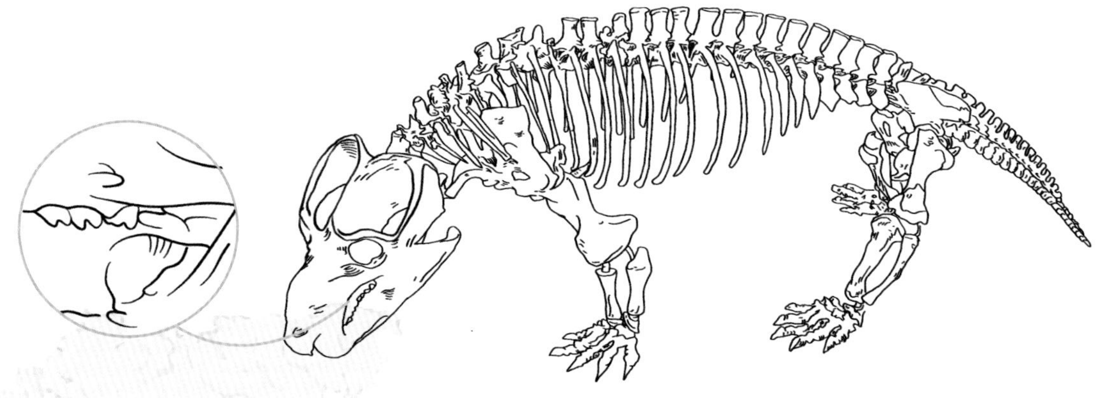

三瘤齿兽科成员的骨架

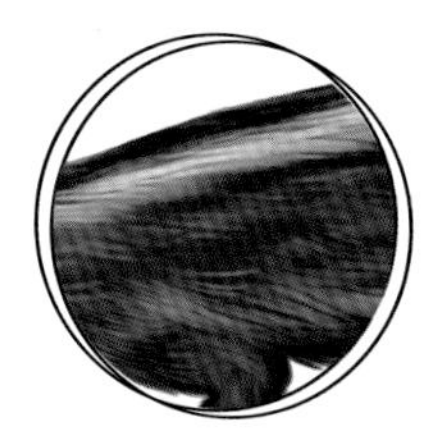

三瘤齿兽是一种小型动物，它们的四肢与早期兽孔类动物不同，早期兽孔类动物的四肢是从身体两侧生长，而三瘤齿兽的四肢是从身体下方直立生长，用来支撑身体。

对于三瘤齿兽科在白垩纪中期灭绝的原因，目前仍不清楚，或许是它们在与哺乳类动物的竞争中处于下风，又或许是某些在侏罗纪与白垩纪时期演化成植食性的三瘤齿兽类不适应去摄食当时出现的被子植物。

前行
QIANXING

- 哺乳动物的演化
- BURU DONGWU DE YANHUA

最原始的哺乳动物虽然不是真正的哺乳动物，但已经具备了哺乳动物的结构，所以我们称之为哺乳型类。哺乳型类是哺乳动物的祖先向真正的哺乳动物演化过程中的过渡类群。

第二章

前 行

QIANXING

哺乳动物系统发育定义

哺乳动物的演化是非常成功的，现生的哺乳动物约有1000个属，而目前已知的哺乳动物化石约有4400个属，这些保存下来的动物化石就是古生物学家研究哺乳动物演化和系统发育的证据。

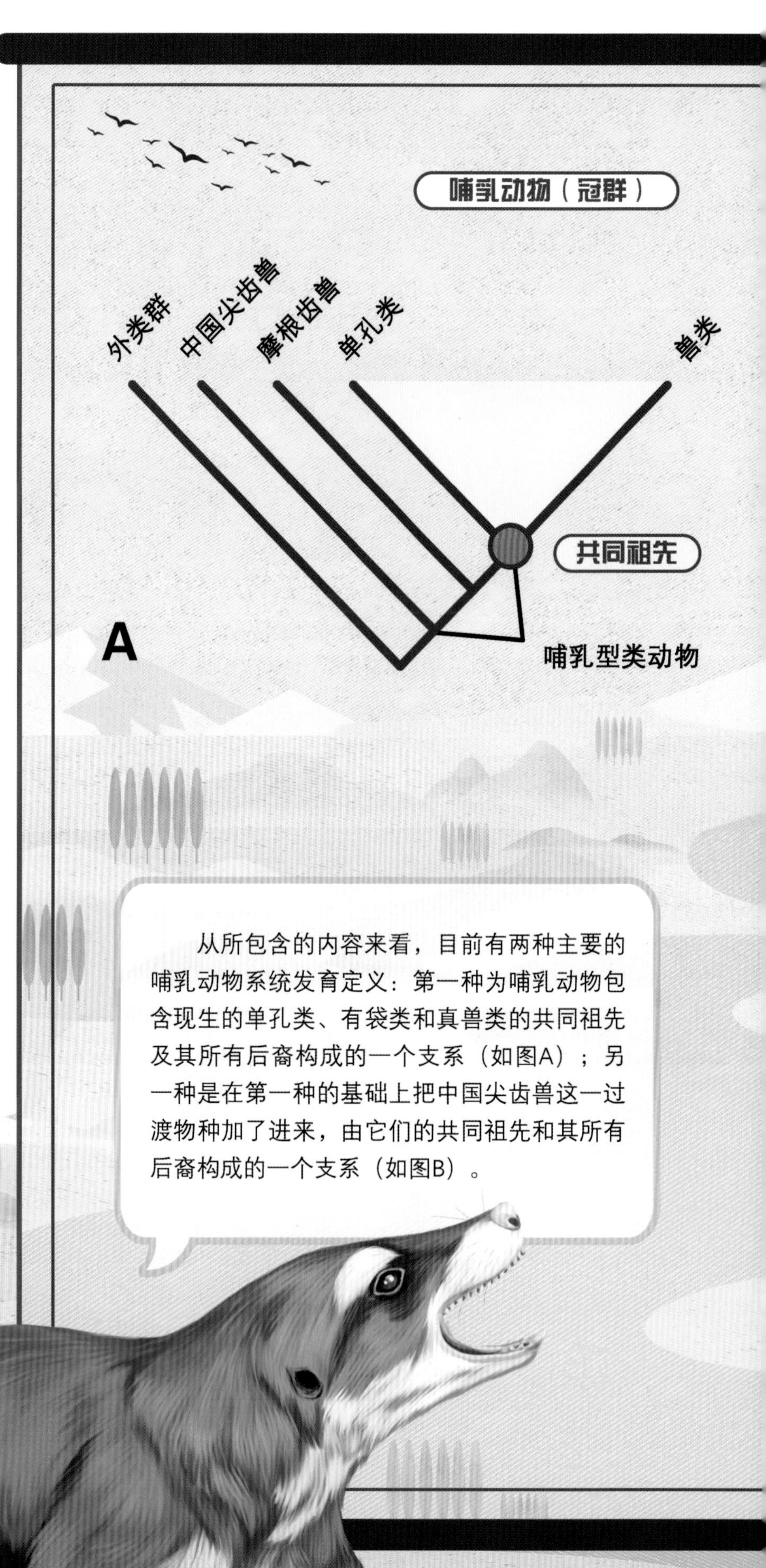

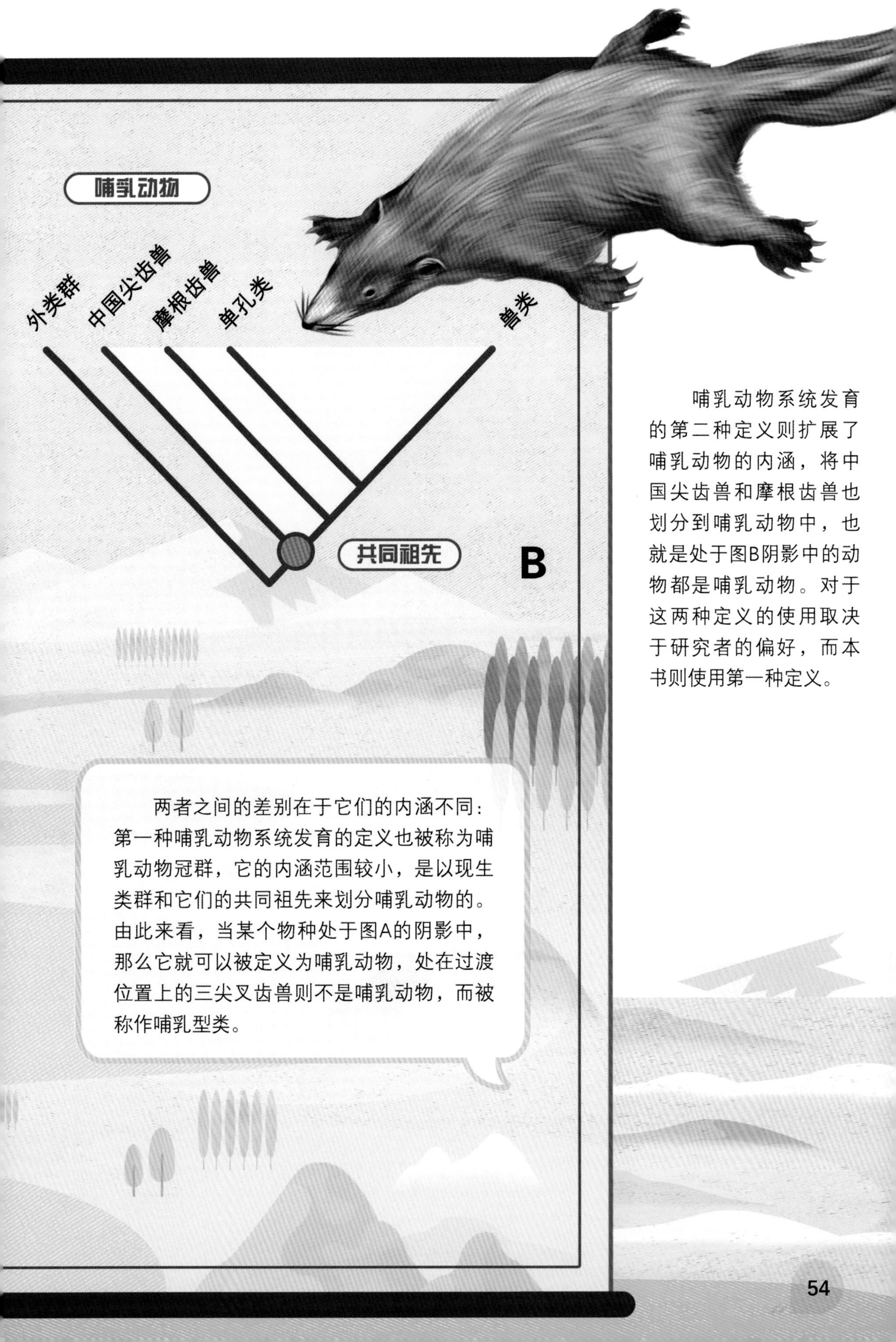

两者之间的差别在于它们的内涵不同：第一种哺乳动物系统发育的定义也被称为哺乳动物冠群，它的内涵范围较小，是以现生类群和它们的共同祖先来划分哺乳动物的。由此来看，当某个物种处于图A的阴影中，那么它就可以被定义为哺乳动物，处在过渡位置上的三尖叉齿兽则不是哺乳动物，而被称作哺乳型类。

哺乳动物系统发育的第二种定义则扩展了哺乳动物的内涵，将中国尖齿兽和摩根齿兽也划分到哺乳动物中，也就是处于图B阴影中的动物都是哺乳动物。对于这两种定义的使用取决于研究者的偏好，而本书则使用第一种定义。

哺乳型类动物

哺乳型类动物的外形、大小和鼩鼱差不多。它们的牙齿排列都是固定的，其缺点是磨损的牙齿不能被替换，所以哺乳型类动物长出了棱柱状牙齿，可以帮助它们分散咬合力。

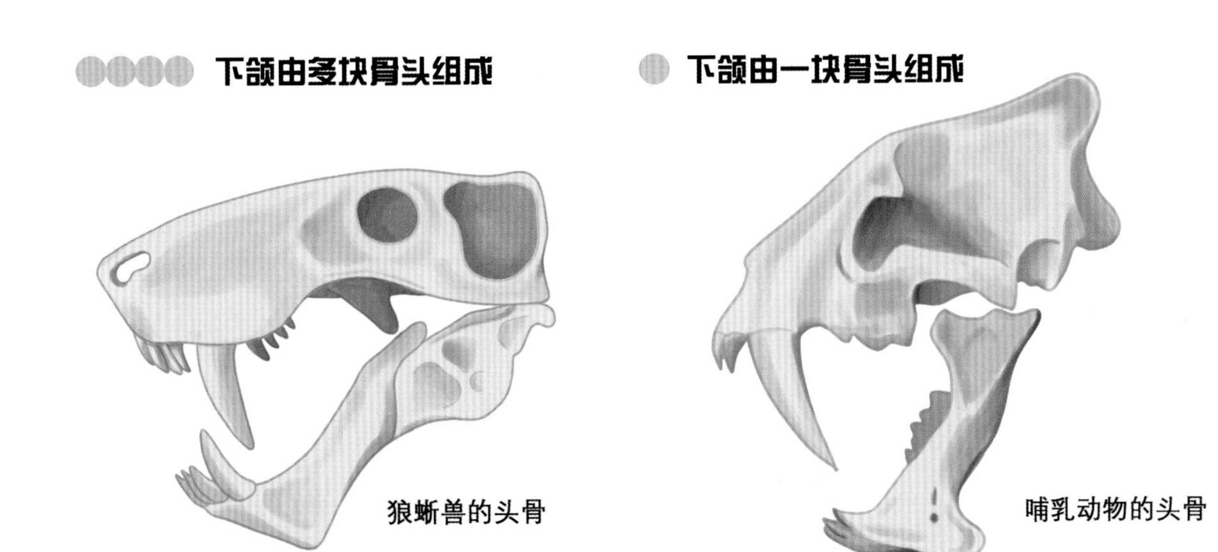

哺乳动物有一个关键的特征，就是下颌只有一块骨头——齿骨，并且下颌与头颅是通过齿骨和鳞骨相连接的。一般爬行动物的下颌是由多块骨头组成，有些爬行动物的下颌骨在吞咽食物时还可以分开。

哺乳型类动物主要类群及分类
我们被称为哺乳型类动物中最早的“素食者”。
哺乳型类
隐王兽属
中国尖齿兽
贼兽类
我们的牙齿开始“分区”使用。
柱齿兽类
我们拥有复杂的牙齿，臼齿上的齿尖开始变化。
摩根齿兽类

贼兽目的系统分类位置存在很大争议，一种观点为贼兽目处于哺乳动物（冠群）之外，属于哺乳型类动物；另一种观点为贼兽目与多瘤齿兽目形成姐妹群，都属于哺乳动物。参考《古脊椎动物学》（第四版），本书采用第一种观点，将贼兽目置于哺乳型类。

主要代表物种简述

在三叠纪期间，兽孔目犬齿兽亚目中演化出了最早的哺乳型类动物。它们主要是摩根齿兽类和柱齿兽类等。它们依旧是依靠产卵繁殖后代，但会对后代进行哺乳，母兽的乳腺并不发达，只能分泌出一些乳汁供幼崽舔舐。

芮氏中国尖齿兽

Sinoconodon rigneyi

芮氏中国尖齿兽生活在距今约 1.93 亿年前的侏罗纪早期，是一种早期的哺乳型类动物，它们的属名 *Sinoconodon* 是由三个词根组合而成：分别是“*sino*（中国）+ *con*（尖锐的）+ *odon*（牙齿）”。

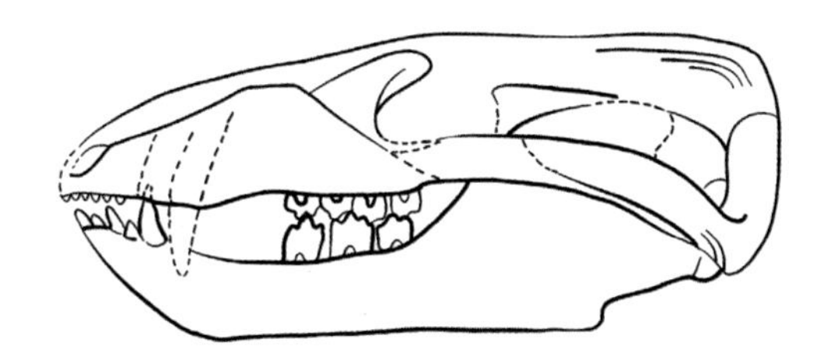

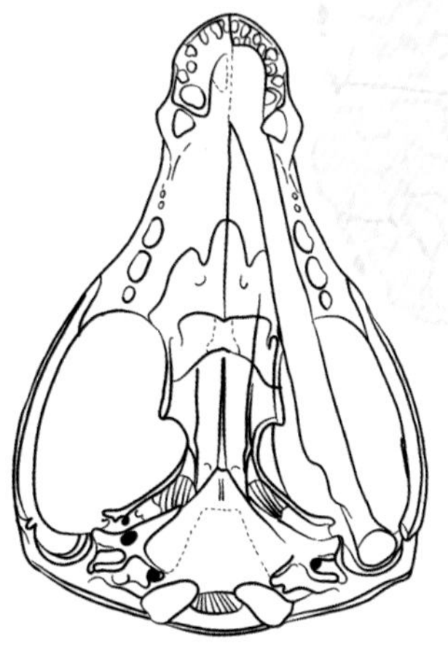

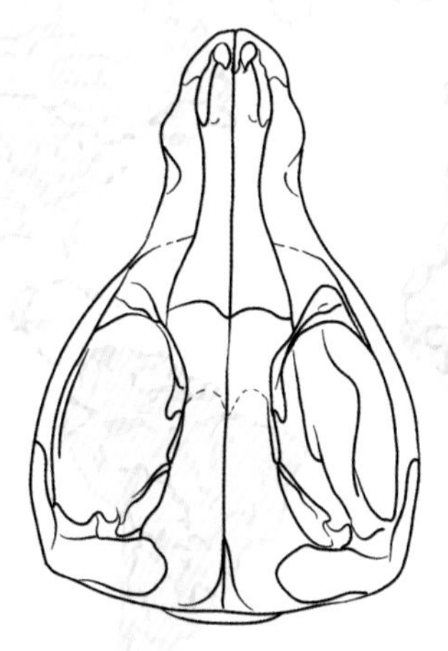

芮氏中国尖齿兽的头骨

芮氏中国尖齿兽的化石发现于云南省禄丰县，虽然只是头骨化石，但也比较完整。从化石上不仅可以看到单一的下颌关节和已经具有一定分化的牙齿，还可以看到比较发达的内耳结构等，这些都是哺乳动物的特征。

生活时期	化石发现地	物种分类
侏罗纪早期	中国云南	哺乳型类 中国尖齿兽科

芮氏中国尖齿兽是特别袖珍的小家伙，体长约 25 厘米，外貌与摩根齿兽类相似，但它们的形态特征更为原始，分布范围也更小。

家猫与芮氏中国尖齿兽体形对比

芮氏中国尖齿兽不仅具有哺乳动物的特征，而且像大部分爬行动物似的有着长得较慢却可以终生生长并替换的牙齿，所以它们是一种过渡类型的哺乳动物（真正的哺乳动物一生只替换一次牙齿）。根据芮氏中国尖齿兽牙齿的特征，古生物学家推测其是以植物的根茎和昆虫为食，而且有可能在淡水周边寻找一些软体动物。

芮氏中国尖齿兽的头骨可以无限期生长，目前已知最小的头骨约 22 毫米，最大的头骨约 62 毫米。它们的头骨在其门齿和犬齿生长替换的时候还会有一些增长，这种神奇的特征也出现在犬齿兽家族中。

摩根齿兽

Morganucodon

爬行动物有一大特征，就是它们的牙齿都是同型齿。什么是同型齿呢？就是所有牙齿都长一个样子。与二叠纪时期的下孔类动物相比，早期的哺乳型类动物的牙齿有了比较明显的齿式分化。

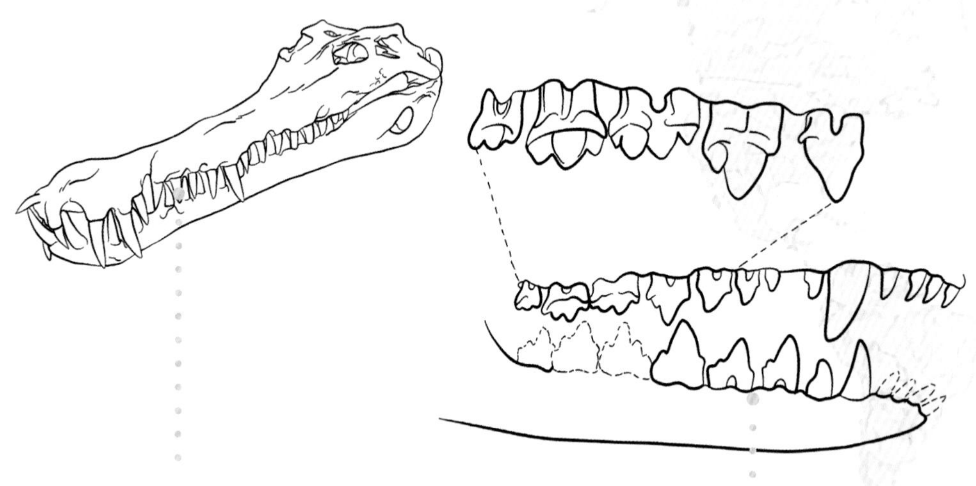

爬行动物的牙齿

摩根齿兽的牙齿

例如摩根齿兽，它们会用前面的犬齿撕咬猎物，用侧面的牙齿磨碎食物，这一特征已经逐渐趋向于哺乳动物。与哺乳动物不同的是，摩根齿兽仅可以通过下颌进行前后运动（咀嚼），而哺乳动物的咀嚼方式是上下运动（咀嚼）。

生活时期	化石发现地	物种分类
三叠纪晚期	欧洲，中国云南	哺乳型类 摩根齿兽目 摩根齿兽科

次生腭是分隔鼻腔和口腔的骨质硬腭，它位于舌头上方。我们人类也有，舌头向上舔到的地方就是。

次生腭最大的作用就是使哺乳动物可以一边咀嚼一边呼吸，但对于不咀嚼的爬行动物来说，却是无关紧要的一部分。

此时的摩根齿兽已经具有了哺乳动物的这一特征：完全发育的次生腭。

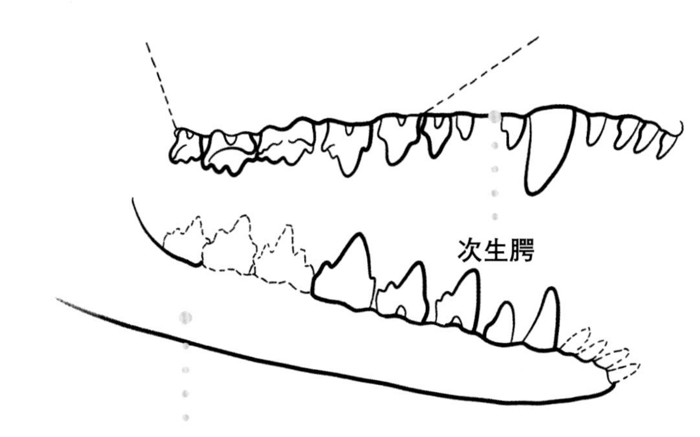

摩根齿兽嘴部

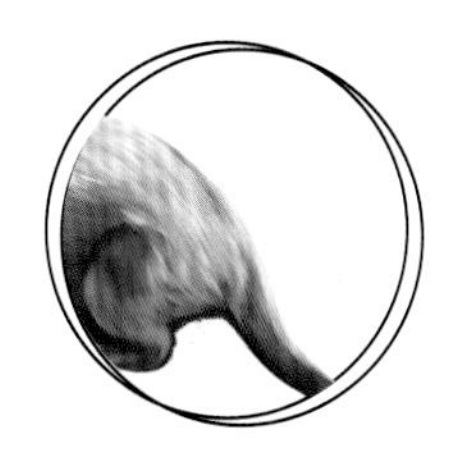

摩根齿兽的体形比小家鼠稍大一些，修长的四肢可帮助它们快速奔跑追赶猎物。它们的腹肋发生退化，这一改变为腰椎提供了更大的活动空间，可以在洞穴中灵活穿梭。

摩根齿兽在三叠纪晚期就已经出现，在恐龙称霸的年代，它们只能过着到处躲藏、昼伏夜出的生活。不过，它们的适应能力极强，从而演化出了不同的类群。

哺乳型类

Mammaliaformes

贼兽目

Haramiyida

在三叠纪晚期，地球上生活着一类奇特的动物——贼兽目，它们的体形娇小，善于攀爬，长长的尾巴可以帮助它们缠卷树枝。除此之外，它们的脚上还长有和鸭嘴兽类似的毒刺。

贼兽目家族在过去的 170 多年中一直都是一个神秘的存在，因为它们保存下来的化石数量极少，即便被保存下来，大多也只是单个的牙齿化石，所以古生物学家一直无法弄清贼兽家族的真实面目。

直到 2014 年 9 月，中国科学院古脊椎动物与古人类研究所的研究人员报道了在中国燕辽生物群中发现的陆氏神兽、玲珑仙兽和宋氏仙兽的化石，才让大家更清楚地了解到贼兽目家族。

玲珑仙兽

这些标本也展现出贼兽目家族树栖的特点，比如它们身形纤细、灵巧；细长的掌部骨骼体现出良好的抓握和攀援能力；可以缠卷的长尾巴等。

贼兽目家族中还有一些成员的前后肢、颈部和尾巴上有皮膜相连，比如金氏树贼兽和阿霍氏树贼兽等。由此可见其家族成员的多样性。

金氏树贼兽

虽然贼兽目家族保留了一些原始的特征，但它们表现出更多的哺乳动物特征，比如哺乳动物的中耳结构，哺乳动物特有的可以使其在快速运动中呼吸的横膈膜。

阿霍氏树贼兽

Arboroharamiya allinhopsoni

从爬行动物到哺乳动物的演化过程中，它们的中耳结构发生了转变，其中爬行动物颌关节中的几块骨头演化成了哺乳动物的听小骨。

爬行动物的中耳结构中只有一块镫骨（耳柱骨），而在下颌中除了齿骨外，还有关节骨、隅骨和上隅骨。除此之外，头骨中的方骨也参与到演化中。

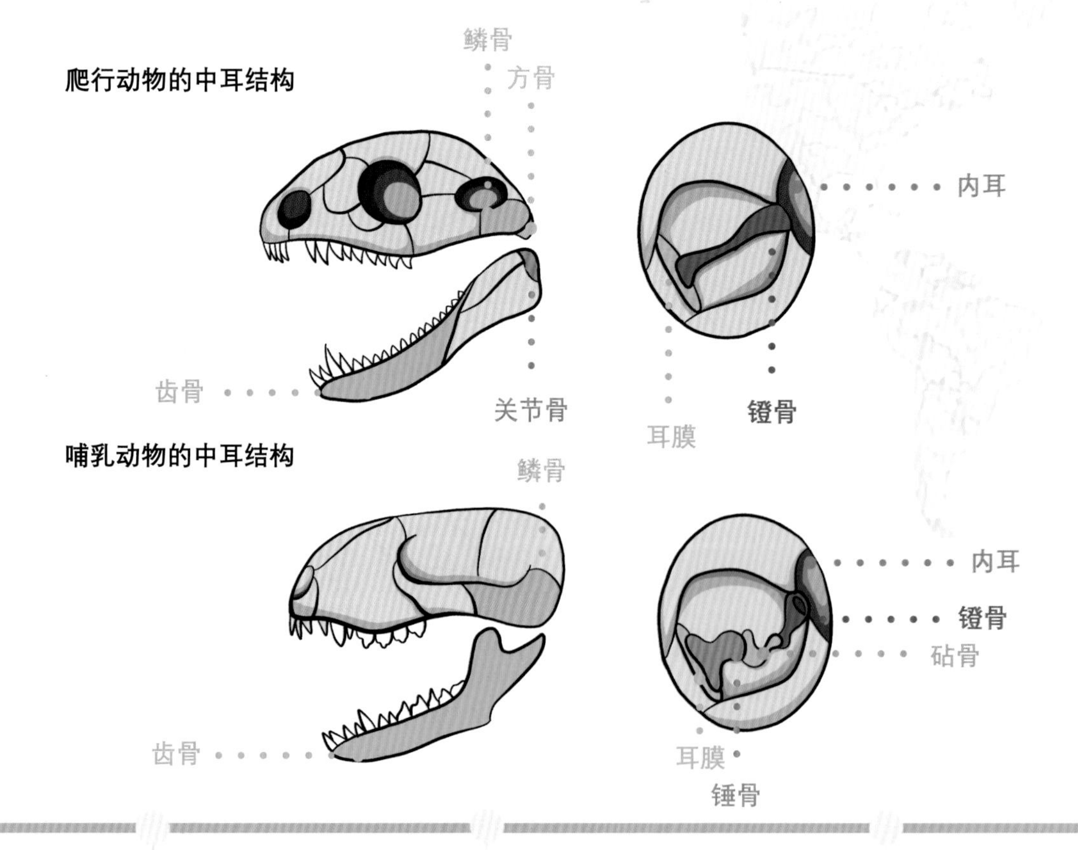

生活时期	化石发现地	物种分类
侏罗纪晚期	欧洲	哺乳型类 贼兽目 树贼兽科

阿霍氏树贼兽的出现是中耳结构研究的一大重要发现，因为它的中耳结构相比哺乳动物还多保留了一块上隅骨。这个类型的出现可能与它们牙齿的咀嚼方式有关。

阿霍氏树贼兽的四肢修长，趾十分灵活且有很强的抓握能力，因此它们算是极具天赋的“滑翔者”。在它们的身体上有着顺滑的毛发，像是穿着加厚的“羽绒服”，而且尾部的毛发竟然可以展开。

阿霍氏树贼兽是一种生活在树上的哺乳型类动物，它们的四肢与尾巴之间有皮膜相连，因此可以在树间滑翔，与我们现在常见的鼯鼠十分相像。

哺乳型类

獭形狸尾兽

Castorocauda lutrasimilis

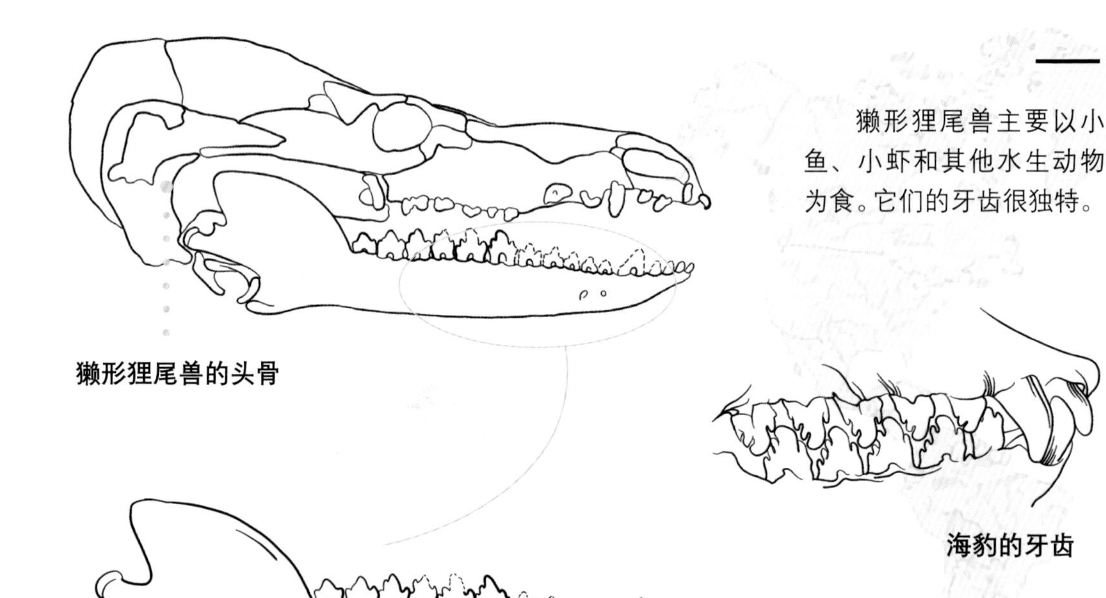

獭形狸尾兽的头骨

獭形狸尾兽主要以小鱼、小虾和其他水生动物为食。它们的牙齿很独特。

海豹的牙齿

獭形狸尾兽两侧的牙齿结构看起来十分复杂，有着像火焰一般的形状，在每一个齿尖的两侧还有更小的齿尖，这样的牙齿像是一种捕鱼利器，而且可以在捕食的时候将水滤出，与海豹的牙齿相似。

生活时期	化石发现地	物种分类
侏罗纪早期	中国内蒙古	哺乳型类 柱齿兽目 狸尾兽属

獭形狸尾兽是中生代时期体形最大的哺乳型类动物之一，也是中生代时期唯一发现的半水生哺乳型类动物。

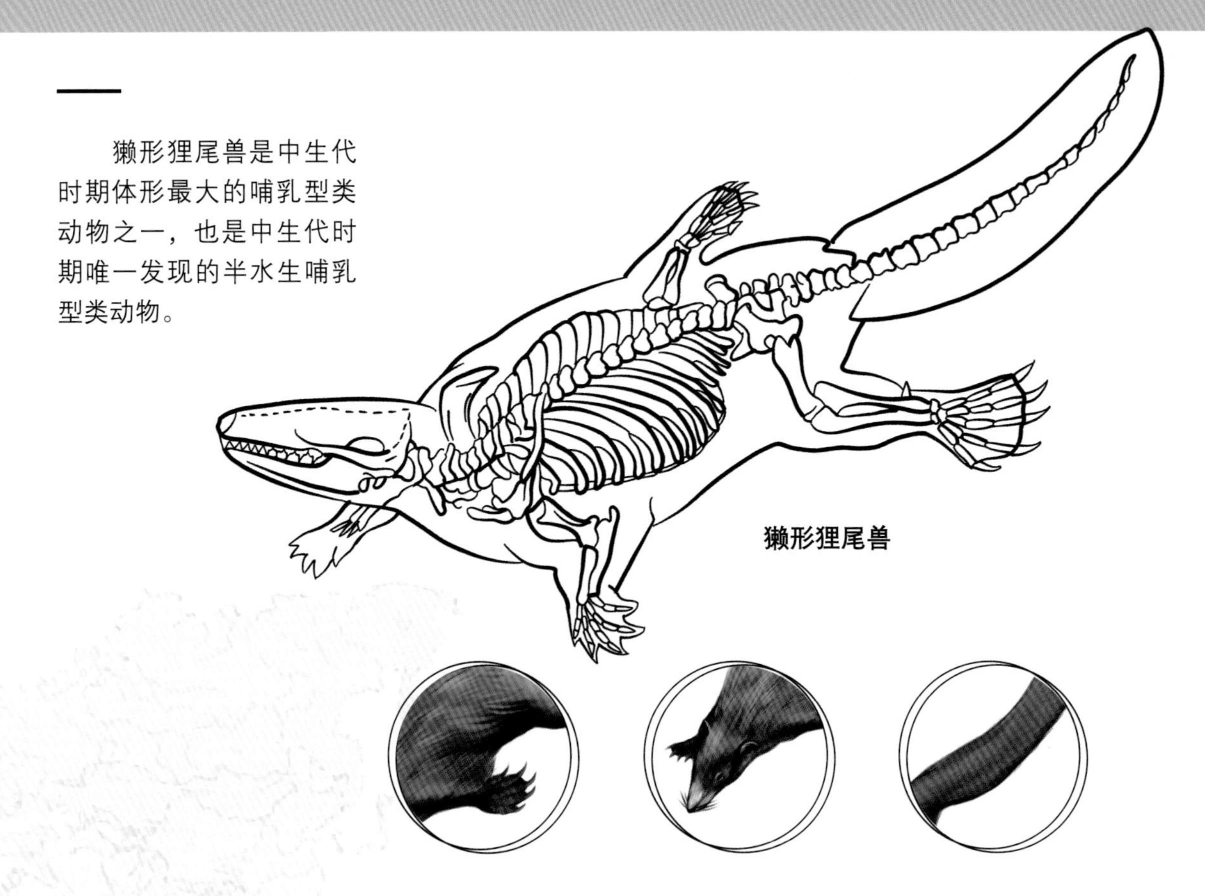

獭形狸尾兽

獭形狸尾兽的四肢虽短，但十分粗壮，这一特征说明它们善于挖洞。由于獭形狸尾兽需要在水中生活，所以四肢会从身体两侧延伸，并且趾间具有像鸭子一样的蹼，脚踝处还藏有一些防御用的毒刺。

獭形狸尾兽是一种水陆两栖的动物，它们扁平的尾巴上长有毛和细鳞，整体与现生的河狸很像，而流线型的身材又与现生的水獭相差无几，因此得名獭形狸尾兽。

哺乳型类

微小柱齿兽

Microdocodon

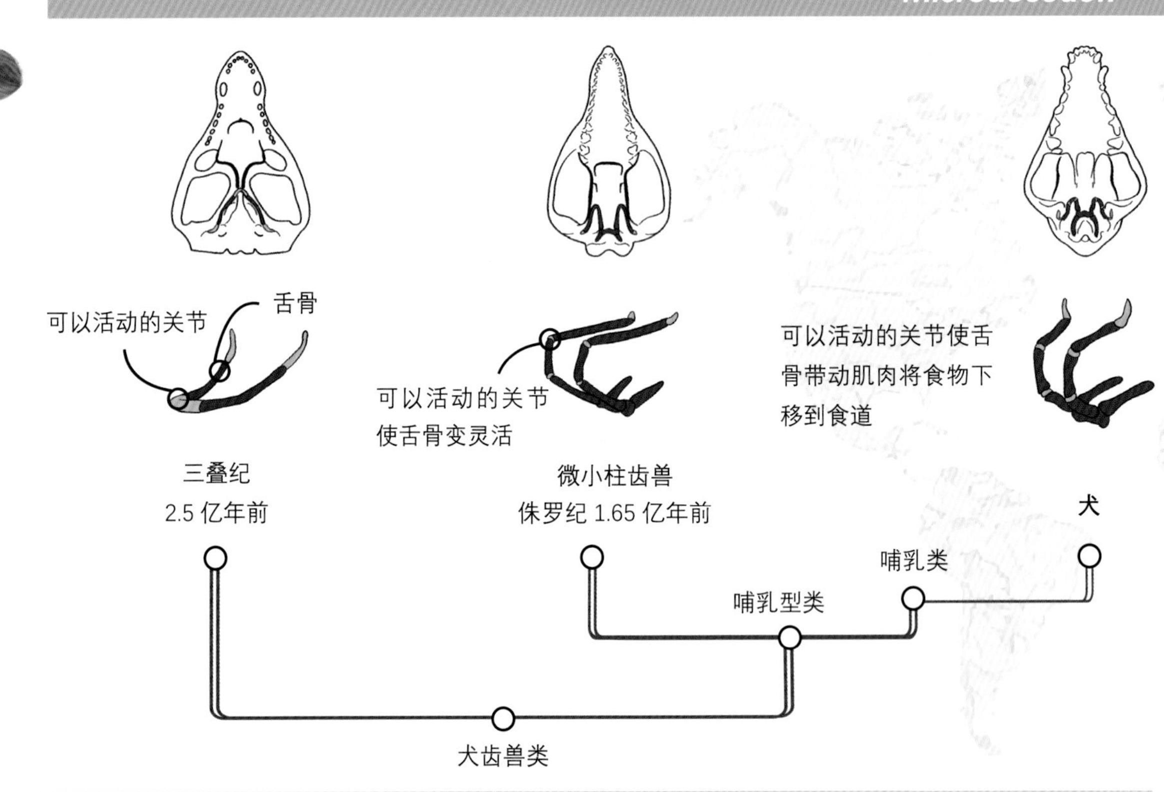

古生物学家在微小柱齿兽化石中发现了完整的舌骨结构。这是中国首次发现的生活于侏罗纪时期的动物有与现生哺乳动物一样的舌骨结构。因此，微小柱齿兽也成了最早具有哺乳类舌骨结构的物种。

生活时期

侏罗纪晚期

化石发现地

中国内蒙古

物种分类

哺乳型类 柱齿兽目

微小柱齿兽属

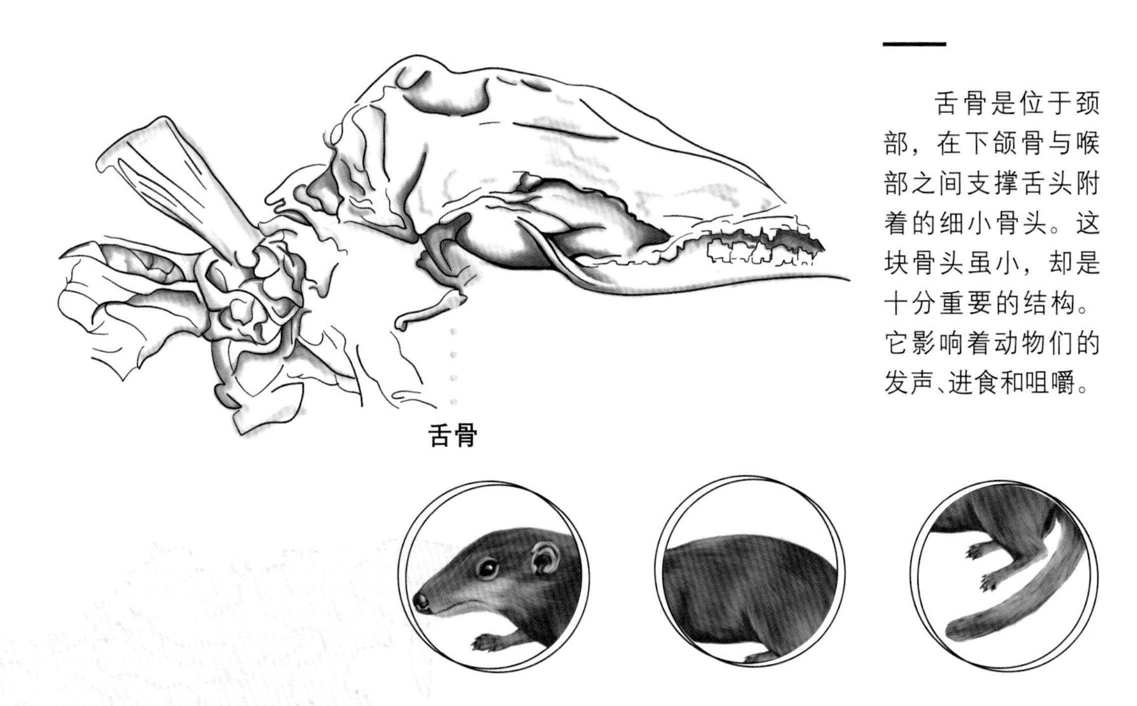

舌骨是位于颈部，在下颌骨与喉部之间支撑舌头附着的细小骨头。这块骨头虽小，却是十分重要的结构。它影响着动物们的发声、进食和咀嚼。

微小柱齿兽是杂食性动物。它们既会吃一些植物种子，也会吃一些小型昆虫，或许因为这些坚硬的食物，才使得它们的牙齿和舌骨开始逐渐演化。

微小柱齿兽是在中国发现的体形最小的柱齿兽类动物之一。它们的动作十分敏捷，像是一个灵活的“小老鼠”，尾部有长长的尾巴，在攀援时多用来保持身体的平衡。

吴氏巨颅兽

Hadrocodium wui

吴氏巨颅兽体形非常小，身长约 3 厘米，与回形针差不多。

吴氏巨颅兽身长与回形针的对比

当你听到“吴氏巨颅兽”这个名字时，可以联想到它们拥有一颗大大的头，不过“大头”是相对于身体来说，因为它们的头约占身体的三分之一。它们尖尖的牙齿可是捕食利器，可以轻松地将食物咬碎。

生活时期	化石发现地	物种分类
侏罗纪早期	中国云南	哺乳型类 巨颅兽属

吴氏巨颅兽已具有哺乳动物的下颚关节，这在哺乳型类动物中并不常见，有学者认为脑颅增大导致中耳位置后移，最终中耳脱离下颌，使得吴氏巨颅兽的下颚只由一块骨头组成。

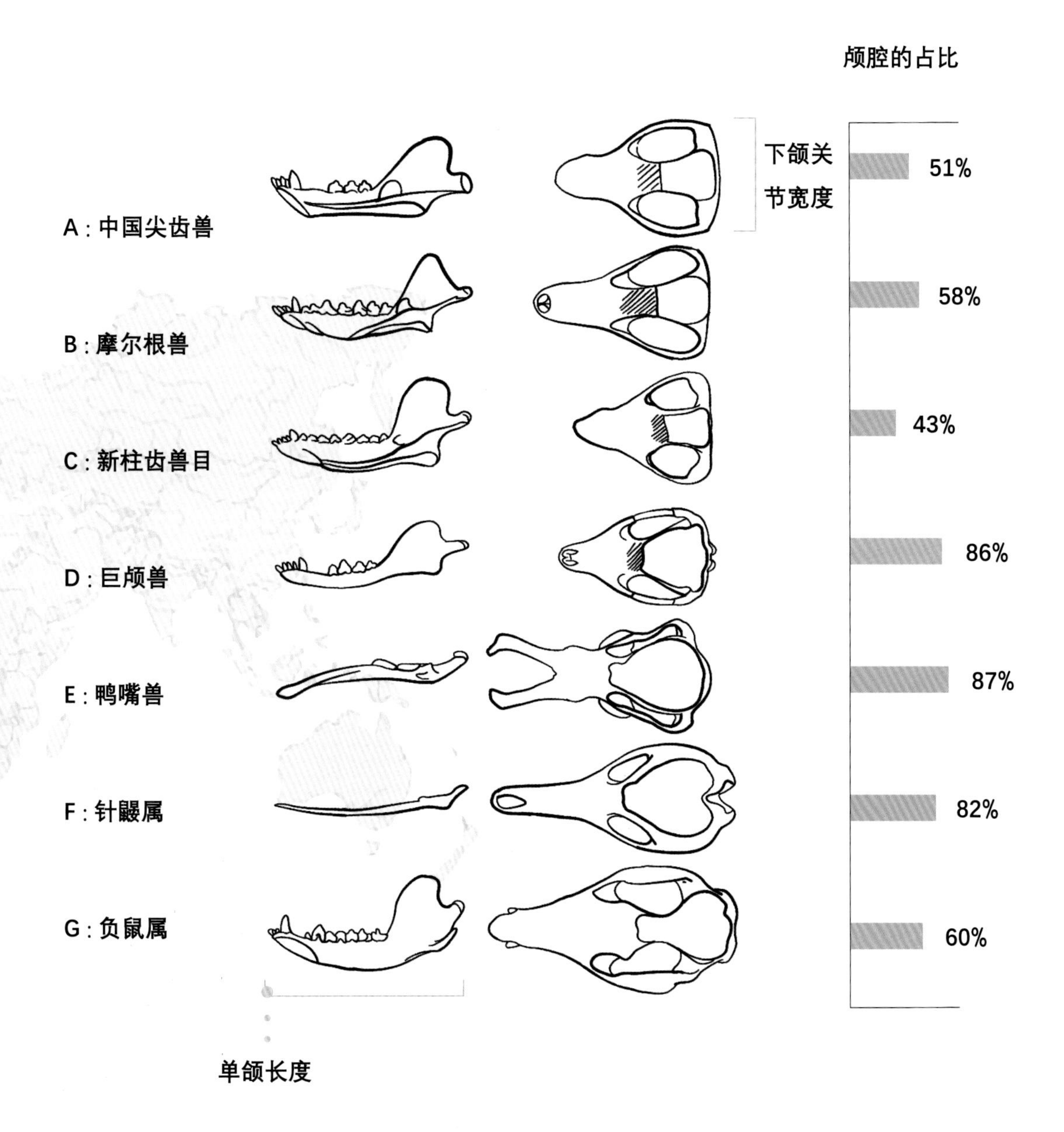

吴氏巨颅兽的夜视能力较强，可能是为了躲避天敌的攻击而选择昼伏夜出的生活。它们主要以小昆虫为食，如果可以捕食到足够多的食物，基本会全部吃掉。它们一天最多可以吃掉比自己重 3 倍的食物。

为了研究早期哺乳型类动物大脑的增长，研究人员以摩根齿兽和巨颅兽作为研究对象，提出早期哺乳型类动物大脑的增大与嗅球、嗅觉皮层、新皮层以及小脑的增大有关。这一过程主要分为三个阶段：

一、灵敏的嗅觉和触觉使大脑增大

具体表现为嗅球的增大和新皮层的分区（神经肌肉的协调合作促使新皮层的分区）。摩根齿兽便属于此阶段。

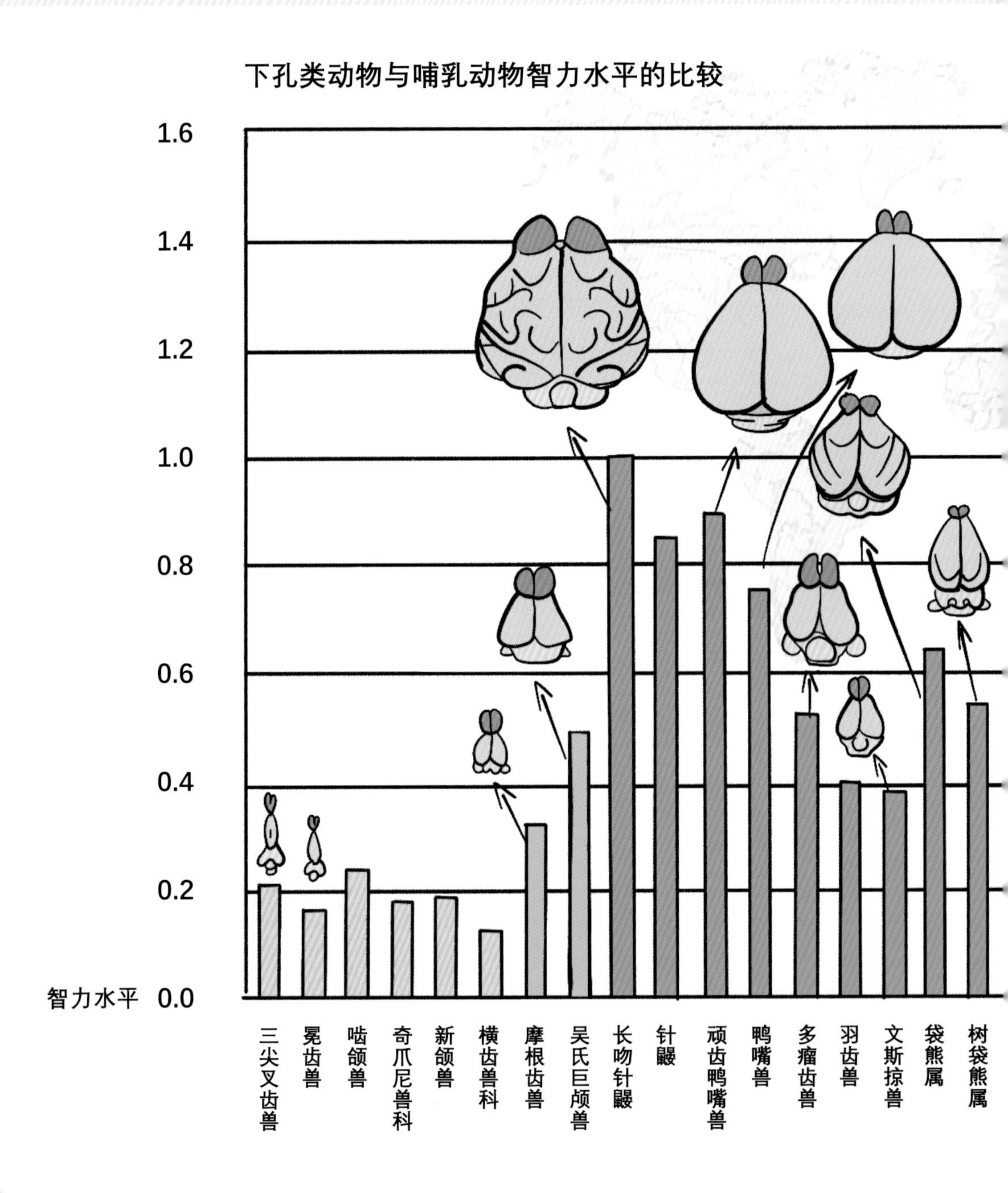

二、嗅觉的增强使大脑增大

具体表现为大脑的体积增大。如果按照动物的体重和脑重关系来讲，几乎和哺乳动物差不多，巨颅兽便属于此阶段。

三、嗅觉的持续增强

具体表现为真正的哺乳动物大脑的产生。哺乳动物有完整的次生腭，鼻腔结构变得更加复杂，两个鼻孔的流速差使嗅觉增强。

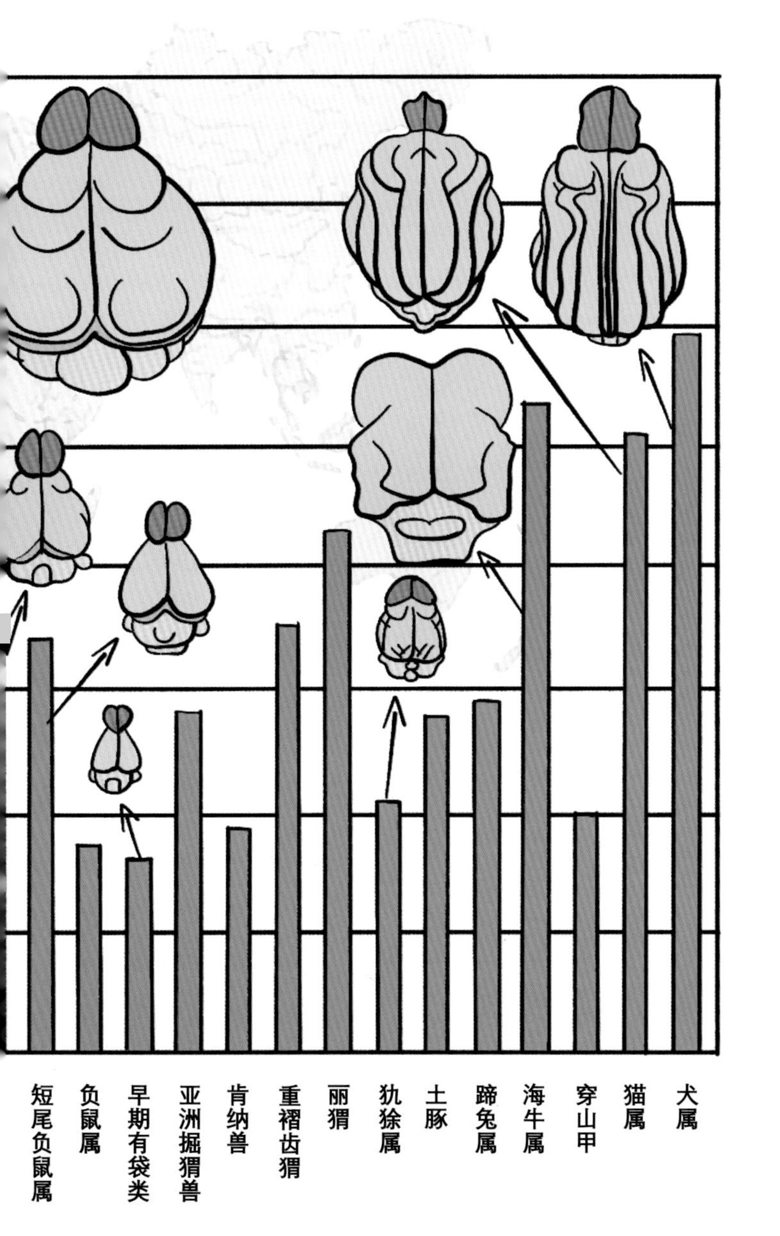

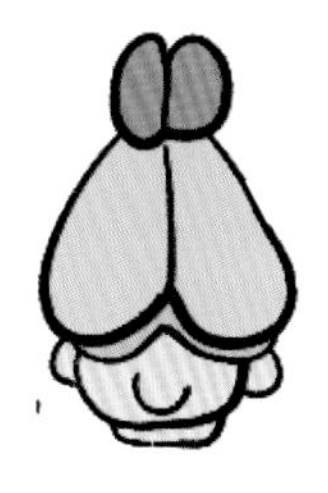

红色：嗅球

绿色：大脑皮层

黄色：小脑

蓝色：静脉窦

：犬齿兽亚目

：哺乳型类

：哺乳纲

哺乳动物的视觉演化

下孔类作为二叠纪的霸主，却在二叠纪末的大灭绝中被爬行动物取代，因此下孔类中残存的犬齿兽类只能转移到地下生活。

这时的哺乳型类动物为了躲避天敌，所以多数选择在夜间活动。因此，它们的夜视能力越来越强，对色觉的感知越来越弱。

动物的眼睛在演化过程中是千变万化的，至少演化了几十次，所以现生动物的眼睛并不是由某一个祖先演化而来，而是由许多分支的祖先独立演化而来的。

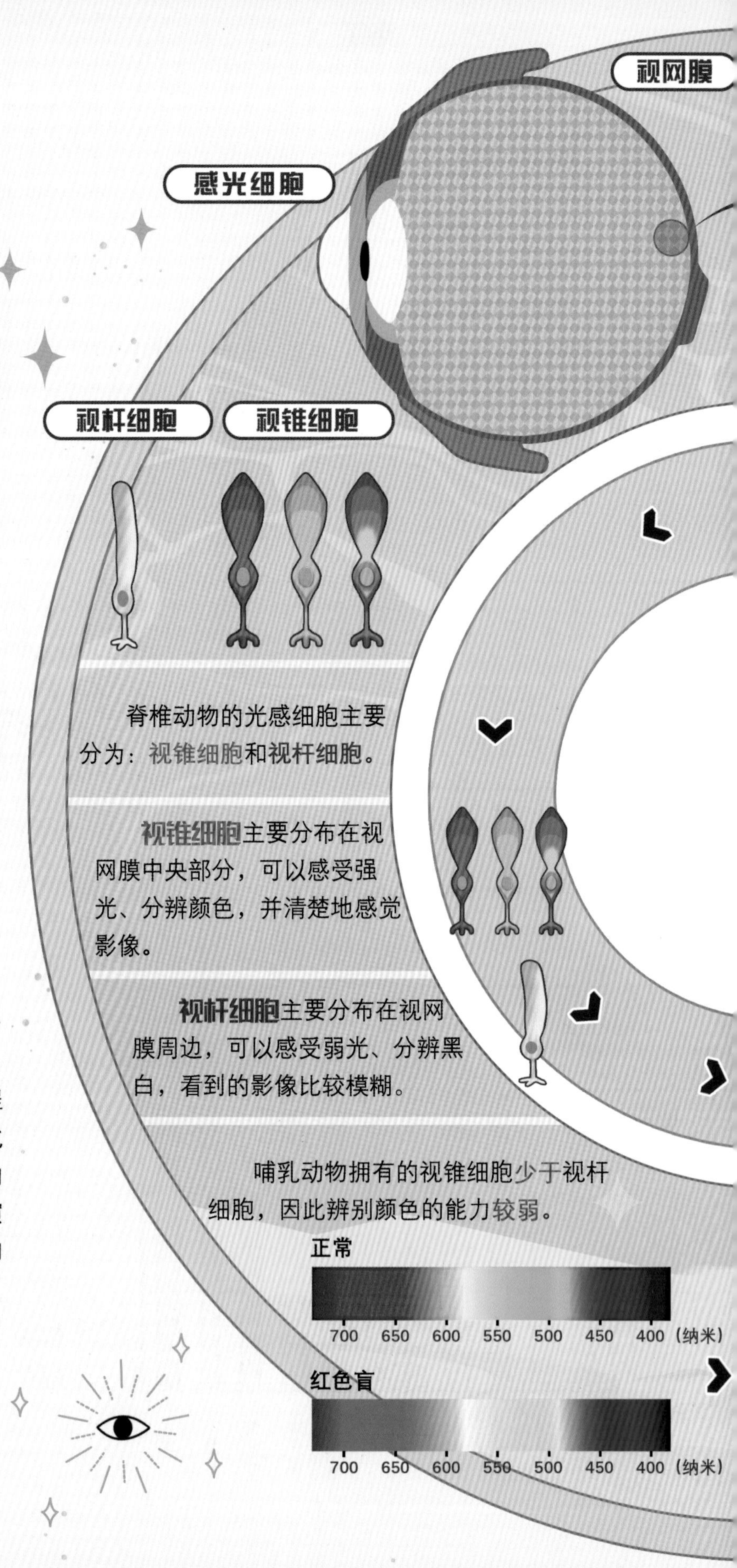

我们人类也是哺乳动物，为什么我们可以分辨颜色呢？

这都要感谢我们的祖先，在演化过程中产生了视蛋白基因拷贝。灵长类是少数拥有颜色视觉的哺乳动物之一。

单细胞生物演化出了最初的光感受器。

无颌鱼具有四种视蛋白。

早期哺乳动物为躲避敌害而选择夜间生活，丢掉了两种视蛋白。

慢慢地，早期哺乳动物紫色视蛋白变得对蓝光敏感，从而有助于其在白天活动。

灵长类基因变异，多复制了红色视蛋白。

灵长类的一种红色视蛋白变成绿色视蛋白。

哺乳动物一般难以分清光谱中的“红—黄—绿”部分，所以将哺乳动物的色盲称为“红色盲”。

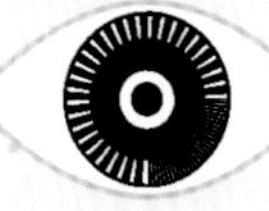

驰骋

CHICHENG

- 哺乳动物的演化

- BURU DONGWU DE YANHUA

现生哺乳动物主要分为三大类：原兽、真兽和后兽。原兽指的是较为原始的单孔目，与真兽和后兽的亲缘关系略远。而在哺乳动物演化的过程中，也有许多的过渡类群，它们的出现也让哺乳动物家族的历史增添了一份色彩。

第三章

驰 骋

CHICHENG

真正的哺乳动物

真正的哺乳动物出现在侏罗纪时期，这个时期是恐龙的天下，所以哺乳动物并不占优势，体形也很小。

现生哺乳动物的主要分支在白垩纪时期便全都聚齐，它们是**单孔类、有袋类和真兽类**。

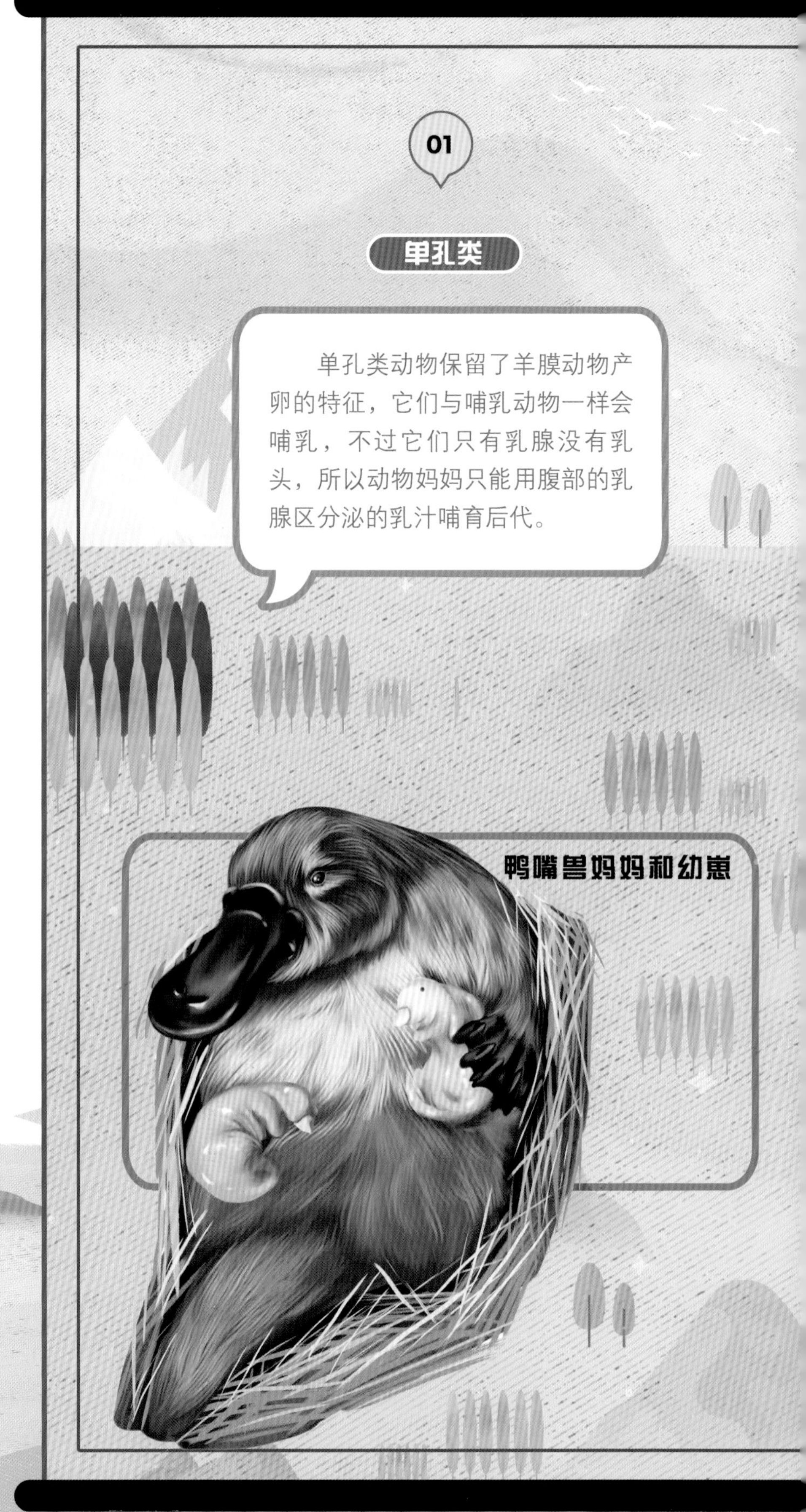

02

有袋类

有袋类动物在胚胎发育的早期便出生，之后便在妈妈的“育儿袋”中发育长大。刚出生的小袋鼠很小，后腿没有发育完全，只依靠前肢活动。

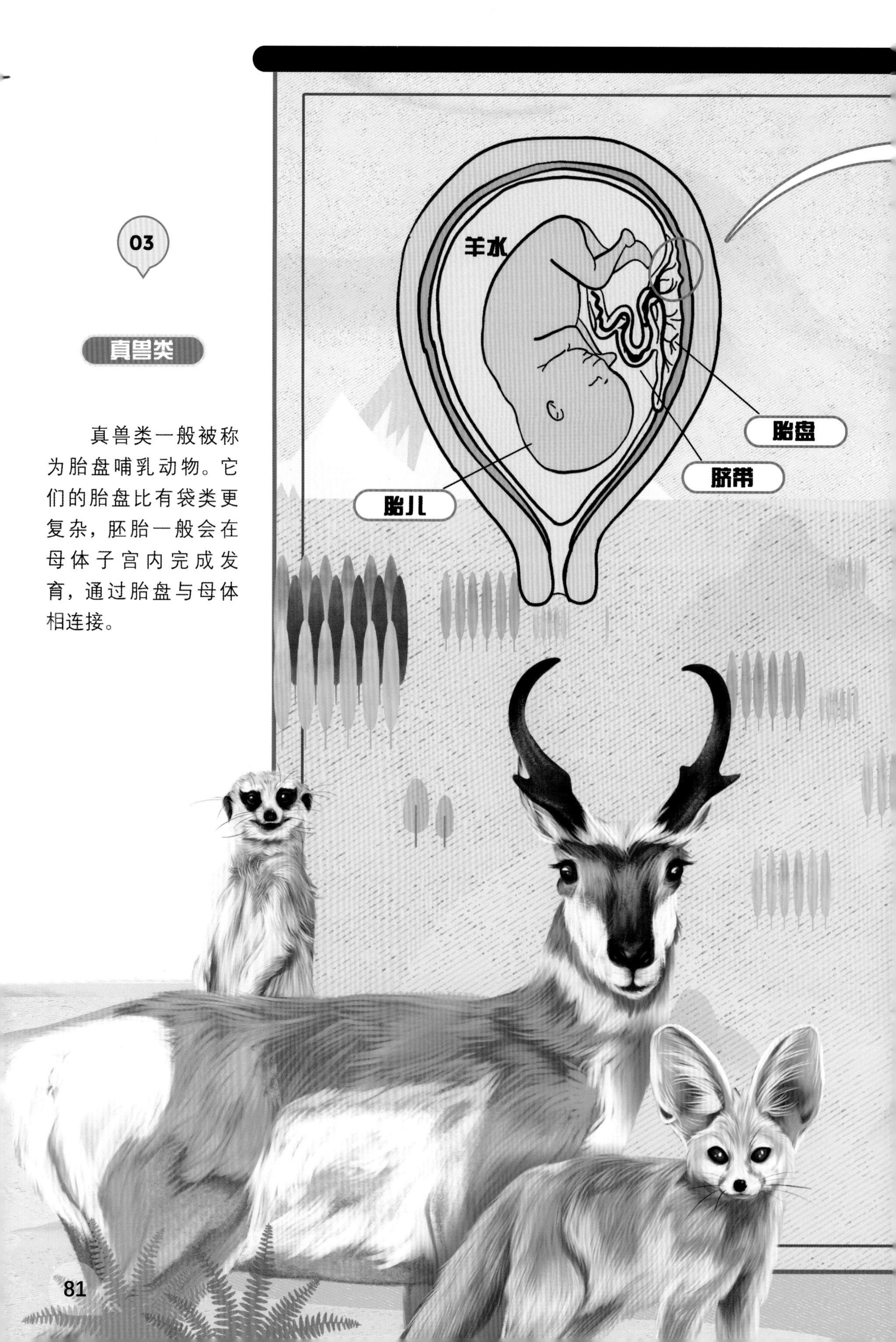

真兽类

真兽类一般被称为胎盘哺乳动物。它们的胎盘比有袋类更复杂，胚胎一般会在母体子宫内完成发育，通过胎盘与母体相连接。

胎盘

哺乳动物支系系统学相关概念

以哺乳动物为例，现生哺乳动物分为原兽、真兽和后兽三大类，因此哺乳动物冠群就是原兽、真兽和后兽动物的共同最近祖先和它们的所有后代。当然冠群中的动物并非都是现存的，处于演化支当中灭绝的动物也包含在内。

冠群 是生物支系系统学中的一个概念。

冠群，即现生的单孔类和兽类的最近共同祖先及其所有后裔构成的一个支系。

除了冠群之外还有两个概念词与它联系紧密，那就是**总群**和**干群**。

哺乳动物的总群就是沿着哺乳类向前追溯，与哺乳动物接近的物种就是爬行动物，而两者有分歧的点就是爬行类和下孔类的分界点，因此在这个分界点之后的分支就是哺乳动物的总群。

之前我们提过的早期哺乳型类动物就属于干群，它们就如树干一般处于基干位置。

干群 就是在冠群之外但又与该冠群有更密切的系统发育关系、现已绝灭的生物类群（总群减去冠群的部分就是干群）。

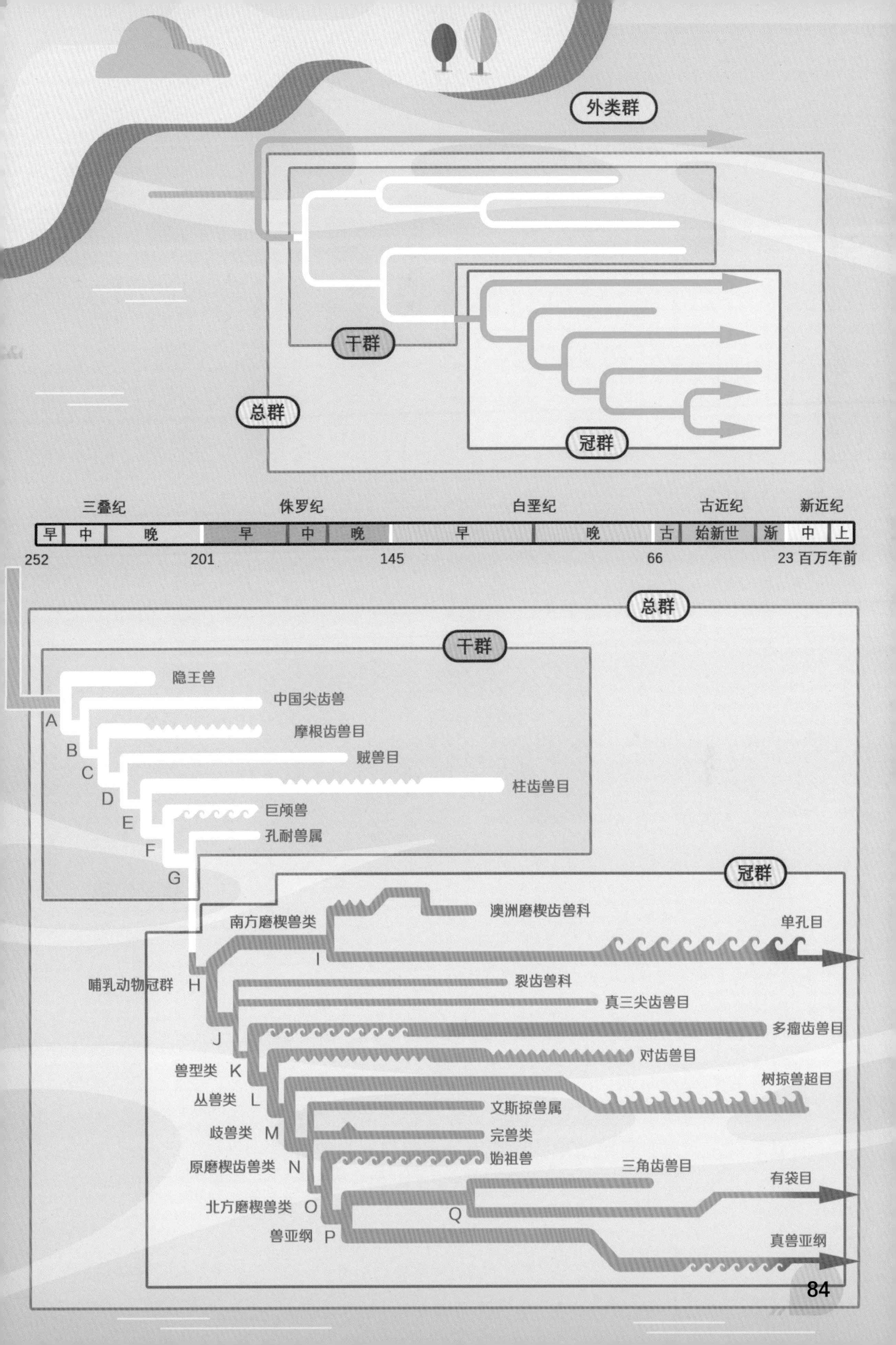
外类群
干群
总群
冠群
三叠纪
侏罗纪
白垩纪
古近纪
新近纪
早
中
晚
早
中
晚
早
晚
古
始新世
渐
中
上
252
201
145
66
23 百万年前
总群
干群
隐王兽
A
中国尖齿兽
B
摩根齿兽目
C
贼兽目
D
柱齿兽目
E
巨颅兽
F
孔耐兽属
G
冠群
澳洲磨楔齿兽科
南方磨楔兽类
单孔目
I
哺乳动物冠群 H
裂齿兽科
真三尖齿兽目
多瘤齿兽目
J
对齿兽目
兽型类 K
树掠兽超目
丛兽类 L
文斯掠兽属
歧兽类 M
完兽类
始祖兽
原磨楔齿兽类 N
三角齿兽目
有袋目
北方磨楔兽类 O
Q
兽亚纲 P
真兽亚纲

在白垩纪早期，单孔类、真三尖齿兽类、多瘤齿兽类和对齿兽类都已经出现，而且大部分都共同生活在北美和欧亚大陆，但除了单孔目和三种多瘤齿兽类的成员外，几乎大部分成员都没有挺过白垩纪末期的大灭绝。

斜沟齿兽科
始俊兽科
异齿科
白垩齿兽科
斜沟齿兽超科
新斜沟齿兽科
白垩兽科
羽齿兽科
羽齿兽超科
多瘤齿兽目
斜剪齿兽科
纹齿兽科
双兽科
纹齿兽超科
鼹兽科
树掠兽科
牙道黑达兽超科
小齿兽科
张和兽科
巴氏兽科
侏掠兽属
对齿兽目
树掠兽超目
明镇古兽属
文斯掠兽属
后兽下纲
真古兽目
滨齿兽属
真兽下纲
兽亚纲

哺乳纲
Mammalia
单孔目
Monotremata

单孔目起源于哺乳动物早期演化中的一条灭绝的旁支，而最早发现的单孔类化石是来自南澳大利亚的古鸭嘴兽。

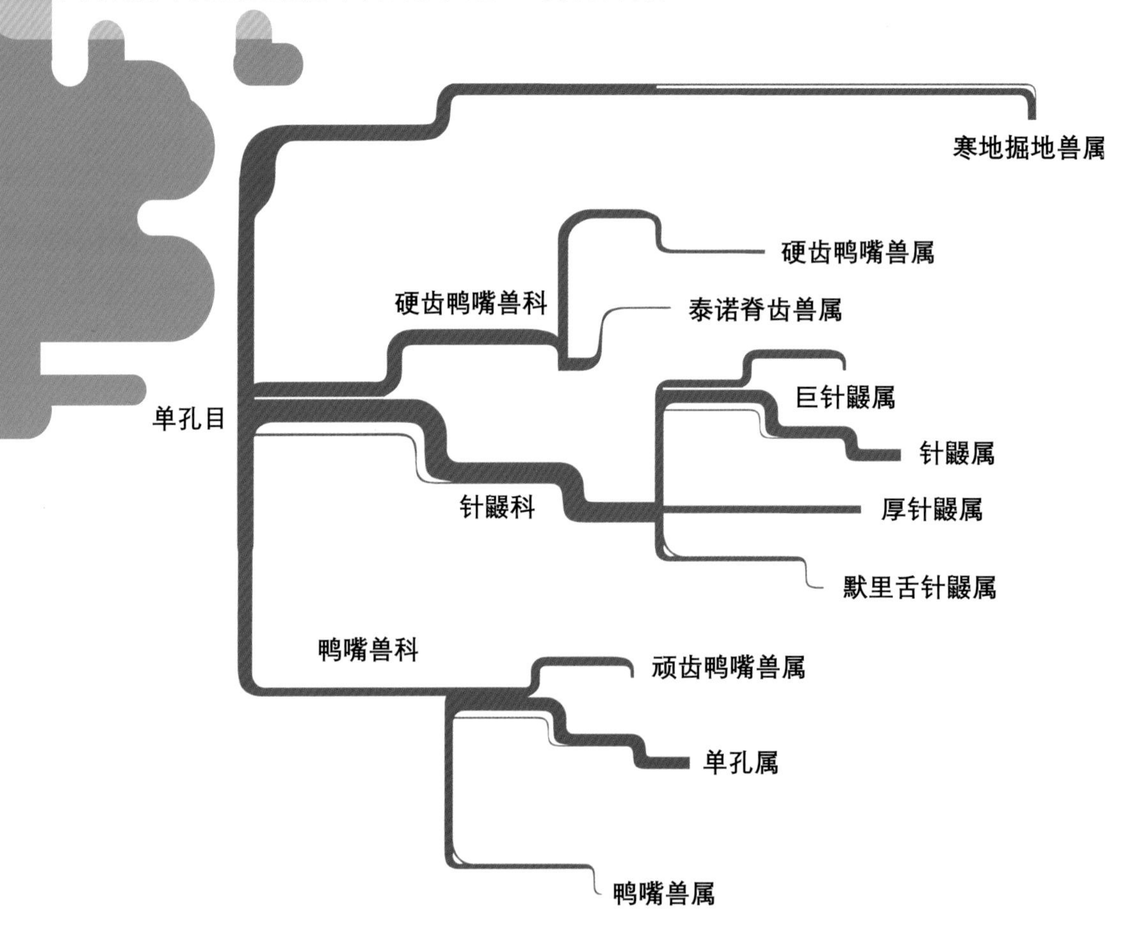

单孔目动物是现存最原始的卵生哺乳动物，也是原兽亚纲中唯一的代表。

单孔目共有 2 科，分别为鸭嘴兽科和针鼹科。

为什么叫作单孔呢？

与其他哺乳动物不同，单孔目的动物没有单独的尿道、肛门与产道，而是由一个泄殖器代替，通俗来说就是“三合一”。

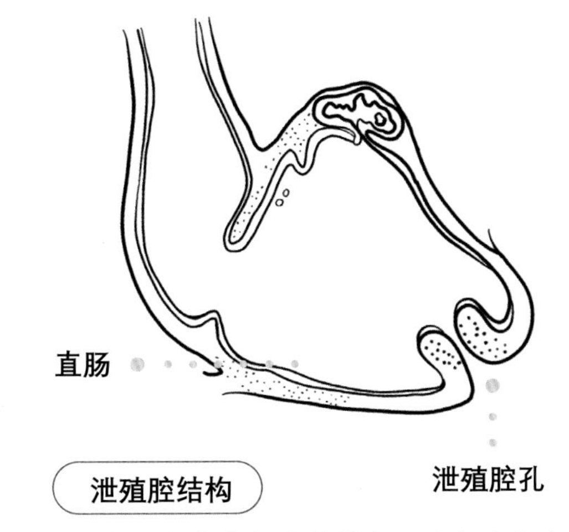

泄殖腔结构

单孔目动物虽然属于哺乳动物，但它们与鸟类有许多相似的特征，比如产卵和没有牙齿。

特征一：卵生

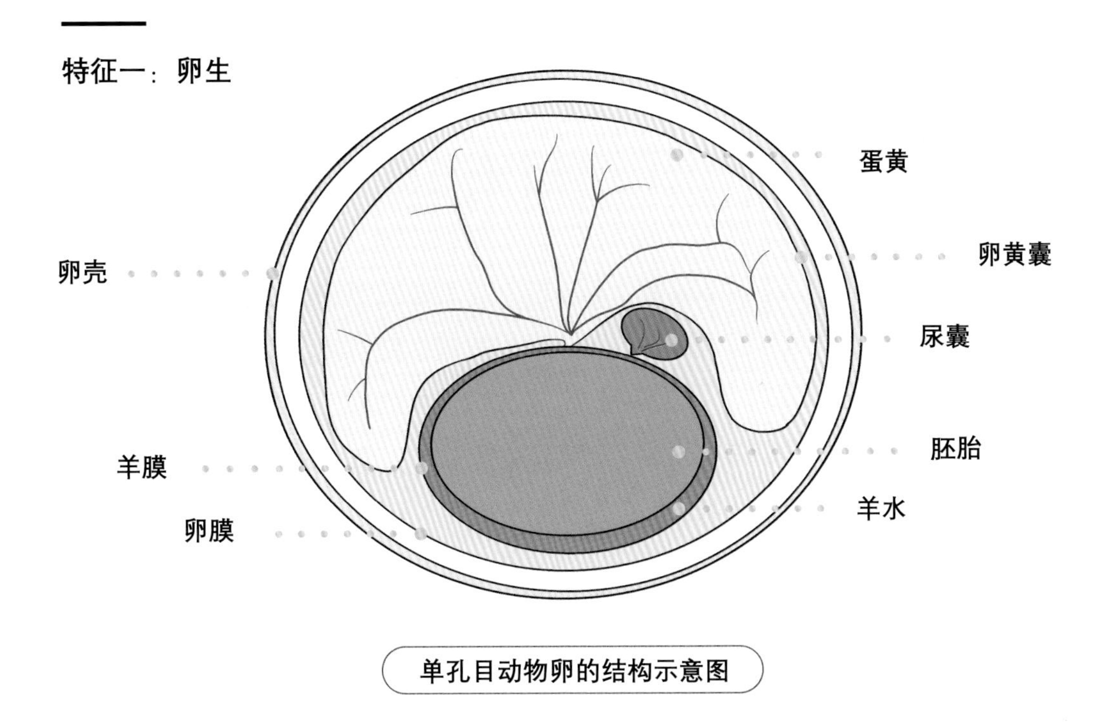

单孔目动物卵的结构示意图

单孔目动物虽然会产卵，但是卵相对原始，属于软壳卵。其中卵黄很小，不能为胚胎提供充足的营养，所以刚出生的动物宝宝看起来发育不良，待动物妈妈哺育一段时间后才会发育良好。

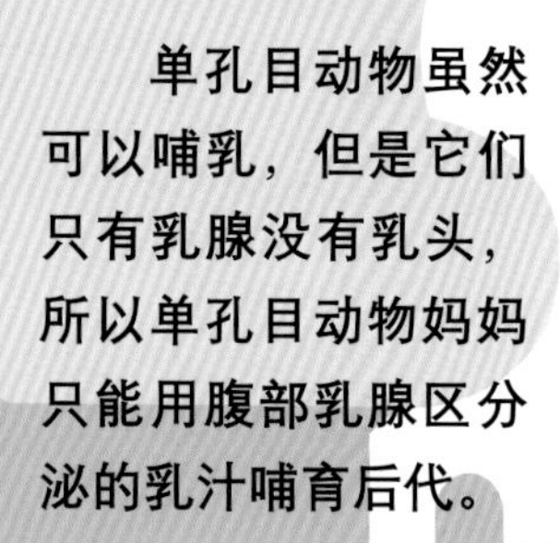

特征二：没有牙齿

它们虽然有牙龈，但是没有真正的牙齿，只有较为坚硬的角质喙。当坚硬的角质喙也无法达到消化的目的时，它们会吞一些石头来帮助自己磨碎食物。

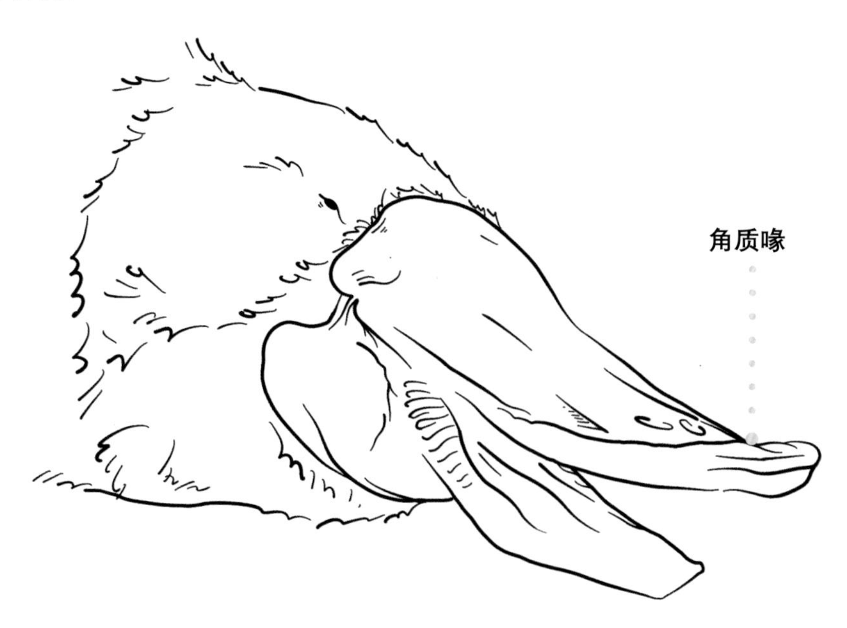

当了解到单孔目动物的消化系统时，我们发现它们的胃竟然也消失了，它们的食道直接与肠道相连，这一特征可能与其摄入的食物有关。它们一般会吃蚯蚓或蚂蚁等动物，不需要复杂的消化系统，所以演化成现在的样子。

针鼹捕食蚂蚁

虽然单孔目动物有着那么多与其他哺乳动物不同的特征，但是有更多重要的特征将它们归入哺乳动物的大家庭当中。比如，它们的体温恒定、身上长有用来保暖的毛发、有成熟的听小骨等，并且单孔目动物也可以进行哺乳（针鼹还具有原始的育儿袋）。

正因为单孔目动物有这么多独特之处，所以它们才会成为哺乳动物家族中备受关注的存在。

单孔目

鸭嘴兽

Ornithorhynchus anatinus

别看鸭嘴兽这么可爱，它们也有属于自己的“独门暗器”。在鸭嘴兽后足有一根毒刺，这根尖刺与充满了毒液的腺体相连，倘若被攻击到就会凶多吉少。毒腺一般只有雄性鸭嘴兽才有，多用来保护家人和攻击敌人。

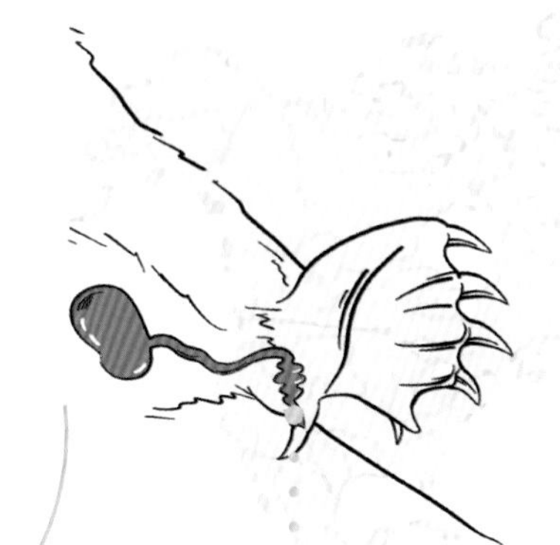

独门暗器

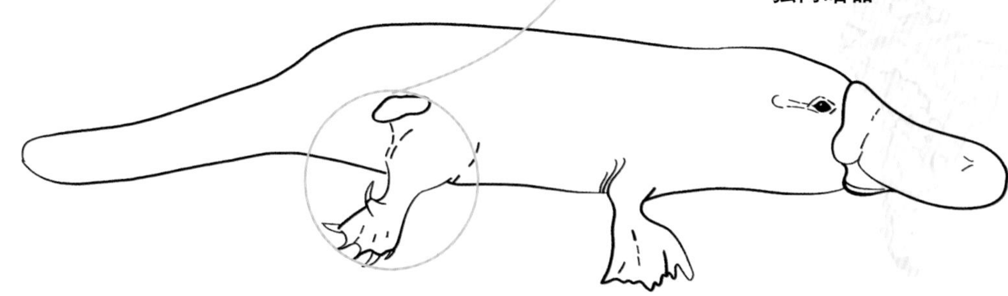

鸭嘴兽的毒液虽然对人类不会产生致命的危险，但会让我们全身疼痛甚至丧失行动能力，所以还是要和它们保持安全距离哦！

生活时期	分布地	物种分类
现存	澳大利亚	哺乳纲 原兽亚纲 单孔目 鸭嘴兽科

鸭嘴兽大大的嘴巴十分可爱，但是在我们肉眼无法看到的地方有着 4000 多个电感应器。它们是单孔目动物中电感应能力最灵敏的一种动物。

电感应可以感应到周围微弱的电场变化，如其他动物肌肉收缩或心跳产生的电信号。因此鸭嘴兽在水下会闭上眼睛和鼻子，依靠嘴巴的电感应去寻找食物。

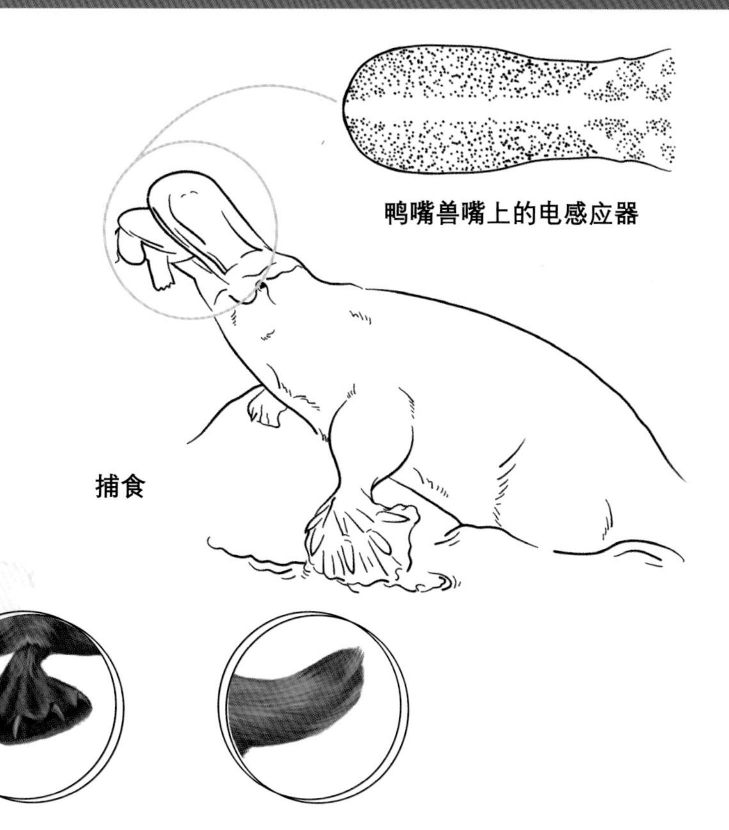

鸭嘴兽外形十分特别，它们有着像鸭子般扁平的嘴巴和趾间带蹼的脚，因此它们不仅可以在陆地上行动敏捷，还可以灵活地在水中自由游动。成年鸭嘴兽是没有牙齿的，只有较硬的角质喙帮助它们进食。刚孵出的鸭嘴兽长着锋利的小牙齿，在卵壳打开后会慢慢脱落。

鸭嘴兽虽然属于哺乳动物，却依靠产卵繁殖后代。它们每次产 1 到 3 个卵，卵的直径只有 1 厘米左右，比鹌鹑蛋还要小。鸭嘴兽妈妈产卵后会把卵放到腹部和尾部之间，然后蜷缩着身体依靠体温进行孵化。

单孔目

针鼹

Tachyglossidae

针鼹妈妈产卵后会将卵放入育儿袋中，大约10天后，针鼹宝宝就可以出壳。针鼹宝宝出壳后会在育儿袋中吸食乳汁，直至身上长出硬刺，针鼹妈妈就会将其放入洞穴中，之后每隔一段时间会回到洞穴中哺乳。等到针鼹宝宝全身长满毛发与硬刺时，就意味着它们可以独立生活。

针鼹和刺猬从外表上来看比较相似，它们在遇到危险的时候也会缩成一个小刺球。针鼹以蚯蚓、蚂蚁和白蚁为食，会用尖利的爪子将蚁穴刨开，然后伸出舌头觅食。针鼹的利爪还是其防御武器，不论地上的土有多硬都可以快速掘开并把自己隐藏进去。

生活时期	分布地	物种分类
现存	澳大利亚、新几内亚	哺乳纲 原兽亚纲 单孔目 针鼹科

针鼹的身上长满了“刺”，这些硬刺是由毛发衍化而成的，虽然坚硬但不算是真正的刺，如若脱落也可以重新生长。在遇到危险的时候，它们也会像豪猪一样将刺射向攻击者。

针鼹虽然没有牙齿，但是它们有着长约 17 厘米并带有黏液的舌头，可以将食物卷入口中。它们还可以用上颚和舌头磨碎食物。

针鼹和鸭嘴兽一样，属于隐藏的游泳高手，它们会通过“狗刨式”的泳姿在水下灵活地游动。针鼹的吻部有着与鸭嘴兽相同的电感应器，只不过数量较少，所以敏感度也相对较低。由于电流在地上不如在水中传播快，所以针鼹更多依靠震动去感应蚂蚁等食物。

哺乳纲

Mammalia

真三尖齿兽类

Triconodonts

真三尖齿兽类的共有特征就是牙齿有三个排列成一排的齿尖，虽然在哺乳型类的动物中也出现过这类形态的牙齿，但与它们不同的是三尖齿兽类的牙齿更加扁平，并且可以切割食物。

人类的牙齿

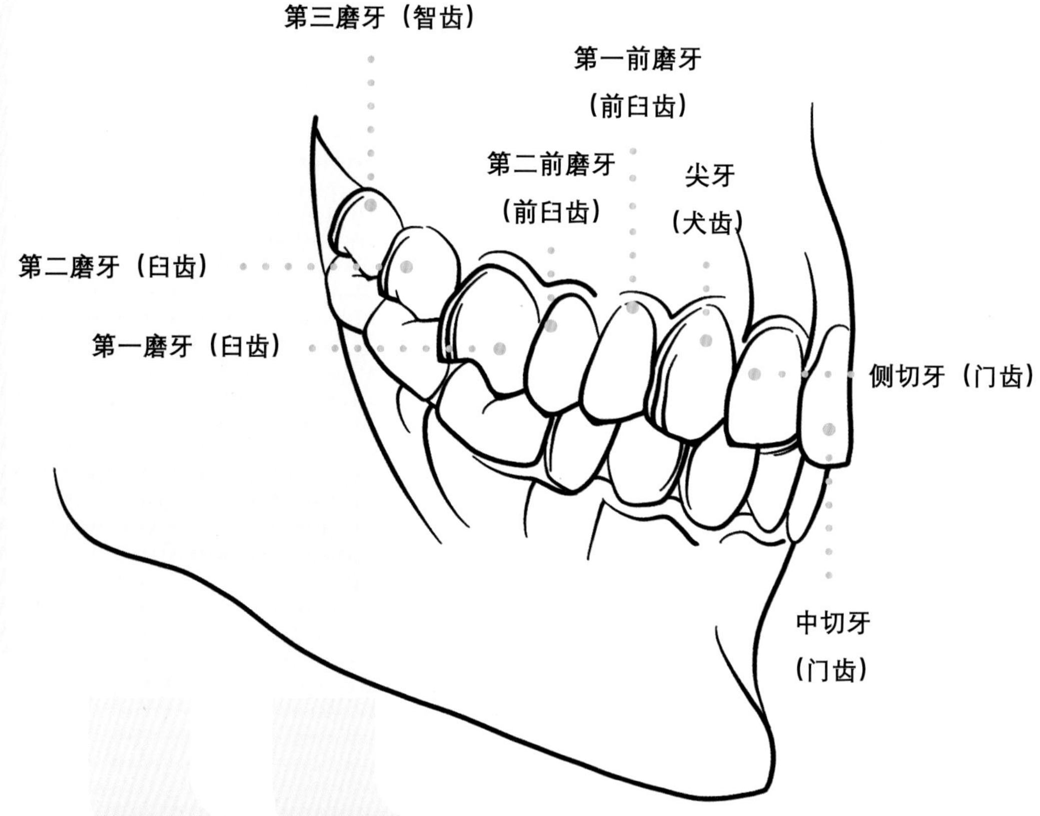

人类的臼齿上也有3个齿尖，只不过不是排成一列的，而是呈三角形排列的，这样上下臼齿的齿尖刚好契合，咬合率更高。

热河兽

真三尖齿兽类的家族十分庞大，包括热河兽科、爬兽科、戈壁尖齿兽科和三尖齿兽科等。

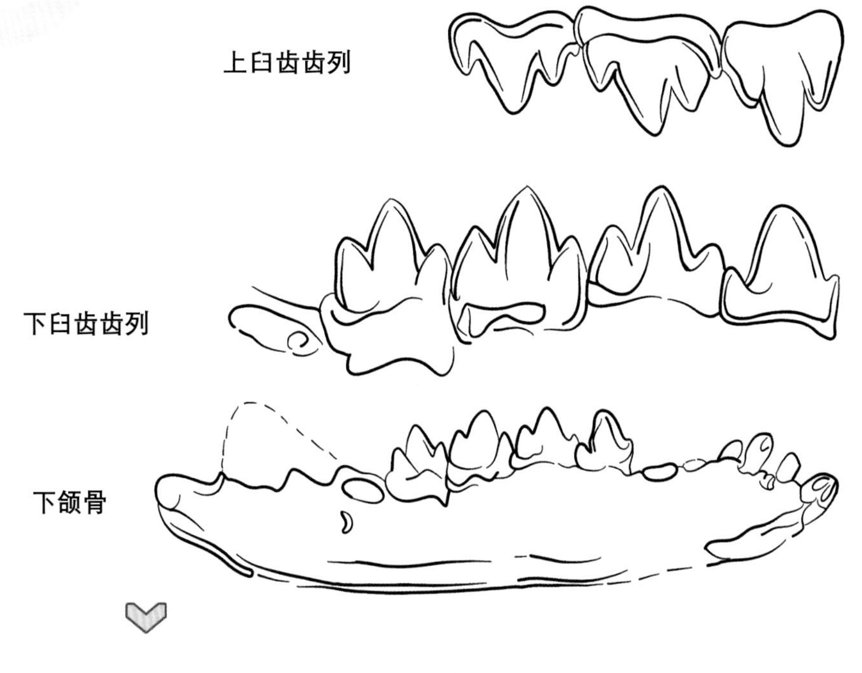

热河兽生活在约 1.25 亿年前的白垩纪，它们和中生代的大部分哺乳动物一样，是一种体形很小的动物。热河兽家族目前只发现了金氏热河兽这一个种。其化石长约 12 厘米，骨骼结构完整，上面还带有毛发和软组织痕迹。古生物学家通过对其牙齿的研究，认为它们是一种食虫动物。

爬兽可是真三尖齿兽类家族中的“明星”成员。在恐龙称霸的时代，我们印象中的哺乳动物应该是昼伏夜出、以昆虫为食的小体形动物，而爬兽的出现改变了人们的这一想法。

爬兽

爬兽家族目前有巨爬兽和强壮爬兽两类，强壮爬兽的体长约 70 厘米，巨爬兽体形稍大一些。

古生物学家在强壮爬兽的胃里发现了鹦鹉嘴龙的骨骸，这一发现令人们震惊，原来在恐龙时代已经有哺乳动物成了凶猛的掠食者。

戈壁尖齿兽

戈壁尖齿兽因其发现地大多在戈壁地区而得名。它们的特殊之处在于牙齿。

戈壁尖齿兽的牙齿齿尖逐渐变得尖锐，这一特征表明它们可能会是凶猛的猎食者。

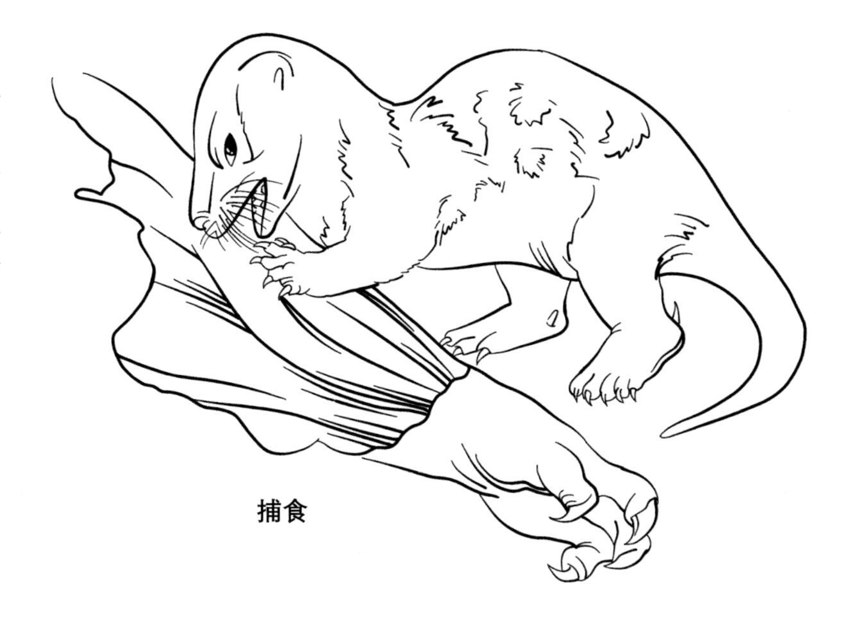

捕食

燕尖齿兽

20 世纪 90 年代后期，古生物学家发现了许多完整的真三尖齿兽类骨骼化石，其中就包括生活在约 1.22 亿年前的燕尖齿兽。它们的体长约 13 厘米，和现生的鼩鼱大小相似。燕尖齿兽的结构非常原始，不仅中耳还没有完全具备哺乳动物的特征，而且腰部还有着几乎所有哺乳动物都没有的肋骨结构。

胡氏辽尖齿兽

Liaoconodon hui

之前提过哺乳动物的中耳结构都是从爬行动物的上下颌骨骼结构演化而来，而现生哺乳动物的齿骨后骨已经全部退化，一部分愈合到齿骨，一部分演化成听小骨等结构。从最初连接脑颅与下颌的骨骼结构到仅具有听觉能力的骨骼，这引发了许多人的好奇。

古生物学家从胡氏辽尖齿兽的化石中发现其外鼓骨和锤骨已经不再与齿骨接触，而是通过麦氏软骨与下颌相连。这一现象正是古生物学家要寻找的中耳演化中的重要部分。

软骨仅支撑听小骨和鼓膜的一部分

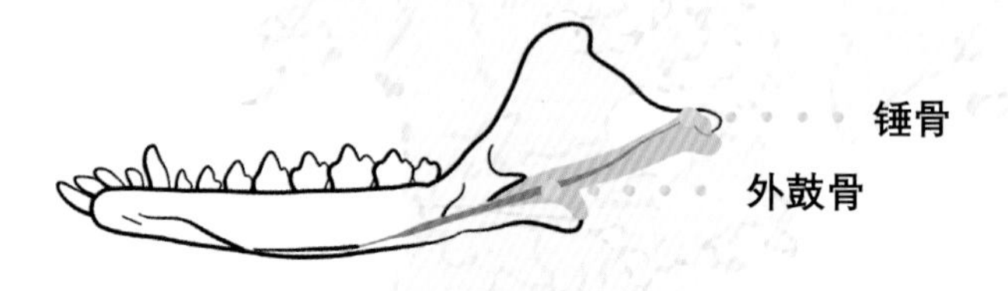

摩尔根兽
（早期哺乳型类动物）

硬化的软骨

砧骨
锤骨
外鼓骨

辽尖齿兽
（早期哺乳动物）

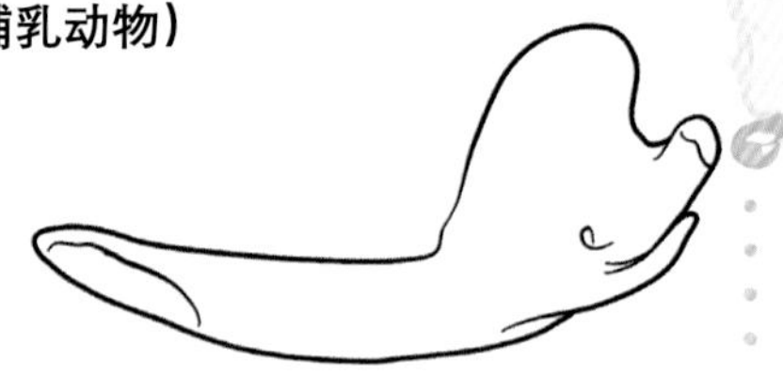

现生哺乳动物

和颚骨分开的听小骨

生活时期	化石发现地	物种分类
白垩纪早期	中国辽宁	哺乳纲 真三尖齿兽目 热河兽科

胡氏辽尖齿兽体形与老鼠相似，如果将它和家里的小猫放在一起，仿佛就是“猫捉老鼠”的现场。

胡氏辽尖齿兽　　家猫

胡氏辽尖齿兽有长长的身体和尾巴，四肢呈桨状，因此它们很有可能是半水生的哺乳动物。它们的牙齿有变大的趋势，并且臼齿的齿尖越来越长，这也是一个向猎食者转变的趋势。

听觉是十分重要的功能，因此在哺乳动物的演化过程中听觉的适应演化也尤为重要。中耳结构虽然微小复杂，但是它可以使动物们对远距离的声音变得敏感。这一结构对于生活在中生代时期昼伏夜出的小动物们十分关键。

真三尖齿兽目

巨爬兽

Repenomamus giganticus

恐龙是中生代时期的霸主，我们很难想象在恐龙称霸的时代居然有哺乳动物可以吃掉恐龙，因此在强壮爬兽骨架中发现的恐龙残骸让人们大为震惊。

捕食恐龙

在古生物学家的修复之下，我们确定了这个未消化的残骸是鹦鹉嘴龙的幼龙。从化石推测，这只爬兽正在享用食物，可是没过多久就遇到了突发的灾难并被快速掩埋，因此才能保存未消化的恐龙残骸。

生活时期	化石发现地	物种分类
白垩纪早期	中国辽宁	哺乳纲 真三尖齿兽目 爬兽科

巨爬兽的体形大于强壮爬兽，不过巨爬兽可不是强壮爬兽的“放大版”，而是“精装版”。巨爬兽的门齿十分粗大，上犬齿变得更加坚固，牙齿间的距离逐渐变小，并且还有更加强壮的下颌。由此可以推测巨爬兽是一种凶猛的猎食者。

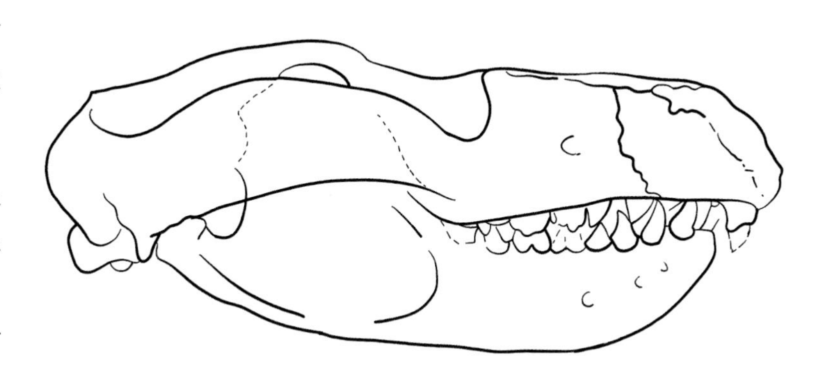

巨爬兽的头部结构

巨爬兽的牙齿可以表明它们的捕食方式与其他三尖齿兽类不同。它们的牙齿更像是同型齿，可以用牙齿将猎物紧紧咬住，并且利用强大的咬合力将肉撕扯后进食。它们的进食方式与爬行动物很像，真可谓是“爬”兽。

中生代哺乳动物的体形较小，而巨爬兽的身长有 1 米左右，是少有的大体形。它们的身体都十分健壮，能够快速扑击猎物，但无法长时间奔跑。

翔兽目

远古翔兽

Volaticotherium antiquum

虽然远古翔兽向往着蓝天，但它们并不是真正的“飞行家”，而在脊椎动物家族中有许多真正的“飞行家”。

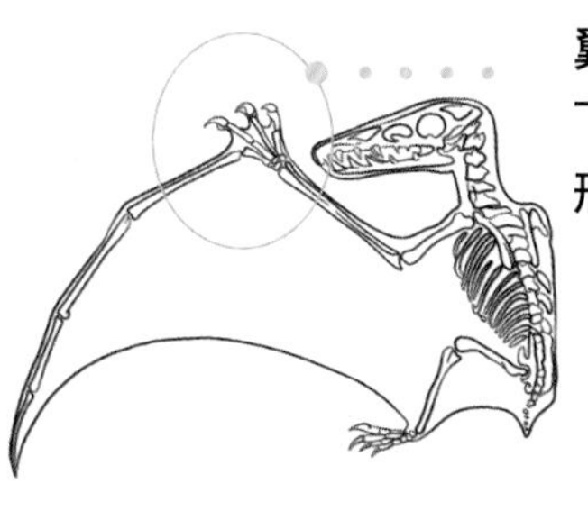

翼龙：有四根手指，第四指极度拉长形成飞行指，指节与腹部相连延伸到膝盖位置形成翼膜。

远古翔兽：前肢与后肢相连形成翼膜。

蝙蝠：蝙蝠有五根手指，除了第一指之外其他指拉长和尾部相连形成翼膜。

鸟类的翅膀结构

生活时期	化石发现地	物种分类
侏罗纪晚期	中国内蒙古	哺乳纲 翔兽目

从体形和飞行方式来看远古翔兽与现生的鼯鼠很像，不过这些会飞的哺乳动物之间没有必然的联系，远古翔兽作为已灭绝的哺乳动物没有任何后代。

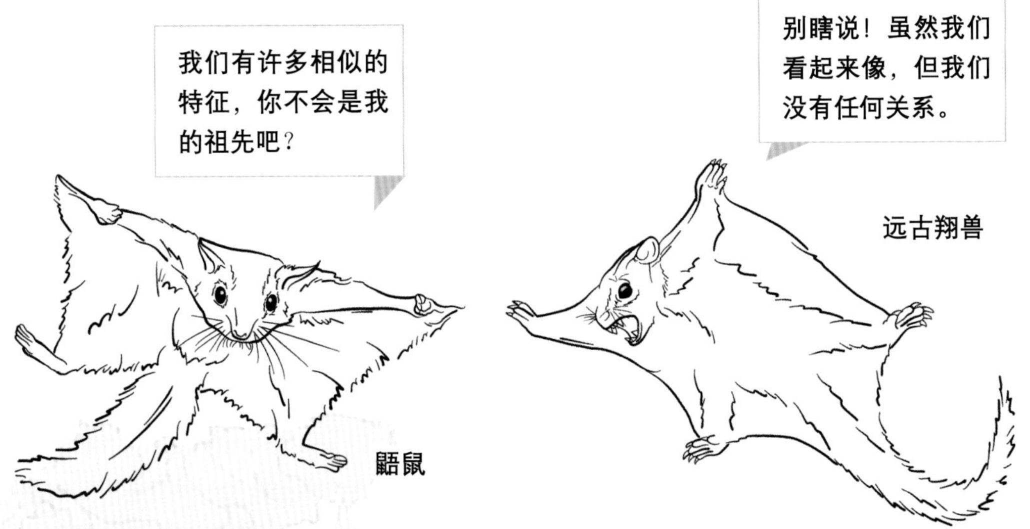

远古翔兽全身覆有毛发，四肢之间有翼膜相连接，这就是它们飞行的“秘密武器”。它们还有长长的尾巴，尾椎骨扁平，有极大可能是在飞行时起到保持平衡的作用。从尖利的牙齿和爪子来看，它们可不是“素食主义者”，一般会以虫子为食物。

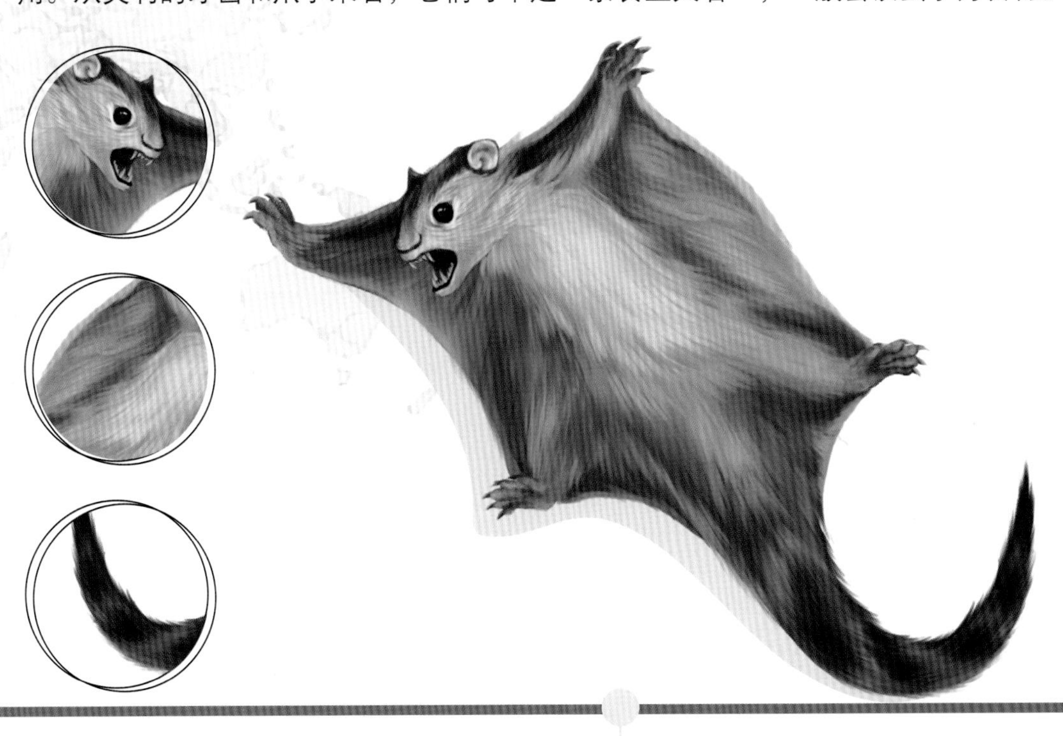

远古翔兽是迄今为止发现的最早的会飞的哺乳动物，它们的出现表明哺乳动物在朝着不同方向开拓生活环境方面进行着大胆的尝试。在此之前发现的是距今 5000 多万年的蝙蝠，因此远古翔兽的发现将哺乳动物飞上蓝天的历史向前推进了 1 亿多年。

早期哺乳动物的食性

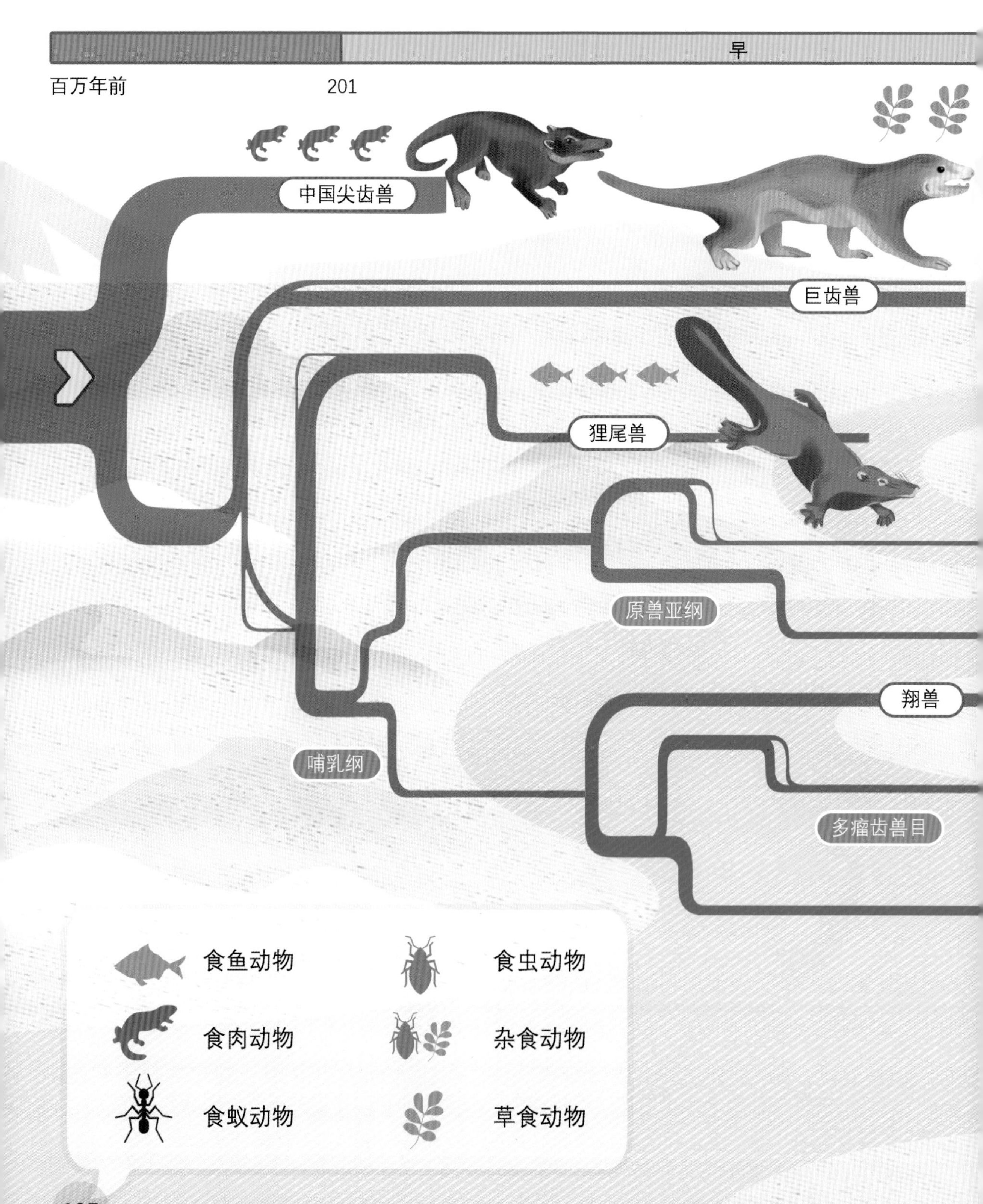

三叠纪
早
百万年前
201
中国尖齿兽
巨齿兽
狸尾兽
原兽亚纲
翔兽
哺乳纲
多瘤齿兽目
食鱼动物
食虫动物
食肉动物
杂食动物
食蚁动物
草食动物

侏罗纪

中	晚
174	164

174　164　145

早期哺乳动物有着超强的适应能力和探险精神，它们不再安于洞穴生活，尝试拓展新的领地，所以它们开始上树下水、上天入地。因而，食物的选取也变得更加广泛，从最初喜欢吃虫子的类群演化出了喜欢吃植物和软体动物，以及喜欢“荤素搭配，合理饮食”的类群。

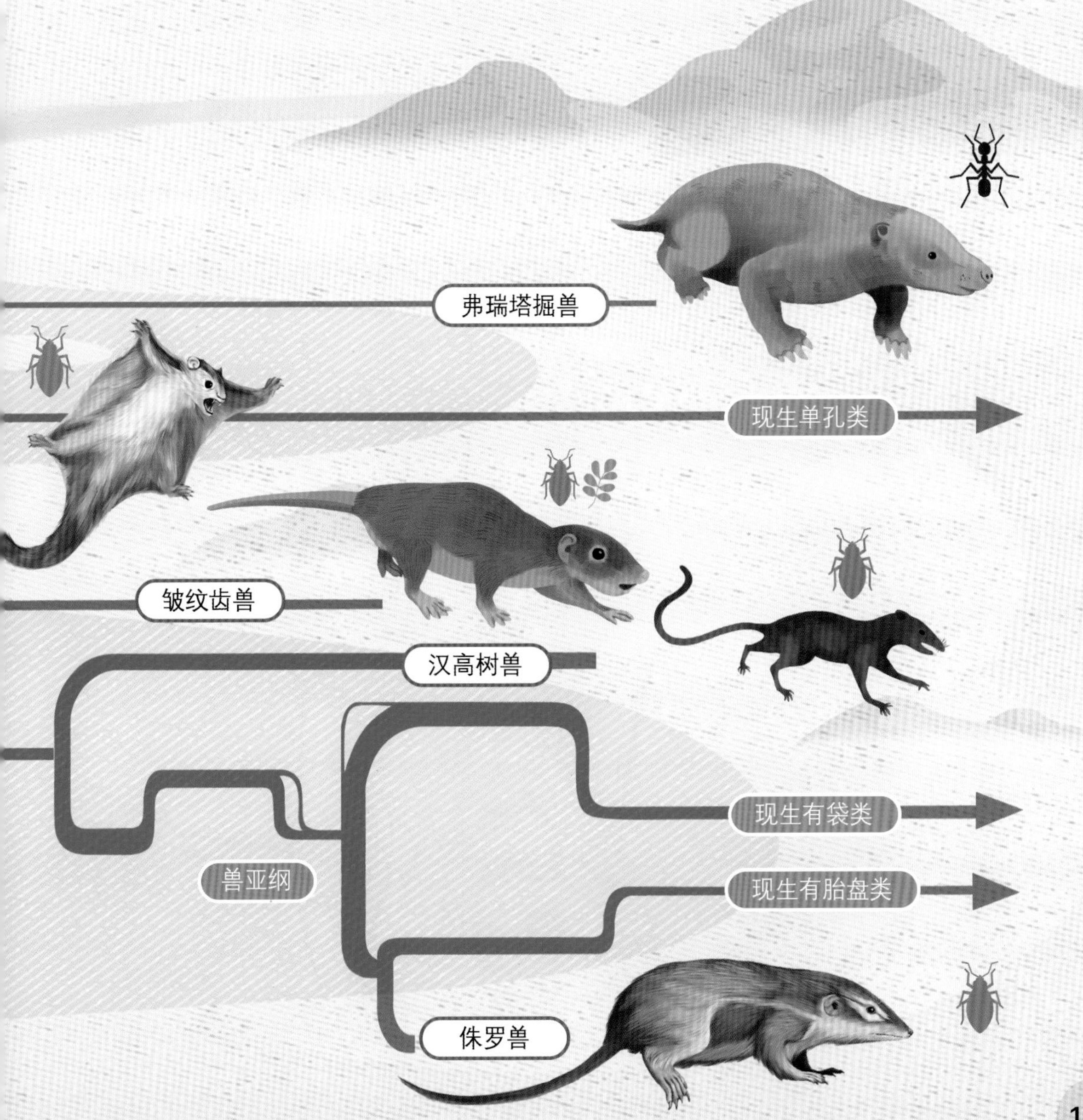

哺乳纲

Mammalia

多瘤齿兽类

Multituberculates

多瘤齿兽类是已灭绝哺乳动物的重要类群之一，它们生活于恐龙称霸的中生代，数量占当时哺乳动物总数量的一半。

多瘤齿兽类在白垩纪大灭绝当中幸存下来，成为一个时代的“幸存者”，不仅如此，它们的历史一直延续到新生代的始新世，是现生和已灭绝哺乳动物中生存历史最长久的族群。

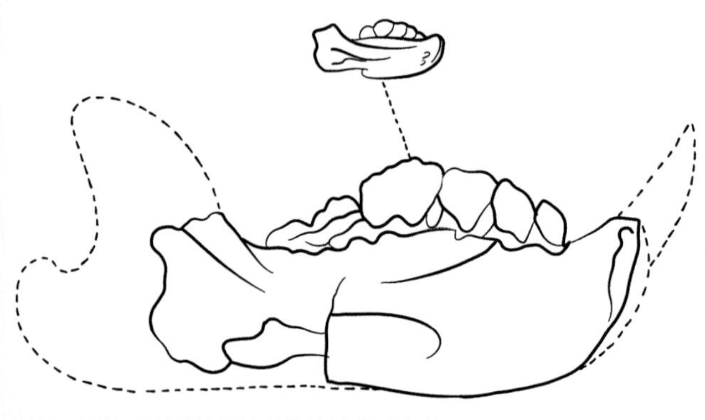

多瘤齿兽类的牙齿

多瘤齿兽类的门齿和啮齿类动物比较相似，臼齿凹凸不平，上面有许多的“瘤尖”，复杂的齿尖让它们可以充分地咀嚼食物。

多瘤齿兽类的牙齿主要分为三个功能区，门齿用来抓、咬，中间的牙齿用来固定和切割，后面的臼齿用来磨碎食物。

多瘤齿兽

多瘤齿兽类起源于生活在中国，侏罗纪时期的皱纹齿兽，它们是最古老的多瘤齿兽类，以树叶、种子和昆虫等为食，是典型的杂食性动物。它们的踝骨十分灵活，能够快速奔跑。

通过对化石的研究发现皱纹齿兽能够适应多种环境，比如爬树、挖掘洞穴和在陆地上奔跑等。

皱纹齿兽

年轻友邻兽的化石发现于美国蒙大拿州，化石中呈现出多个年轻友邻兽个体。这些化石表明哺乳动物在中生代已有群居行为。

群居的年轻友邻兽

或许你会想它们为什么是群居？有没有可能是掉入到陷阱中？

首先，年轻友邻兽的腿部肌肉强壮，十分适宜挖掘洞穴；其次，从化石来看它们是跨代群体，简单来说有年老个体、成年个体和幼年个体，它们更像是一家子。因此，它们更可能是不同阶段的个体聚集在一起生活，共同挖掘洞穴，抚养后代。

多瘤齿兽类

盖氏热河俊兽

Jeholbaatar Kielanae

辽尖齿兽和盖氏热河俊兽最明显的中耳结构的演化是：位于上方的上隅骨，从独立的一块骨骼逐渐与锤骨愈合在一起，成为锤骨的后外侧部分。

接触方式

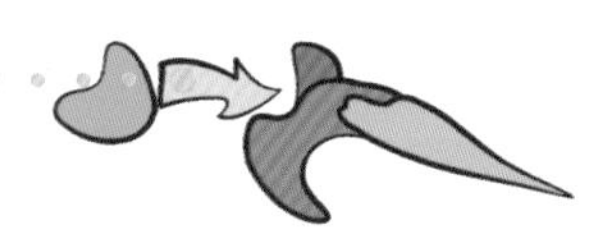

砧骨

锤骨

辽尖齿兽
鞍型关节（鞍型关节指骨头的关节面呈鞍状）

接触方式

砧骨

锤骨

盖氏热河俊兽
叠覆型关节（相对于锤骨的位置砧骨后移而形成部分叠覆）

盖氏热河俊兽化石中完整的中耳结构为研究早期哺乳动物的耳区演化提供了直接证据。对探讨哺乳动物的齿骨后骨从下颌中耳到典型哺乳动物中耳这一演化事件补充了极具分量的拼图。

生活时期	化石发现地	物种分类
白垩纪早期	中国辽宁	哺乳纲 多瘤齿兽类 始俊兽科

盖氏热河俊兽化石发现于辽宁，这块化石与北票鲟化石保存在一起，盖氏热河俊兽的身长只有 15 厘米，蜷缩着身体的它显得十分弱小。

盖氏热河俊兽保存了完整的中耳结构，这一发现揭示了多瘤齿兽类动物的中耳结构及其相互接触的关系，让我们对于哺乳动物中耳结构的演化有更加清晰的认识。

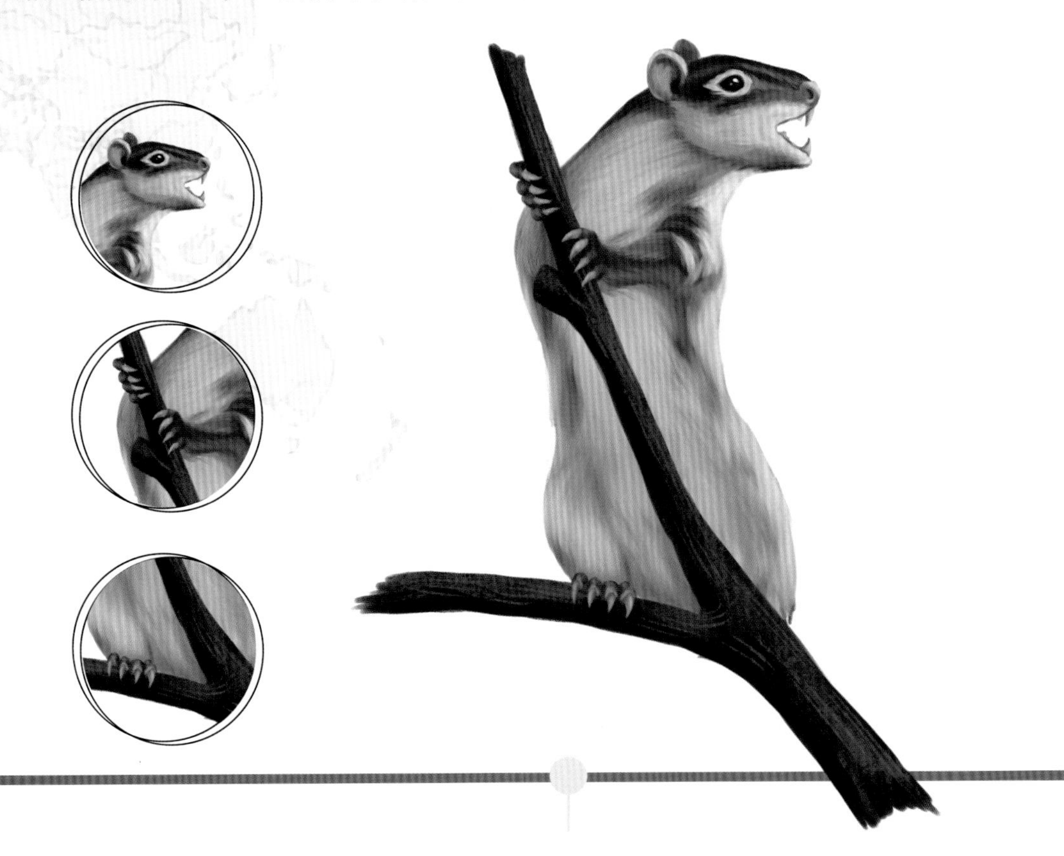

在脊椎动物演化中，中耳结构是一项重要的研究对象，从下颌中耳到过渡中耳再到哺乳动物中耳，每一个不同的演化阶段都需要古生物学家用无数的化石去研究、证明。

哺乳纲

Mammalia

对齿兽目

Symmetrodonta

侏罗纪时期出现了两大真兽类群，其中一类就是对齿兽类，它们比后兽类和真兽类更为原始。

对齿兽类臼齿上的三个主要的齿尖呈三角形排列，这种臼齿结构是更为先进的后兽类和真兽类磨楔型齿的前身，而与真三尖齿兽类直线形排列的臼齿结构相比，对齿兽类具有效率更高的锯齿剪刀似的咬合方式。

下颌骨

下臼齿

上臼齿

下臼齿

对齿兽类家族包括鼹兽科和张和兽科，其中，鼹兽科的成员是一类体形较小的哺乳动物，如乳齿兽和西氏尖吻兽。

发现于热河生物群的乳齿兽生活在约 1.2 亿年前，相较于已知鼹兽科大多破碎的化石来讲，乳齿兽不仅保存了骨架还有完整的齿列结构，为古生物学家研究其家族提供了许多信息。成年乳齿兽的中耳结构已经和齿骨完全分离，这也意味着哺乳动物又进行了一次独立的中耳演化。

乳齿兽化石标本扫描图

西氏尖吻兽是一类生活在约 1.2 亿年前，身长仅约 12 厘米的小家伙。它们的前肢和老鼠似的，自然地垂直于地面，后肢和蜥蜴相似，大腿水平于地面，小腿急转直下，形成奇怪的前肢直立，后肢外展的骨骼特征。

西氏尖吻兽的腰部保留着原始哺乳动物才有的腰椎骨，但牙齿齿尖呈三角形，已经与兽类相似。从牙齿结构来看，它们以昆虫和蠕虫为食。古生物学家推测，在很早以前尖吻兽因为某种独特的生存原因，被迫将其后肢“后退”回初始模样。

西氏尖吻兽

五尖张和兽

Zhangeotherium quinquecuspidens

20 世纪 90 年代，张和先生从中国辽宁的一位农民手中收集到一块化石，并将其捐赠给中国科学院古脊椎动物与古人类研究所。经古生物学家鉴定，确认这是世界上第一件对齿兽类化石，为了表示对张和先生的感谢，便将这块化石命名为五尖张和兽，而五尖则源于张和兽臼齿上的五个齿尖，就像“五指山”似的。

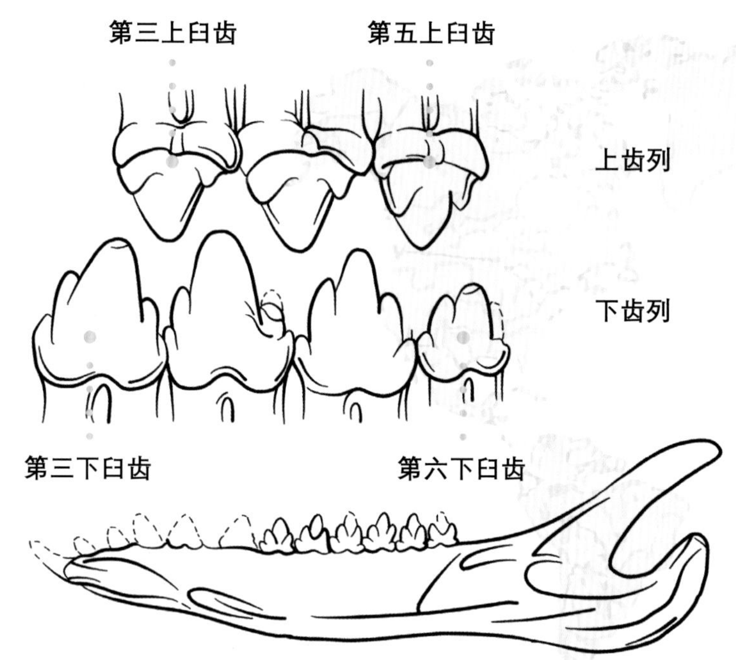

张和兽左侧臼齿形态及下颌骨

五尖张和兽的化石除尾部没有保存外，其余几乎完整，而且上面还带有皮毛和软组织印痕，加上尾部，其体长或许可达 30 厘米。

五尖张和兽的四肢粗壮并向外延伸，和爬行动物类似。它们有 5 颗上臼齿和 6 颗下臼齿，从牙齿结构来看，它们可能以昆虫为食。

生活时期	化石发现地	物种分类
距今约 1.2 亿年前	中国辽宁	哺乳纲 对齿兽目 张和兽科

张和兽的体形较小，和现生的鼩鼱差不多，虽然有利于躲藏，但在恐龙称霸的中生代，娇小的它们只能“任龙宰割”，中华龙鸟就是它们的头号天敌，因为古生物学家在中华龙鸟的胃部发现过许多没有消化完的张和兽残骸。

“任龙宰割”

古生物界对于哺乳动物三大类群（原兽类、后兽类和真兽类）之间的系统发育关系一直存在争论，而张和兽的发现为这一问题提供了直接答案：它们踝部关节骨骼的生长方式和原兽类的现存代表——单孔类比较相似，锁骨的形状却与现生的真兽类相似，由此表明，张和兽是从单孔类哺乳动物向真兽类演化的过渡类型。

综合各项数据，古生物学家认为单孔类非常原始，它们的祖先大约在 2 亿年前从哺乳动物的基干类群中分化出来并演化存活至今，所以它们与现生的其他哺乳动物没有很近的亲缘关系。

早期哺乳动物中耳、下颌骨与牙齿的演化

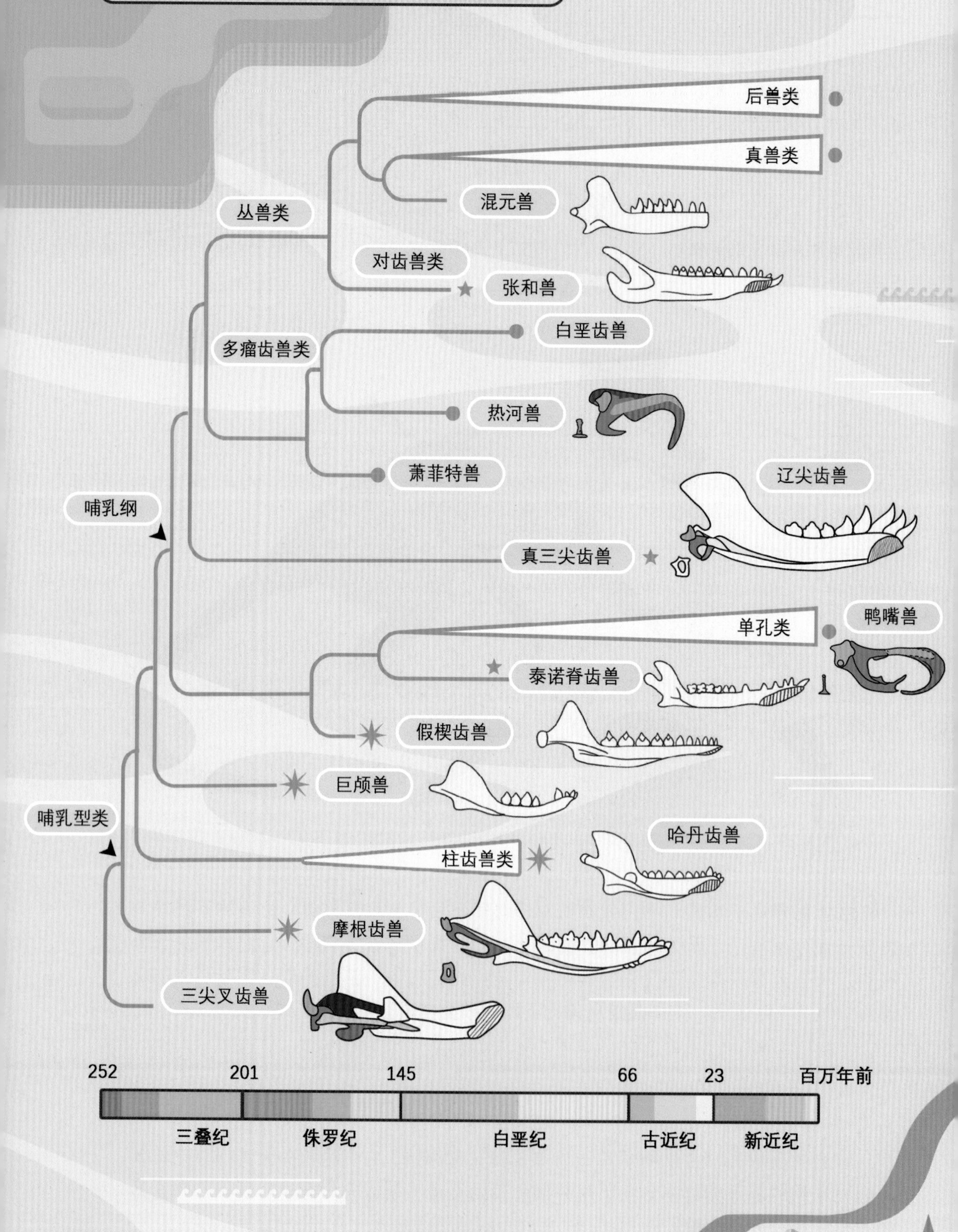

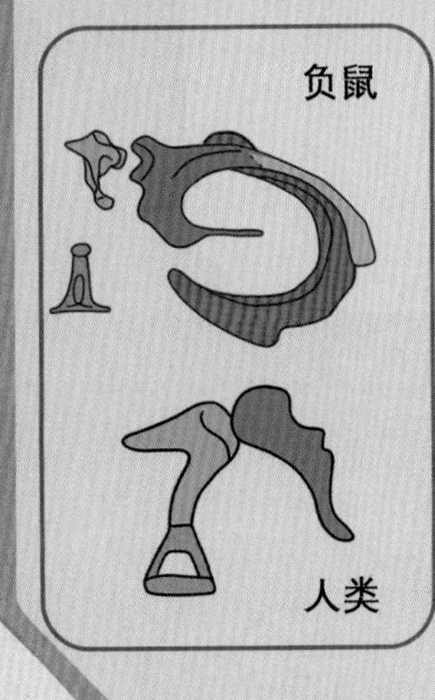

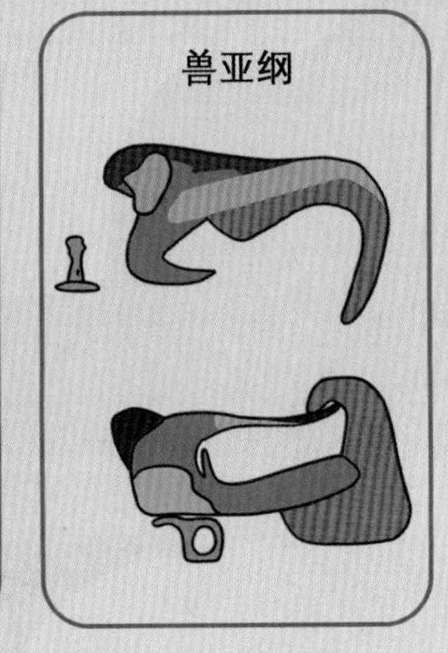

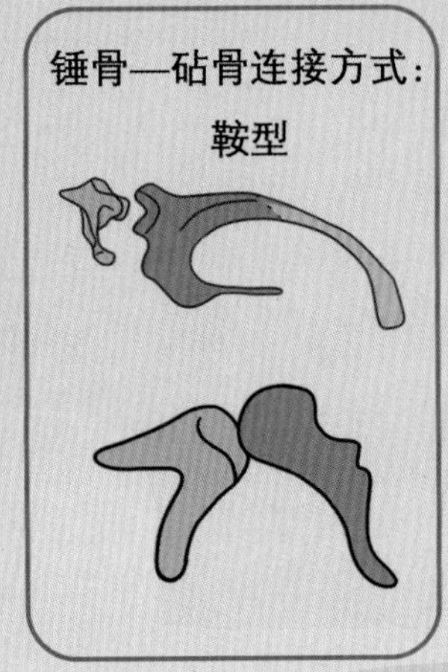

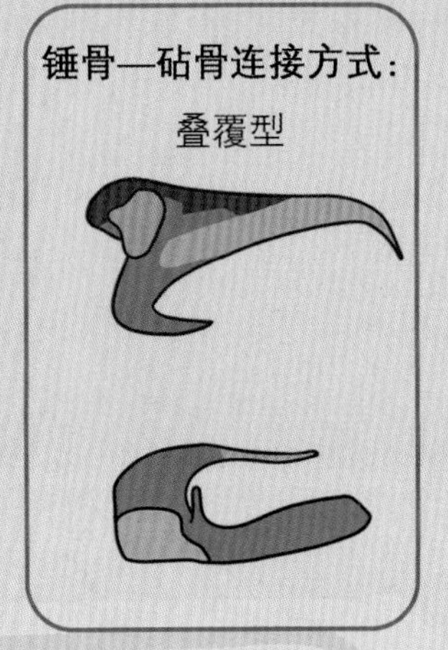

- 骨化的麦氏软骨
- 外鼓骨(隅骨)
- 上隅骨
- 锤骨前突（前关节骨)锤骨
- 主体(关节骨)
- 砧骨(方骨)
- 镫骨
- 下颌中耳
- 过渡型中耳
- 典型哺乳动物中耳

在早期哺乳动物的中耳结构演化过程中，尽管骨骼有变化，但砧骨与锤骨的连接方式主要呈两种：鞍型关节和叠覆型关节。

耳区基本结构的比较

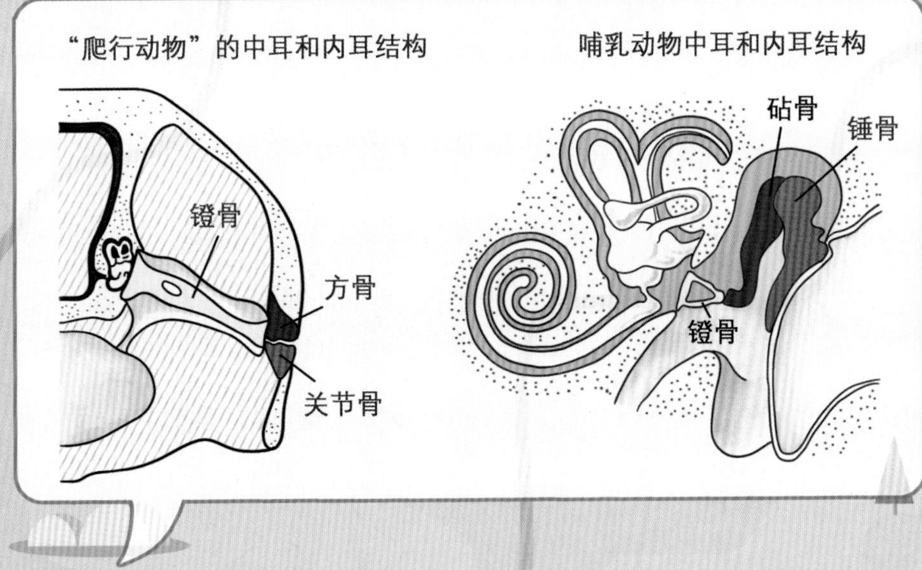

虽然大部分的早期哺乳动物体形娇小，但凭借着顽强的生存能力与恐龙同行。它们通过对自身的突破性改变度过了无数艰险，如下颌仅由齿骨一整块骨头构成，而下颌骨和头骨通过颌关节（由鳞状骨和齿骨构成）相连接，从而提高了取食效率；它们的牙齿也出现了分化，可以像锯齿剪刀似的“剪碎”食物；它们还强化了听觉器官，将原先下颌处的方骨和关节骨演化成了听小骨中的砧骨和锤骨。

崛起 JUEQI

- 哺乳动物的演化

- BURU DONGWU DE YANHUA

现生的哺乳动物主要包括有育儿袋的后兽类和有真正胎盘的真兽类，它们的身体结构在演化的过程中发生了许多改变，而和许多早期哺乳动物不同的地方就是其肩部失去了爬行类动物的锁间骨和乌喙骨。

第四章

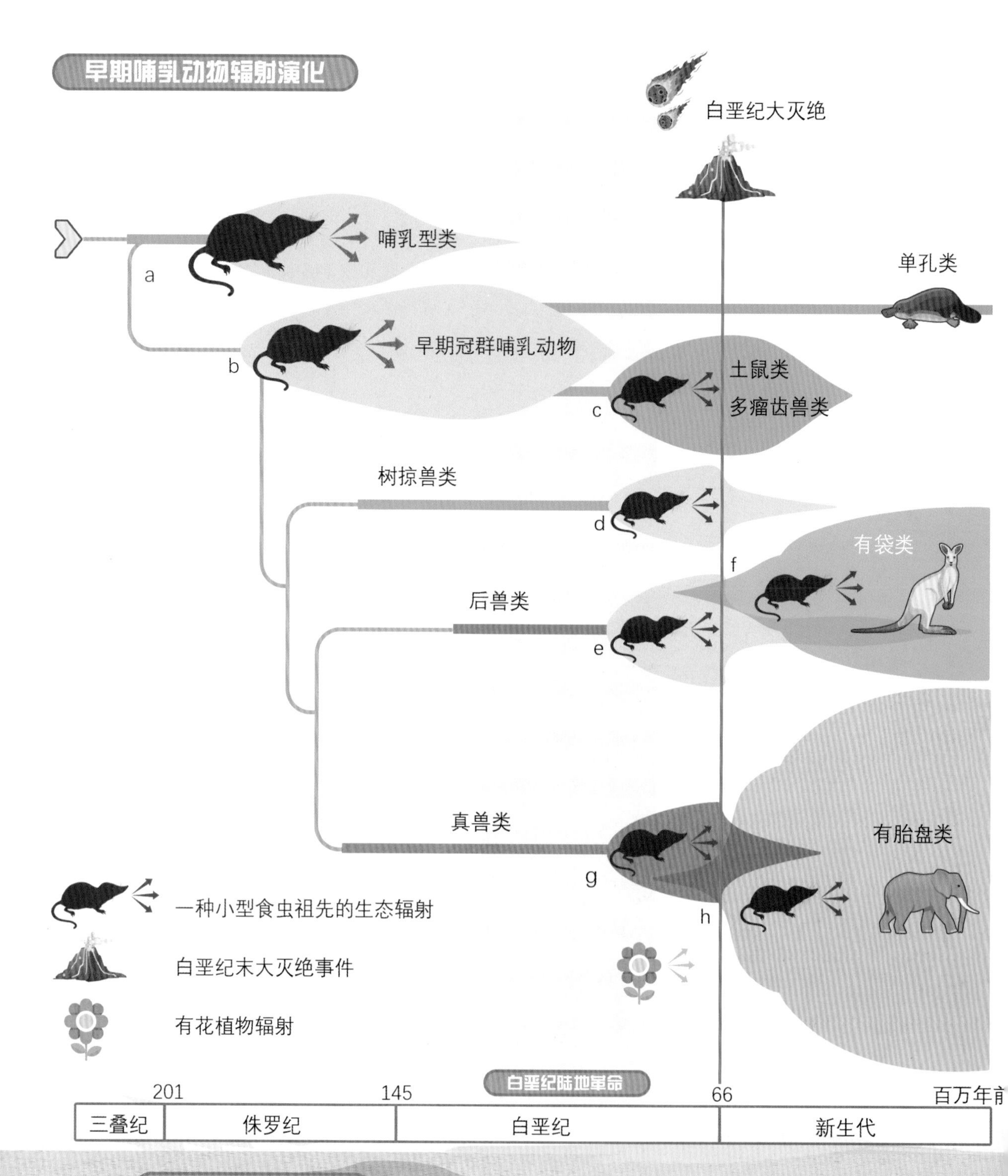

白垩纪陆地革命

在 1.25 亿 ~0.8 亿年前的白垩纪中期至晚期，发生了一次彻底改变陆地生态系统的重大事件，即白垩纪陆地革命。这场革命伴随着被子植物的繁盛，具有社会行为的昆虫（如蚂蚁和蜜蜂）、龟类和鸟类等开始大规模辐射，从而创造出许多新的生态位。

早期的哺乳动物大多体形较小，但它们不断地改变自身的形态、结构和生理特征，默默地等待着“翻身”的机会，直到6600万年前的白垩纪大灭绝，被爬行动物压制了一亿多年的哺乳动物终于迎来了属于自己的时代，它们开始广泛地辐射演化。渐渐地，古老的哺乳动物种群大多被更为进步的有袋类和有胎盘类所取代。

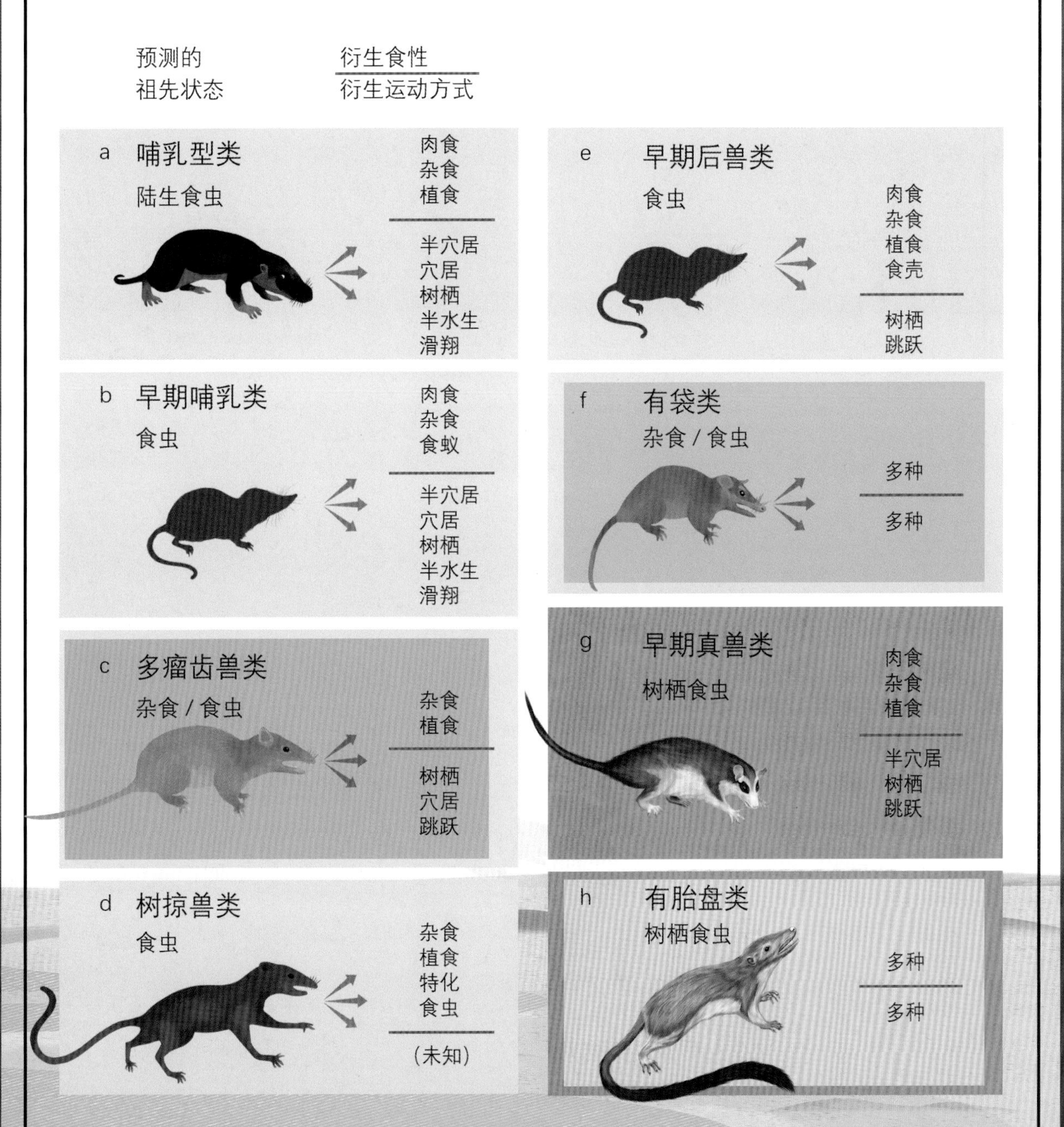

兽亚纲的特征

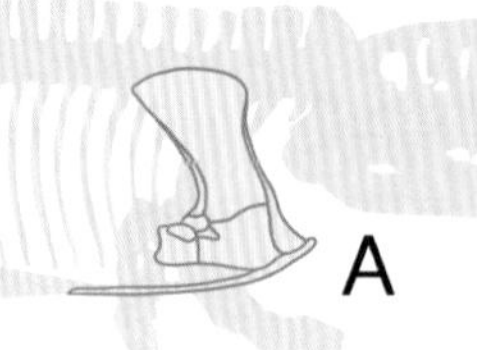

下孔目动物和哺乳动物的肩带

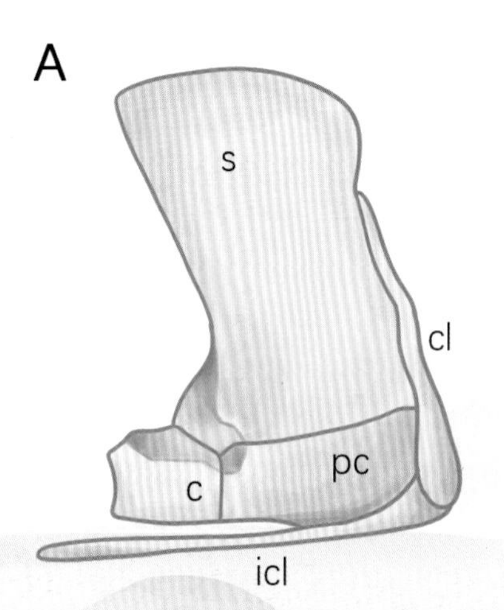

盘龙目——蛇齿龙

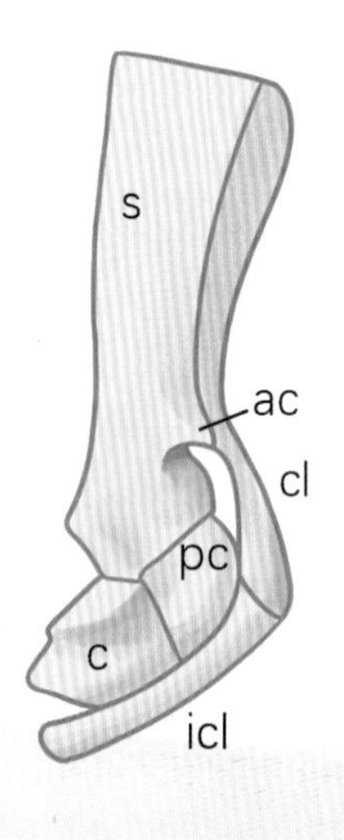

二齿兽类——肯氏兽

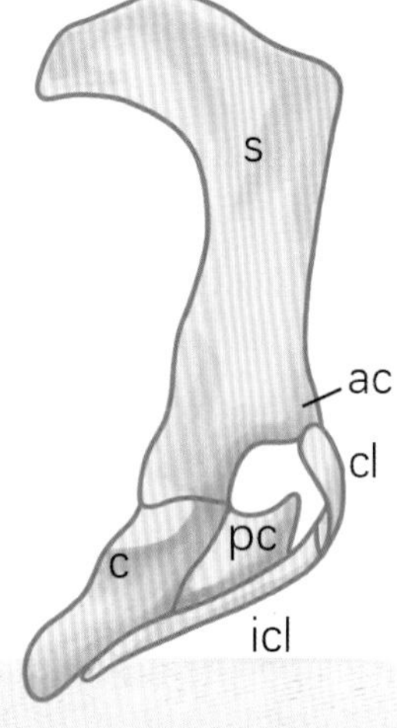

单孔目——鸭嘴兽

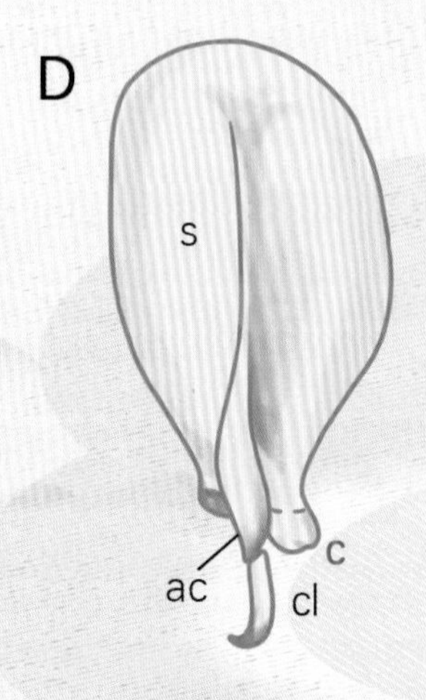

有袋类——负鼠

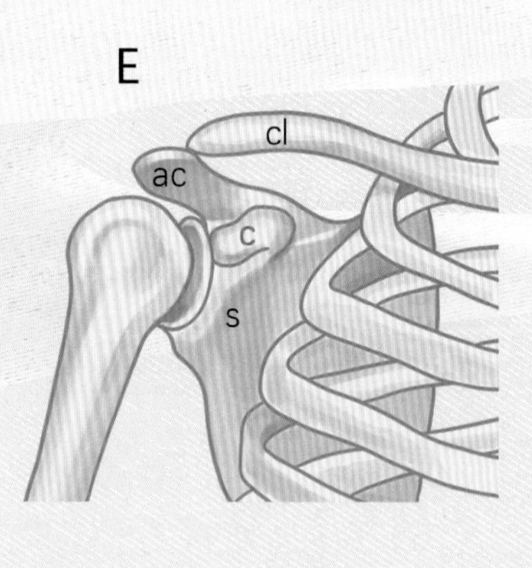

人类

s：肩胛骨
ac：肩峰
pc：前乌喙骨
c：乌喙骨
c：乌喙突
cl：锁骨
icl：锁间骨

兽亚纲主要包括真兽类和后兽类，它们连接前肢和躯干的乌喙骨已经逐渐演化成附着在肩胛骨上的乌喙突，而发达的肩胛骨则担负起能够让兽亚纲成员手臂灵巧活动的重任。

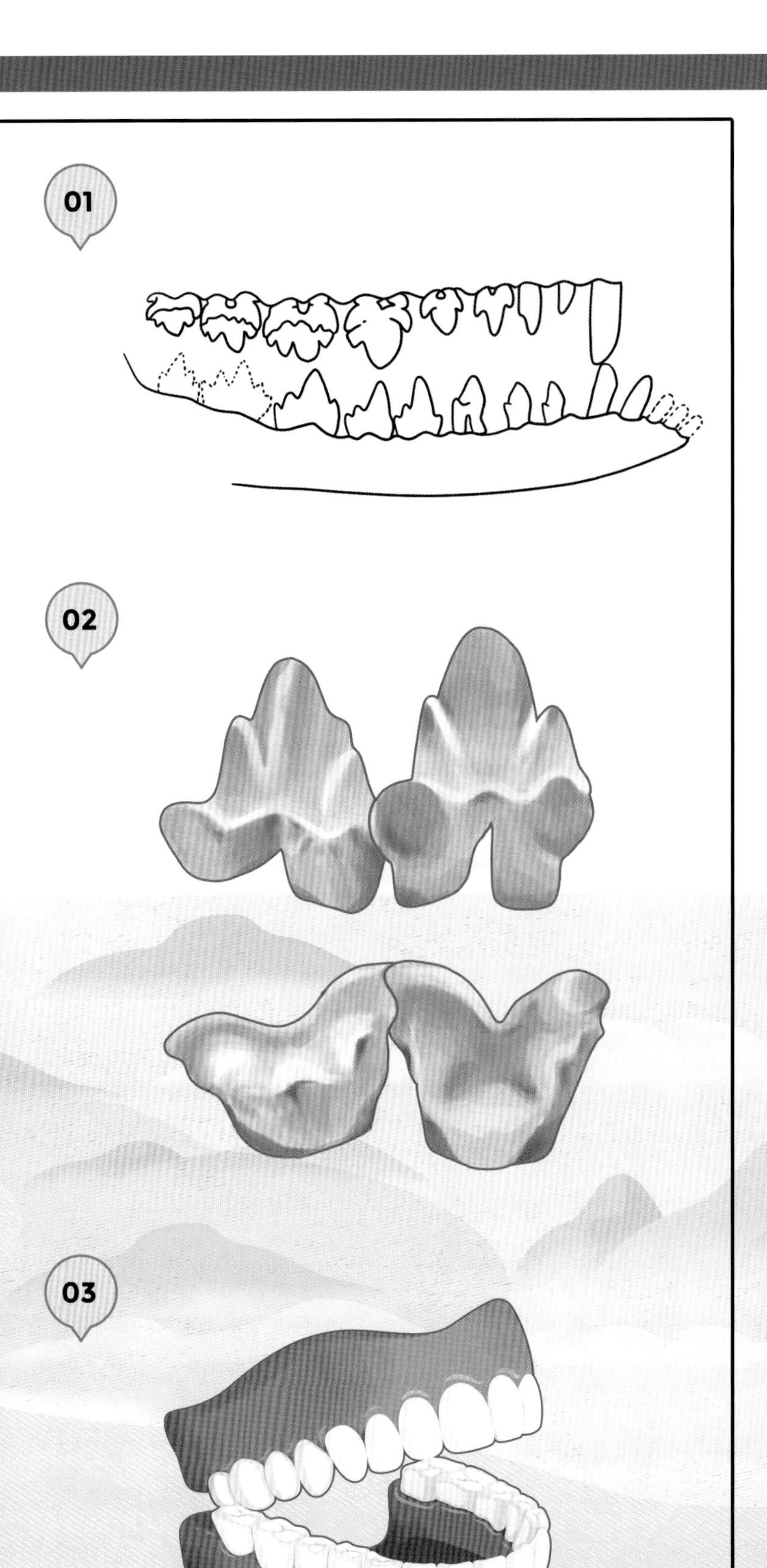

臼齿演化中的形态变化

具有磨楔式的臼齿是兽亚纲的一个特征，在哺乳动物的演化过程中臼齿有许多形态上的改变，从三个齿尖呈一排排列的类型，到由三个齿尖呈三角排列的类型，最后演化到磨楔式臼齿的类型。

后兽类

Metatheria

有袋目

Marsupials

现存的后兽类只有一个目，即有袋目。有袋目中包括我们熟悉的袋鼠、树袋熊和负鼠等，因此后兽类也被称为有袋类。

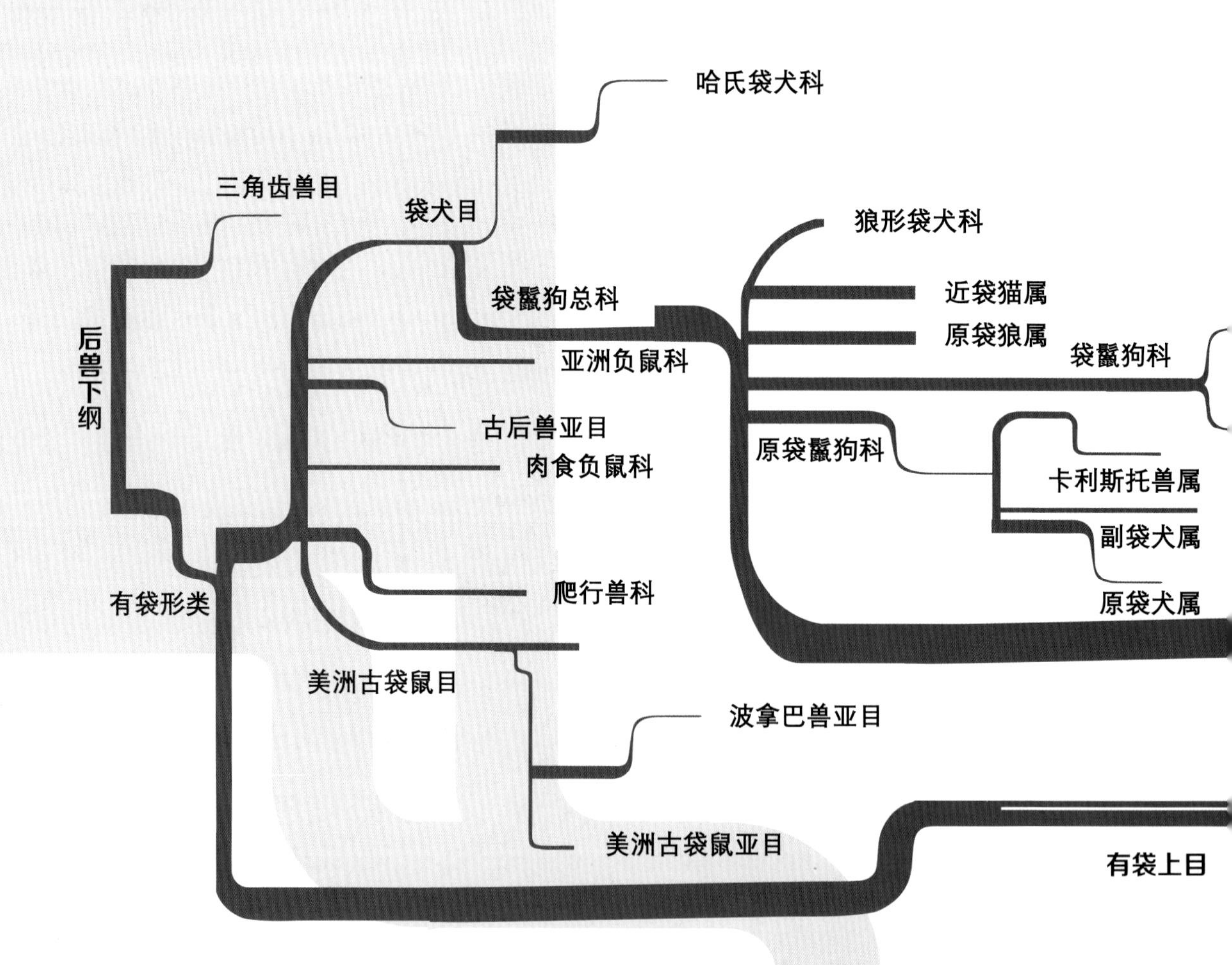

后兽类的兽妈妈都有着特殊的育儿袋，用来养育宝宝。它们的宝宝都属于“早产儿”，全身只有前肢和嘴巴发育完全，其余器官需要在育儿袋中发育完全。

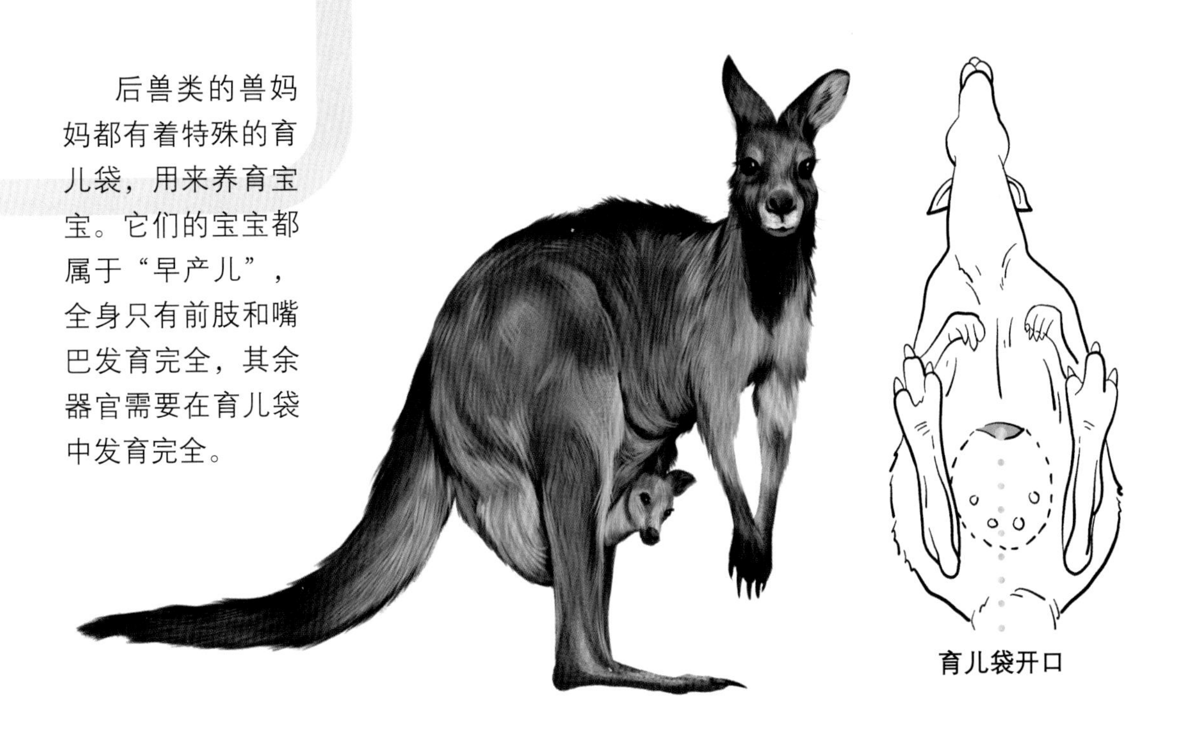

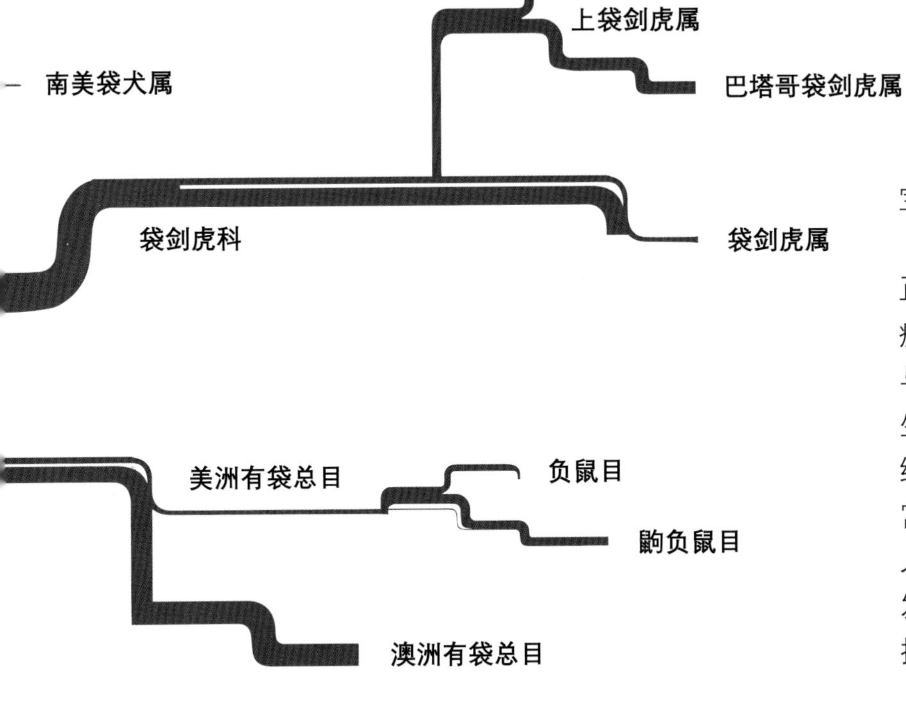

为什么后兽类的宝宝都是早产儿呢？

后兽类动物没有真正的胎盘，当胎儿的免疫系统开始发育时，会与兽妈妈的免疫系统产生排斥，因此在免疫系统发育前便需要离开子宫进入育儿袋。而我们人类属于有胎盘类，在发育时会分泌防止胎儿排斥的激素。

袋犬目

Sparassodonta

在哺乳动物演化史中存在一个有趣的现象，有袋类动物的名字与一些真兽类的动物名字十分相似，例如“袋剑齿虎”，仿佛是在盗用剑齿虎的名字。袋犬类是由袋犬、袋剑齿虎等物种组成的演化支，它们的体形与真兽类的鬣狗和狼十分相似。

袋鬣狗科的动物属于肉食性动物，它们的体形像是貂熊和鬣狗的集合体，而且与现生的鬣狗一样拥有超强的咬合力。

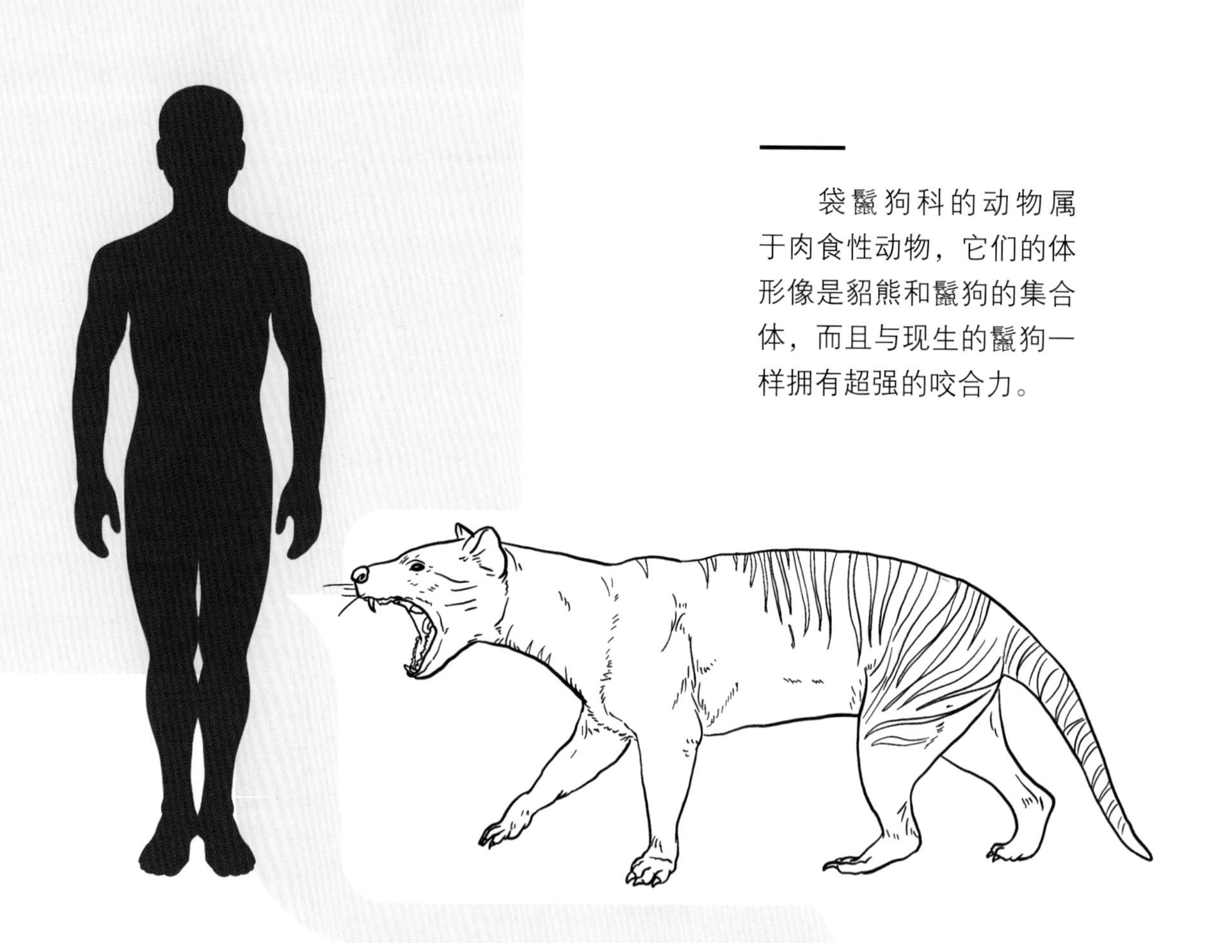

袋鬣狗科动物和身高 1.8 米的成人对比图

研究人员根据南美袋犬的颅骨复原图推测，成年的袋鬣狗科成员牙齿十分粗壮，可以轻松地咬碎猎物的腿骨。

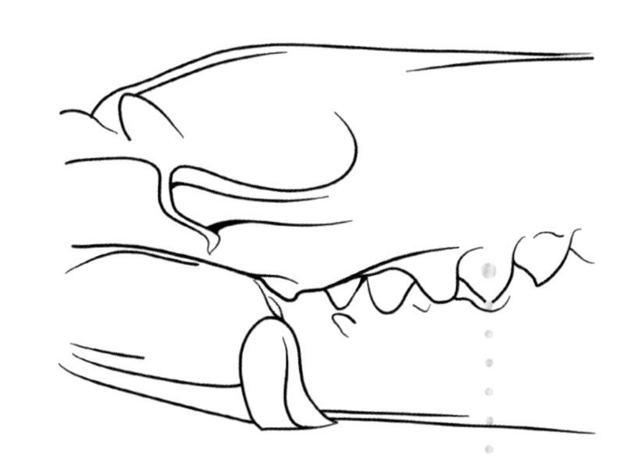

袋鬣狗的牙齿

袋剑齿虎

袋剑齿虎有着锋利的犬齿，这样特化的结构与刃齿虎十分相像，不过它们之间的亲缘关系较远，相似性只是趋同演化的现象。

袋剑齿虎主要以鸟类和小型的哺乳动物为食，它们在捕猎时极为聪明，会潜伏在隐蔽的草丛中等待猎物的到来，最后通过偷袭的方式完成捕食。袋剑齿虎的身体结构表明它们并不擅长快速奔跑。它们的前肢比后肢更有力，因此在捕食时更加依赖前肢。

捕食

负鼠目

Didelphimorphia

负鼠类是北美洲唯一的有袋类动物，它们的家族成员众多，其中包括鼠负鼠、蹼足负鼠和北美负鼠等。虽然它们的种类繁多、分布范围较广，但是大部分的形态和生活习性都很相似。

大部分的负鼠类都属于树栖动物，有着长长的尾巴。不过也有一部分负鼠类会半水生栖息或者在洞穴中栖息。

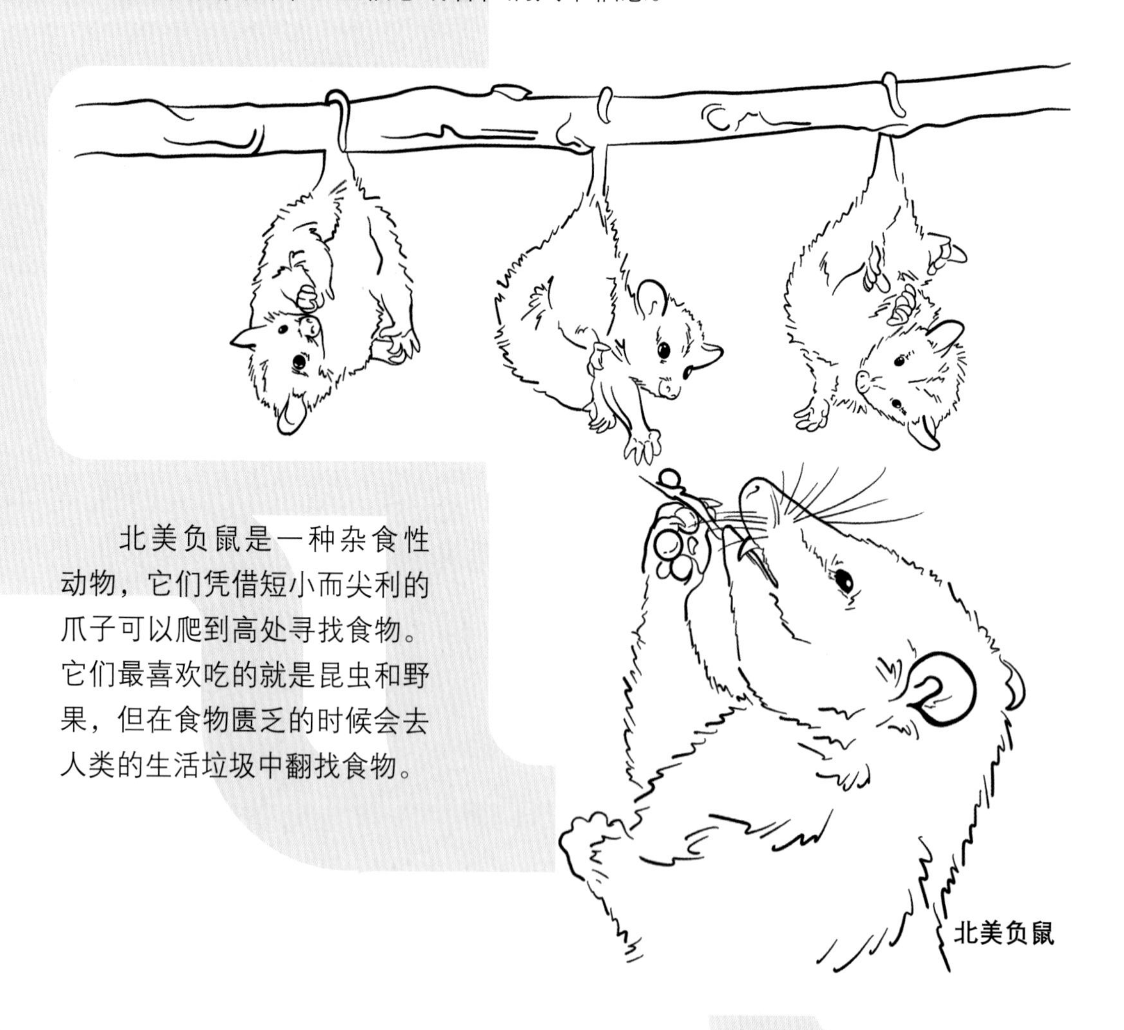

北美负鼠是一种杂食性动物，它们凭借短小而尖利的爪子可以爬到高处寻找食物。它们最喜欢吃的就是昆虫和野果，但在食物匮乏的时候会去人类的生活垃圾中翻找食物。

北美负鼠

北美负鼠是动物界的伪装大师，在遇到危险时，它们把眼睛一闭、身体一躺、伸出舌头，然后将尾巴夹到后肢之间，伪装成“死亡”的状态。为了更加真实，它们还会分泌一种带有腐烂气味的液体，以此来骗过食肉动物。

“死亡”的状态

蹼足负鼠

蹼足负鼠的后足为蹼状，皮毛有防水的作用。因此它们不仅可以在陆地上生活，还可以在水下捕食。它们会通过敏感的前肢去抓握食物。

长着育儿袋的蹼足负鼠在水下如何生存？它们的宝宝会不会溺水呢？

蹼足负鼠根据生活的环境进化出了独特的育儿技能，它们在潜水前会将育儿袋的袋口密封起来，防止水进入育儿袋中。

蹼足负鼠一家

鼩负鼠目

Paucituberculata

鼩负鼠类包括鼩负鼠属和秘鲁鼩负鼠属等，它们从外表来看与鼩鼱十分相似，有着小小眼睛、细长的四肢、尖尖的吻部和长长尾巴。

秘鲁鼩负鼠生活在南美洲的秘鲁，体长 9~13.5 厘米，它们的眼睛很小，吻部狭长，四肢和尾部又细又长，前后足都是五趾。

秘鲁鼩负鼠和鼩鼱都是主动掠食者，虽然它们的视力不好，但嗅觉和听觉都很敏锐，可以帮助它们捕食蠕虫和昆虫，再加上吻部长有敏感的胡须，在夜间轻松地锁定猎物对它们来讲并不是什么难事。

秘鲁鼩负鼠

鼩鼱

鼩负鼠的体形较小，约 15 厘米，它们可能是有袋类家族逐渐适应环境的证明。虽然有袋类在 6600 万年前就已经遍布世界各处，但它们较短的孕期使得幼崽大脑的发育程度和生存能力等都低于有胎盘的哺乳类动物。随着有胎盘类的哺乳动物逐渐兴起，有袋类家族逐渐衰退。

“育儿褶皱”

鼩负鼠属于有袋类，但从繁殖方式来看，它们更像是有胎盘的哺乳动物，因此总被人称为“名不副实的有袋类”。因为鼩负鼠的成年个体没有育儿袋，只有可以遮蔽幼崽的皮肤褶皱，所以宝宝出生后，鼩负鼠妈妈会将宝宝放在洞穴中，然后外出捕食。

鼩负鼠

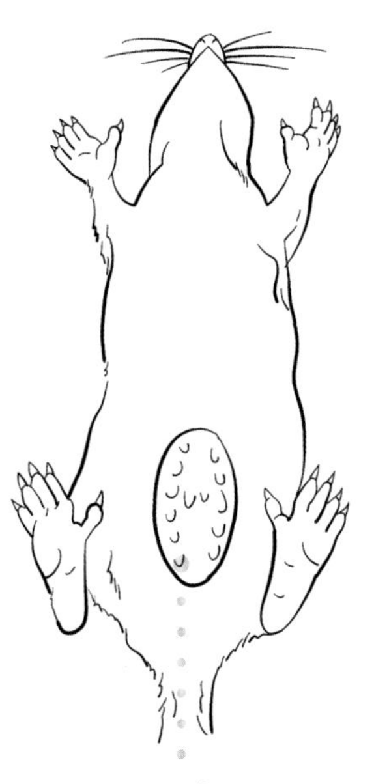
乳腺

鼩负鼠一般会在夜里捕食，依靠听觉、触觉以及它们长而敏感的胡须和吻部锁定猎物。它们主要以昆虫为食。

澳洲有袋总目

Australidelphia

澳洲有袋总目是现生有袋类家族中的一个分支，除微兽目生活在南美洲外，其他成员主要生活在澳大利亚。

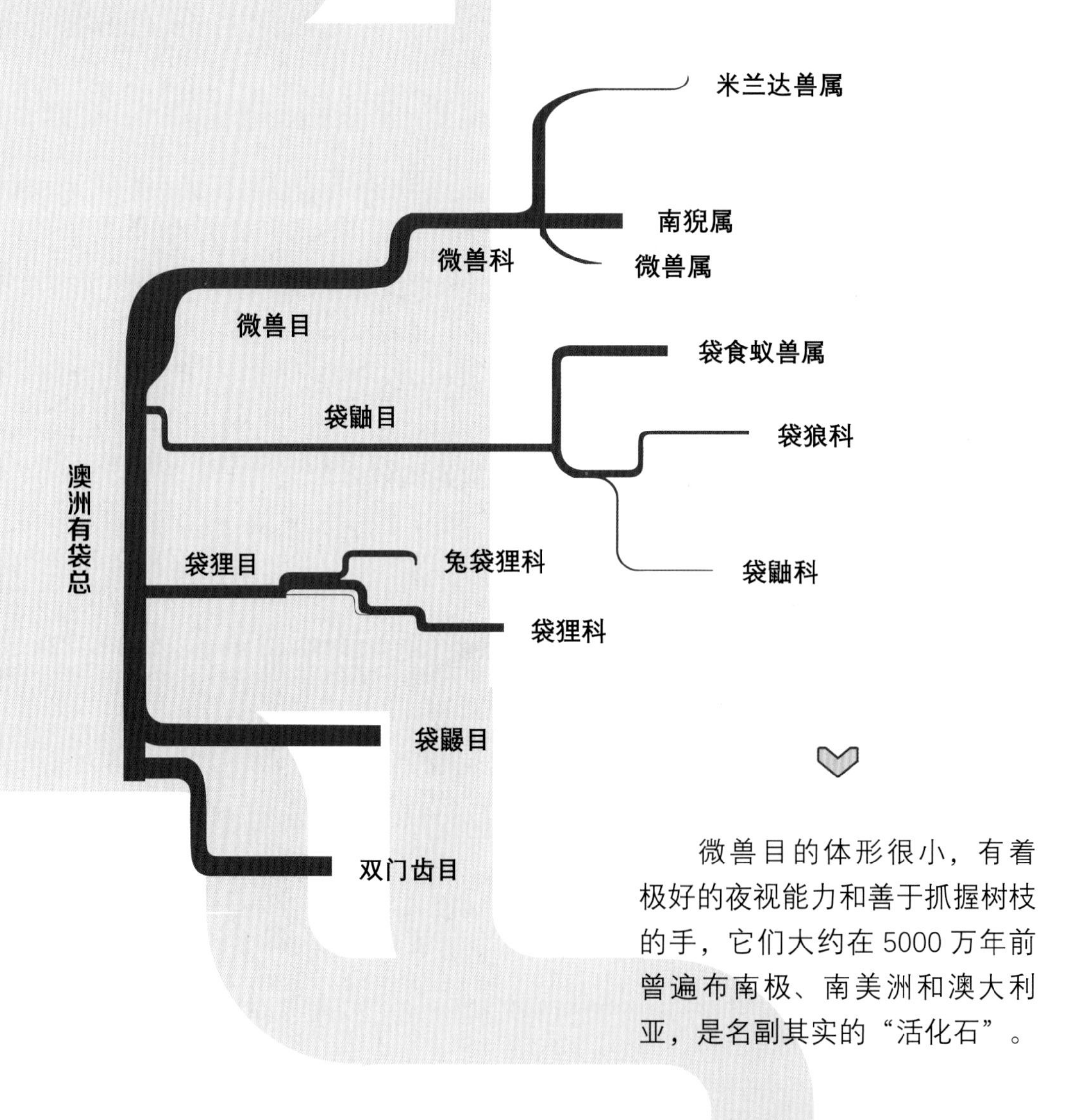

微兽目的体形很小，有着极好的夜视能力和善于抓握树枝的手，它们大约在5000万年前曾遍布南极、南美洲和澳大利亚，是名副其实的“活化石”。

微兽目与澳洲有袋类的整体辐射演化关系密切，而在这场演化进行得轰轰烈烈时，当地还没有在陆地上生活的有胎盘类动物。

猫形：猫

猫形：袋鼬

生活在澳大利亚的有袋类包含了约四分之三的有袋类动物，简直就是当地的霸主，没有了有胎盘类的竞争，它们便开始充分演化，从而填补在其他地方由有胎盘类动物占据的生态位，比如和狼比较相似的袋狼、和猫比较相似的袋鼬以及和土拨鼠比较相似的袋熊等。值得一提的是，袋熊的育儿袋开口是朝后的，这样可以帮助它们在挖掘巢穴的时候避免土块等进入育儿袋中。

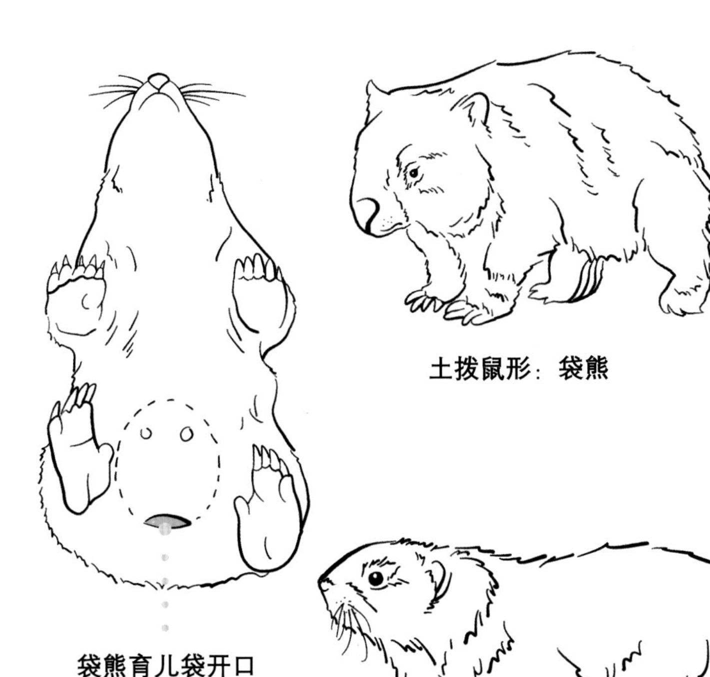

土拨鼠形：袋熊

袋熊育儿袋开口

土拨鼠形：旱獭

微兽目

Microbiotheria

负鼠是北美洲唯一的有袋类，而在南美洲还生活着一种叫作智利负鼠类的有袋动物，智利负鼠类也叫作微兽目。

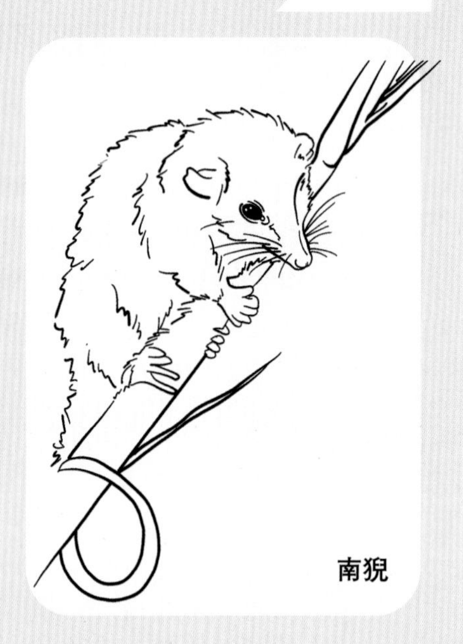

南猊

微兽目中只有微兽科一科，这个家族中的大部分动物都已灭绝，目前只剩下南猊一种。最初古生物学家认为智利负鼠是负鼠的一种，但是通过基因对比发现它们之间关系并不近，所以将它们单列出来。

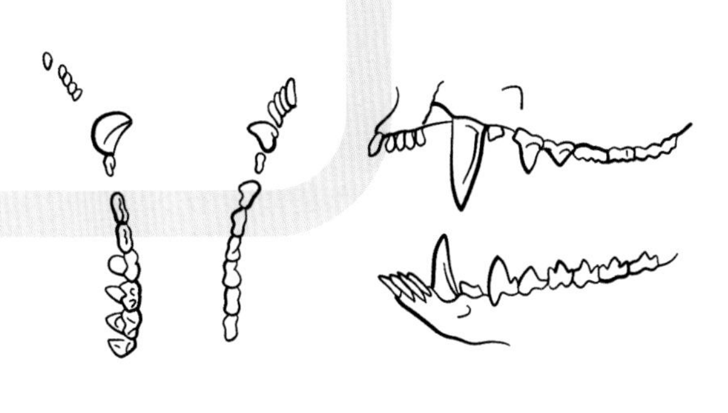

南猊的牙齿

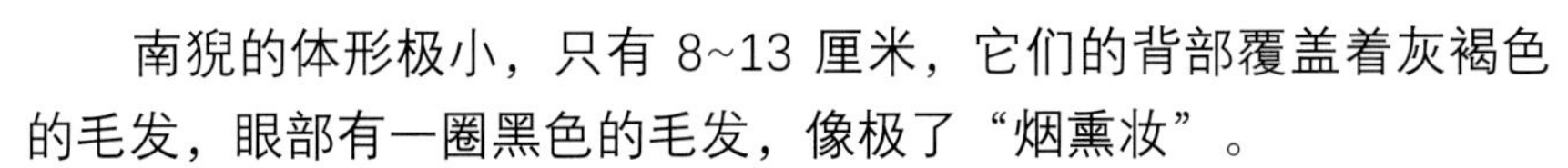

南猊的体形极小，只有 8~13 厘米，它们的背部覆盖着灰褐色的毛发，眼部有一圈黑色的毛发，像极了“烟熏妆”。

南猊的嘴巴中共有 50 颗牙齿。如负鼠一般，它们还有着抓握能力极强的爪子以及长而卷曲的尾巴。

南猊的尾巴末端没有毛发，可以更好地帮助它们在树间悬挂。

南猊妈妈和它们的宝宝十分有爱，经常会让宝宝爬到自己的身上带着它们一起去觅食。

雌性南猊的育儿袋

南猊一家

袋鼬类

Dasyuromorphia

袋鼬类主要由三大家族组成，分别为袋狼科、袋食蚁兽科和袋鼬科，其中袋狼曾是世界上最大的肉食性有袋类哺乳动物。

袋鼬

袋鼬科的成员相比上述的两类，可谓是十分庞大，其中包括袋獾、袋鼩和袋鼬等。袋獾十分强壮，是现存最大的肉食性有袋类哺乳动物。

袋鼩的种类有很多，其中大多是小型的食虫类群。以宽足袋鼩为例，它们长得和鼩鼱似的，有着圆圆的眼睛，尖尖的吻部以及又宽又短的耳朵，但它们的体长为22~30厘米，是鼩鼱的一倍多。袋鼩善于爬树，喜欢夜间活动，捕食一些蛾类和甲虫等。

袋鼬

袋狼科中只有袋狼一种，它们的外形与狼十分相像，但体形稍小。不过千万不要小瞧它们，袋狼可是十分凶狠的。通常情况下，它们会单独捕猎，而不像狼一样团体作战。

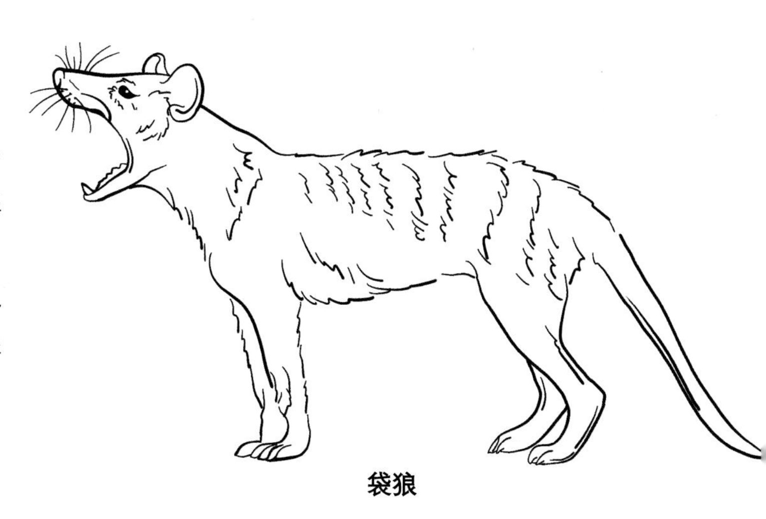
袋狼

袋食蚁兽对应的就是有胎盘类的食蚁兽，它们在形态和食性上都十分相似。袋食蚁兽一般在白天活动，寻找到食物后便会用长长的舌头去舔食。

袋食蚁兽

袋食蚁兽就像是迷你版的大食蚁兽，它们都有着毛茸茸的身体和长长的尾巴，最重要的是它们都长着一条布满黏液的长舌头。别看袋食蚁兽的体形不及大食蚁兽，但它们的食量却差不多，一只成年的袋食蚁兽一天可以吃掉 2 万只白蚁。

不过，袋食蚁兽并没有大食蚁兽强壮的前爪，所以它们不能打开白蚁穴，只能等待白蚁群出来活动。

大食蚁兽

后兽类

袋獾

Sarcophilus harrisii

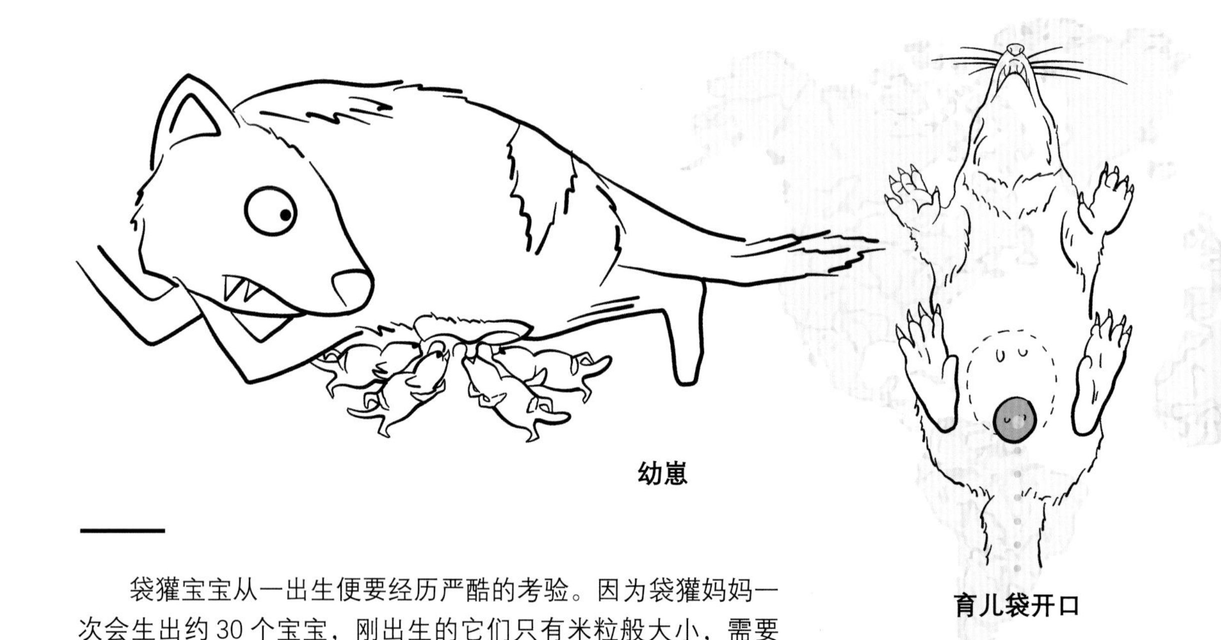

袋獾宝宝从一出生便要经历严酷的考验。因为袋獾妈妈一次会生出约 30 个宝宝，刚出生的它们只有米粒般大小，需要在妈妈的身上“翻山越岭”到达育儿袋。

刚出生后的运动对于袋獾宝宝来说并不艰难，残酷的是妈妈的育儿袋中只有 4 个乳头，这意味着大部分的袋獾宝宝将失去长大的机会。因此，刚出生的袋獾宝宝便为自己的生命冲刺，在育儿袋中“大打出手”为自己赢得生存的机会。

生活时期	分布地	物种分类
现存	澳大利亚	袋鼬目 袋鼬科

袋獾的视觉并不发达，但它们的触觉和嗅觉十分灵敏。它们喜欢昼伏夜出，用尖锐的叫声来吓跑敌人。在遇到危险时，袋獾还会像臭鼬一样释放臭气，使猎食者放弃捕食。

袋獾与我们生活中的小狗体形差不多。它们的脸上长有长长的胡须，张开嘴时可以看到它们有力的下颚和发达的獠牙。因此，它们的咬合力极强，可以轻松地将动物的骨骼咬碎。

袋獾有个令人十分害怕的名字——“塔斯马尼亚恶魔”，这个名字来源于袋獾可怕的叫声。它们主要以腐肉为食，并不会随意攻击人类。

后兽类

袋狼

Thylacinus cynocephalus

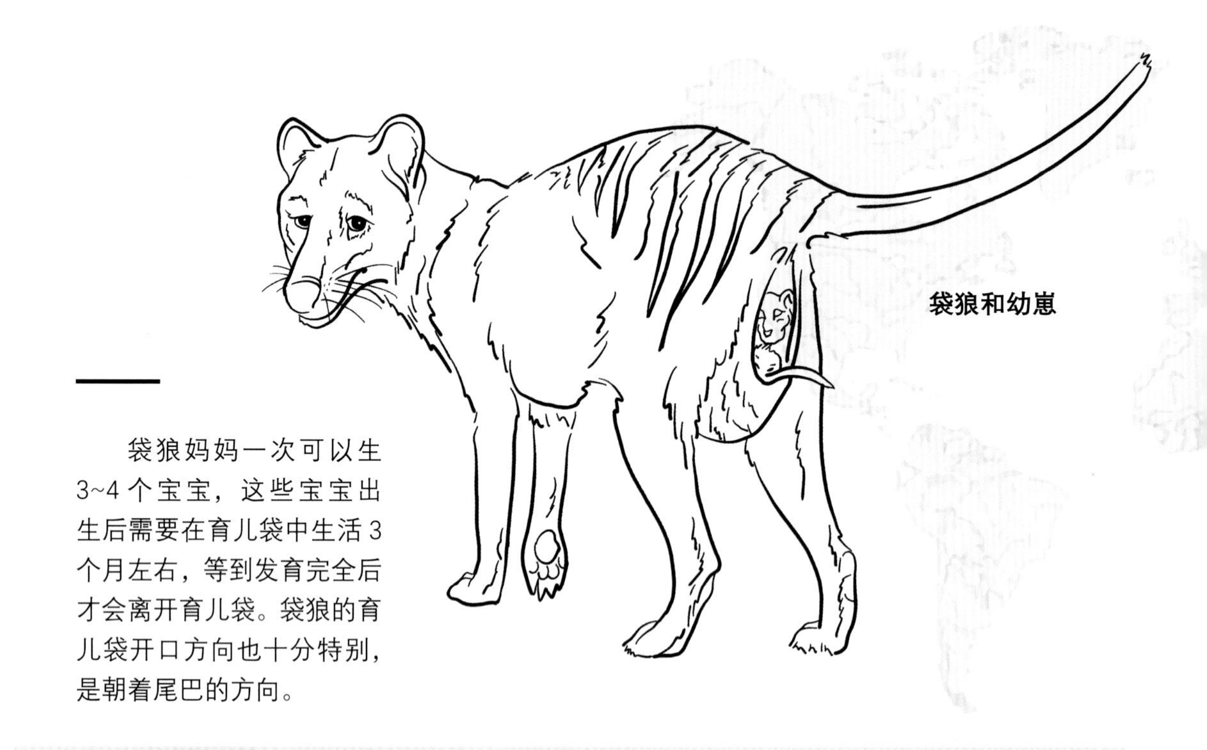
袋狼和幼崽

袋狼妈妈一次可以生3~4个宝宝，这些宝宝出生后需要在育儿袋中生活3个月左右，等到发育完全后才会离开育儿袋。袋狼的育儿袋开口方向也十分特别，是朝着尾巴的方向。

袋狼是十分忠诚的动物，当它们组建家庭后，如果有一只袋狼遇到危险，另一只袋狼会用尽全力保护另一半，不离不弃。

生活时期	分布地	物种分类
1936 年灭绝	曾分布于新几内亚 澳大利亚	袋鼬目 袋狼科

一般情况下，袋狼喜欢在夜间出来活动，白天则待在由石块筑成的巢穴中。虽然它们的外表和狼比较相似，但行动却不如狼敏捷。它们通常喜欢单独或成对捕食袋鼠和鸟类等。

袋狼一家

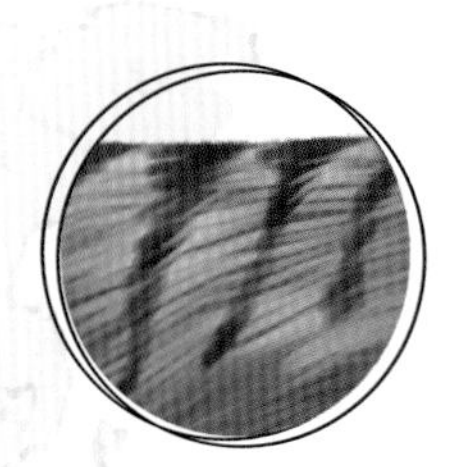

袋狼的体形瘦长，从头部和牙齿来看像是一头狼，背部有像老虎的条纹，生活习性也与老虎十分相似，因此也被称为“塔斯马尼亚虎”。它们经常在树上潜伏，等猎物经过时便快速跳下来捕食猎物。

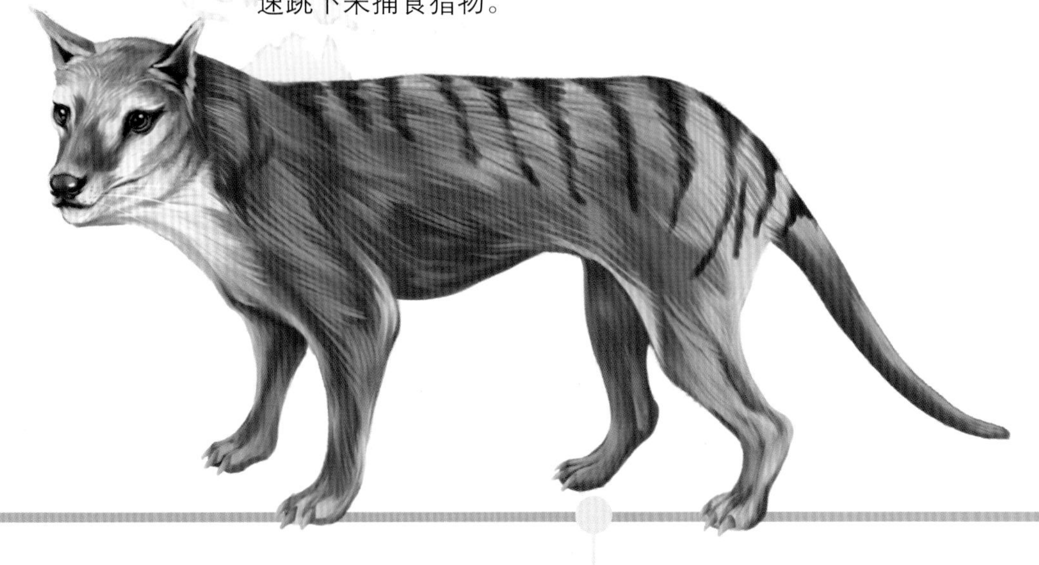

袋狼属于有袋类的哺乳动物，是澳大利亚塔斯马尼亚州的象征。1930 年，最后一只野生袋狼被杀害，1936 年，最后一只袋狼在霍巴特动物园死去，自此宣告袋狼这个物种从地球上彻底消失。

袋食蚁兽

Myrmecobius fasciatus

袋食蚁兽主要以白蚁为食，它们的口中可以分泌十分黏稠的唾液，当舌头伸入蚁穴中时，便可以将白蚁紧紧黏住。

袋食蚁兽的体形小巧，无法直接破坏白蚁的蚁穴，因此它们一般会从蚁穴外边缘松软的土壤下手，这样便可以快速捕食。

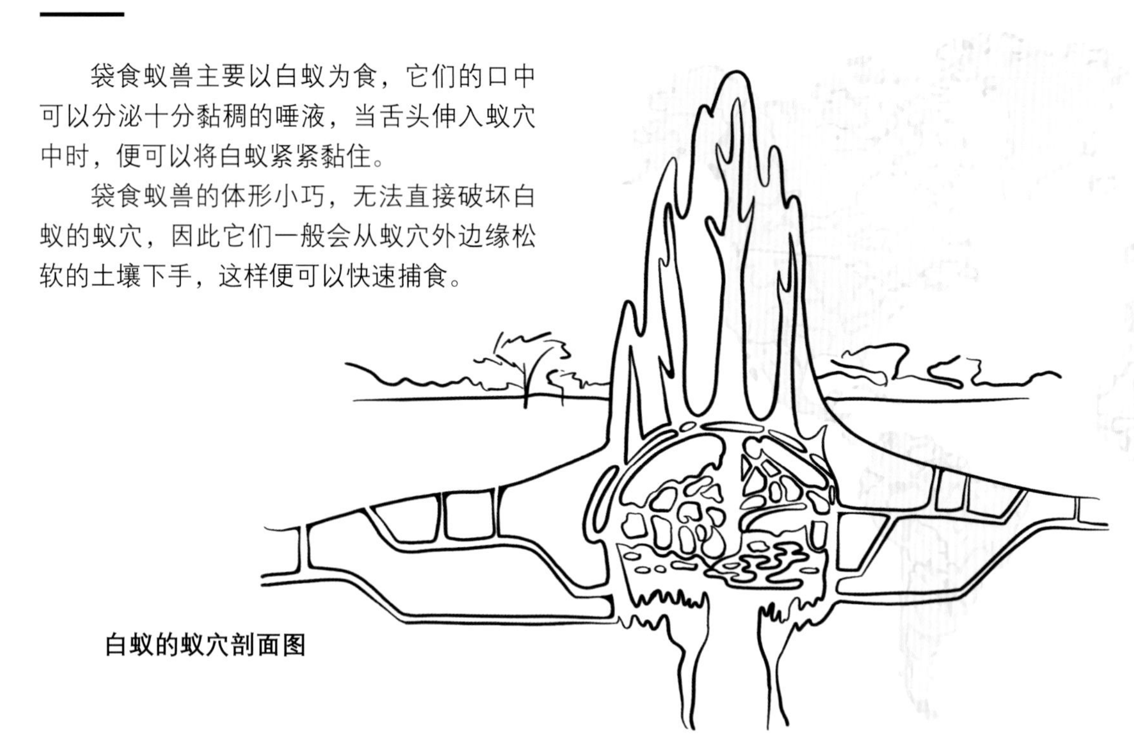

白蚁的蚁穴剖面图

冬天的袋食蚁兽会有类似于冬眠的状态，最明显的就是体温降低，这样可以让袋食蚁兽减少身体中能量的消耗。这样的状态每天持续约 15 个小时。

生活时期	分布地	物种分类
现存	澳大利亚西南部	袋鼬目 袋食蚁兽科

袋食蚁兽的天敌很多，不过它们的小体形为其解决了许多麻烦。它们会将中空的树干作为巢穴，体色与树干融为一体，这样便可完美地躲避捕食者。

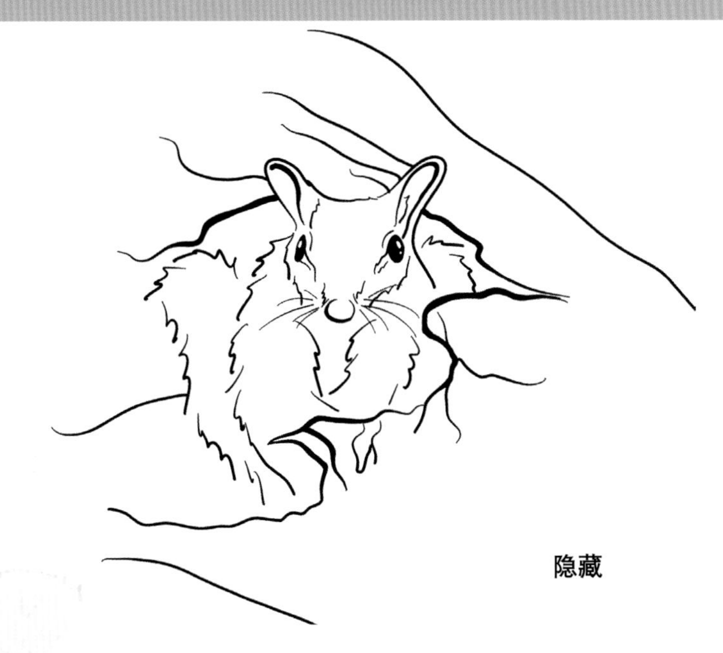

隐藏

袋食蚁兽的嘴里有着米粒般的牙齿，但细小的牙齿已经不具备咀嚼能力，因为它们的食物十分柔软，不需要咀嚼就可以直接吞入腹中。

袋食蚁兽虽然属于有袋类哺乳动物，但是它们并没有育儿袋。刚刚出生的宝宝只有 2 厘米长，它们会紧紧地咬住袋食蚁兽妈妈的乳头，然后将自己固定在妈妈的肚子上，而妈妈会用柔软的毛发，以及在哺育期间肿胀的腹部和后腿肌肉将宝宝包裹在里面。

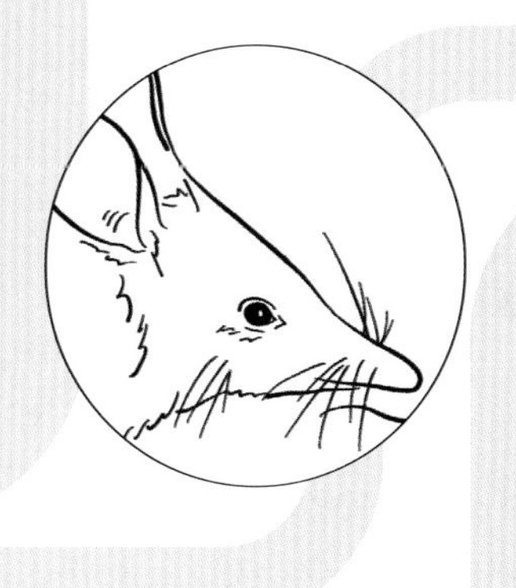

袋狸目

Peramelemorphia

袋狸目是澳洲有袋类动物中仅次于双门齿目的进步族群，其中包括约 20 个现生种和许多已灭绝的种类，它们曾在澳大利亚和新几内亚等地过着安定的生活，但因人类的干扰和外来物种的入侵使得原本没有天敌的它们日渐消亡。

袋狸目家族中有袋狸科和兔耳袋狸科等成员。袋狸科的成员大多体形较小，长着大大的耳朵，圆胖的身体，弯曲的背部以及细长的四肢，这些特征和现生的兔子比较相似。但与兔子不同的是，它们拥有细长的吻部和尾巴，而且它们的食物是昆虫而非植物。

袋狸

兔耳袋狸的体长约 85 厘米，是家族中体形较大的一类成员。它们的尾巴比袋狸的尾巴长，长长的耳朵几乎没有毛发覆盖，远远看去和兔子更相似，由此得名兔耳袋狸。兔耳袋狸的体形纤细，背部的毛发呈灰蓝色，尾巴呈黑白色。

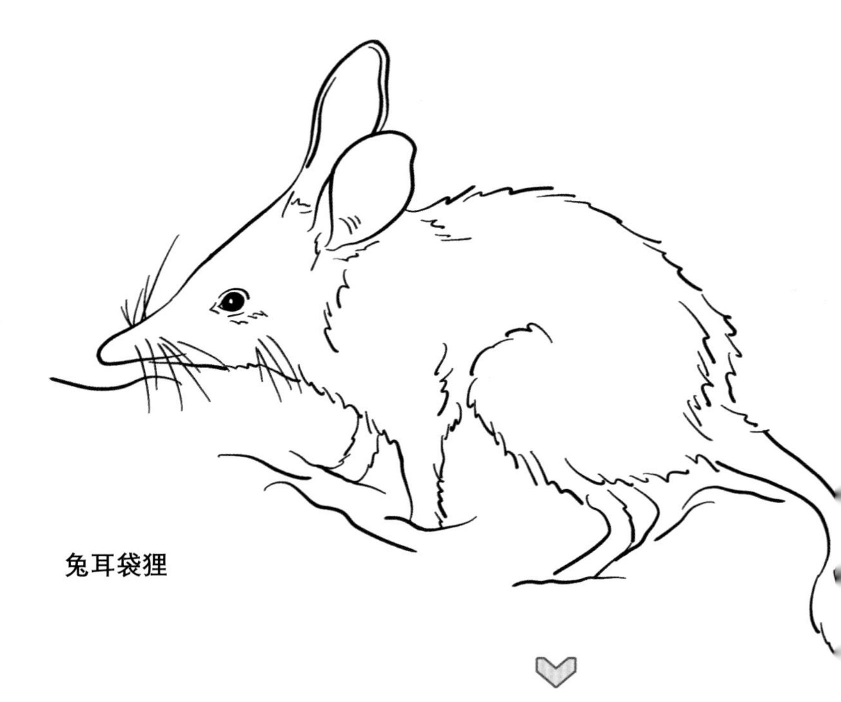

兔耳袋狸

兔耳袋狸的前肢强壮有力，上面还长有厚厚的爪，可以用来挖掘食物和洞穴。为了避免宝宝受到土的侵扰，它们的育儿袋开口方向是朝后的。

兔耳袋狸喜欢在晚上出来活动，白天则待在距地面深度达 1~2 米的地下洞穴。洞穴的出口通常隐藏在草丛中，虽然只有一个，但也很难被发现。

挖掘

袋狸目和其他澳大利亚有袋类的关系一直备受讨论，它们的大部分特征和袋鼬目的成员比较相似，却长着有袋类中只有双门齿目成员才具备的特征——并趾足，即第二趾和第三趾融合在一起。虽然分子学的证据还不明确，但是袋狸目和其他有袋类无疑是最远的亲属。

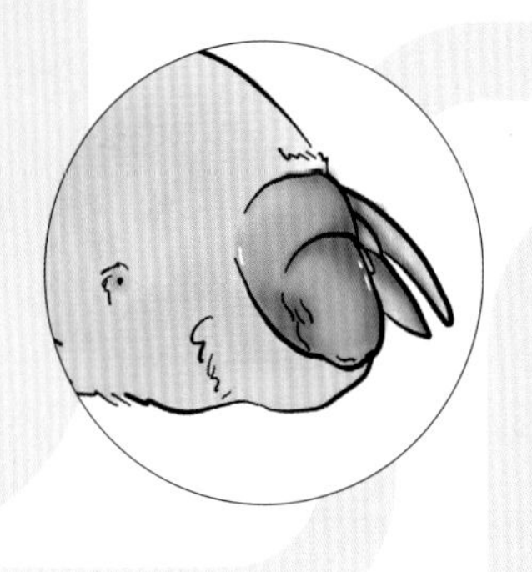

袋鼹目

Notoryctemorphia

袋鼹目家族如今只剩下 2 个现生种，即南方袋鼹和托氏袋鼹，它们都是生活在地下的小型有袋类动物，不论是外形还是生活习性都和现生的鼹鼠比较相似。

南方袋鼹的体形较小，有 14~19 厘米，长着粉红色的鼻子和嘴巴，十分可爱。它们生活在澳大利亚中西部的沙漠地区，几乎每天都过着“暗无天日”的生活，渐渐地，藏在皮毛下面的眼睛视力退化，耳朵也被毛发紧紧地覆盖着，防止有沙子进入。

南方袋鼹是名副其实的“沙泳健将”。它们有着精良的装备：较尖的头部可以帮助它们轻松地钻入沙土中；身体表面覆盖着丝滑的奶油色毛发，可以帮助它们在沙中“畅泳”；四肢虽短却很发达，前爪就像大铲子似的，不仅是“挖掘利器”，也是极好的捕食工具，可以帮助它们捕食甲虫幼虫和蚯蚓等。

南方袋鼹

托氏袋鼹也被称为北方有袋目鼹鼠，它们长得和南方袋鼹差不多，但体形略小，平均体长约 16 厘米，体重仅约 40 克，重量和一枚普通的鸡蛋差不多。

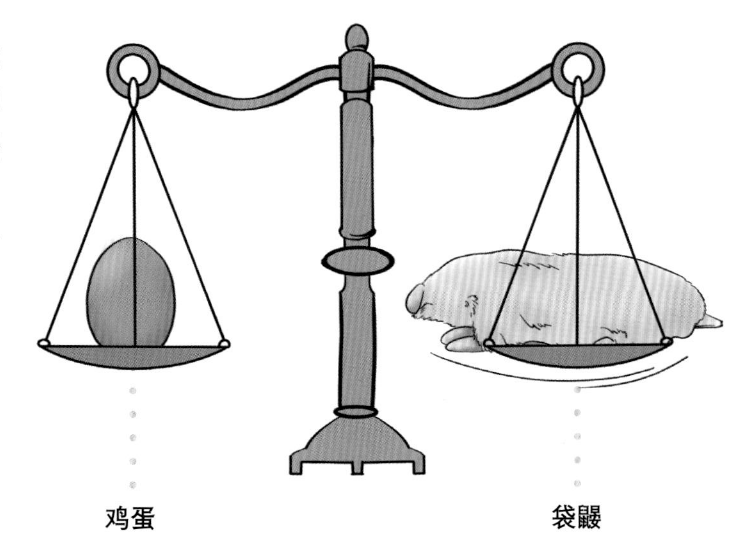

托氏袋鼹喜欢生活在沙丘和河流沿岸等地的砂质土壤中，因为这样的土质方便它们在地下快速穿行。一般情况下，托氏袋鼹在地下 0.1~2.5 米的地方活动，凭借着前肢上强壮的第三指和第四指挖掘出精美的迷宫般的洞穴。不过这个洞穴不能永久保存，所以它们需要不断地在地下游走。

托氏袋鼹为了更好地在沙土间游走，将鼻孔进化成一条缝，既可以防止沙子进入鼻孔，又可以保障呼吸通畅。它们和兔耳袋狸一样，有着开口方向朝后的育儿袋，可以为宝宝创造一个良好的生存环境。

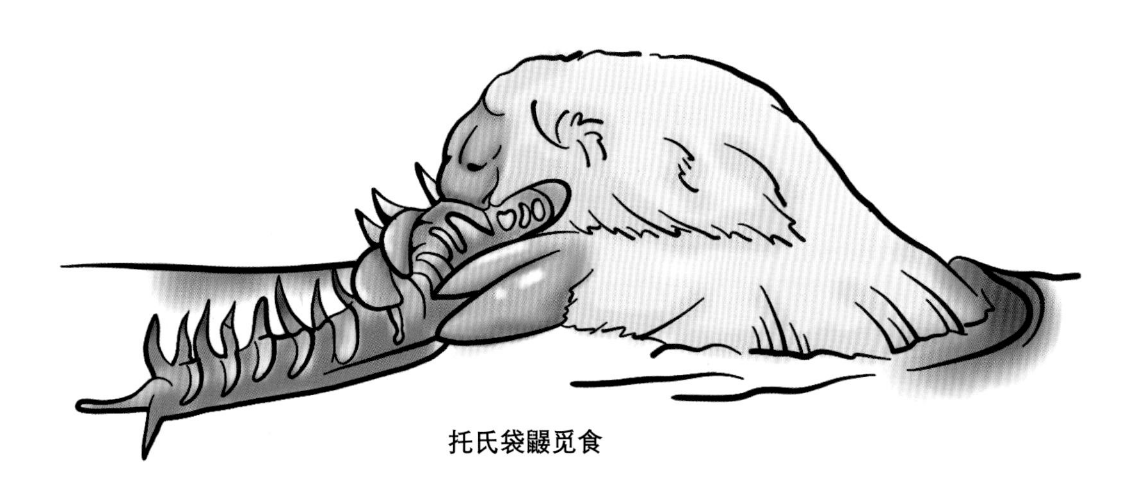

托氏袋鼹觅食

双门齿目

Diprotodontia

双门齿目又称袋鼠目，其中成员包括袋熊亚目、袋貂总科、袋鼯总科和袋鼠亚目。它们大部分是植食性动物。

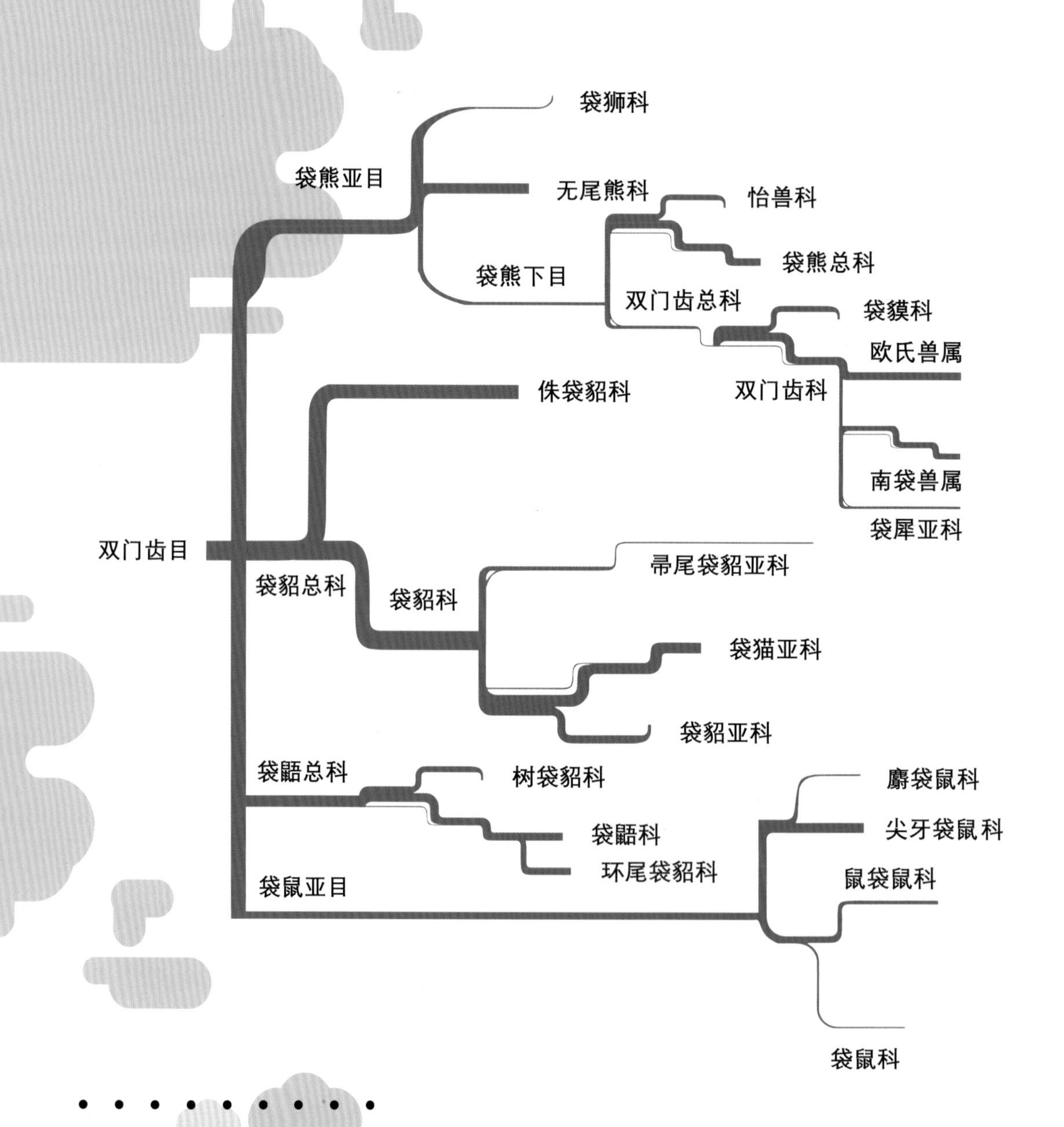

双门齿目的独特之处便是“双齿”，这里的双齿主要是指它们突出的下门齿。它们的犬齿极小，其中有的种类已经退化。它们还长着并趾足，即第二趾和第三趾愈合。

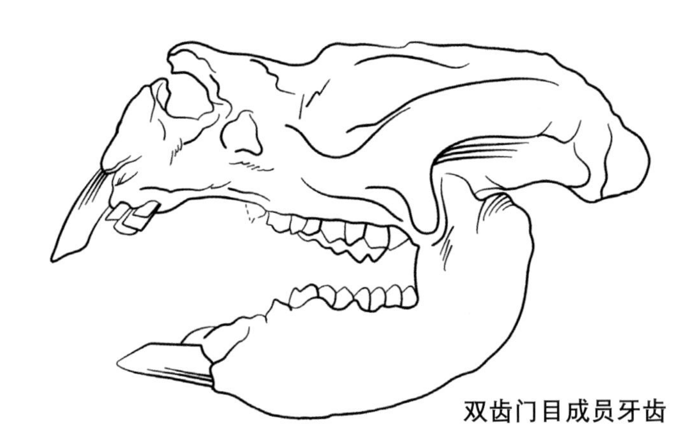

双齿门目成员牙齿

非并趾足

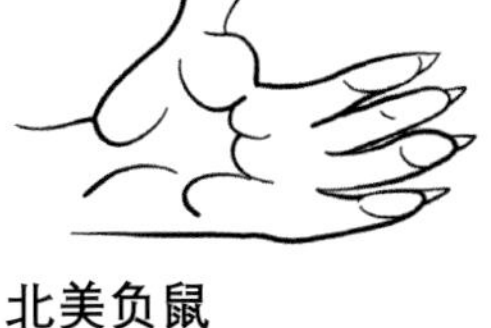

北美负鼠

灰四眼负鼠

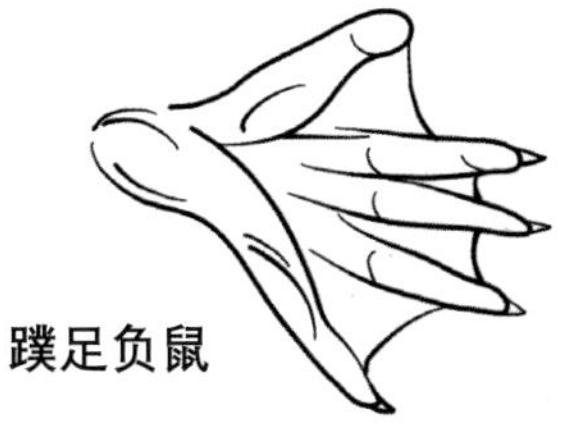

蹼足负鼠

并趾足

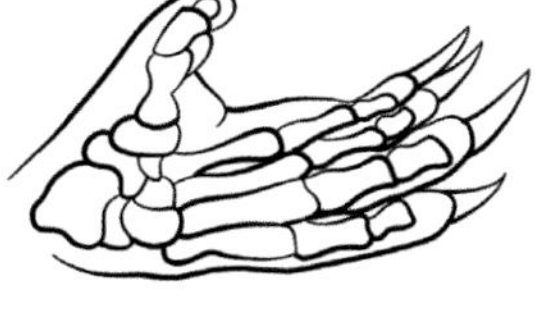

袋貂

长鼻袋鼠

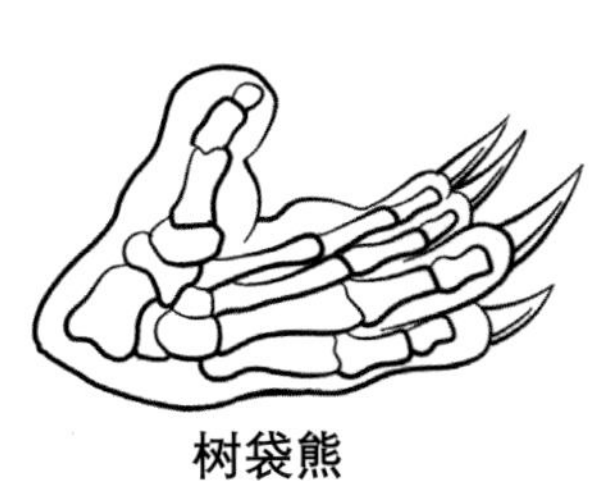

树袋熊

双门齿目成员

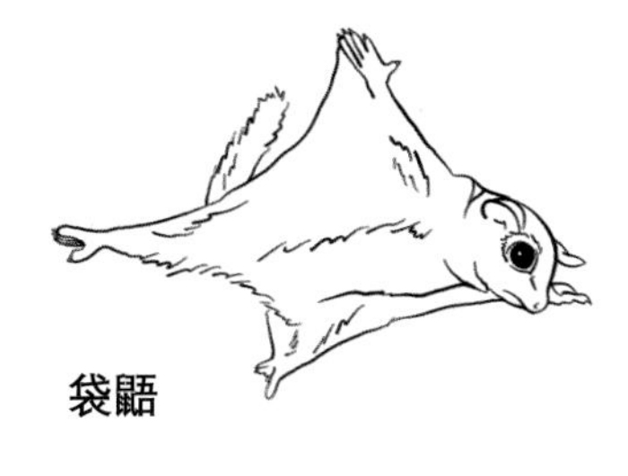

袋鼯

双门齿目是澳大利亚数量最多的有袋类动物，除了 100 多个现生种类外，还包括大量生活在约 2800 万年前的已灭绝的物种。

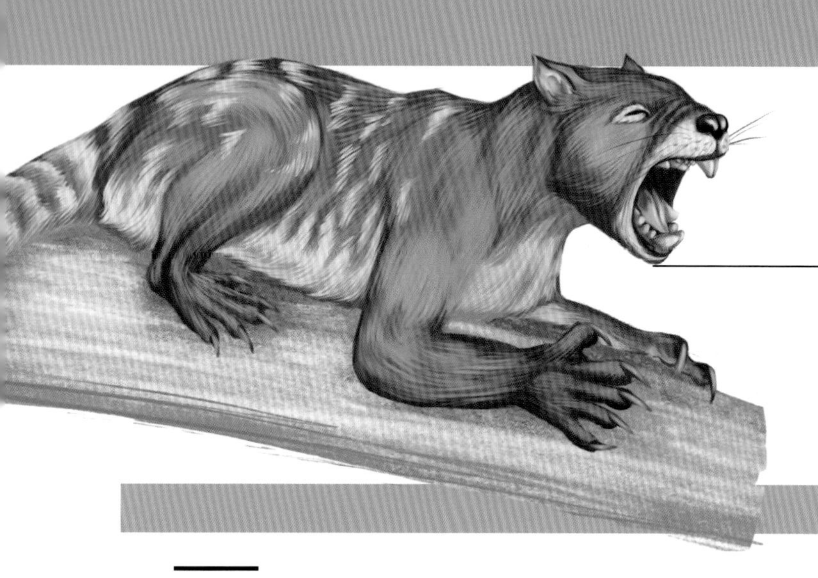

后兽类

袋狮

Thylacoleo

袋狮作为有袋类的顶级猎食者，可以肆无忌惮地猎杀其他猎物，袋鼠、袋狼和袋貘都是它们的目标。它们一般会先隐蔽起来，等到猎物走近便先用锋利的爪子钩住猎物，然后将猎物压制在地面，用锋利的牙齿制服猎物。

头部示意图

捕食

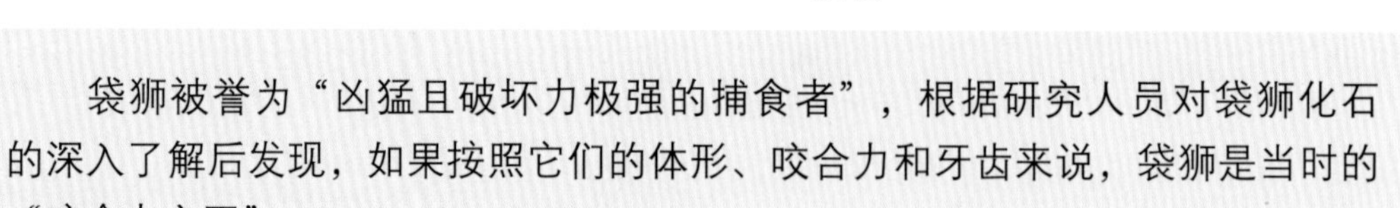

袋狮被誉为“凶猛且破坏力极强的捕食者”，根据研究人员对袋狮化石的深入了解后发现，如果按照它们的体形、咬合力和牙齿来说，袋狮是当时的“咬合力之王”。

生活时期	化石发现地	物种分类
上新世末至更新世末	澳大利亚	双门齿目 袋熊亚目 袋狮科

袋狮的体形与雌性的狮子很像。作为有袋类哺乳动物，它们也有育儿袋。它们的育儿袋位于腹部，相似于袋鼠，除育儿期外，育儿袋并不明显。

袋狮的育儿袋

袋狮最显著的特征就是大大的牙齿，长而粗壮的牙齿可以紧紧咬住猎物，防止猎物逃脱。它们的四肢强壮，爪子可以伸缩，锋利的爪子可以帮助它们爬树和在树上栖息。

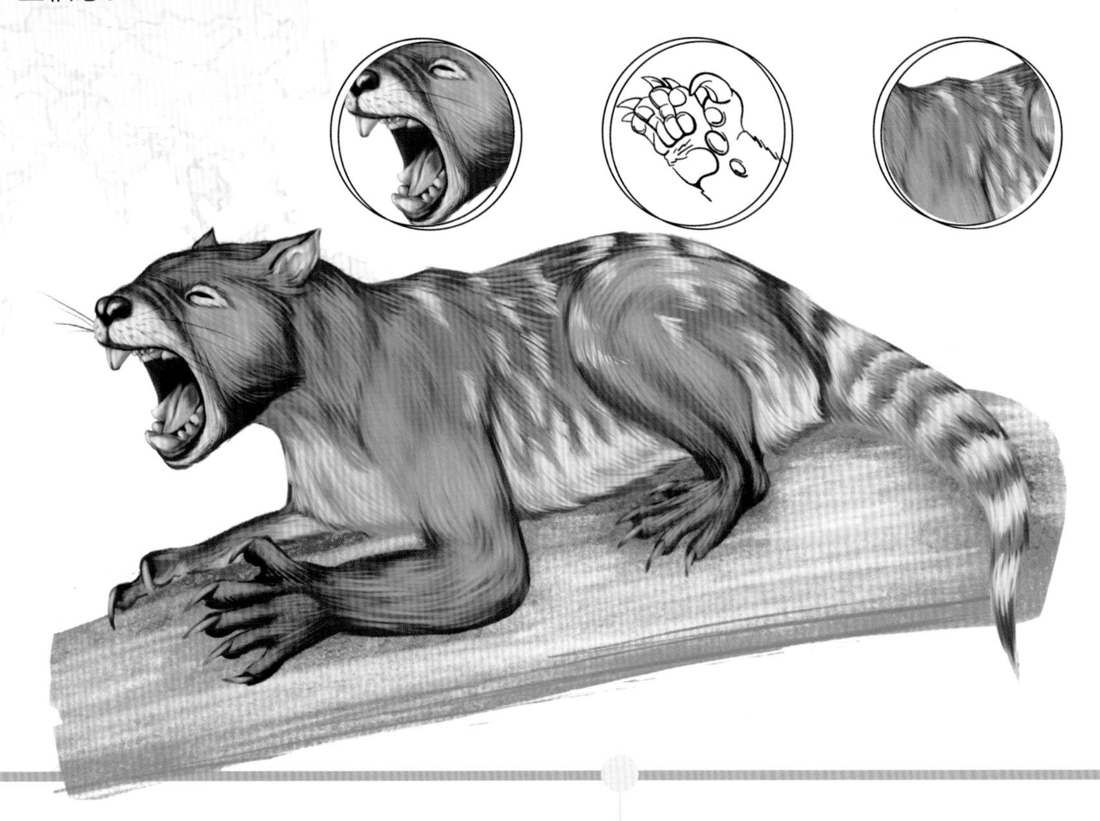

袋狮是澳大利亚史上体形最大的肉食性动物。与狮子相比，袋狮的体形虽然小一些，但是十分灵活，撕咬能力极强。

后兽类

袋小齿兽

Nimbadon

在一千多万年前的澳大利亚生活着体形如绵羊般的有袋类哺乳动物，和现生的树袋熊十分相像，并且也喜欢在树上生活，它们就是袋小齿兽。

作为有袋类家族中的重要成员，双门齿兽目的成员们都十分出众，各类型的动物占据了不同的生态位，袋小齿兽是有袋类家族中早期树栖的代表之一。它们在一千多万年前已经灭绝。

生活时期	化石发现地	物种分类
中新世	澳大利亚	双门齿目 袋熊亚目 怡兽科

袋小齿兽不仅攀爬能力很强，而且四肢和爪子的抓握能力也很强。这更加方便它们去摘取植物的果实。

摘取果实

袋小齿兽全身毛茸茸的，十分可爱。从袋小齿兽的骨骼结构来看，它们与树袋熊的爬树方式类似，都是用四肢紧紧抱住树干。从袋小齿兽的牙齿来看，它们多以植物的茎和叶为食。

袋小齿兽虽然喜欢在树上栖息，但是偶尔也会来到地面上活动。在地面上行走时，它们会将爪子收回。

后兽类

树袋熊

Phascolarctos cinereus

不同种类的有袋类动物，育儿袋的开口方向也不同，树袋熊的育儿袋开口方向偏侧前方。

树袋熊宝宝一开始会在育儿袋中喝乳汁长大，等到半岁左右，它们便会去吃树袋熊妈妈的粪便！这样的行为在我们看来十分怪异，但是对于树袋熊宝宝是很重要的，这不仅可以增强树袋熊宝宝的消化能力，而且能够保护肠胃。

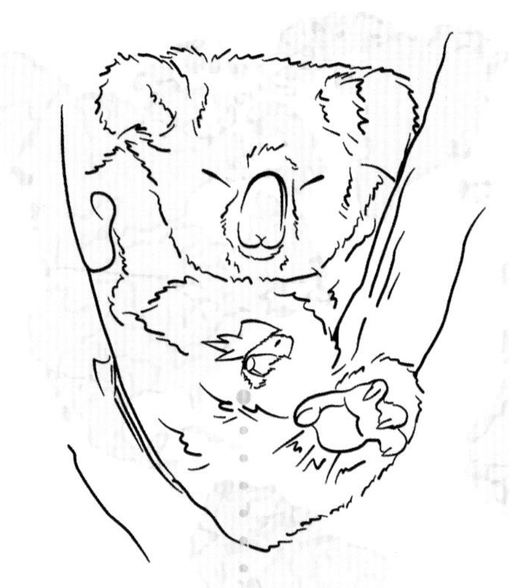

育儿袋

妈妈，便便的时候告诉我

树袋熊可谓是动物界的“睡神”，它们一生中 80% 的时间都在睡觉，剩余的时间用来觅食。它们一般生活在桉树上，而其最主要的一种食物就是桉树叶，所以它们根本不需要去费力寻找，随手便可以获取食物。

生活时期	分布地	物种分类
现存	澳大利亚	双门齿目 袋熊亚目 无尾熊科

树袋熊的后肢短于前肢。它们的前掌有五指，其中有两指与其他三指是对生的，这个特殊的结构可以帮助树袋熊更好地抓握树枝。

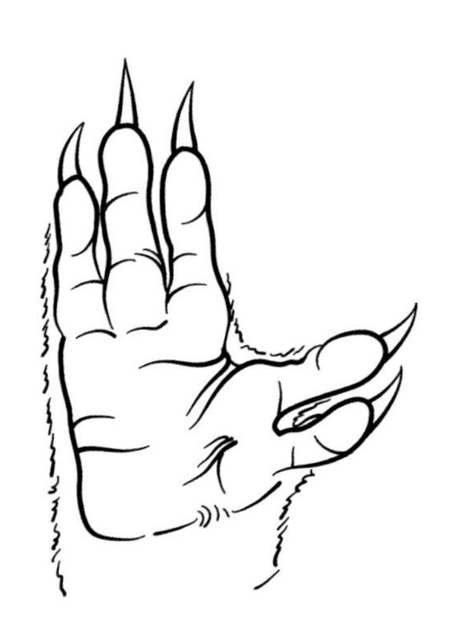

树袋熊的前掌

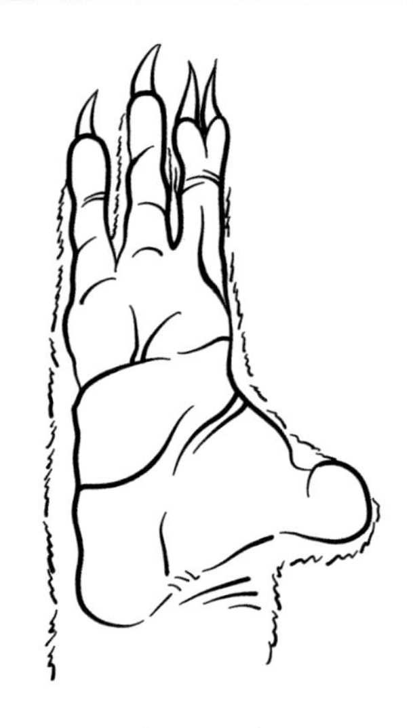

树袋熊的后掌

树袋熊全身呈浅灰色，最有特点的就是大鼻子，黑色的大鼻子占到全脸的三分之一，远远看去显得十分滑稽。

树袋熊又称考拉、无尾熊，而“无尾熊”这个名字似乎在告诉我们它们没有尾巴，其实树袋熊是有尾巴的，只不过慢慢退化了，变成“座垫”一般，因此它们可以长时间地坐在树上。

后兽类

袋鼠

Macropus

袋鼠长着 2 个子宫，当一边子宫中的宝宝开始发育时，另一边可能又有了刚出生的宝宝。这样说来，袋鼠妈妈可以同时拥有一只在等待生产的宝宝，一只在育儿袋中的宝宝和一只在育儿袋外的宝宝。

生活时期	分布地	物种分类
现存	澳大利亚	双门齿目 袋鼠亚目　袋鼠科

当袋鼠遇到危险时，它们会使用“独门秘技”：将尾巴作为支撑，用后肢狠狠地踢向敌人的腹部。

袋鼠的后肢是它们的 “重要武器”，后肢的爪子十分锋利，可以轻松地将敌人踢成“重伤”。它们的尾巴非常重要，比如在奔跑时可以保持平衡，在遇到危险时可以当作防御武器。

电影《独行月球》中有一只名为“刚子”的袋鼠，它的原型就是生活在澳大利亚的红袋鼠。它们的前肢细小，后肢粗壮有力，前进时的速度可达每小时 65 千米，而且还有着一身“拳脚功夫”。如果你遇到了一只红袋鼠，建议你静静走过；如果你遇到了一只想要和你切磋的袋鼠，请你立即呼救或拨打求救电话。

兽亚纲

Theria

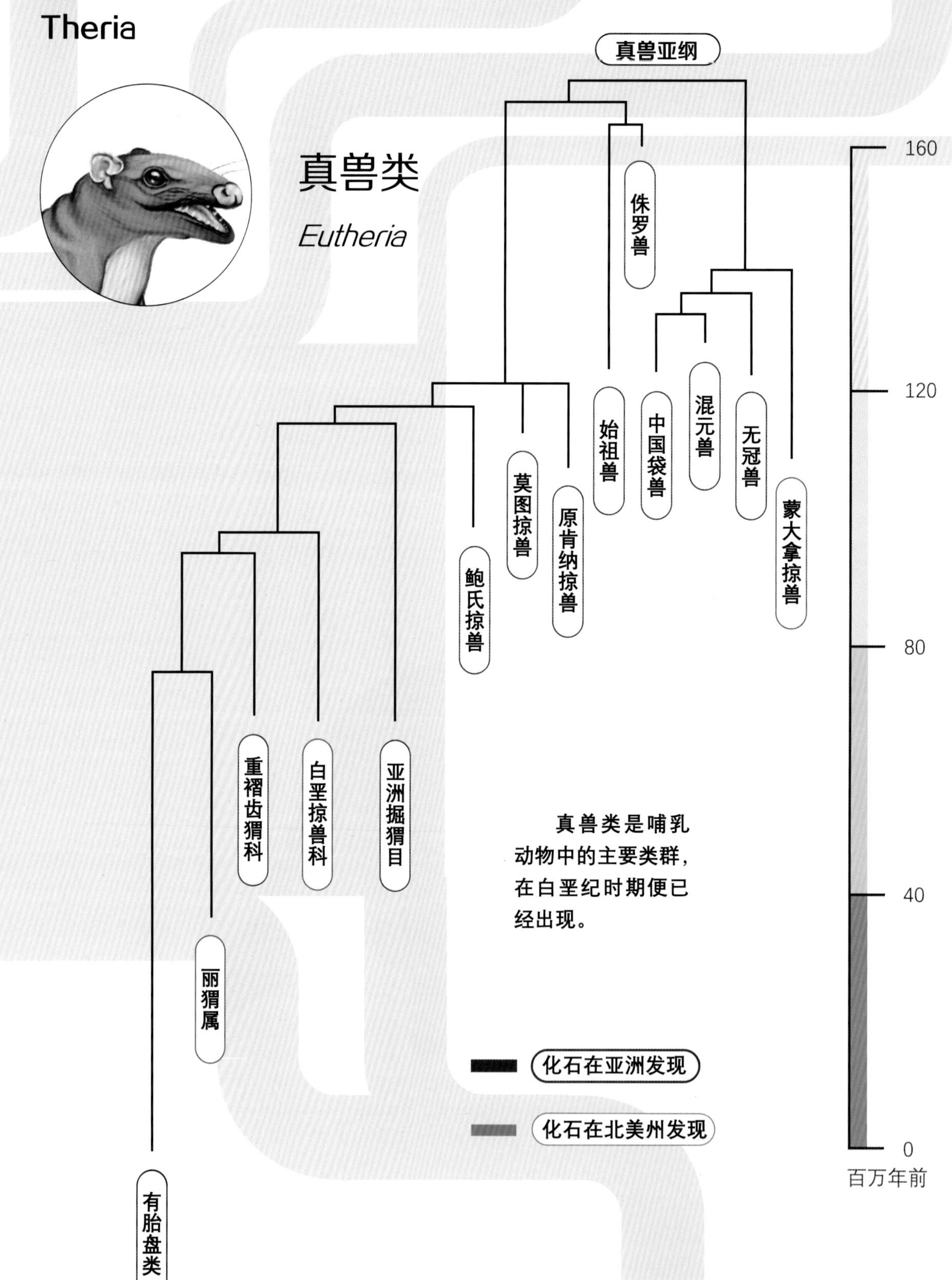

中生代部分真兽类系统发育简化树
真兽类
Eutheria
真兽亚纲
侏罗兽
始祖兽
中国袋兽
混元兽
无冠兽
蒙大拿掠兽
莫图掠兽
原肯纳掠兽
鲍氏掠兽
亚洲掘猬目
白垩掠兽科
重褶齿猬科
丽猬属
有胎盘类
真兽类是哺乳动物中的主要类群，在白垩纪时期便已经出现。
化石在亚洲发现
化石在北美洲发现
160
120
80
40
0
百万年前

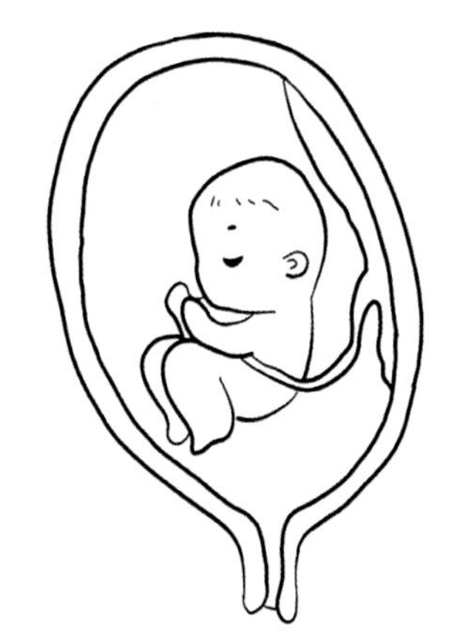

胎盘可以将妈妈体内的营养物质和氧气传输给胎儿，保证胎儿的正常发育。因此，与后兽类宝宝相比真兽类的宝宝在发育和成长的过程中更加有保障。

早期的真兽类哺乳动物的代表有：侏罗兽、始祖兽和混元兽等。

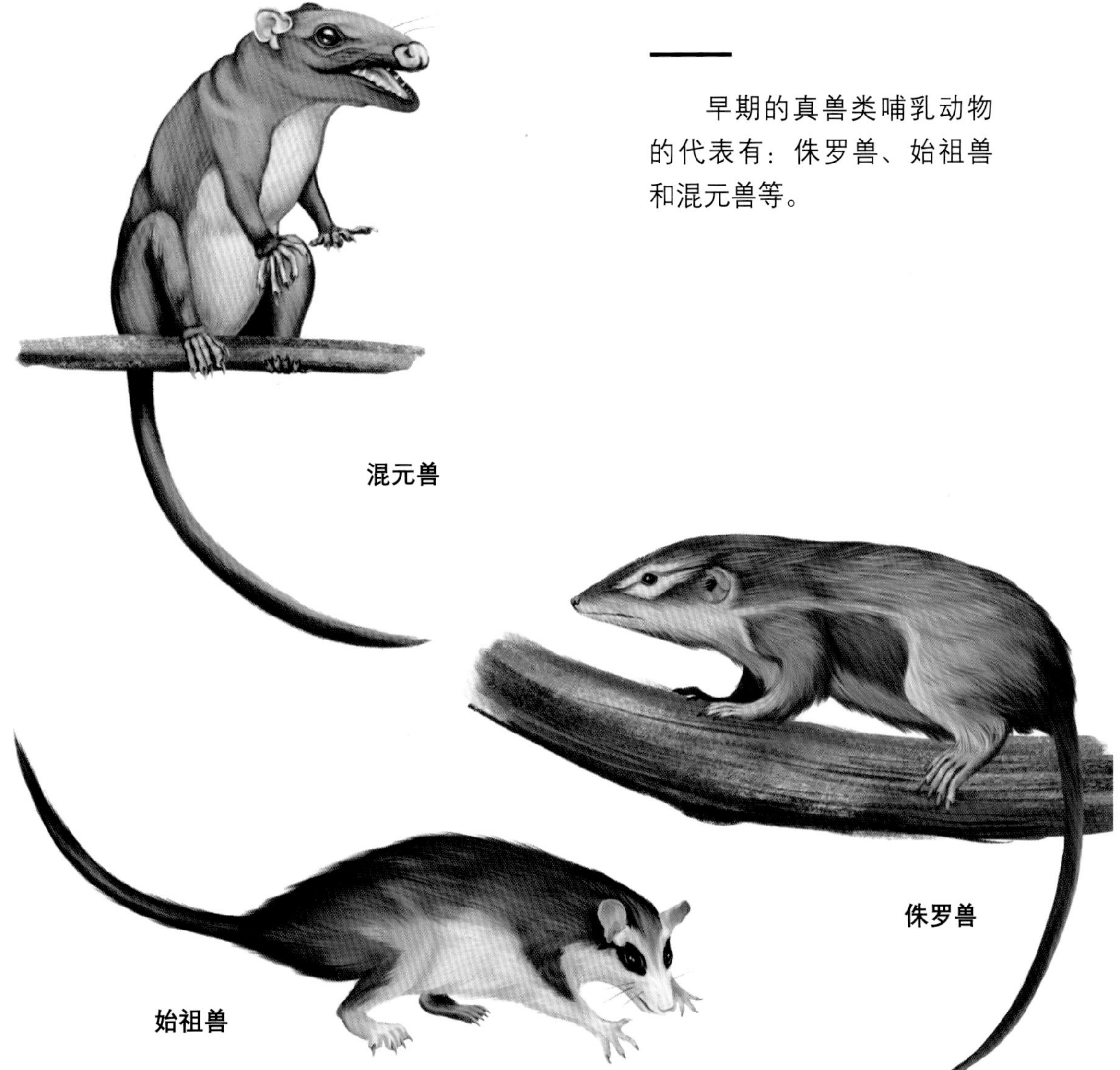

Ambolestes zhoui

古生物学家根据混元兽的化石发现，它们长有不同类型的牙齿，且齿尖都十分锋利，这说明它们属于肉食性动物。

混元兽的四肢上分布有五指，每个指头长而灵活，有着极强的抓握能力，可以在树上攀爬。同时，长长的尾巴可以帮助它们保持平衡。

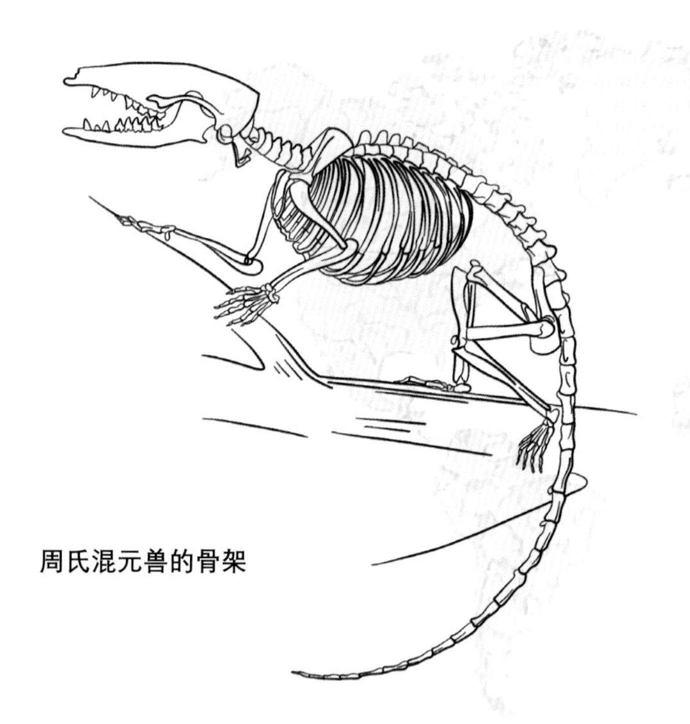

周氏混元兽的骨架

从混元兽的身体特征和生活习性来看，它们大概率属于树栖动物，平日在树上捕捉小型昆虫作为食物，偶尔会去地面上活动。这样的生活习性可以极大程度避免它们不被肉食性恐龙攻击。

生活时期	化石发现地	物种分类
白垩纪	中国内蒙古	兽亚纲 真兽类

混元兽化石最特别的地方就是保存了完整的舌骨，舌骨是哺乳动物咀嚼、进食和发声的重要部位。人类的舌骨是由 U 型骨头组成，而混元兽的舌骨则是由七块骨头组成，结构十分复杂。

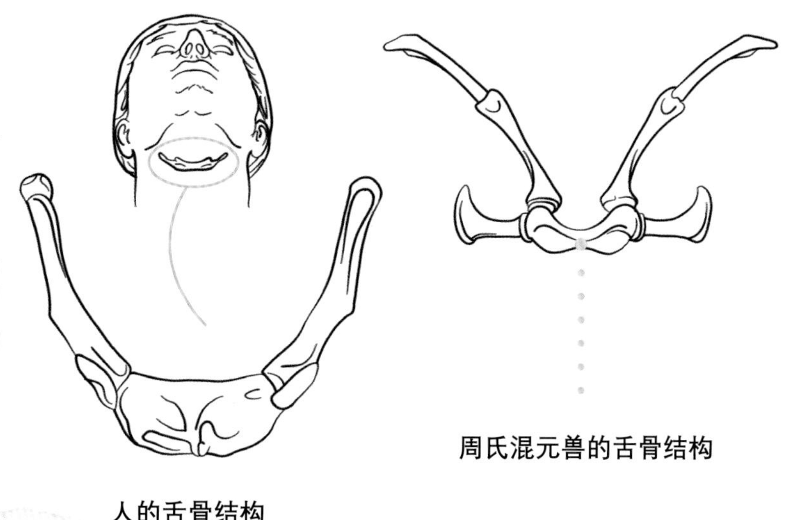

周氏混元兽的舌骨结构

人的舌骨结构

混元兽的脑袋尖尖的，脖子短而粗，大大的眼睛在黑暗的环境下可以帮助它们看清周围的环境。

混元兽发现于内蒙古赤峰市宁城县，是白垩纪早期热河生物群中的哺乳动物。它们的体形很小，样子像是一只老鼠，具有真兽类和后兽类的混合特征。

真兽类

沙氏中国袋兽

Sinodelphys szalayi

臼齿的数量是区分真兽类和后兽类的一个重要特征，真兽类有 3 颗臼齿，而后兽类有 4 颗臼齿。开始人们认为沙氏中国袋兽有 4 颗臼齿，因此它被称为有袋类哺乳动物的祖先。

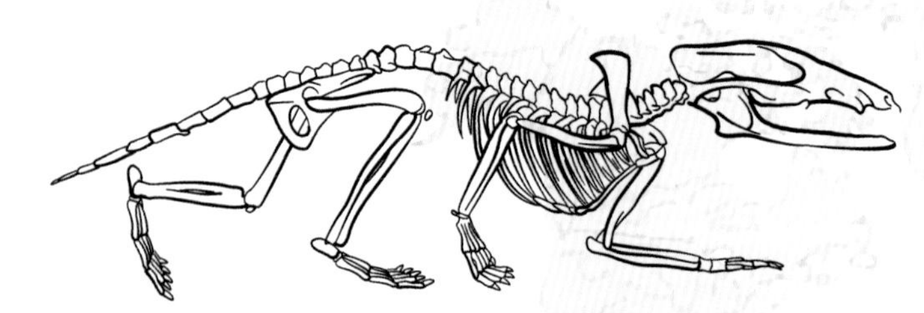

沙氏中国袋兽的骨架

沙氏中国袋兽

后来经过研究发现，沙氏中国袋兽的化石并不是立体保存，因此有一颗牙齿的齿尖并没有明显露出，因此那颗牙齿被误认为是一颗臼齿。经过一系列研究，古生物学家最终证实沙氏中国袋兽并不是有袋类的祖先，而是与混元兽一样属于早期真兽类。

生活时期	化石发现地	物种分类
白垩纪	中国辽宁	兽亚纲 真兽类

沙氏中国袋兽一般栖息于河岸边的树丛中，与它们同时期生存的动物还有翼龙、长羽毛的恐龙、各种爬行动物和昆虫。

沙氏中国袋兽身长约 15 厘米，身体结构与现生的树栖哺乳动物十分相似，多在树上生活。沙氏中国袋兽有尖尖的牙齿，这一特征表明它们主要以昆虫为食。

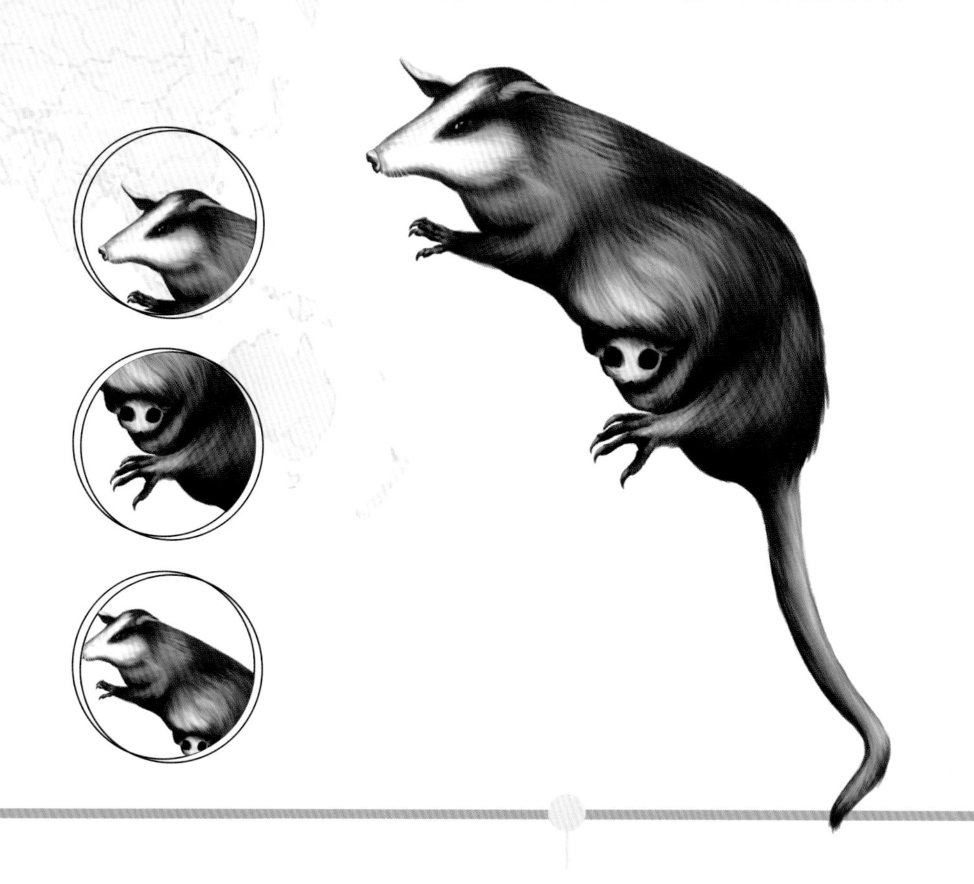

沙氏中国袋兽发现于中国辽宁，它们属于热河生物群中的一类哺乳动物。它们与有袋类哺乳动物有着许多相似的特征，因此人们认为沙氏中国袋兽是现生袋鼠或其他有袋类动物的远房亲戚。

真兽类

中华侏罗兽

Juramaia sinensis

早期的真兽类是否拥有真正的胎盘呢？

胎盘是一种软组织，因此很难作为化石保存下来。我们只能根据现生的有胎盘类去判定早期的有胎盘类动物的特征。

“四处逃窜”的侏罗兽

生活时期	化石发现地	物种分类
侏罗纪	中国辽宁	兽亚纲 真兽类

中华侏罗兽的大小与鼩鼱类似，别看它们体形小，但它们具有真兽类动物共有的特征——5 颗前臼齿和 3 颗臼齿。

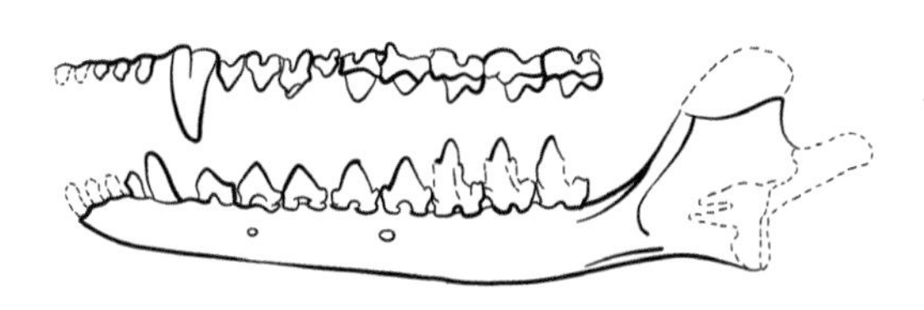

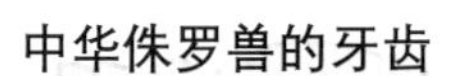

中华侏罗兽的牙齿

觅食

中华侏罗兽一般生活在树上，有着极强的攀爬能力，最喜欢捕捉昆虫，是一种食虫的哺乳动物。这些身体特征和生活习性都可以让它们在恐龙或其他大型肉食性动物称霸的时代存活下来。

中华侏罗兽化石是迄今为止最古老的真兽类哺乳动物，它的发现是哺乳动物演化史上的里程碑，因为它将白垩纪真兽类的历史向前推进了 3500 万年。

攀援始祖兽

Eomaia scansoria

始祖兽与现生有胎盘类动物最大的不同是: 始祖兽具有上耻骨，而现生动物中，除了有胎盘类，其他的哺乳动物都没有这块骨头。(如左图的有胎盘类没有上耻骨，而右图明显具有上耻骨。)

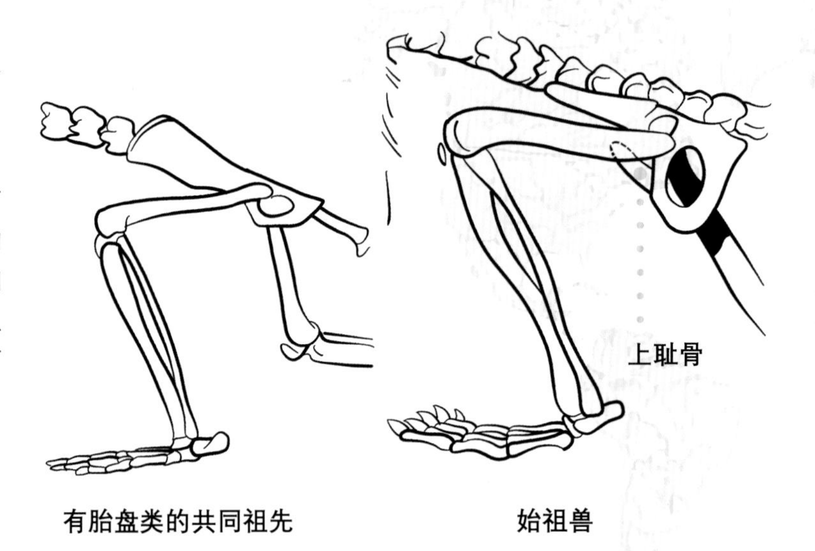

有胎盘类的共同祖先　　始祖兽

上耻骨的主要作用就是在动物运动时稳定身体，有袋类动物的上耻骨还可以支撑育儿袋。但上耻骨的存在会使腹腔难以扩张从而导致胎儿在腹部没有充足的空间去发育，因此现生的有胎盘类没有上耻骨。

生活时期	化石发现地	物种分类
白垩纪	中国辽宁	兽亚纲 真兽类

从始祖兽的牙齿形态来看，它们主要以昆虫为食。虽然它们属于真兽类，但是牙齿和现在的有胎盘类还是有些差别。

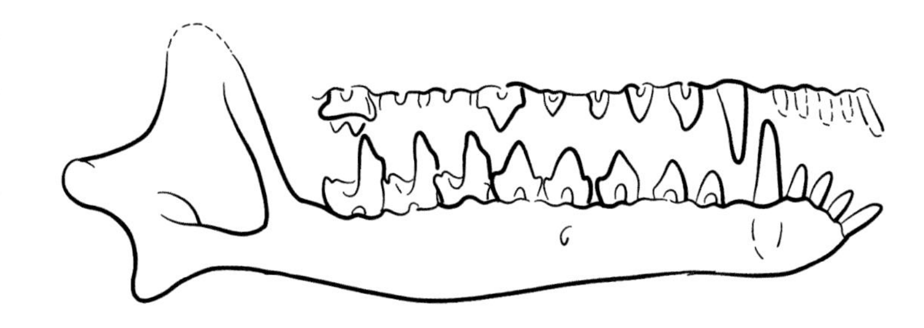

始祖兽的上、下颌和牙齿

攀援始祖兽的体形和现生的老鼠差不多大,全身长有毛发。它们长而灵活的指节，十分适合攀爬。它们的其他身体结构也可说明其极善于在树丛中活动或在崎岖的地面攀爬。

攀援始祖兽是早期的真兽类哺乳动物，它的出现把具有完整骨骼的真兽类的历史向前推进了 5000 多万年。而它名字中的“始祖”二字则表明它处于哺乳动物进化的早期基干位置。

兴盛

XINGSHENG

- 哺乳动物的演化

- BURU DONGWU DE YANHUA

6600 万年前的白垩纪大灭绝，终结了“恐龙主宰的时代”，也为哺乳动物的繁盛扫清了道路。幸存下来的哺乳动物获得了巨大的生存空间，它们繁衍扩张，努力地寻找属于自己的新天地。

虽然还有一些两栖类动物也幸存了下来，但哺乳动物注定会取代恐龙在地球上的霸主地位，迎来属于它们的新生代。

第五章

新生代

新生代是离我们最近的一个地质年代，也是一个听起来就充满生机勃勃的时代。地质学家将新生代分为三个纪和七个世，三个纪即古近纪、新近纪以及第四纪；七个世即古新世、始新世、渐新世、中新世、上新世、更新世和全新世。

古近纪延续了4000多万年，包括古新世、始新世和渐新世，约占地球历史的1.5%，但哺乳动物在此期间开创了地球上前所未有的生态位，它们演化出许多令人眼花缭乱的动物类型。

河马

藏羚羊

始祖地猿

三趾马

剑齿虎

巨犀

中马

重脚兽

大角雷兽

巨猪

小古猫

东方晓鼠

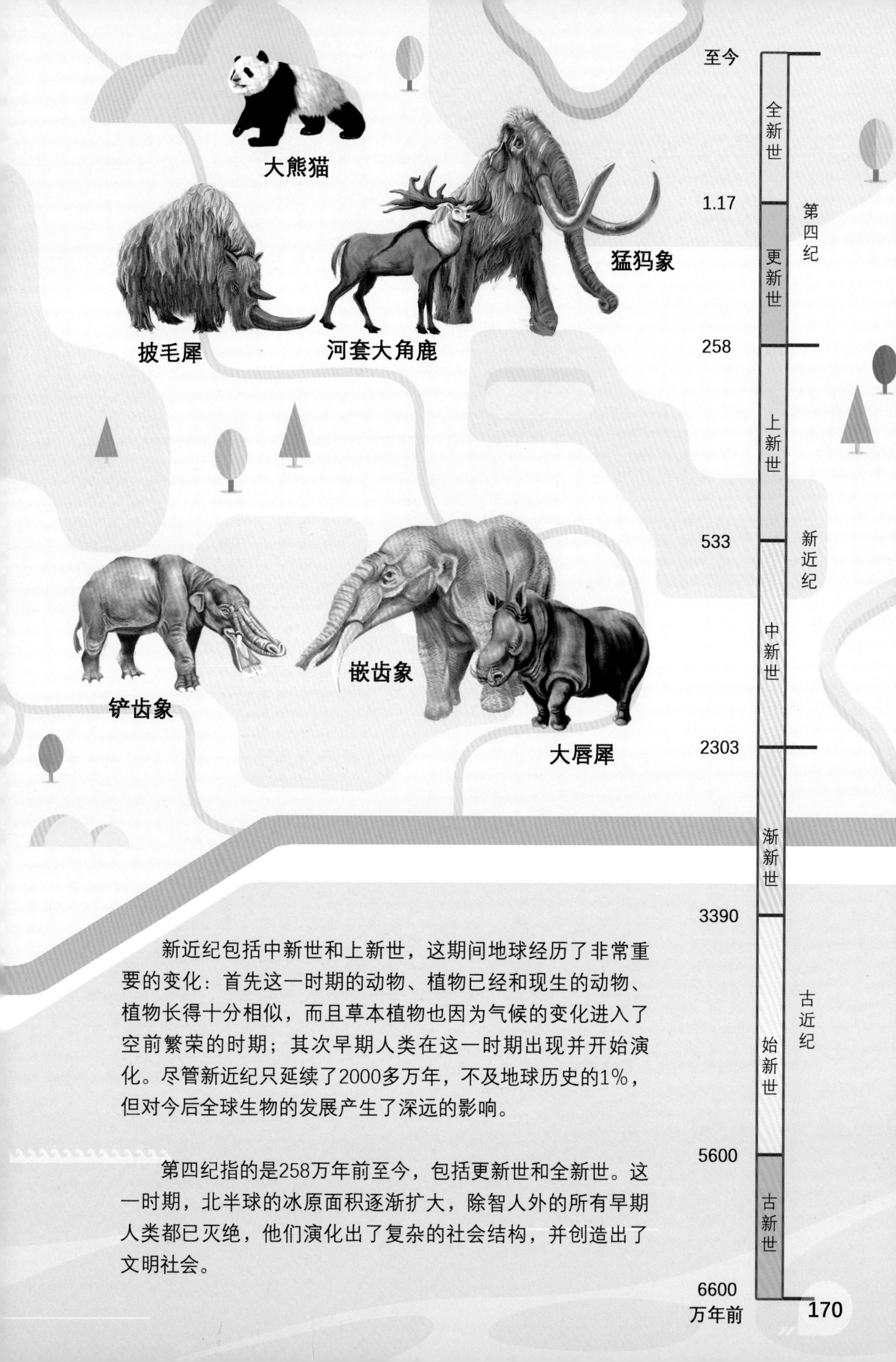

新近纪包括中新世和上新世，这期间地球经历了非常重要的变化：首先这一时期的动物、植物已经和现生的动物、植物长得十分相似，而且草本植物也因为气候的变化进入了空前繁荣的时期；其次早期人类在这一时期出现并开始演化。尽管新近纪只延续了2000多万年，不及地球历史的1%，但对今后全球生物的发展产生了深远的影响。

第四纪指的是258万年前至今，包括更新世和全新世。这一时期，北半球的冰原面积逐渐扩大，除智人外的所有早期人类都已灭绝，他们演化出了复杂的社会结构，并创造出了文明社会。

兴盛

XINGSHENG

古近纪（6600万至2303万年前）

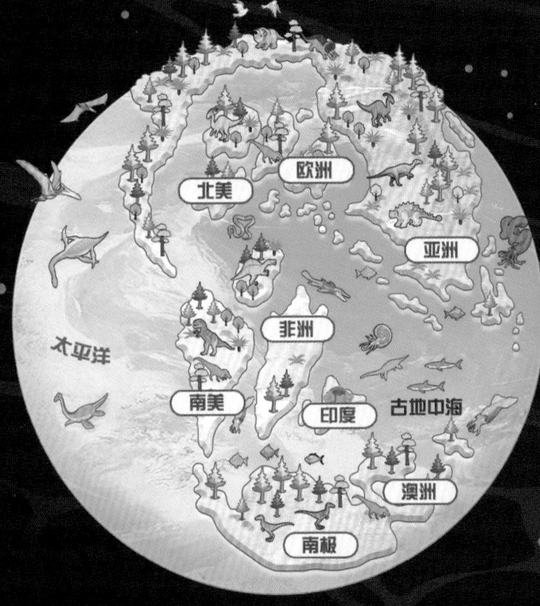

白垩纪（1.45亿至6600万年前）

新生代时期的海陆变迁

随着6600万年前的一场浩劫，菊石、大型的海生爬行动物以及恐龙等都从地球的舞台上消失了。此后，地球进入了新纪元，迎来了属于哺乳动物的新生代，这一时期，大陆板块仍在不断地改变着海陆格局，从而促进了生物的多样性。

在新生代早期，澳大利亚与南极大陆逐渐分开，向北漂移，寒流将原来大陆周边的暖流驱散，从而形成了如今的南极冰盖，而在古新世到始新世过渡的时期。全球气候又出现了短暂的回暖，这是由于印度洋板块向北漂移并与亚洲板块发生碰撞所导致。

新近纪（2303万至258万年前）

其实，印度洋板块在白垩纪末期就开始向北漂移，但历经了6000多万年才与欧亚板块完全碰撞，强烈的撞击使得这片区域的地势上升，最终在新近纪形成青藏高原和世界上海拔最高的山脉——喜马拉雅山脉。

第四纪（258万年前至今）

第四纪的海陆轮廓和如今相差不大，但这段时间的气候在不断地变化，冰河期与间冰期在不断更换，在北半球，大约有30%的大陆都被冰原覆盖。大约在7.5万年前，连接西伯利亚和阿拉斯加的白令陆桥出现，使得亚洲和北美洲的动物可以自由地迁徙，而大约在1.1万年前，路桥消失，各个大洲的物种开始独立演化。

牙齿与哺乳动物的兴起

牙齿是头骨中最坚硬的部分，所以许多哺乳动物的化石只保留了牙齿。古生物学家可以从动物的牙齿中了解它们的种类、食性以及生活环境等信息。在古生物学家看来，哺乳动物和其他脊椎动物的主要区别就是其牙齿的复杂性。

哺乳动物牙齿的雏形可以追溯到生活在三叠纪的下孔类，它们的牙齿从形状相同、结构简单的同型齿逐渐向不同形态的异型齿演化，直到以摩根齿兽为代表的哺乳动物的出现才得以完善。

恐龙灭绝后，哺乳动物牙齿的演化达到前所未有的高度，大部分植食性动物的臼齿演化出圆形的齿尖。目前，许多现生的哺乳动物仍保留着这种齿型。

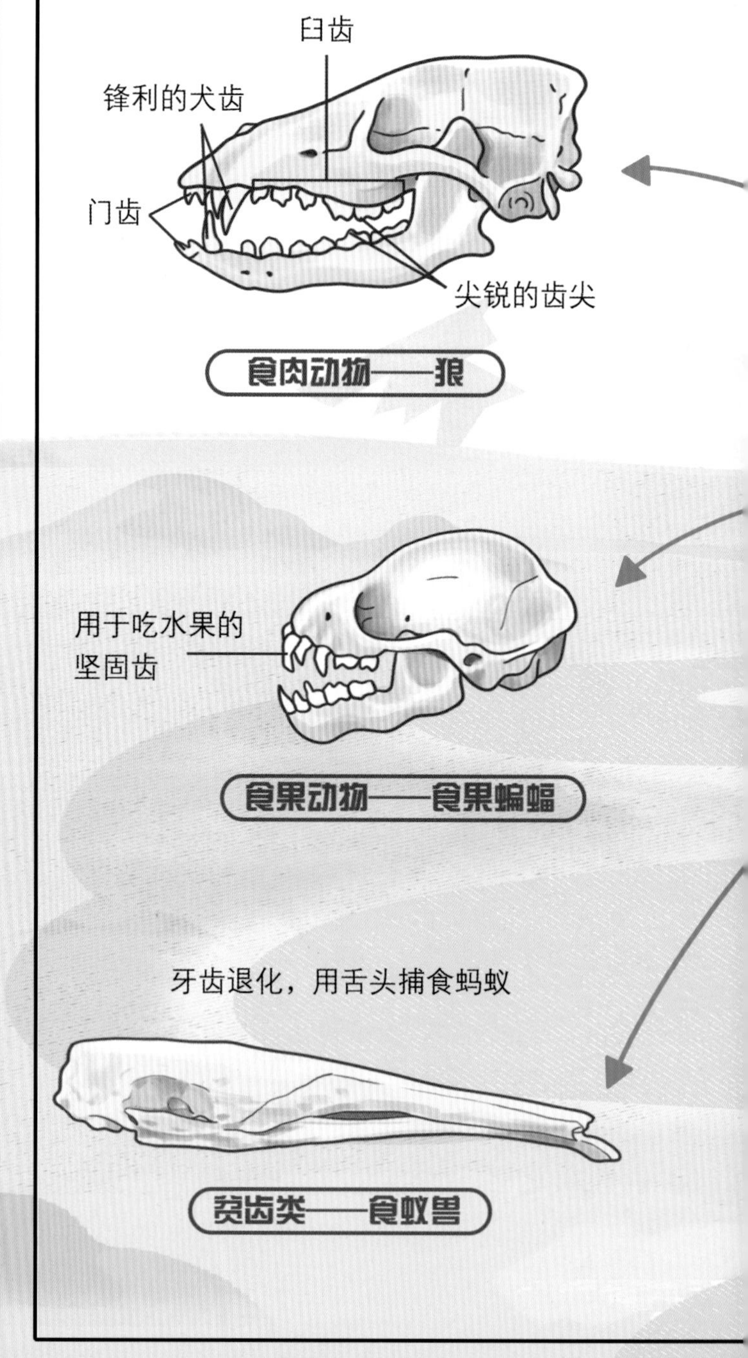

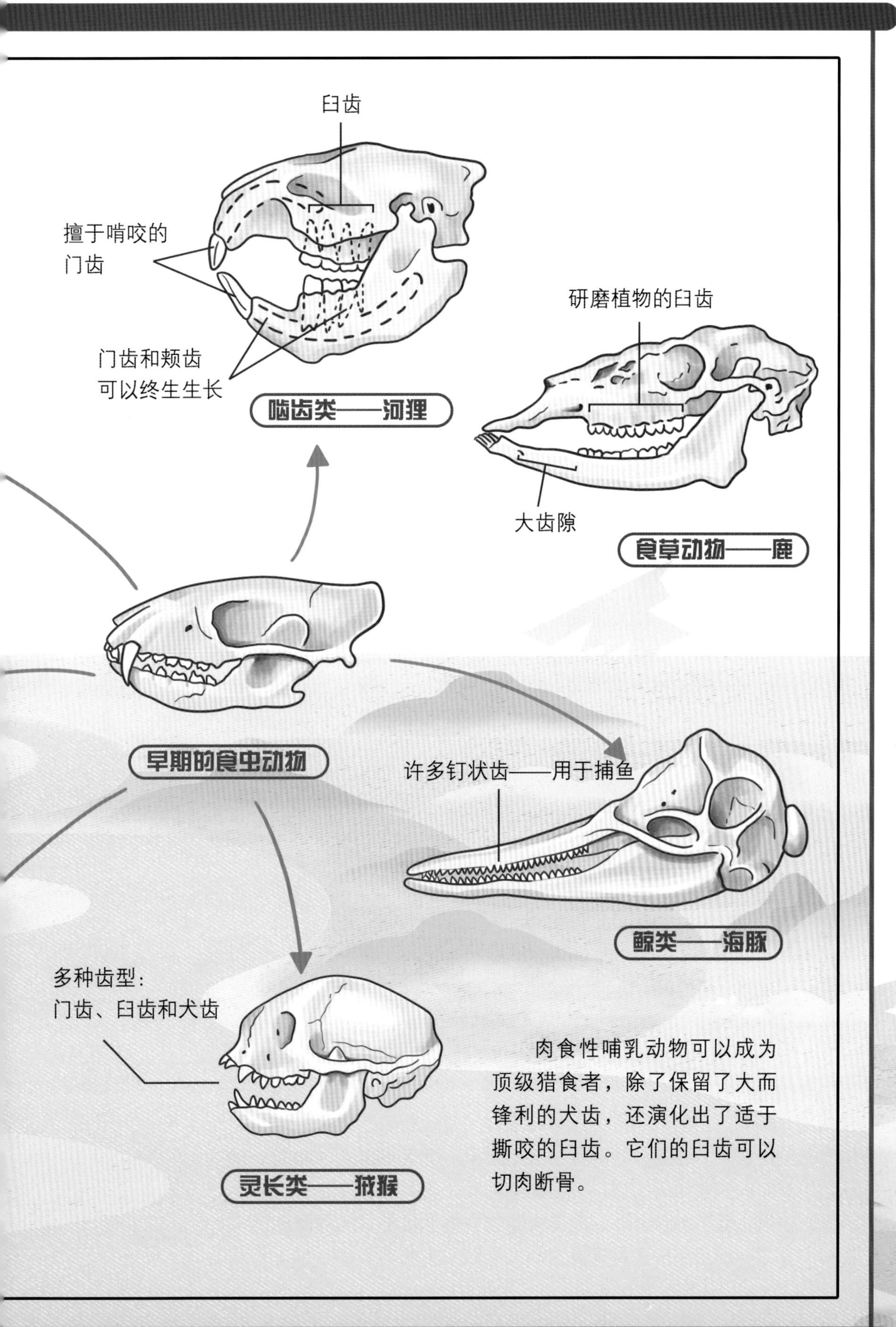

肉食性哺乳动物可以成为顶级猎食者，除了保留了大而锋利的犬齿，还演化出了适于撕咬的臼齿。它们的臼齿可以切肉断骨。

真兽亚纲 *Eutheria*

真兽类动物的分布范围十分广泛，约占地球上现生哺乳类动物数量的95%。这类动物最主要的特征之一就是胎生，它们的母体有胎盘，像是一座连接妈妈和宝宝的桥梁。宝宝可以通过胎盘从妈妈的体内吸收营养物质，待宝宝出生后，发育状况才会更加良好。当然，除了胎盘之外，真兽类动物的体温较高，一般维持在37℃左右，而且它们还具有发达的乳腺以及大脑皮层等。

恐角目
全齿目
纽齿目
裂齿目
焦兽目
型兽亚目
箭齿兽亚目
犀类
貘形类
马类
雷兽科
反刍亚目
胼足类
河马形类
猪形类
奇蹄目
始啮齿亚目
豪猪亚目
松鼠亚目
偶蹄目
有蹄类
食肉目
肉齿目
河狸亚目
鳞甲目
鼠形亚目
翼手目
食虫目
蹄兔目
管齿目
象鼩目
非洲猬目

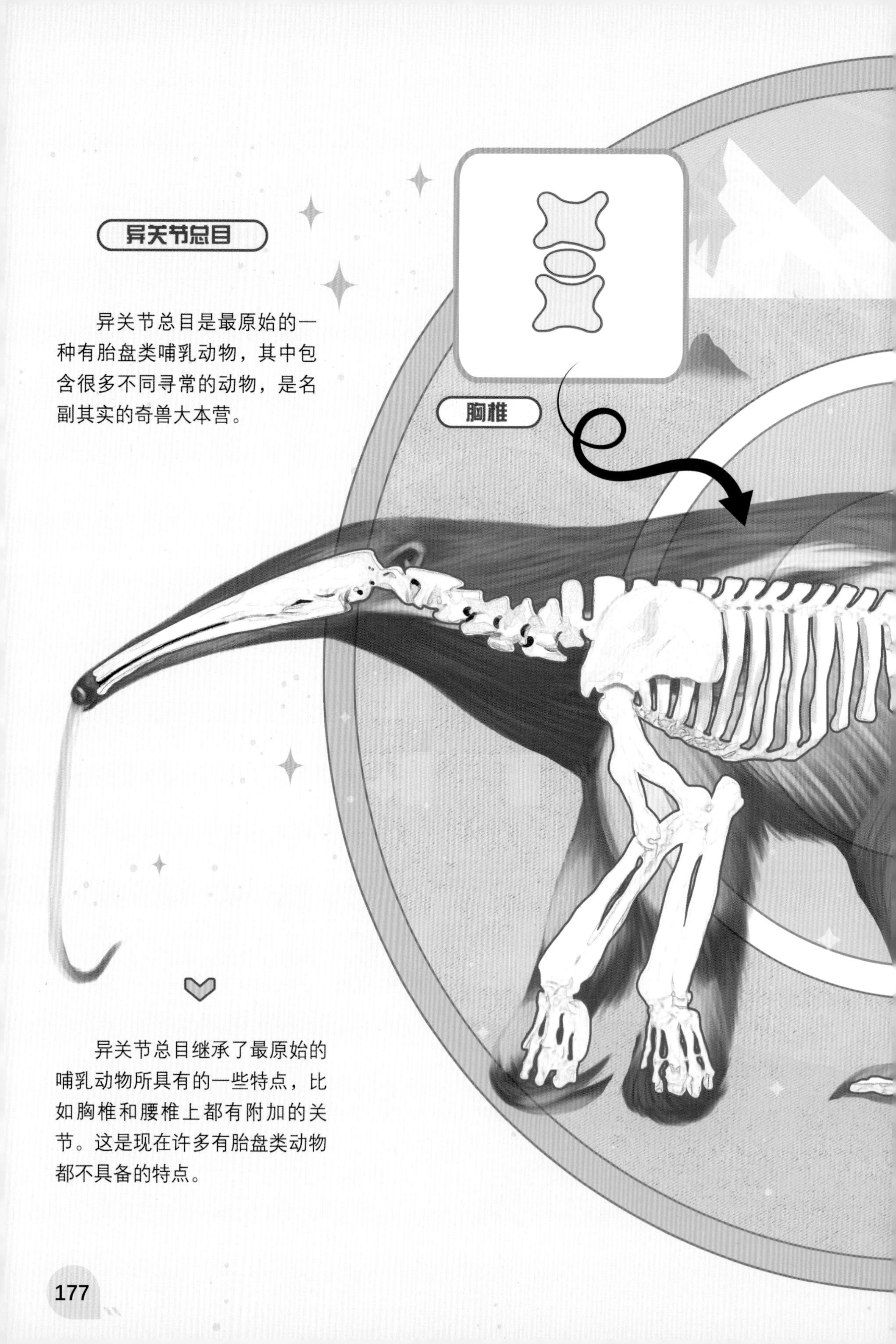

异关节总目

异关节总目是最原始的一种有胎盘类哺乳动物，其中包含很多不同寻常的动物，是名副其实的奇兽大本营。

异关节总目继承了最原始的哺乳动物所具有的一些特点，比如胸椎和腰椎上都有附加的关节。这是现在许多有胎盘类动物都不具备的特点。

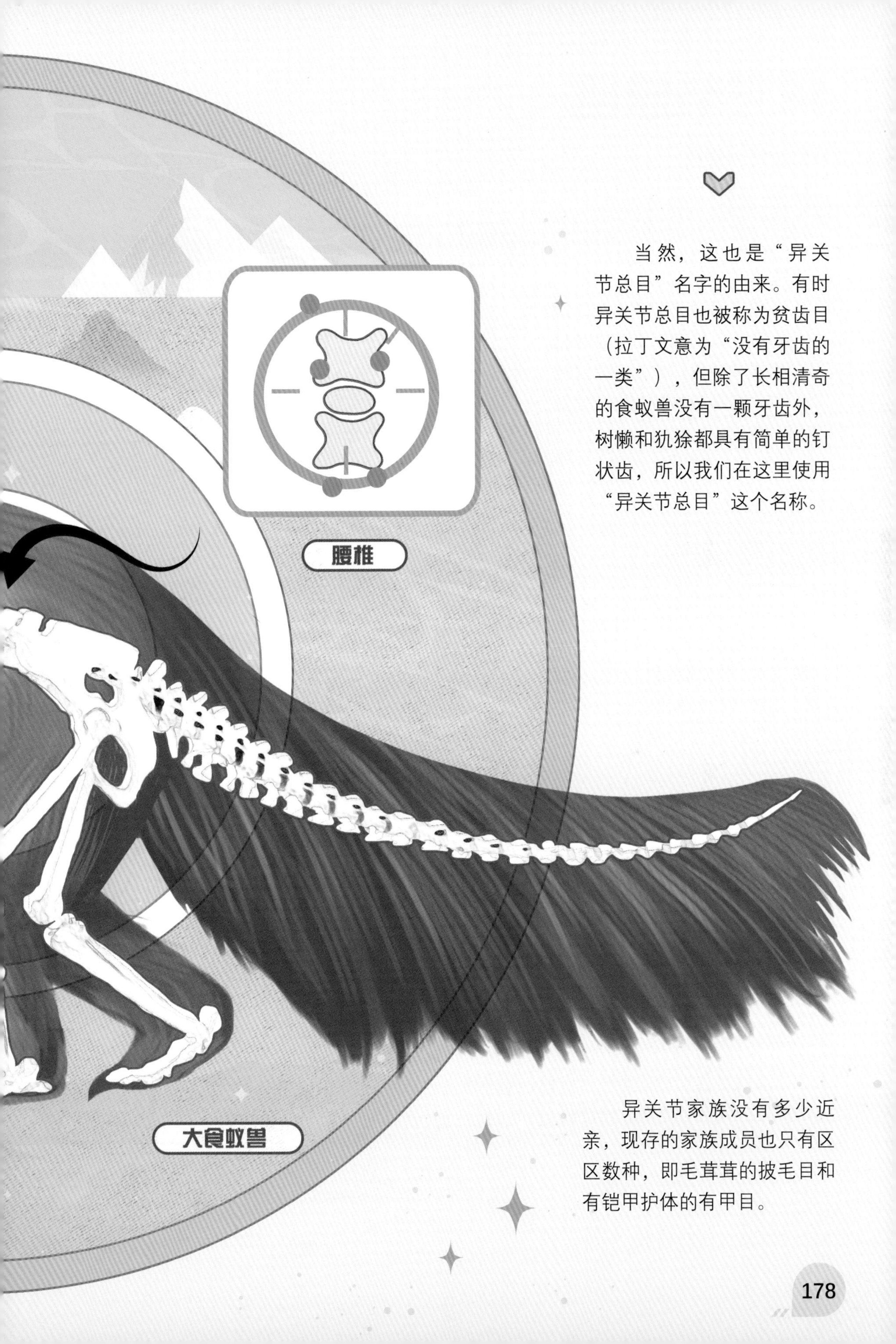

当然，这也是“异关节总目”名字的由来。有时异关节总目也被称为贫齿目（拉丁文意为“没有牙齿的一类”），但除了长相清奇的食蚁兽没有一颗牙齿外，树懒和犰狳都具有简单的钉状齿，所以我们在这里使用“异关节总目”这个名称。

异关节家族没有多少近亲，现存的家族成员也只有区区数种，即毛茸茸的披毛目和有铠甲护体的有甲目。

异关节总目

Xenarthrans

披毛目

Pilosa

在披毛目这个大家族中，既包括舌头长长的食蚁兽，也包括行动缓慢的树懒。它们都是没铠甲一族，但都有独特的秘密武器来保护自己。

目前，食蚁兽家族中有三大类成员，既有长约35厘米的“小可爱”，又有长1.8米的“巨无霸”，是一个非常神奇的家族。

演化树

食蚁兽族又被称为蠕舌亚目，或许读到这里的你会好奇蠕舌是什么？

那就不得不提到它们的拉丁文名称*Vermilingua*，意为“蠕虫舌头”。

蠕舌指的就是食蚁兽的舌头长得就像一条又细又长的蠕虫。

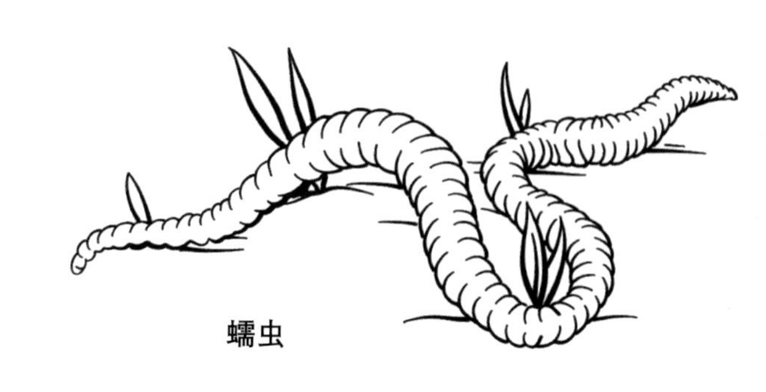

蠕虫

不过千万不要小瞧食蚁兽这条蠕虫似的舌头，它能延伸至 60 厘米，一端直接与食蚁兽的胸骨相连，所以我们看到的舌头仅仅是冰山一角。

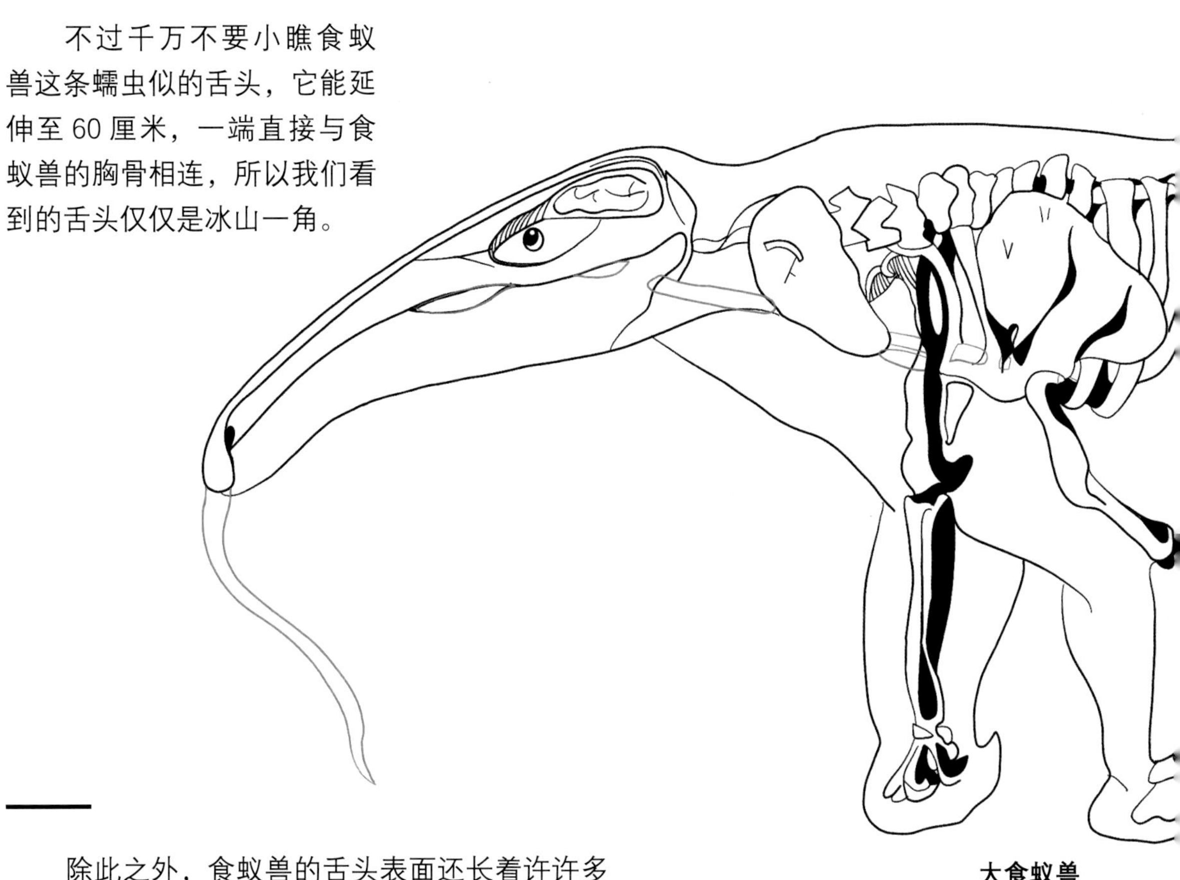

大食蚁兽

除此之外，食蚁兽的舌头表面还长着许许多多的“小钩子”，再配合上黏糊糊的黏液，它们就会以迅雷不及掩耳之势轻松地席卷整个蚁洞。

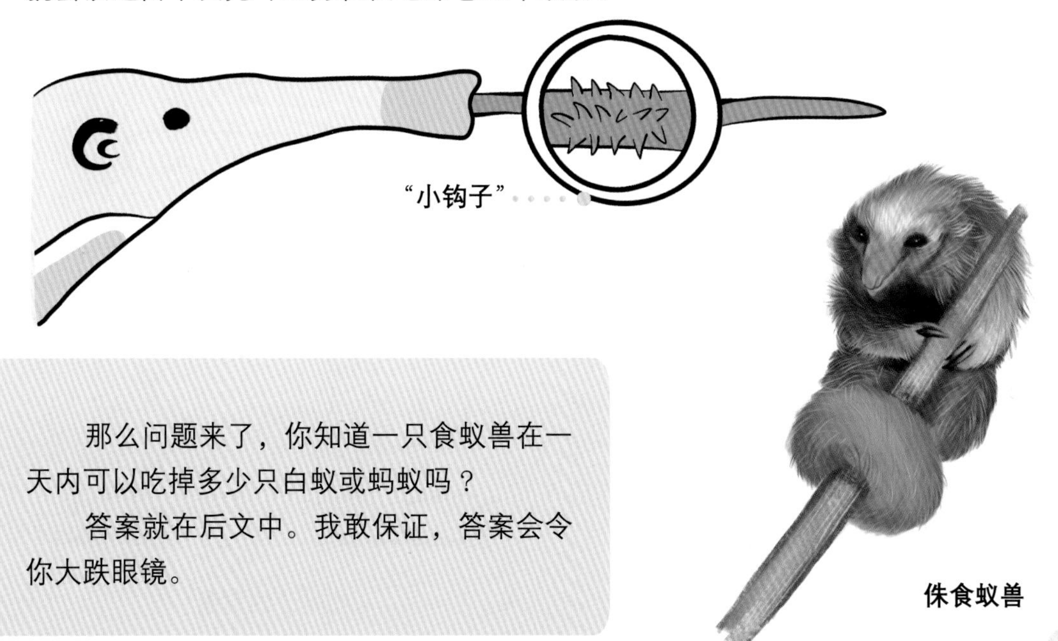

那么问题来了，你知道一只食蚁兽在一天内可以吃掉多少只白蚁或蚂蚁吗？

答案就在后文中。我敢保证，答案会令你大跌眼镜。

侏食蚁兽

树懒家族是披毛目大家族中的另外一类成员。相信看过《疯狂动物城》的你，一定会对办事慢吞吞，连微笑都极其缓慢的“闪电”留下极深的印象，其实“闪电”的原型就是三趾树懒。除此之外，树懒家族中还有大地懒和二趾树懒等。

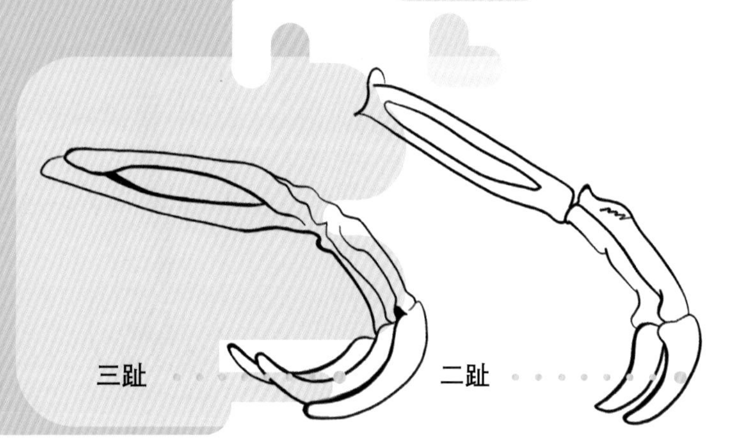

如果从名字上来看，你会认为二趾树懒和三趾树懒的区别仅是一个趾头而已，但事实并非如此。不论是哪一位成员，它们的形态、颜值，还有行为方式都在无时无刻地吸引着大家，让人无法自拔。

不得不承认，树懒这个物种着实是一种神奇的存在，它们的英文名称 sloth，从很早以前就被用来形容“懒惰”，而树懒的所作所为一点都没有辜负这个名字。

树懒几乎什么事都懒得做，甚至懒得吃，懒得动，懒得玩。通常情况下，树懒一天的行动距离不超过 38 米，大部分时间都在睡觉，饿的时候，它们就会寻找离自己最近的树叶，然后把叶子拉过来，慢慢吃。

吃叶子的树懒

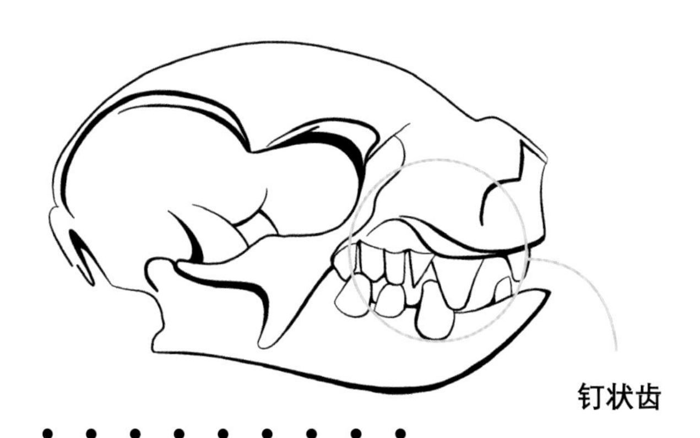

树懒的牙齿分化中虽然没有门齿和犬齿，但与族人食蚁兽相比，它们具备了一些简单的钉状齿，可以帮助其咀嚼食物。树懒吃得很少，但这些食物却要在树懒的体内经过一段漫长的时间。

有研究指出：如果从食物进入树懒的嘴中那一刻算起，食物需要经历 50 天的时间才可以完成“树懒体内游”，最终抵达肛门。

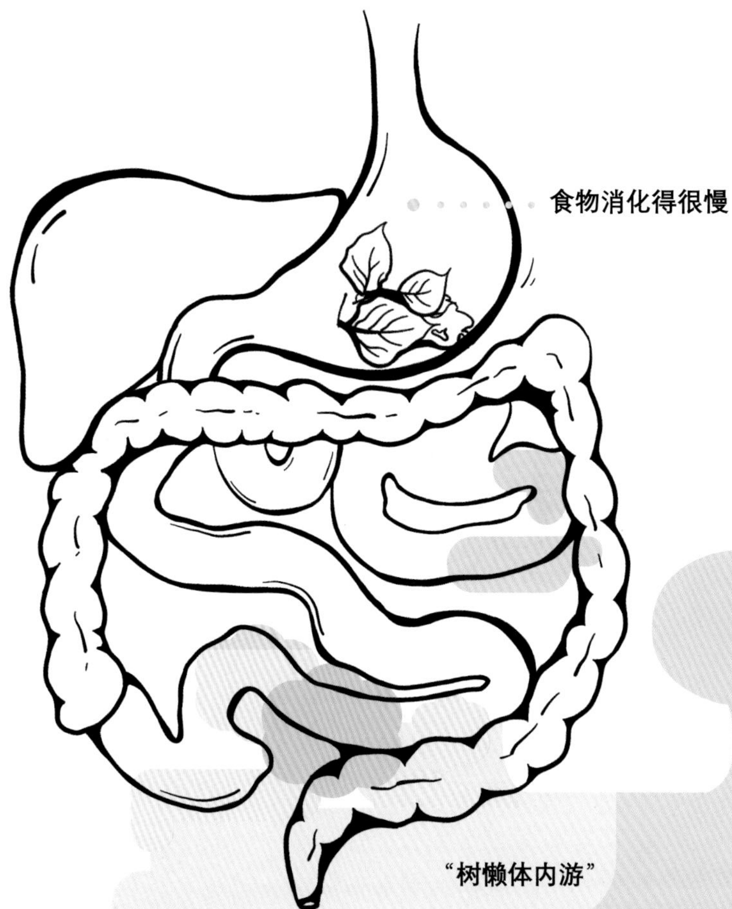

既然树懒这么懒，为什么还能存活至今？它们究竟有什么独特的技能呢？在后文中我们一起来揭晓这些答案吧！

真兽亚纲

大食蚁兽

Myrmecophaga tridactyla

大食蚁兽是食蚁兽家族中体形最大的一员， 它们主要以蚁类为食。什么？蚁类那么小，怎么可能吃饱，连塞牙缝都不够！可你要知道，一只大食蚁兽每天就可以吃掉 2 万到 3 万只蚂蚁或白蚁。虽然这听起来似乎有点不可思议，但是这些小小的蚁却有大大的能量。

吃白蚁的大食蚁兽

大食蚁兽的嗅觉灵敏，比人类的嗅觉要高出 40 多倍，所以它们可以轻松地通过气味来寻找蚁穴，然后用利爪将其刨开，再将黏糊糊的长舌头伸进蚁穴舔食。大食蚁兽在吃东西时，舌头吞吐的频率每分钟可达 150 多次，所以为了更好地配合这种囫囵吞下食物的进食方式，它们的嘴中没有一颗牙齿。

生存时间	分布地	物种分类
现存	美洲	异关节总目 披毛目

大食蚁兽的性格比较温顺，当然，这是在没有人招惹它们的情况下。它们在遇到危险的时候，后肢会站立起来，并用尾巴支撑身体，给敌人一个狠狠的“拥抱”，不过这可不是一个善意的拥抱，而是一种警告。所以，在南美洲，“食蚁兽的拥抱”是用来形容一件看似亲切，实则致命的事情。

大食蚁兽生活在美洲大陆，它们不仅外形怪异，而且行为古怪。它们仿佛是在演化的路上另辟蹊径，长成了一副令人匪夷所思的样子。

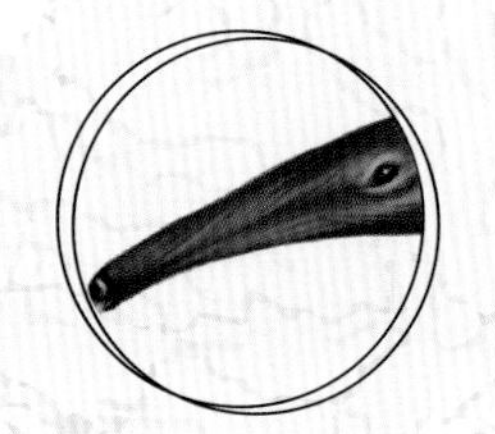

又细又长的头上长着一个长达 30 厘米的吻部，即使用自拍杆可能也无法拍下它们的整张脸。

前肢的毛发黑白色相间，虽然是一种警戒色，但远远看去就像一只低着脑袋的大熊猫，十分可爱。

尾巴上的毛发又长又蓬松，像一把大扫帚，不仅可以在天热的时候遮挡太阳，下雨的时候遮挡雨水，还可以在睡觉的时候当作被子用来保暖，像是一床行走的棉被。

大食蚁兽的体长约 1.8 米，体重达 40 千克。

大食蚁兽的前肢有五指，除第五指外，其他四指都长着锋利的爪子。为了避免这些爪子受到磨损，大食蚁兽平时会将巨爪窝在手心里，摇摇晃晃地“抱拳”走路。

真兽亚纲

小食蚁兽

Tamandua tetradactyla

小食蚁兽的嗅觉很灵敏，可以通过气味定位到蚂蚁或者白蚁的位置，是位出色的除蚁大师，所以一些印第安人会请它们到家中除蚁。我们可以想象：或许有一天我们能在街角看到小食蚁兽们开的除蚁公司呢。不过要记得一般情况下它们只会在晚上出来工作哦。

“除蚁大师”

小食蚁兽是名副其实的“可持续发展践行者”，它们每次只产一个宝宝，宝宝生下来之后几乎和妈妈形影不离。小食蚁兽妈妈会让宝宝骑在自己的背上，如果你不仔细看的话，很难发现妈妈的背上有一只打盹的宝宝，而这样是为了更好地照顾并保护自己的孩子。

生存时间	分布地	物种分类
现存	美洲	异关节总目 披毛目

虽然小食蚁兽的外表比家族其他成员看起来可爱一些，但它们在遇到危险的时候并不会选择忍气吞声。如果在树上遇袭，它们就会用后肢和尾巴紧紧地抓住树枝，然后用前肢作战。小食蚁兽的前肢有四指，上面还有着锋利的爪。

小食蚁兽还有一个秘密武器——当它们遇到危险的时候会发出“嘶嘶”的警告声，并放出一种难闻的气体。这种味道十分刺鼻，臭味散布的范围可达 50 米左右，臭度相当于“臭鼬”的 5~7 倍，所以你千万不要被这张可爱的脸迷惑，否则后悔都来不及。

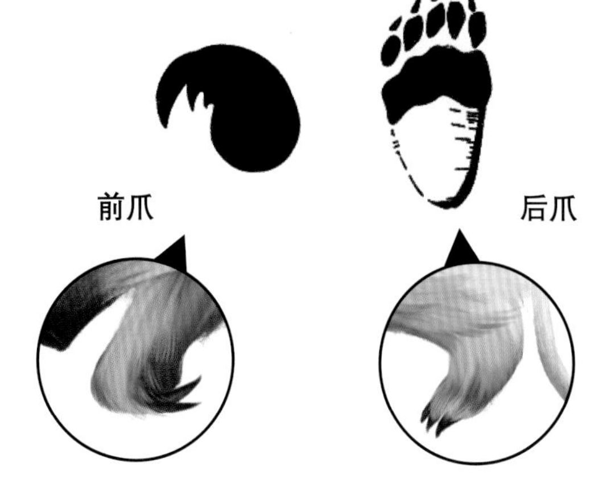

虽然从名字上来看，小食蚁兽与大食蚁兽似乎只是大小的差别，但显然并不是这样。小食蚁兽的体形较小，不同地区之间还会有一些差异。

小食蚁兽的前肢很有力，可是想要打开一个装满白蚁的“美食城堡”还是得费一番工夫，所以在这个过程中，许多白蚁就顺利逃脱了。或许你会说，白蚁不是有秘密武器——甲酸吗？但事实是这些甲酸最终被小食蚁兽转化成了胃酸，用来消化它们自己。

侏食蚁兽

Cyclopes didactylus

站立

看到侏食蚁兽的名字，便不难猜到它们的体形很小。可你是否猜到侏食蚁兽的体形只有松鼠般大小，比起40千克的大食蚁兽来说，简直不是一个重量级。

侏食蚁兽的性情温和，除捕食之外，很少主动攻击其他动物。它们会吃一些素食，比如浆果，这对它们来说也是另一种美味。侏食蚁兽的吻部比较短，上面有一个粉红色的小鼻子，再加上萌萌的外表，即使是在遇到危险站立起来的时候，也着实显不出它们的高大威猛。

生存时间

现存

分布地

美洲

物种分类

异关节总目

披毛目

一般情况下，侏食蚁兽会在树上活动和捕食。侏食蚁兽的行动比较迟缓，而且也比较懒散，有数据表明：它们一天的行动距离也只有几十米。侏食蚁兽喜欢在夜间活动，所以白天的时候，它们总会把小脑袋埋在身体里，懒洋洋地睡觉，再用尾巴环绕在树上固定身体。

睡觉中

侏食蚁兽是食蚁兽家族中体形最小的成员，它们的毛发因地域间的不同会存在一些差异，身体颜色从灰色到淡黄色，但都是厚厚的、软软的，像毛绒玩具似的。别看它们的个头比较小，但家族的标志特征一个也不少。

侏食蚁兽的尾巴可以承担起自身的重量，依靠那条弯弯的且富有弹性的尾巴，它们可以轻松地在树上完成侧立、倒挂等高难度动作。

吻部虽然没有其他成员那么长，但它们同样拥有细长且布满黏液的舌头，这可是捕蚁的利器。

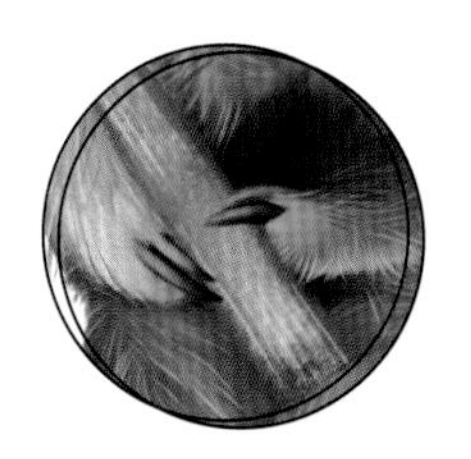

前肢上长有锋利的爪，但它们只有两个爪子。虽然在数量上不占优势，但可以作为防身武器，还可以用来紧紧地抱住树干。

体长 30~60 厘米，

体重不足 400 克。

侏食蚁兽和家族其他成员一样，每年只产一个宝宝。宝宝出生后就已经长出了毛发，颜色和成年的侏食蚁兽相似，当宝宝趴在妈妈的背上的时，可以很好地隐藏自己。

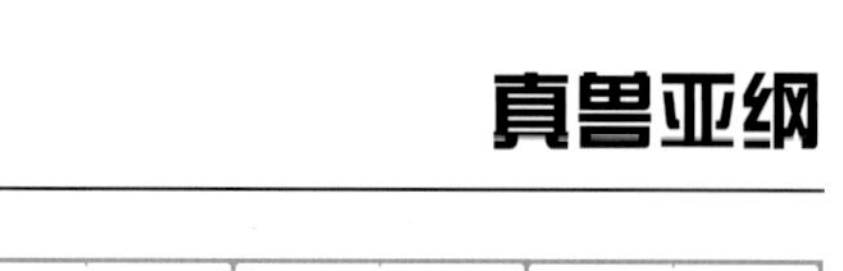

真兽亚纲

三趾树懒

Bradypus

三趾树懒有一项绝技：憋。它们生活在热带森林中，虽然衣食无忧，但主食是许多动物都难以下咽的树叶，不仅坚韧粗糙，而且能量低，营养少。因此，它们进化出了庞大的胃，当胃被填满时，其重量相当于树懒体重的三分之二。而进入胃中的这些食物，需要一个多月的时间才会被消化。

它们大约一周才排泄一次，而且喜欢在固定的地方。不过，每次排泄对于它们来讲都是一次冒险。

慢悠悠地爬到树下，站起来，抱着树，眼神迷离，嘴角翘起，然后左右摆动它们的身体，跳上一支舞蹈。

一般情况下，在树上居住的动物会直接空投它们的便便，但三趾树懒几乎不会在树上解决，排泄对于它们来说是一件很有仪式感的事情。它们很享受排泄的过程，整个过程需要花费六个小时。六个小时对于三趾树懒生活的地方来说，可是危机四伏，要是遇到像美洲豹这样的高级猎食者，它们也就一命呜呼了。

生存时间	分布地	物种分类
现存	美洲	异关节总目 披毛目

三趾树懒的生活态度就是慢慢慢，睡醒后的它们有时会一动不动地待在树上，静静地观察着周围。如果它们遇到危险，并不会选择逃跑，因为它们的速度特别慢（大约是每秒五厘米的速度），而且脚并不能像我们的脚一样正常走路。

所以，它们会慢慢地闭上眼睛，将自己与森林融为一体。或许你会说树懒的天敌——角雕有着敏锐的视觉，可以轻松地发现三趾树懒的藏身之处。可是你知道吗？三趾树懒远远地看上去就是一片绿色。

角雕

三趾树懒本身的毛发是以灰褐色为主，但由于自身毛发的特殊性，身体表面会附着一些植物，这也使得它们成为了世界上少有的可以身披植物的哺乳动物。

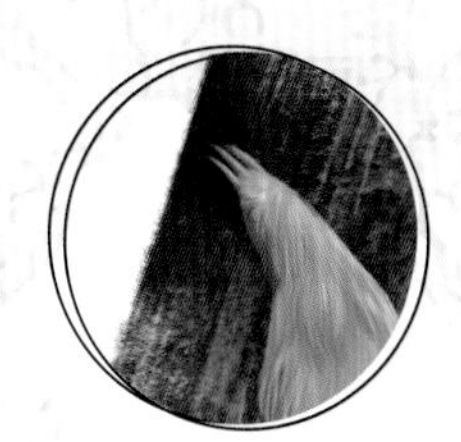

前肢和后肢上都长有3个长而弯曲的巨爪，每天会花费很多时间在树上睡觉，所以巨爪是它们的重要部位。

毛发像杂草一般，总体看起来像是从腹部长向背部，而这样的毛发有利于雨水顺着毛发流下。

体长 45~75 厘米。

三趾树懒的长毛上有一些沟槽，当藻类、地衣等一些植物的孢子落在上面的时候，它们就像是找到了适合自己生长的土壤，开始大量繁殖，所以远远看上去三趾树懒就像是一个抹茶口味的脏脏包。这些植物不仅可以帮助三趾树懒“隐身”，还可以在食物不充足时为其提供营养。

美洲大地懒

Megatherium americanum

美洲大地懒是一种曾经生活在南美洲地区的奇特巨兽，它们属于树懒家族，是南美洲地区最具代表性的动物之一。大地懒和喜欢挂在树上一动不动的表亲树懒不同，它们时常迈着惊雷般的步伐漫游在南美洲的广袤荒野。

美洲大地懒骨架

大地懒是最早被人类发现和了解的史前巨兽之一，其化石的发现时间可以追溯到 1788 年。当时人们并不知道这是什么动物，所以称它为“史前巨兽”。直到著名的古生物学家居维叶将破碎的化石拼凑起来后发现：它和树懒有着很微妙的演化关系，所以将其命名为“美洲大地懒”。

生存时间

距今约

1 万年 ~10 万年前

分布地

美洲

物种分类

异关节总目

披毛目

别看美洲大地懒的战斗力很强，一般情况下它们不会主动攻击其他动物。那么体积如此庞大的它们吃什么呢？经科学家研究发现：美洲大地懒可以轻而易举地直立起来取食高处的树叶和果实，而且特别喜欢吃牛油果。牛油果？是的，你没看错。高热量、高脂肪的牛油果可以给美洲大地懒提供充足的能量，而作为回报，美洲大地懒也会帮助牛油果传播种子。

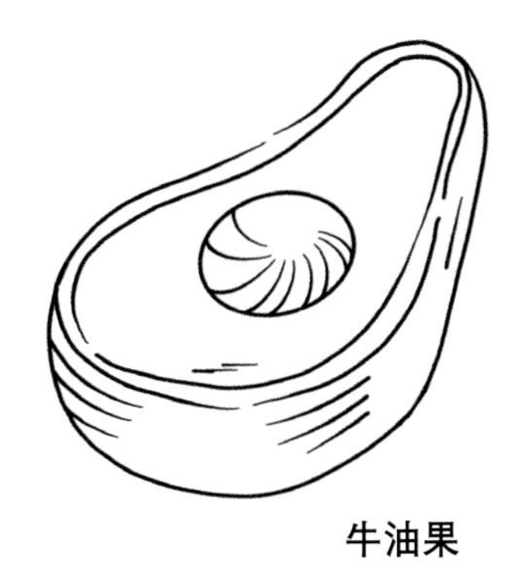

牛油果

美洲大地懒站起来约 4 米高，体重约 4 吨，这么庞大的体形在同时代的陆地动物中足以傲视群雄，也使得它们成为当时战斗力最强的巨兽。

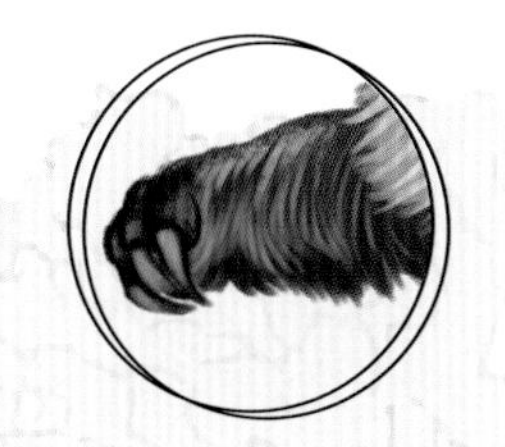

前肢很强壮，长约 2 米，上面长着长约 26 厘米的巨爪。

口中长有两排不断生长的牙齿。

身上披着厚厚的毛发，皮下还有一些小骨片形成了一层坚硬的皮肤。这层皮肤会随着年龄的增长变得更加坚固，也使得它们拥有超群的防御能力。

体长约 6 米

一般情况下，美洲大地懒是用四肢行走。当它们遇到危险时，就会用后肢和粗壮的尾巴支撑身体站立起来，像一座移动的碉堡，而此时的巨爪就变成了恐怖的武器。

异关节总目

Xenarthrans

有甲目

Cingulata

自然界中的动物为了保护自己，进化出千奇百怪的防御武器，“铠甲”便是最具代表性的武器之一。

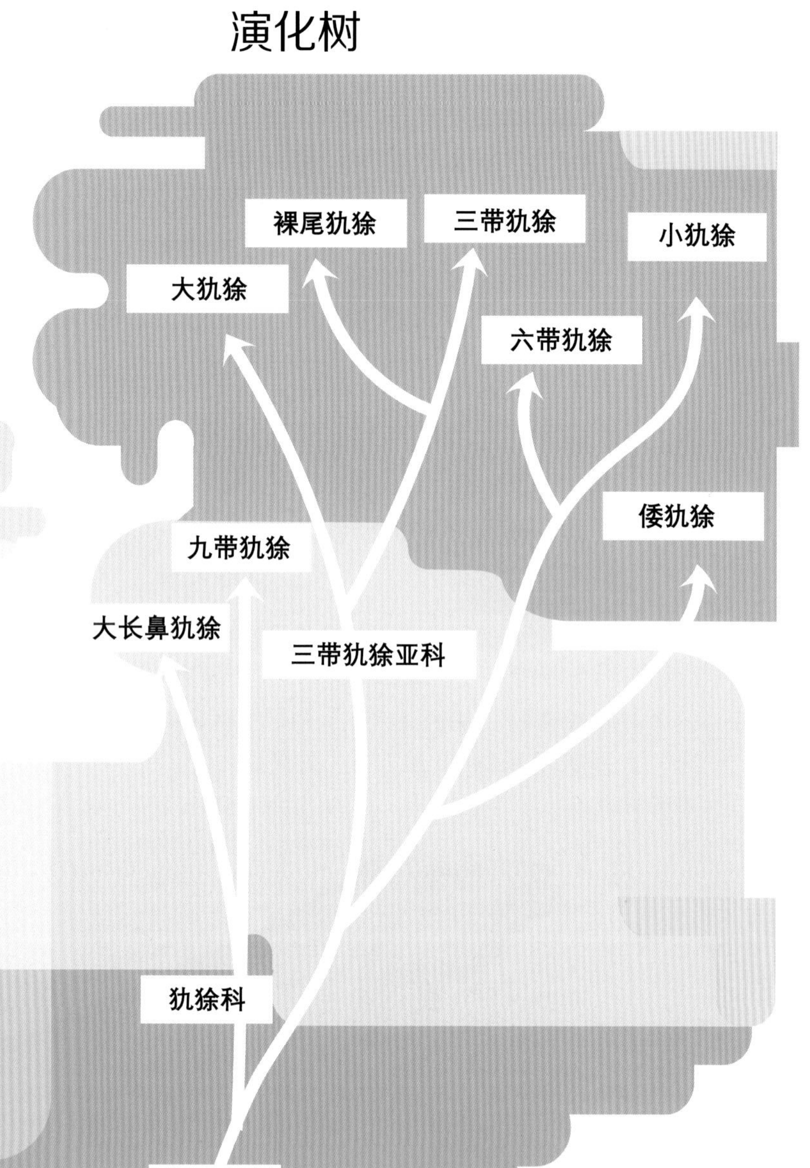

在有甲目这个大家族中，有存活至今的犰狳一族和已经灭绝的雕齿兽一族，它们都身披“铠甲”。

提起“铠甲”，你是否会想到另一种具有“铠甲”的史前动物——甲龙呢？

虽然它们是不同类型的动物，但它们的“铠甲”都是从皮肤中长出，是名副其实的真皮“铠甲”。

《山海经》中有这样一段记载，大致的意思为：余峨山中有一种野兽，名叫犰狳，它有着兔子一般的外形，鸟一样的嘴巴，鸱一样的眼睛和蛇一样的尾巴，见到人之后还会躺下装死。这样看来，古人所描述的犰狳和我们所熟知的犰狳大有不同。

《山海经》中的犰狳

现实世界中的犰狳有 20 多个种类，其中既有仅 13 厘米长的迷你倭犰狳，又有 150 厘米长的大犰狳。2014 年巴西世界杯吉祥物的原型是一只巴西三带犰狳。

2014 年巴西世界杯吉祥物

大部分的犰狳长着和老鼠一样的头部，身上披着“铠甲”，这身“铠甲”不仅异常坚硬，还可以蜷缩成一个很难分开的球。刚出生的犰狳宝宝，身上的壳是软的，几天之后才会慢慢变硬。

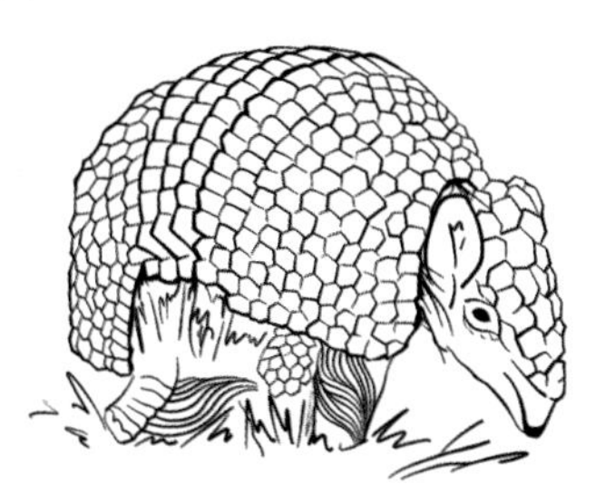

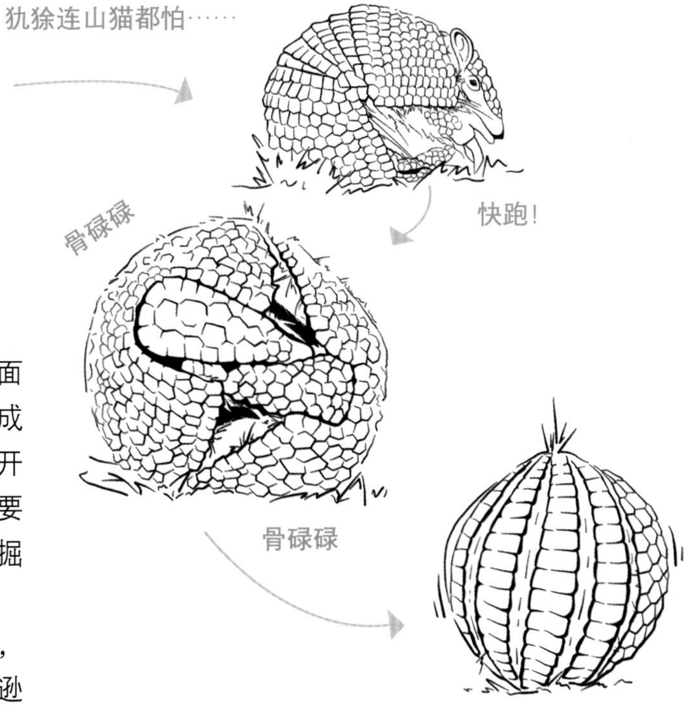

把自己滚成个球，一动不动。

犰狳的前肢很强壮，上面有着锋利的爪子，使得它们成为挖掘能手，可以轻松地挖开白蚁丘和蚁穴。当然，最重要的是，它们还可以为自己挖掘出一条逃生通道。

犰狳看起来有些笨重，但它们的奔跑能力一点也不逊色，尤其是在灌木丛中穿梭的时候。

当犰狳遇到危险，它们还会用渡河、伪装甚至土遁的方式逃跑。当然，除了逃跑之外，它们还会用尾巴上的鳞甲堵住洞口，要知道，这可是一块十分坚硬的“挡板”。

在 2000 万年前，曾生活着一种有巨型装甲的哺乳动物——雕齿兽，它们在美洲的草原上慢慢地移动着，像是一辆辆装甲战车。

大约在 300 万年前，它们中的部分成员开始向北迁徙，同时在演化的过程中越变越大。由于它们动作缓慢，所以只能以植物为食。

雕齿兽牙齿上的深沟像是雕刻师雕刻出来的一般，所以被称为雕齿兽。

雕齿兽的食物

雕齿兽既不能像犰狳一样把自己蜷起来，也不能快速奔跑。当它们遇到危险的时候，只能蹲下来用坚硬的铠甲保护自己，就算是遇到同时期一起生活的剑齿虎、大地懒或猛犸象等，也很难将它们推翻。

雕齿兽的头部和尾部也有铠甲保护，甚至有一些成员，如槌尾雕兽还进化出了带有尖刺的尾槌。

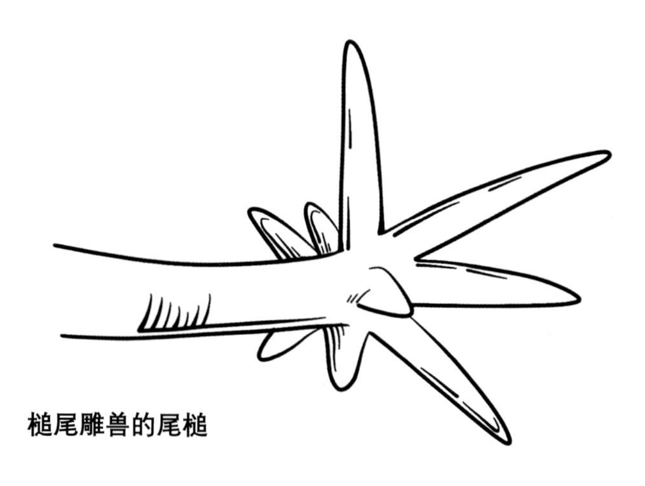

槌尾雕兽的尾槌

根据最新的研究显示，槌尾雕兽的尾巴上并没有太多的撞击痕迹，所以推测，它们的尾巴很可能是种群之间炫耀或威慑的工具。雕齿兽就以这种独特的方式在当时充满激烈竞争的陆地上赢得了一席之地。

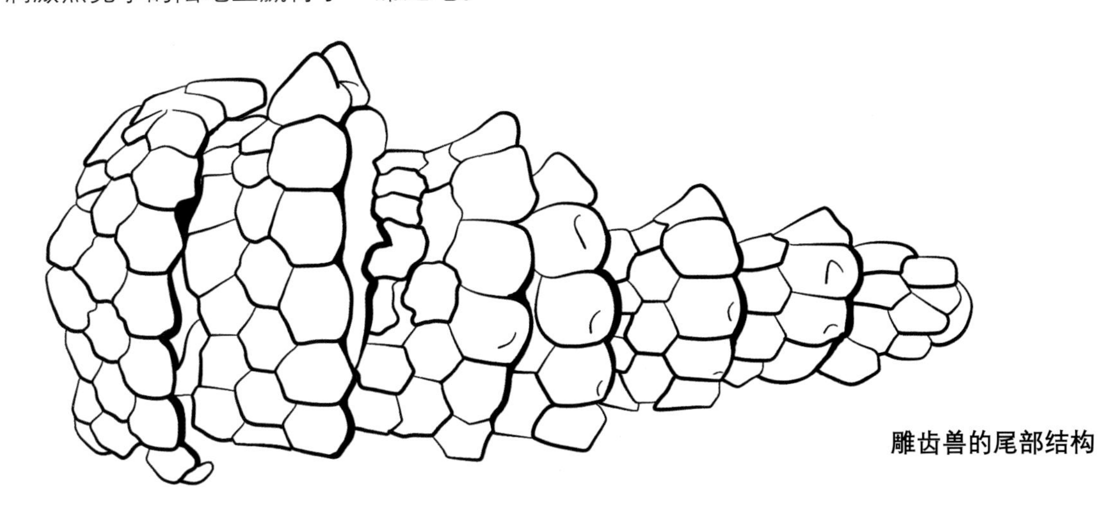

雕齿兽的尾部结构

可是有着超强防御力，连同时期的顶级掠食者都无可奈何的雕齿兽却在 4000 年前彻底消失了。有关这一问题，众说纷纭，有人认为雕齿兽的灭绝和气候的变化有关；有人认为雕齿兽得了传染病导致种群灭绝；还有人认为雕齿兽遇到了更厉害的猎食者。

雕齿兽和身高 1.8 米的成人对比图

雕齿兽的骨架

到底是什么原因使得雕齿兽一族走向灭绝呢？想知道答案的你，请随我一起继续往下读吧！

真兽亚纲

雕齿兽

Glyptodon

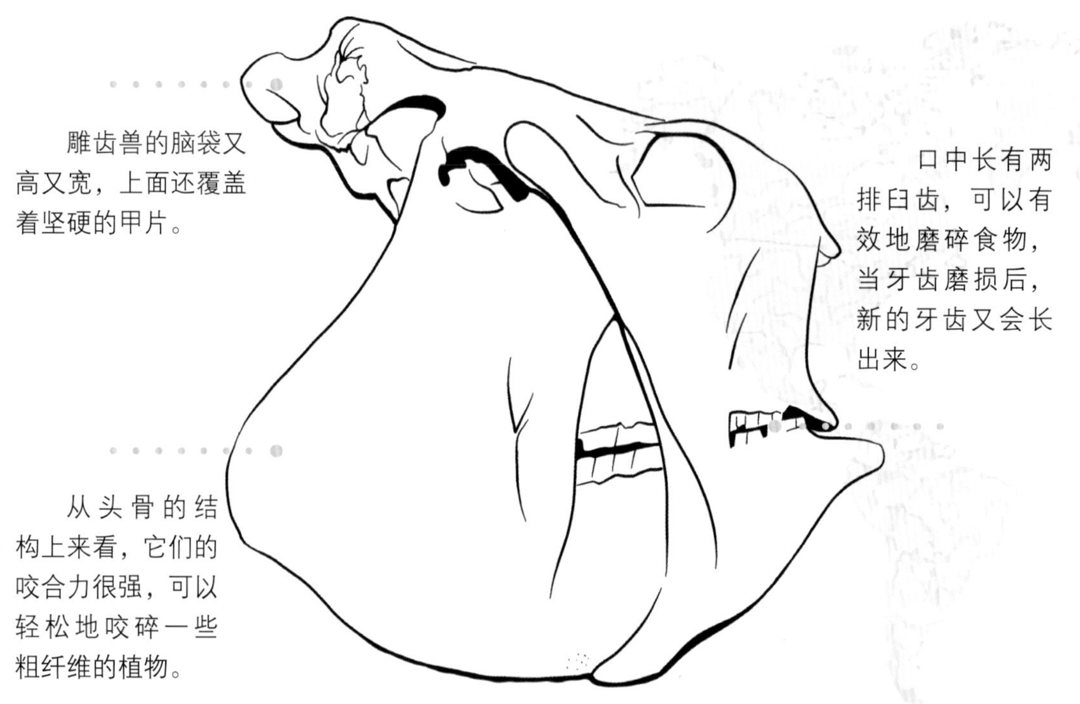

雕齿兽的脑袋又高又宽，上面还覆盖着坚硬的甲片。

口中长有两排臼齿，可以有效地磨碎食物，当牙齿磨损后，新的牙齿又会长出来。

从头骨的结构上来看，它们的咬合力很强，可以轻松地咬碎一些粗纤维的植物。

雕齿兽的背甲很奇特，上面分布着一些毛细血管，虽然不像皮肤那样敏感，但作为移动的城堡，足以护它们周全。不同雕齿兽的背甲会呈现出不同的纹路，通过这些纹路，它们就可以轻松地识别出家族内的成员。

生存时间

距今约

2000 万年前

分布地

美洲

物种分类

异关节总目

有甲目

雕齿兽是新生代的防御大师，奇特的身体构造让它们在优胜劣汰的自然竞争中赢得一席之地。好景不长，它们在4000年前灭绝了，因为它们与古人类不期而遇。大约在1.3万年前，古人类登上北美大陆并占据绝对优势，他们开始繁衍生息，而雕齿兽成了他们眼中的有用之物，不仅可以吃，还可以用外壳来盖房子或者做成盾牌。古生物学家在雕齿兽的化石旁发现了人类的遗骸和工具，有力地支持了这一说法。

捕猎

早在2000万年前，雕齿兽一族就开始在南美洲生活，它们和犰狳长得很像，但是体形要比犰狳大一些，体重可达2吨。

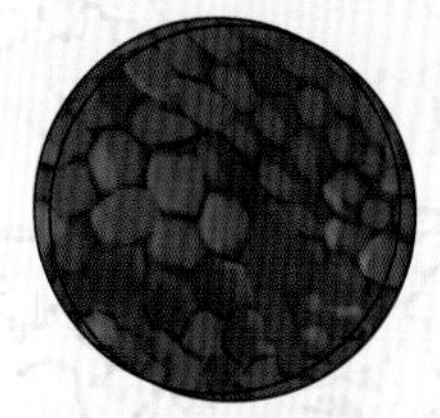

全身有1000多块骨板，这些骨板呈六边形紧密地连接在一起，厚度可达2.5~5厘米，就像龟壳似的牢不可破。

长着一对小眼睛，由于它们的防御力较强，所以视力一般。

有一个特别短小的尾巴，上面覆盖着甲片和刺状的突起，像是一个超大号的松果。

外壳的高度可达1.5米

最初发现的雕齿兽化石只是一些碎片，直到2015年，一位农民在农场附近的河流中发现了一个具有完整骨骼，并带有甲壳的哺乳动物化石，雕齿兽的真实面目才被揭开。雕齿兽的背甲和犰狳的背甲很相似，古生物学家通过对比两者的DNA发现，雕齿兽可以算得上是犰狳真正的祖先。

真兽亚纲

倭犰狳

Chlamyphorus truncatus

倭犰狳的臀部呈扁平状，像被刀切过似的，上面还覆盖着鳞甲，这样的构造可以当作洞口处的门板，以此来抵挡猎食者的入侵。

倭犰狳会把“家”安在蚁穴旁边，可见它们对蚂蚁的喜爱。不过，它们偶尔也会吃一些蜗牛、植物以及其他的昆虫。倭犰狳有一项绝技：通过土壤的温度来寻找蚁穴。

生存时间	分布地	物种分类
现存	美洲	异关节总目 有甲目

倭犰狳的体毛呈白色，上面覆盖着一层粉色的背甲。它们是犰狳家族中的一大奇葩。

如果它们趴在地上一动不动，我相信你一定会认为那是一块掉在地上的寿司，所以倭犰狳还有两个别称：寿司犰狳和粉毛犰狳。

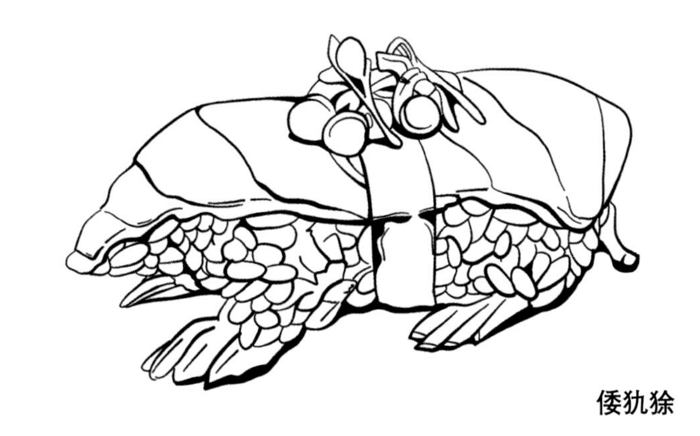

倭犰狳

倭犰狳是阿根廷地区特有的物种，也是犰狳家族中体形最小的一员，成年的倭犰狳体重不足 100 克，比成年人的手掌还要小。

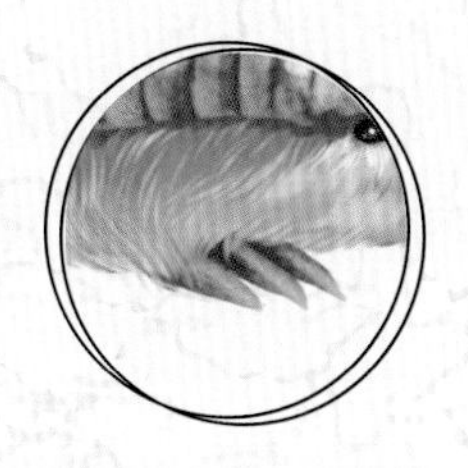

爪子很大，约占体长的三分之一，它们是天生的挖洞小能手，在遇到危险的时候瞬间就可以消失在地洞中。

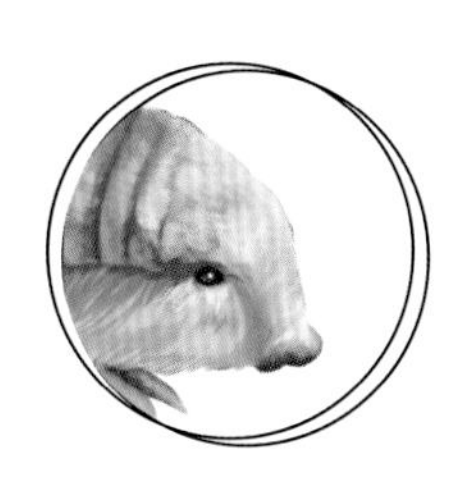

吻部比较凸出，下边是鼻孔，可以避免泥土进入鼻孔。

尾巴很短，可以在挖洞的时候起到支撑作用。

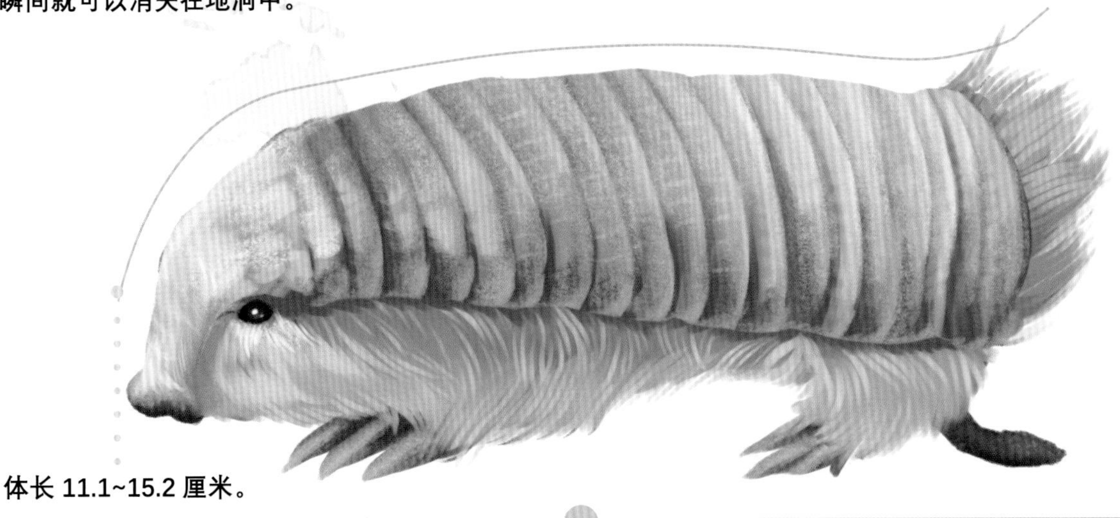

体长 11.1~15.2 厘米。

倭犰狳喜欢在夜间出来寻找食物，白天一般待在洞穴中休息。雨季的时候，由于洞穴进水，它们会跑到地面上透气，所以我们很难见到它们的身影。倭犰狳的寿命只有 5~10 年，平时喜欢独居，但在繁殖期的时候，它们会过群居生活。

非洲兽总目 Afrotheria

非洲地区在中新生代的时候，是一块很特别的地方，大约在白垩纪晚期，非洲变成了一块独立的大陆。

早期的一些哺乳动物开始在这里繁衍生息，成了非洲兽总目，这个词语最早是在1998年被正式提出，其中包含了八大类哺乳动物：长鼻目、海牛目、重脚兽目、索齿兽目、蹄兔目、管齿目、象鼩目和非洲猬目。

它们之间的差别很大，有老鼠般大小的金鼹，喜欢吃白蚁的土豚，在海洋中生活的海牛。所以如果单从名字或者外表上来看，根本不会想到它们是来自同一个家族。但若从分子生物学的角度来看，它们之间有很多相似之处，所以这八大类动物被普遍认为是来自同一个祖先。

最近人们在非洲地区的岩石层中发现了许多古老的非洲兽化石，这些化石为非洲兽总目这个大家族都是孤立地起源于非洲提供了证据，也表明了它们早已与其他哺乳类动物的祖先分道扬镳。

不过也有许多古生物学家不承认非洲兽总目这个名称，因为到目前为止还没有强有力的证据可以证明八大家族成员之间都存在着共同的解剖学特征。

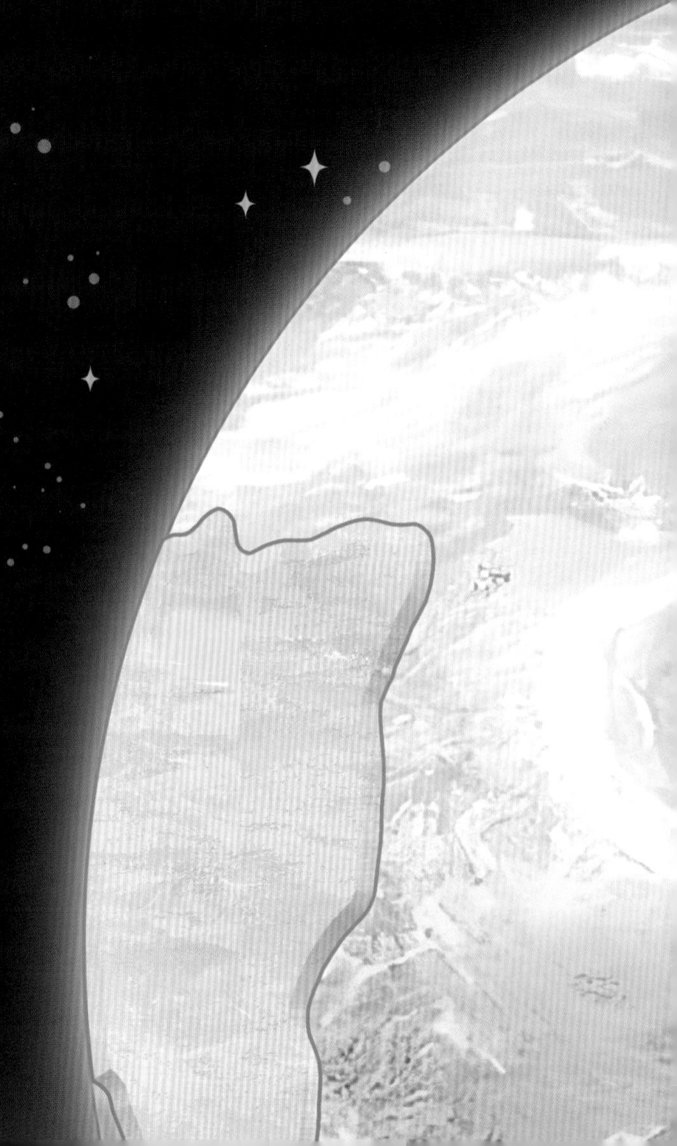

到底孰是孰非，还有待我们进一步探索，或许未来的某一天，你就是揭开谜底的那个人。

非洲兽总目

Afrotheria

长鼻目

Proboscidea

当你看到长鼻目这个名字的时候，你定会认为长鼻目就是像现在的大象一样长着长鼻子的动物，但事实并非如此。

长鼻目是哺乳动物家族中最神奇的一族，虽然现存的成员只有真象科，种类比较少，但它们也曾演化出许多种类。

演化树

亚洲象

非洲象

乳齿象

剑齿象属

乳齿象属

原始象属

互棱齿象属

恐象属

铲齿象属

嵌齿象属

始祖象

古乳齿象属

钝兽属

努米底亚兽属

磷灰兽属

古兽象属

除真象科外，长鼻目家族还曾出现过始祖象科、恐象科、嵌齿象科、乳齿象科和剑齿象科五大族群。它们从小不点逐渐进化成为陆地上最大的哺乳动物，虽然长得各不相同，大部分成员也已经消失在历史的长河中，但它们也曾繁盛过。

（从右到左的顺序依次为：始祖象、嵌齿象、恐象、真猛犸象、亚洲象、非洲森林象、非洲草原象）

目前已知最早的长鼻目近亲——初兽，它们的生活时间可以追溯到6000万年前，那时的非洲大陆气候宜人，到处都是茂密的丛林，生活在那里的哺乳动物们外形奇特且数量繁多。

初兽的眼睛位于头骨较靠前的位置，体形和狐狸般大小，与如今的大象比起来相差甚远，更谈不上高大威猛。大约在5600万年前，随着气候环境的变化，初兽慢慢演化成一种和貘很相似的动物——磷灰兽。

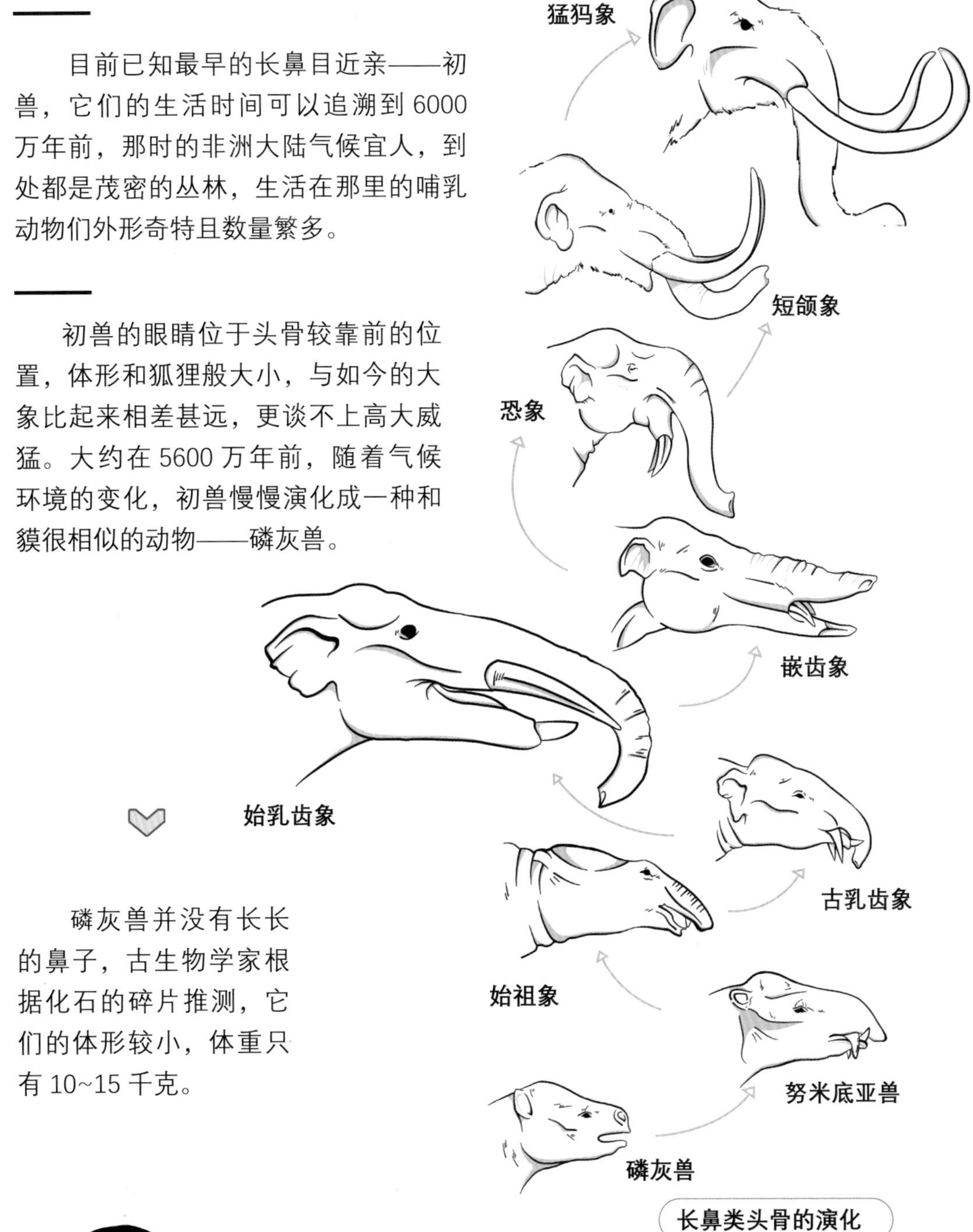

长鼻类头骨的演化

磷灰兽并没有长长的鼻子，古生物学家根据化石的碎片推测，它们的体形较小，体重只有10~15千克。

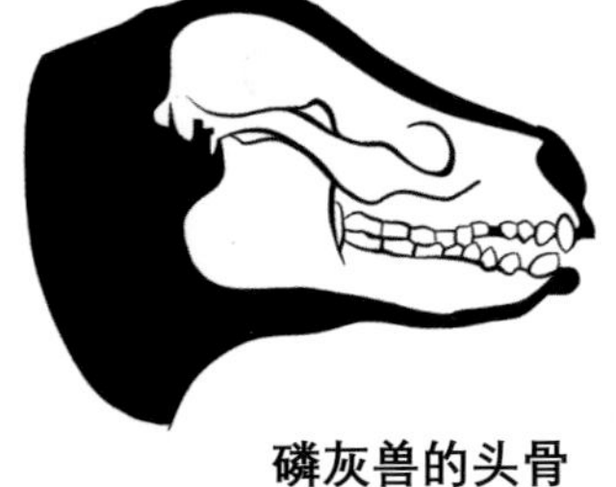
磷灰兽的头骨

磷灰兽的食谱中有很多种类的植物，大都以植物的叶子为主。此时的它们已经具备了许多长鼻目家族的特征。

4000 万年前，始祖象开始出现在非洲大陆上，尽管它们头顶“始祖”之名，但它们并不是长鼻目家族的祖先。

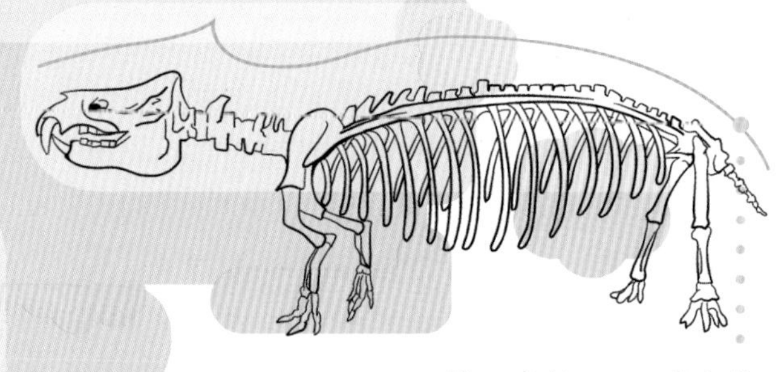

约 3 米长，0.7 米高的始祖象骨架

虽然它们有着健壮的身形和粗壮的四肢，但依然没有长鼻子和大象牙。不过它们又大又厚的上嘴唇已经开始向长鼻演化，而且牙齿已经开始向外延伸。

古生物学家发现始祖象喜欢待在河流或者沼泽中，喜欢吃一些水中的植物，生活习性与河马很像。

随着气候环境的改变，森林和草地逐渐取代了湿润的湖泊，鲜嫩多汁的水草也渐渐变得稀有。为了生存，长鼻目家族中的成员们开始吃一些粗糙的植物，这些植物很难消化，所以为了延长消化的时间，获取更多的营养，它们的消化系统越来越强大，体形也随之变大，从而逐渐演化出不同的支系，开启了家族的辉煌时期。

始祖象

在早渐新世的时候出现了一位长相逆天的成员——恐象，这是一个比现生大象体形更大、腿更长的象类。它们的拉丁文学名意为“恐怖的野兽”。

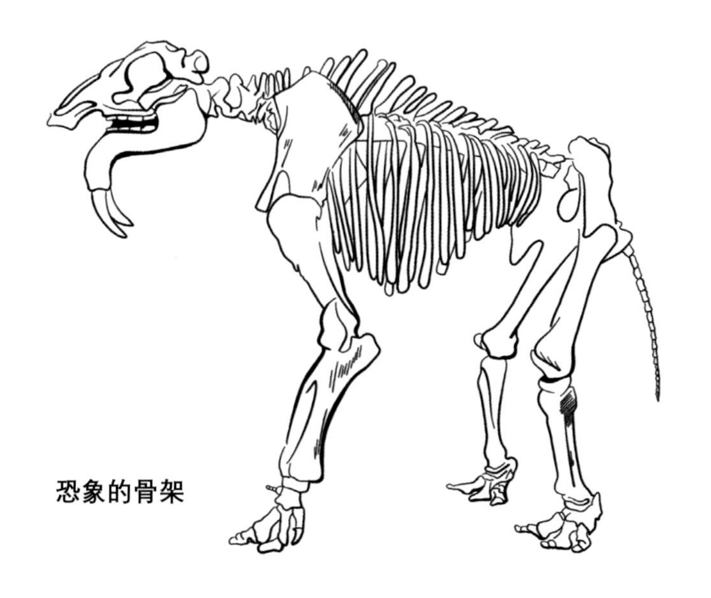

恐象的骨架

在中新世时期，嵌齿象出现了，它们的体重可以达 4~5 吨，而且上、下颌还长着发达的象牙。

在嵌齿象这个家族中还出现了一个特殊的类群，它们的下颌很长，上边还长着两颗扁平的门齿，就像一个可以铲平万物的大铲子，所以它们又被称为铲齿象。

很多人认为铲齿象会用它们的“大铲子”来铲起一些水生植物，但古生物学家经过详细的分析后认为：它们可能是以树叶和树皮为食。

嵌齿象

铲齿象

在更新世，出现了长鼻目家族中最有名的史前生物——猛犸象，相信了解《冰河世纪》的你，一定会对里边的曼尼印象深刻，它披着又长又厚的毛发，就好像穿着一件加厚的毛衫似的，可以有效地抵御严寒。其实这只是猛犸象家族中的一类成员——真猛犸象，也叫作长毛象。

猛犸象家族种类多样，大小也不同，有肩高可达 4.7 米的草原猛犸象，还有肩高仅 1.1 米的侏儒猛犸象。遗憾的是，大约在 4000 年前，最后一头猛犸象在西伯利亚的寒风中倒下了。

猛犸象

至此，繁盛一时的长鼻目就此落幕了，只剩下 3 个物种。如今的它们凭借着怎样的本领生存至今呢？下面我们一起来探索吧！

恐象

Deinotherium

恐象的种类比较少，却是长鼻目家族中演化最久的一类。它们的长相和如今的大象差不多，但亲缘关系却比较远，而且经研究发现，恐象的脑容量较小，所以它们的智商很可能低于现生大象。

大象
体长：323 厘米　体重：6.15 吨

恐象
体长：401 厘米　体重：13.2 吨

恐象在长鼻目家族中是一个特例，它们早已脱离了象族的演化主线，与其他成员分道扬镳。恐象的体形庞大，没有上门齿，最奇特的部位就是锄头似的下门牙，所以它们有了“恐怖的野兽”的名字。

生存时间
距今约
1000 多万年前

分布地
非洲 、亚洲以及欧洲

物种分类
非洲兽总目
长鼻目

恐象的牙齿在长鼻目家族中独树一帜，一般情况下，长鼻目的成员上下颌部会各长一对门齿，或者下门齿逐渐退化，只保留上门齿，但恐象另辟蹊径，只在下颌处保留了一对向后下方弯曲的牙齿。

关于这对牙齿的作用可谓是众说纷纭，有些人认为这对锄头似的牙齿可以剥树皮或者挖出植物的根茎，还有人认为这对牙齿可以帮助恐象在喝水的时候固定身体。但事实究竟是什么，恐怕只有恐象自己知道。

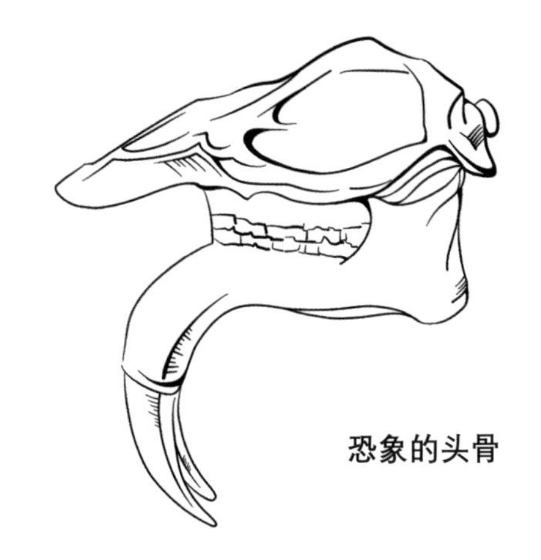

恐象的头骨

在距今 1000 多万年前，出现了一种长相逆天的动物——恐象，它们是长鼻目家族中有史以来最大的动物，相当于 9 辆家用汽车的重量。

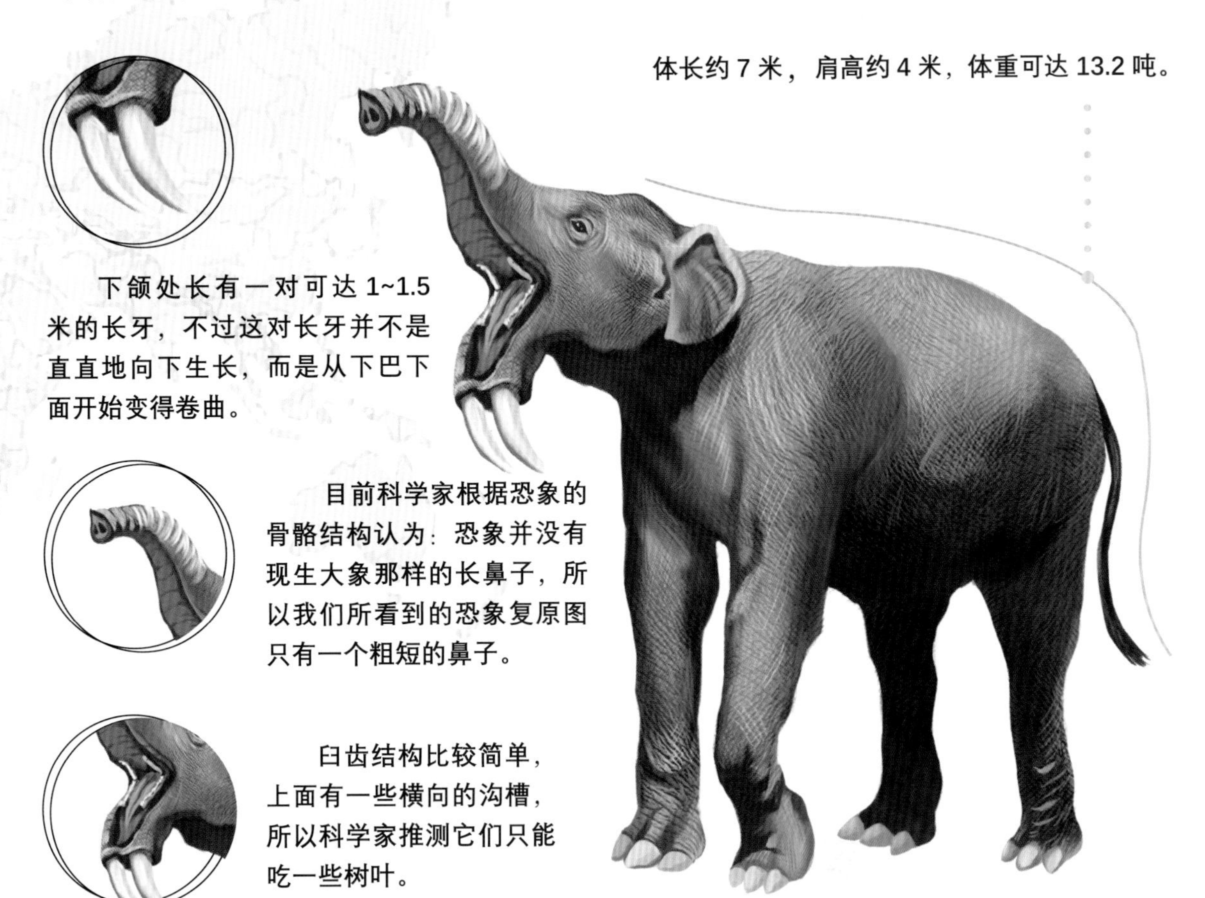

体长约 7 米，肩高约 4 米，体重可达 13.2 吨。

下颌处长有一对可达 1~1.5 米的长牙，不过这对长牙并不是直直地向下生长，而是从下巴下面开始变得卷曲。

目前科学家根据恐象的骨骼结构认为：恐象并没有现生大象那样的长鼻子，所以我们所看到的恐象复原图只有一个粗短的鼻子。

臼齿结构比较简单，上面有一些横向的沟槽，所以科学家推测它们只能吃一些树叶。

17 世纪初，科学家发现了一枚恐象的牙齿化石，当时的人们并不知道这是什么，所以没有把它进行明确的归类，直到 1829 年才被正式命名。1836 年，人们在德国发现了一个比较完整的恐象头骨化石后，才意识到之前复原的恐象牙齿是被错误地修复成了向上弯曲的样子。

铲齿象

Platybelodon

在长鼻目家族中，有一种象的下嘴唇又厚又宽，它们以奇特的“地包天”造型呈现在大家眼前，就像一把大铲子似的，所以被形象地命名为铲齿象，拉丁学名意为“扁平的牙齿”，当然，这些“大铲子”的形状可不止一种哦。

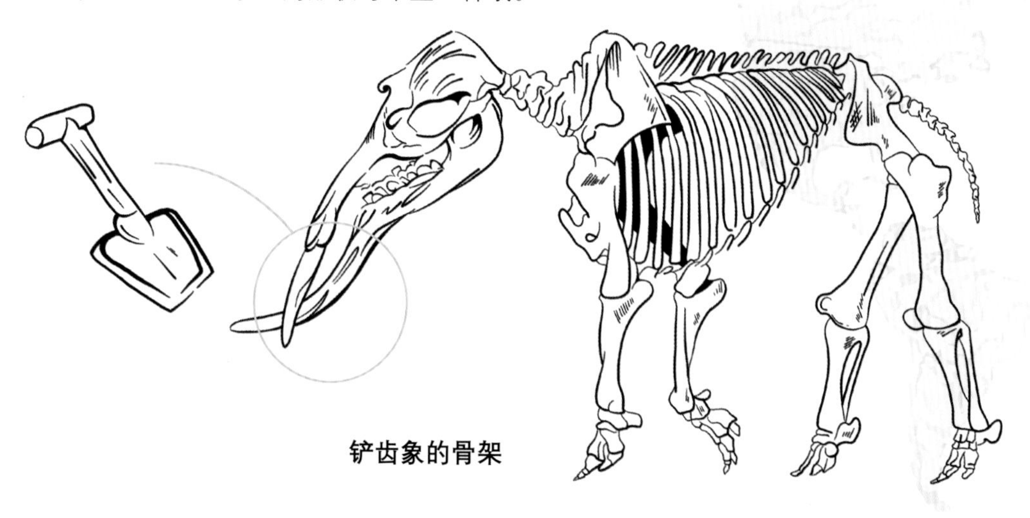

铲齿象的骨架

铲齿象的分布范围十分广泛，目前，除大洋洲和南极洲之外，它们的身影几乎遍布全球。铲齿象有着极强的环境适应能力，不仅可以在湿地附近生活，还会在干旱地区生活，是同时期最繁盛的动物之一。

生存时间	分布地	物种分类
距今约 1500 万年前	非洲、欧洲、亚洲以及北美洲	非洲兽总目 长鼻目

古生物学家最初认为铲齿象生活在沼泽和湖泊附近，就像河马似的泡在水中，而且它们还会用“大铲子”铲出水中的植物。

但随着越来越多的化石被发掘，古生物学家发现，铲齿象的两颗大牙普遍有着较严重的磨损。所以古生物学家认为铲齿象会吃一些粗糙的植物，它们会先用长鼻子钩住树枝，然后再用“大铲子”剥取树皮，并将其切断。

“铲”食

1928 年，一位俄罗斯的古生物学家发现了铲齿象化石，一种体形和现在的非洲象差不多的哺乳动物，不过它们配备了效率更高的吃饭工具。

体长 5~6 米

铲齿象有一个与众不同的下巴，它们的下颌极度拉长，上面伸出两颗又宽又扁的大牙。

象牙蚌

嘴巴很奇特，看起来就像是猪、象拔蚌和绿头鸭的集合体。

20 世纪初，在中国内蒙古首次发现了铲齿象化石，并命名为谷氏铲齿象，其中“谷氏”为英文名称 Grangeri 的译名。随后，古生物学家还在甘肃和新疆等地也发现了许多铲齿象的化石，由此可见其家族的繁盛。

真兽亚纲

剑齿象

Stegodon

听到剑齿象这个名字，或许你会认为它们拥有像长剑一般的象牙，其实并不是这样。

剑齿象的臼齿上有一片片凸起，就像是屋顶的瓦片，所以剑齿象的拉丁学名意为“屋顶的牙齿”，而“剑”在拉丁文中的本意是“屋脊”。

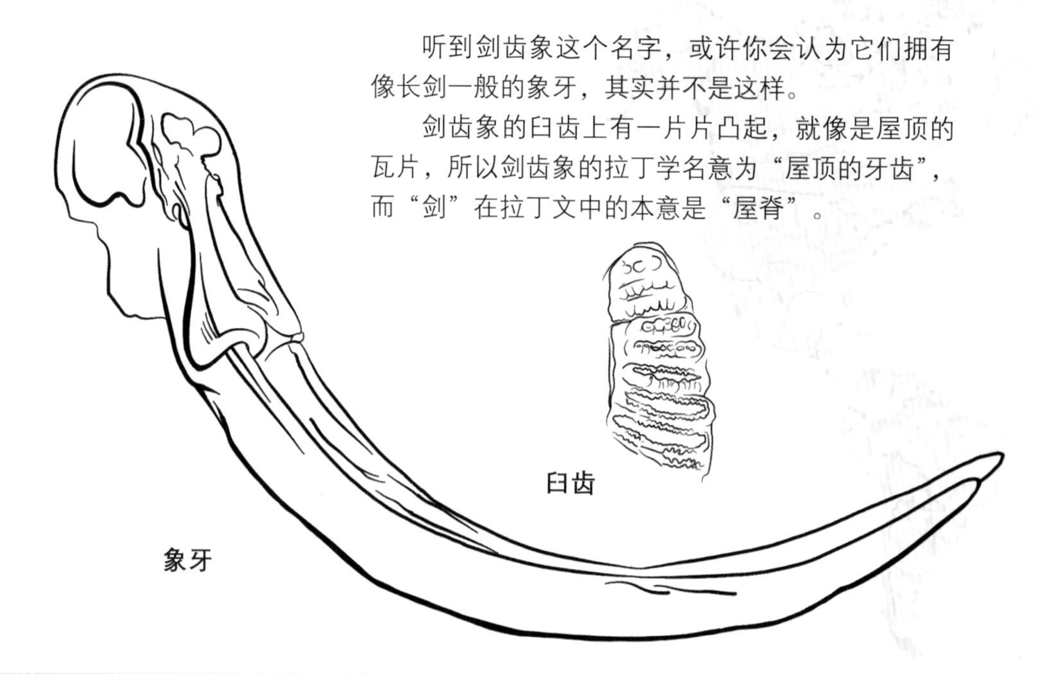

剑齿象的家族成员种类众多，体形大小各不相同，其中个头较大的剑齿象非师氏剑齿象莫数，或许这个名字听起来比较陌生，但它们还有一个耳熟能详的名字——黄河象。

生存时间
距今约
1200 万年前

分布地
非洲、亚洲

物种分类
非洲兽总目
长鼻目

剑齿象虽然在亚洲和非洲均有分布，但从非洲地区发现的化石数量比较少，许多人认为剑齿象出自亚洲地区。剑齿象的身体粗壮，前肢长于后肢，可以提高行走速度。400 万年前，欧亚大陆北部气候宜人，食物充足，陆地上的剑齿象一族逐渐变大，但生活在岛屿上的弗洛勒斯剑齿象由于生存环境的原因，体形严重缩水，变成了家族中的“小可爱”。成年后的弗洛勒斯剑齿象和一头牛的大小差不多。

1994 年，在中国陕西发现了目前已知最大的师氏剑齿象化石，其中“师氏”是为了纪念一位为中国古生物研究做出巨大贡献的古生物学家师丹斯基。

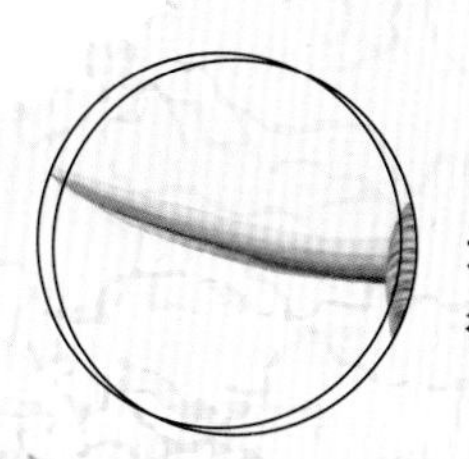

有一对长度可达 3 米的象牙，这对象牙在靠近鼻子的位置挨得很近，末端逐渐变远。

肩高可达 4.3 米，体重约 12.7 吨。

耳朵比较小，所以古生物学家推测它们用耳朵进行散热的可能性较小。

由于象牙基部挨得太近，所以鼻子只能搭在一颗象牙上，不能像现在的大象似的把鼻子垂在中间。

在距今 600 万年前，中国北方的大地上是一片郁郁葱葱的景象，气候湿润，食物充足，而生活在此的师氏剑齿象喜欢吃一些鲜嫩多汁的树叶（一天可以吃掉 0.3 吨的树叶）。直到更新世，气候逐渐变冷，师氏剑齿象生活的地方森林面积逐渐减小，它们被迫前往温暖的南方。

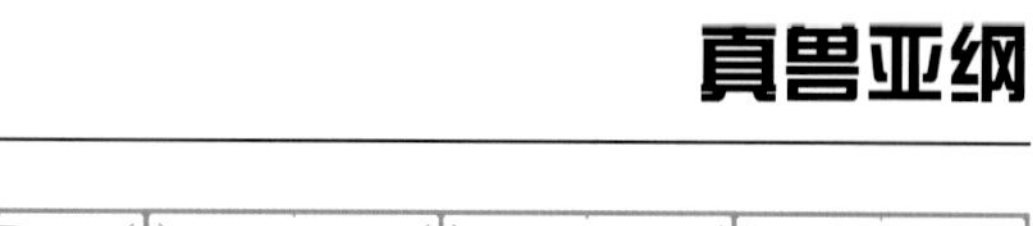

真兽亚纲

真猛犸象

Mammuthus primigenius

提起猛犸象，我相信你的脑海中一定会浮现一只身披棕色长毛，长着长长象牙，站在冰天雪地中的“曼尼”。

那么问题来了，猛犸象都是身披长毛的吗？

《冰河世纪》中的“曼尼”和“桃子”

猛犸象是一个大家族，我们熟知的以“曼尼和桃子”为原型的真猛犸象是家族中最具代表性的成员，名气也比较大，所以容易让人误以为猛犸象都身披长毛。其实猛犸象家族中还有毛发又少又短的哥伦比亚猛犸象和草原猛犸象等。

生存时间

距今约

80 万年前

分布地

欧亚大陆

北美洲

物种分类

非洲兽总目

长鼻目

猛犸象被发现的时候，已经尘封在地下数年，所以“猛犸”在塔塔尔语中意为“地下居住者”。大约 1.7 万年前，有一头真猛犸象出生在阿拉斯加地区，它从 2 岁时跟随象群一同迁徙；16 岁时，离开象群，开始独自闯荡，去往更远的地方。而在它 28 岁那年，活动范围突然缩小，只停留在北极圈的一小片地方，生命也从此定格，直到 1 万多年后才被古生物学家发现。

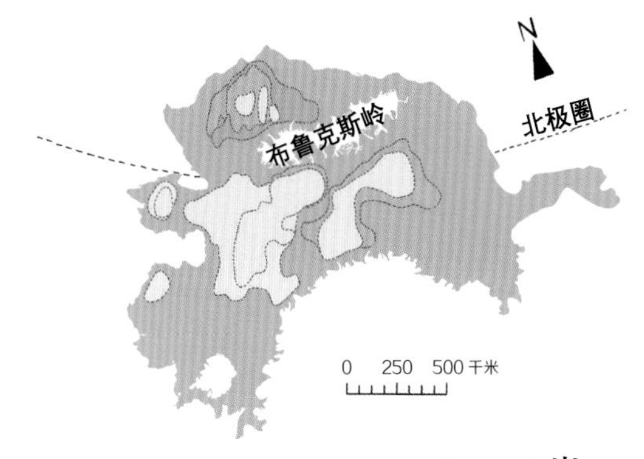

真猛犸象又叫作长毛象，是一种特别耐寒的史前生物。它们的个头不是很大，成年的雄性真猛玛象体形和现在的非洲象差不多。

真猛犸象一生的经历，都会藏在象牙中，如果将象牙解剖开，就会发现里边有很多的生长层叠在一起。古生物学家可以通过一种名为“锶”的元素了解它们的一生，猛犸象每增长一岁，象牙就会长出新的一层，最尖端的一层代表猛犸象刚出生的那年，而靠近鼻子的一层则代表它们死去的那一年。

亚洲象

Elephas maximus

亚洲象

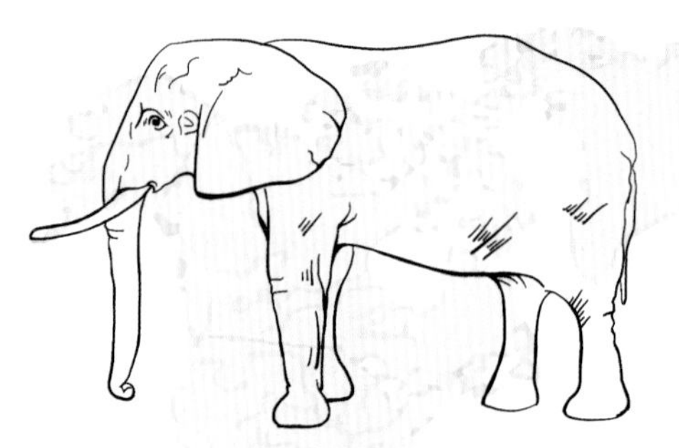

非洲象

每年的8月12日，是世界大象日。目前世界上现存的大象只有非洲象、非洲森林象和亚洲象三种。人们猛地一看，它们都长着长鼻子和大耳朵，无法分辨清楚，其实它们各有不同。

一个鼻突

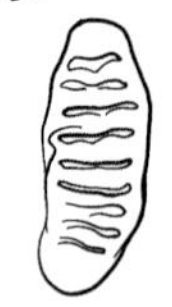

齿棱平行

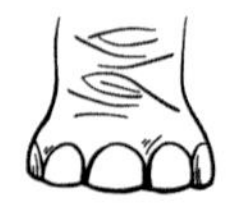

前5后4

两个鼻突

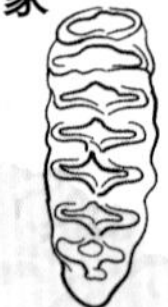

齿棱相交

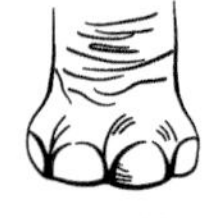

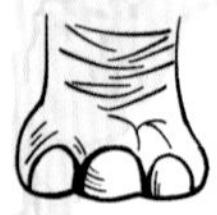

前4后3

亚洲象的牙齿和人类的牙齿完全不同，它们的上颌和下颌一侧只发育一颗臼齿，这颗臼齿很大，而且上面长有细密的齿板，可以帮助它们处理粗糙坚硬的食物。当这颗臼齿被磨光时，下一颗臼齿早已做好替代的准备。

生存时间
现存

分布地
亚洲

物种分类
非洲兽总目
长鼻目

亚洲象的嗅觉十分灵敏，相隔百米就可以通过气味和族群成员交流信息。它们的鼻子顶端有一个鼻突，上面布满了敏感的神经细胞，可以使象鼻如同人类的手一样灵活。

亚洲象特别喜欢在水边嬉戏，并把长鼻当成花洒，冲刷身体，不仅可以防晒降温，还可以驱虫。除此之外，亚洲象还有着丰富的肢体语言，当两只亚洲象面对面的时候，它们就会用象鼻指向对方的嘴巴来向彼此示好。

冲刷身体

亚洲象，一听名字就知道它们是一种生活在亚洲地区的大象。亚洲象不仅是中国一级保护动物，而且还是亚洲地区体形最大的哺乳动物。

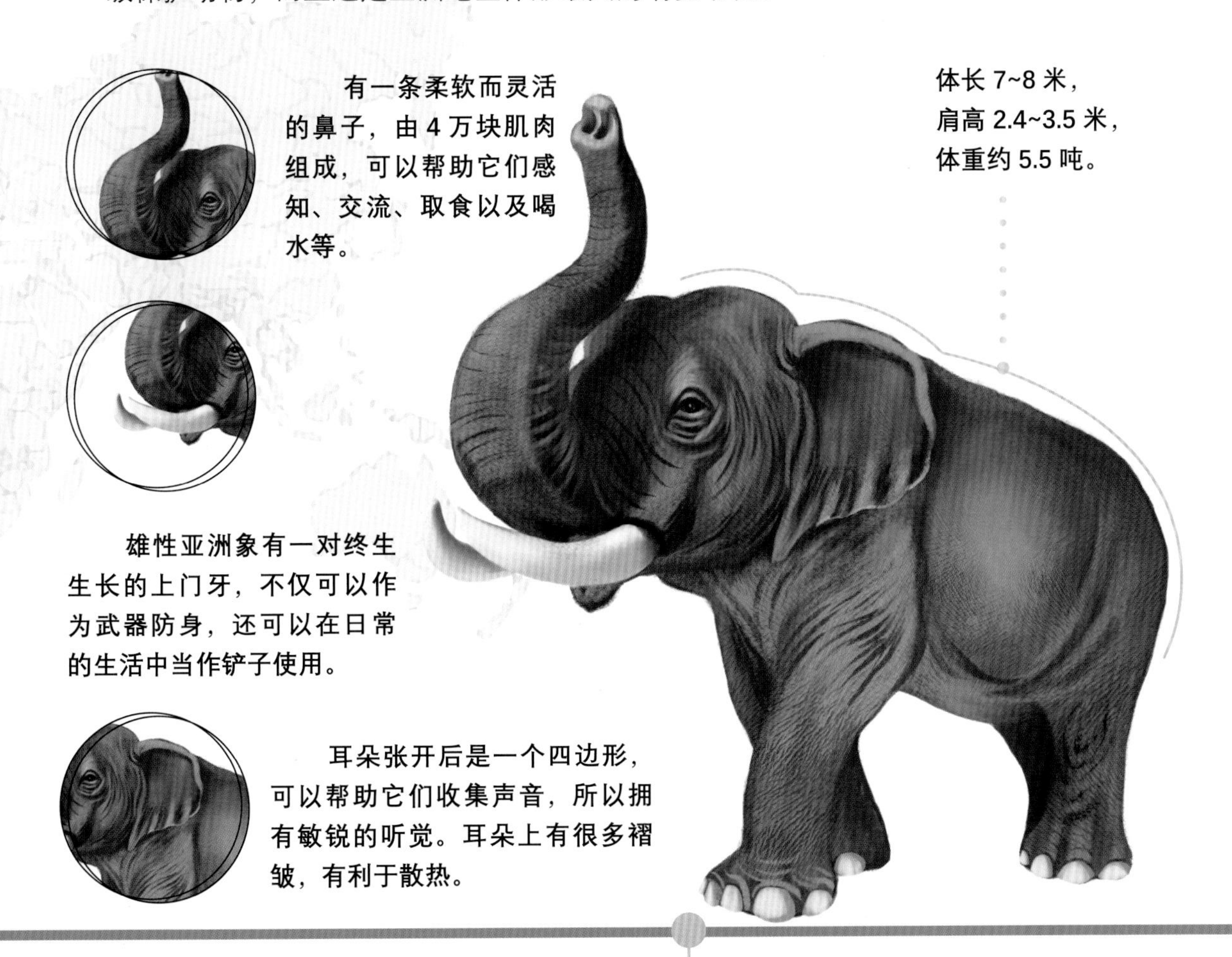

亚洲象身怀绝技，不仅是大象家族中智商最高的一类成员，有着出色的记忆力，可以记住象群中的每一位成员，还可以熟练地使用一些工具来给自己挠痒痒。亚洲象还特别有正义感，它们会帮助其他陷入困境的动物，同情它们的遭遇。面对如此善良的亚洲象，我们应该对它们多一些保护。

非洲兽总目

Afrotheria

海牛目

Sirenia

你是否记得童话故事《海的女儿》中，那个为了追求自己的理想，不惜牺牲掉自己年轻生命的小美人鱼。

赤鱬

演化树

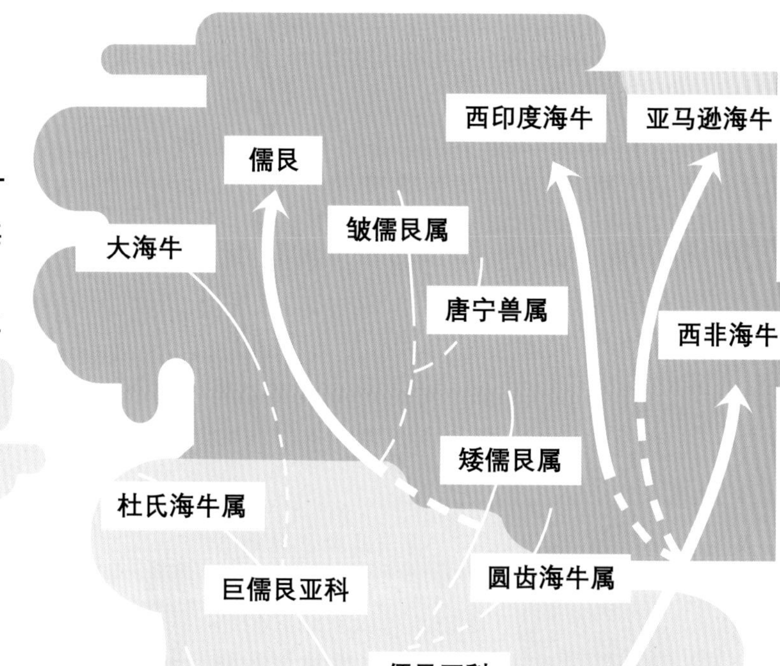

美人鱼这种生物，在世界各地的传说故事中都占据了重要的位置，在中国古籍《山海经》中也曾出现过美人鱼的身影，名叫“赤鱬”，不过它的样貌和小美人鱼可就相差甚远了。

虽然美人鱼的故事是传说，但随着人类对海洋的不断认识，人们发现，“美人鱼”的形象并非完全出自想象，它们很可能就是一类生活在海洋中的哺乳动物——儒艮，也就是“美人鱼”的源头。

《海的女儿》中的美人鱼

儒艮是一种性情温和的哺乳动物，它们自带一种亲切感，如果从外表上看，它们确实很像一个笑眯眯的超级大胖子，不过它们的家族成员最初也只有现在的猪一般大小。

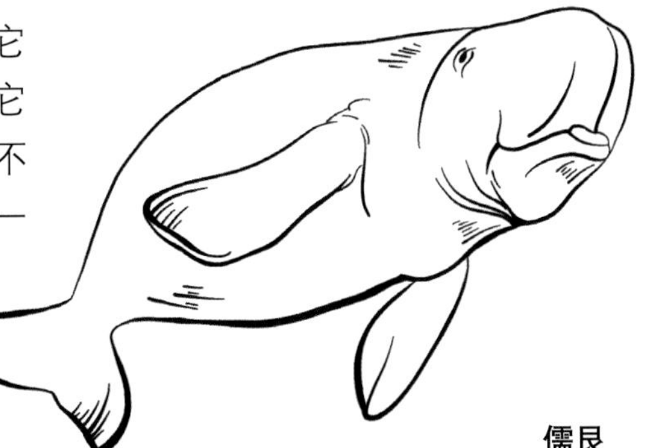
儒艮

儒艮属于海牛目家族，听到这个名字，或许你会认为它们是一类生活在海洋中的牛，其实并不是这样，而且它们和陆地上的牛也没有亲缘关系。虽然现在的海牛家族生活在海洋中，但它们的祖先曾是生活在陆地上的一类哺乳动物，属于大象的亲戚，后因生活环境的改变才被迫下海谋生。

海牛

为了适应水中的生活，它们的身体结构发生了一系列变化，比如海牛目的成员逐渐将它们的前肢特化成鳍，而后肢逐渐消失；鼻孔中间有瓣膜，可以在潜水的时候将鼻孔堵住以防呛水；拥有不停生长的臼齿，可以防止进食时所产生的牙齿磨损。

在海牛目这个大家族中，有海牛类和儒艮类两大类成员，它们在地球上已有 5000 万年的历史。

1855 年，英国古生物学家理查德 · 欧文描述了第一件海牛化石，这件化石被称为拟海牛形舟吻海牛。虽然它们只有现生的绵羊般大小，但它们的四肢还没有退化，还可以用四肢行走。

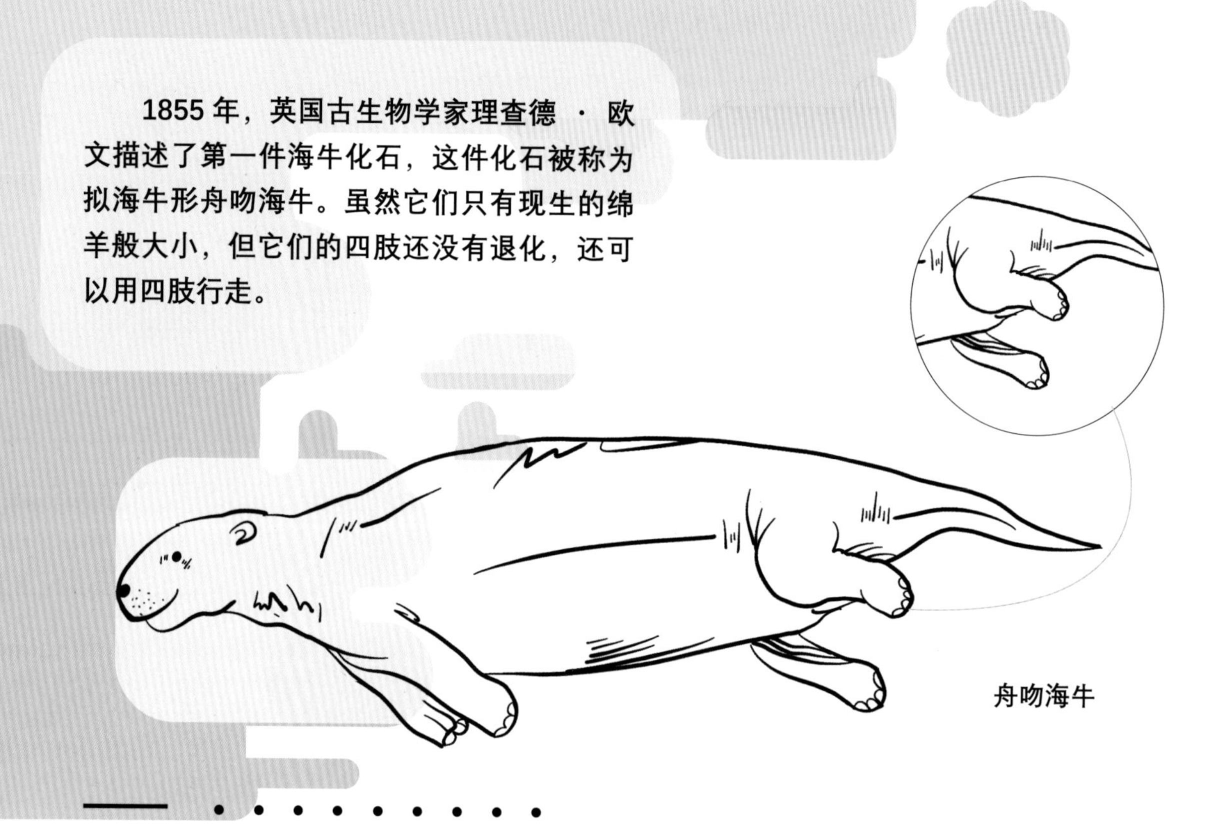

舟吻海牛

1904 年，古生物学家在埃及地区发现了一种更为进步的海牛化石——弗氏原海牛，它们和现在海牛目的家族成员更为相似，吻部下弯程度也更显著，而且鼻孔在头骨上的位置也更靠上。它们的后肢比舟吻海牛的后肢小，这说明它们已经失去了行走能力。

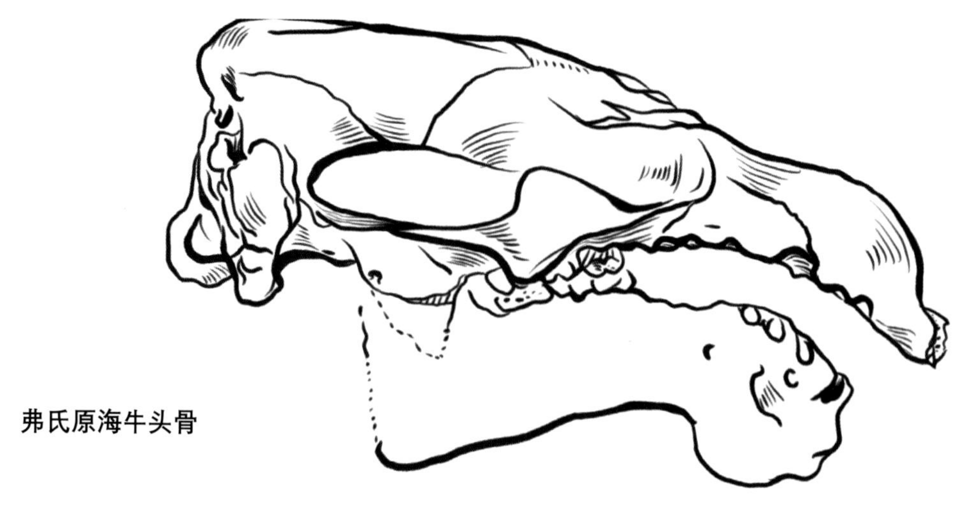

弗氏原海牛头骨

在接下来很长的一段时间中，一种叫作哈氏儒艮类的原始海牛在全球的热带海洋中广泛分布。

海牛目家族曾非常繁盛，尤其是在距今 2000 万年前，有 30 多个种类，而如今只剩下四个物种，分别是美洲海牛、亚马逊海牛、西非海牛以及儒艮。

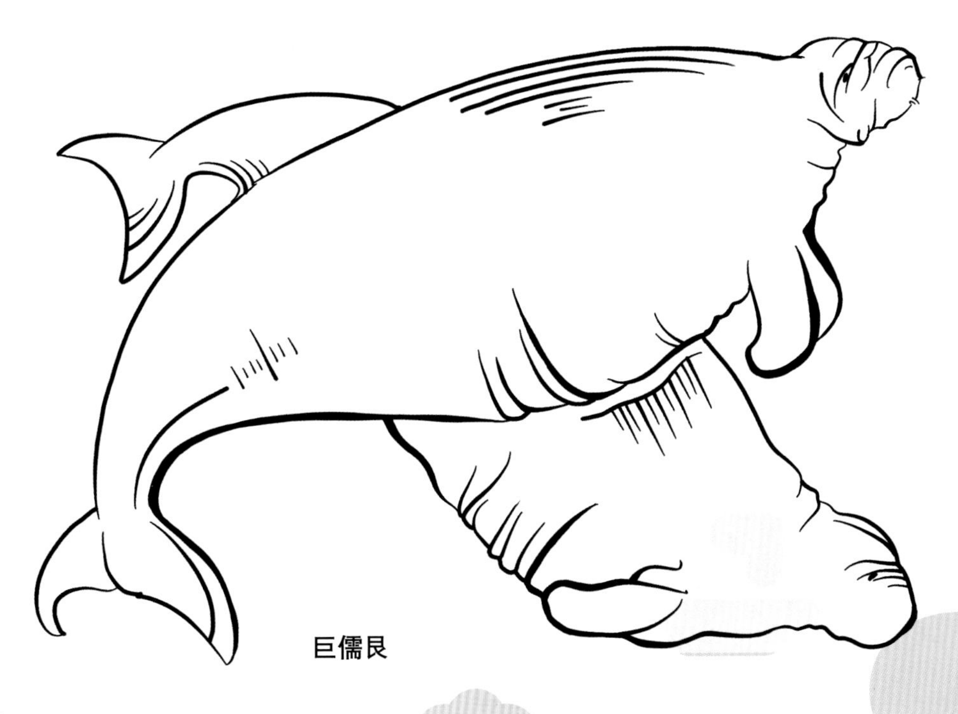

巨儒艮

其实，地球上还曾生活着一种大型海牛类——巨儒艮，它们是海牛目家族中已知体形最大的种类，体长 8~9 米，体重 8~10 吨。巨儒艮没有牙齿，喜欢吃一些柔软的海藻，是海牛目家族中唯一一种以海藻为食的动物。

人类在 1741 年第一次发现巨儒艮的时候，其数量仅有几千只。由于人类的猎杀，巨儒艮在 1768 年被宣告灭绝。我们再也不能看到它们的身影，而此时距离发现它们的时间只有短暂的 27 年。

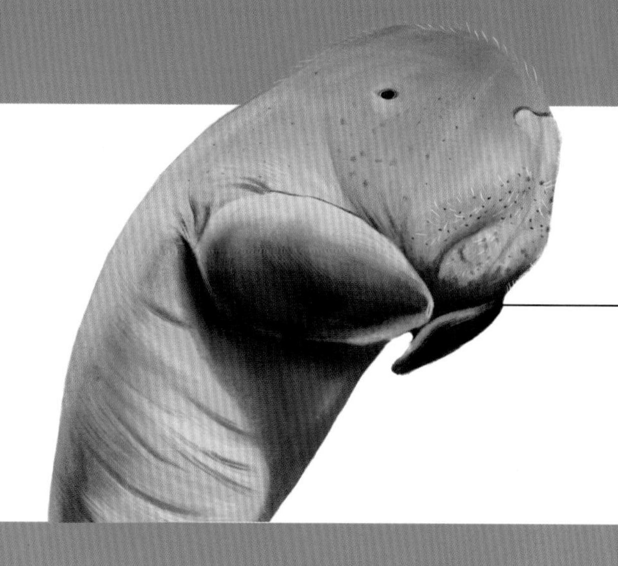

真兽亚纲

儒艮

Dugong dugon

儒艮在中国古代的神话故事中曾被描述为它的泪水可以化为珍珠，油脂可以做成长明灯的鲛人，甚至还被传为生活在海洋中的女子。传说它们会头顶着海草露出水面，并用鳍把宝宝抱在怀中哺育，看上去就像一名女子。

正在哺乳的儒艮妈妈

儒艮的生育率很低，宝宝会在妈妈体内待 11~15 个月。儒艮宝宝出生后，妈妈会寸步不离地守护着它们。当儒艮宝宝饿的时候就会把脑袋钻到妈妈前肢的后端与身体连接的部位吃母乳，看起来像是在咬妈妈的胳肢窝。

生存时间

现存

分布地

太平洋和印度洋的

长满海草的浅海区域

物种分类

非洲兽总目

海牛目

儒艮的性情温和，和海牛长得很像，但它们有一条和鲸鱼相似的尾巴。儒艮喜欢吃一些纤维较少且高蛋白质、高淀粉的水生植物，不仅要吃掉叶片，还要将其连根拔起。它们的食量较大，一只成年的儒艮每天要吃 40~55 千克的水生植物，吃饱之后，它们就会一动不动地趴着，这样的生活着实让人羡慕。儒艮进食的时候特别有趣，边嚼边不停地晃动脑袋，并且不会用牙齿咬断植物，而是用灵活的像割草机似的上唇摄食。

觅食

儒艮的体形圆润，像一个大纺锤，虽然你找不到它们的脖子在哪，但一点也不影响脖子的灵敏度。儒艮的寿命可达 70 多岁，是动物界中的长寿之星。

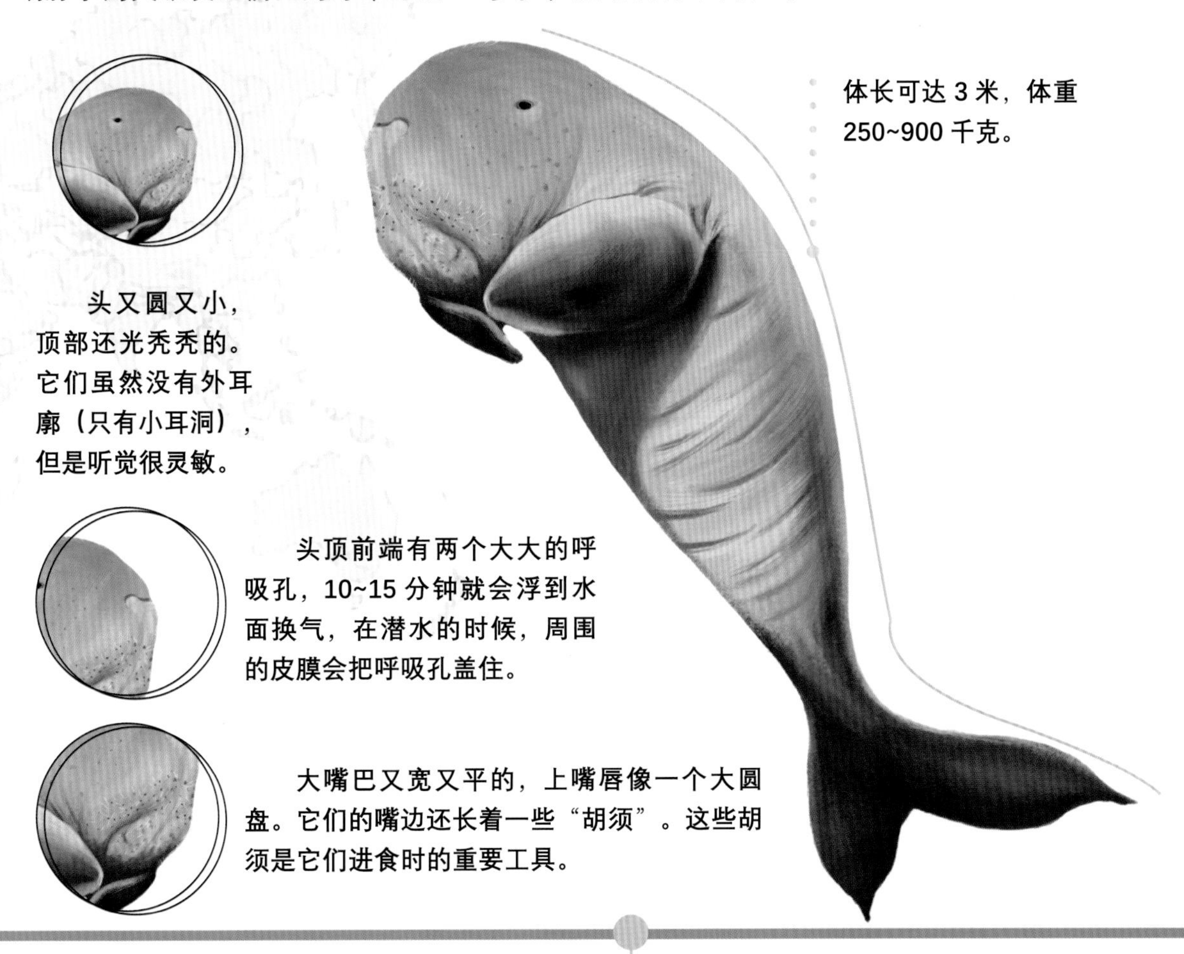

儒艮是中国一级保护动物，在 20 世纪 80 年代前，儒艮在中国并不算稀有，但随着海洋生态环境的变化等因素的影响，自 2008 年以来，中国已经没有儒艮出现的记录。科学家认为，它们在中国已经功能性灭绝，如果我们再不加以保护，它们很有可能走上巨儒艮的灭绝之路。

真兽亚纲

海牛

Trichechus

海牛和儒艮，这两个名字让人听起来差别很大，但它们着实长得很像。很久以来，许多人会将传说中的“美人鱼”误认成海牛，其实，真正被误认成“美人鱼”的动物是海牛的近亲儒艮。

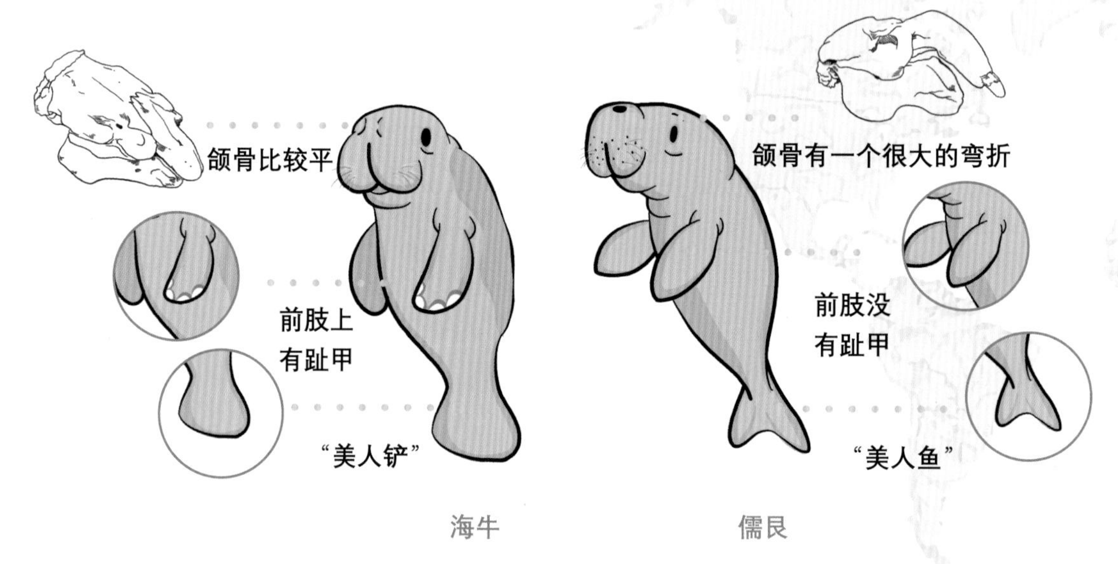

在海牛家族中，不仅有体长可达 4 米的西印度海牛（也叫美洲海牛，也是现存的海牛目家族中体形最大的动物），也有体长仅约 2 米的亚马逊海牛（南美海牛）。它们喜欢生活在淡水中，待成年后腹部还会长出一些不规则的白斑。

生存时间	分布地	物种分类
现存	大西洋沿海地区	非洲兽总目 海牛目

宽厚的上唇

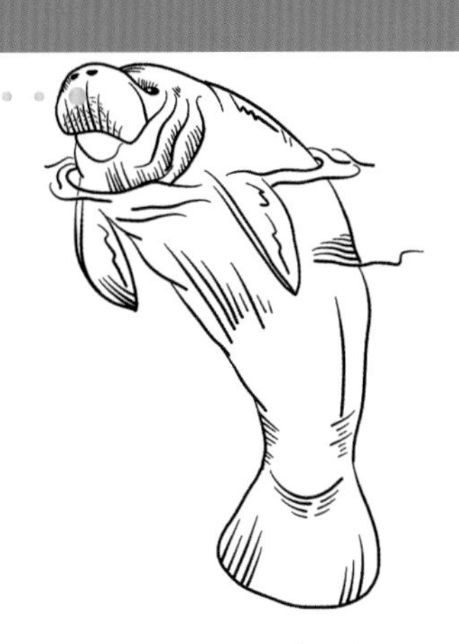

海牛是一个名副其实的“吃货”，它们主要在浅水区活动，当海域深度超过 20 米便没有足够的食物满足它们的胃口，所以它们的食性比较广泛，无论是红树林中的树叶，还是大型的藻类，它们统统不会放过。成年后的海牛没有门齿，所以上唇又宽又厚，肌肉特别发达，就像“海中的推草机”，每天可以轻松地“修剪” 50 千克海草。为了保证“机器”的正常运转，它们的臼齿可以终生生长。

海牛和现生的牛一样，是一种性情温顺的哺乳动物，但它们的体形可不是一般的牛可以比得过的。它们不在陆地上生活，属于植食性动物。

皮肤比较粗糙，上面有很多褶皱，还经常覆盖着一层海藻，会吸引许多鱼类。

耳朵比较小，没有外耳廓，只能听到一段频率很窄的声音。

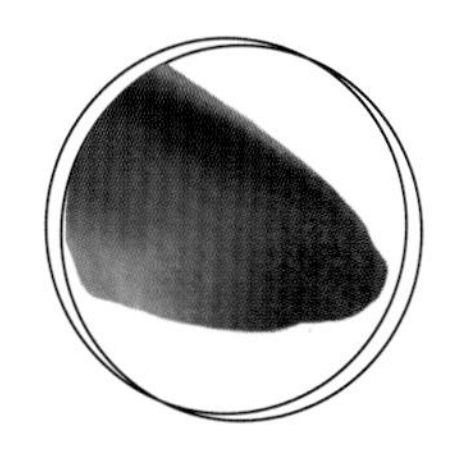

尾巴又厚又圆润，像一把大铲子，可以推动它们游泳。作为一类海洋生物，它们的游泳能力并不好。

西印度海牛的平均体长为 2.7~4 米，体重可达 1.6 吨。

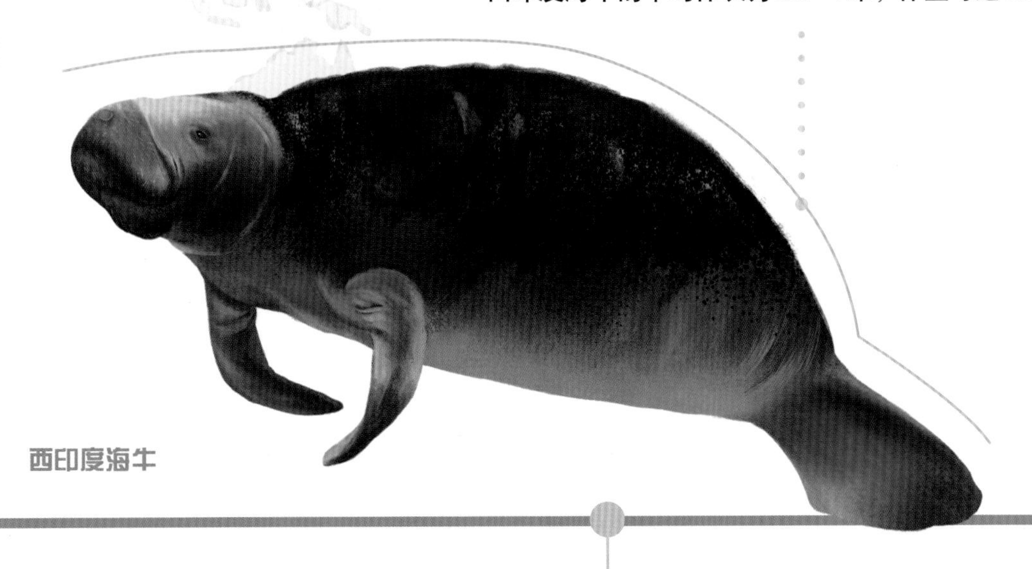

西印度海牛

海牛的体形圆润，虽然看起来很壮实，但它们并不耐寒，在 20℃以下的水温中，它们就会产生冷应激反应，就像是我们常说的冻伤。此时的海牛不会进食，而且免疫系统也会关闭，时间久了面临的那是死亡，所以每到秋冬季节，它们就会迁徙到温暖的水域。

非洲兽总目

Afrotheria

重脚兽目

Embrithopoda

6600 万年前，恐龙退出了历史舞台，被其长期压制的哺乳动物便开始迅速演化，一些动物仍保留着小巧的身形，有一些则越长越大，成为地球上的王者。其中，有一个身躯庞大，长相随意的史前家族——重脚兽，便在距今约 3600 万年前的始新世登场了。

重脚兽

重脚兽是古生物学家在 19 世纪 90 年代发现的一种巨兽，它们的头上顶着两个角，远远地看上去就像一个放大版的犀牛，但它们却和犀牛没有丝毫亲缘关系。

犀牛

它们的亲戚究竟是谁呢？

对此，古生物学家提出了很多观点，但都没有明确的证据。

所以这个家族有了自己特有的名字——重脚兽目。

重脚兽的角

直到 1977 年，古生物学家马尔科姆·麦肯纳和厄尔·曼宁提出：重脚兽和原始的长鼻目有很多相似的特征。随后，古生物学家又找到了更多的证据，表明重脚兽是长鼻目家族和海牛目家族的远亲。

重脚兽家族大多生活在非洲和中东地区，当重脚兽在非洲等地的丛林中消失时，它们的家族成员也就渐渐消亡。

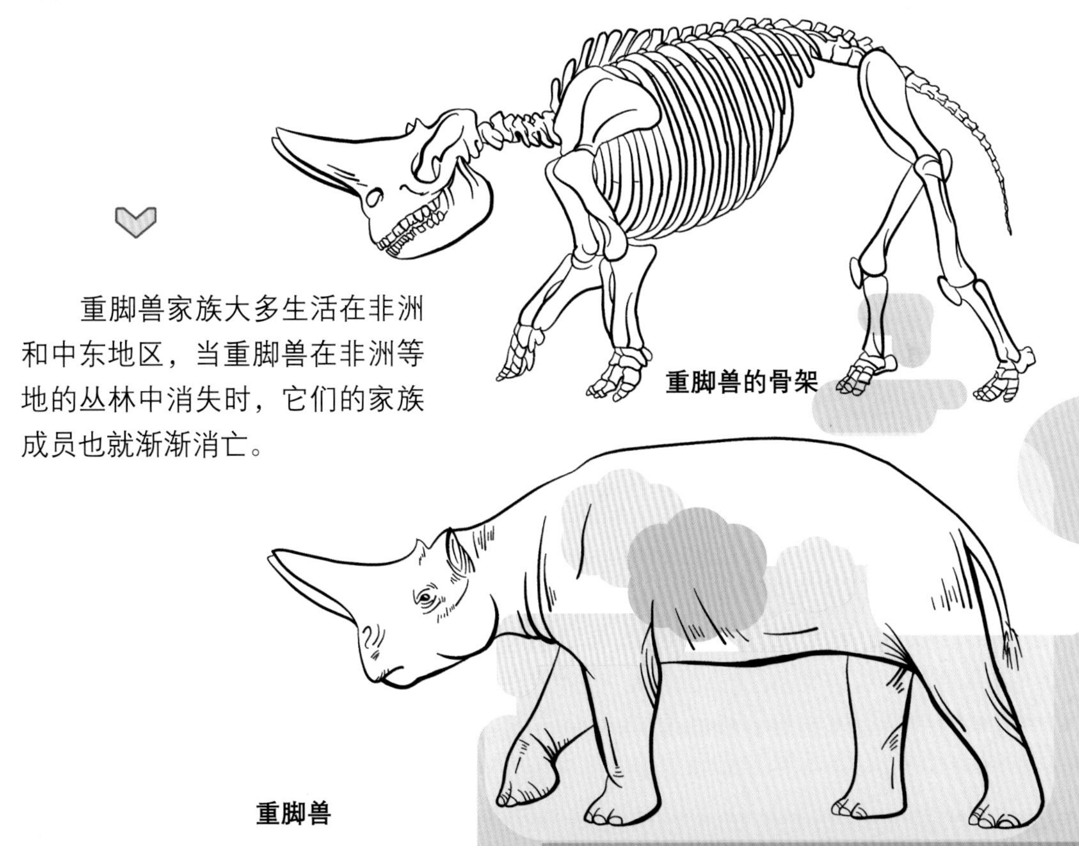

重脚兽的骨架

重脚兽

重脚兽家族目前只发现了三位成员，而且家族的演化过程还有待研究。不过，可以确定的是：它们是家族演化史上的一个短暂尝试。

埃及重脚兽

Arsinoitheriidae

埃及重脚兽的化石最初是在一位埃及皇后所居住的宫殿附近发现，为了纪念这位皇后，便以此命名。其实，在埃及境内发现了很多重脚兽的化石，但在宫殿附近发现的这具体长约 3 米的齐氏埃及重脚兽是最完整的化石。

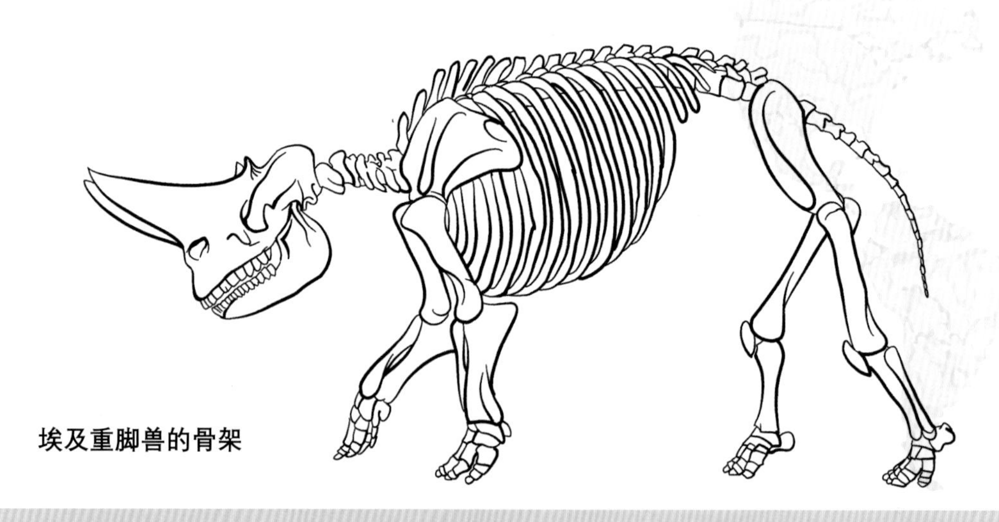

埃及重脚兽的骨架

埃及重脚兽的体形比较大，骨骼十分粗壮，从整体结构来看，它们的运动能力比较强，所以古生物学家推测它们奔跑起来可能会能像现生的犀牛。埃及重脚兽的牙齿非常尖锐，且紧密地排列在一起，所以它们能够轻松地咬碎许多植物的根茎以及坚硬的物体。

生存时间

距今约

3600 万年前

分布地

非洲东北部

物种分类

非洲兽总目

重脚兽目

重脚兽有一对巨大的角，看似十分凶猛，稍有不慎就会被其巨角攻击，其实无须多虑，因为它们角的内部是中空结构，并不结实，所以无法像现生的犀牛似的通过角来打斗。

你认为重脚兽这么大的角有什么作用呢？古生物学家发现雌性重脚兽的角比雄性的小，由此推测巨角的主要作用就是吸引异性或者作为防御性武器。

头骨

埃及重脚兽性情温和，虽然是一种植食性动物，但在当时的环境中，它们可以凭借着自己庞大的身躯躲过许多猎食者的攻击。

鼻子上方长着一对又粗又长呈圆锥形的巨角。

眼睛的后上方还长着一对可爱的骨质化小角。

四肢粗壮，腿常年处于弯曲状态，这样的结构有利于在水中生活或游泳。

体长约 4 米，肩高超过 2.5 米，体重可达 4 吨。

重脚兽的战斗力很低，但它们在当时的生态位中拥有较高的地位。因为它们的体形庞大，再加上生活习性与河马很相似，都比较喜欢在水中生活，大部分时间都在游动，所以成年后的它们并不担心被肉食类动物攻击。随着气候环境的改变，它们无法适应新的环境，最终走上了灭绝之路。

非洲兽总目

Afrotheria

索齿兽目

Desmostylus

索齿兽的化石最初是一位牙科医生在美国发现的，当时他并不知道那是什么，所以将几块破碎的化石送到了博物馆，直到1888 年它才被命名为索齿兽。

演化树

金星索齿兽

邻半岛索齿兽属

古束齿兽属

康利沃斯兽属

新束齿兽属

足寄兽属

贝西摩斯兽属

索齿兽目

索齿兽的名字在拉丁语中的意思为“一捆柱子”，因为它们的臼齿结构很特殊，就像一堆捆在一起的圆柱体。当这捆“柱子”的尖端受到磨损后，它们就变成了类似于排箫的形状。

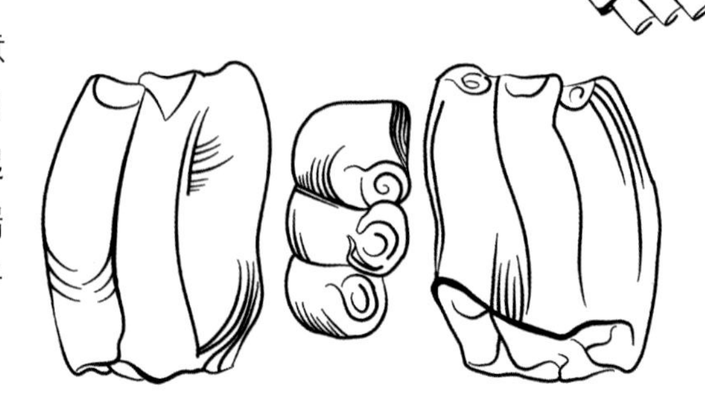

排箫

臼齿

在索齿兽的大家族中有8个分支，十几种成员，大部分成员的体形和现生的河马相似，而且它们也演化出了类似河马的身体结构，更好地适应当时的生活环境。

在这个大家族中，有古怪的古束齿兽，当时古生物学只发现了几个牙齿和骨头，并将它们判定为海牛的化石，直到1941年古生物学家才发现它们属于一个新的类群，于是建立了索齿兽目。

水中的古束齿兽

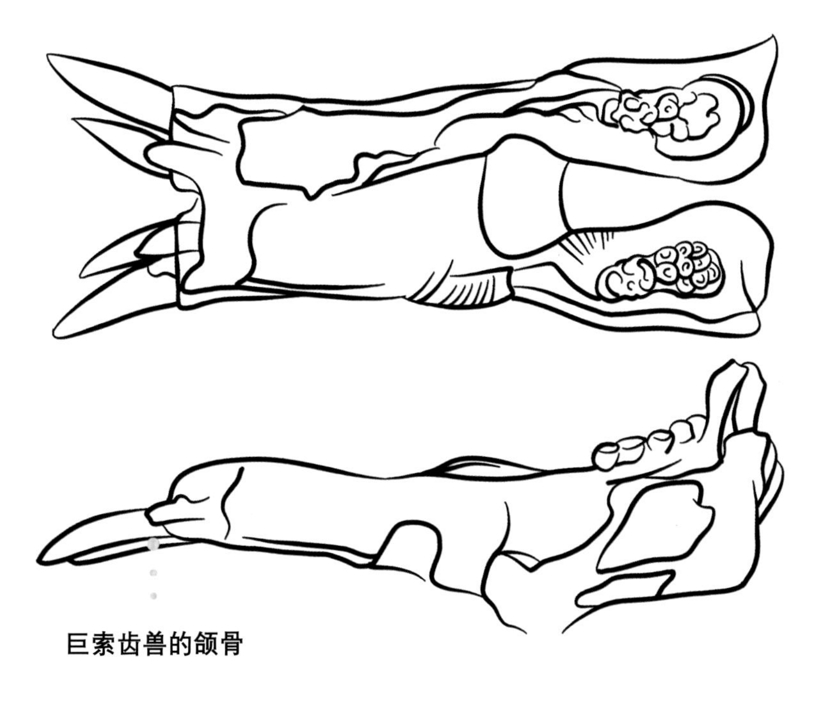

巨索齿兽的颌骨

1977年，一位收藏家在美国发现了一块奇特的颌骨化石，直到1986年这块化石才被确定，并命名为巨索齿兽。经研究发现，巨索齿兽是索齿兽家族中比较原始的成员。

索齿兽

截至目前，还有许多索齿兽的化石有待发现，或许在未来的某一天，你会发现连接它们之间的“桥梁”。

真兽亚纲

索齿兽

Desmostylus

索齿兽的体形庞大，尾巴却很短，它们怪异的头骨上有着长长的吻部以及参差不齐的龅牙。有些科学家认为它们不擅长在陆地上行走，而在水中的时候，它们会用前肢作为桨，后肢向后蹬，从而推动它们前进。

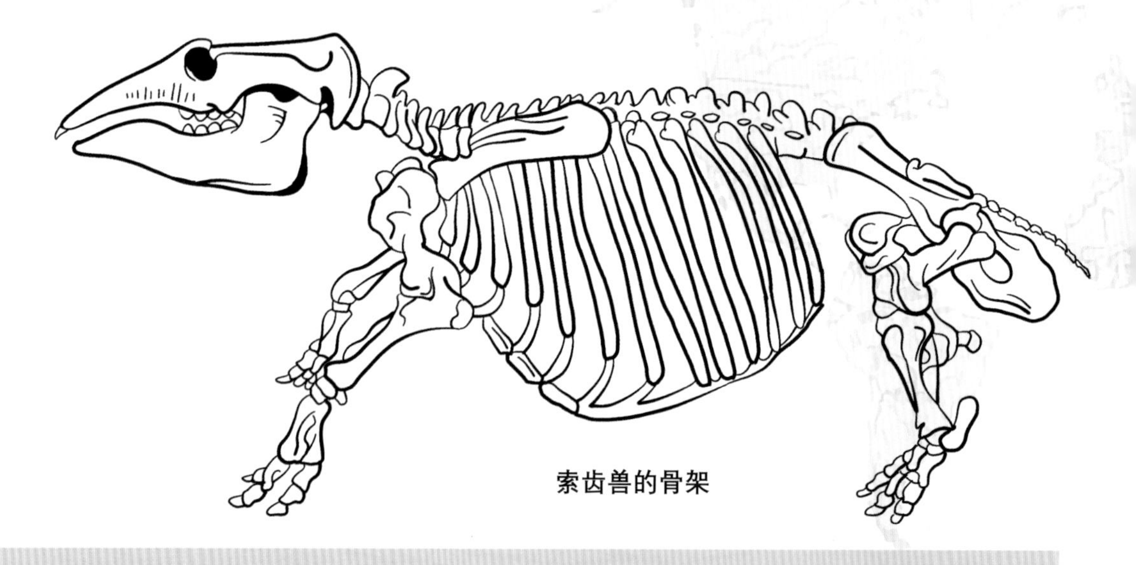

索齿兽的骨架

索齿兽的化石分布十分有趣，目前科学家只在北太平洋地区的晚更新世岩层中发现。索齿兽的身体结构与河马很像，它们大部分时间都在水中生活。根据索齿兽的骨骼化石，科学家发现如果没有水的浮力，它们几乎无法在陆地上行走。

生存时间

距今约

2000 万年前

分布地

北太平洋周围

物种分类

非洲兽总目

索齿兽目

索齿兽的嘴巴周围有一些又粗又短的毛，或许可以帮助它们感知周边的环境。

它们较长的吻部上面有两个朝天的鼻孔，当它们全身都浸在水中的时候，有利于更好地呼吸。

索齿兽头部

索齿兽是一类奇特的海洋生物，它们在历史上出现的时间很短，犹如昙花一现。

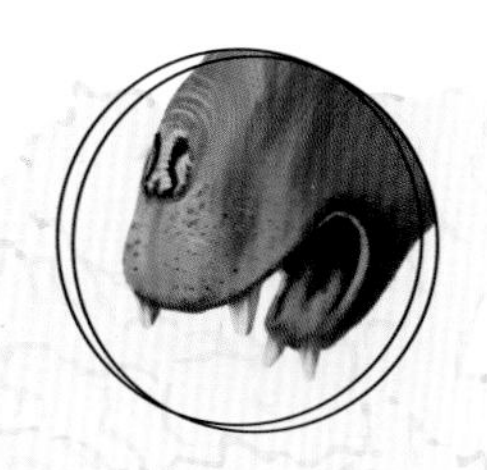

嘴巴前端长出了向前伸的獠牙，而后边的牙齿呈圆柱形排列，推测其以海藻和海带为食。

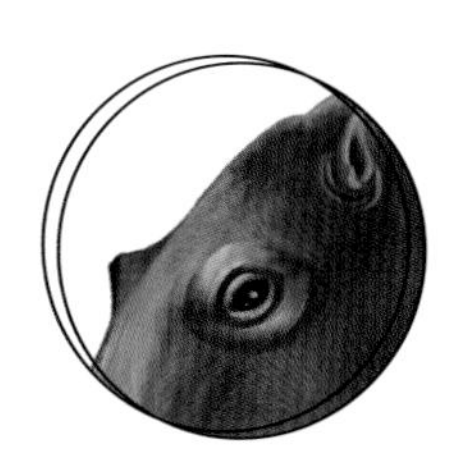

眼睛位于头顶上方，方便它们在游泳的时候看到水面上的情况。

四肢强壮，上面还有类似牛一样的蹄甲。

体长可达 2.5 米，体重约 400 千克。

索齿兽是一种奇特的生物，它们既可以生活在河湖中，又可以生活在海洋中。关于它们的特性，众说纷纭：有些人认为它们在地面上的时候，只能像海狮似的挪动；有些人认为它们善于游泳。有些人认为它们以海藻为食，有些人认为它们可能也会吃一些贝类。事实究竟是什么，还有待我们的进一步研究。

非洲兽总目

Afrotheria

蹄兔目

Hyracoidea

看到蹄兔这个名字，你的脑海中是否会浮现出一种长相奇怪的兔子呢？

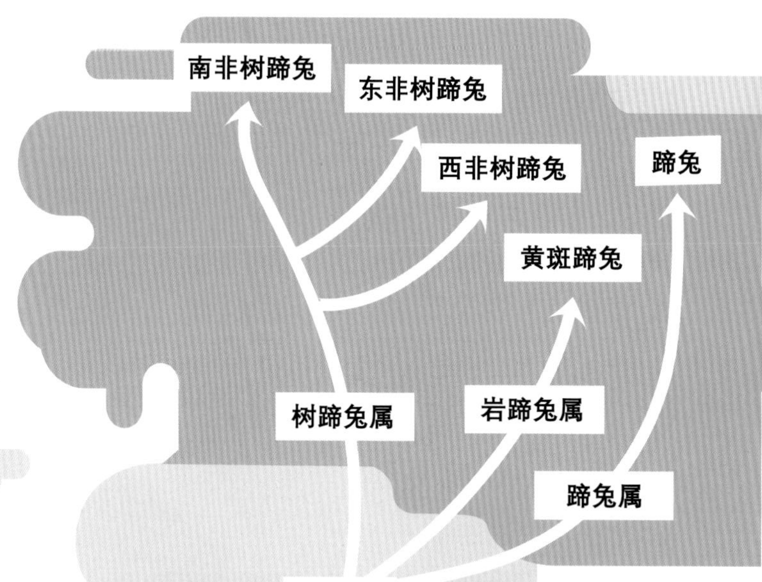

其实蹄兔目家族和兔子并没有什么关系，它们只是长得和兔子很像，加之脚上有蹄一样的趾甲，所以被称作蹄兔。3000年前，蹄兔也被一些古老的民族称为“沙番”。

据说，腓尼基水手在地中海西部的沙番岛上发现了一片属于蹄兔的土地，因为蹄兔总喜欢将自己隐藏在岩石中，所以给它们起了这一个名字，意为“隐藏者”。

隐藏在岩石中的蹄兔

读到这里的你是否好奇，既然蹄兔和兔子并不沾亲，那它们究竟是从哪里演化来的呢？

1800 年，法国的动物学家居维叶解剖蹄兔后发现，它们具备许多土拨鼠等啮齿类动物所不具备的特征，反而和马、犀牛等奇蹄类动物有很多相似之处。

1848 年，英国动物学家欧文将蹄兔目家族归属到奇蹄目家族，揭开了蹄兔的来源之谜。

蹄兔

非洲象

随着科学技术的进步，20 世纪 90 年代，动物学家通过分子学证明蹄兔目家族属于非洲兽总目，是大象的亲戚，而且还是大象家族目前已知的亲缘关系最近的陆地上的亲戚。

蹄兔的獠牙

是的，你没看错，如果单从外形来看的话，谁都不会认为蹄兔和大象是由同一个祖先进化而来，但事实就是如此。不过，如果你仔细观察就会发现蹄兔长有獠牙，而且和大象的象牙很相似。

蹄兔目家族的足迹曾遍布欧亚大陆，在非洲地区已经发现了 20 多个种类。

蹄兔家族

虽然现生的蹄兔体形比较迷你，但它们也曾出现过一些大型成员，甚至还可以和犀牛比肩。

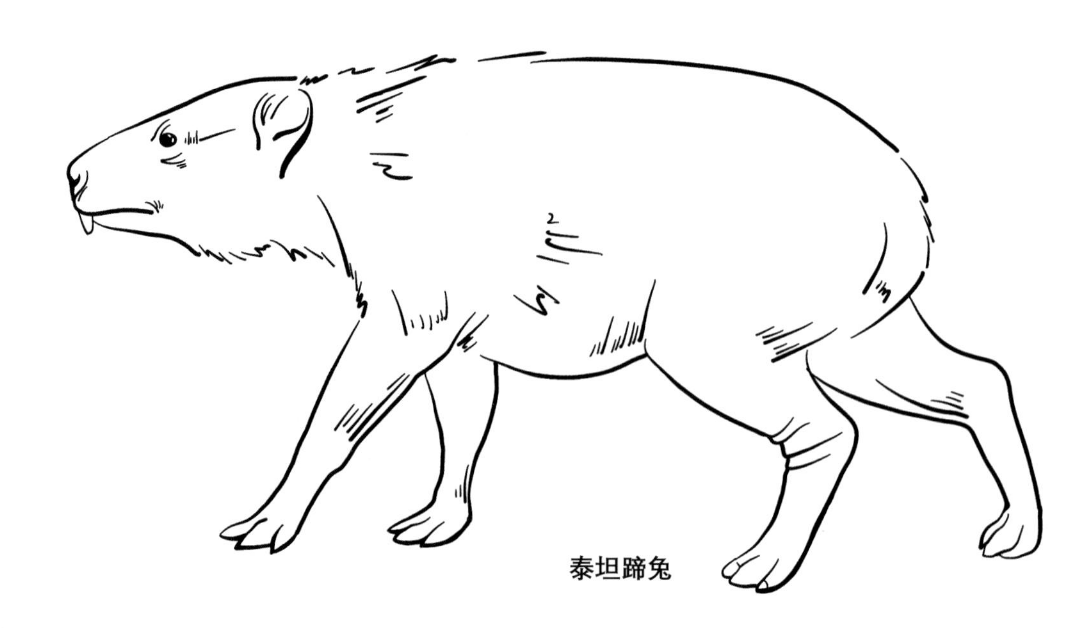

泰坦蹄兔

其中有一类成员和犀牛的大小相似，叫作泰坦蹄兔，单看名字就不难知道它们是蹄兔家族中的“巨兔”。虽然古生物学家没有发现完整的骨骼化石，但根据已发现的头骨推测：泰坦蹄兔的体重可达 1300 千克。

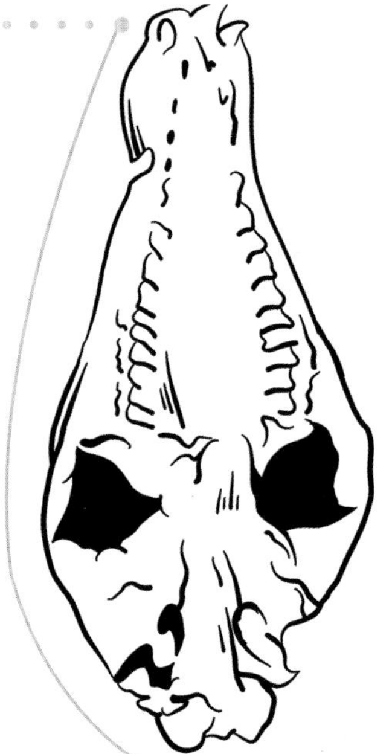

还有一类成员是巨蹄兔，它们和现生的貘大小相似，而且牙齿结构特殊，方便咀嚼树叶。

中新世时期，蹄兔目家族中又出现了一些和现生的马大小差不多的成员——上新蹄兔类，它们的身形比较圆润，腿很短，长有适于吃草的牙齿。

蹄兔

遗憾的是，在晚上新世，它们退出了历史的舞台，被现生的蹄兔取代。虽然蹄兔目家族如今只剩下四个种类，但它们也曾繁盛过。

真兽亚纲

蹄兔

Procavia capensis

蹄兔喜欢群居生活，几十位成员可以共同居住在一起。每当早晨出去晒太阳的时候，它们会互相陪同。在蹄兔外出觅食的时候，它们至少会派出一位同伴作为“哨兵”，当有危险出现时就会发出警报声。

互相取暖的蹄兔

蹄兔在一天中会花费很多时间休息，目的是为了降低热量的损失。蹄兔的体温并不像人类一样是恒定的，所以它们会通过晒太阳来调节自己的体温。除此之外，当环境温度降低时，蹄兔会挤在一起取暖，温度升高时，它们还会通过脚上的汗腺散热。

生存时间	分布地	物种分类
现存	非洲	非洲兽总目 蹄兔目

别看蹄兔身躯娇小，它们可是有一门看家本领——“飞檐走壁”。蹄兔的脚掌上生有一层富有弹性的厚肉垫，这个肉垫的四周较高，中间向内凹，就像一个吸盘似的，可以牢牢地吸住物体。再加上它们前边的“吸盘”上还有着丰富的皮肤腺，可以分泌出一种分泌物，从而使“吸盘”保持湿润，起到防滑的作用。蹄兔凭借着四个“吸盘”可以在垂直的墙面、岩壁上面随意攀爬。

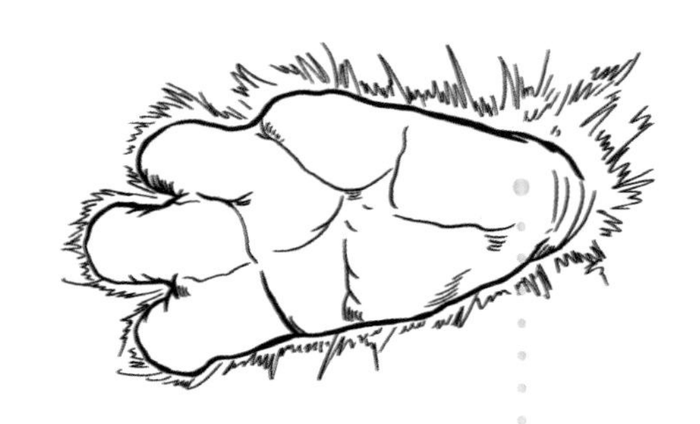

脚掌上的肉厚垫

蹄兔的身材圆润，皮毛蓬松，脑袋上长着一对圆溜溜的眼睛和耳朵。乍一看，你会误以为是一只土拨鼠，但它们之间可是相差甚远。

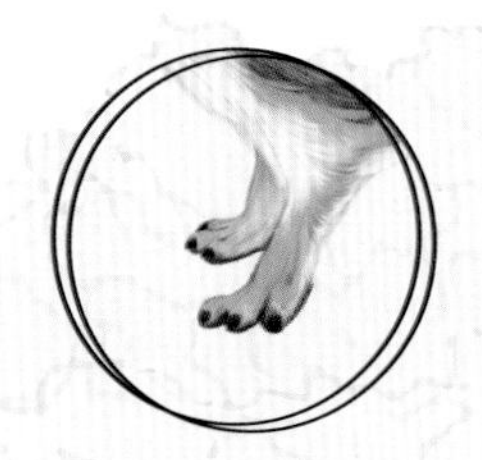

脚趾结构和非洲草原象一样，都是前四后三，除后足的内侧外，脚趾上还长着蹄状的趾甲。

上颌长着两颗终生生长且又长又大的门齿，这两颗门齿相互分开，呈半月形，必要的时候它们会用这对牙齿防御。

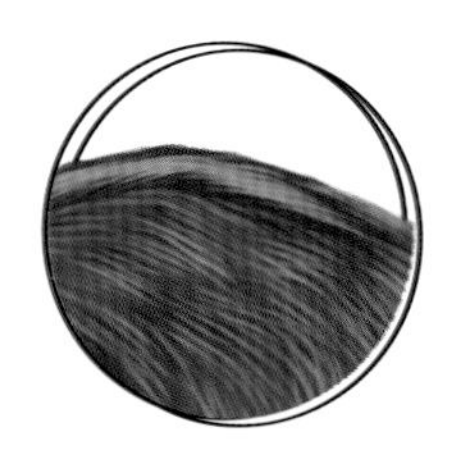

后背有一个特殊的腺体，就像一个伤疤，当它们受到惊吓时，腺体周围的毛发就会炸开，并散发出一种奇怪的味道。

体长可达 50 厘米，体重约 4 千克。

蹄兔可以发出不同种类的声音，除了高声的颤音（表示警告）外，还会发出啾啾声、咆哮声以及口哨声等来和同伴交流信息。它们还喜欢在夜间发出一种嚎叫声，所以“蹄兔”也被人称为“啼兔”。

非洲兽总目

Afrotheria

管齿目

Tubulidentata

管齿目的拉丁文名意为“管状的牙齿”，因为其家族成员的牙齿结构非常特殊，由许多细小的圆柱体构成，类似于切开的甘蔗。它们的每颗牙齿上可以有1500个终生生长的圆柱体，这一点在现生的哺乳动物王国中可谓是别具一格。

演化树

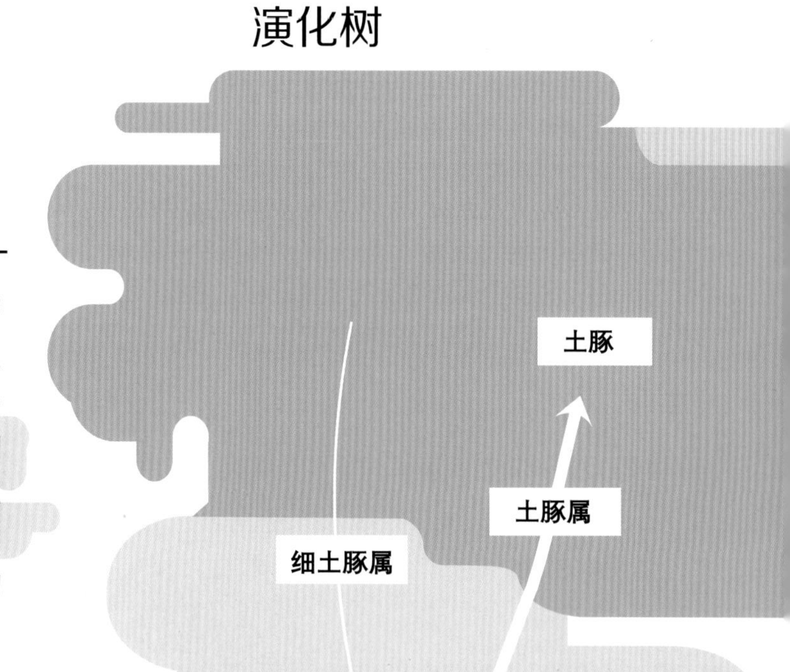

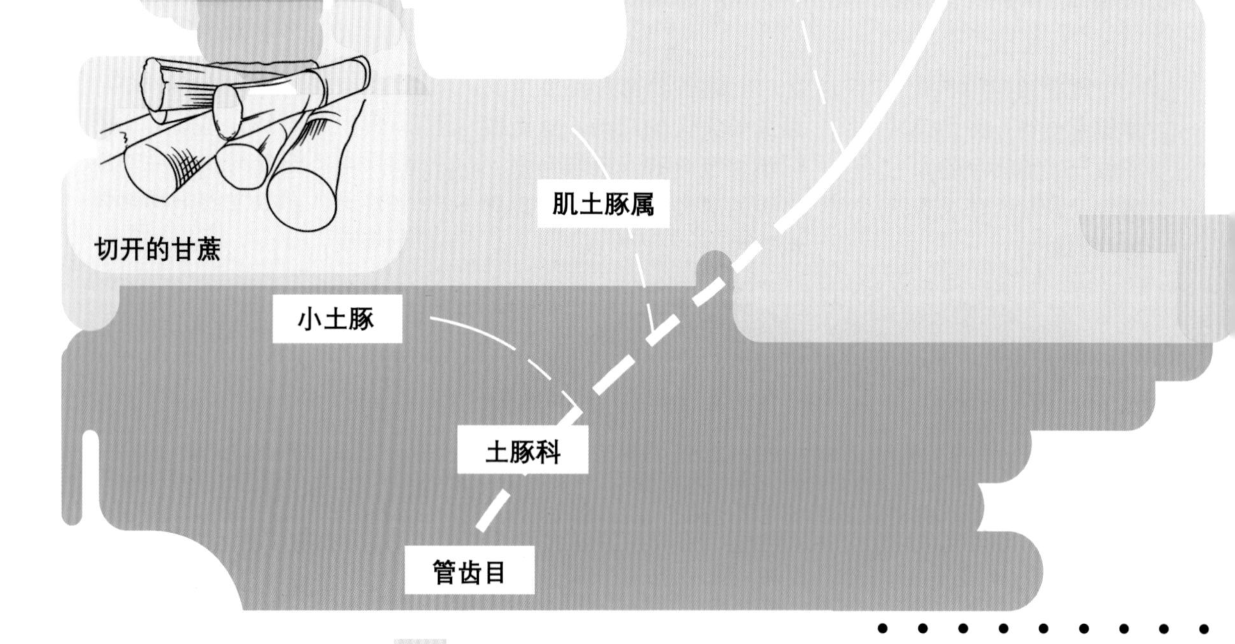

切开的甘蔗

根据牙齿的结构特征，古生物学家就可以轻松地鉴别出一种动物是否属于管齿目家族。

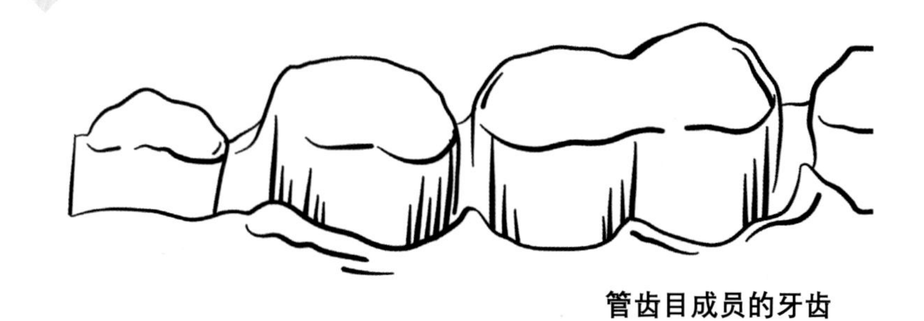

管齿目成员的牙齿

管齿目家族如今只剩下土豚这一种家族成员，但是它们的族谱可以追溯到6000万年前。土豚也是身怀绝技才能存活至今，它们是名副其实的“活化石”。

土豚被称为“非洲食蚁兽”，因为它们和食蚁兽一样都喜欢吃蚂蚁和白蚁，但并没有什么亲缘关系。

管齿目属于非洲总目大家族中的一个分支，在这个家族中既有陆生的蹄兔，又有水生的儒艮，从物种的演化关系上来看，管齿目家族和象鼩目、非洲猬目家族的亲缘关系较近。

觅食

管齿目的化石记录比较少，最早的化石是发现于肯尼亚的早中新世地层，叫作非洲鼠土豚。渐渐地，它们开始向欧洲以及中东地区演化。

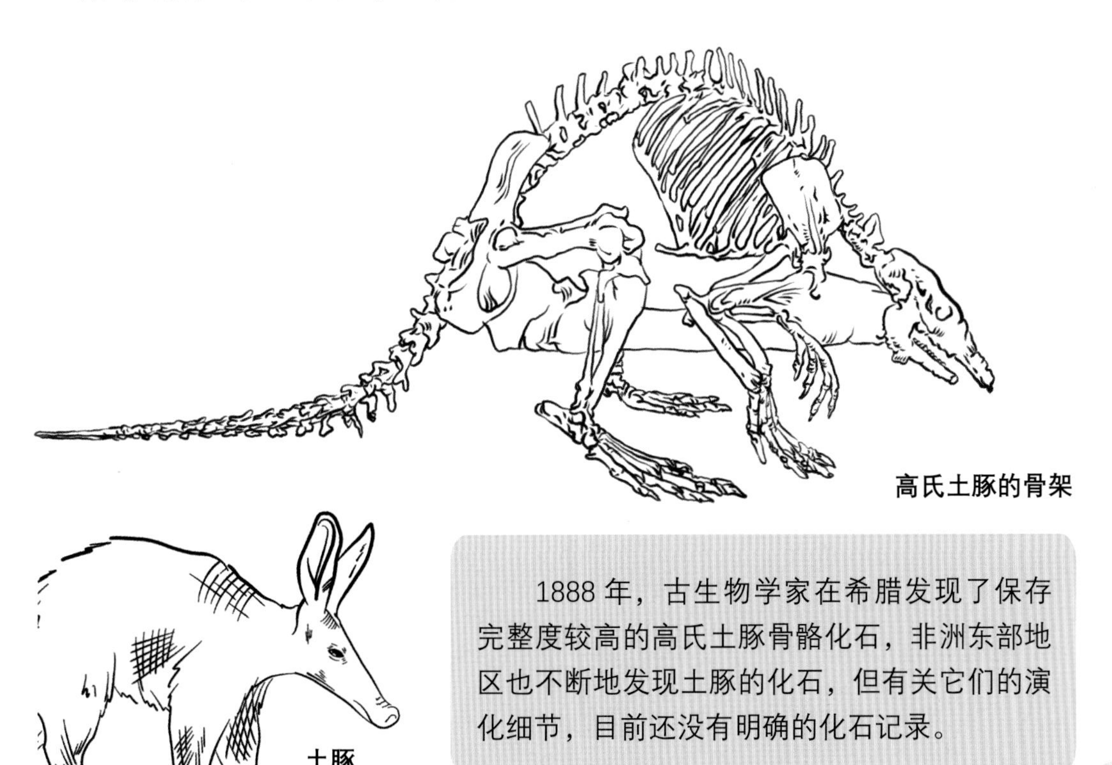
高氏土豚的骨架

土豚

1888年，古生物学家在希腊发现了保存完整度较高的高氏土豚骨骼化石，非洲东部地区也不断地发现土豚的化石，但有关它们的演化细节，目前还没有明确的化石记录。

真兽亚纲

土豚

Orycteropus afer

土豚特别擅长挖洞，可长达 3~12 米，所以担任了“高级隧道工程师”一职，当它们遇到危险的时候，仅需 5 分钟就可以挖出一条约 1 米深的洞。

挖洞

土豚的方向感极差，它们经常在填饱肚子后就忘记了回家的路，所以它们总是换“新家”，也因此练就了一身好本领。而其他生活在草原上的动物，也就自然而然地把“家”搬到了土豚的空洞中，既可以遮风挡雨，又不用缴纳房租。

生存时间	分布地	物种分类
现存	非洲	非洲兽总目 管齿目

土豚喜欢吃蚂蚁和白蚁，非洲草原上的白蚁穴高达十几米，异常牢固，土豚可以凭借着一双利爪轻松地将其打开，再用长约 30 厘米且布满黏液的舌头伸进蚁穴。它们一天可以吃掉约 5 万只蚂蚁和白蚁。

土豚还特别钟情于土豚黄瓜，这是一种长在地下，表皮极具韧性的果实。虽然土豚在吃瓜的时候可以补充水分，但它们的牙齿也会受到磨损，不过谁让它们的牙齿可以终生生长呢？同时土豚在无形中也传播了瓜的种子，算是互惠互利了。

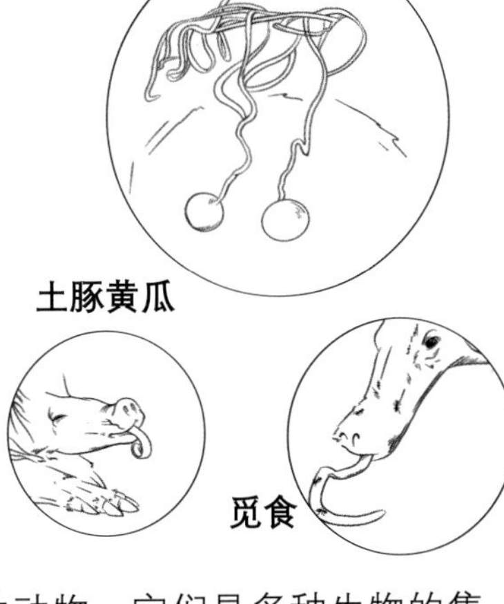

土豚黄瓜

土豚的舌头

觅食

土豚长相奇特，是那种只看一眼，就让你记忆深刻的动物。它们是多种生物的集合体：兔耳似的长耳，猪鼻似的吻部，食蚁兽似的长舌以及袋鼠似的粗尾。

又尖又长的大耳朵，不仅可以帮助它们寻找食物、躲避天敌，而且还可以散发多余的热量。

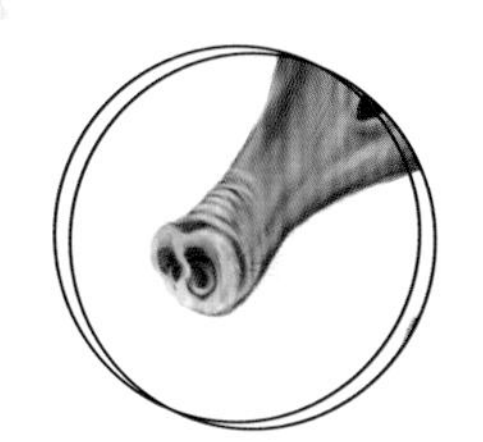

有一个充满感觉细胞的“猪鼻”，所以嗅觉特别灵敏，凭借着这个长长的鼻子，它们可以轻松地锁定食物的位置。

四肢粗壮，前肢有四趾，后肢五趾，上面有着锋利的爪子，使它们成为出色的“隧道工程师”。

体长可达 2 米，
肩高约 60 厘米，
体重 60~80 千克。

土豚一般独自生活，它们喜欢在夜间外出觅食，白天则会藏在洞穴中休息，躲避炎炎烈日和虎视眈眈的猎食者。它们的洞穴结构错综复杂，相互连接在一起的地方可以达到几十千米，即便有猎食者发现了它们的藏身之地，也很难捉住它们。

非洲兽总目

Afrotheria

象鼩目

Macroscelidia

演化树

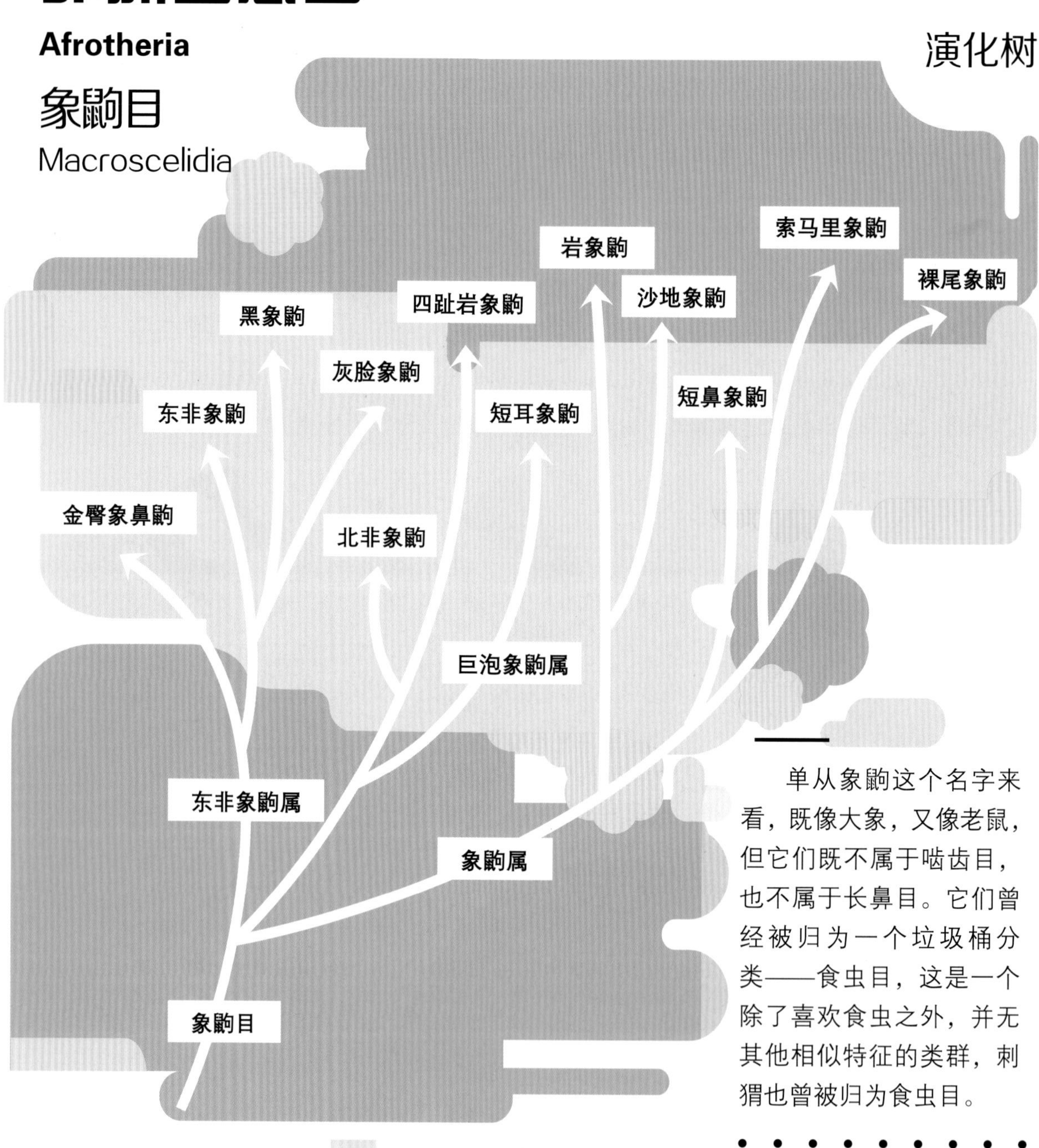

单从象鼩这个名字来看，既像大象，又像老鼠，但它们既不属于啮齿目，也不属于长鼻目。它们曾经被归为一个垃圾桶分类——食虫目，这是一个除了喜欢食虫之外，并无其他相似特征的类群，刺猬也曾被归为食虫目。

科学家通过分子学分析得出：象鼩属于非洲兽总目大家族，和食虫目并没有多大的关系，所以它们被重新定义成象鼩目。

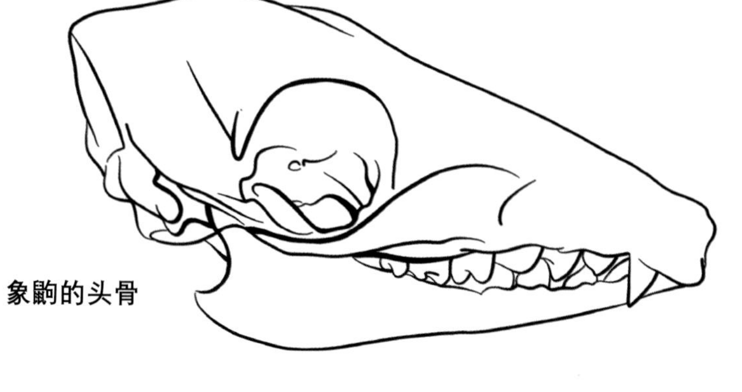

象鼩的头骨

如今的象鼩目家族有象鼩属、岩象鼩属、东非象鼩属以及巨泡象鼩属四属，十几个种。虽然它们在哺乳动物王国中所占数量并不多，但适应能力极强，不论是在森林、草原还是山地，都能见到它们的身影。

象鼩目家族祖祖辈辈都生活在非洲，是地地道道的非洲“土著”。

象鼩家族成员

象鼩的海马体（与记忆力相关的结构），很大，一般情况下，拥有比较发达的海马体的动物记忆力比较强，但目前还没有相关的研究显示，象鼩的记忆力特别强。

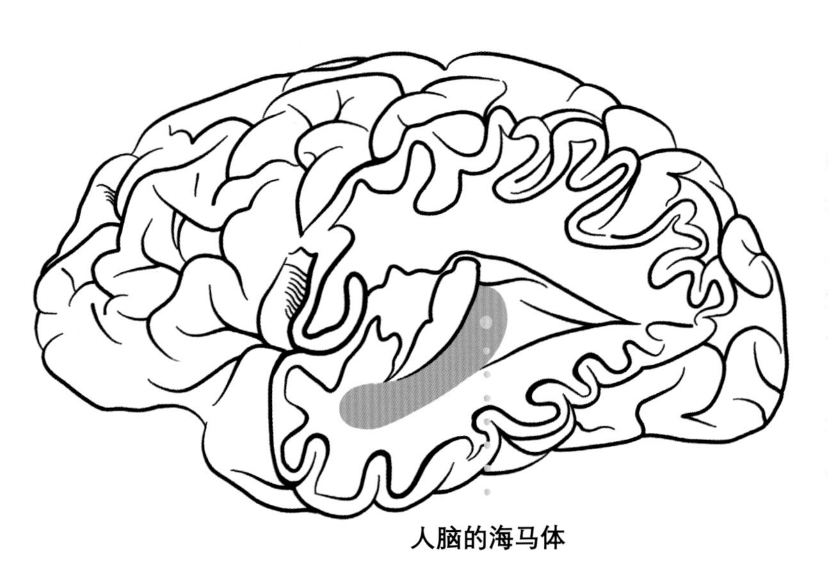

人脑的海马体

象鼩

象鼩目家族的成员喜好各异、形态大小也不尽相同。

象鼩目家族大多喜欢吃昆虫、蜘蛛和千足虫等，甚至蜈蚣、蝎子等有毒的昆虫也被列入其食物清单中。或许其他动物会害怕这些有毒之物，但象鼩家族可以免疫这些毒。象鼩会把蝎子固定在地上，然后再用臼齿咀嚼。在食物不够的情况下，它们也会吃一些植物的茎和叶等填饱肚子。

觅食

象鼩目家族中既有体重仅约 40 克的圆耳象鼩，还有体重约 700 克的黑象鼩，虽然这个体形在它们的家族中算是庞然大物了，但与它们的亲戚大象比起来，还是很娇小。黑象鼩在家族中的辨识度很高：白色的眼圈，前半身是鲜艳的栗棕色，后半身是较暗的黑色，像木炭和火焰似的。

黑象鼩的长鼻子差不多占了头长的一半，和大象似的可以灵活摆动，所以它们又被称为“世界上最小的象”，它们浑身都散发着一股呆萌的气息。

黑象鼩的四肢纤细，但由于体形太大，它们并不能像家族中的其他成员一样灵活地跳跃。它们会在浓密的森林中用长鼻子搜索食物，一旦锁定目标，就会用长舌把食物卷进嘴里。如果食物太大，它们还会用尖利的牙齿啃食。

黑象鼩

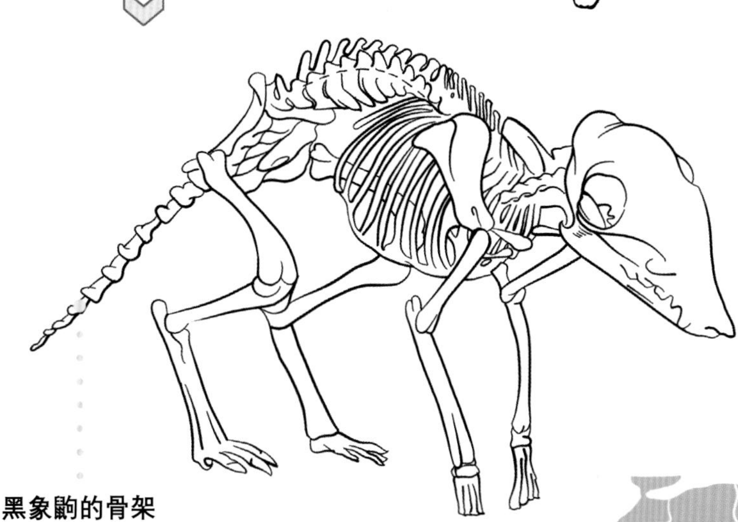

黑象鼩的骨架

黑象鼩分布在坦桑尼亚和肯尼亚的山地和森林中（示意图）

黑象鼩和家族中的其他成员一样，一生都在四处奔波，忙着清理出一条条通道，所以它们的代谢率非常高，生命周期较短。一般情况下，黑象鼩的寿命只有 2~3 年，然而随着人类的开发，它们的栖息地也在遭受破坏。

希望黑象鼩也可以和自己的祖先一样，安静地看着地球上的一只只巨兽走过，不被打扰。

真兽亚纲

索马里象鼩

Elephantulus revoili

索马里象鼩也叫里氏象鼩，它们在人类的视野中已经消失了 50 多年，直到最近才被科学家重新发现。

至于这么多年为什么没有人类发现它们，或许与它们本身的特性相关：象鼩体形较小，行动迅速，虽然在白天活动，但也可以躲过人类的视线。

触碰鼻子

索马里象鼩是一夫一妻制，当它们遇到心仪的伴侣，就会用鼻子互相触碰，以定终身。不过，雌雄象鼩之间仍会坚守各自的捕食领地，避免食物上的竞争。它们之间的领地也会有一部分的重合，它们也会进行巡视，以防其他动物入侵。

生存时间	分布地	物种分类
现存	非洲	非洲兽总目 象鼩目

索马里象鼩会在自己的领地中建设“高速路网络”，这些“高速路”是它们逃生的通道，所以每天都要花费40% 的时间来修路。它们也会经常在“高速路”上快速奔跑，时速可达 30 千米，按照体形的比例来讲，它们的速度要比猎豹快三倍。

索马里象鼩在“高速路”上快速奔跑并不是为了打发时间，而是在熟悉道路、清理路面，保证路面的通畅，否则它们很可能因为路面上的小石块、树枝等丧命。

高速奔跑

索马里象鼩的家族可以称得上是地球上的“活化石”，已经在地球上生活了2000 多万年，但是它们的体形从诞生到现在并没有发生什么变化，仍保留着许多古老的特征。

腿较长，善于跑跳，可以像瞪羚一样高高跃起。它们的爪子锋利，不仅可以抓住树皮还可以撕开较大的猎物。

凭借着灵敏的“象鼻”，它们可以躲过敌人的追击，还可以感知气味、风向及震动。

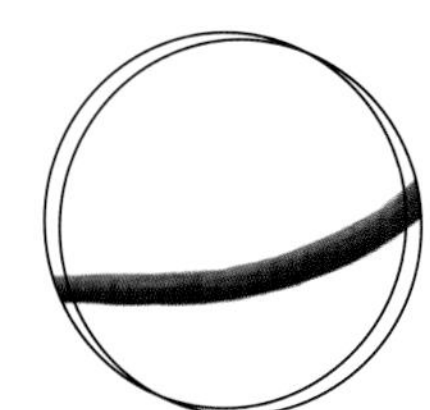

尾巴又细又长，约占体长的一半，而且裸露无毛，可以在它们吃东西的时候起到平衡的作用。

不含尾巴的体长约 25~30 厘米，体重约 500~600 克。

目前发现的索马里象鼩生活在岩石暴露和植物相对较少的地方，它们喜欢吃昆虫、蜘蛛和蚯蚓等，会用长鼻子在地面上搜寻食物。索马里象鼩每天需要吃掉自身体重三分之一的食物，才能为它们的快节奏生活提供充足的能量。

非洲兽总目

Afrotheria

非洲猬目

Afrosoricida

看到非洲猬这个名字，你是否会马上想到我们常见的刺猬。虽然它们的名字和长相比较相似，但真的不是一类生物。

演化树

马岛猬
何腾托金鼹
小马岛猬
低地纹猬
斯氏绿鼹
马氏金鼹
大马岛猬
迪氏绿鼹
高原金鼹
长尾稻田猬属
马岛猬亚科
大耳马岛猬亚科
绿鼹属
金鼹属
金毛鼹科
马岛猬科
非洲猬目

刺猬

非洲猬目的拉丁名意为“看起来像非洲鼩鼱”，说明它们和鼩鼱有相似之处，所以非洲猬目也被称为“非洲鼩目”。

非洲猬目这个家族是一类非常古老的食虫动物，它们在食物链中发挥着重要的作用。由于它们长期在地下生活，所以视觉渐渐退化。

目前，非洲猬目家族中只有马岛猬科和金毛鼹科两个分支，它们曾被归到了食虫目家族，后来才被归到非洲猬目。

低地斑纹马岛猬

马岛猬一族在非洲大陆上有着悠久的历史，它们的生存地最早可以追溯到早中新世的东非和南非，可见它们也和象鼩一样是地地道道的“非洲土著”。

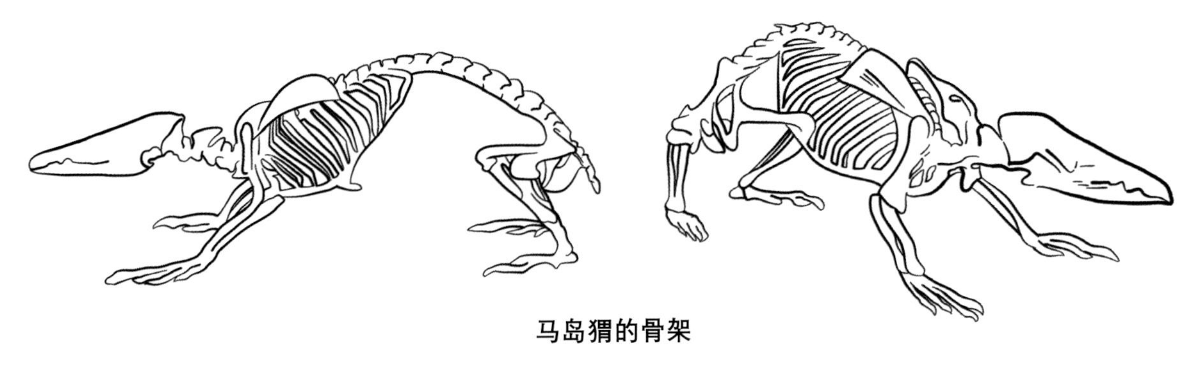

马岛猬的骨架

如今马岛猬的大部分成员只生活在马达加斯加地区，且长相各异：有的和刺猬似的身上长刺，有的像鼩鼱似的身上长毛，有的像鸭子似的后脚有蹼，有的像水獭似的可以游泳（如巨獭鼩）。

巨獭鼩长得和水獭很像，有着扁长的尾巴，可以依靠着左摇右摆的尾巴在水中畅游。巨獭鼩的眼睛很小，所以它们并不是依靠视觉捕猎，而是通过嘴巴周围的毛发来感知。

巨獭鼩在捕食

金毛鼹一族生活在非洲南部，目前，最古老的金毛鼹化石来自早中新世的东非地区，又是一位熟悉的“非洲土著”。

金毛鼹一族的家族规模并不是很大，仅有 8 个属，21 个种。

探出身体的金毛鼹

金毛鼹一族长得和鼹鼠差不多，眼睛也几乎退化，视力极差，但是它们有一对“顺风耳”隐藏在毛发下面，哪怕是微风吹过的声音也可以被它们感知。它们有着浓密的毛发和敏感的吻部，前者可以帮助它们阻挡沙粒、尘土等，后者可以帮助它们在地表搜寻食物时感受到食物引起的震动，这也是它们可以生存下来的看家本领。

金毛鼹

鼹鼠

荒漠金毛鼹在夜间会在沙地中来回穿梭，但并不是毫无目的。而是会通过风吹草丛发出的低频声音来判断草丛的位置，因为草丛附近的食物较多，所以它们先窜进沙地，几秒钟后再探出头定位食物的位置，然后再继续前进。

真兽亚纲

低地斑纹马岛猬

Hemicentetes semispinosus

低地斑纹马岛猬简称为低地纹猬，它们的长相奇特，脑袋后面有一簇金灿灿的刺，搭配着插满白色尖刺的亮黄色和黑色条纹“外衣”。

觅食

低地纹猬的菜谱上有蚯蚓和一些甲虫的幼虫，当它们遇到猎物的时候，就会用锋利的牙齿紧紧地咬住猎物，然后把猎物咬爆。低地纹猬在食物缺乏的时候，其反应速度就会变慢，而体温也会降到 22℃左右，保持休眠的状态。

生存时间	分布地	物种分类
现存	非洲	非洲兽总目 非洲猬目

低地纹猬的背部后端背着一组“乐器”，这组“乐器”由 15 根排成三排且又粗又短的尖刺构成，再配合“乐器”下面发达肌肉，可以让它们轻松摆动，并在相互摩擦间发出一种类似于用手拨动梳子的声音。这种声音不仅是与同伴之间交流的信号，还可以警告敌人：“我很厉害，千万别惹我！”

低地纹猬“乐器”

低地纹猬长得和老鼠或者刺猬很像，但它们的生活方式却不尽相同。

耳朵可以“看”，它们可以像蝙蝠一样利用回声定位，（通过舌头发声，而不是超声波，若将它们的耳朵堵住，则会影响这套“回声系统”）。

背部的刺虽然没有豪猪的杀伤力强，但也可以将刺的尖端折断，把“武器”插在敌人身上。

遇到危险的时候，它们脑袋后面的刺会炸开，用以攻击敌人，如遇同类抢食，也会用刺去攻击对方。

体长 16~19 厘米，体重达 220 克。

低地纹猬宝宝的背部背着一组“乐器”，不过它们只有两排，当低地纹猬妈妈带着宝宝出去觅食的时候，就会“弹奏”一曲，从而唤回宝宝。低地纹猬的“乐器”会像人类换牙似的更换，所以待宝宝长大后就会和妈妈一样拥有三排“乐器”了。

灵长总目 Euarchontoglires

灵长总目由**真魁兽大目**和**啮齿大目**组成，其中真魁兽大目包括树鼩目、皮翼目、近兔猴形目和灵长目四大类。因为灵长目的出现，所以进化出了人类的祖先。啮齿大目由啮齿目以及兔形目两大类组成，因为它们有用来啃咬的凿形门齿，所以这种形态被称为“啮形齿”。啮齿目以及兔形目之间有着极近的亲缘关系。

科学家在2013年做了一项研究，他们通过40种哺乳动物的化石和86种现生哺乳动物的4500个特点复原出了人类的祖先，即真兽类哺乳动物的祖先：长着一个尖尖的嘴和长长的尾巴，与现代的老鼠有几分相似。

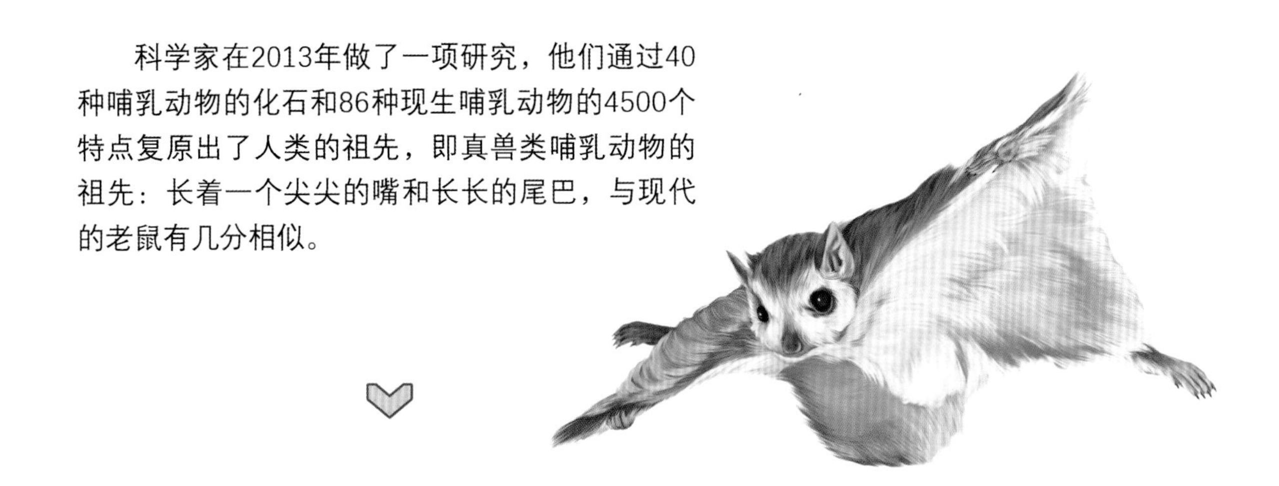

渐渐地，这个祖先内部开始向着不同的方向演化，其中的一部分变成了**灵长总目**，而灵长总目中的一部分成员变成了家鼠、豪猪等在内的啮齿目大家族，一部分就变成了我们更进一步的祖先——**灵长目**。所以说老鼠的基因组和人类的基因很相似，人类约99%的基因都可以在老鼠的基因组中找到同源基因。

灵长总目

Euarchontoglires

树鼩目

Scandentia

树鼩目的家族成员和松鼠长得很像，而且生活习性也颇为相似，但它们并不属于松鼠所在的啮齿目家族。

演化树

北细尾树鼩
北树鼩
菲律宾树鼩
普通树鼩
笔尾树鼩
南印树鼩属
细尾树鼩属
菲律宾树鼩属
树鼩属
笔尾树鼩属
笔尾树鼩科
树鼩科
树鼩目

树鼩虽然名为树鼩，但它们并不是完全在树上生活。它们善于在树与树之间攀援跳跃，所以树鼩目也被称为攀兽目。

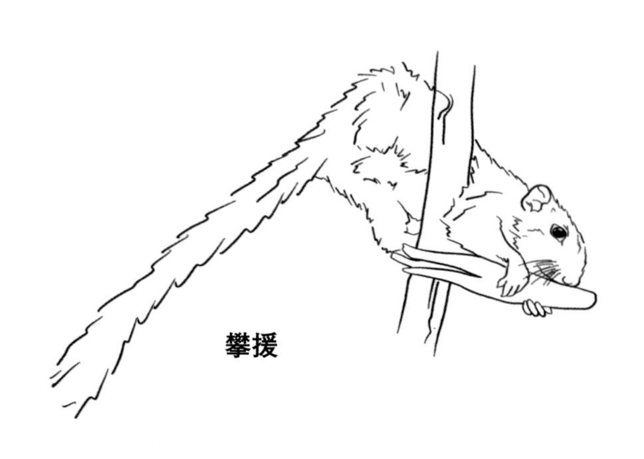

攀援

树鼩目家族的化石记录比较少，在中国始新世地层中发现的始细尾树鼩，虽然只有几颗牙齿，但也是目前发现的树鼩目家族中最早的化石记录。

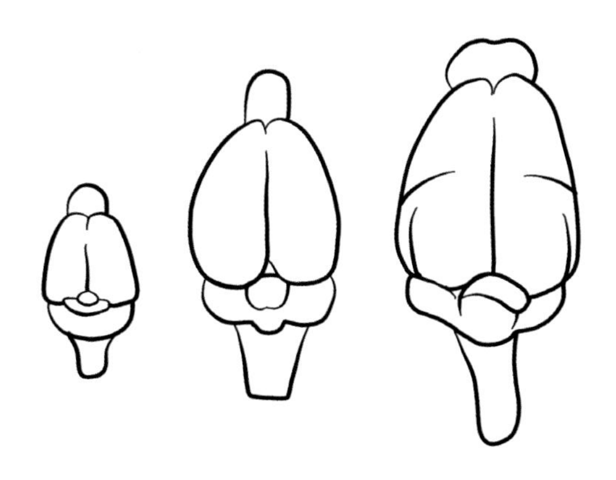

从左至右依次为：小白鼠、大家鼠、树鼩的大脑

树鼩目家族曾被列为食虫目，但经过长达100多年的研究，科学家发现它们和灵长类有很多相似的特征，比如树鼩的脑容量在同体形的哺乳动物中较大，双眼和人类似的长在脸的正面，视觉比较好。

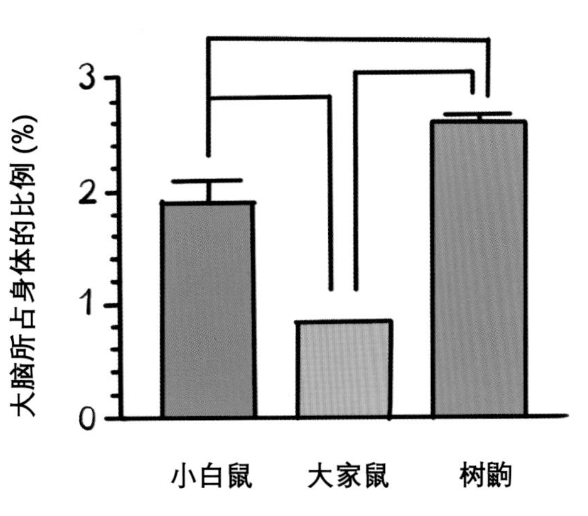

北树鼩

树鼩目家族的成员可以抓握树枝，所以它们被认为是灵长目和食虫目之间的过渡类型。

树鼩目家族分为树鼩科和笔尾树鼩科两大族群，主要生活在东南亚地区。它们的体形比较小，身长 20~40 厘米，喜欢吃植物的叶和果实等，也喜欢吃昆虫和小型鸟类。

觅食

当然，还有一些另类，其中一种是沉迷于酒的笔尾树鼩。

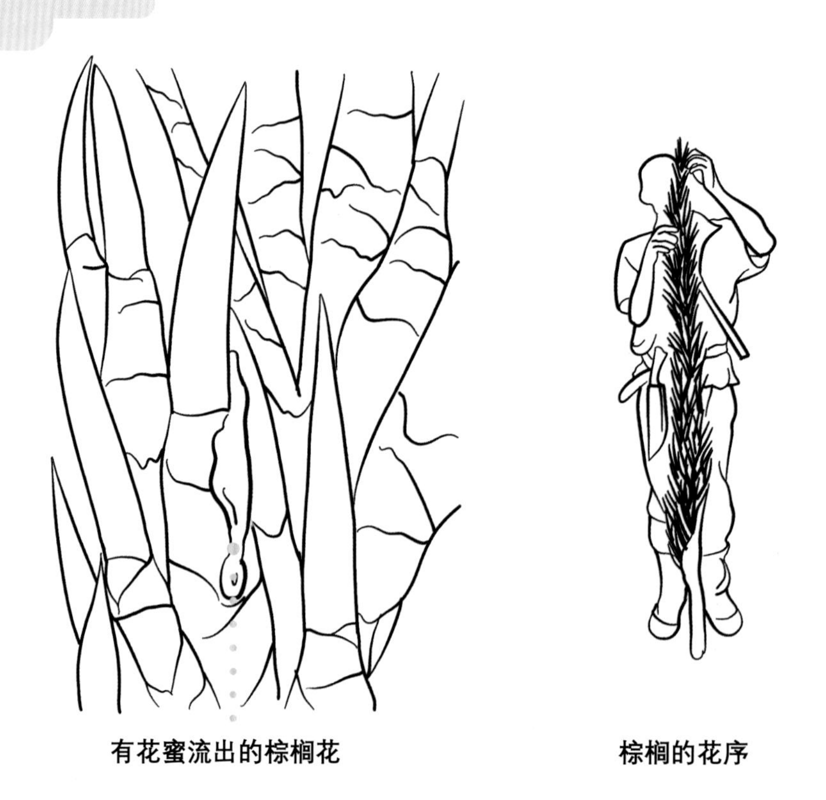

有花蜜流出的棕榈花　　棕榈的花序

在笔尾树鼩生活的地方，有一种花序特别大的棕榈树会分泌出许多花蜜，这些花蜜在酵母的作用下可以发酵成酒精浓度约 3.8% 的甜酒，所以这种棕榈便就成了天然的“酒窖”。

许多小动物都会被棕榈散发的酒精气味吸引，笔尾树鼩它们每天要在棕榈树上待好久，如果参照成年人计算，它们的酒精摄入量相当于一个成年人在 12 小时内喝了 1 斤多白酒。

有趣的是，酒精的作用在笔尾树鼩身体上体现的并不明显，它们还可以在树梢间跳跃，科学家们认为它们和当地的棕榈树可能存在着一种协同进化的关系，而且这段关系可能有 5500 万年的历史了。

真兽亚纲

北树鼩

Tupaia

树鼩是一个大家族，它们有很多成员，这些成员又可以分为不同的亚种，如北树鼩。北树鼩的成员很多，它们之间因地域的不同而有很多差异。无论是哪一类分支，它们长得都很像松鼠。比起喜欢吃松果的松鼠来说，北树鼩的食性比较杂，喜欢吃的食物你一定猜不到。

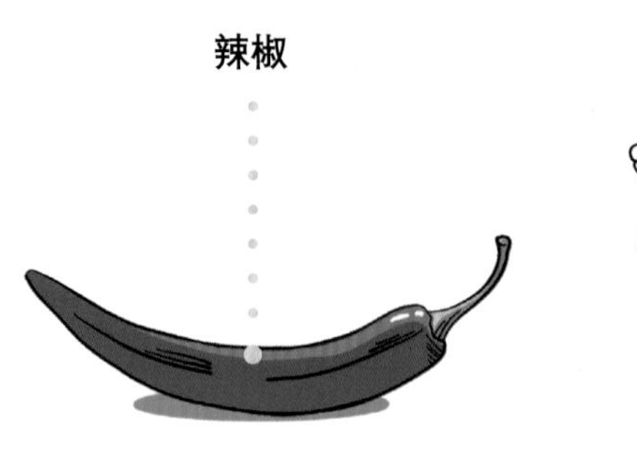

北树鼩有一个特别喜欢吃的食物——辣椒，或许你会很惊讶，但是你并没有看错，它们大概是为数不多的喜欢吃辣的哺乳动物。科学家发现当辣椒素进入北树鼩的体内时，一种氨基酸会发生突变，从而降低北树鼩对辣椒素的敏感性，所以它们可以肆无忌惮地吃辣椒。

生存时间	分布地	物种分类
现存	东南亚	灵长总目 树鼩目

树鼩家族可谓是“人才辈出”，除了喜欢吃辣椒的北树鼩、“千杯不醉”的笔尾树鼩，还有精致的“干饭人”山树鼩。在山树鼩生活的地方，生长着一种比较特殊的猪笼草，它们的盖子上可以分泌出一种甜甜的“蜜汁”，而山树鼩若想吃到这份美食，就需要蹲在猪笼草的“瓶身”上。这个“瓶身”像是一个精心设计的“马桶”，山树鼩在享受美食的时候，也会将粪便排到“马桶”中，为猪笼草提供氮元素。

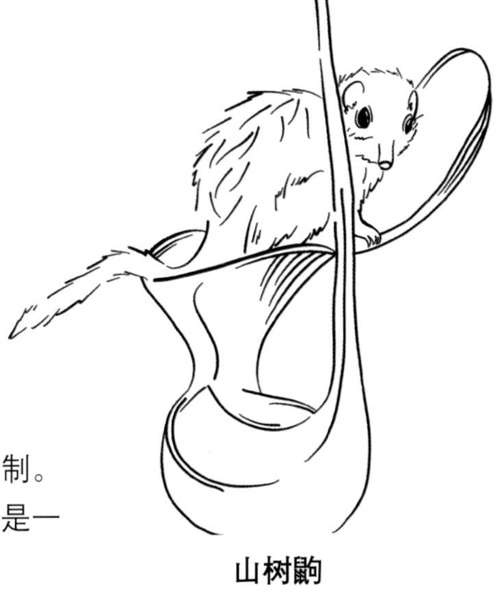

山树鼩

树鼩对伴侣非常忠诚，它们是严格的一夫一妻制。它们之间会通过不同的声音来交流，每一种声音就是一种信号，可以向对方传达危险、警告等信息。

两个眼睛长在脸的前方，有像人类一样的立体视觉，可以对树与树之间的距离做出判断。

前、后肢都有五趾，上面还有着锋利的爪，大拇指和四趾分开，可以做简单的抓握动作。

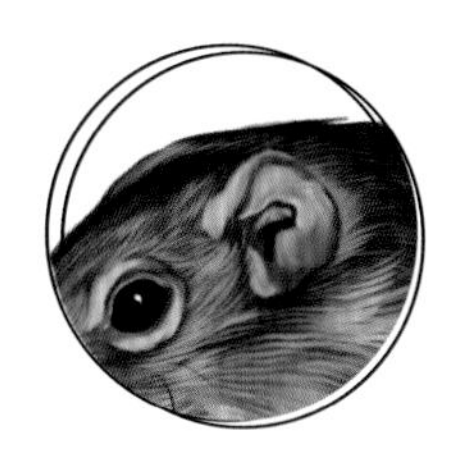

大脑比较发达，占体重的 2.6%，由于体重太小，所以没有进化出太高的智商。

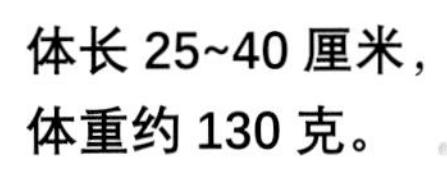

体长 25~40 厘米，体重约 130 克。

北树鼩

由于树鼩和灵长类动物的亲缘关系较近，繁殖速度较快，体形较小等特点，它们逐渐被视为一种新型的医学实验动物。据科学家研究表明，树鼩的脑部神经和视觉神经与人类极其相似，而且也是为数不多可以感染乙肝病毒的哺乳动物，所以它们被广泛地应用到现代生物医学研究中。

灵长总目

Euarchontoglires

皮翼目

Dermoptera

皮翼目的动物一般被称为猫猴，也被统称为鼯猴，它们既长着一张狐猴似的脸，还可以像鼯鼠似的飞行。它们和灵长目家族都属于灵长总目，有着较近的亲缘关系，大约在 0.86 亿年前才朝着不同的方向演化，形成皮翼目家族。

鼯猴

早期的皮翼目家族成员中包含蝙蝠。随着科学家的深入研究发现，蝙蝠和皮翼目的成员在基因上有一定的区别，所以把它们重新列为翼手目家族。

皮翼目的拉丁名称在希腊语中意为“皮肤翅膀”，因为它们的皮膜一直从脖子延伸到尾巴，甚至每个趾之间也有皮膜相连，就像一个毛茸茸的降落伞似的，可以帮助它们轻松地在间距较大的树木之间滑翔。

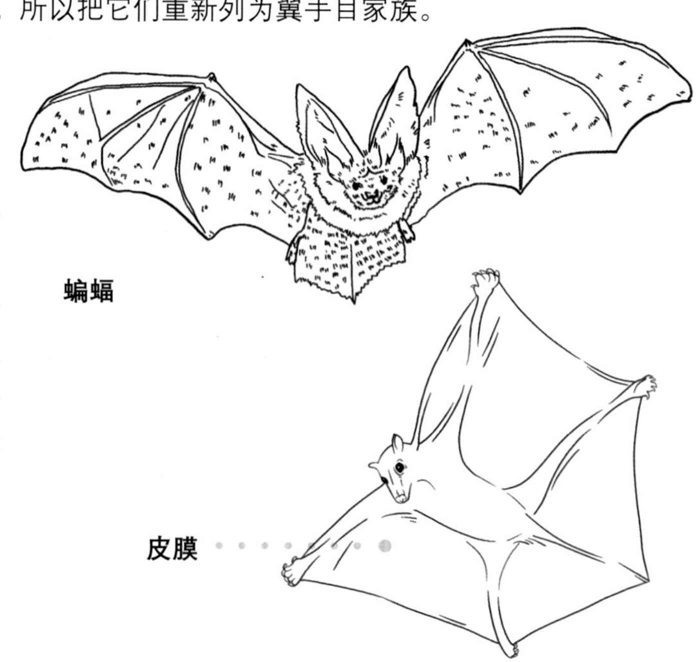

蝙蝠

皮膜

皮翼目家族的化石记录比较少，最早的成员发现于泰国和巴基斯坦的地层中，叫作皮膜鼯猴。

除此之外，还有发现于北美和欧亚大陆地层中的侧膜兽科和混啮兽科两个已经灭绝的种类，虽然只有少量的牙齿和颌骨化石，但是科学家认为混啮兽是古老的食虫类向皮翼目家族演化的过渡类型。

侧膜兽

现生皮翼目家族分布示意图

目前皮翼目家族只余下两个物种：鼯猴家族中的菲律宾鼯猴和斑鼯猴家族中的斑鼯猴。它们生活在东南亚地区和菲律宾南部的森林中，虽然数量较少，但也是哺乳动物在天空的一次勇敢尝试。

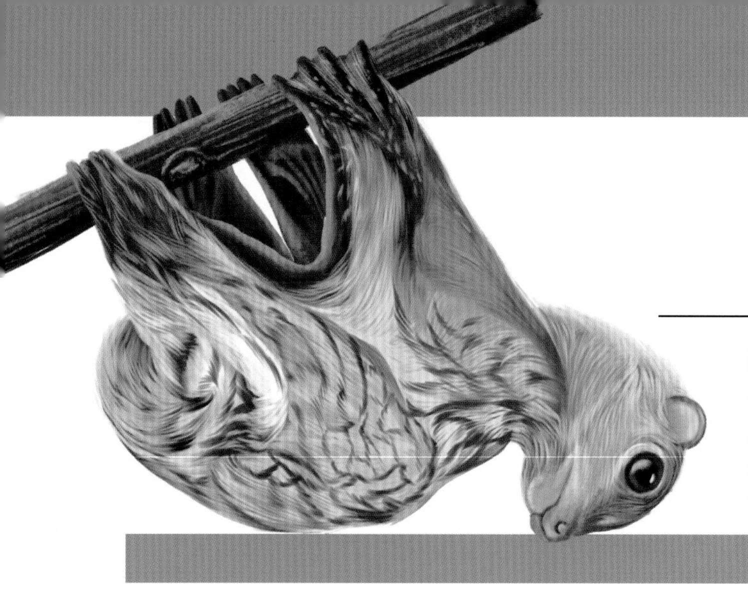

真兽亚纲

斑鼯猴

Cynocephalus volans

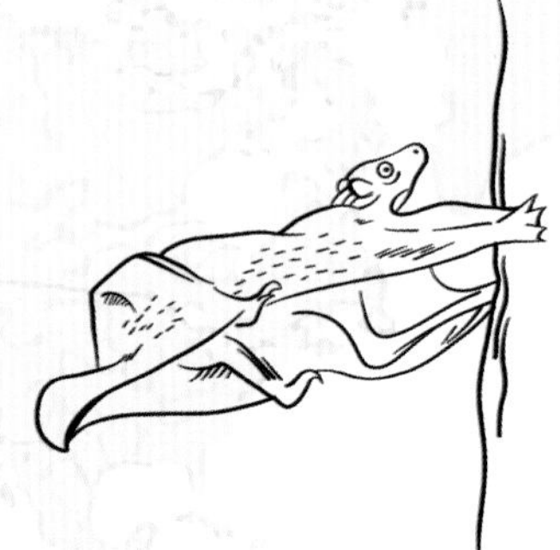

滑翔

斑鼯猴也被称作马来亚鼯猴，它们长得和鼯鼠很像，有松鼠般大小，喜欢夜间活动，生活在树上，而且都有皮膜，这大概是它们选择滑翔之路所必备的特点，但是斑鼯猴的皮膜表面积相较于其他会滑翔的哺乳动物更大一些。

斑鼯猴的滑翔能力很强，当它们准备滑翔的时候，翼膜就会变成一个“降落伞”，带着它们从一棵树滑到另一棵树。通常它们会沿一条固定的路线滑翔，最远的距离可达 100 多米，是一位“顶级的滑翔高手”。它们家族是唯一会滑翔的灵长类动物。

生存时间	分布地	物种分类
现存	东南亚	灵长总目 皮翼目

斑鼯猴的繁殖能力不是很强，一般情况下，它们每年只生一个宝宝。宝宝在刚出生的时候身体很弱，需要妈妈时时刻刻的照顾，所以它们就和小袋鼠似的隐藏在妈妈的身体里，一起外出觅食。宝宝会咬住妈妈的毛发或者身体的某个地方，以防自己掉下去，而在妈妈滑行的时候，它们也会紧紧地贴在妈妈的身上。

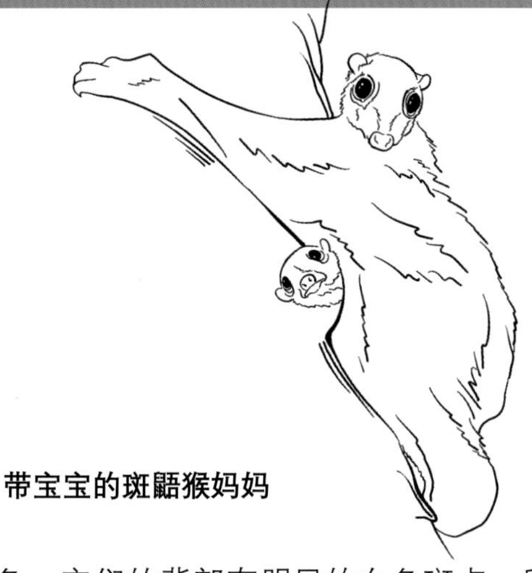

带宝宝的斑鼯猴妈妈

斑鼯猴的毛发很柔软，颜色偏灰褐色，它们的背部有明显的白色斑点，所以被称为斑鼯猴，这也是它们和菲律宾鼯猴最明显的区别之一。

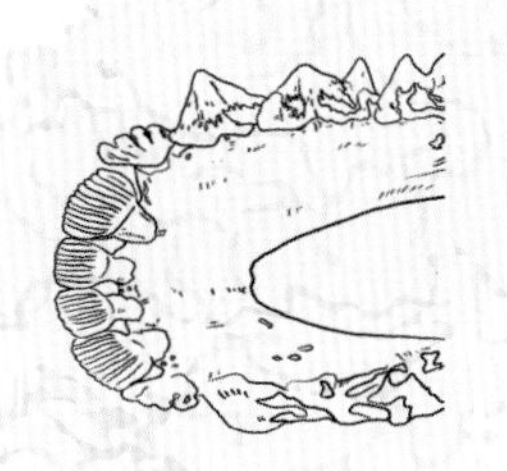

长有奇特的门齿，便于它们在吃植物的嫩芽、茎或者果实的时候切断食物。

前肢并没有像鸟类似的发生特化，和人类一样前后都有五趾，可以帮助它们爬树、移动以及抓取食物。

眼睛比较大，周边有白色斑点，视力特别好，可以准确地判断出树与树之间的距离，帮助它们更好地滑翔。

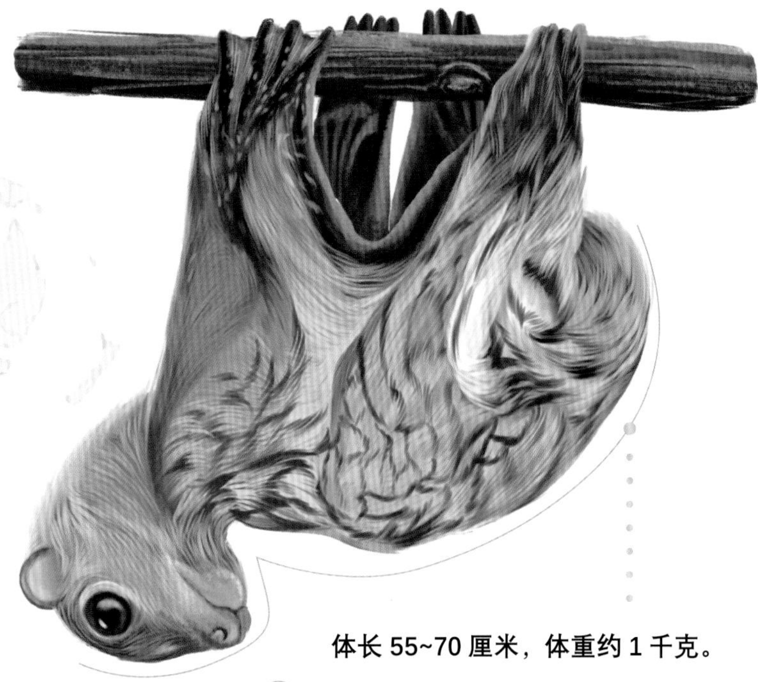

体长 55~70 厘米，体重约 1 千克。

斑鼯猴是一种比较温顺的动物，一般情况下，它们会在白天的时候趴在树干上，像一个树瘤似的，或者倒悬在树上。虽然斑鼯猴的滑行能力比较强，但在地面上活动的速度却很慢。

灵长总目

Euarchontoglires

近兔猴形目

Plesiadapiformes

从近兔猴形目的字面意思上看，不难猜出它们是一类与兔子和猴子比较相近的动物，这类动物曾生活在北美和欧亚大陆的古新世。

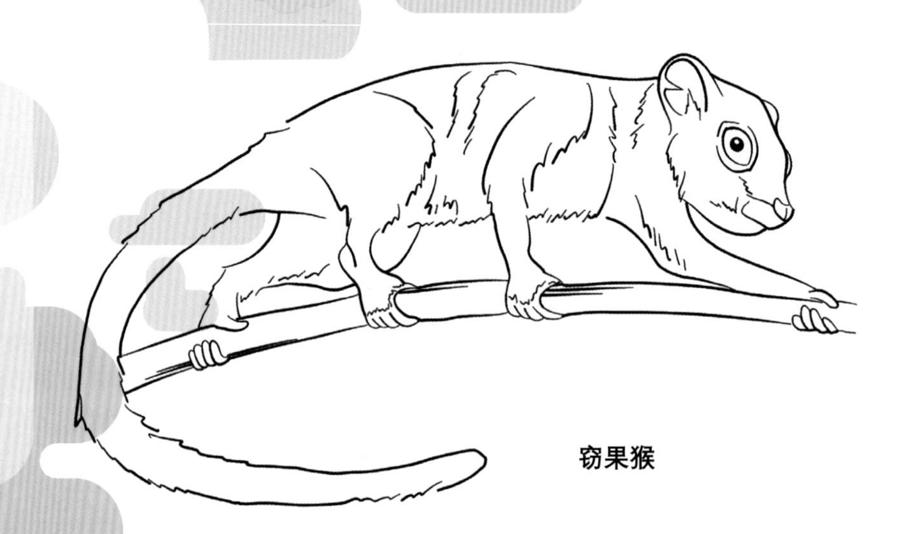

窃果猴

近兔猴形目的家族成员形态多样：有些成员长有和人类相似的趾甲；有些成员的身体和狐猴很像，如窃果猴有可以抓握的趾；还有和松鼠长得差不多的成员，如家族中体形最大的成员——平豚齿猴，它们和旱獭的大小差不多。

近兔猴类

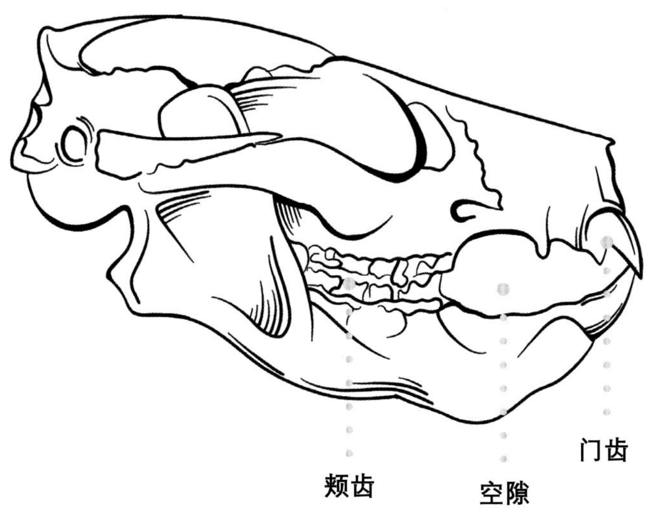

近兔猴形目的家族成员长有巨大的门齿，而且门齿和颊齿之间有很大的空隙。

目前，在美国和欧洲地区发现了大量的近兔猴形目化石，表明其家族在古新世时期较繁盛，有9个科，38个属，150多种。

近兔猴形目家族中最古老的成员是一种生活在6600万年前和鼩鼱长得很像的一种原始动物——普尔加托里猴。科学家发现它们的牙齿以及脚踝处的骨骼和灵长目家族很相似，而且也体现出树栖的特征。所以很多学者认为灵长目家族可能起源于某种原始的近兔猴形目成员。

普尔加托里猴

普尔加托里猴

Purgatorius

在北美洲，古生物学家发现了一小块哺乳动物的下颌骨化石，上面还连着一些牙齿，这块化石一直被收藏在加利福尼亚大学的博物馆中，而这块下颌骨的主人就是普尔加托里猴。

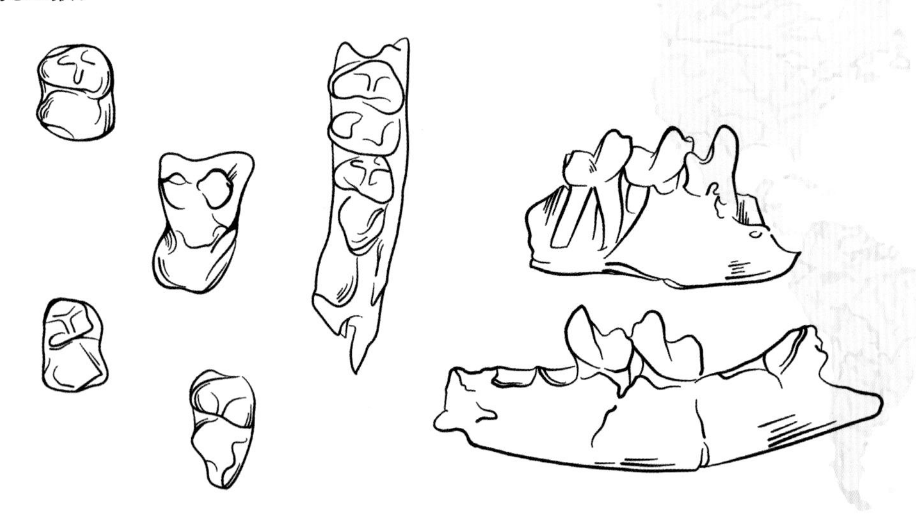

当时一个古生物学家研究小组对博物馆中的收藏进行研究，发现这块下颌骨属于原始的灵长类动物——普尔加托里猴，但它与其他已发现的六种成员都不一样，所以，古生物学家认为这是普尔加托里猴家族中的一位新成员，于是在 2021 年 2 月将其命名为麦氏普尔加托里猴。

生存时间

距今约 6600 万年前

分布地

北美洲

物种分类

灵长总目

近兔猴形目

麦氏普尔加托里猴的种名“麦氏”是献给一位化石发现地的居民——弗兰克·麦克基弗。根据化石的地层判断，麦氏普尔加托里猴可能生活在白垩纪末期的大灭绝事件之后，换句话说，它们曾与非鸟恐龙生活在同一时期。所以，麦氏普尔加托里猴的发现，意味着它们的家族早已在地球上有了踪迹。

躲避恐龙的捕食

普尔加托里猴的名字中虽然有“猴”字，但它们长得一点也不像猴子，反而更像松鼠和老鼠的结合体。

体长约 15 厘米，体重约 37 克。

长着锋利的小尖牙，喜欢吃植物的叶子和果实。

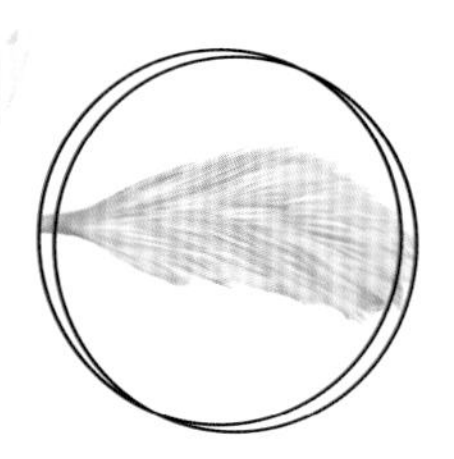

灵活有力的四肢再加上毛茸茸的长尾巴，非常适于在树上生活。

眼睛又圆又大，长在头部的两侧，视力范围较大。

麦氏普尔加托里猴的发现十分重要，它证明了最早的灵长类动物在恐龙还没有灭绝之前就已经出现了，它们在 6600 万年前的大灭绝中凭借着自身的优势活了下来，使得 100 万年后的灵长类动物迎来了属于自己的时代。

灵长总目

Euarchontoglires

灵长目

Primates

灵长目家族是地球上比较有代表性的一类生物，它们起源于6000多万年前，最初的成员体形与松鼠差不多，但在恐龙灭绝后，它们逐渐演化成为新一代的地球霸主。

1758年，瑞典的生物学家林奈提出了“灵长目”一词，意为“众灵之长”。

眼镜猴

大多数灵长类的家族成员都有着较高的智商，喜欢生活在树上，以植物的种子和果实为食，或许也正是因为这样的习性，它们的手指和脚趾可以分开，大拇指比较灵活，可以与其他趾对握，这不仅可以促进大脑的发育，也为未来的某一天，灵长目家族可以制作和使用工具奠定了坚实的基础。

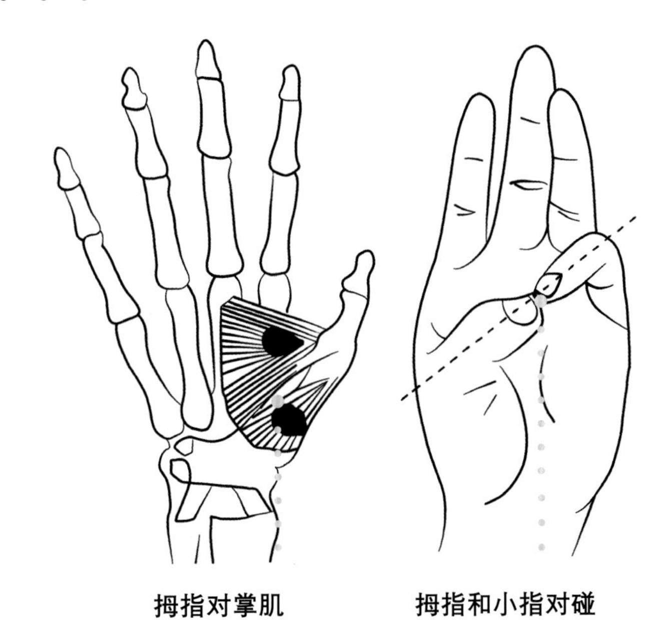

拇指对掌肌　　拇指和小指对碰

狐猴家族

灵长目家族成员众多，分类繁杂，有 500 余种，像我们熟知的眼镜猴、狐猴和猩猩等都属于灵长类，甚至连我们人类也起源于这一家族。

懒猴

灵长目家族可以分为两大类，一类是曲鼻猴亚目，另一类是简鼻猴亚目。

曲鼻猴亚目在一些资料中也被称为原猴亚目，指的是一类鼻子尖端较湿润而且裸露无毛的成员，比如兔猴、狐猴和懒猴等。

早在始新世时期，曲鼻猴亚目的成员就已经遍布欧亚和北美大陆，而且数量和种类都十分庞大，其中最丰富的一类是兔猴形类，它们起源于早中始新世时期，但是在900万年前，它们的家族成员就只剩下为数不多的几科了。

西瓦兔猴

其中最具代表性也是最有争议的一位兔猴成员是达尔文猴，它有着尖尖的脸，大大的眼睛，和现在的狐猴长得很像，还有着可以对握的五指，达尔文猴的发现丰富了人类对于早期灵长类动物进化的认识，被誉为人类进化中“缺失的一环”。

达尔文猴

除此之外，还有狐猴一族，古生物学家认为它们是从兔猴家族演化而来。它们形态各异，大小也不尽相同，既有重达 200 千克的古大狐猴，又有仅 30 克重的鼠狐猴，其中最特别的成员要数指猴。

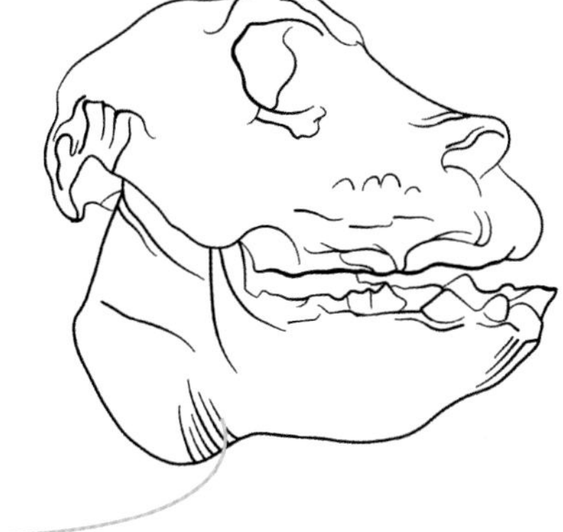

古大狐猴

指猴有着暗褐色的毛发、大大的眼睛和耳朵，这对于喜欢夜行的它们来说都是极佳的“装备”。指猴的中指与其他指比起来要细好几圈，看着就像皮包骨似的，又细又长，也正是因为这样奇特的手指它们才得名“指猴”。

指猴

指猴喜欢吃坚果和昆虫的幼虫等。它们在捕食的时候，会通过声音来定位幼虫在树上的位置，找到幼虫后便用牙齿将树皮啃开一个洞，直至极长的中指可以伸入洞中，再用中指将幼虫抠出。或许你会认为指猴长得很诡异，但我们不应该以自己的审美去评判动物的外表。

简鼻猴亚目与原猴亚目大约在 6300 万年前分开，朝着不同的方向演化。简鼻猴亚目演化成了一类鼻子前端干爽而且一般会长有毛发的成员，比如眼镜猴、猩猩和人等。

黑猩猩

目前发现的最古老的简鼻猴家族成员是生活在距今约 5500 万年前的阿喀琉斯基猴，它们的视力较好，而且对红色极其敏感。别看阿喀琉斯基猴的名字比较洋气，但它们是地地道道的中国猴，2003 年其化石发现于中国湖北。

古生物学家认为它们很可能在后期的演化中分化出了跗猴和类人猿两大类族群。

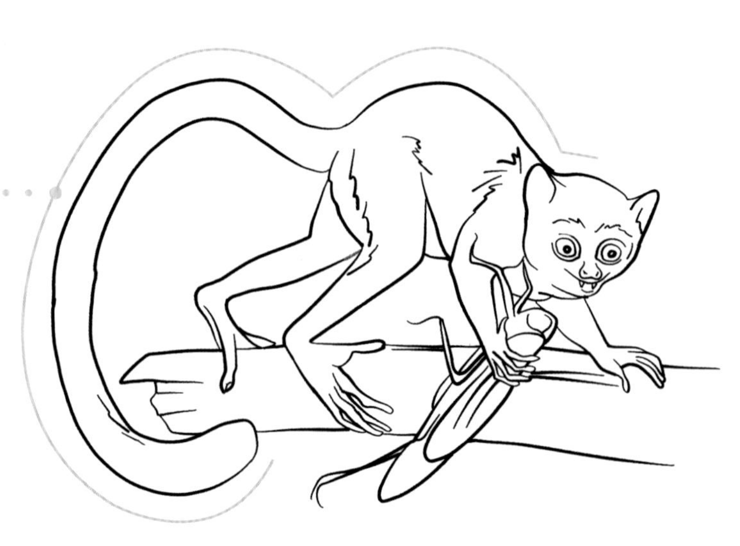
阿喀琉斯基猴

体形较小，

体长约 7 厘米，

重约 20~30 克。

跗猴指的就是眼镜猴，它们有着大大的眼睛和长长的四肢，喜欢吃蛇、蝙蝠和鸟类等，是灵长目家族中唯一一种肉食动物。

眼镜猴

类人猿下目又可以分为狭鼻猴类和阔鼻猴类，看到名字就不难猜出它们之间的区别就在鼻子上。

黑白疣猴

狭鼻猴类也被称为“旧世界猴”，由猴总科和人猿总科组成，它们的鼻孔间距较窄，而且鼻孔朝下方开，主要分布在亚、欧、非地区。在猴总科中，又可以分为疣猴亚科和猕猴亚科。

比如威风凛凛的黑白疣猴就属于疣猴家族，它们的拇指几乎退化，就像一个疣似的，便由此得名。黑白疣猴留着整洁的小平头，身体两侧垂下白色的长毛，就像穿着一件披风似的，潇洒地穿梭在林间。

猕猴一族中包含了许多常见的猴子，甚至还包括狒狒和山魈。山魈是猴科一族中体形最大的现生动物，性格凶猛，长着一张色彩鲜艳的“京剧脸”和惹眼的“彩虹屁股”。

虽说山魈身体上奇特的色彩并不是皮肤真正的颜色，而是由于光的作用，但这些亮丽的颜色是它们吸引异性的必杀技。

山魈

长臂猿

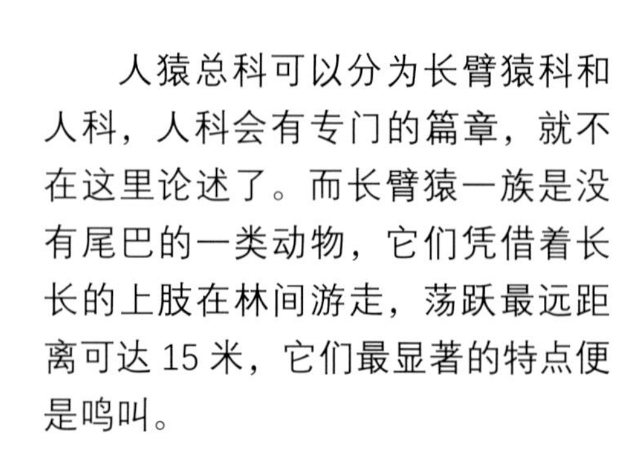

人猿总科可以分为长臂猿科和人科，人科会有专门的篇章，就不在这里论述了。而长臂猿一族是没有尾巴的一类动物，它们凭借着长长的上肢在林间游走，荡跃最远距离可达 15 米，它们最显著的特点便是鸣叫。

诗人李白曾写道：“两岸猿声啼不住，轻舟已过万重山”，诗中所描述的便是长臂猿。

长臂猿一族中有一类成员叫作“合趾猿”，它们因脚上的第二、第三趾紧密连合而得名，它们喉部有一个特别大的声囊，鸣叫的时候就会鼓起，是家族中的翘楚。

合趾猿

皇狨猴

阔鼻猴类也被称为“新世界猴”，如今主要分布在美洲。它们的鼻孔间距比较宽，朝两侧开，包括5个科的成员，即狨科、夜猴科、僧面猴科、卷尾猴科和蜘蛛猴科，其中的大部分成员都有着长长的尾巴，可以卷握树枝等物体。下面我们一起来认识几种极具代表性的物种。

狨猴家族中的皇狨猴，有着帅气的小胡子，和德国皇帝威廉二世颇有几分神似，所以名字中有了“皇”字。皇狨猴和环尾狐猴一样是母系族群，由年纪最大的雌性带领族群，雄性会在宝宝出生后，承担起奶爸的责任。

夜猴

夜猴也叫作“猫头鹰猴”，喜欢夜晚出来活动，它们的眼睛圆溜溜的，聚光能力特别强，上面的虹膜会呈现出红、黄、褐三种颜色混合起来的色彩，十分漂亮。雄性夜猴是灵长目家族中为数不多的“称职的父亲”，它们会帮助雌性照顾幼崽。

真兽亚纲

环尾狐猴

Lemur catta

环尾狐猴因较长的吻部，和狐狸相似的面容，再加上环纹状的尾巴而得名。

它们被称作“太阳的崇拜者”，每天清晨醒来后，它们会面朝太阳正襟危坐，再将两手伸开，让温暖的阳光洒满全身，以驱赶夜里的寒气。

“太阳的崇拜者”

环尾狐猴有一个强大的武器——臭腺，雄性的臭腺在手腕、腋窝和肛门附近，它们不仅可以通过臭腺分泌物御敌、标记领地，还可以在繁殖期的时候把分泌物涂在摇晃的尾巴上，使臭味充分散发，从而争夺雌性，所以臭腺越发达的雄性在族群中的地位越高。

生存时间	分布地	物种分类
现存	非洲	灵长总目 灵长目

环尾狐猴是群居动物，一个族群中有 5~30 个成员，和大部分的灵长类不同，它们是母系社会，雌性在家族中占有绝对的主导地位。而且每一个家族中都有一只尊贵的雌性，也就是“女王大人”，“她”负责处理族群中的一切事务。

“女王大人”和自己的幼仔享有各种优先权，未成年的雌性还有机会从自己的母亲那里继承王位，所以族群中雄性的地位最低，而族群中的其他雌性也会伺机向女王发起挑战，争夺王位。

“女王大人和幼崽”

环尾狐猴的眼睛很大，呈黄色或红色，它们喜欢在白天活动，性情温和，平时聚在一起时会相互用梳子似的门齿和钩状的“梳理爪”梳理毛发。

长长的黑白环纹状尾巴不仅是身份的象征，也可以作为外出活动时和同伴联络的信号，所以断了尾巴的雄性地位就会下降。

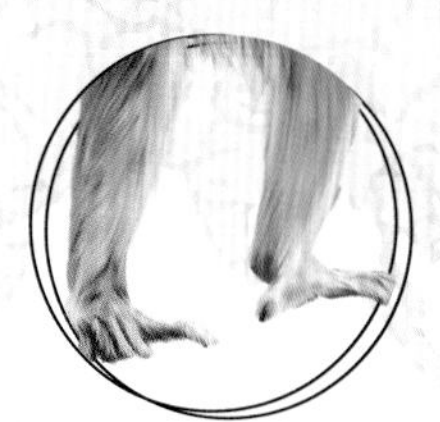

后肢比较长，而且肌肉发达，可以帮助它们直立行走，善于奔跑、跳跃和攀爬，它们在树与树之间一跃可达 9 米的距离。

体长可达 110 厘米，体重约 2 千克。

手上和脚上都戴着一副“皮手套”，可以帮助它们在光滑的岩石上增加摩擦力，以防滑倒。

环尾狐猴的命名之路很坎坷，它们的属名 *Lemur* 来源于古罗马神话，但其实这个名字最初是用来命名一种懒猴，但阴差阳错地成了狐猴的名字。环尾狐猴是一种杂食性动物，它们会吃一切它们认为是可以吃的东西，比如酸角、小型鸟类、木头、蜘蛛网和土等。

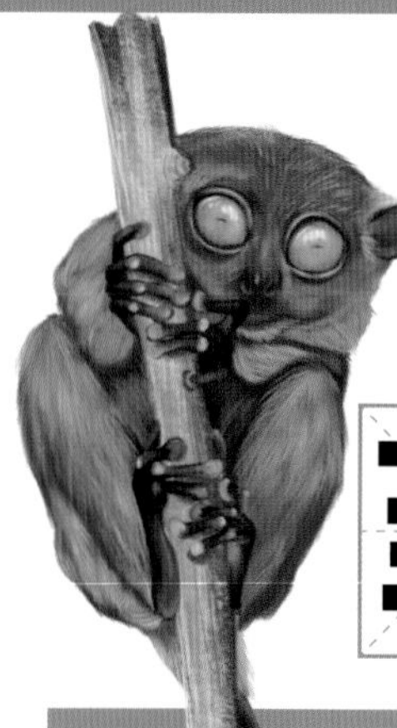

真兽亚纲

菲律宾眼镜猴

Carlito syrichta

“积攒能量”

眼镜猴有着满月般的眼睛，和它们小小的脸庞一点也不相称，好像戴着一副超大号的老花镜似的，故而得名眼镜猴。

菲律宾眼镜猴又被称为跗猴，因为它们的跗骨（脚面骨）特别长，所以它们的跳跃能力特别强，而且行动敏捷，一跃可达几米。

菲律宾眼镜猴喜欢在晚上出来活动，但是它们并不具备增强夜间视觉的照膜，所以为了在夜间看得更清楚，它们经过漫长的演化，将自己的眼睛变得越来越大，从而可以采集到足够的光线。白天的时候菲律宾眼镜猴的瞳孔会缩小或者在树上紧闭双眼，积攒能量。

生存时间	分布地	物种分类
现存	东南亚	灵长总目 灵长目

菲律宾眼镜猴是少数喜欢昼伏夜出的灵长类，它们的眼睛占了整张脸的二分之一左右，单是一个眼球的直径就可达 1.6 厘米，体积和它们自身的脑容量差不多，所以菲律宾眼镜猴有着超强的夜视能力。不过，它们的眼球却无法转动，只能通过灵活的脖子来弥补这一缺憾。菲律宾眼镜猴的眼睛在晚上并不能“发光”，所以很难找到它们的踪迹，而这也为它们提供了绝佳的捕猎条件，昆虫、蜥蜴甚至蝙蝠都是它们的捕食对象。

“隐藏”

菲律宾眼镜猴的体形不及一个成年人的手掌大，它们有一条又细又长的尾巴，近似身体的两倍长，大部分时间它们都待在树上静静地思考。

大大的膜状耳朵可以增强它们的听力，以便在捕食或者遇到危险的时候，做出迅速的反应。

脖子短小却又十分灵活，可以在不转动身体的情况下旋转约 360 度，使它们全方位地侦探周围的环境。

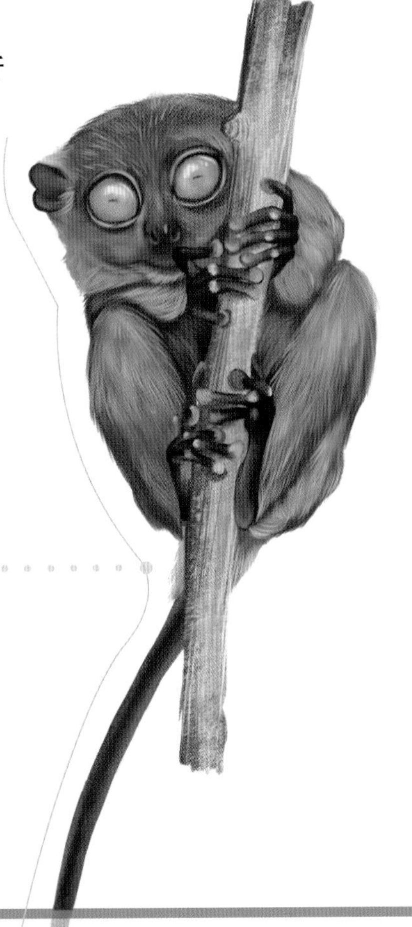

体长 21~43 厘米，体重约 150 克。

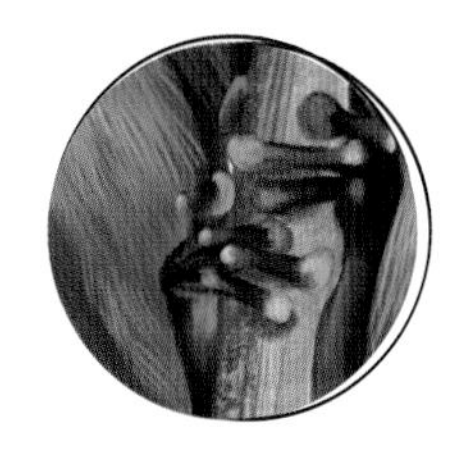

趾前端又扁又钝，就像吸盘似的，可以帮助它们牢牢地吸附在树上，甚至在表面十分光滑的物体上也可以停留。

菲律宾眼镜猴经常会做出目瞪口呆的表情，你以为它们是被吓到了吗？其实它们是在定位猎物或者和同伴交流信息，只不过这种声音是人耳无法听到的超声波，这项技能在灵长目家族中可谓是独一无二的。眼镜猴特别恋“家”，甚至会在同一棵树上待好几年，如果它们的家园遭到破坏，它们的数量就会急剧下降。

真兽亚纲

白头叶猴

Trachypithecus leucocephalus

白头叶猴的头顶耸立着一簇白毛，颇具“摇滚范儿”。

它们是中国特有的物种，也是唯一一种由中国人发现并命名的灵长目动物，野生物种仅分布在广西的喀斯特地形中，那里到处都是悬崖峭壁，为它们提供了良好的栖息环境。

觅食

石山地区多雨，但地表存不住水，所以喝水便成了白头叶猴的头等大事。大部分时候，它们会爬到很高的树梢采食带着露珠的嫩叶，幸运的时候还会遇到下雨时存在石凹里的一些水，可是等到旱季，它们只能采食到一些含水量较少的老叶或者冒着生命危险下山喝水。

生存时间

现存

分布地

中国

物种分类

灵长总目

灵长目

白头叶猴喜欢群居生活，猴群是由一只成年的雄性叶猴带领，社会结构是一夫多妻制。

猴群可以分为两种类型：一种是以雌猴为核心的“繁殖群”，里边的成员关系多为姐妹或母女，即使它们长到三四岁的年纪，也不会被赶出去，而雄性叶猴就不同了，被赶出猴群的它们会组建成临时的“全雄群”，随着它们逐渐长大，就会伺机找到一个猴群向群中的“猴王”发起挑战，而被打败的叶猴就会离开猴群，原先的“全雄群”也随之解散。

猴群

白头叶猴的宝宝刚出生时是金黄色的，猛地一看，会误以为是金丝猴的幼崽，一岁左右慢慢变成黑、白、黄三色，差不多两岁的时候才会和父母的毛色差不多。

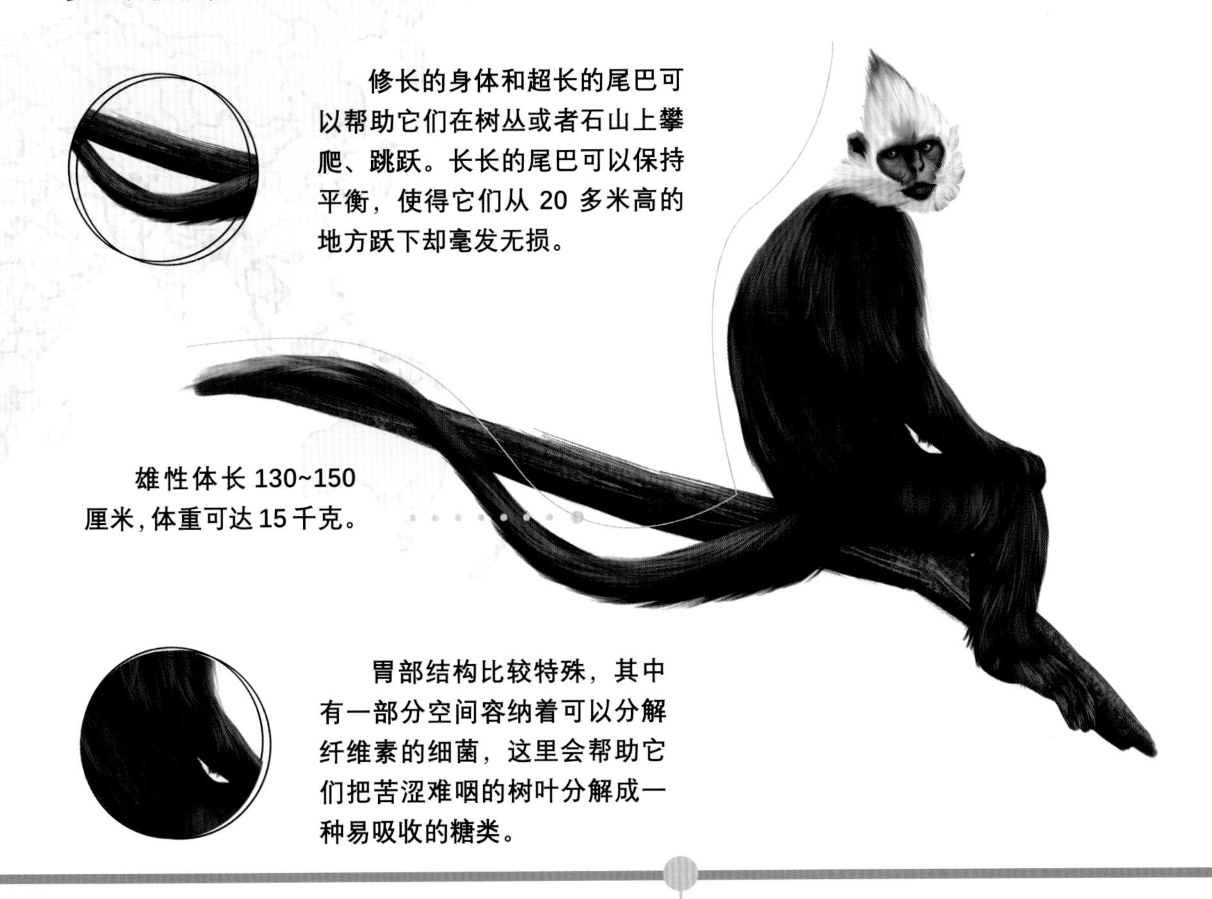

白头叶猴的活动很有规律，每到中午休息的时候，猴王会待在较高的位置警戒，而其他的成员会在这个时间互相梳理毛发：其中一只叶猴会躺在比较平坦的地方，另一只叶猴则用前肢将其身上的毛发扒开，一点点梳理，还能时不时地挑拣出一些杂物，这种行为可以增强它们之间的感情。

真兽亚纲

白面僧面猴

Pithecia pithecia

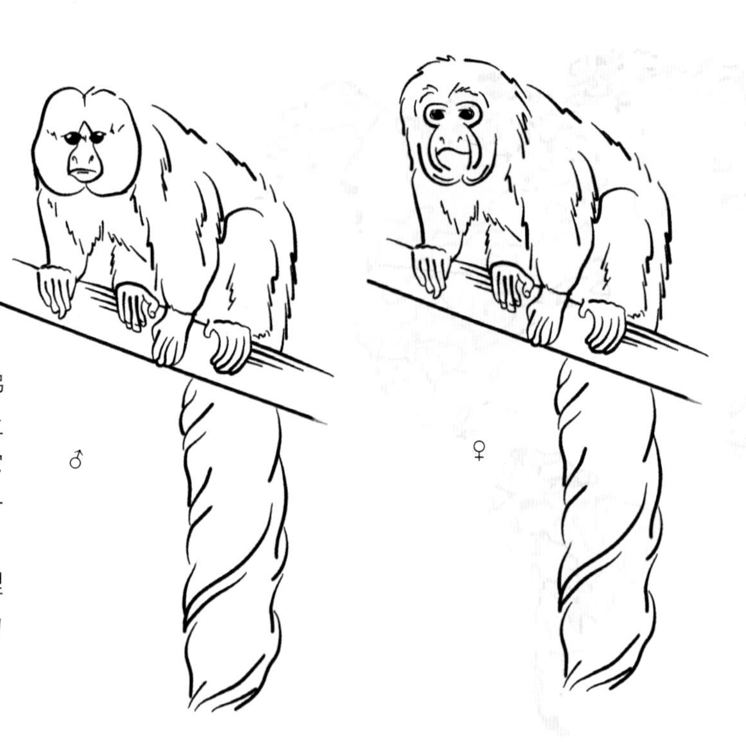

白面僧面猴的长相比较“佛系”，雄性僧面猴的黑色身体上长有一张白色的“大饼脸”，它们十分胆小，眼神中总是带着一丝“忧郁”。

僧面猴还长着一个既像狐狸又像袋鼠的尾巴，所以又被称为“白脸狐尾猴”。

白面僧面猴属于灵长目家族中一夫一妻制的典范，它们还是罕见的雌雄二色性，也就是雌性和雄性的毛色有着显著的区别：雄性除脸部外通体为黑色，而雌性通体为杂乱的棕色，脸部有两条白色的斑纹，与雄性形成鲜明的对比。

生存时间
现存

分布地
南美洲

物种分类
灵长总目
灵长目

白面僧面猴食性非常广，从坚果、水果再到昆虫，但凡能让它们采到，它们都来者不拒。或许你会认为：这没什么，最多算是一个顶级“吃货”，可是你要知道，在它们生活的热带雨林中，许多食物是有毒性的，所以它们吃到有毒食物的概率几乎为百分之百。

神奇的是它们并不会中毒，而这就要归功于它们强大的消化系统，可以使各种毒物在进入体内后都会被体内的化学物质中和，转化成可以吸收的营养物质，所以它们被称为“世界抗毒之王”。

觅食

别看白面僧面猴的身材比较臃肿，但它们可是僧面猴家族中体形最小的成员，而且身手敏捷，善于爬树和跳跃，一跃可达 10 米的距离，所以又被称为“飞猴”。

有着浓密的毛发，尤其头部的毛发就像戴了一个假发套似的，所以它们又被称作“假发猴”。

有一条长约 30 厘米的尾巴，可以帮助它们在雨林中快速穿梭，保持平衡。

体长约 65 厘米，体重可达 2.5 千克。

后肢较长，可以帮助它们在长距离的垂直跳跃过程中，缓解冲击力。

白面僧面猴作为资深的“吃货”，它们还会选择吃一些土，关于这一行为，科学界众说纷纭：有些人认为白面僧面猴会通过吃一些偏碱性的土来中和肠胃的酸性；有些人认为它们是在补充矿物元素；还有些人认为可以避免腹泻。事实究竟是什么，或许未来的你会为我们揭晓答案。

灵长总目

Euarchontoglires

啮齿目

Rodentia

啮齿目是一个大家族，它们拥有种类和数量最多的一类哺乳动物，约有 2000 多种，占现生哺乳动物总数的 40% 以上，其中一些族群在地球上拥有上亿位成员，已经灭绝的种类数量是现在的 5 倍以上，它们分布广泛，目前除南极洲之外都遍布它们的身影。

我们熟知的大家鼠、田鼠、豚鼠和水豚等都属于啮齿目家族，它们之间的体形和大小各不相同，其中不仅有松鼠这样的小个头，也有和犀牛般大小的约瑟夫巨豚，单是头骨的长度就超过 53 厘米。不过，无论体形大小，它们都有一个特别显著的共同特征——“大板牙”，啮齿目这个名字也正是因为上下颌的四颗“大板牙”而得名。

约瑟夫巨豚

啮齿目家族的这四颗“大板牙”可以终生生长，经科学家研究发现，它们所露出来的“大板牙”只是冰山一角，因为它们的“大板牙”已经深入头骨，所以它们需要持续地通过啃咬树干或者坚硬的食物等方式来将其磨短，而且在啃咬的过程中牙齿也会变得尖锐，不仅可以防止饿死，还可以防止牙齿胡乱生长，刺穿头骨。

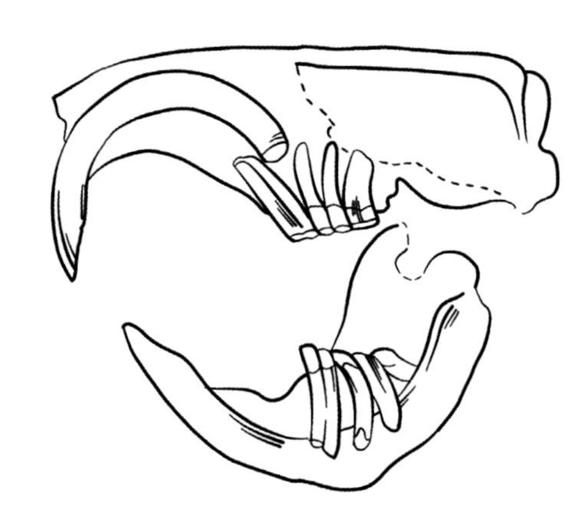

深入头骨的“大板牙”

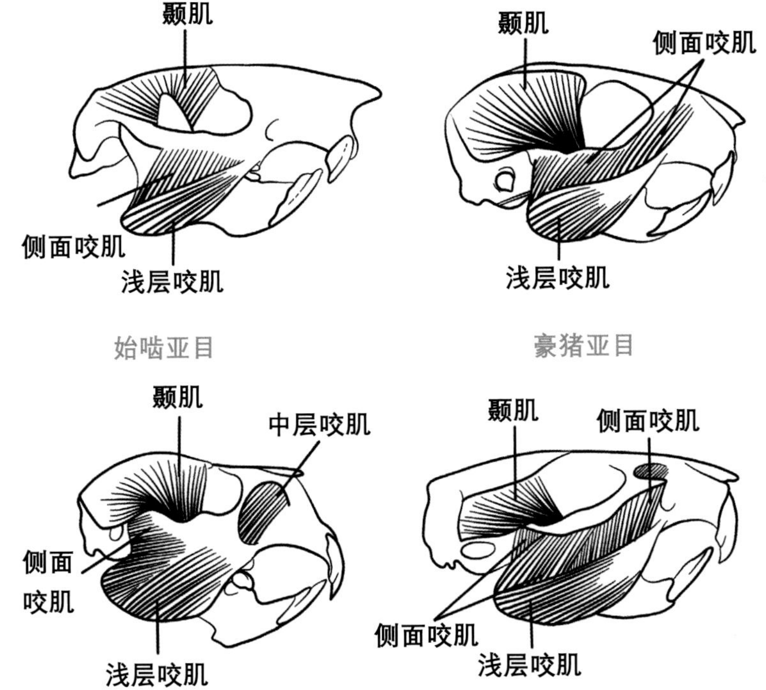

啮齿目家族的适应能力和繁殖能力都特别强，所以它们家族的“子孙后代”几乎可以遍布地球的每个角落。啮齿目家族又可以分为始啮亚目、豪猪亚目、松鼠亚目、河狸亚目和鼠形亚目五类。

啮齿目家族中最原始的成员就是始啮亚目，它们和大部分的原始哺乳动物一样，用于关闭颌部的咬肌在头骨中所占的区域非常小，而后的物种又在此基础上进行演化，有咬肌结构略向前延伸的松鼠亚目和河狸亚目以及将下颌连在前吻部的豪猪亚目和结合它们共同特征的鼠形亚目，也正是因为咬肌位置的改变，啮齿目家族才可以前后移动颌部，从而充分研磨食物。

最古老的啮齿类动物化石发现于晚古新世时期，但是关于它们的起源却迟迟没有定论，有人猜想它们起源于灵长目的更猴类，有人猜想它们起源于古食肉类，但是，这一切猜想都在 1977 年被推翻，古哺乳动物学家李传夔在其发表的论文中提到了一类在中国安徽省发现的化石，并将这类化石命名为“东方晓鼠”。

“东方晓鼠”

东方晓鼠

菱臼兽属

磨楔齿鼠

钟健鼠

壮鼠类

兔形目

模鼠兔科

啮形类

东方晓鼠的牙齿化石已经呈现出类似“啮齿”的重要特征，而且经科学家研究证明：东方晓鼠目前是啮齿目家族中最接近其祖先的一种动物，从而也证明了啮齿目家族可能起源于中亚。

20 世纪 70 年代以后，古生物学家在中国和蒙古国的古新世地层中逐渐发现了许多啮齿类化石，比如在中国内蒙古发现的啮齿目家族成员——磨楔齿鼠，它的发现不仅让我们对早期啮齿类有了一定的了解，还强有力地支持了啮齿类动物属于单系类群这一观点。

钟健鼠

在中国湖南发现的以中国古生物界第一人——杨钟健教授命名的钟健鼠，它具有非常原始的啮齿目家族特征，是啮齿目家族的一位创始元老，它们都为啮齿目家族起源于中亚地区提供了强有力的证据。

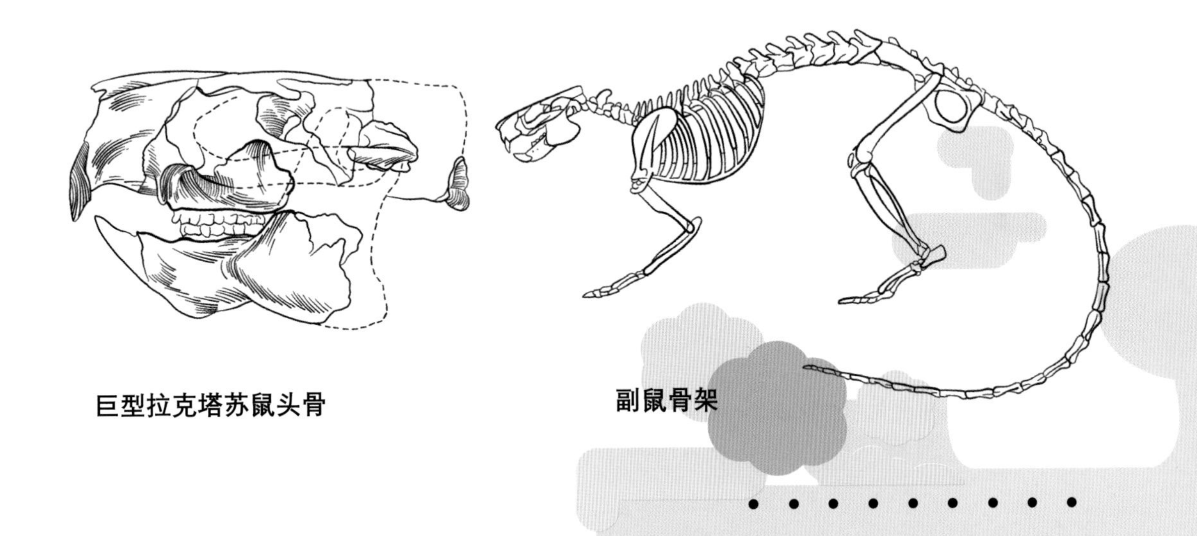
巨型拉克塔苏鼠头骨

副鼠骨架

除中亚起源说外，还有北美起源说，其中最著名的化石就是副鼠，副鼠和松鼠的体形差不多大。它们在始新世中早期拥有许多成员，但在晚始新世的时候，新涌现出的啮齿类将它们赶上了绝路，而最后一种被称作巨型拉克塔苏鼠的副鼠类成员生活在早渐新世，体重可达 9 千克，是当时体形最大的一种啮齿类动物。

灵长总目

Euarchontoglires

豪猪亚目

Hystricomorpha

豪猪这个名字一听就感到十分豪气，但其实“豪”在《康熙字典》中通“毫”，指又长又尖的毛发，这样看来豪猪指的就是“长着又长又尖的毛的猪”，但其实豪猪并不属于猪家族，它们之间更没有什么亲缘关系，只不过古人认为它们长得像猪罢了。

豪猪亚目是始啮亚目中分化出来的第一支比较进步的啮齿类成员，所以它们和老鼠的亲缘关系更近，而且也和老鼠一样有两对终生生长的“大板牙”，啃咬能力很强，最大的特点就是身体上长有可以防御的刺。

豪猪的刺

如果单看豪猪的脸，确实很难将它们与老鼠联系在一起，但豪猪家族可谓是“人才辈出”，成员种类千奇百态。比如将身上的刺都集中在后半身，而且尾巴像扫帚似的帚尾豪猪。

帚尾豪猪

还有一生都生活在地下的裸鼹形鼠。它们长得就像掉光了毛的鼹鼠似的，不仅可以用“大板牙”挖地洞还可以啃咬食物。它们的每个小族群都是由“女王大人”统帅，而日常工作则是由其余成员来分担，和蚂蚁的社会结构很相似。

裸鼹形鼠

巴西树豪猪也是一种长相奇特的豪猪，它们喜欢在树上生活，有一条可以用来缠绕树枝的长尾巴。

豪猪亚目家族中还有一些长相没有那么奇特的成员，比如呆萌的毛丝鼠，它们的毛发又软又厚实，圆滚滚的、特别可爱。或许你对这个名字比较陌生，但它们还有一个名字你一定不陌生，那就是龙猫。

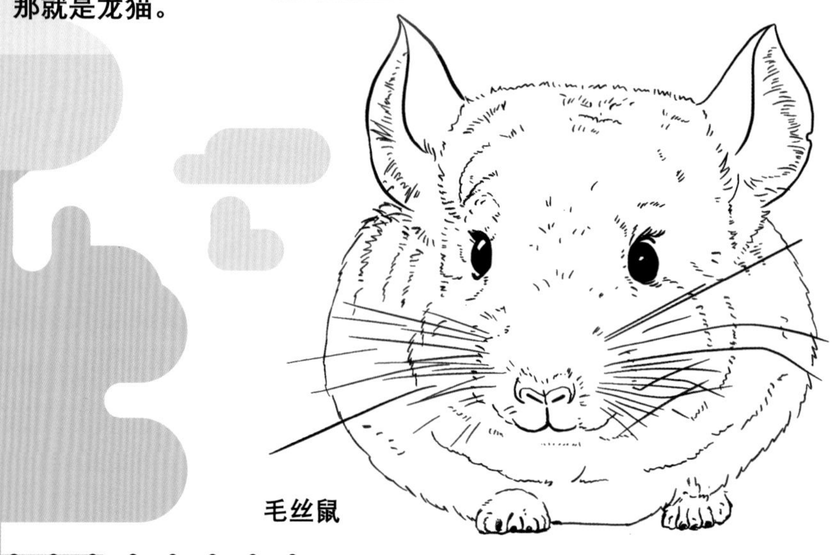

毛丝鼠

豪猪亚目家族中还拥有目前啮齿目家族中体形最大的成员——水豚，它们的体长可达 1 米以上，体重约 50 千克。它们的眼睛、鼻孔和耳朵都长在头顶上，而且每个趾之间都有蹼相连，就像鸭掌似的，使得它们可以在水中轻松地玩耍。

水豚

水豚的性格温顺，是动物界的“社交达人”，经常被众星捧月似的围绕着，究其原因，它们是一辆“移动餐车”，它们的粪便是其他动物营养丰富的食物。

“移动餐车”

豪猪亚目家族中还有一类臭名昭著的“通缉犯”——河狸鼠，也叫作獭狸，它们凭借着自身的“钢铁橙色大龅牙”，到处拆房子，啃建筑，并且会对防洪堤造成极大的破坏。

河狸鼠

河狸鼠的繁殖能力很强，一年大约有 15 只幼崽出生，出生后的它们会趴在妈妈的背上喝奶水（河狸鼠的乳腺是长在背上），边吃边排泄，不仅造成水体污染，还会传播疾病，所以许多地方的政府会奖励杀死它们的猎人。

真兽亚纲

中国豪猪

Hystrix brachyura hodgsoni

中国豪猪和刺猬一样身披硬刺，但两者的结构不同，防御指数也不同，再加上中国豪猪会主动攻击敌人，所以显得更凶猛。它们和刺猬只是在演化的路上不谋而合地共同走上了“负荆”之路。

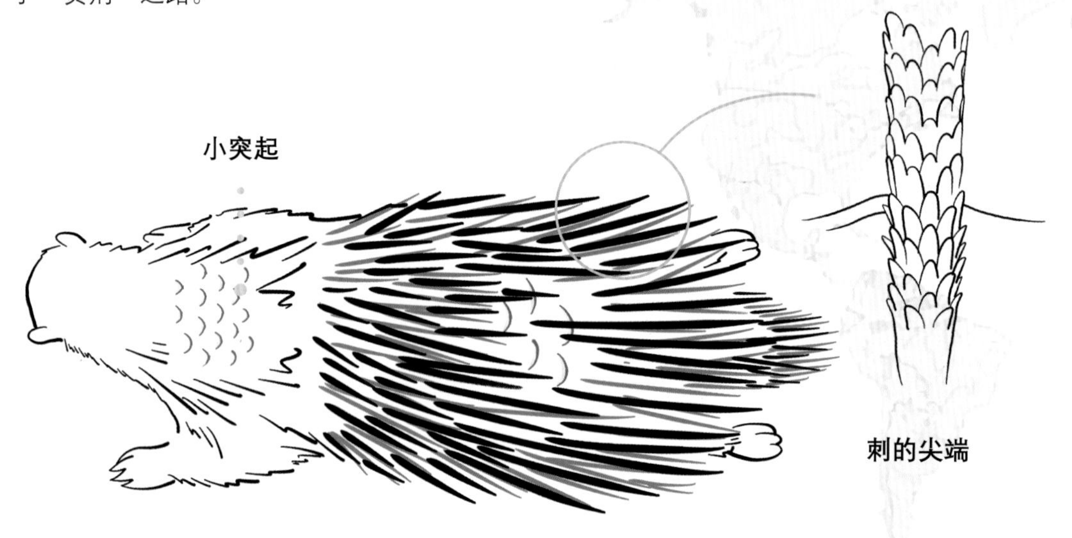

中国豪猪的背部长有许多鳞片似的小突起，它们的硬刺就长在这些小突起上，这些硬刺由角蛋白组成，也就是从背部的毛发演化而来，看似十分光滑，但尖端有许多鳞片状的倒刺，这些倒刺层层叠叠地排列着，一旦扎进猎食者的皮肤中，便很难将其拔出。

生存时间

现存

分布地

中国

物种分类

灵长总目 啮齿目

豪猪亚目

当中国豪猪遇到危险的时候就会把身体上的刺竖起来，并通过肌肉的收缩来抖动这些刺，从而发出沙沙的响声，以示警告。如果猎食者还想采取行动，中国豪猪就会把屁股朝向它们，几十根硬刺就直接插在了敌人的身上，想想都疼，所以大部分的猎食者都会知难而退。

猎食者可以选择捕食其他猎物，可是中国豪猪妈妈需要繁衍后代，中国豪猪宝宝在妈妈体内的时候就已经长满尖刺，虽然待出生接触到空气后，刺才会变硬，但也有意外发生，而此时它们就会有生命危险。

准备分娩的豪猪妈妈

中国豪猪在啮齿目家族中的体形比较大，排行老三，它们喜欢晚上出来活动，虽然它们从外表上看起来像一个“狠角色”，但却是一类比较温顺的植食动物。

眼睛比较小，视力并不好，但是听觉和嗅觉特别灵敏，一旦嗅到危险的气息，就会立刻投入到作战状态。不过它们的鼻子特别脆弱，一旦受到撞击，则会致命。

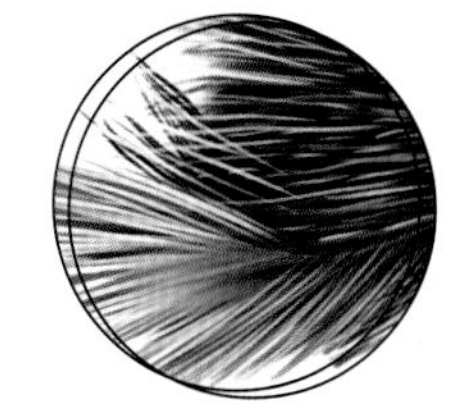

背部和尾部的刺是中空的，最长可达 35 厘米，呈黑白相间，是一种警戒色，可以警告敌人。

体长 60~90 厘米，体重可达 14 千克。

尾巴很短，一般藏在尾刺的下面，不易被发现。

虽然中国豪猪的刺特别容易脱落，但并不是像“暴雨梨花针”似的射向敌人，它们只是在敌人靠近的时候将刺扎进敌人的身体，再等皮肤上的毛囊恢复后，它们的刺还会再次生长，所以冒犯豪猪者，就算不皮肉溃烂也会被扎得满身硬刺，但是它们也有弱点：豪猪的肚皮上没有硬刺，所以敌人只要能将它们翻过来，就可以饱餐一顿。

松鼠亚目

Sciuromorpha

演化树

中美倭松鼠
中东松鼠
长耳花栗鼠
喜马拉雅旱獭
小黄鼠
汤森花栗鼠
美洲飞鼠属
黄鼠属
白背松鼠
旱獭属
小飞鼠属
松鼠族
丽松鼠亚科
非洲巨松鼠族
鼯鼠族
山河狸
花栗鼠属
旱獭族
非洲地松鼠族
林睡鼠
睡鼠
松鼠科
睡鼠科
山河狸科
松鼠亚目

松鼠亚目家族的祖先是在豪猪亚目家族诞生之后才演化出来的，它们的家族在始新世非常繁盛，而且延续至今。

目前，松鼠亚目家族有 300 多个种类，它们大小不一、形态各异。

松鼠亚目家族中最奇特的一类成员就是生活在地道中的米拉鼠类。它们的头上长有一对角，科学家们对这对角的作用做出了各种猜测：比如挖掘食物、种群内炫耀、争夺配偶等，但随着越来越多的化石被发现，科学家认为它们的角可以用来抵御猎食者，当它们遇到危险的时候，就会扬起自己的角。

米拉鼠类

松鼠亚目家族可以分为山河狸科、松鼠科和睡鼠科三大类，其中山河狸科一族是现存最原始的啮齿类动物。它们会同河狸似的筑坝，甚至还会在自己的巢穴中建造卫生间，是一类很讲究的小动物。

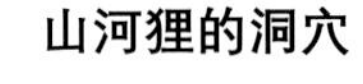

山河狸

松鼠科一族既包含了我们常说的有着毛茸茸大尾巴的松鼠，又包含了会滑翔的鼯鼠以及网红旱獭等。相信你一定看过一张旱獭站在身后满是森林的山坡上喊叫的动图，它们凭借着呆萌的造型，“一炮而红”。

睡鼠科的成员正如其名，特别喜欢睡觉，一年中差不多有多半年的时间都在睡觉。每年的十月左右，它们就开始准备冬眠，当然，其间偶尔也会起来吃一些东西，等到天气完全变暖后它们才会苏醒，所以一些睡鼠甚至会因为醒来不及时而在睡梦中饿死。

旱獭

真兽亚纲

小飞鼠

Pteromys volans

小飞鼠虽然被称为飞鼠，但它们并不会像小鸟一样翱翔天际，而是会在树与树之间滑翔。当它们准备滑翔的时候，连接身体的翼膜就会张开，并在风的作用下抵达目的地。小飞鼠是所有会滑翔的动物中，操控手段和滑翔模式最多的一类动物。

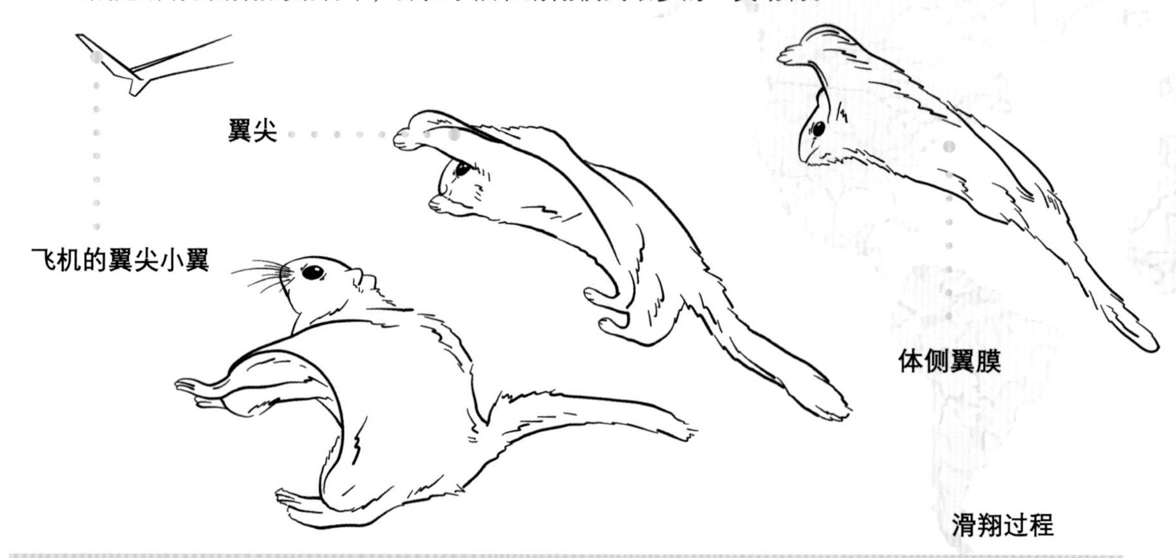

滑翔过程

小飞鼠可以控制左右翼膜的弯曲度和柔软度，而且它们还有一个可以提高升力的秘密武器——翼尖，和飞机的翼尖小翼似的，所以它们在滑行的时候，更加灵活省力，甚至还可以负重滑行，这样不仅便于携带食物，而且还可以使有宝宝的小飞鼠在滑行时不会受到影响。

生存时间	分布地	物种分类
现存	亚洲、欧洲	灵长总目 啮齿目 松鼠亚目

经常会有人把小飞鼠当成蜜袋鼯，但它们并不是一个家族，只是长相以及生活习性比较相似而已。蜜袋鼯和袋鼠一样属于有袋类，而小飞鼠可以称得上是啮齿目家族中的“最萌担当”，它们喜欢生活在树洞中，而且经常会以啄木鸟废弃的树洞为家，这些洞口很窄，既可以御敌又可以防寒，是非常理想的家园。小飞鼠喜欢夜晚出来活动，基本上是遇到什么吃什么，一点也不挑食。一般情况下，它们独自生活，不过偶尔也会一起凑个热闹。

“最萌担当”

小飞鼠又被称作鼯鼠，它们的毛发十分柔软，肚子呈白色，但是背部的颜色会根据季节的不同而不同：夏季呈褐灰色；冬季呈黄灰色或淡黄色。

尾巴又长又扁，不仅可以使身体更加稳固，也可以在滑翔的时候控制方向，再配合着趾上的厚垫子，可以让它们轻松着陆。

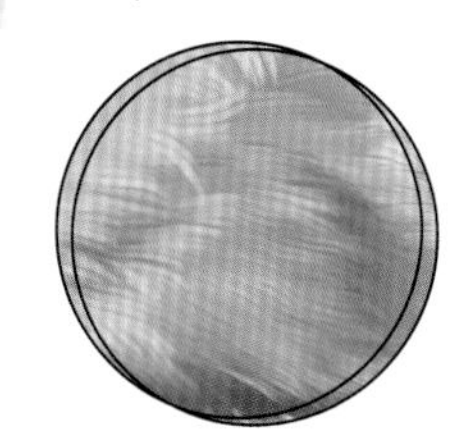

柔软的翼膜从颈部一直延伸到前肢，再从前肢延伸到脚踝处，平时它们会把翼膜收起来，滑行的时候再展开，像一个毛茸茸的降落伞。

眼睛周围有一圈“黑色的眼线”，使得又大又亮的眼睛十分迷人，而且还可以让它们在夜间有开阔的视野。

体长约 20 厘米，体重约 100 克。

你知道五灵脂吗？这是一种可以内服外用的中药材。《本草纲目》中有记载，五灵脂可以治疗蛇、蜈蚣和蝎子等毒物之毒，而且还可以活血化瘀，治疗多种疾病，但你千万不要认为五灵脂是某种灵草，其实这是小飞鼠及其家族成员的粪便。

灵长总目

Euarchontoglires

河狸亚目

Castorimorpha

河狸亚目的家族成员可以分为囊鼠科、异鼠科和河狸科三大类，它们也曾发生过多样性辐射，但大部分物种已经灭绝。

演化树

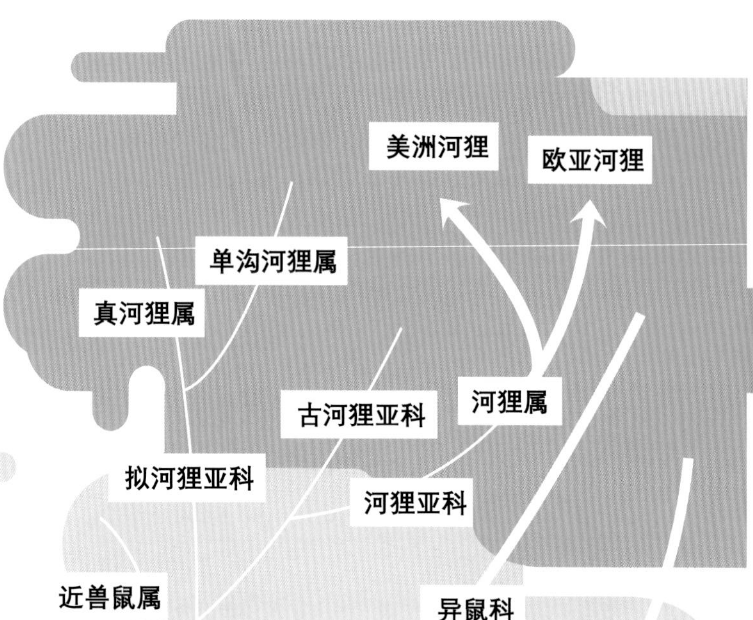

囊鼠因长有巨大的颊囊而得名，它们主要生活在地下，为了方便在掘洞的过程中搬运泥土，它们就会把泥土储存在自己的颊囊中，所以它们的颊囊并不是用来储存食物的。

异鼠科一族中，还有一种叫作更格卢鼠的小家伙，它们简直就是迷你版的袋鼠，不论是身体结构还是生活习性都和袋鼠很像。更格卢鼠主要生活在沙漠中，特别耐旱，一生几乎都不用喝水，它们有一条特别长的尾巴，不仅可以支撑身体，还可以在跳跃中通过甩尾巴来调整方向，从而躲避敌人的攻击，更有甚者，还会把脂肪储存在尾巴上。

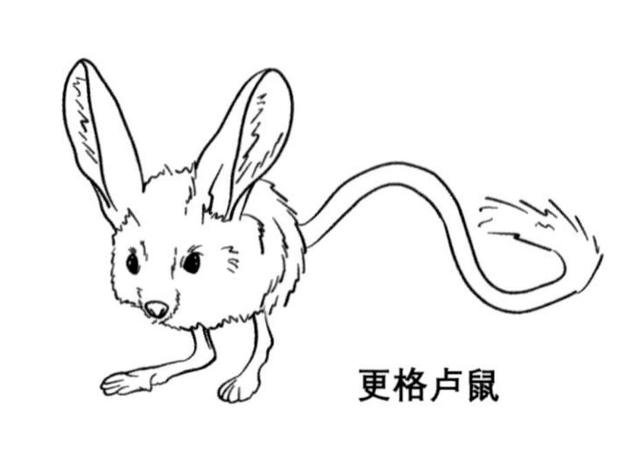

更格卢鼠

目前发现的最古老的河狸类化石是在始新世晚期的地层中，它们的牙齿还没有演化出适合啃咬木头的结构，生活习性和现生的河狸也不一样，它们似乎更适合掘地。

古河狸

河狸作为河狸科一族中的典型代表，体形是啮齿目中仅次于水豚的物种，但在冰河时期，美洲和欧洲地区还生活着体形更大的成员，比如巨河狸和大河狸，其中巨河狸的体长约 2 米，体重可达 125 千克，相当于一头黑熊的大小，但是它们的脑容量却和现在的河狸差不多。

巨河狸

巨河狸和现生河狸最大的区别并不是体形的大小，而是牙齿。巨河狸的门齿又大又宽，可达 15 厘米，但从形状上来看，它们似乎并不能像现在的河狸一样啃咬木头，所以它们貌似还没有建造水坝的习性。

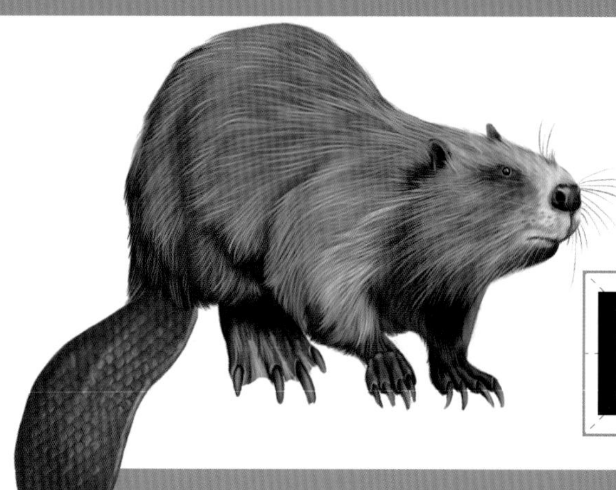

欧亚河狸

Castor fiber

欧亚河狸善于建坝和筑巢。当它们选好位置后，就会用河泥和石块打地基，然后啃断一棵大树将河水拦截起来，不过这是一项风险极高的工作，因为它们可能会被木头砸死，接着河狸会用一些材料将堤坝筑高，最后再用一些泥浆和水生植物固定，形成一个坚固的大坝。

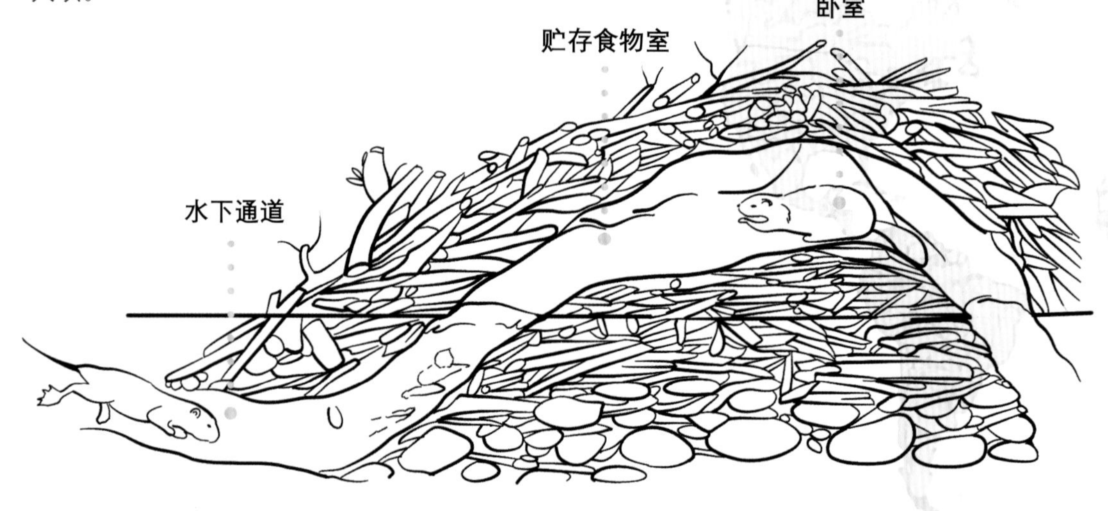

河狸在建造大坝的同时，还会为自己筑造一个精美的巢。它们会选择一片比较干的地方，然后用泥浆、树枝和叶子等打“地基”，再用树枝和泥土等搭成一个露出水面的“小岛”，一个冬暖夏凉的巢穴就建好了。虽然从外面看很杂乱，但里边还真是别有洞天。

生存时间	分布地	物种分类
现存	亚洲、欧洲	灵长总目 啮齿目 河狸亚目

河狸是特别忠诚的伴侣，属于一夫一妻制。河狸宝宝出生后也会陪在父母身边一段时间，帮助它们建坝和筑巢，每年的秋季是它们一家人最忙碌的时候，需要加固房顶准备过冬，除非有洪水等灾害侵袭，否则它们会一直维护自己的家园。

关于河狸筑坝这件事，科学家发现它们筑坝并不是由父母传授的，即使一只从小就和父母分开的河狸也可以建造出完美的大坝，但是如果将它们放在水流特别缓慢的水中，它们就不会建坝了，原来水流声才是筑坝的关键。

河狸一家

欧亚河狸的身形圆润，皮毛蓬松，就像是一个棕褐色的球体。它们的皮毛分为两种，一种是柔软贴身的绒毛，一种是又粗又硬但可以涂防水油脂的长毛。

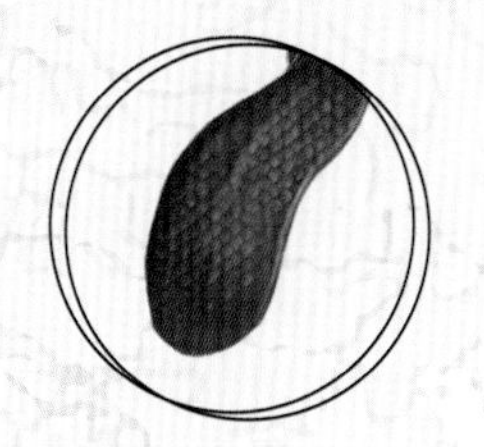
有一条扁平的大尾巴，上面附着着一层特殊的皮肤，就像船桨似的，既可以调整方向又可以减少水的阻力。

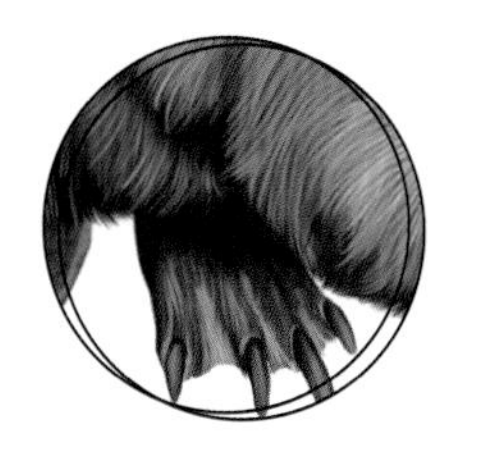
后趾趾间有蹼，可以在游泳的时候提供极强的推进力，它们的耳朵很小，可以在游泳的时候折起来，防止进水。

体长 80 厘米左右，体重约 25 千克。

上、下颌部分别长有两颗颜色鲜艳且终生生长的门牙，它们的门牙中含有铁元素，所以看起来是橙红色的。

欧亚河狸的肛门附近可以分泌出一种被人类称为“高级香料”的“河狸香”，这种香料十分珍贵，所以欧亚河狸也因此遭到了大量捕杀。欧亚河狸一定不曾想过，自己用于标记领地和识别同伴的分泌物会被人类用来制作香水、冰激凌甚至是调酒、增加香烟的口感，要知道“河狸香”只属于河狸。

灵长总目

Euarchontoglires

鼠形亚目

Myomorpha

鼠形亚目是啮齿目家族中最大的一族，它们种类繁多，差不多包含了25%的哺乳动物，现生的种类就有1000多种，而且分布广泛，除了南极洲之外都有分布。

鼠形亚目的成员外表皆与老鼠相似，但不同种类间还是有一些差异，而且生活习性也不同。

演化树

家鼠属
心颅跳鼠属
林跳鼠属
小鼠属
蹶鼠属
鼠科
仓鼠科
跳鼠总科
鼠形亚目

在鼠形亚目一族中，种类最多的成员就是仓鼠科和鼠科，它们之间好像签订了什么协议似的，互不侵犯。仓鼠科主要分布在美洲，而鼠科主要分布在亚欧非地区。

仓鼠

鼠科的成员种类特别多，比如沙鼠、小家鼠和褐家鼠等，或许你对这些名字感到陌生，但在中国内蒙古荒漠地区常见到的鼠类就是沙鼠，还有常献身于科学研究事业的鼠类一般是小家鼠和褐家鼠。

鼠科成员中还有一类喜欢在麦秆上筑巢的巢鼠，不过，不论鼠科的成员有多么的不同，它们统一都有一条长长的尾巴。

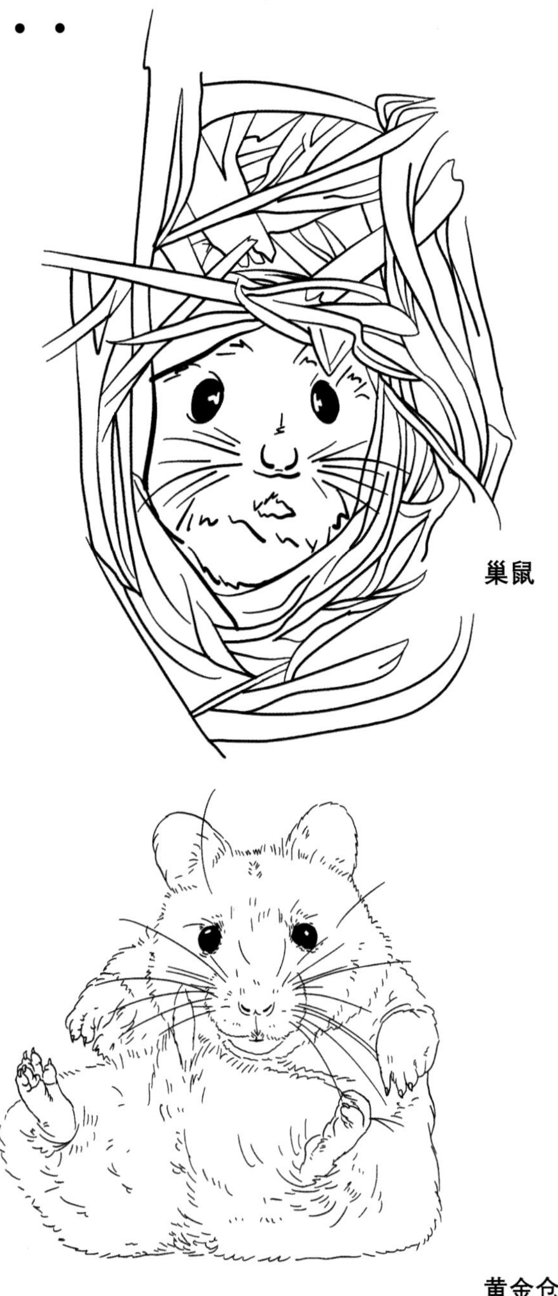

巢鼠

仓鼠科的成员尾巴比较短，它们凭借着可爱的外形成为了受人喜爱的萌物。其实这些可以作为萌宠的仓鼠主要来自仓鼠亚科家族，有 20 多个种类，它们的脸庞都是肉嘟嘟的，十分可爱，可以帮助它们储存一些食物。

黄金仓鼠

在仓鼠科家族中，还有一类特别神秘的旅鼠，它们会因为食物或者生存空间的缺乏而进行大迁徙，在迁徙的途中一些年老体弱的旅鼠就会倒在路上，好像经历了“灭门”似的。

长耳跳鼠

Euchoreutes naso

长耳跳鼠因其长长的耳朵被命名。它们是跳鼠家族中长相最奇特的成员，猪一般的鼻子，兔子似的耳朵还有袋鼠似的后肢。长耳跳鼠可以轻松地跳起 1 米多高，而且后肢上还有厚厚的肉垫和毛发，可以防止它们陷入沙土中。

准备进入洞穴的长耳跳鼠

长耳跳鼠的菜谱上主要是植物的种子、嫩叶和根茎等，偶尔也会加一些昆虫等配菜。一般情况下，它们不需要喝水，食物中的水分就足以维持它们的体能。白天的时候，长耳跳鼠就会藏在洞中休息，并用鼻子将沙子拱在洞口掩盖起来，待夜幕降临才会开启它们的夜生活。

生存时间	分布地	物种分类
现存	中国、蒙古国	灵长总目 啮齿目 鼠形亚目

长耳跳鼠生活在人烟较少的荒漠地带，它们的胆子特别小，极易受惊，一般不会出现在人类的视野中。长耳跳鼠的后肢长度大约是前肢的四倍，所以特别擅长跳跃，在它们受到惊吓的时候，可以跳跃近三米高，但是到目前为止还无人知晓跳鼠为什么会在荒漠中跳跃。

有人说，它们是为了逃避猎食者；有人说它们是为了长距离迁徙；还有人说它们是为了减少和其他动物之间的竞争，又或许以上 3 种猜想都是它们跳跃的原因。

跳跃

长耳跳鼠被称为“沙漠中的米老鼠”，它们的长耳朵大约占身长的一半，简直是长的不成比例。它们的背部呈荒漠般的土黄色，可以将它们与环境完美地融为一体。

长长的大耳朵不仅可以散热，还可以接收周围环境的声音，感知任何风吹草动，帮助它们捕食和躲避天敌。

一双强健有力的大长腿，可以帮助它们长距离跳跃，前肢比较短小，但指尖很长，适合捕食和挖洞。

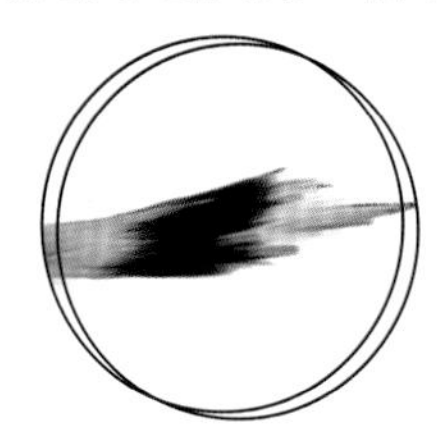

尾巴大约是身长的两倍，末端还有较长的尾穗，既可以增强跳跃能力又可以帮助它们在跳跃的时候转换方向和保持身体平衡。

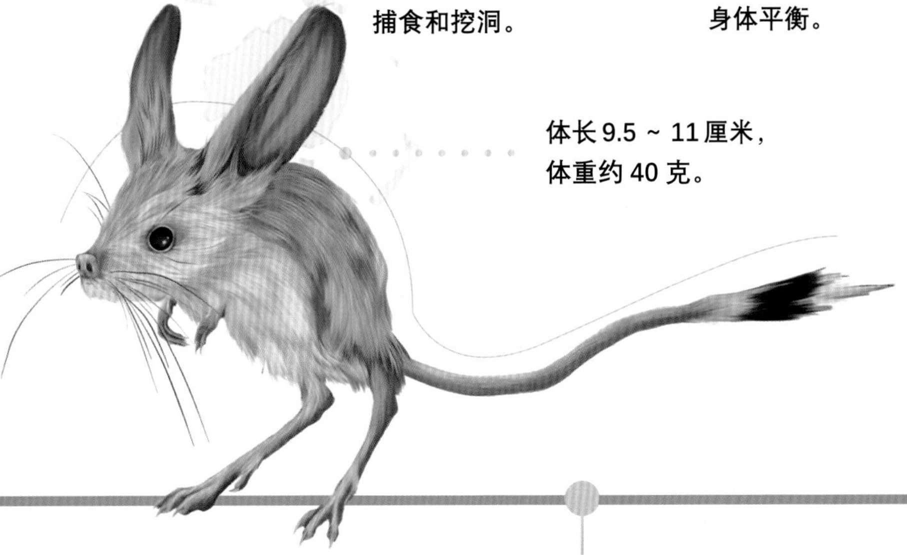

体长 9.5 ~ 11 厘米，体重约 40 克。

长耳跳鼠并不像家族中的其他成员，繁殖率很高，它们每年只繁殖一次，每次大约会产 3~5 只小跳鼠。小跳鼠是由妈妈独自抚养长大，待每年的七八月份就会和妈妈一起外出觅食，储备能量，因为秋季天气渐凉的时候，它们就要准备在洞穴中冬眠，时间长达五个月，待来年三四月，天气回暖，这些小精灵们才会出来。

灵长总目

Euarchontoglires

兔形目

Lagomorpha

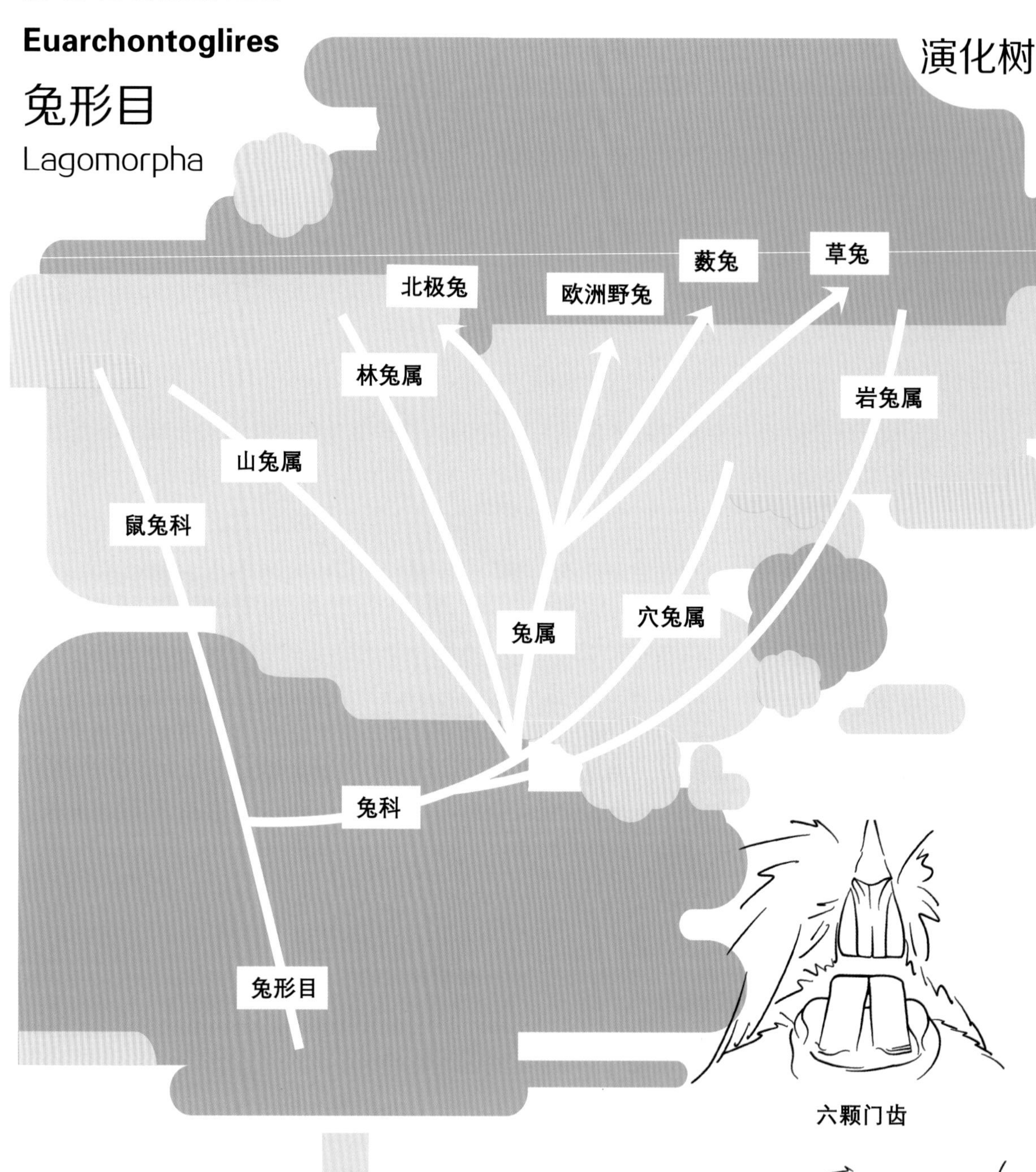

兔形目家族是啮齿大目中的另一个族群，和啮齿目是姊妹群。它们都有着终生生长的门齿，但兔形目的家族成员共有六颗门齿，而啮齿目成员只有四颗门齿。前者是纯粹的“植食性”而后者食性却很杂。

不断生长的门齿

兔形目家族是植食性动物，可是你知道它们喜欢吃什么吗？我猜大部分人一定会不假思索地说：“胡萝卜”。几乎每一部和兔子有关的动画都离不开胡萝卜，比如胡萝卜不离手的兔八哥，比如喜欢种胡萝卜的朱迪父母，还有很多相关的童谣等，所以兔子一出场的标配就是胡萝卜，但事实是兔子并不能吃太多胡萝卜。

兔八哥

兔形目的家族成员众多，有兔科和鼠兔科两大类。现生的种类大约有 80 多种，而其他 200 多种家族成员都只剩下化石记录，其中最引人注目的成员当属帝王梅诺卡兔，这是一种生活在 500 万年前的巨兔，体重可达 12 千克，相当于现在兔子的 6 倍，所以它们貌似并没有现生兔子那般灵巧，而且凭借着庞大的体形，在它们生活的年代也并不需要有灵敏的听觉和良好的视觉。

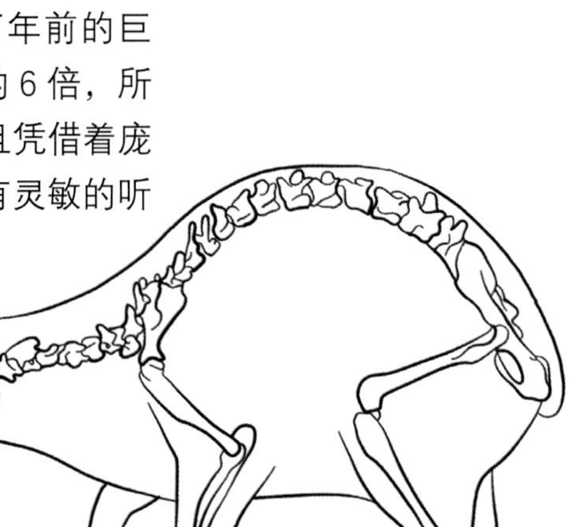

帝王梅诺卡兔和家兔的对比

兔科中的家兔是由欧洲穴兔驯化而来，它们主要吃一些草叶、根茎和花朵等，因为这些食物结构粗糙、有韧性，可以磨损它们的门齿，反之胡萝卜这样纤维少、水分大的食物并不适合它们经常吃，否则它们的牙齿会不断生长，以致丧命。

鼠兔一族是一类古老又特别的兔形目成员，它们在渐新世时期与其他的兔形目成员分道扬镳。最古老的鼠兔一族生活在 4250 万年前的亚洲，它们的成员种类多样，到早新世时期已达到 16 个属，但是如今却只剩下鼠兔一族，而且只在布满岩石的山中寻找栖身之所。

真兽亚纲

伊犁鼠兔

Ochotona iliensis

伊犁鼠兔是一种仅生活在中国新疆的特有物种。它们长得和泰迪熊特别相似，被称为“天山上的精灵”。1983 年，科学家李维东首次发现它们，之后便不见踪迹，直到 2014 年才被再次发现，它们目前的数量还不足千只，已经处于濒危状态。

嘴里含天山雪莲的伊犁鼠兔

伊犁鼠兔喜欢生活在海拔较高的寒冷地带，它们是一类特别会“养生”的小家伙，喜欢吃金莲花和红景天等中草药，还会吃天山雪莲，这是一种被奉为“百草之王”的名贵药材，但在伊犁鼠兔的眼中就像吃大白菜似的，能填饱肚子就行。

生存时间	分布地	物种分类
现存	中国新疆	灵长总目 兔形目

伊犁鼠兔喜欢单独生活，而且不擅长鸣叫，它们主要生活在陡峭的岩壁上，一般情况下，除冬季外，它们喜欢在晚上出来活动。伊犁鼠兔一般不会冬眠，所以在天气还未变冷的时候就会储藏一些食物，是一种特别有先见性的动物。

伊犁鼠兔是一种长得既像老鼠又像兔子的小动物，论亲缘关系，它们与兔类成员的关系更近，它们的上颌有 4 颗门齿，而且尾巴特别短，从身后几乎看不到，这些特征都和兔类很相似。

岩石上的伊犁鼠兔

伊犁鼠兔是家族中体形最大的一类成员。它们的身形圆润，毛发又厚又密，可以帮助它们抵御高寒地区的寒冷。它们还有着较长的后足，适于在岩壁上攀爬。

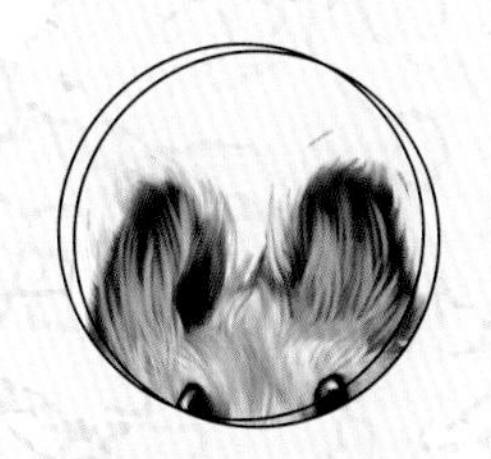

毛茸茸的大耳朵，十分可爱，也是现生鼠兔一族中耳朵最大的一类，大大的耳朵可以帮助它们收集到许多声音，从而躲避天敌。

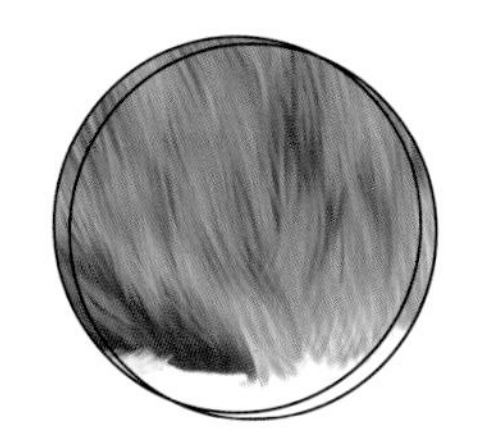

毛发颜色可以和周边环境很好地融为一体，就像穿了隐身衣似的，很难发现它们的踪迹。

额头和脖子两侧有三个醒目的锈棕色斑点，便于和其他物种区分，而且从远处看，会误以为是岩石上生长的地衣，是一种保护色。

体长 20 厘米左右，体重约 240 克。

伊犁鼠兔的粪便有两种，一种是里面包含有一些它们无法消化的纤维的圆形硬粪便；另一种是里面包含很多营养物质（如蛋白质、维生素等）的盲肠便，这种粪便也被称作草灵脂，是一种中药材。而伊犁鼠兔会把自己排出的草灵脂吃掉，既可以补充营养，又可以维持肠道菌群的稳定。

真兽亚纲

北极兔

Lepus arcticus

北极兔生活在加拿大北部和格陵兰岛的冰原上，那里特别寒冷，所以它们身披厚重的毛发，显得身形比较圆滚。它们的毛发可以分为两层：底层的毛发短而浓密，用于保暖；上层的毛发柔软蓬松，可以抗寒防风。

夏季的北极兔

北极兔在冬季的时候，除耳朵尖外浑身都呈雪白色，就像一个大糯米团子似的，可以帮助它们在冰天雪地中伪装自己；而在夏季的时候，它们会随着大地的颜色给自己换装，将自己雪白的毛发褪去，换成一身棕灰色的毛发，这便是它们的生存智慧，也被称作生物适应性。

生存时间
现存

分布地
北美洲

物种分类
灵长总目
兔形目

别看北极兔身形圆润，平时的行动比较缓慢，但它们却是名副其实的运动健将，不论是在雪地中行走、跳跃还是奔跑的能力都特别强。

北极兔在奔跑的时候常常会一跃而起，高度可达 1 米，而且它们还会突然急转弯，给敌人一个措手不及。

甚至在受惊的时候，一个飞跃便可达 3 米远，在空中划出一道完美的弧线，这样便可以帮助它们观察四周环境，确定逃跑方向，而且北极兔还可以像人类似的站立起来，从而获得更开阔的视野。

跳跃

北极兔是现存野兔家族中体形最大的一类成员，虽然看起来胖嘟嘟的，但它们可都是大长腿，站起来的高度可达成年人的膝盖，但趴在地上的时候，却看不到它们的腿了。

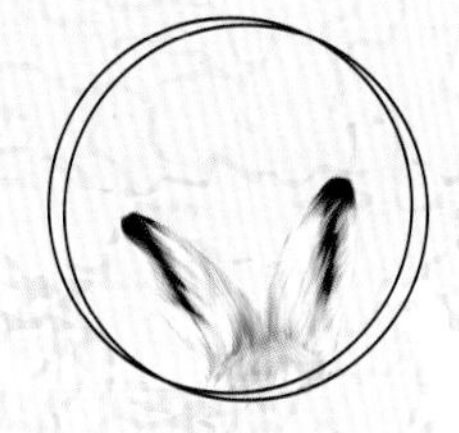

短小的耳朵可以防止热量的散失，但并不会影响它们的听力，它们性情胆小，遇到一点风吹草动就会立刻逃跑。

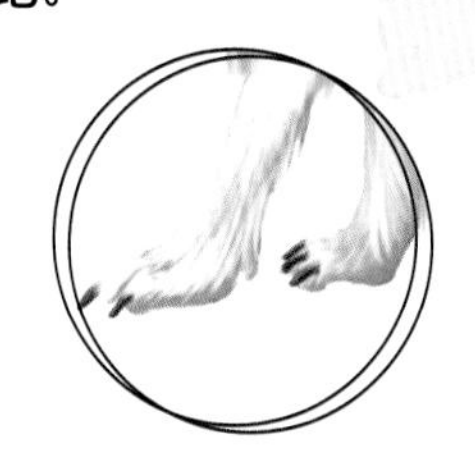

长而有力的四肢使得它们在遇到危险的时候，可以以每小时 60 多千米的速度逃跑。

体长为 55~71 厘米，体重为 4~5.5 千克。

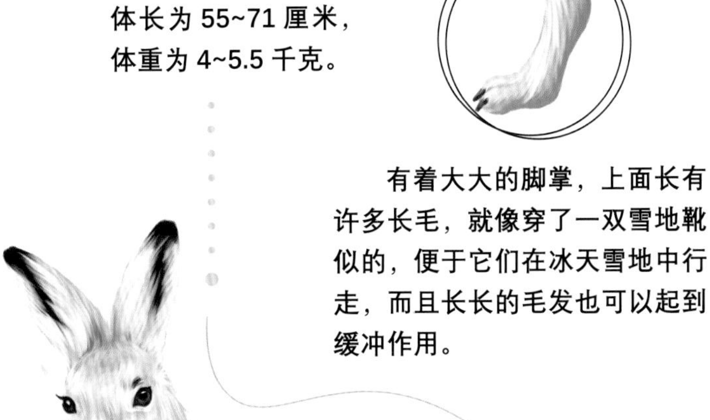

有着大大的脚掌，上面长有许多长毛，就像穿了一双雪地靴似的，便于它们在冰天雪地中行走，而且长长的毛发也可以起到缓冲作用。

北极兔喜欢群居生活，少则几只，多则上百只。它们之间的洞穴相隔不远，所以外出活动的时候常会结伴而行，在觅食或者休息的时候，还会有同伴放哨。北极兔会通过耳朵的位置和不同的姿势以及标记记号等方式与同伴传递信息。

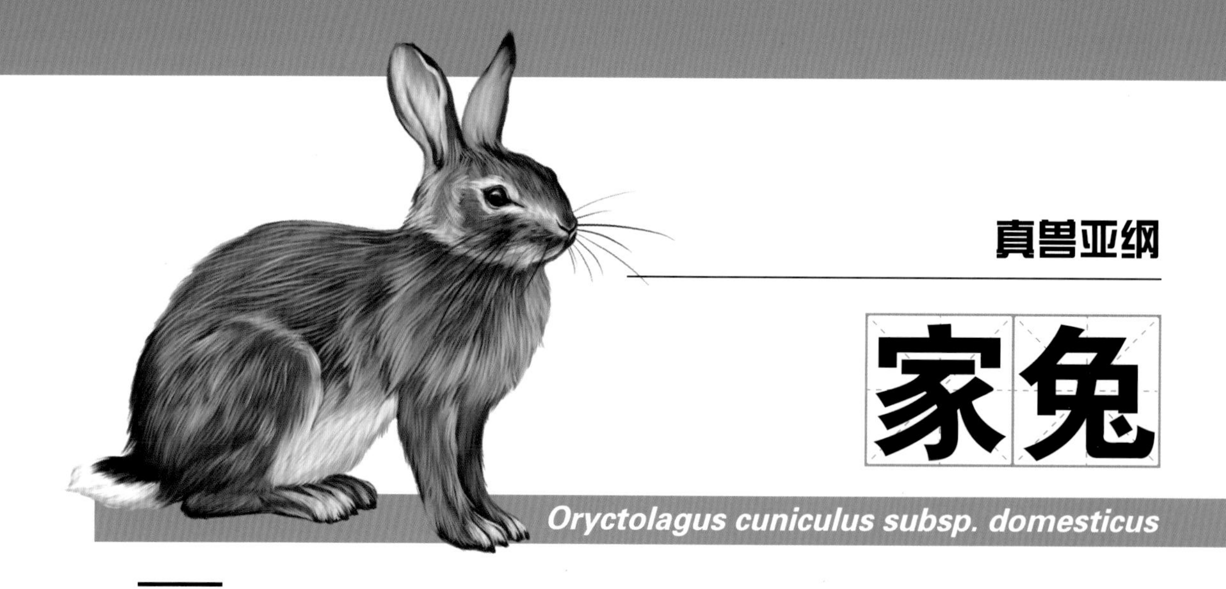

真兽亚纲

家兔

Oryctolagus cuniculus subsp. domesticus

家兔起源于野生的穴兔，正如穴兔这个名字一般，家兔特别擅长打洞，所谓“狡兔三窟”指的便是它们，而像北极兔这样的野兔在遇到危险的时候，首选的方式就是逃跑，所以“守株待兔”中的“兔”应该是野兔。

“朱迪”的部分家人们

相信看过《疯狂动物城》的你定会对里边的朱迪警官印象深刻，可你是否还记得朱迪在前往动物城的时候，火车站中有一个不断跳动的“兔口总数”牌？这块牌子上的数字直接表明了兔子最大的一个特征——繁殖率高，一年生20只小兔子，对它们来说简直是小菜一碟。

生存时间	分布地	物种分类
现存	除南极洲、北极洲外各大洲均有分布	灵长总目 兔形目

家兔的驯化历史悠久，但是它们作为宠物进入人类的视野很短暂，目前世界上已经有 300 多种家兔，有体重不足 1.2 千克的侏儒兔，也有体重超过 5 千克的巨型安哥拉兔。它们都是植食性，但又与牛、羊等不同，家兔主要通过大肠和盲肠来消化食物，它们的小肠 + 大肠 + 盲肠的长度足有 4.7 米，大约是身体长度的 1.5 倍。

家兔的盲肠可达 0.6 米，肠道中有很多负责消化的菌群，它们可以在消化的过程中产出一些营养物质，从而保证家兔的健康。

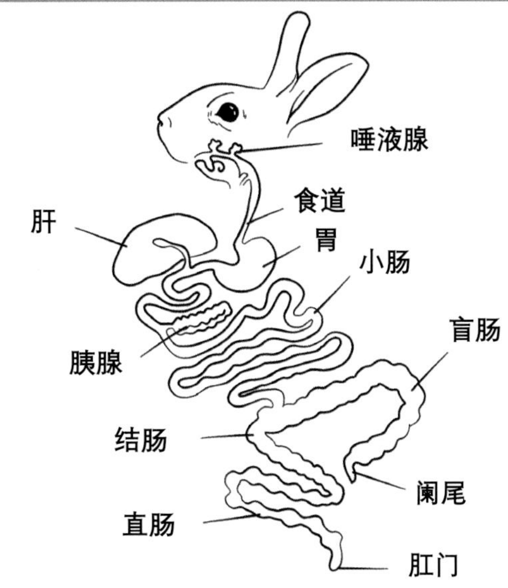

一般情况下，家兔的毛发呈棕色，但是还有许多家兔呈白色，这是因为它们的体内缺少黑色素，而小白兔鲜红色的眼睛则是眼球中的毛细血管本身所呈现出的颜色。

中国有一句古话“虎毒不食子”，但是在自然界中，杀掉幼崽或者将幼崽吃掉的行为数不胜数，比如小龙虾和黑猩猩等，而家兔也是其中一员。当兔妈妈感到周边的环境让它压力较大或者十分不适的时候，它们就会把自己刚生下来的宝宝吃掉补充能量，为下次的繁殖做更好的准备。

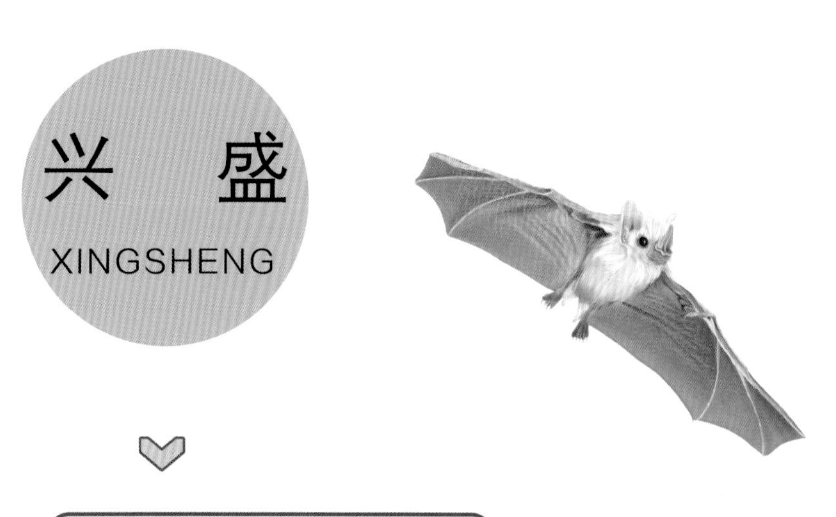

劳亚兽总目 Laurasiatheria

劳亚兽总目是四大真兽类哺乳动物总目之一，指的是起源于9100万年前的劳亚古陆，并在劳亚古陆上演化的一类哺乳动物。

根据分子遗传学的研究结果表明，劳亚兽总目和灵长总目是姊妹群，可能来源于共同的祖先，都属于北方真兽高目。

在哺乳动物空前发展的新生代时期，劳亚兽总目占据了绝对优势，不仅有生活在天空中的翼手目，还有生活在陆地上的食肉目、体型比较大的奇蹄目以及生活在海洋中的鲸目等，它们都属于劳亚兽总目的家族成员。

所以灵长目一族在寻找到森林中较高的生态位之前，劳亚兽总目家族一直压制着灵长总目家族。

劳亚兽总目

Laurasiatheria

劳亚食虫目

Eulipotyphla

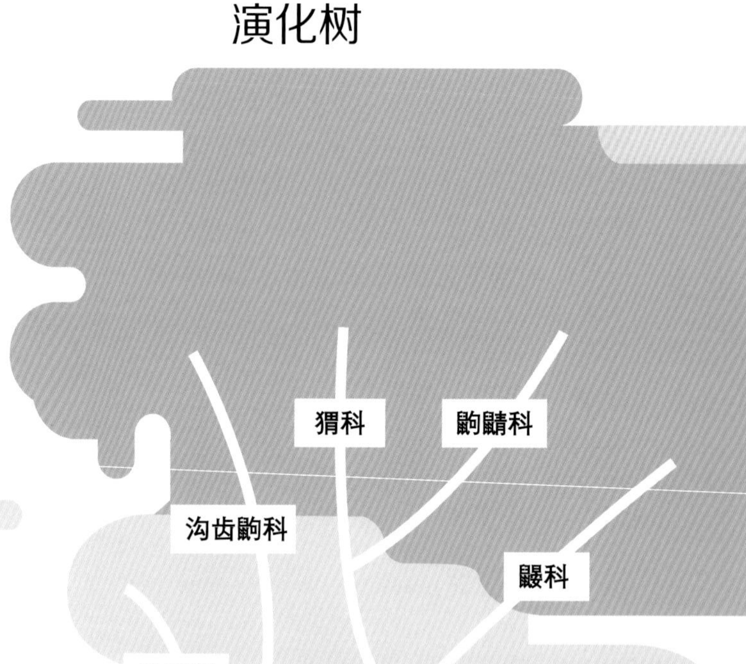

中生代时期，大多数的哺乳动物都长有细窄的三角形牙齿，可以帮助它们咬碎昆虫和一些比较坚硬的物体，随着后期的演化，一些哺乳动物才逐渐演化出了如刀锋般的尖牙，还有像蘑菇似的比较圆钝的牙齿，所以说，大部分的哺乳动物都是“食虫类”的后代。

可是如果按照“食虫”这一特性来划分族群的话，范围就太广泛了，就像一个大杂烩似的，不仅包括鼩鼱、鼹鼠、刺猬和沟齿鼩这四种亲缘关系紧密的劳亚食虫目成员，还包括长有专门食虫牙齿的其他哺乳动物，可是它们和劳亚食虫目成员除了牙齿之外并无其他相似解剖结构，所以包含所有食虫哺乳动物的“食虫目”这一分类被废弃。

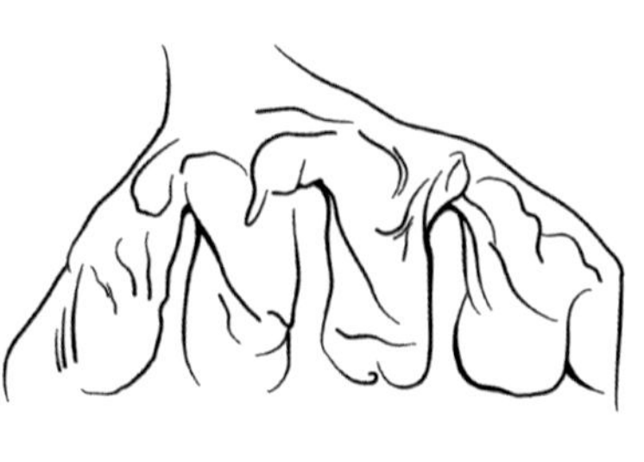

食虫类哺乳动物的牙齿

原先食虫目的一些成员被归为“劳亚食虫目”一族，其他来自五湖四海的成员也都找到了适合自己的归宿，或自成一目或归为其他族群，比如把象鼩和金毛鼹鼠归到了非洲兽总目，树鼩和鼯猴归到了灵长总目等。

金毛鼹鼠

而对于已经灭绝的许多拥有“食虫”特征的哺乳动物来说，由于化石证据比较少，所以它们和现在的劳亚食虫目之间的关系并不明确，比如幻鼠科一族和大古猬科一族。

幻鼠科动物化石

科学家关于幻鼠科一族的亲缘关系已经争辩了一个多世纪，但目前还没有定论。幻鼠科一族的化石主要来自北美洲，它们的化石表现出许多奇奇怪怪的特征。

在德国发现的异冢鼠，它们的体形很小，有30厘米高，可以在树木间来回跳跃，它们长着长长的门齿和中指，前者可以帮助它们啃咬树皮，后者方便它们在树上掏取食物，就像现生的指猴似的，而且异冢鼠还会像啄木鸟似的通过敲击树木来捕食猎物。

异冢鼠

还有幻鼠科一族最后灭绝的一类成员——艾拉氏鼠，目前只发现了它们的头骨和颌骨化石，化石表明它们有着奇特的“大龅牙”，而且还有明显的磨损痕迹，不过目前还无法推断出这些磨损是如何造成的以及它们生前的谋生方式还是个谜。

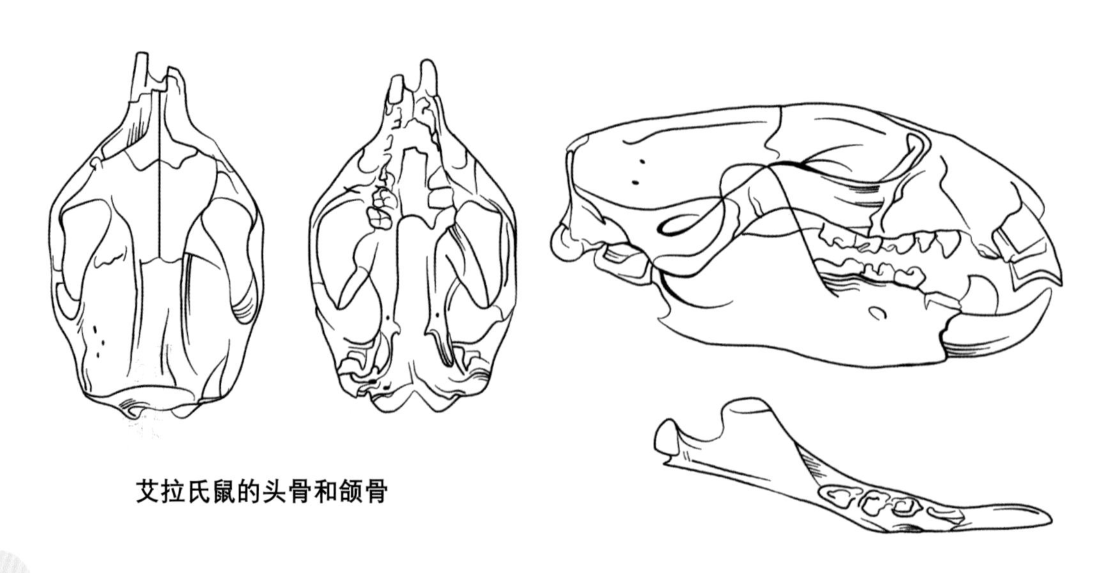

艾拉氏鼠的头骨和颌骨

最古老的大古猬科一族诞生在北美洲，它们的一部分成员和水獭很相似，比如在德国的麦塞尔湖发现的水鼬猬骨架化石，它们是杂食性，体长可达 50 厘米，四肢细长，可以帮助它们爬树，而身后的一条毛茸茸的长尾巴或许还可以帮助它们将自己固定在树上。

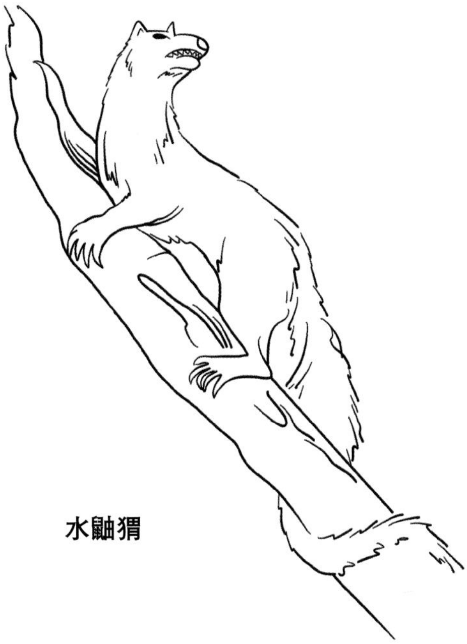

水鼬猬

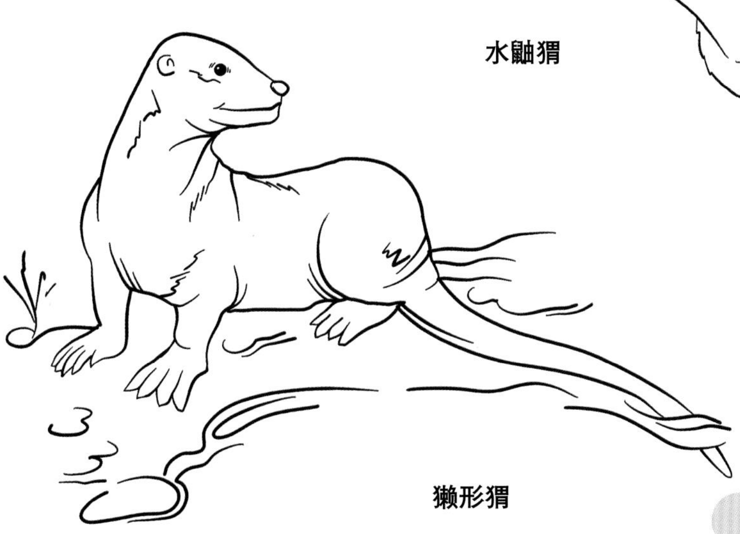

獭形猬

还有习性和现生的水獭似的獭形猬，它们有着强壮的前肢和长长的尾巴，这些都是它们的游泳装备，獭形猬不仅会吃鱼还有着适合压碎蛤蜊等贝类的牙齿。

劳亚食虫目又被称为真盲缺目，这是一位来自德国的生物学家在 19 世纪做出的命名。他把原先食虫目中缺少盲肠结构的动物都归为真盲缺目，而如今以鼩鼱、鼹鼠、刺猬和沟齿鼩四科作为劳亚大陆上的食虫类代表。

普通鼩鼱

Sorex araneus

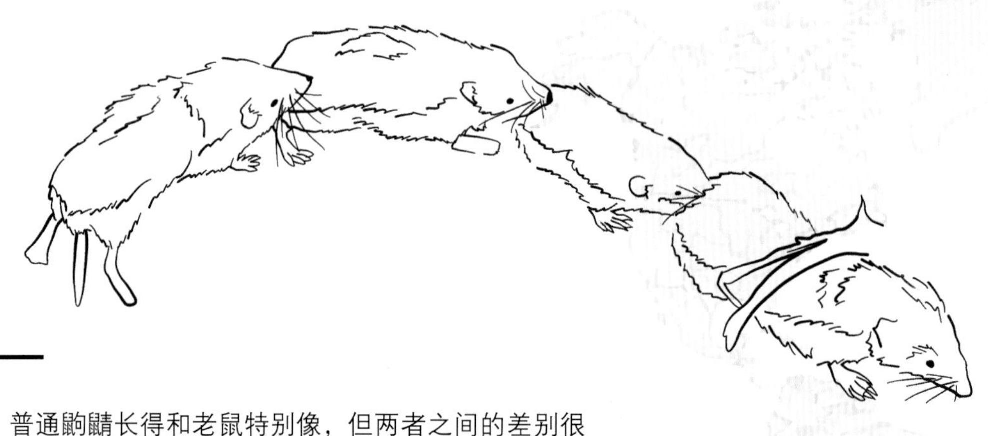

"小火车"

普通鼩鼱长得和老鼠特别像，但两者之间的差别很大。普通鼩鼱曾出现在《黑猫警长》这部动画片中，其中的一个片段就是搬仓鼠们想要诬陷鼩鼱妈妈偷了粮食，但黑猫警长发现鼩鼱是一类吃蠕虫的动物，从而洗清了鼩鼱妈妈的嫌疑。

普通鼩鼱带娃的方式很特别，就像开火车似的。当鼩鼱宝宝可以外出的时候，它们就会排成一队，第一只小鼩鼱会紧紧地咬住妈妈的尾巴，后面的小家伙们也会学着依次咬住前一只的尾巴，远远看上去就像火车似的，即使把鼩鼱妈妈拎起来，"火车" 也不会断开。

生存时间	分布地	物种分类
现存	亚洲、欧洲	劳亚兽总目 劳亚食虫目 鼩鼱科

普通鼩鼱过冬的方式很特别，它们既不会迁徙到比较温暖的地方，也不会储备脂肪冬眠，而是会将自己的身体缩小，这一现象其实早在 20 世纪 40 年代的时候就被一位波兰的动物学家察觉，但是在近几年才确定了更多的细节。普通鼩鼱在冬天的时候会将脊椎缩短，将身体器官的质量减少，甚至连头骨也能缩小 20%，大脑缩小 30%，而当气温上升的时候，它们就会重新生长到最大的体形。普通鼩鼱练就的这一身“缩骨功”，可以帮助它们有效的节能。

普通鼩鼱在鼩鼱一族中算是体形比较大的一员，它们背部的毛发呈棕褐或黑褐色，而腹部颜色较浅，呈灰褐或灰白色。

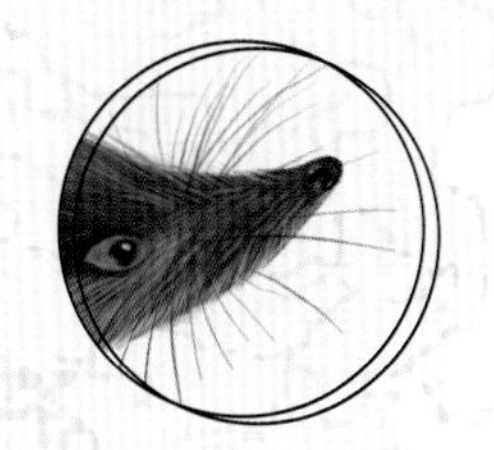

吻部较长，牙齿又小又尖，表面因含有铁的成分呈红色，不似老鼠的“大板牙”。

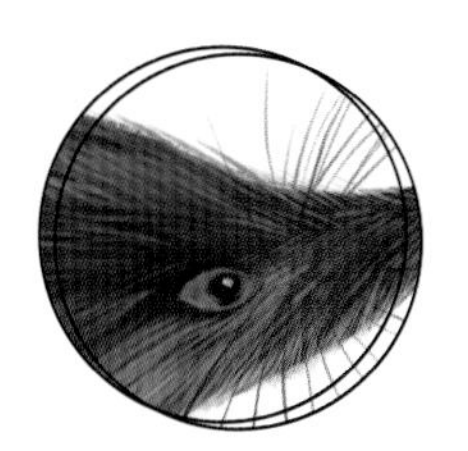

视觉很差，但是听觉和嗅觉极其敏锐，嘴部的胡须可以帮助它们感知周边的环境。

体形小，所以散热比较快，这就意味着它们需要花费很长的时间捕食，然后不断进食，补偿散失的热量，否则短短的几天它们就会小命不保。

体长约 9~13 厘米，
体重约 7 克。

普通鼩鼱是地球上最小的一类哺乳动物，它们的寿命很短暂，还不到一年半的光阴。成年后的鼩鼱差不多在繁殖后的秋季就结束了短暂的一生，所以它们这一生十分忙碌，甚至连心跳的速度都可达到每分钟 800~1200 次，相当于人类的十倍。

真兽亚纲

星鼻鼹

Condylura cristata

初次见到星鼻鼹的人，还会以为它们的头上开了一朵花。星鼻鼹的长相不仅奇特，而且它们身怀绝技。它们的鼻子周边长着一圈左右对称的粉色触手，就像星星的光芒似的，所以由此得名。

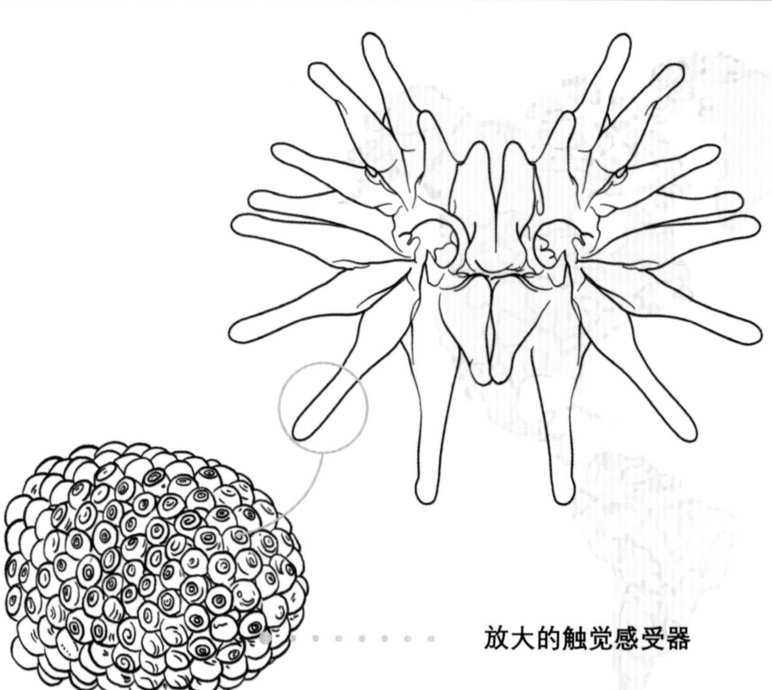

放大的触觉感受器

星鼻鼹的鼻子周边长有 22 个触手，上面还有 25000 个触觉感受器分布在表皮下方，帮助它们感受周边环境的变化。星鼻鼹触手上的神经末梢可达 10 万个，而人类的一个手掌上大约只有 17000 个神经末梢，可以想象一下星鼻鼹的灵敏感知度。

生存时间	分布地	物种分类
现存	北美洲	劳亚兽总目 劳亚食虫目 鼹科

星鼻鼹的一生几乎都在黑暗中度过，所以它们主要依靠触觉和嗅觉来感受周边的事物。它们可以通过灵敏的触手来感知土壤中猎物的动态，而且每秒钟就可以感知到 10~12 个不同的位置，它们会将这些信息汇集起来，并在大脑中绘制出一份“地形图”，所以它们排查周边环境的速度特别快，而且仅需 0.01 秒就可以知道眼前的东西能不能吃，它们从发现猎物到把美食吃到肚子里的速度差不多是 0.25 秒，因此它们也一举拿下了“进食最快的动物”的头衔。

觅食

星鼻鼹的眼睛很小，小到几乎看不到，所以它们的视力也比较差，而眼睛对于它们来说也没有太大用处，既不能看到物体的形状又不能辨别物体的颜色，只是用来感受光线的明暗罢了。

四肢短小粗壮，前肢上面分别长着五个又宽又扁的爪，就像大铁铲似的，可以快速地挖土和划水。

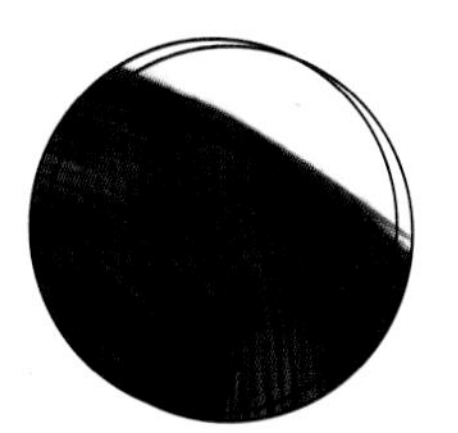

毛发呈黑褐色，就像丝般柔滑，而且不论是顺着摸还是逆着摸都很光滑，这样生长的毛发可以减少在洞穴中的摩擦力。

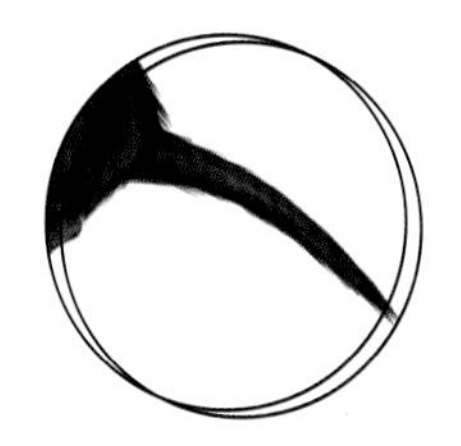

有一条和身体差不多一样长的尾巴，可以帮助它们在冬季的时候储存脂肪，所以尾巴在冬季会变得更粗一些。

体长约 20 厘米，体重 50 克左右。

星鼻鼹善于游泳，而且游泳装备齐全：防水的“外衣”，宽大的前肢和灵活的尾巴使得它们可以在水下待三分钟左右，当然它们潜入水下的目的并不是健身而是为了寻找食物。星鼻鼹的触手在水中也很灵敏，它们的鼻孔会在水中吐出一些气泡，然后它们会把气泡反复地吸入、呼出，这样就可以追踪到水中的猎物。

真兽亚纲

大耳猬

Hemiechinus auritus

大耳猬和猬科一族的大部分成员一样，除了头部和腹部外身体其余部分都覆盖着一种又短又硬且由角蛋白构成的棘刺，也就是一种硬化的毛发，每当遇到危险的时候，它们就会将自己团成一个球状来保护自己，一只成年的大耳猬身上大约长有 8000 根尖刺。

大耳猬有这么多刺，那大耳猬宝宝在出生的时候会伤害自己的妈妈吗？其实刺猬宝宝刚出生的时候身上长的是又软又细的刺，而且分布比较稀疏，全身上下大约只有 150 根刺，在出生 5 小时后，这些刺才会迅速生长，慢慢变成坚硬的棘刺，所以一般情况下，它们是不会伤害到妈妈的。

生存时间

现存

分布地

亚洲、非洲

物种分类

劳亚兽总目 劳亚食虫目

猬科

大耳猬的适应能力比较强，它们喜欢独自生活在干旱的荒漠戈壁上，它们的洞穴会建在灌木丛底下，而且还会有多个安全出口，以备不时之需。每当夜幕降临，才是它们最活跃的时候，它们可爱的外表下面藏着一个喜欢吃肉的灵魂，平时它们以昆虫和蠕虫为主，偶尔会加一些植物的果实和嫩叶等，但有时它们也会捕食蜥蜴、小蛇甚至蝎子等，或许你在想：蝎子不是有毒吗，没错，但对于大耳猬来说这些毒素根本不值一提。

觅食

大耳猬长得比族群中的其他成员更白净一些，它们的脸部和没有长刺的皮肤接近白色，而不是族群中其他成员的暗色系。

有一对特别显著的长约4~5厘米的大耳朵，不仅可以增强它们的听力来躲避敌人和寻找食物，还可以用来散热。

体长约20厘米，体重可达500克。

有一双在族群中数一数二的大长腿，所以它们在遇到危险的时候首先会选择迅速逃跑，而不是先将自己团起来。

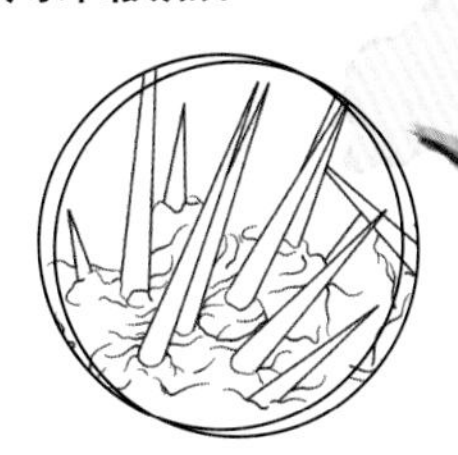

刺的表面特别光滑，内部是空心的，但是十分坚硬，不过并不可以脱落，它们身上的刺分布比较稀疏，刺与刺之间有很多空隙。

大耳猬的性情谨慎，即便大大的耳朵可以听到沙漠中极其细微的声音，但是它们在寻找食物的路上也需要反复确认自己是否安全。一般情况下，大耳猬会在温度低于8℃的时候开始冬眠，但是如果天气暖和的话，它们也会从洞穴中出来，放弃冬眠。

真兽亚纲

海地沟齿鼩

Solenodon paradoxus

海地沟齿鼩的上、下颌各有三颗大门牙，而下颌的第二颗牙齿内侧长有沟槽，这便是“沟齿”的由来。古往今来，不同的动物都进化出了自己的防身本领，但是会用毒的动物却比较少，而会用毒的哺乳动物更是少之又少，海地沟齿鼩就是其中为数不多的一类。

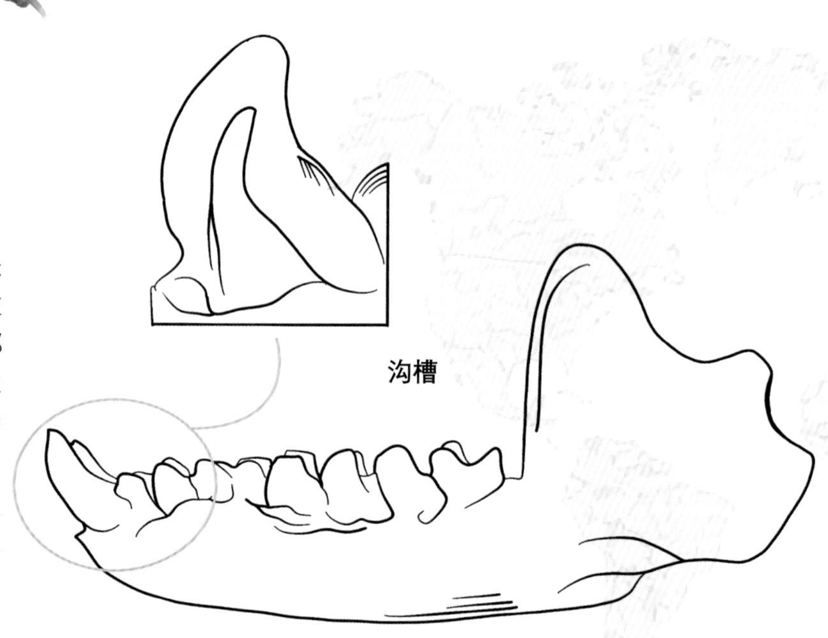

海地沟齿鼩的下颌唾液腺可以分泌出一种带有神经毒素的唾液，它们通过下颌牙齿上的沟槽将毒素注入猎物的体内，甚至会导致一些体形比海地沟齿鼩大的猎物瘫痪。海地沟齿鼩还有一个秘密武器，在它们的胳肢窝以及身体和后肢连接的地方还长有一种可以发出特殊气味的腺体。

生存时间

现存

分布地

加勒比地区

物种分类

劳亚兽总目 劳亚食虫目

沟齿鼩科

别看海地沟齿鼩的体形比较小，但是它们是一种特别神奇的小动物，除了是少数会注射毒液的哺乳动物之外，它们哺乳的方式也极其特别。雌性海地沟齿鼩每年可能会生两次宝宝，每次可以生 1~2 个，在宝宝出生前它会筑好巢穴，让宝宝出生之后有一个安全、舒适的地方。而宝宝饿的时候就会在妈妈屁股附近吃奶，因为它们的乳腺长在靠近尾部的地方，如果下次你看到一只沟齿鼩宝宝在啃妈妈的屁股，就知道它们肯定是饿了。

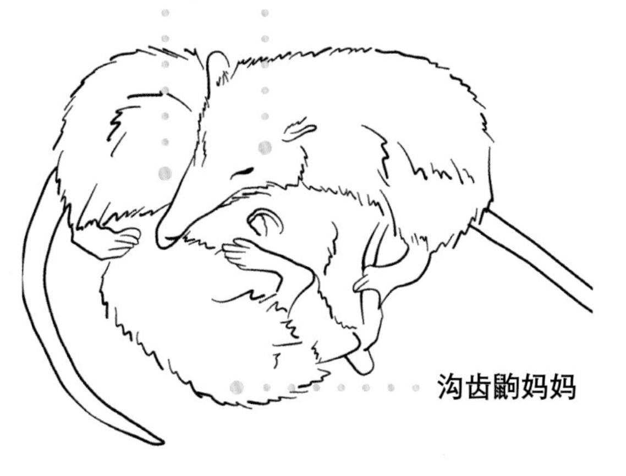

海地沟齿鼩的毛发比较柔软，但是它们的鼻子、尾部和腿部是裸露的，没有毛发覆盖。它们喜欢晚上出来活动，在遇到危险的时候还会发出奇怪的声音。

前、后肢分别有五个脚趾，脚趾上还长有锋利弯曲的爪，但是它们的拇指和其他趾不能对握。

身长 53~58 厘米，体重为 0.6~1 千克。

眼睛特别小，视力也比较差，但它们的听觉和嗅觉还很灵敏。

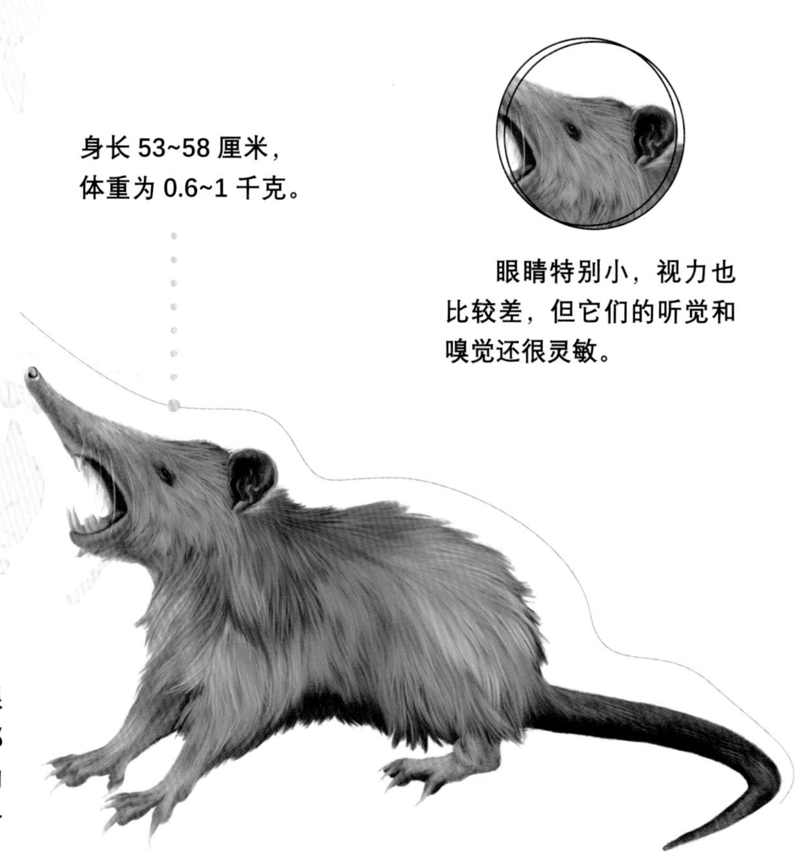

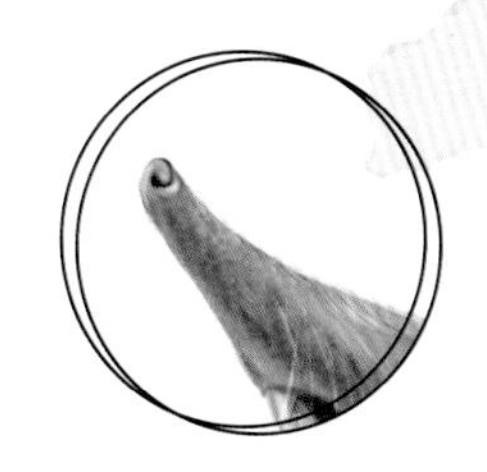

长长的鼻子里面有一根支撑的鼻骨，而且鼻子基部两侧长有类似人类肩关节的球状关节，使得它们的鼻子可以灵活地探索食物。

海地沟齿鼩可以像蝙蝠似的通过回声定位猎物的位置，所以视力对于它们来讲并不重要。海地沟齿鼩的行走速度比较慢，但是它们爬树的速度却很快，而且在遇到危险的时候，它们还可以快速奔跑，并用脚尖跑出“Z”字形路线，从而躲避敌人的追捕。

劳亚兽总目

Laurasiatheria

翼手目

Chiroptera

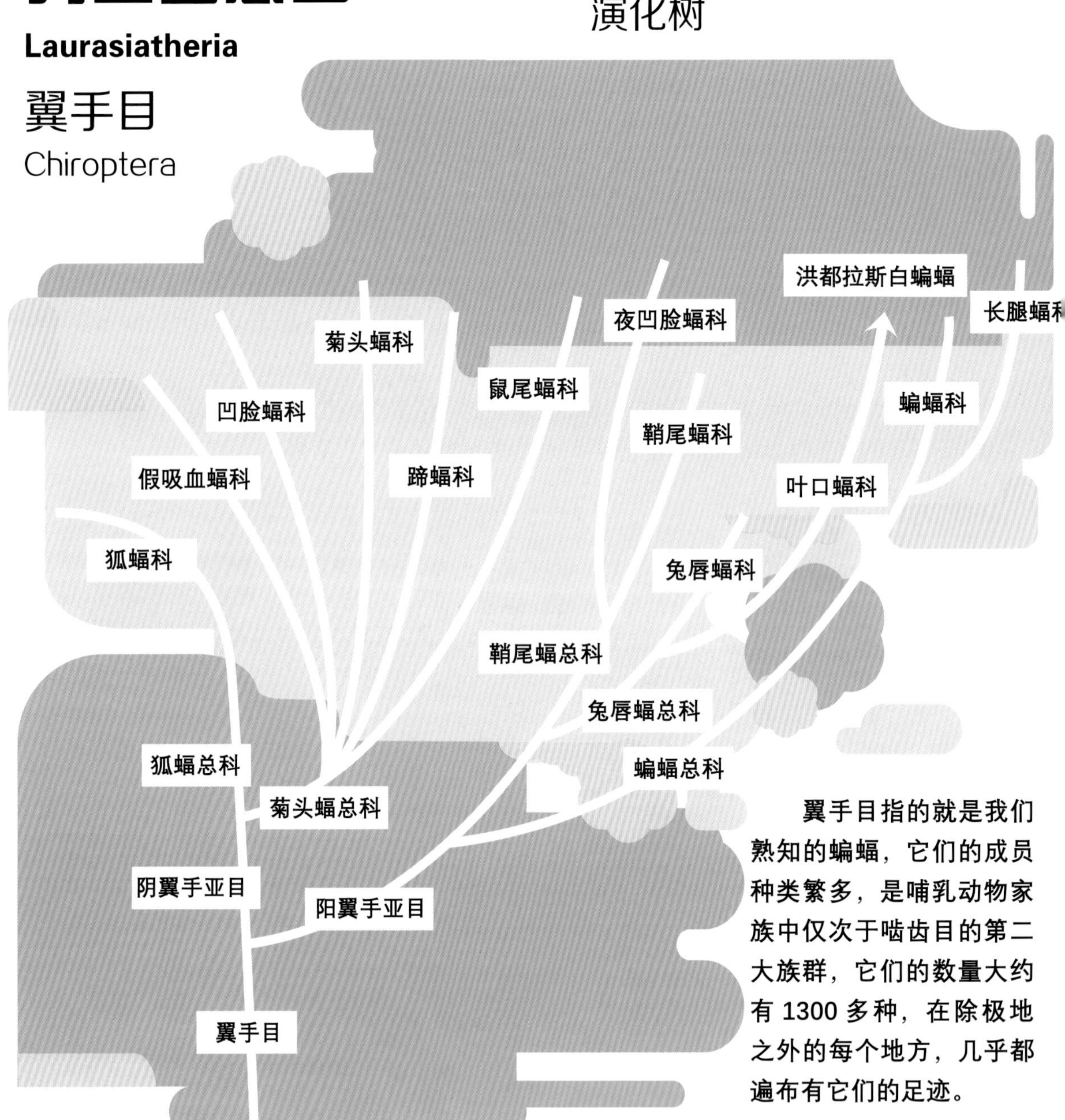

翼手目指的就是我们熟知的蝙蝠，它们的成员种类繁多，是哺乳动物家族中仅次于啮齿目的第二大族群，它们的数量大约有 1300 多种，在除极地之外的每个地方，几乎都遍布有它们的足迹。

或许大家一听到蝙蝠这种动物就会感到毛骨悚然，认为它们象征着邪恶而且还会吸血，其实大部分的蝙蝠对人类都无害，而吸血蝙蝠也只生活在拉丁美洲，而且几乎不会吸食人血。它们在生态系统中扮演着至关重要的角色，是一种神奇的存在，但它们也是常常被误解的一类动物。

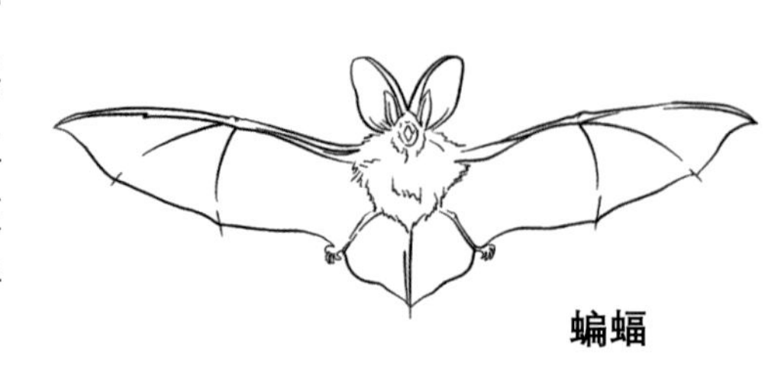

蝙蝠

蝙蝠既会吃农业害虫，帮助植物家族传粉，而且还会将植物的种子传播到世界各地，为自然生态系统和人类都做出了许多贡献。

吃花蜜的蝙蝠

蝙蝠是哺乳动物家族中唯一能够展翅飞翔的一类成员，虽然纵观动物界，会飞翔的动物不在少数，但是它们的翅膀结构各不相同：比如翼龙是用极度拉长的第四指支撑翼膜，鸟类是将指骨愈合来支撑翅膀，而蝙蝠是将除拇指以外的四根手指都拉长来支撑翼膜，这也是“翼手目”（长在手上的翅膀）这个名字的由来，虽然它们实现飞行的方式不同，但它们的祖先都在努力地冲上蓝天，并为飞行演化出了许多特殊的结构。

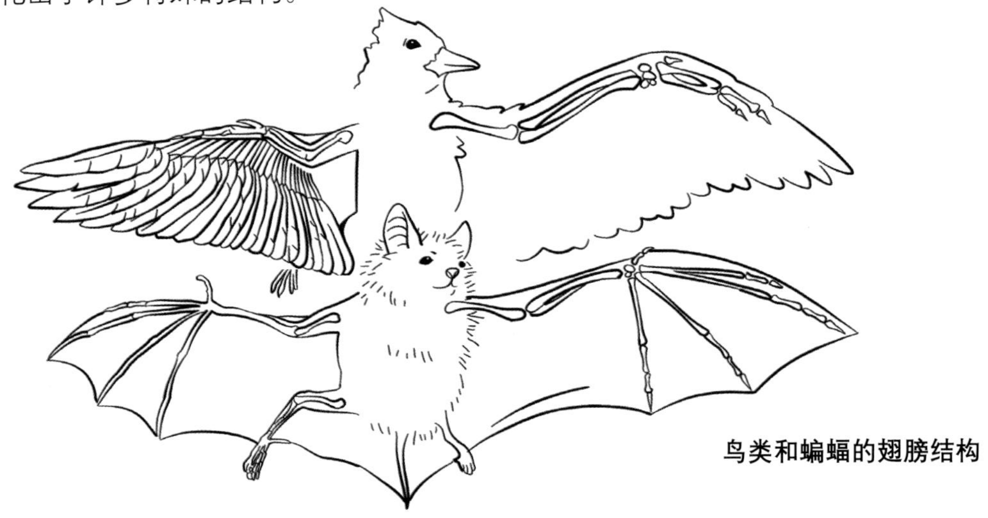

鸟类和蝙蝠的翅膀结构

目前最早的蝙蝠类化石可以追溯到 5200 万年前，但由于它们的骨骼太脆弱，不易保存为化石，所以只留下了牙齿，从而导致科学家对于蝙蝠的进化史知之甚少。

早期保存比较好的蝙蝠化石之一是在德国发现的古蝠，它们已经具有现生蝙蝠的翅膀结构，但是除翅膀之外并没有太多其他相似特征。

古蝠化石

传统的分类法将现生的蝙蝠按照体形的大小分为大翼手亚目和小翼手亚目，前者的体形比较大，视觉特别好，大多喜欢吃植物的果实，所以又被称为果蝠；后者的体形比较小，会将自己倒挂在洞穴中，可以凭借回声来定位物体的位置，它们大多喜欢吃昆虫。但是随着分子生物学的发展，科学家发现传统的分类法无法将蝙蝠之间的亲缘关系真正地反映出来，所以又将其重新分为阴翼手亚和阳翼手亚目。

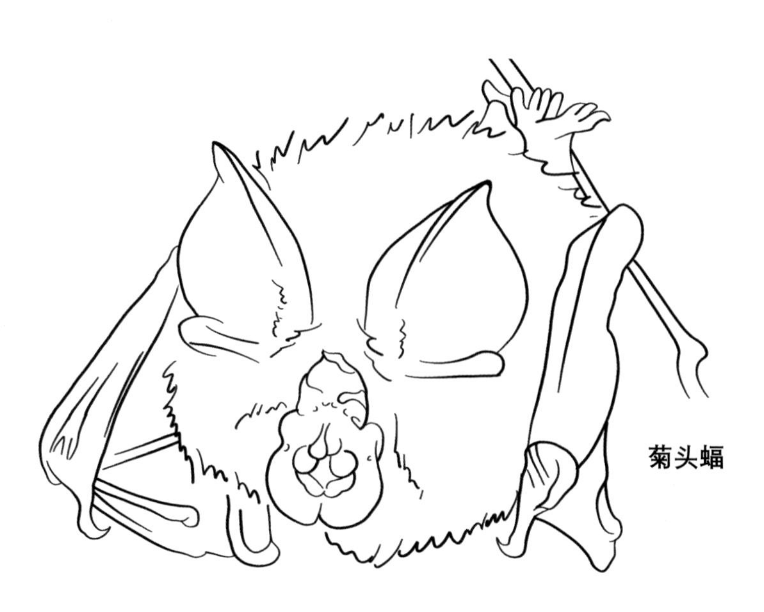
菊头蝠

阴翼手亚目包含了原先的大翼手亚目中的狐蝠科以及原本属于小翼手亚目的凹脸蝠科、蹄蝠科、鼠尾蝠科、菊头蝠科和假吸血蝠科五个种类，并统称为菊头蝠总科；而阳翼手亚目包括了除菊头蝠总科之外的其他蝙蝠。

狐蝠

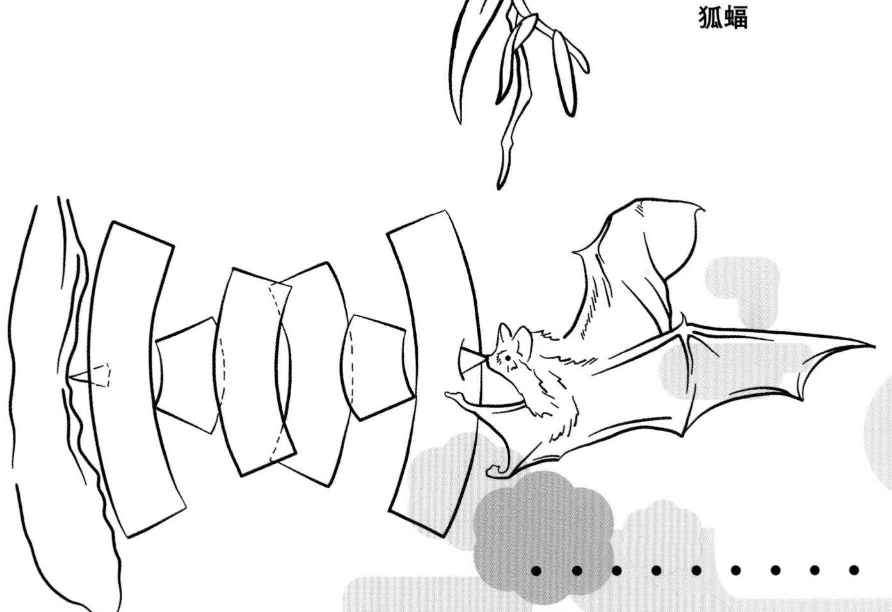

回声定位

蝙蝠的身上蕴含着许多秘密：比如它们拥有与众不同的回声定位能力；它们的代谢率是其他哺乳动物的 30 倍左右；它们的免疫力特别强，许多对人类来说致命的病毒在它们的体内根本无法发挥作用。它们的寿命和体形不成比例，一般情况下，体形越小的哺乳动物寿命越短，但是蝙蝠的寿命却比预期寿命高十倍左右。更多蝙蝠身上的秘密还有待我们去探索发现。

洪都拉斯白蝙蝠

Ectophylla alba

洪都拉斯白蝙蝠也被称作白蝠，它们喜欢晚上出来活动，白天的时候它们就会和室友挤在“帐篷”中间休息，这些“帐篷”都是它们亲手搭建，既可以遮阳，减少热量的散失又可以保护自己免遭猎食者的打扰。

“帐篷”

目前已知会搭“帐篷”的蝙蝠有 20 多种，它们搭建的材料和样子也是各不相同。白蝠选择的是又宽又大的蝎尾芭蕉的叶子，它们会从叶子主脉附近啃食出一些小洞，让叶片凹向中间，这样一顶遮风挡雨的“帐篷”就建好了。

生存时间	分布地	物种分类
现存	美洲中部	劳亚兽总目 翼手目 叶口蝠科

白蝠是家族中的颜值担当，它们雪白的毛发搭配着橙黄色的朝天鼻和大耳朵，像极了奶黄小猪包，不过刚出生的白蝠宝宝却长着粉红色的鼻子，它们长得特别快，二十天左右就可以飞行，在这期间白蝠妈妈会出去觅食，宝宝则待在“帐篷”中等候妈妈回来，如果妈妈回来得比较晚，它们就会找“帐篷”中的其他雌性喂食。

一般一顶“帐篷”中最多会居住十几只白蝠，它们相处得十分融洽，“帐篷”坏掉后，它们还会集体搬迁，或许这样可以降低被捕食者发现的风险，而且搭建“帐篷”的速度也会快很多。

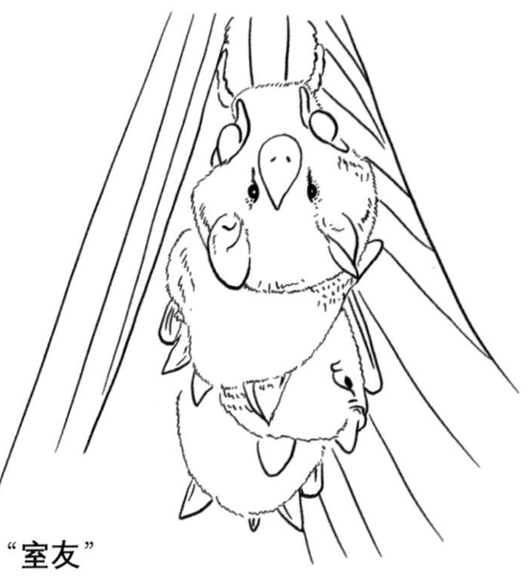

白蝠“室友”

白蝠身材迷你，一只白蝠的体重大约是 5 克，也就是 10 只白蝠的重量加起来仅相当于一颗鸡蛋的重量，更奇特的是它们可以通过鼻子来发出声呐探测物体位置。

毛茸茸的白色“外套”是极好的保护色，当它们白天休息的时候，阳光会穿过绿叶并将它们的颜色映成绿色，从而使自己更加隐蔽。

体长不足 5 厘米。

耳朵、鼻子、翅膀以及腿部都是橙黄色，可能是用来吸引异性。

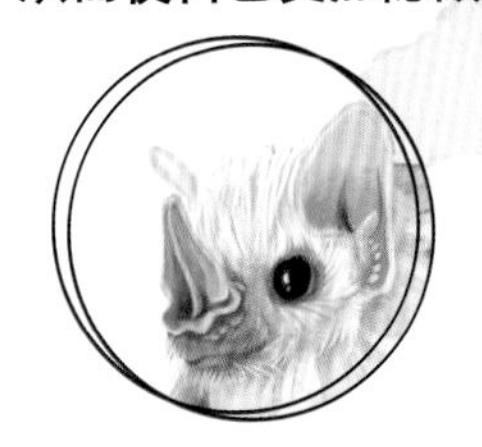

鼻孔外边突起来的鼻叶可以发出复杂的音调，帮助它们准确定位，而且它们还可以通过鼻叶与一些特定的频率产生共鸣。

白蝠的飞行频率比较低，生活在热带雨林中的它们几乎以两类果实为食，是纯粹的素食主义者，它们的牙齿在漫长的演化过程中也逐渐变得适合研磨这些食物，但也正是因为它们过度依赖于这些植物，所以如果栖息地被破坏，它们的生存则会面临着极大的威胁。

劳亚兽总目

Laurasiatheria

鳞甲目

Pholidota

鳞甲目就是穿山甲的总称。它们是一类长相奇特的动物。许多人第一次见到它们的时候，会因为它们身体上一层层的鳞片而把它们误认为一种爬行动物。

演化树

菲律宾穿山甲
马来穿山甲
中华穿山甲
黑腹长尾穿山甲
南非穿山甲
大穿山甲
印度穿山甲
树穿山甲
地穿山甲属
长尾穿山甲属
穿山甲属
鳞甲目

在中国，古人认为穿山甲通水性，而且鳞色和鲤鱼很像，是一种鱼，所以把它们称为鲮鲤，其实，鲮鲤（穿山甲）是地地道道的哺乳动物。

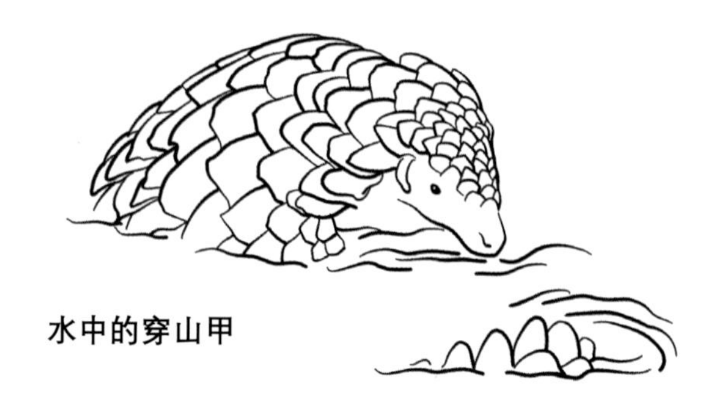

水中的穿山甲

有关穿山甲一族在哺乳动物家族中的位置一直以来都是一个很有争议的问题。在 20 世纪 90 年代，许多科学家根据解剖学特征将食蚁兽和没有牙齿的穿山甲一起归为异关节总目，但后来随着分子遗传学的研究结果表明，穿山甲是食肉目的近亲，也就是说，它们是一类具有“兽王血统”且外表坚硬但是内心柔软的小动物，但由于自身比较“佛系”，所以大约在 6000 万年前，它们放弃了成为兽中之王，从而选择与食肉目分道扬镳，成为独立的鳞甲目。

树穿山甲

始鲮鲤假想图

目前已知最古老的鳞甲目化石是在德国的中始新世地层中发现的始鲮鲤化石，这是一具上面还保存有鳞片的化石，科学家发现始鲮鲤的身体结构与现生的穿山甲没有太大差别，由此可见穿山甲在 5000 万年前所演化出来的特征，在漫长的演化道路上仍被保留了下来，足见它们的成功，它们也是哺乳动物家族中唯一长有鳞片的一种动物。

鳞甲目家族中目前只有鲮鲤科一族，8个种，它们分布在亚洲和撒哈拉以南的非洲地区，非洲的鲮鲤分为体形较小的长尾穿山甲属和体形较大的地穿山甲属，而余下四种则是生活在亚洲的穿山甲属。

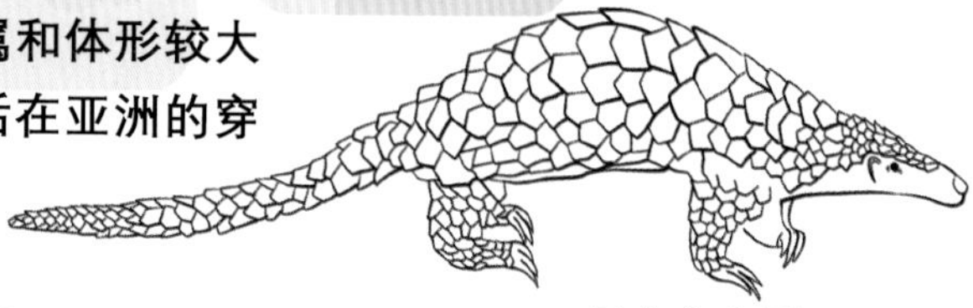

马来穿山甲

南非穿山甲

中华穿山甲

菲律宾穿山甲

大穿山甲

印度穿山甲

树穿山甲

长穿山甲

穿山甲在动物王国中可谓是比较全能的一族，能爬树、会游泳、能攻击、会防御，它们几乎无所不能。穿山甲爬树的速度很快，上树后它们还会用锋利的爪子紧紧地抱住树干，或者用粗壮的尾巴卷住树枝把自己吊起来。

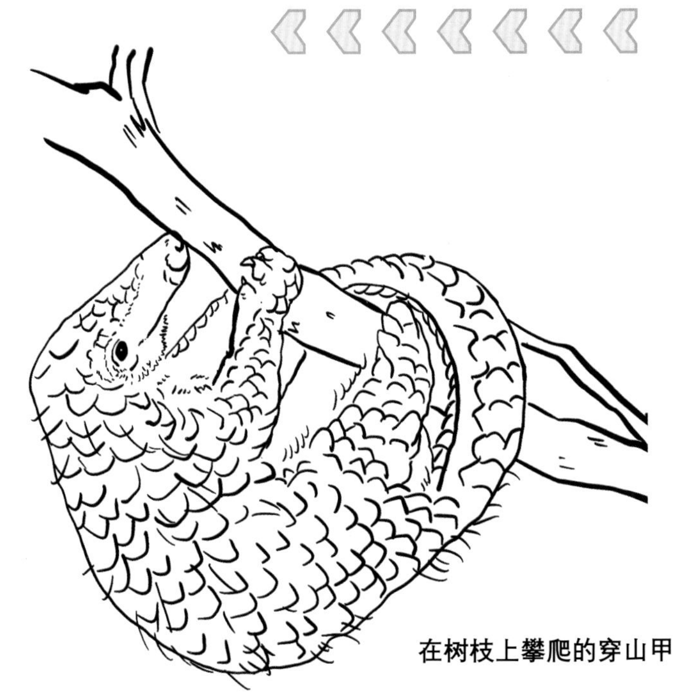

在树枝上攀爬的穿山甲

穿山甲的游泳技能需要和捕蚁技能结合起来，因为它们会散发出一种气味将蚁群吸引到自己张开的鳞片中，当蚁群进入鳞片后，它们会立刻将鳞片收拢，跳入水中，然后再将鳞片张开，此时一只只的落水蚁就是它们的美食了。

长尾穿山甲

世界穿山甲日图标

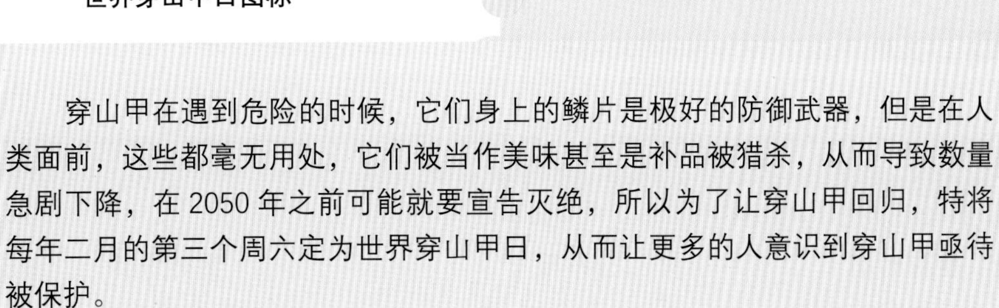

穿山甲在遇到危险的时候，它们身上的鳞片是极好的防御武器，但是在人类面前，这些都毫无用处，它们被当作美味甚至是补品被猎杀，从而导致数量急剧下降，在 2050 年之前可能就要宣告灭绝，所以为了让穿山甲回归，特将每年二月的第三个周六定为世界穿山甲日，从而让更多的人意识到穿山甲亟待被保护。

中华穿山甲

Manis pentadactyla

中华穿山甲除繁殖期外大多是独自生活，它们的数量稀少，很难寻找到同类，运气好的话，它们才可以遇到心仪的另一半。一般情况下，中华穿山甲每年只生一个宝宝，宝宝的身体呈肉色，鳞片在出生两天后才会变成灰白色的硬甲。

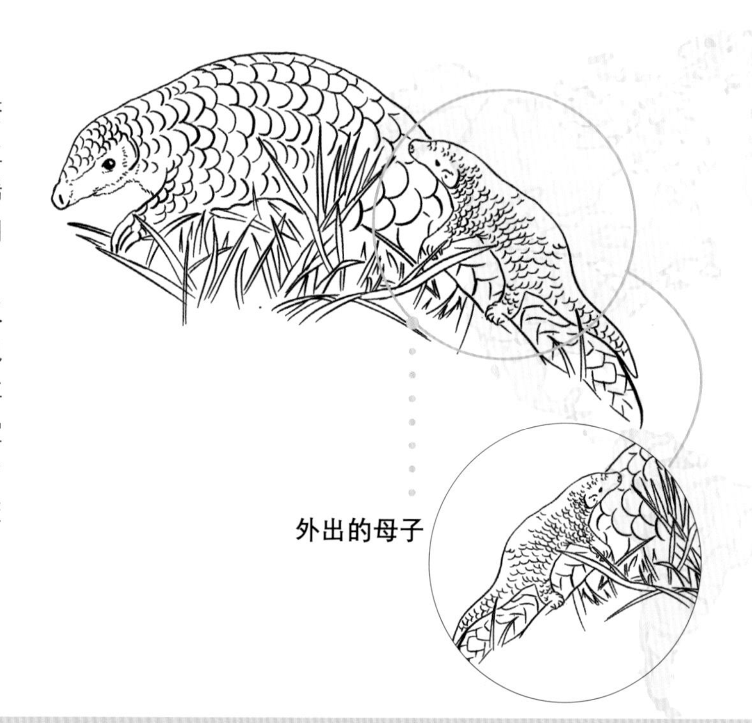

外出的母子

雌性中华穿山甲会悉心照料自己的宝宝，平时它们会把幼崽抱在自己柔软的肚子上；外出的时候，它们会让幼崽骑在自己的尾巴上，形影不离；一旦遇到危险，它们就会用四肢紧紧地抱住幼崽，并用又宽又长的尾巴将宝宝遮盖住，然后把身体缩成一个球形。

生存时间	分布地	物种分类
现存	亚洲	劳亚兽总目 鳞甲目

中华穿山甲从头顶部到尾部（除尾端腹面中线）都身披厚重的鳞片，就像“盔甲”似的，这身“盔甲”十分厚重，是它们坚硬的防御武器，使得它们在弱肉强食的环境中争得了一席之地。

当中华穿山甲遇到危险的时候，它们就会迅速将自己团成一个球体，保护柔软的腹部，即使是牙齿锋利的肉食类动物也是束手无策，如果遇到想要强攻的对手，它们就会将自己的鳞片外翻，让鳞片割破对手的嘴巴。可是它们没想到自己的杀手锏便宜了人类，人们只需要弯下腰把这个球捡起来装进麻袋就好了。

中华穿山甲的尾端

中华穿山甲的性情特别温和，不会主动攻击其他动物，它们每个鳞片之间都长有稀疏的毛发，而且其他裸露没有鳞片的地方也都长有毛发，这种鳞片 + 毛发的生长方式在动物王国中十分罕见。

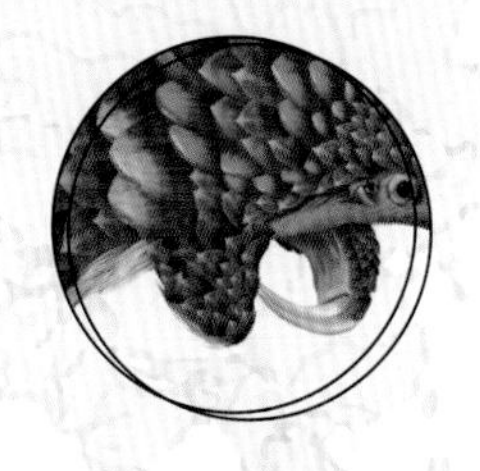

前肢上有锋利的爪子，可以帮助它们刨土，为了避免爪子受到磨损，它们会用手腕着地或者抬起前肢走路。

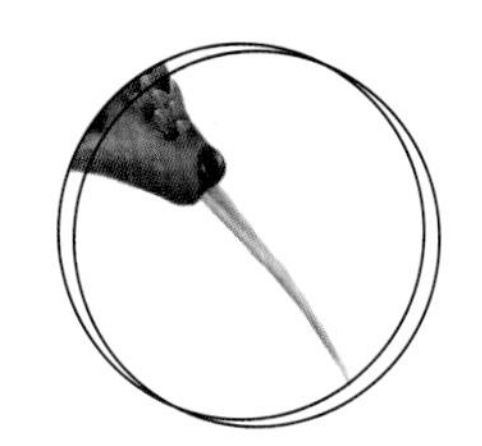

长长的舌头与胸腔相连，可以席卷错综复杂的蚁洞，再加上舌头上的黏液，可以轻松地将食物粘出来。

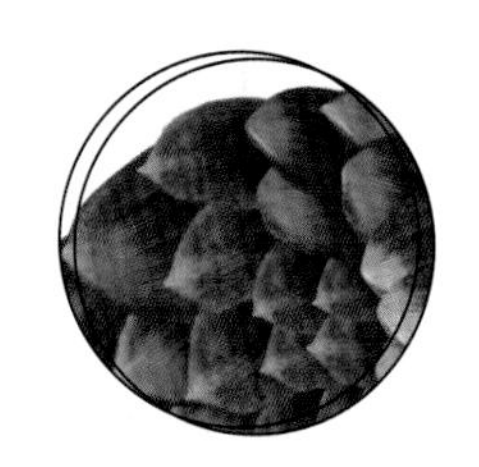

鳞片不仅可以防身，还可以减少打洞时的阻力，它们的尾尖没有鳞片，可以帮助它们感知周边的环境。

体长 70~130 厘米，体重 2~7 千克。

许多人认为中华穿山甲的鳞片药用价值极高，几乎可以治百病，所以一片片鳞片从一只只活生生的中华穿山甲身上剥了下来，可事实是，中华穿山甲的鳞片是角质化的皮肤，和人类的头发和指甲成分没有差别，如果真的相信它们可以治百病，那不妨每天啃啃指甲，吃吃头发，何必要去摧毁一条条生命呢？

劳亚兽总目

Laurasiatheria

肉齿目

Creodonta

肉齿目又被称作古食肉目，它们是生存在5500万年前的一类主要猎食者，它们曾被认为是食肉目的祖先，但随着进一步的研究表明，两者之间可能拥有共同的祖先。

演化树

肉齿目主要分布在亚洲、欧洲、非洲和北美洲，它们的身体结构比较原始，没有演化出像如今食肉目的多种形态。

早期的肉齿目成员体形较小，直到渐新世才逐渐取代了其他的猎食者，出现了父猫、裂肉兽以及大鬣兽等令人惊叹的成员。

父猫

但好景不长，父猫和裂肉兽等在渐新世晚期便从北美洲和欧洲大陆的舞台上渐渐退出，最后的成员也在 800 万年前灭绝。

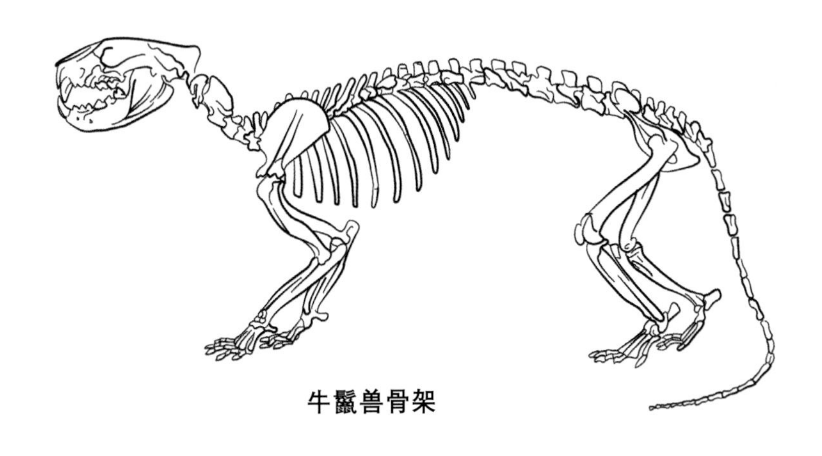
牛鬣兽骨架

至于它们为什么消亡，目前还没有定论，可能是因为它们的脑容量比较小，可能是因为牙齿的演化受到了限制，总之，它们在这场竞争中败给了更加进步的食肉目。

肉齿目包括牛鬣兽一族和鬣齿兽一族，前者是最原始的食肉哺乳动物，它们广泛分布在北美和欧亚大陆，有着超前的“思想”，成为第一个占据古新世时期肉食生态位的族群。它们的成员大多有着扁平的头骨和长长的尾巴，善于攀爬，但是粗短的四肢无法使它们快速奔跑。

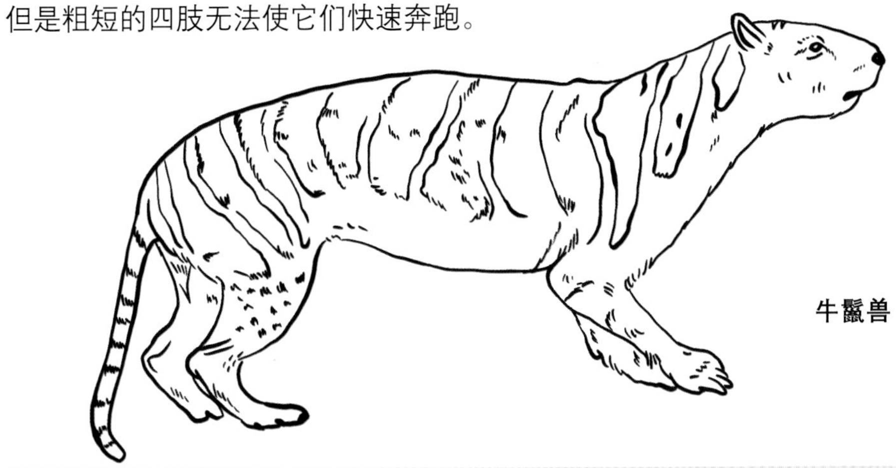
牛鬣兽

在牛鬣兽一族中，最具传奇色彩的成员当属在蒙古国发现的裂肉兽，它们生活在中新世晚期，体长可达 3 米，体重约 800 千克，具有强大的咬合力，不仅可以将肉撕碎，还可以将猎物的头骨咬碎。

裂肉兽是历史上最大的食肉哺乳动物之一，不过庞大的体形和较小的脑容量可能会使得它们行动缓慢，捕食效率偏低，所以在 3700 万年前，以裂肉兽为代表的牛鬣兽一族最终消失在历史的长河中。

裂肉兽

鬣齿兽是肉齿目家族中的另一类成员，意为“鬣狗的牙齿”，但它们和鬣狗之间并没什么关系。鬣齿兽的家族成员种类繁多，分布广泛。

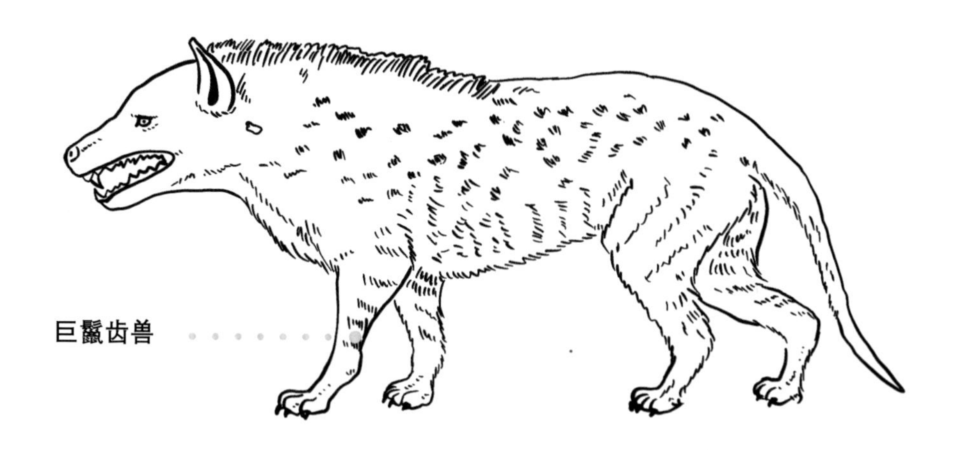
巨鬣齿兽

早期的成员体形较小，和如今的中型犬差不多，到了渐新世时期，出现了身长约 3 米，体重约 500 千克的巨鬣齿兽，它们的头骨比较大，四肢细长而且有着较强的奔跑能力，是草原上成功的猎食者。

生活在非洲大陆上的大鬣兽，单是头骨就有 1 米长，体重约 800 千克，显然它们并不是行动敏捷的猎食者，但它们的前肢粗壮，咬合力惊人，所以关于它们的食性一直存在着争议，一些学者认为它们会主动攻击一些奔跑能力较差的动物，比如铲齿象，一些学者认为在大鬣兽生活的时期，有许多食肉类动物，它们之间竞争激烈，所以才使得大鬣兽有如此庞大的身材，从而可以抢夺其他肉食类动物的食物。

大鬣兽攻击铲齿象

虽然鬣齿兽一族在体形和“武器”方面的演化比较成功，但它们还是败给了更加进步、更加多样化的食肉目一族。

劳亚兽总目

Laurasiatheria

食肉目

Carnivora

食肉目家族因为趋同演化的关系在很长一段时间内都无法进行分类，比如食肉目熊科中的大熊猫和食肉目鼬超科中的小熊猫，它们都演化出了食竹的特点，而这种特定的食性会对它们身体产生非常大的影响，从而无法作为演化的证据。

直到20世纪90年代，分子生物学渐渐兴起，科学家才将食肉目的演化关系确立了起来。

演化树

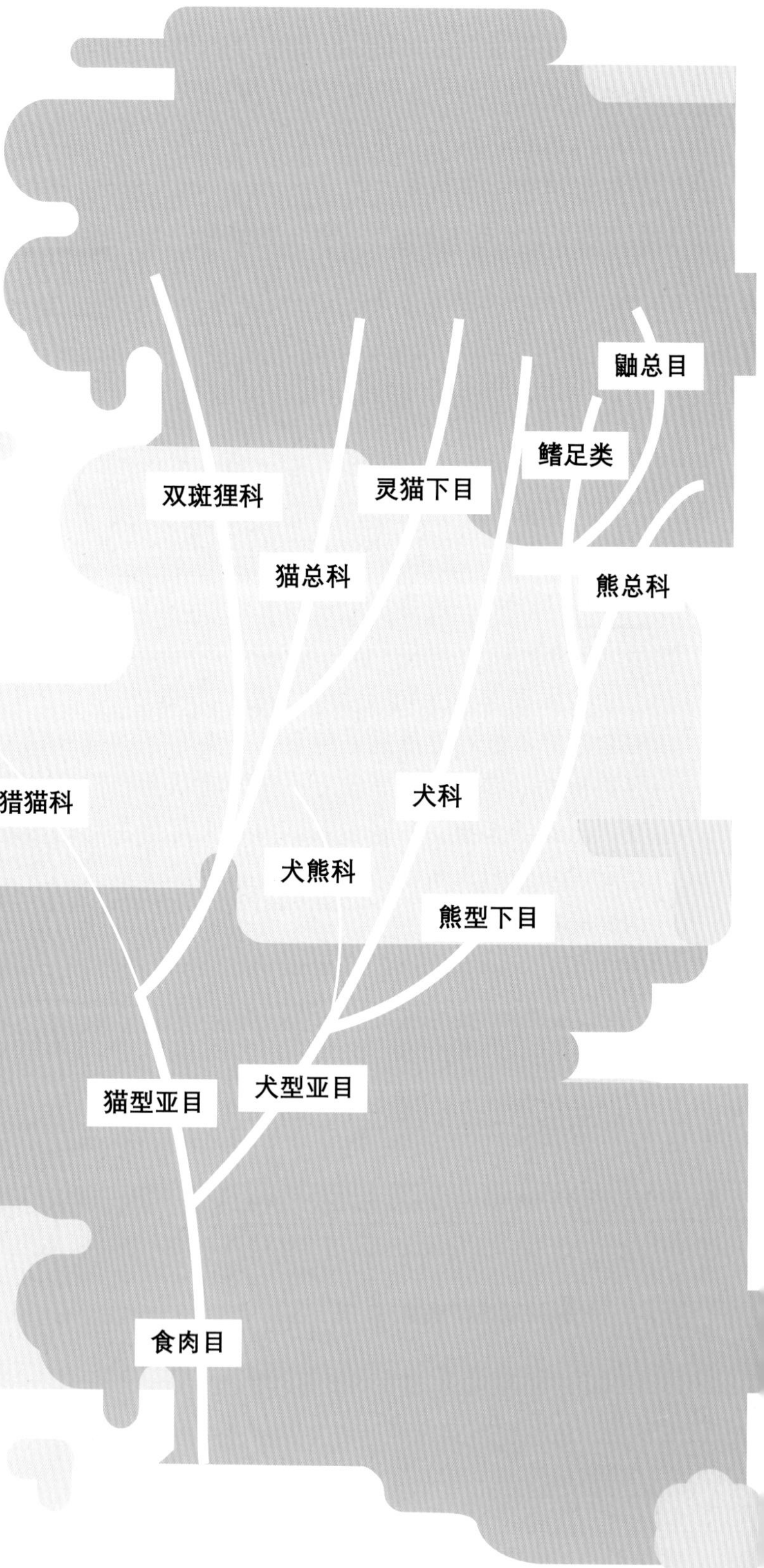

鼬总目

鳍足类

双斑狸科

灵猫下目

猫总科

熊总科

猎猫科

犬科

犬熊科

熊型下目

猫型亚目

犬型亚目

食肉目

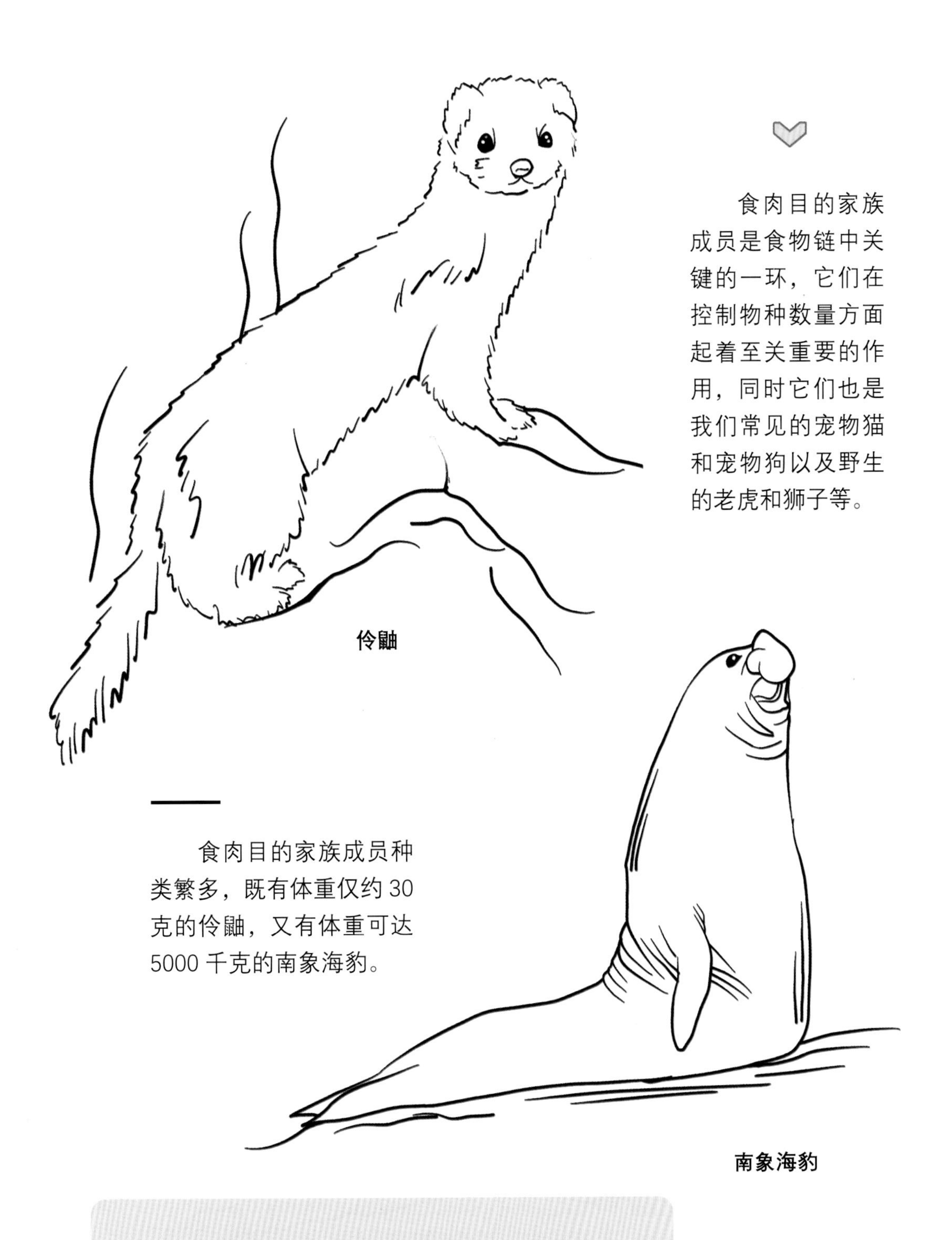

食肉目的家族成员是食物链中关键的一环，它们在控制物种数量方面起着至关重要的作用，同时它们也是我们常见的宠物猫和宠物狗以及野生的老虎和狮子等。

伶鼬

食肉目的家族成员种类繁多，既有体重仅约 30 克的伶鼬，又有体重可达 5000 千克的南象海豹。

南象海豹

由此可见，食肉目是哺乳动物王国中体形差异最大的一个类群。

虽然食肉目成员在外貌形态上有很大的差异，但是它们的大脑都比较发达，而且都拥有锋利的犬齿和发达的裂齿（上颌部最后一对前臼齿和下颌部最前面的一对臼齿），犬齿可以帮助它们刺穿猎物，裂齿则像剪刀似的可以将猎物的韧带切断。

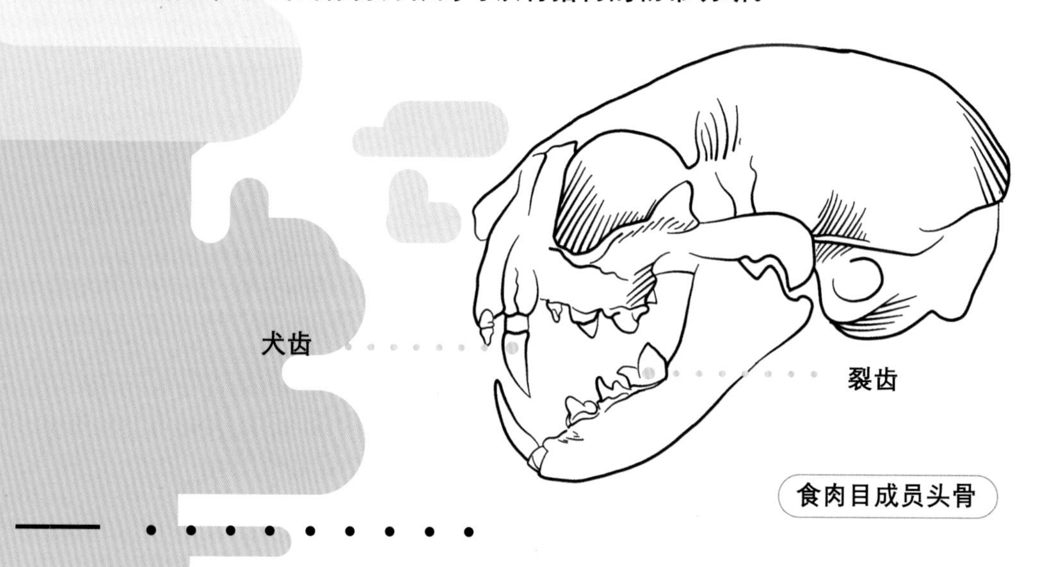

食肉目成员头骨

除此之外，为了更好地搜寻和捕食猎物，食肉目成员还进化出了灵敏的视觉、听觉以及嗅觉，而且它们四肢腕部上的骨骼都连接得十分紧密，这样可以在它们奔跑的过程中增强稳定性。

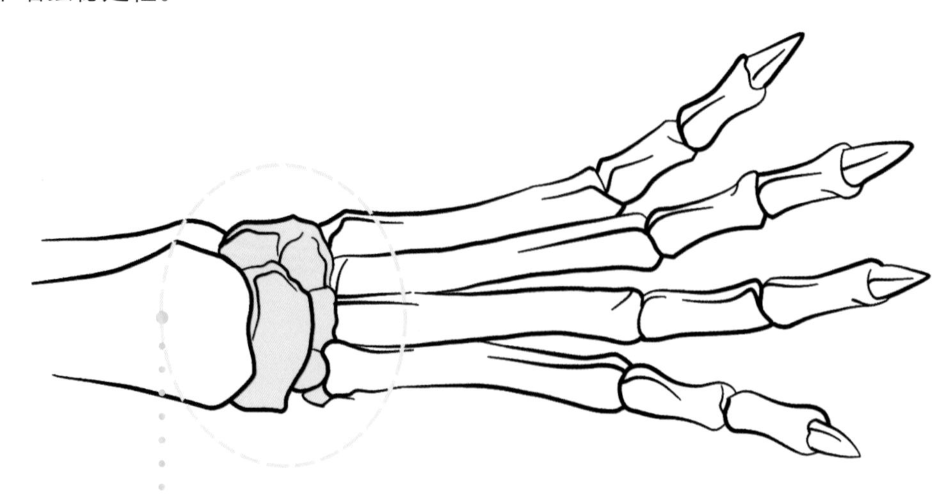
食肉目的腕部骨骼

目前现存的食肉目成员大约有 300 种，分为猫型亚目和犬型亚目，它们的祖先都是原始的肉食类动物。按照形态可以将其分为生活在古新世时期，接近猫型亚目的古灵猫科以及生活在始新世时期，接近犬型亚目的细齿兽科。

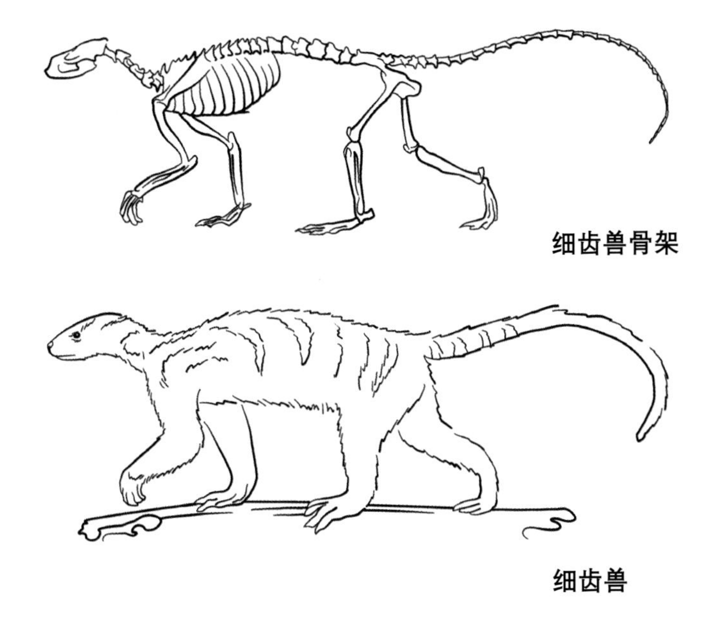

细齿兽骨架

细齿兽

原始的肉食类动物长得有点像现生的灵猫，这点从小古猫的身上就可以找到一些线索。小古猫是一种生活在 5000 万年前，非常古老的食肉目动物，是如今食肉目祖先的代表，它们的身材纤细，有着长长的尾巴和粗短的四肢，虽然保留了肉齿目的一些特点，但它们的脑容量更大，四肢关节和如今的食肉目成员更接近。

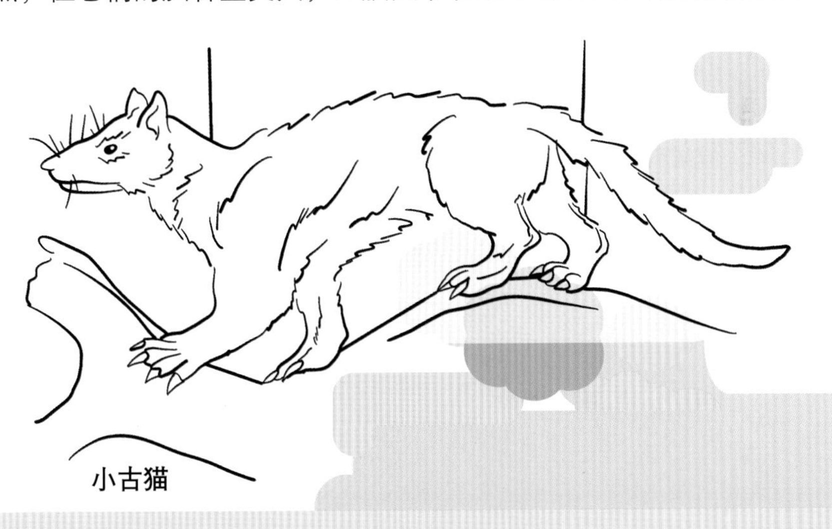

小古猫

虽然小古猫的后代体形都比较小，和如今的鼬类差不多，但它们的适应能力特别强，不仅可以在地面上捕食，还能够适应树栖生活，它们起源于北美洲，然后迁移到欧亚大陆，直到始新世晚期才渐渐演化出多种多样的形态和体形，并逐渐演化成为一个庞大的家族。

猫型亚目
Feliformia

演化树

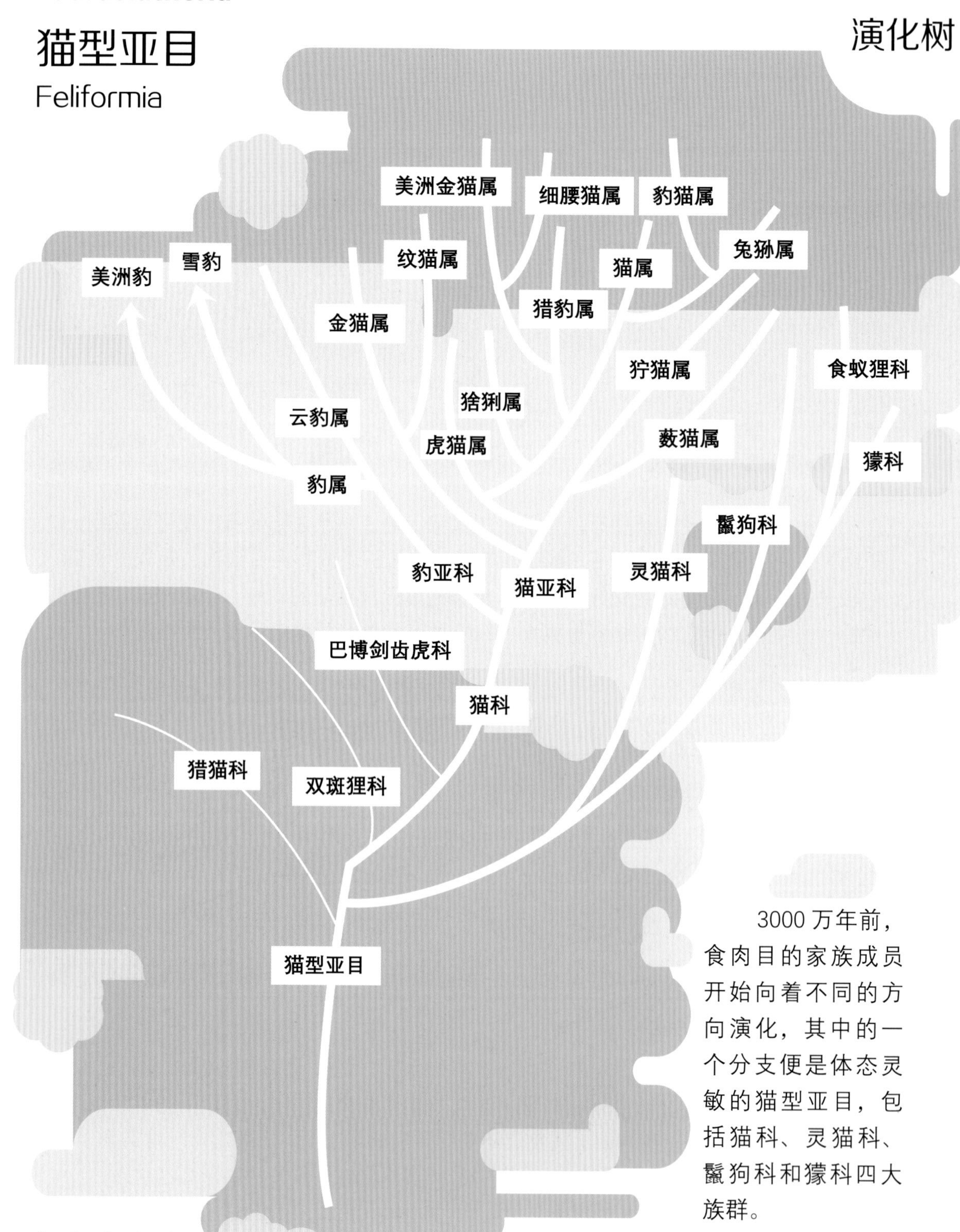

3000万年前，食肉目的家族成员开始向着不同的方向演化，其中的一个分支便是体态灵敏的猫型亚目，包括猫科、灵猫科、鬣狗科和獴科四大族群。

猫科成员是我们熟知的一类动物，同时也是猫型亚目的代表族群，目前已知的种类有 40 多种，它们分布广泛，几乎覆盖了人类所生活的每一寸土地。

最古老的猫科成员是一种叫作始猫的动物，拉丁学名意为“最初的猫”，它们出现在约 2500 万年前的渐新世，体形和现在较大的家猫相仿，它们有着粗短的四肢，可以在树木之间来回跳跃，科学家推测它们可能会花费许多时间在树上捕食。

始猫

假猫

大约在 2000 万年前的渐新世晚期，始猫演化出了更加进步的假猫，虽然被称作假猫，但它们是正经的猫科成员，它们有着较始猫更为修长的身体和粗短的四肢，也是一种善于爬树的动物。

从假猫开始，猫科一族的身体逐渐发生变化，并演化出许多类群，所以假猫被认为是猫亚科、豹亚科以及已经灭绝的剑齿虎亚科的最古老的祖先。

“现生大猫”豹亚科豹属演化示意

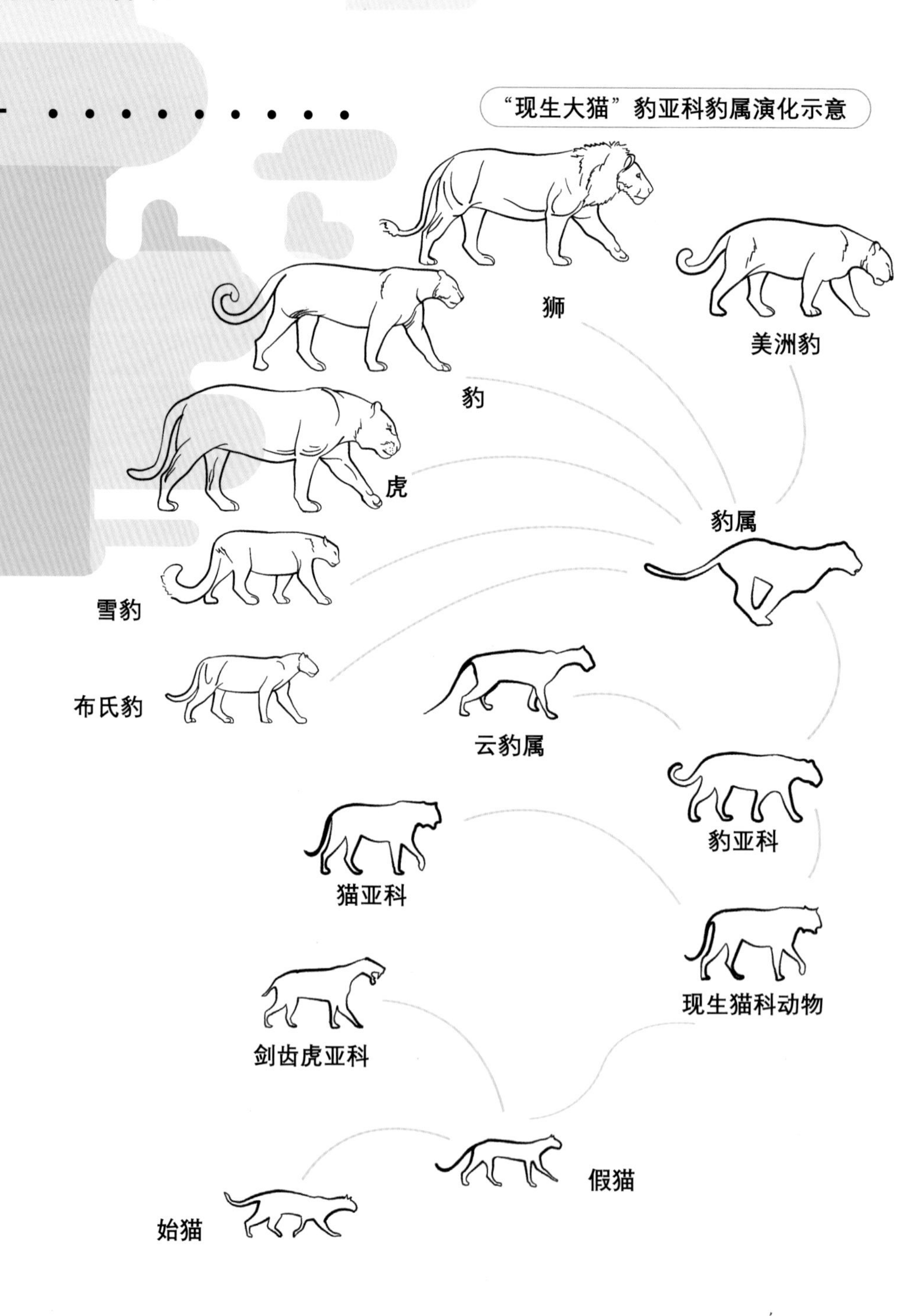

在距今1000万年前的欧亚和非洲大陆上，生活着一类凶猛的猎食者，它们凭借着利刃般的上犬齿在广袤的稀树草原上肆意猎食，它们就是大名鼎鼎的剑齿虎一族。

不过那个出现在电影《冰河世纪》中长有两把“大匕首”和短尾巴的动物，其实叫作刃齿虎，而它们常常被误称为剑齿虎，虽然它们是一个家族，但真正意义上的剑齿虎是短剑剑齿虎，并没有那么夸张的长牙。

古生物学家认为刃齿虎的长牙是为了撕开体形较大的猎物，让它们失血而亡，或者方便它们掏出猎物的内脏。

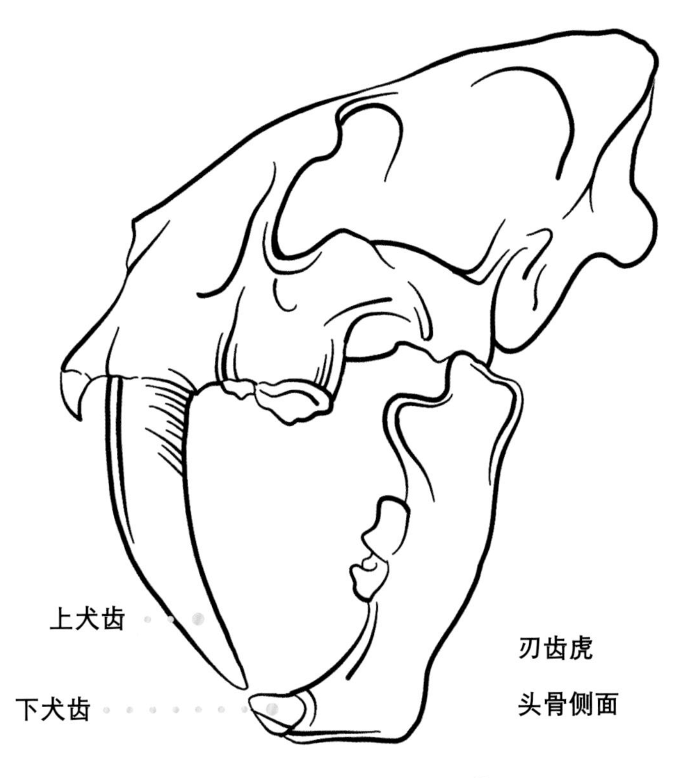

（从左至右的顺序依次为：刃齿虎、巴氏剑齿虎、锯齿虎、阿芬剑齿虎和人）

剑齿虎一族随着环境的改变在最后一个冰河期灭绝，它们是到目前为止出现过的最后一类剑齿生物，这种独特的剑齿在过去很长的一段时间内至少独立演化过四次，而且都占据着重要的生态位。

除剑齿虎一族之外，始猫的另一部分成员演化成了如今的猫科，它们都有着浑圆的脑袋、大大的眼睛、绝佳的夜视能力以及灵敏的身躯等，使得它们大多不需要团队协作就可以独自打下一片江山。

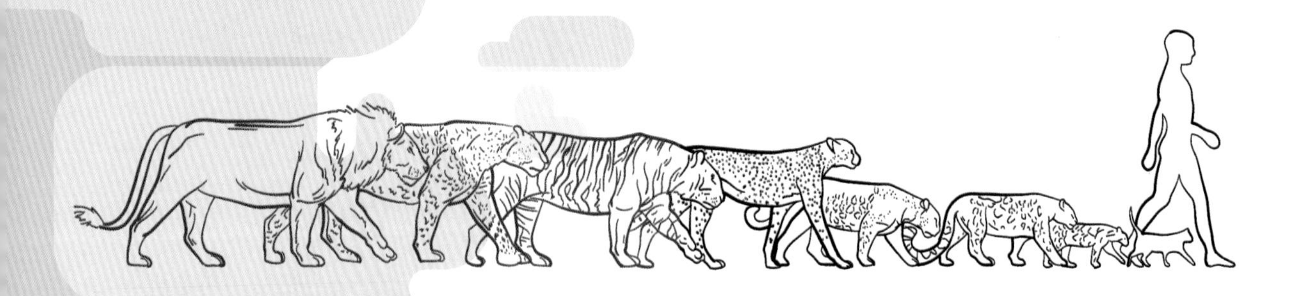

（从左至右的顺序依次为：非洲狮、非洲豹、东北虎、猎豹、美洲豹、雪豹、云豹、家猫和人）

现生的猫科一族可以分为豹亚科和猫亚科，其中豹亚科中的狮、虎、豹、美洲豹和雪豹就是我们常说的“大猫”。

大猫

“大猫”继承了剑齿虎的“王位”，继续统治着世界，虽然云豹也是其中的一员，但是它们的体形略逊一筹，而且它们和雪豹一样，只会发出“咕噜咕噜”的声音，而非吼叫声，这是因为它们的喉部结构和其他豹亚科的成员不同，猫亚科中的奔跑健将——猎豹，它们喉部空间较小，而且向前突出，导致令许多猎物闻风丧胆的它们只能发出“喵”的叫声。

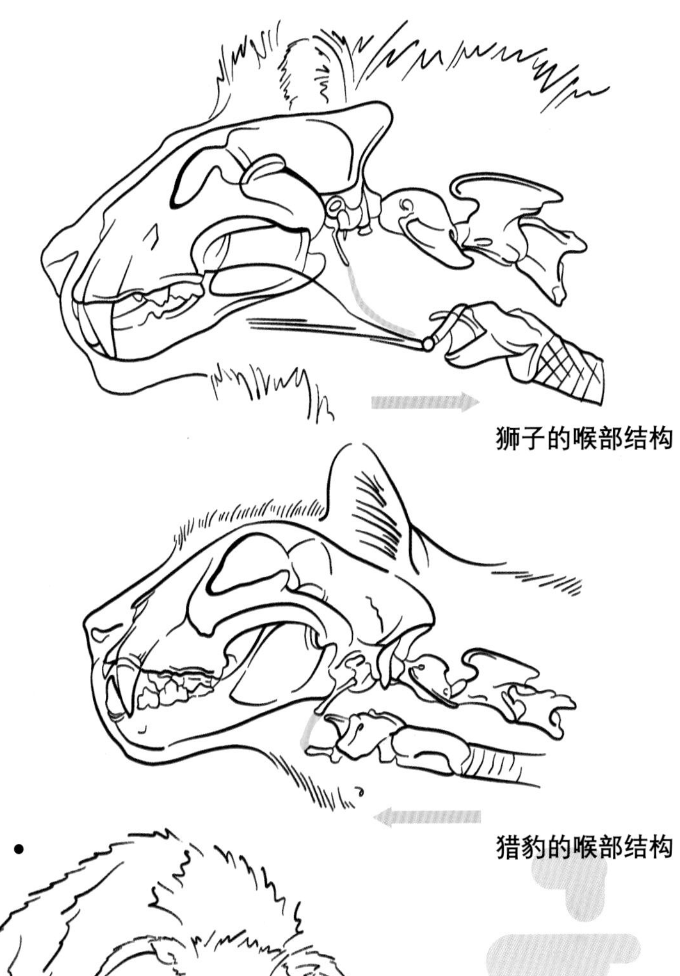

熊狸

灵猫科是猫型亚目家族中最原始的一类，曾经也是食肉目家族中成员种类最多的一类，但随着进一步的研究发现，它们之间的亲缘关系较远，只是长得比较像而已，所以灵猫科的成员被重新划分，比如其中的獴和食蚁狸都各成一派，成为独立的一科。

现存灵猫科的成员有15个属38个种，它们生活在非洲和亚洲的热带地区，有着可以伸缩的爪子和长长的尾巴，所以它们大多可以在树上攀援生活。虽然对许多人来说灵猫科是一个比较陌生的类群，但是大家之前有所耳闻的果子狸就属于这一族群。

果子狸

灵猫科的成员大多会分泌出一种黄色的物质，这是它们标记领地的秘密武器，但对于人类来讲，这是一种极好的动物香料——灵猫香。

灵猫香不仅可以用作香水还可以用来制作药物，但因为灵猫香的获取难度较大，而且产量较少，一只灵猫每年只产几十克灵猫香，这么少的产量很难满足巨大的市场需求，所以灵猫在巨大的市场需求的刺激下逐渐走向衰退。不过，所幸非洲灵猫因其较大的种群数量和偏远的分布地而躲过了一劫，希望它们仍可以生生不息。

大灵猫

灵猫香

在 1700 万年前的中新世时期，最古老的鬣狗从灵猫进化的主线上分化出来，成为一类成功的群体猎食者，虽然它们的名字中有“狗”字，但它们却是猫的亲戚，与狗的亲缘关系较远，只不过外貌以及生活习性与狗比较相似。

缟鬣狗

鬣狗一族，提到它们，许多人会浮现出丑、食腐和掏肛等关键词，其实它们特别擅长捕猎。

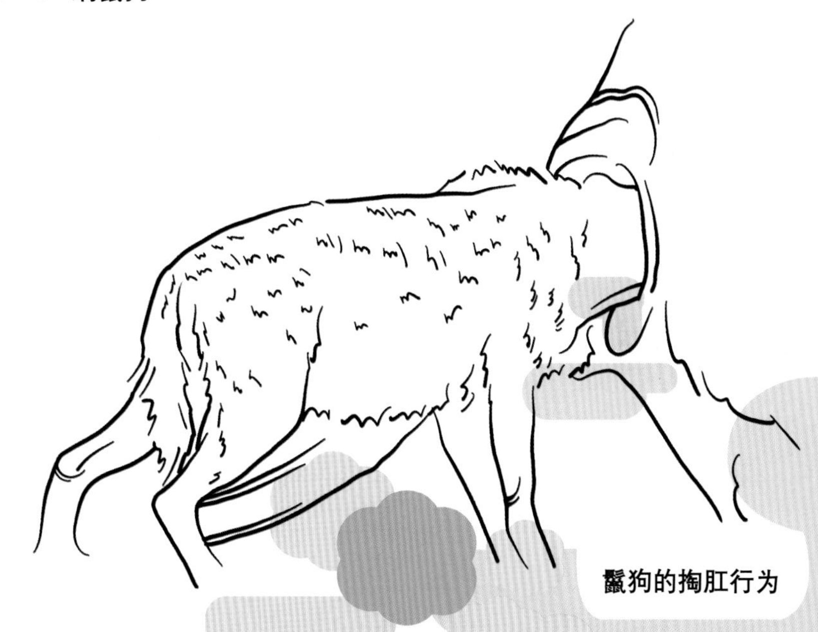

鬣狗的掏肛行为

在它们所吃的食物中，大约有 95% 的猎物都是自己捕获，而且它们凭借着强大的咀嚼力可以咬碎其他猎食者对付不了的残骸。

鬣狗一族目前只生活在非洲和亚洲西部，有四类成员：其中体形最大、最凶猛的是斑鬣狗，还有体形修长的棕鬣狗和缟鬣狗以及独特的土狼。土狼这个名字，虽然听起来比较凶猛，但它们却是鬣狗一族中战斗力最弱的一员，喜欢吃白蚁和昆虫。

土狼的长舌头

其实鬣狗一族的祖上也曾兴旺过，有 70 多个种类，目前已知最大的鬣狗是生活在中新世晚期的巨鬣狗，它们的体重约为 400 千克，是现生斑鬣狗的四倍，再加上巨大的头骨和惊人的咬合力，它们可以猎杀一些体形较大的动物，比如犀牛等，所以巨鬣狗在当时的环境中可以称得上是顶级猎食者，连短剑剑齿虎都略逊一筹。

巨鬣狗

猫科是食肉目家族中原产于马达加斯加的物种，它们的外形和猫很像，所以也被称为猫鼬。獴科成员大多有着修长的身材和不成比例的小短腿，但这并不影响它们的灵敏度，它们甚至可以和毒蛇 PK。

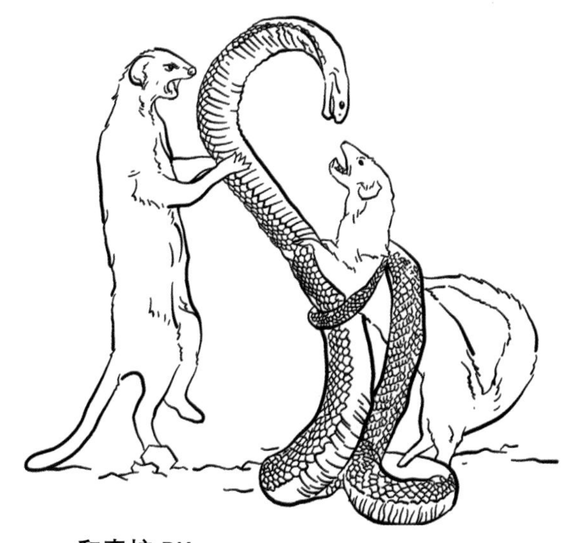

和毒蛇 PK

獴科成员可以分为两类，即獴亚科一族和缟獴亚科一族，其中最出名的成员就是狐獴，它们曾出现在《狮子王》这部影片中饰演“丁满”这一可爱的角色，但在它们出名之前，仅有非洲南部的人们才知道它们的名号。

狐獴

狐獴的社会性非常强，它们喜欢群居生活。在觅食或休息的时候，总会有一只胡獴站岗放哨，因为它们的天敌如草原雕、薮猫和胡狼等不会放过一丝捕食它们的机会。每当有紧急情况发生的时候，它们总会站起来张望并根据不同的猎食者发出不同的警报声。

真兽亚纲

兔狲

Otocolobus manul

兔狲的种名“*manul*”意为“小山猫”，由此说明它们是地地道道的猫科动物，虽然它们看似毛茸茸的，十分圆润，但它们的体重还不足 5 千克。它们是很有耐心的伏击者，以鼠兔为食，所以厚重的毛发可以在伏击的时候帮助它们保暖。

兔狲在地球上已经生存了 1500 多万年，它们被称作“网红表情包”，这都得益于它们与众不同的造型：兔狲的两只耳朵呈圆钝形，而且距离较远，眼睛相较五官的位置比其他小型猫科成员更高一些，显得它们的脸又短又宽，再加上搞怪的表情，使得它们看似很凶猛却十分有喜感。

生存时间

现存

分布地

亚洲

物种分类

劳亚兽总目 猫型亚目

猫科

兔狲之所以可以“走红”，除了搞怪的行为，比如天冷的时候要把尾巴垫在脚下面，还有一个很重要的原因，那就是它们独特的瞳孔：一般情况下，体形小的猫科一族拥有竖向的瞳孔，比如家中养的宠物猫等，而体形大的猫科一族都拥有圆形的瞳孔，比如老虎和狮子等，但是兔狲虽然体形小却是圆形瞳孔。这与它们的生活习性相关，可以帮助它们在强光下有更好的视野，把那么小的两个圆点放在一张大方脸上，怎么能没有喜感呢？

用尾巴垫脚

兔狲是现生猫科动物中毛发最长和最厚的成员，它们的毛发在每平方厘米的皮肤上可达 9000 多根，所以它们才可以在寒风凛冽的冬季，抵抗零下三四十度的寒冷。

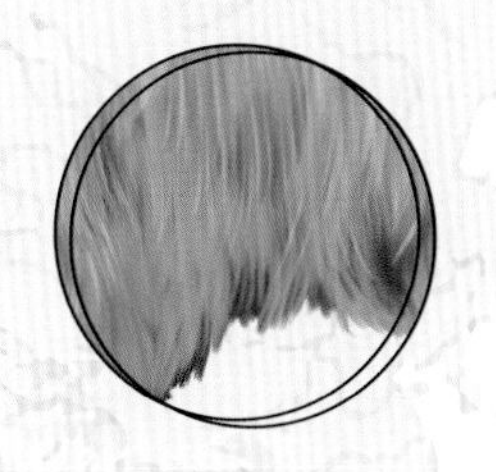

毛发十分浓密，尤其是尾巴和腹部，在冬季的时候甚至可以长到 10 厘米以上，可以防止它们在雪地上匍匐捕食的时候冻伤。

体长 46~65 厘米，体重 2.2~4.5 千克。

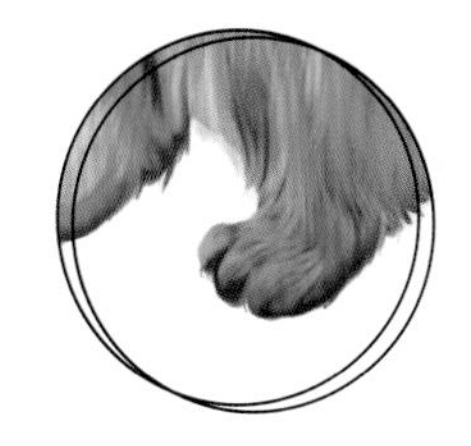

较短的四肢可以降低重心，从而增强它们在树枝上行走时的稳定性。

耳朵位置较低，长在头的两侧，不仅有利于在空旷的环境中隐藏自己，还可以保暖。

你知道“狲思邈”吗？它是中国唯一被圈养起来的一只雄性兔狲，出生于 2015 年，被救护后一直生活在西宁野生动物园中，这是中国唯一一家饲养兔狲的动物园。“狲思邈”在 2021 年喜得一女，这也是中国第一次兔狲人工繁育成功，不幸的是“狲思邈”却在前不久意外去世，但它用它的一生让无数人知道、了解并关心兔狲这一物种。

果子狸

Paguma larvata

“树上活动”

果子狸也被称为花面狸，因为从它们的额头到鼻子贯穿着一条白色的竖纹，脸上还有一些黑白相间的斑块，就像是一张大花脸，不过脸上的纹路会因它们生活的地域不同而不同，但它们都喜欢吃果实，所以大部分时间它们都在树上活动，是爬树小能手。

果子狸是中国分布最广泛的一种灵猫，它们的食性很杂，适应能力极强。广阔的栖息地使得果子狸演化出了许多亚种，而在中国境内就有9个亚种之多，它们的脸上大多都长有一条从额部贯穿到鼻子的白色竖纹。

生存时间

现存

分布地

亚洲

物种分类

劳亚兽总目 猫型亚目

灵猫科

果子狸在硕果累累的秋季几乎只以果实为食，当它们发现一棵树上的果实特别符合自己的胃口时，几乎每晚都会光顾。但若在果实短缺的情况下，它们就会闯入人类的果园，所以许多人为了避免它们破坏果园，便开始捕杀果子狸。

除此之外，人们捕杀果子狸最重要的原因就是为了满足人类的口腹之欲。可是果子狸的身上携带着大量传染性很强的病毒，即使通过高温消毒也难逃被病毒感染的风险。况且果子狸几乎不会主动攻击人类，看着它们无辜的眼神，我们又怎们忍心吃掉它们呢？

“无辜的果子狸”

果子狸的身材比较圆润，但行动十分敏捷，喜欢晚上出来活动，它们眨眼间就可以轻松地爬上一棵很高的大树，吃饱喝足后还会和小伙伴们在树枝间追逐玩闹。

眼睛又大又圆，夜视能力特别好，可以帮助它们在晚上看清许多物体。

尾巴较长，约占体长的三分之二左右，可以帮助它们在爬树或者跳跃的时候保持身体平衡。

四肢粗短，有5趾，上面还有锋利的爪子，使得它们可以牢牢地抓住物体，而且掌面还有极具弹性的小肉垫，可以缓解跳跃时的冲击力。

体长可达70厘米，体重可达8千克。

果子狸喜欢群居，它们性情机警，在洞中休息的时候，总会把洞口隐藏好，还会安排“哨兵”站岗，以防有其他动物侵袭，它们甚至为了掩盖自己的气息，会选择在水流附近排便。虽然果子狸没有发达的香腺，不能产灵猫香，但它们有臭腺，当它们遇到危险的时候可以释放出强烈的异味熏跑敌人。

真兽亚纲

斑鬣狗

Crocuta crocuta

相信大部分人对斑鬣狗的认知都来自影片《狮子王》，认为它们是欺负辛巴的恶棍，虽然在非洲草原上它们的确和狮子是死对头，但万物都有其生存规则。斑鬣狗的咬合力特别强，吃完的猎物几乎只能看到血迹，皮毛和骨头通通都不剩。

斑鬣狗群

斑鬣狗喜欢群体生活，数量最多可达 90 只，它们在捕食一些体形较大的动物时，通常都是群体作战，它们非常聪明，会将猎物包围起来，然后攻击其柔软的部位，它们甚至还练就了“掏肛绝技”，遵循能吃一口是一口的原则，所以即使是狮子也得小心应对。

生存时间

现存

分布地

非洲

物种分类

劳亚兽总目 猫型亚目

鬣狗科

在2019年版的《狮子王》中，斑鬣狗有了自己的老大——一只叫作桑琪的雌性鬣狗，也就是说斑鬣狗是哺乳动物王国中为数不多的母系群体，只有族群中体形最大而且最强壮的雌性才可以做掌门人，它们血液中的雄性激素含量要高于雄性，所以它们的体形更大，也更凶残好斗。

斑鬣狗族群主要由成年雌性组成，其次是它们的宝宝，每一只存活下来的斑鬣狗幼崽都是天选之子，因为它们一生下来眼睛就可以睁开，而且还有牙齿，出生后几天就会互相攻击，所以能活下来就很不错了。

斑鬣狗母子

许多人认为斑鬣狗喜欢吃腐肉，见到什么吃什么，就像是草原上的“流氓”似的，其实它们也会自己捕猎，而且成功率很高，广泛的食性只是为了提高种群的存活率。

淡黄色至淡褐色的毛皮上散布有许多斑点，不过这些斑点会随着年纪的增长而消失。

体长1~1.65米，体重可达63千克。

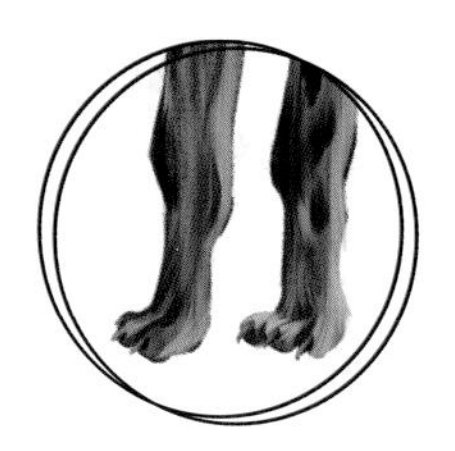

宽厚的爪垫可以帮助它们长时间行走，再加上较大的心脏和持久的耐力，可以让它们连续几小时追逐猎物。

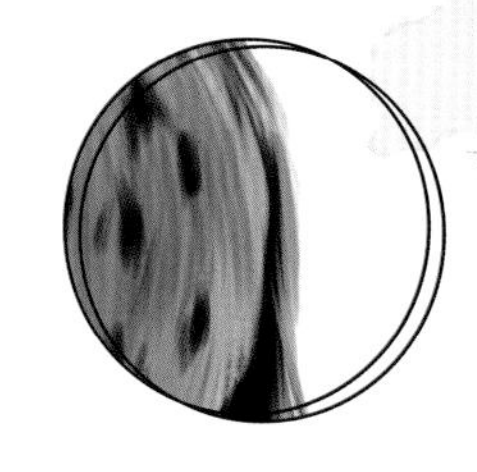

身体的前半部分比后半部分大一些，臀部也较小，这样可以防止其他动物攻击它们的臀部。

斑鬣狗有一个标志性的特点——笑声，它们的笑声有很多含义，比如当它们遇到狮子的时候，它们就会将耳朵立起来，发出哼哼的笑声示警。目前科学家已经发现了斑鬣狗发出的11种不同的声音，用以表示愤怒、示好和恐吓等，它们是生活在非洲的哺乳动物中可以发出声音种类最多的动物。

狐獴

Suricata suricatta

你还记得《狮子王》中喜欢搞事情的丁满吗？其实它是由一种叫作狐獴的动物饰演。狐獴喜欢在白天活动，身体修长，上面覆盖着浅黄棕色的毛发，每一只狐獴的背部至尾部上有一些横向的条纹，这些条纹就像人类的指纹似的，每只都不同。

晒太阳

狐獴喜欢群居，它们通常会在早晨醒来后站在晨光下，让温暖的阳光洒在毛发稀疏的黑色肚皮上，这样可以帮助它们吸收热量。在此期间，一部分成员还会负责“放哨”，这是它们提高存活率的一种生存方式，所以不论是在觅食还是嬉戏的时候，都会有“哨兵”站岗。

生存时间	分布地	物种分类
现存	非洲	劳亚兽总目 猫型亚目 獴科

狐獴群体一般是由 2~50 只组成，它们的统治者是一只雌性或者雄性狐獴，但雄性统治者的位置是由“女王大人”决定，群体中的大部分幼崽都是它们的宝宝，因为一般情况下，“女王大人”为了确保自己的宝宝有更好的生存环境，它们会杀掉其他非亲生的幼崽，而且还会惩罚冒犯自己宝宝的狐獴，所以狐獴族群若遇到危险，其他的雌性会舍命保护“女王”的幼崽，因为族群中的大部分成员都是有血缘关系的兄弟姐妹。

“女王大人”和其幼崽

狐獴挖洞的能力特别厉害，短短几秒钟它们就可以挖出和自己体重一样重的沙子，而且它们在遇到危险的时候还会制造出一些尘土来分散敌人的注意力。

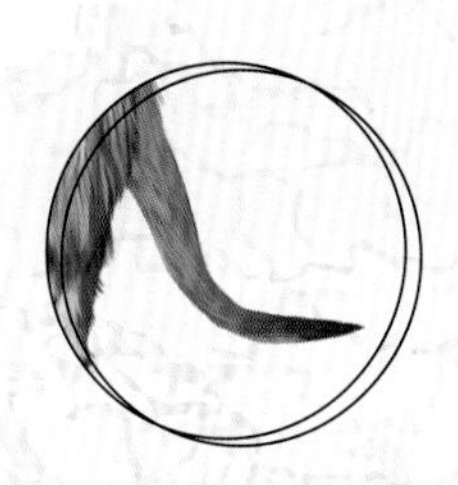

尾巴末端呈黑色，而且又细又长，可达 25 厘米，可以帮助它们保持平衡，所以狐獴在站立的时候总会用尾巴点地。

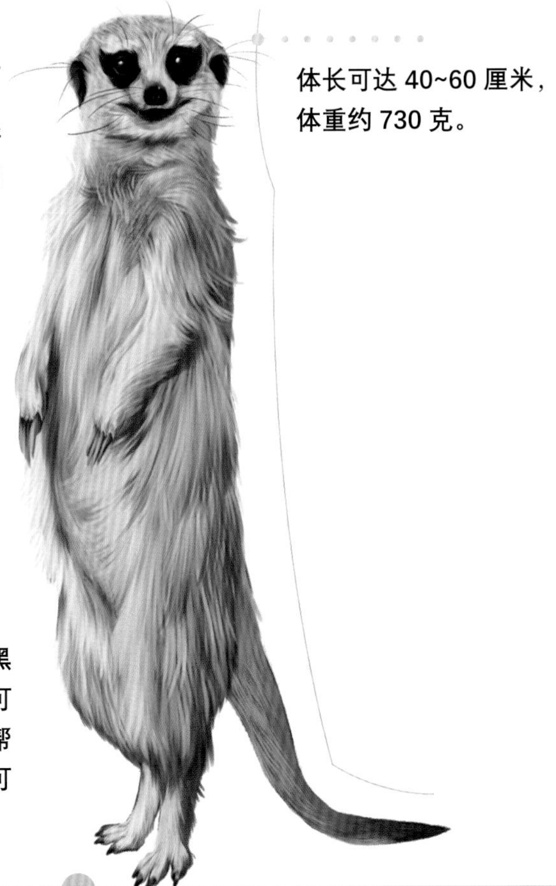

体长可达 40~60 厘米，体重约 730 克。

有着小小的月牙状耳朵，呈黑色，可以帮助它们在挖洞的时候将耳朵保护起来，以防有沙子进入。

眼睛四周有明显的“黑眼圈”，就像太阳镜似的可以让它们直视太阳，甚至帮助它们减少阳光的反射，可以更加清晰地看到物体。

狐獴的食性特别广泛，喜欢吃鱼、昆虫、蠕虫甚至是毒蛇和蝎子，它们的身手特别敏捷，在捕食蛇和蝎子的时候，它们体内的一些物质会发生改变，所以它们有一定的抗毒性。而成年的狐獴会在狐獴宝宝小时候循序渐进地教授它们捕食蝎子的方法，避免被蝎子蜇到，这种教学现象在动物王国中十分罕见。

劳亚兽总目

Laurasiatheria

犬型亚目

Caniformia

犬型亚目是食肉目家族中的另一大分支，包含了除猫型亚目的所有现生的食肉目成员。虽然这些成员之间看似没有什么共同特征，但是从解剖学来看，它们都继承了这一家族独特的牙齿结构。

演化树

犬型亚目成员的上下颌各有一对边缘锋利的大臼齿（裂齿），可以帮助它们“剪断”猎物的肉和软骨。除此之外，通过分子学的研究表明，它们之间的确有着很近的亲缘关系。

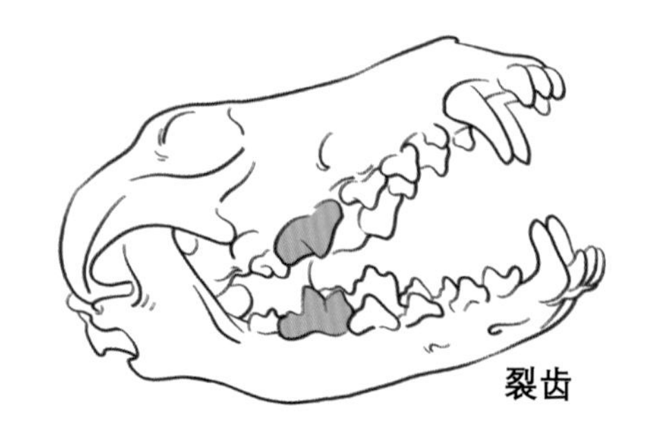

犬型亚目包括犬科、熊科和鼬超科等，还有犬熊等已经灭绝的族群，这些成员在很早以前就分成了不同的派系，有些选择继续留在森林中，如熊科和鼬科等；有些则勇敢地走出森林，去往草原等更加广阔的天地，这些成员在 4000 万年前逐渐演化成为善于奔跑的犬科。

熊科成员——黑熊

已灭绝的犬类——古犬

到了中新世时期，随着气候的改变，森林逐渐退化成为草原，犬科一族也随之迅速发展，变得繁盛起来，它们中至少有 170 多个已经灭绝的成员曾在地球上生活过。

目前发现的最古老的犬科化石是在 4250 万 ~3100 万年前的黄昏犬，它们是犬型亚目和猫型亚目分开演化后的第一种犬科动物。黄昏犬的身体修长，体长约 80 厘米，有着长而灵活的尾巴，它们的四肢较短，脑袋也很小，看着有点像现生的灵猫，但从它们的耳朵结构和牙齿的排列等方面可以确定它们属于古老的犬科一族，不过随着更加进步的犬类的出现，它们逐渐消失在历史的舞台上。

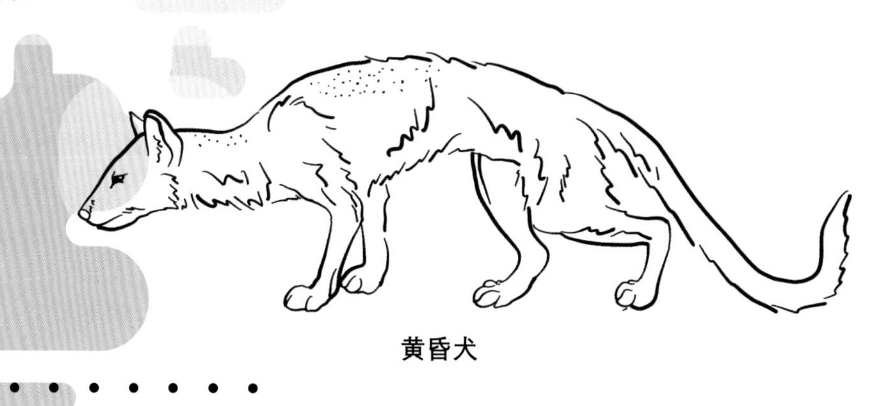
黄昏犬

生活在 3300 万年前的豪齿犬的咬合力相较黄昏犬更强，它们可以咬碎猎物的骨头。从中新世的中期开始，它们的成员种类增加到 60 多种，出现了和棕熊差不多重的上犬，它们有着巨大的头骨，咬合力惊人，还有和现生鬣狗似的可以碎骨的牙齿，它们在当时的环境中属于顶级猎食者，但可能因为大型猎物的缺失，它们也走上了灭绝之路。

上犬

人类的好朋友——家犬，它们的祖先和豪齿犬一起诞生于北美洲，大约在 1000 万年前它们逐渐取代豪齿犬类，并在 500 万年前的欧亚大陆上迅速扩散，而非洲野狗和胡狼等成员在非洲地区开始演化。

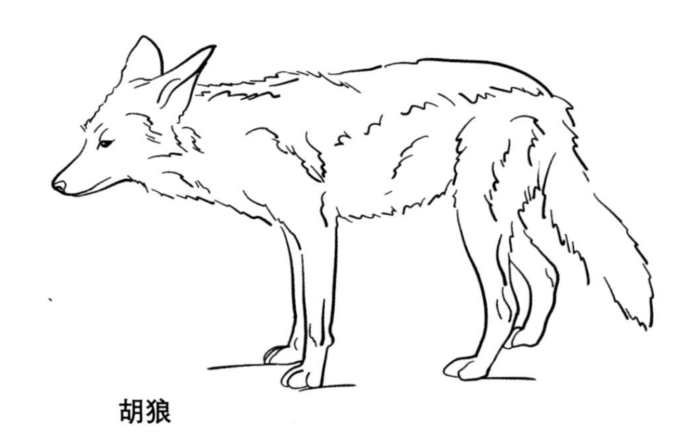

胡狼

正在捕食的非洲野狗

渐渐地，犬科动物开始在除南极洲之外的地方站稳脚跟，它们的耐力很强，擅长奔跑，在捕食的时候，喜欢群体攻击，通过长时间地追逐猎物，使得猎物在恐惧和疲惫中脱离群体，然后它们会用牙齿撕咬猎物，让其失血而亡。

现生的犬科一族有 37 个种，根据 DNA 分析又可将它们分为 3 个类群：第一种是犬族，包括家犬、豺、非洲野狗和灰狼等。

灰狼也就是我们常说的狼，它们是一种耐力很强的动物，能够以每小时 70 千米的速度连续奔跑 20 分钟，它们有着灵敏的嗅觉和听觉，曾是哺乳动物王国中分布最广泛的一类，但因为栖息地的减少和人类的猎杀，它们的数量急剧减少，一些亚种甚至灭绝。

灰狼

第二种是南美的犬类，包括 7 种南美狐类、薮犬和鬃狼等。鬃狼是南美洲最大的肉食动物，它们的耳朵很大，身披棕红色的长毛，背部长有黑色的鬃毛可以在它们遇到危险或者准备进攻的时候竖起来，它们的腿又细又长，走路的时候就像踩着高跷似的，十分怪异。

鬃狼

第三种是狐族，也就是我们所说的狐狸，其中的成员众多，比如动物王国中的“表情包”——藏狐，它们凭借着一张与世无争的大方脸获得了诸多粉丝，而且从它们的脸上完全看不出狐狸一族的狡猾。

藏狐

藏狐和旱獭

藏狐生活在海拔 3000 米以上的高原地带，喜欢吃鼠兔，偶尔也会吃旱獭，但它们和旱獭之间的关系并不是吃与被吃那么简单。旱獭是远近闻名的建筑大师，而藏狐却不会打洞，所以旱獭打好洞后，藏狐会将其赶走，并在里边睡觉或者在洞中繁殖。

犬熊科是食肉目家族中已经灭绝的一个族群，它们生活在 3700 万年前，虽然没有留下任何后代，但它们演化出约 100 个种类。犬熊科的成员既不属于犬类也不属于熊类，它们是独立演化出来的一个科。

犬熊科成员——泽犬熊

目前发现的最古老的犬熊是发现于北美洲的赖氏达泊恩犬熊，它们的体形比较小，体重约 5 千克，而在中新世时期出现的犬熊体重可达 600 千克，是北美洲哺乳动物王国中体形最大的肉食类动物。

赖氏达泊恩犬熊

大约在 800 万年前，犬熊家族在和豪齿犬一族以及熊科一族的竞争中逐渐消亡，并在 450 万年前彻底灭绝。

犬熊

熊科一族，相信大家再熟悉不过了，它们常出现在书籍以及影视作品中，比如以亚洲棕熊为原型的熊大和熊二、泰迪熊和帕丁顿熊等。

懒熊

最初的熊科成员生活在 3800 万年前的北美洲，是一种叫作原古熊的动物，它们的食性和现生的浣熊差不多。大约在上新世至更新世的时候，熊科的大部分成员，如懒熊等都已经出现。

如今的熊科家族包含 5 属 8 种，代表动物如懒熊、眼镜熊、大熊猫、黑熊和棕熊等，它们虽然属于食肉目大家族，但基本属于杂食类动物。它们有着强壮的四肢、灵敏的听觉和嗅觉以及锋利的爪子，硕大的体形使得它们看起来比较笨拙，但它们的奔跑速度可达每小时 40 千米。

大熊猫

在现生的熊科一族中，北极熊是体形最大的一类成员，成年雄性站立起来的高度可达 2.53 米，体重可达 798 千克，而马来熊是熊科家族中体形最小的一类成员，成年马来熊的体高大约是 1.2~1.5 厘米，体重约 27~65 千克。

北极熊

别看马来熊的个头小，它们却长着大脑袋，它们的咬合力远超体形大于它们的黑熊。马来熊的胸前有一片白色或金色的 U 字形区域，就像太阳似的，所以也被称为“太阳熊”。

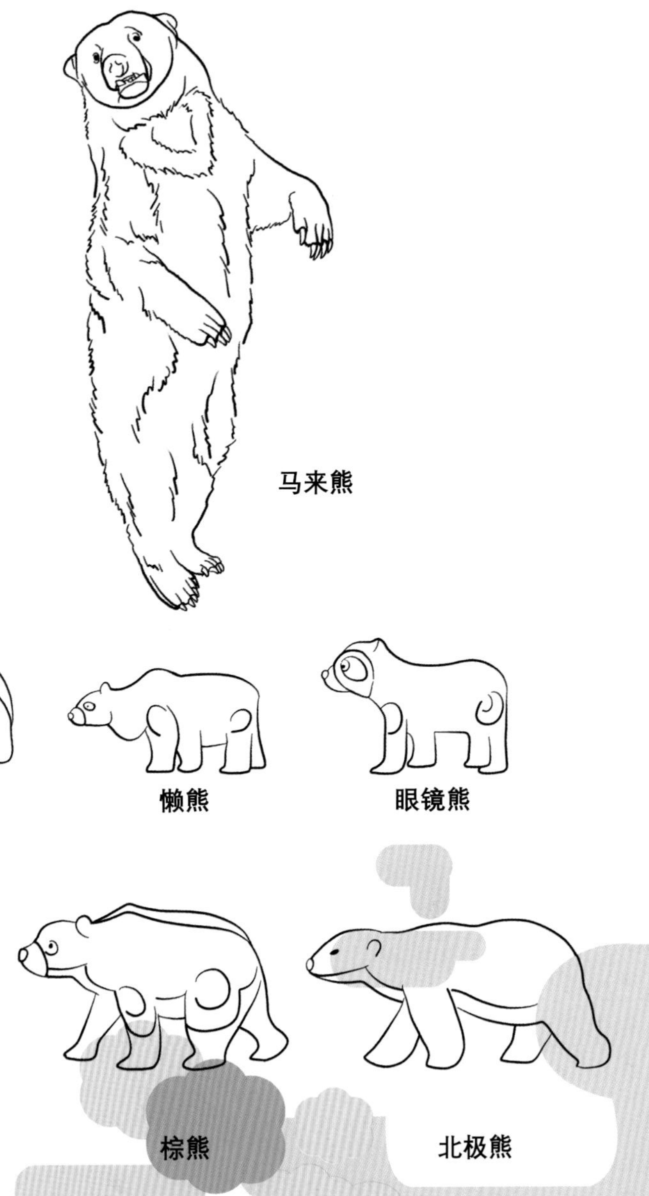

马来熊作为体形最小的熊，有很多天敌，但人类是它们最大的敌人，人类为了满足自己的口腹之欲使得它们遭受许多痛苦，数量急剧下降，所以请牢记：没有买卖就没有杀害。

聊狐

Vulpes zerda

《疯狂动物城》中和狐狸尼克搭档行骗的另一只狐狸的原型就是聊狐，但这个名字鲜有人知，因为“聊”字无法在电脑中打出，所以将其拆为“耳郭”，但一些人怎么看都觉得不对劲，又将它们画蛇添足地称作耳廓狐，而这个名字和聊狐的大耳朵相符，所以便广为流传。

芬尼克

聊狐是世界上最小的狐狸，耳朵却可达 15 厘米长，这个比例在食肉动物王国中可谓独一无二，再加上大眼睛和萌造型使得许多人想要把它们当作宠物饲养，但需要注意的是，它们是我国二级重点保护野生动物，未经国家相关部门批准，所有的个人交易都是违法行为。

生存时间	分布地	物种分类
现存	非洲	劳亚兽总目 犬型亚目 犬科

聊狐喜欢和自己的伴侣以及子女组成一个小群体，每个群体中最多有 10 位成员，它们会把“家”选在有灌木丛或草丛生长的地方，以便遮蔽洞口和取材。

聊狐的“家”在沙丘下，为了防止倒塌，它们会用树枝把整个“家”支撑起来，还会用叶子垫巢，让自己住得更舒适。聊狐挖洞的能力特别强，占地可达 120 平方米，所以家庭中的每一位成员都有自己单独的“小屋”，而且每个“小屋”还有很多紧急出口，在遇到危险的时候，可以帮助它们快速逃走。

家庭成员

聊狐生活在非洲的撒哈拉沙漠中，那里气候干旱，环境恶劣，它们不仅要解决食物和饮水的问题，忍受炎热干旱的气候，还要躲避猎食者的捕食。

大耳朵既可以散热，又可以收集到猎物发出的微弱声波，甚至还可以分辨出其中细微的差别，从而准确地判断出猎物的位置。

脚底部长有又软又密的茸毛，既可以防止白天在沙漠中行走的时候被烫伤，又可以抹掉它们的足迹。

毛发柔软浓密，成年聊狐的毛发呈奶油色，可以在白天的时候反射热量，晚上的时候保暖。聊狐幼崽通体是雪白色的。

体长 24~40 厘米，体重 0.68~1.6 千克。

聊狐的领地意识特别强，雄性会用自己的尿液在领地附近做标识，雌性会用粪便来划分领地。别看它们长相呆萌，若遇到入侵者，它们也会主动出击，尤其在繁殖期的时候。但在人类面前，它们的攻击显得特别无力，一些人为了获取它们的皮毛而捕杀它们，使得它们的数量日渐稀少，面对如此可爱的聊狐，我们于心何忍？

真兽亚纲

大熊猫

Ailuropoda melanoleuca

大熊猫凭借着憨萌的造型获得了大众的喜爱，但它们可爱的外表下却流淌着猛兽的血液，它们和老虎、狮子等属于同一家族，不过它们却通过卖萌让大家忽略了它们的猛兽基因，当你看到一只把自己团的圆滚滚的大熊猫时，一定会被其萌化。

“引体向上”

别看大熊猫体态圆润，但它们可是灵活的“胖子”：它们的身体柔韧性特别好，可以做出许多杂技表演中的高难度动作，它们的臂力超强，“引体向上”这种运动对它们来讲可谓是小菜一碟，而且它们还特别擅长爬树，一棵 20 米高的树毫不费力地就爬上去了。

生存时间	分布地	物种分类
现存	中国	劳亚兽总目 犬型亚目 熊科

大熊猫特别喜欢吃竹子，尤其是野生的大熊猫，竹子几乎可以占它们全年食物量的99%，但是和它们同家族的肉食类动物却是无肉不欢，难道大熊猫闻到肉的味道不流口水吗？经科学家研究发现，大熊猫在漫长的演化过程中，由于基因突变，导致肉对于它们来讲真就没那么好吃。

大熊猫一天可以吃 17~24 千克的竹子，不过它们的消化道比较短，食物在肠胃中停留的时间也较短，所以它们每天大概要排出 10 千克粪便，而它们的便便并不臭，还带有竹香味，可以用来造纸。

啃竹子

大熊猫的尾巴不足 20 厘米，虽然比较短，但在熊科家族中也算是比较长的，可是它们短小的尾巴很容易被忽略，许多人会认为它们的尾巴是黑色，但其实是白色。

头骨又厚又重，有强大的咬肌，它们可以将竹子整齐地咬断，咬合力仅次于北极熊。

体长可达 1.8 米，体重 80~125 千克。

视力不好，也许是因为“熬夜”太多，“黑眼圈”太重了，但它们的嗅觉特别灵敏。

前肢有六指，第六指被称作“伪拇指”，其实就是一个特化的肉垫，可以帮助它们抓握和采食。

大熊猫的体色只有黑色和白色，但关于它们为什么会进化成这样，学术界还没有定论，有人说是因为它们之前生活在冰雪覆盖的地方，黑白色的毛发是很好的保护色；有人说它们可以通过“黑眼圈”辨别同类；还有人说黑色的耳朵远看就像眼睛似的，可以恐吓敌人，但具体原因，还有待进一步研究。

鳍足亚目

Pinnipedia

演化树

新西兰海狮
北海狗
南象海豹
北象海豹
澳洲海狮
麦克纳利北海狗
环斑海豹
斑海豹
冠海豹
食蟹海豹属
斯氏疑海狮
加州海狮
象海豹属
海象
髭海豹
海豹属
北海狗亚科
南美海狮
僧海豹属
海豹亚科
僧海豹亚科
海狮科
海象科
海豹科
鳍足亚目

“鳍足”指“像鳍一样的脚”，也就是海豹、海狮和海象这类动物的四肢，它们为了适应水中的生活而逐渐演化成鳍状肢。鳍足亚目成员的身体呈流线型，都是水生的食肉类动物，它们的祖先是一种生活在陆地上的熊类，由于生活环境的改变，最终选择回到了海洋。

鳍足亚目成员的生活习性和形态特征等同食肉目家族的其他成员差异很大，所以对于它们的分类曾争论不休，但由于目前发现的最早的鳍足亚目化石是在中新世时期，而哺乳动物的分化早在始新世的时候就已经开始，所以它们被归入食肉目家族，成为一个亚目。

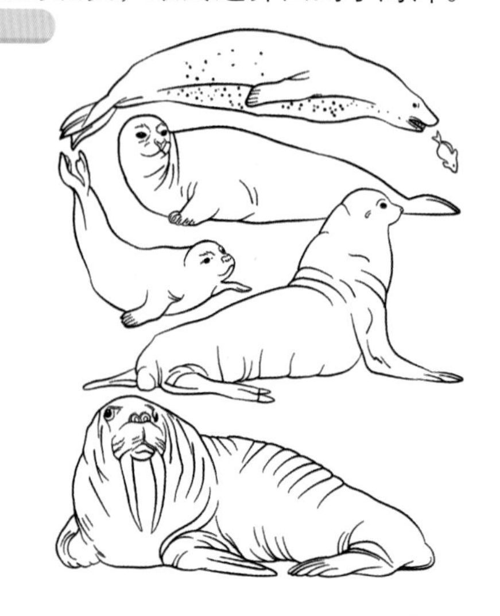

鳍足亚目成员

目前发现的最古老的鳍足类动物化石是生活在早中新世时期加拿大的达尔文氏海獭豹，它们和水獭长得比较相似。它们是在5000 万年前和食肉目家族中的其他成员走上了不同的演化之路。

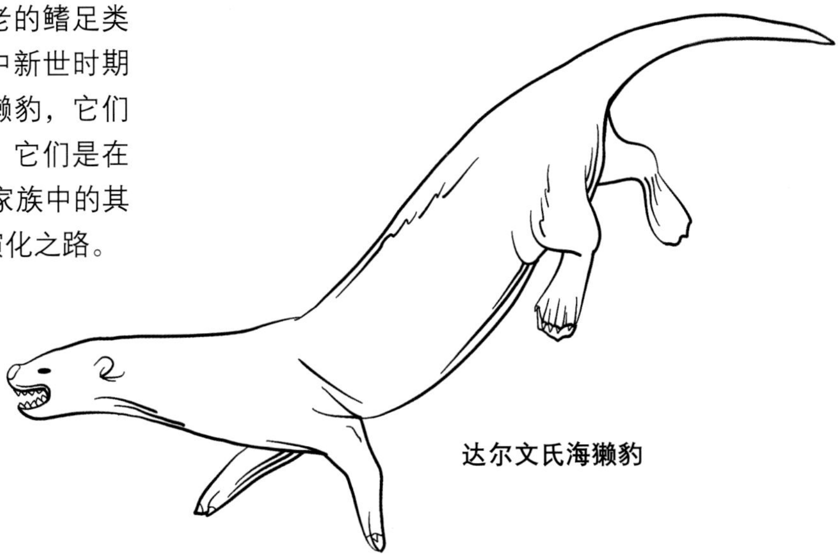

达尔文氏海獭豹

海熊兽

生活在 2400 万年前的海熊兽，它们长得和如今的海豹很相似。海熊兽已经演化出了能够快速游动的流线型身体，而且四肢也在向着船桨似的鳍状肢演化，不过，它们的头骨和牙齿还和熊很相似，所以海熊兽是熊类与鳍足类的过渡物种。

鳍足亚目家族目前有 3 科，33 种，分别是海豹科、海狮科和海象科。

由于长期生活在水中，它们有着很厚的脂肪，可以抵御水中的寒冷，而且它们水下的视力都特别强，大大的眼睛可以看清黑暗的水中环境，方便捕食。

海豹

不过，海象除外，海象的眼睛特别小，而且还长在两侧，所以它们的视力并不好。

海象：**没有外耳结构**
巨大的长牙
用后肢行走

海豹：**没有外耳结构**
后肢退化
有斑点

海狮：**有外耳结构**
用后肢行走
体被细绒毛

海豹家族

海豹一族的脸部和豹子很像，所以由此得名。它们的种类繁多，分布广泛，成员几乎遍布整个海域。

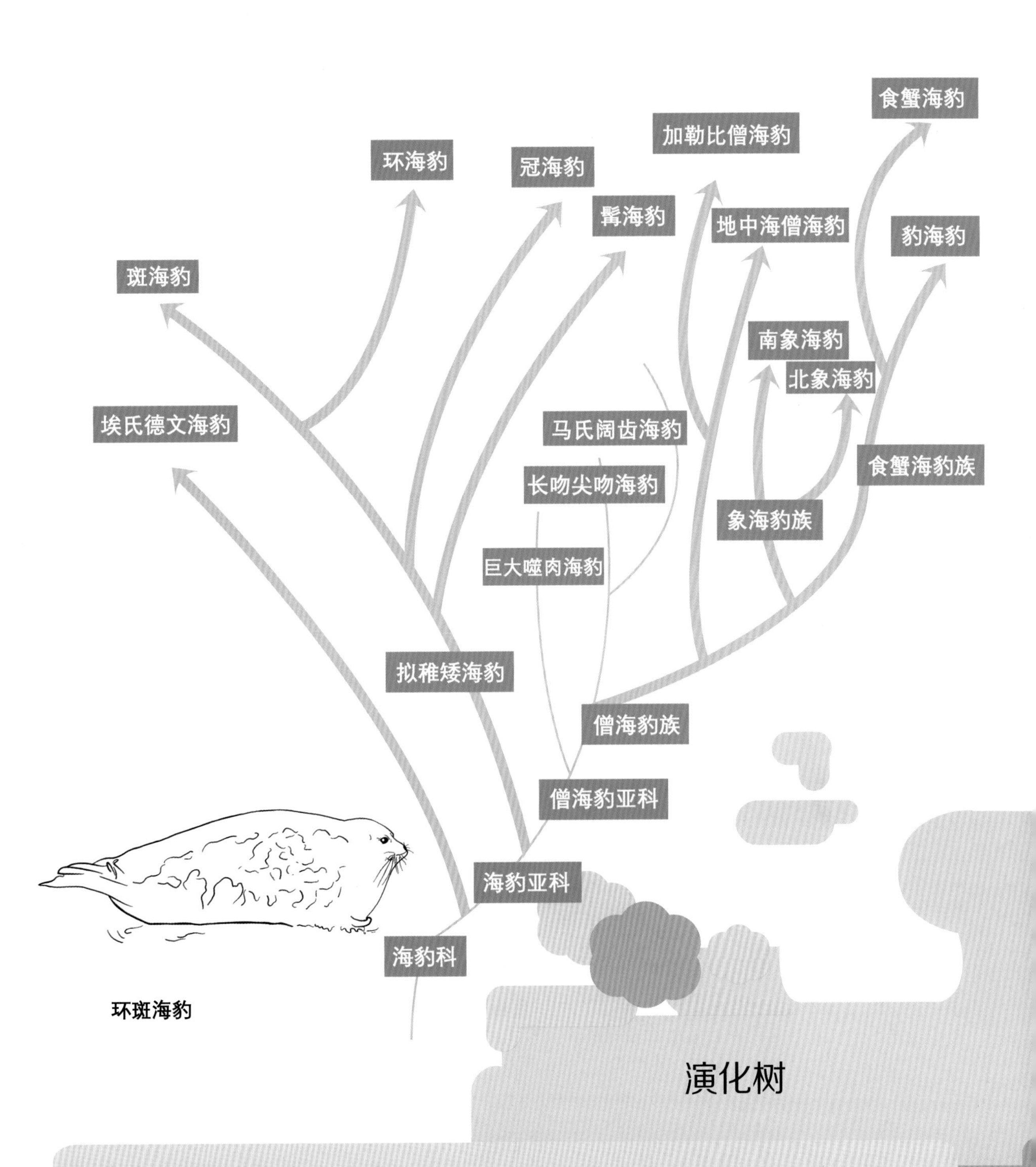

演化树

海豹一族可以分为僧海豹亚科和海豹亚科，其中既有体长约 5.8 米，体重可达 4000 千克的南象海豹，又有体长仅约 1 米，体重约 50 千克的环斑海豹。

海豹一族没有外耳结构，它们擅长远距离游泳，和其他鳍足亚目成员之间最大的区别就是它们的后肢退化比较严重，所以不能将整个身体直立起来，从而导致它们行动的样子特别有趣。

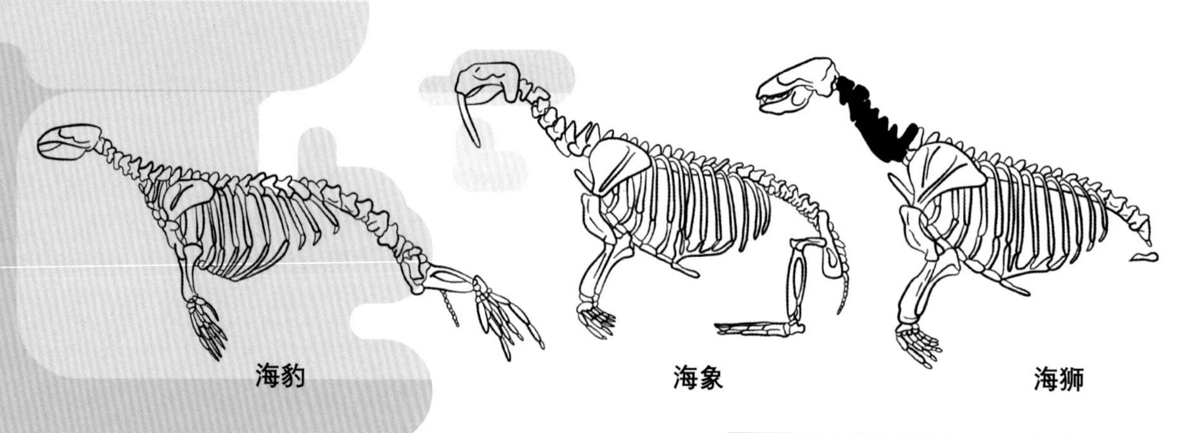

海豹的后肢与其他成员对比图

雄性的海狮颈部周围长有一圈鬃毛，就像狮子似的，所以称为海狮，它们有外耳结构，在陆地上行走的时候可以将后肢向前翻转，它们的智商和海豚差不多，是鳍足亚目家族中智商最高的一类成员。

加州海狮

北海狗

海狮一族可以分为海狮亚科和海狗亚科，它们两者之间最大的区别就是海狗的体表覆盖着细密的绒毛，而海狮的体表是粗毛。

海象一族虽然没有外耳结构但它们可以用后肢行走，而且雌性和雄性都长有巨大的长牙，这是它们的标志性特征。

海象

演化树

海象一族的体形庞大，体形最大的雄性可达 2 吨，是鳍足亚目家族中仅次于南象海豹和北象海豹的动物，所以它们几乎没有天敌，但如此强大的海象还是遭到了人类的捕杀，若长此以往，地球上再无海象，人类也会被自然法则淘汰。

南极海狗

Arctocephalus gazella

南极海狗的种名“*gazella*”来源于19世纪时期第一艘捕到它们的军舰名称“瞪羚号”。南极海狗又被称作南极毛皮海狮，因为它们和海狮除皮毛不同外，其余长得都很像，它们还会出现基因变异的“金毛”，不过这个概率大约是千分之一。

“金毛海狗”

南极海狗善于游泳，但是刚出生的小海狗却不会游泳，虽然好奇的它们时不时地就会用鼻子去触碰水面，但大部分时间它们都待在岩石上，差不多两个月后，它们才会和妈妈学习一些生存技能，如游泳和捕食等。

生存时间
现存

分布地
南极洲海域

物种分类
劳亚兽总目 鳍足亚目
海狮科

每年的春末夏初，冰雪还没有完全消融的时候，南极海狗就会进入繁殖期，这时的雄性海狗会面临着一场残酷的考验，它们需要忍饥挨饿长达 6~8 周的时间，而且还要时不时地和其他雄性打斗，它们这样做的目的就是为了在海滩上占领好的位置，等待雌性的到来，因为地理位置好的雄性会吸引较多的雌性。

南极海狗是一夫多妻制，宝宝生下来后由雌性独自抚养，刚出生的小海狗很弱小，大约只有 5~6 千克，所以需要雌性频繁地到海里捕食照顾幼崽。

喂食

南极海狗喜欢集体生活，所以同时期出生的小海狗会有很多，而海狗妈妈会通过小海狗的叫声识别出自己的宝宝，因为每只小海狗的叫声都不同。

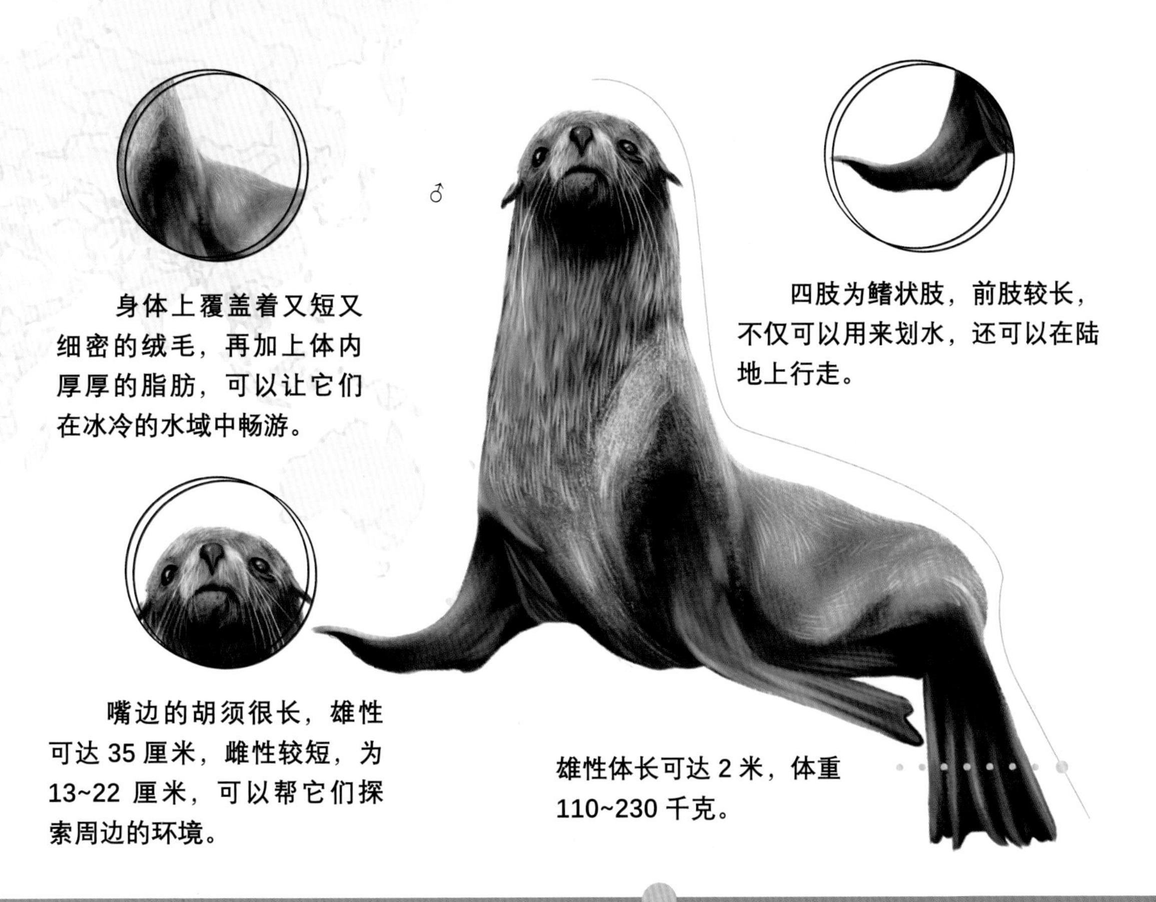

南极海狗特别喜欢吃磷虾，不过在食物短缺的情况下，它们也会吃鱼类，偶尔还会捕食企鹅。例如生活在印度洋中马里恩岛附近的一些南极海狗会经常捕食王企鹅，这似乎已经成为一种习惯，至于这种现象是如何造成的，目前还没有明确的解释。

真兽亚纲

冠海豹

Cystophora cristata

成年雄性冠海豹的鼻子上顶着一个可以膨胀的黑色皮囊，从远处看就像戴着一顶黑色的“帽子”似的，所以冠海豹由此得名，它们通过让皮囊自由收缩而发出奇特的声音，这种声音不仅可以震慑敌人，还可以炫耀自己的武力。

雄性冠海豹的“红气球”

除了鼻子上的黑色皮囊外，冠海豹还特别喜欢用鼻子吹红“气球”，尤其是在它们生气发飙的时候，从而警告敌人：别惹我，否则后果自负。这个“气球”的直径可达 30 厘米，和一颗足球差不多，会使它们的头部看起来更大，形象更威武，让敌人不寒而栗。

生存时间

现存

分布地

北冰洋

物种分类

劳亚兽总目 鳍足亚目

海豹科

冠海豹的哺乳期是哺乳动物王国中时间最短的一类动物，也就是说，冠海豹宝宝在出生后，雌性冠海豹只会照顾它们四天的时间，而在这四天内，小宝宝需要不断地补充营养，快速长大。雌性冠海豹的乳汁营养成分很高，脂肪含量高达 60%，相当于人类乳汁的 20 倍，所以刚出生的冠海豹宝宝虽然只有 20 多千克，但经过妈妈四天的哺育，它们就可以长大一倍左右，四天过后，小宝宝就需要独自成长，而妈妈会回到海中觅食，补充消耗的能量。

冠海豹母子

成年冠海豹的毛发呈银色，上面散布着许多黑色斑纹，雌性冠海豹的体形比雄性小很多，体长约 2 米，体重不足 300 千克，而冠海豹刚出生时的背部呈蓝灰色，十分漂亮。

体形呈纺锤形，脂肪含量很高，可以帮助它们在寒冷的环境中保温，也可以在关键的时候为它们提供热量。

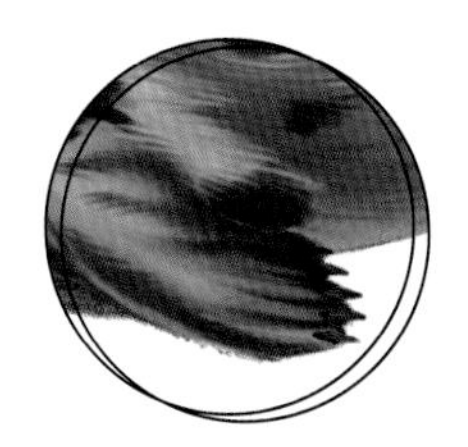

四肢短小但强壮有力，有五趾，每个趾上面不仅有指甲而且趾间还有蹼，可以帮助它们快速游泳，但在陆地上的时候只能匍匐前进。

耳朵退化成只两个小孔洞，可以在游泳的时候随意开闭。

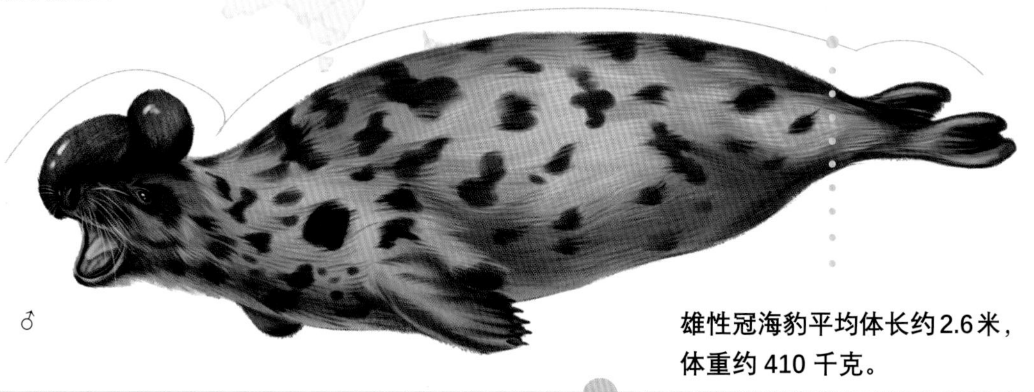

雄性冠海豹平均体长约 2.6 米，体重约 410 千克。

雌性冠海豹急匆匆的哺育方式，可以降低小海豹被捕食的风险，提高其成活率。断奶后的小海豹不会马上吃东西，而是要断食一段时间，此时的它们依靠着体内的脂肪会在浮冰上独自漂浮 4~6 周，然后下海捕食。小海豹漂亮的皮毛使它们遭到了大量捕杀，所以为了让更多的人关心它们，拯救海豹基金会将每年的 3 月 1 日定为国际海豹日。

真兽亚纲

海象

Odobenus rosmarus

不论是雌性海象还是雄性海象，都有一对由上犬齿演化而来的大长牙，这对牙齿和象牙似的可以终生生长，不过象牙是由门齿演化而来。海象的大长牙能长到1米长，使它们看上去凶猛无比，但这对牙齿的主要作用可不是打架。

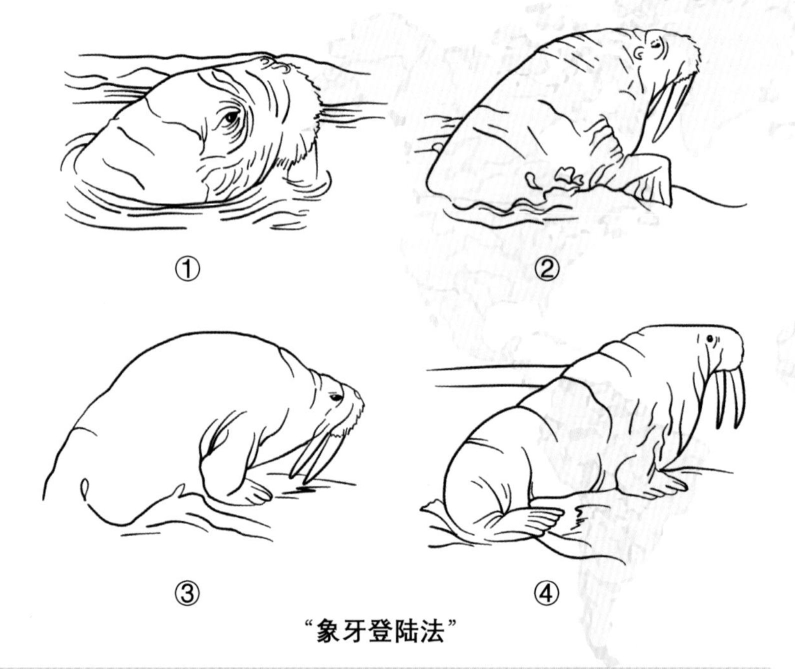

“象牙登陆法”

海象的属名“*Odobenus*”意为“行走的牙齿”，这对牙齿可以像冰镐似的插入冰中，再配合上后鳍的力量，从而可以带动它们庞大的身体在光滑的冰面上爬行，这可是它们的“祖传武艺”——“象牙行走法”，不仅如此，象牙还可以帮助它们从水中爬到冰面上。

生存时间

现存

分布地

主要分布在北冰洋海域

物种分类

劳亚兽总目 鳍足亚目

海象科

海象的食性比较广泛，但它们钟爱吃各种各样的蛤蜊。一开始，人们以为海象会用它们的长牙将淤泥下的蛤蜊刨出来吃掉，但后来人们发现海象会直接用嘴拱入海底，吃掉藏在里边的蛤蜊，有时还会用嘴将淤泥吹开或者用它们短小的前肢搅动海水，从而让蛤蜊露出来。

虽然它们的视力不好，但嘴边的“长胡子”可以感受到蛤蜊的一举一动，从而确定其位置，通过这样高效的进食方式，一只成年的海象一天可以吃掉 2000 只蛤蜊。

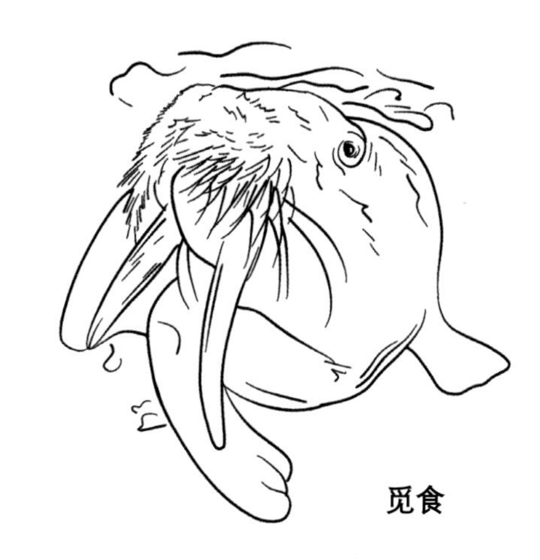
觅食

海象

海象在陆地上的时候，皮肤呈棕红色，而在海水中的时候呈白色，因为在冰冷的海水中，血管会收缩，血液会在皮下脂肪层中流动，从而减少热量的散失。

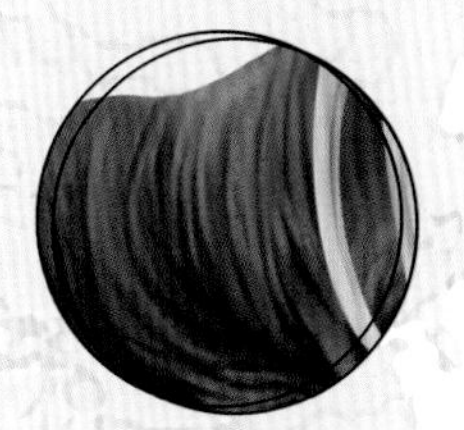

体形肥胖，身体上的毛发比较少，但褶皱特别多，而且皮下脂肪的厚度可达 15 厘米，可以为它们提供能量。

雄性体长 2.2~3.6 米，平均体重 800~1700 千克。

眼睛特别小，视力并不好，它们的四肢是鳍状肢，而后肢可以向前弯曲，帮助它们在陆地上和冰雪中行走。

雌、雄嘴上都长着 400~700 根半透明的“长胡子”，“长胡子”里边有敏锐的神经，可以帮助它们感知周边的环境。

海象喜欢群居，它们的群体数量不等，少则几只，多则上千只，它们每天的生活就是在海中游泳、觅食以及睡觉，它们一天可以睡 20 多个小时，每次捕食完之后它们会在浮冰上休息，并随着浮冰漂流，顺便消化食物，它们有时还喜欢互相贴在一起，在冰面或者沙滩上享受“阳光浴”。

劳亚兽总目

Laurasiatheria

鼬超科

Musteloidea

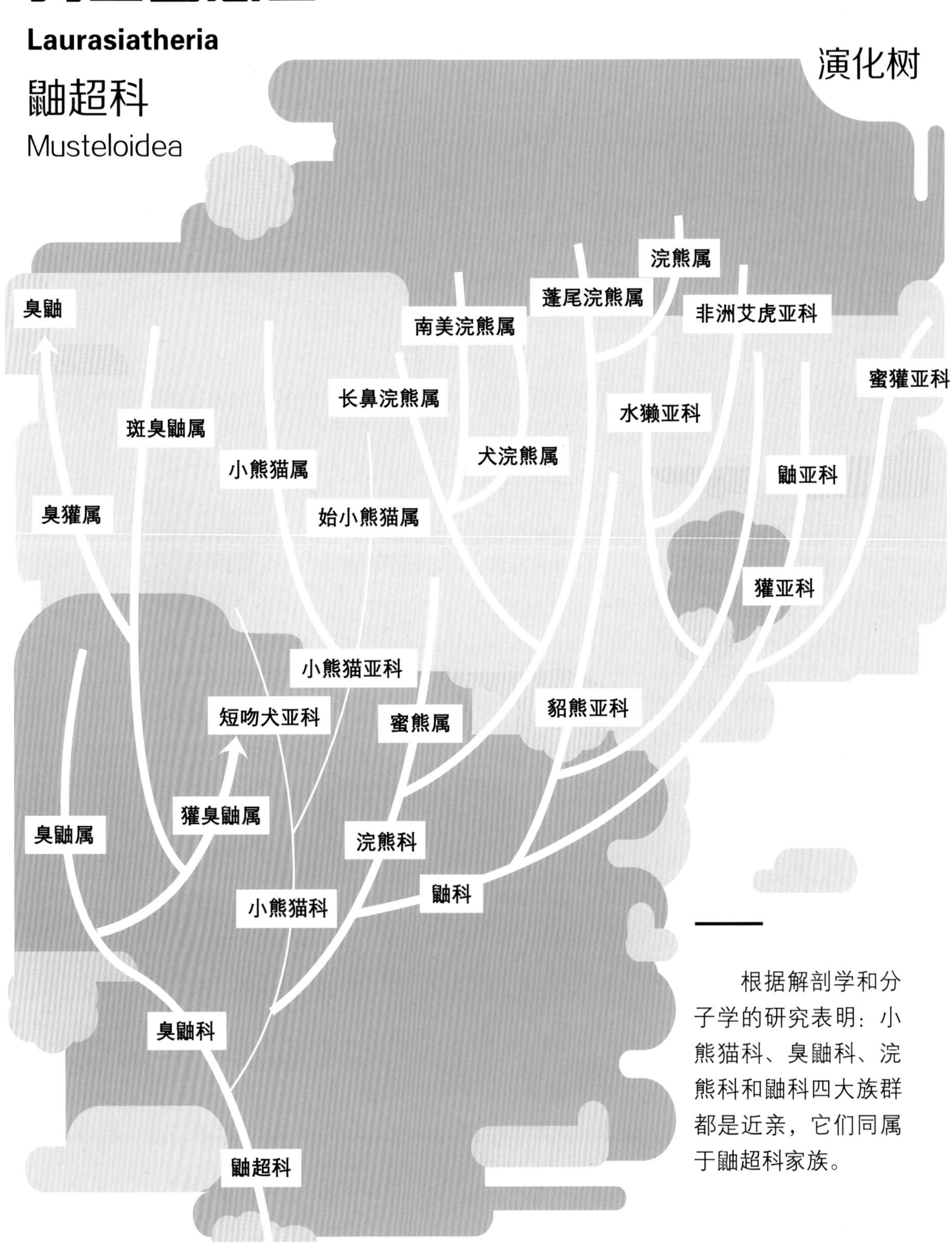

根据解剖学和分子学的研究表明：小熊猫科、臭鼬科、浣熊科和鼬科四大族群都是近亲，它们同属于鼬超科家族。

有关小熊猫一族的所属问题，学者们争论了近两个世纪，起初将小熊猫科一族归为熊科和浣熊科，但后来发现，小熊猫和熊甚至大熊猫都没有什么亲缘关系。

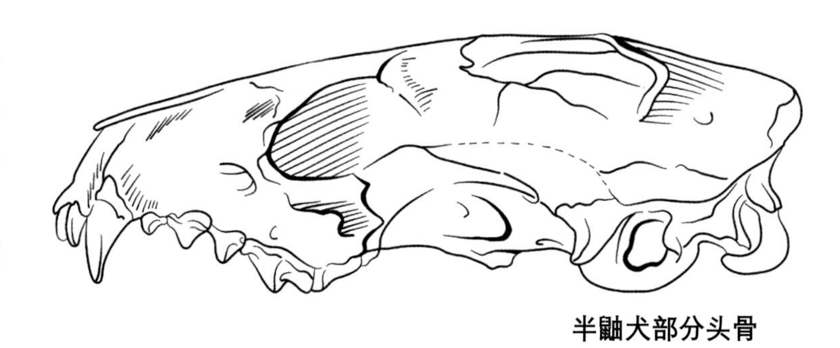

半鼬犬部分头骨

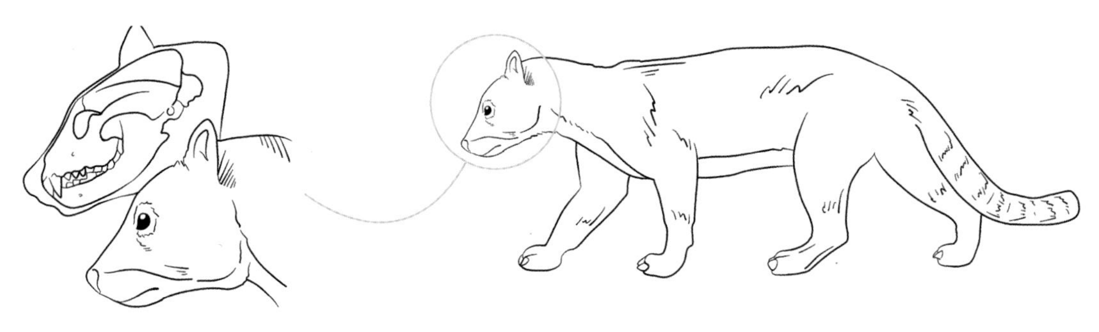

短吻犬

虽然小熊猫一族目前只有两个种，但它们也曾在地球上出现过至少十几个种类，比如生活在早中新世时期的半鼬犬，还有生活在中始新世时期的短吻犬，它们的体形和如今的狼差不多。

臭鼬科曾被归在鼬科中，但随着进一步地研究发现，把它们单独组成一个科会更合适。臭鼬科如今有 12 个种，它们都会在遇到危险的时候喷出一种特别臭的油脂，从而臭退敌人。

臭鼬

浣熊科一族保存下来的化石比较少，一般都是颌部和牙齿化石，最古老的浣熊科一族化石是在北美洲发现的曾经生活在中新世时期的原蓬尾浣熊。大约从中新世的中期开始，浣熊科一族就生活在美洲，并演化出了许多种类，如今的浣熊和长鼻浣熊等在上新世的时候就已经出现。

长鼻浣熊

大部分浣熊科成员的体形都比较小，比如我们熟知的浣熊和蜜熊等。它们的臼齿已经演化出了和熊的牙齿相似的结构特征，既可以咬碎食物又可以充分研磨。

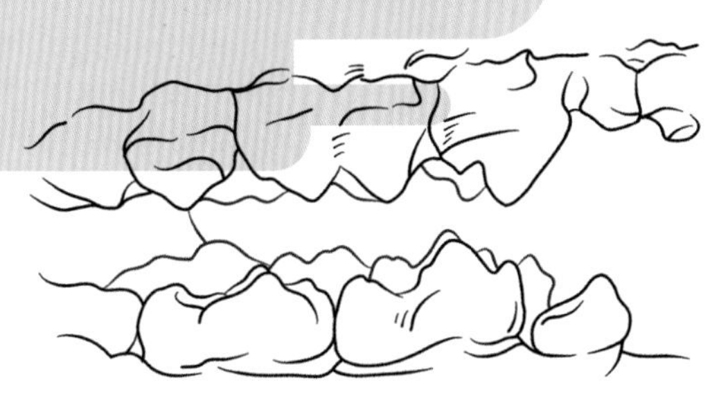
熊的牙齿

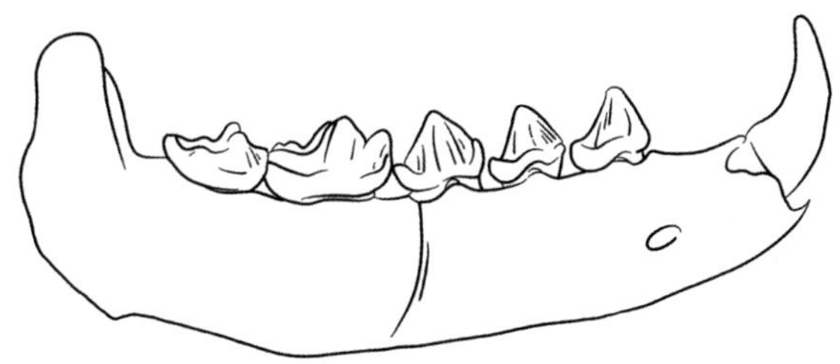
原蓬尾浣熊的下颌骨

蜜熊主要生活在美洲的森林中，它们生活在树上，喜欢夜间活动，有着可以卷握的长尾巴，它们的尾巴可以轻松地将它们倒挂在树上。

蜜熊是浣熊家族中比较奇特的一个分支，它们大约在 2200 万年前从浣熊科动物的祖先中分化出来，成为第一个从中分化出来的族群。

蜜熊

鼬科一族最早出现在始新世晚期，它们生活在北美洲，后来逐渐向欧亚大陆扩散，大约在中新世的时候，出现了许多差异很大的动物，比如体形和美洲豹差不多大的巨貂。

巨貂是在 1907 年被命名，它们的骨骼特征显示出了和鼬科之间较近的亲缘关系，但根据最新的研究表明，巨貂和鬣狗似的有着强大的咬合力，可以咬碎动物的头骨。古生物学家曾认为巨貂的生活方式和狮子差不多。

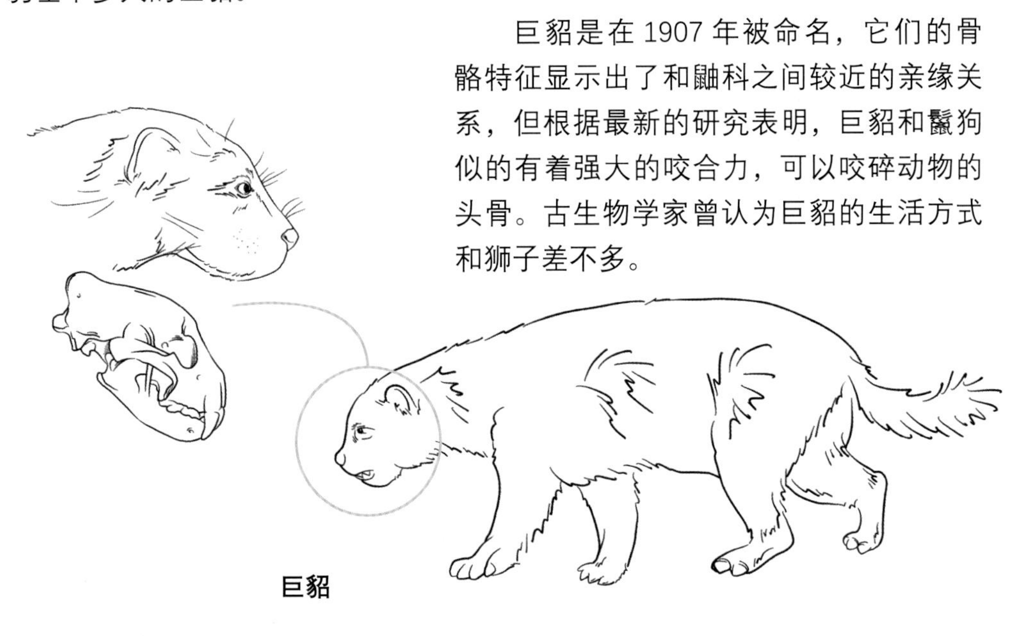

巨貂

如今的鼬科一族有 57 个种，其中既有貂、白鼬等体形较小的成员，又有比较大的狼獾，还有水獭等。它们的体形大多比较小，但都是凶猛的猎食者，比如食肉目家族中体形最小的成员——伶鼬，就出自这一族群。

狼獾

伶鼬

伶鼬和我们使用的智能手机差不多大。它们一年中会换两次毛发：冬天呈褐色；夏天呈白色。它们的身手十分敏捷，擅长在雪地中穿行，是狂热的猎食者。旱獭和兔子等体形比它们大许多的动物都在它们的食谱中，可谓是一类凶猛又可爱的动物。

中华小熊猫

Ailurus styani

中华小熊猫的耳朵呈三角形，上面长有簇毛，使得它们的脸看起来特别圆，它们的四肢较短，身材圆润，走起路来左摇右晃，但它们特别擅长爬树，一旦遇到危险就会立刻爬到树上。中华小熊猫特别喜欢吃甜食，它们可以感知到甜味，不像猫和老虎等猫科动物似的对甜味不敏感。

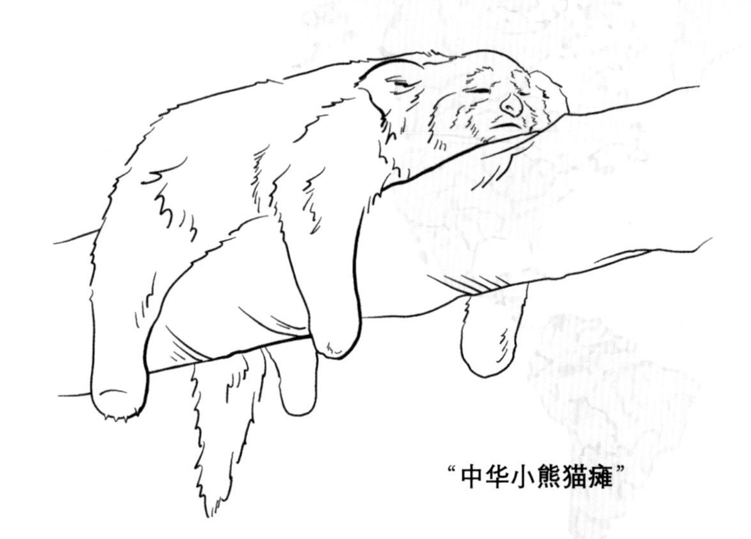

“中华小熊猫瘫”

一般情况下，中华小熊猫会待在树上，天气热的时候，它们就会慵懒的“瘫”在树丛的阴凉地睡觉，冷的时候就会蜷成一团，用大大的尾巴把脸部遮住保暖。小熊猫下树的方式比较特别，它们会倒着下树，也就是头朝下，尾巴朝上，这种下树的方式可不是什么动物都会的。

生存时间	分布地	物种分类
现存	中国	劳亚兽总目 鼬超科 小熊猫科

中华小熊猫背部的毛发呈鲜亮的红褐色，但是它们的肚皮颜色特别深，近黑色，当它们趴在树枝上一动不动的时候，很难发现它们。当中华小熊猫受到惊吓的时候，会站立起来，露出黑色的毛发，试图让自己的体形看起来更大一些，同时张开它们锋利的爪子吓退敌人，但在人类的眼中，它们这种“张牙舞爪”的动作着实是太可爱了。

中华小熊猫喜欢吃竹子，但由于竹子中的能量太少，它们每天需要吃大量的竹子，所以它们一天的生活特别惬意，除了吃就是睡。

受惊的中华小熊猫

中华小熊猫的脸圆圆的，上面有着独特的白色斑纹，而且每一只小熊猫的斑纹都不同，它们的毛发特别厚，每天醒来后的第一件事就是清理自己的毛发。

毛发浓密的长尾巴上面有 12 个黄褐色和红棕色相间的横向环纹，可以帮助它们在树上保持平衡和伪装自己。

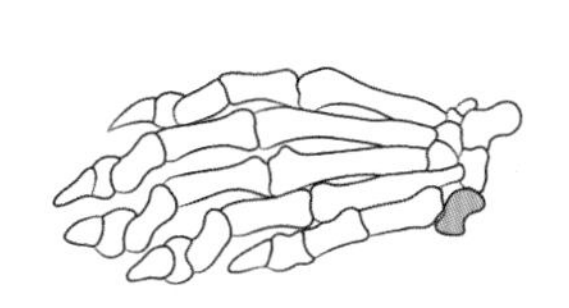

爪子特别锋利，可以伸缩自如，它们有一个“假拇指”，可以帮助它们在攀爬的时候牢牢地抓住树干，还可以更好地抓住食物。

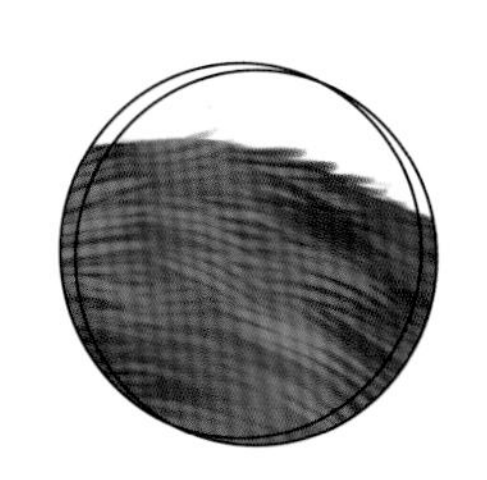

身上的毛发分为针毛和绒毛，针毛可以在下雨的时候让雨水顺着流下，使毛发保持干燥，而绒毛可以保温。

体长 78~123 厘米，
体重 3~6 千克。

虽然小熊猫和大熊猫都喜欢吃竹子，名字之间只有大、小的差别，但它们和大熊猫之间的亲缘关系很远。其实，早在 1825 年，法国的动物学家就用“Panda”这个英文名向大家介绍了小熊猫这一物种，但可能因为大熊猫黑白分明的配色等原因，渐渐地夺走了小熊猫的名字，而小熊猫则被迫改名为“Red Panda”。

真兽亚纲

浣熊

Procyon lotor

浣熊的名字中虽然有“熊”，但它们并不属于熊家族，它们在吃东西前，都会将食物放在水中清洗一下，然后才会食用，所以由此得名。浣熊在中国还有一个响亮的名字——干脆面，这个名称便是来自许多人都吃过的“小浣熊”。

清洗食物

小浣熊将食物放在水中清洗并不是因为它们有洁癖，而是因为它们的视力并不好，所以它们需要将前肢浸泡在水中，通过手上发达的触觉神经来辨识食物，从而感受食物的质地、大小和重量等。清洗食物这种行为就像浣熊的第二双眼睛似的，可以帮它们“看清”眼前的东西。

生存时间	分布地	物种分类
现存	北美洲	劳亚兽总目 鼬超科 浣熊科

一般情况下，浣熊喜欢成对或者和家人一起在水边生活，白天的时候，它们会在“家”中睡觉，并用它们毛茸茸的尾巴把嘴巴和鼻尖包裹起来，到了晚上它们才会出来活动。

浣熊的“家”并不是由它们自己建造，而是去霸占其他动物的巢穴，不论是地洞、山洞还是树洞，它们都可以接受，一点也不挑剔，从来不会为筑“家”而烦恼。别看浣熊的身材臃肿，它们特别擅长爬树，灵活的爪子和厚厚的掌垫使得它们成为攀爬高手。

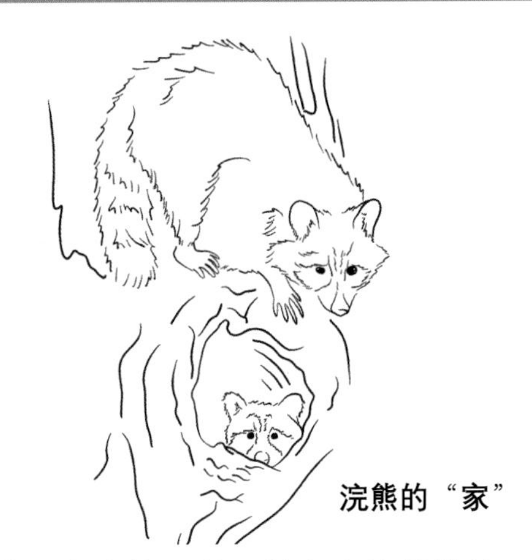
浣熊的“家”

鉴于小浣熊干脆面的知名度，许多人会将小熊猫和小浣熊混淆，其实小浣熊的体色一般为灰色，它们的眉心处有一个黑色的条纹，眼睛周边呈黑色，就像戴着一个黑色的眼罩似的。

前、后肢上分别有五趾，不仅可以分开，还可以灵活地抓握水中的虾和蟹等，不过它们的爪子不能收缩。

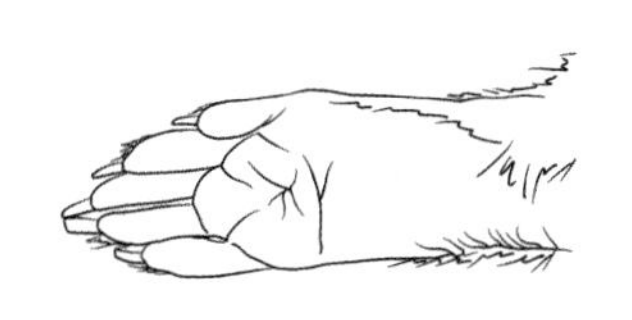
手掌上有厚厚的角质层，把它们浸泡在水里变软后就可以提高手掌的灵敏度，它们手上的触觉神经数量要比人类多好几倍。

尾巴毛茸茸的，约 25 厘米长，上面有 10~12 个黑白相间的横向圆环。

体长约 90~100 厘米，体重 5.5~9.5 千克。

浣熊的适应能力特别强，一点都不怕人，它们可以适应城市和农场等不同的生活环境，而适应城市生活的浣熊甚至养成了固定“上下班”的习惯：每当夜幕降临，它们开始“上班”去垃圾桶中翻找食物，或者直接去居民家中偷窃、抢夺食物，待吃饱喝足后，它们就会回到森林中睡觉，这一习性再配合上脸部的“眼罩”，简直就是“蒙面大盗”。

真兽亚纲

海獭

Enhydra lutris

海獭的大部分时间都生活在海水中，它们经常以海水为床，仰面朝天地浮在海面上睡觉、思考“獭生”或者梳理毛发，在梳理毛发的时候它们会将油脂涂抹在毛发上，使其有更好的防水性，而且还会清除身上的脏东西，以防海水渗透毛发，从而导致失温。

海獭母子

海獭宝宝无法分泌油脂，所以它们会趴在妈妈的身上，让妈妈带着自己在海面上漂浮。海獭不像鳍足类的动物有着厚厚的脂肪，它们的毛发特别浓密，每平方厘米可达 20000 根，不仅可以帮助它们隔绝冰冷的海水，还可以使内层的绒毛保持干燥。

生存时间

现存

分布地

北太平洋近岸水域

物种分类

劳亚兽总目 鼬超科

鼬科

海獭喜欢群体生活，一个大群体又由若干个小群体组成，而处在栖息地C位的小群体一般是由一只雄性的海獭带领着若干不同年龄段的雌性组成。

海獭在海面上睡觉的时候，常会和同伴“手拉手”入睡，这样可以防止它们在睡觉的时候被海浪冲走，即使被冲到了什么地方，起码不是孤单的，一些聪明的海獭还会将巨藻缠在自己的身上。除此之外，它们在睡觉的时候还会有“哨兵”放哨，这样在遇到危险的时候，可以让大家迅速逃到水下。

“手拉手”入睡

海獭的毛发可以分为两层：针毛和绒毛，针毛较长可以将绒毛完全覆盖，从而不被海水浸湿，绒毛虽然比较短，但可以起到很好的保温作用。

前肢较短且呈圆形，可以帮助它们取食、梳理毛发以及使用各种工具。

体长可达150厘米，体重可达45千克。

后肢上面有蹼，有点像鳍足类动物的鳍状肢，可以帮助它们快速游泳。

尾巴又长又扁，就像船桨似的，不仅可以帮助它们划水，还可以帮助它们在水中翻转身体。

海獭是动物王国里为数不多的一类会使用工具的动物，当它们在海底捕食到一些虾、贝类和海胆等食物的时候，通常还会带上一块石头，这块石头相当于“开罐器”，它们会把石头放在肚皮上，然后凭借着手腕和手掌上的厚肉垫把食物拿起来砸向石头，有意思的是当它们找到一块非常好用的石头时，还会把这块石头珍藏起来，留着下次用。

真兽亚纲

臭鼬

Mephitis mephitis

或许听到臭鼬的名字，就会感觉臭臭的，其实它们本身并不臭，而且还长得特别可爱，它们“臭名昭著”是因为在臭鼬的尾巴下面有一种专门储藏“臭液”的腺体，释放出来时臭气浓郁，所以一般情况下，猛兽是不会轻易招惹它们的。

被臭鼬征用的巢穴

臭鼬通常会以家庭为单位过着悠闲的群居的生活，它们凭借着自己的“生化武器”总喜欢霸占其他动物的巢穴，当它们发现巢穴的主人外出时，它们就会趁机钻进去，然后释放臭气，从而远远地告诉巢穴的主人：你的巢已经被我征用，你还是另寻他处吧。

生存时间

现存

分布地

美洲

物种分类

劳亚兽总目 鼬超科

臭鼬科

臭鼬在遇到危险的时候，会秉承着“能不伤害对方就尽量不伤害对方”的原则，先给敌人一系列警告：比如它们会将身体拱起来，然后竖起自己大大的尾巴，它们还会用前肢跺地，紧盯着敌人，像是在告诉它们：我的忍耐是有限的。

如果敌人冥顽不灵，它们就会冲上前几步，然后猛地将屁股朝向敌人。在它们无法确定敌人的具体位置时，它们会喷射出雾状的臭液，而当它们锁定目标后，它们可以将臭液直接喷在对方的脸上，而且射程可达 5 米。

准备作战

臭鼬喜欢晚上活动，但是它们的视力并不好，所以它们搜寻食物的时候依靠的是灵敏的嗅觉和听觉，而昆虫、体形小的哺乳动物以及果实等都可以成为它们的食物。

身体上的毛发为黑色，两边长有白色条纹，这种黑白交替的毛发不仅是一种保护色，而且还增添了几分神秘感。

尾巴上的毛发特别浓密，就像一把大扫帚似的，在它们休息的时候，可以用尾巴将脸部遮盖起来保暖。

前肢上的爪子特别锋利，可以帮助它们挖洞、攀援以及搜寻食物。

体长为 51~70 厘米，
体重为 3~6 千克。

臭鼬的祖先在漫长的演化过程中，把臭液喷射这一绝招磨炼的可谓是出神入化，它们不仅可以控制喷射的时长还将臭味练到了天花板级别，即使稀释了几百倍之后，也依旧让人无法忍受。据说，中招的人的胃部会感到一阵阵恶心，使他们无法顺畅呼吸并且泪流不止，更可怕的是它们的臭味留存的时间还特别久。

真兽亚纲

Eutheria

有蹄类

Ungulata

有蹄类也被称为有蹄哺乳动物，它们曾演化出许多种类，并在恐龙灭绝之后占据了陆地上大型哺乳动物的优势类群。

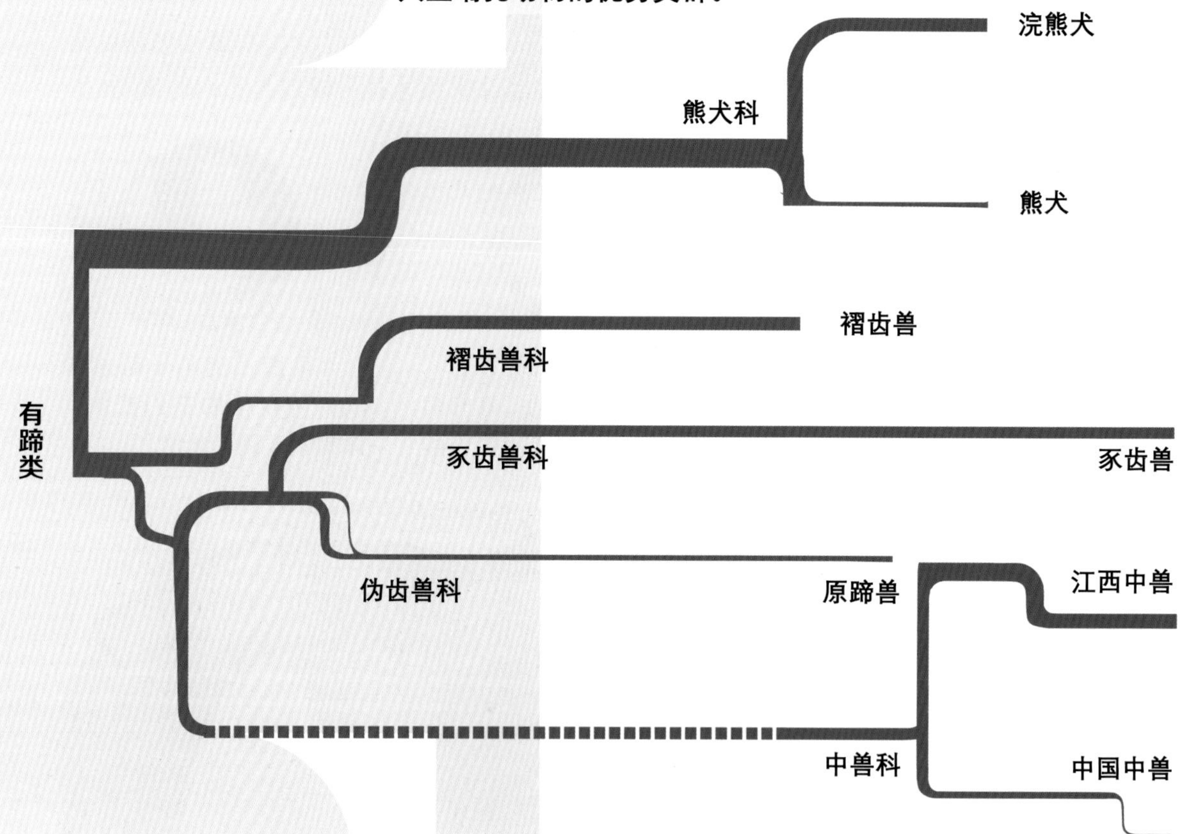

大象

20 世纪 90 年代，一些具有类似蹄的哺乳动物，比如大象、海牛和蹄兔等也曾被认为是有蹄类的一个分支，但分子学的研究表明，它们都属于非洲兽总目家族，和有蹄类的亲缘关系较远，因而将它们合称为近蹄类。

生存至今的有蹄类家族目前只有两个大目：奇蹄目和偶蹄目，它们都是从 5400 万年前的古有蹄类演化而来。古有蹄类可以分为 5 个类群，分别是熊犬科、褶齿兽科、豕齿兽科、伪齿兽科和中兽科，它们可能是不同现生族群的近亲。

古有蹄类：1. 熊犬 2. 中兽 3. 外锥齿兽 4. 浣熊犬 5. 原蹄兽 6. 豕齿兽

熊犬科意为“熊一样的犬”，它们是有蹄类家族中祖先级别的成员。生活在古新世时期的熊犬，有着锋利的犬齿和颊齿，这种牙齿结构和现生的大部分有蹄类都不同，而且它们的四肢上长的似乎是蹄而非爪。

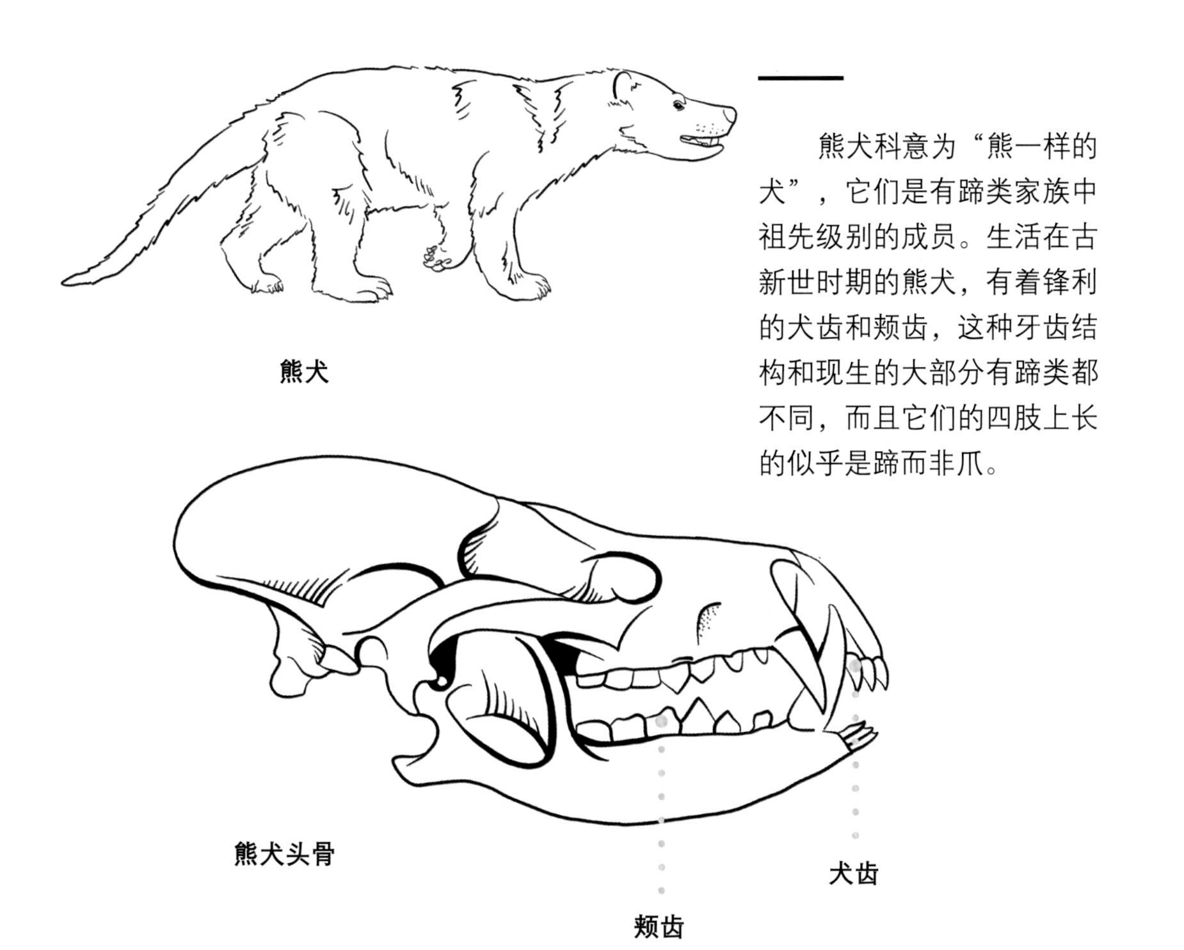

熊犬

熊犬头骨

生活在晚古新世的浣熊犬有着长长的尾巴和强壮的四肢，可以帮助它们攀爬和行走，不过它们并不能像如今的马和鹿等有蹄类动物似的快速奔跑。

许多古生物学家认为浣熊犬是偶蹄目和中兽目的祖先，但这一观点还缺乏确凿的证据，而最新的研究表明它们和现生的有蹄类关系较远。

浣熊犬

褶齿兽牙齿

褶齿兽家族生活在北美洲，它们的牙齿很特别，在它们的臼齿上有很多褶皱，这也是它们名字的由来，这些褶皱或许可以帮助它们更充分地研磨食物。

褶齿兽一族在古新世早期就已经生活在地球上，它们曾有 20 多个种类，大部分成员只保留下了牙齿和下颌骨的化石，而其中的褶齿兽却保留下了比较完整的骨骼，它们的骨骼粗壮，有着较长的尾巴和较小的头部，体形和羊似的,从骨骼特征来看，它们很可能生活在陆地上，虽然不擅长奔跑，但可能善于挖掘。

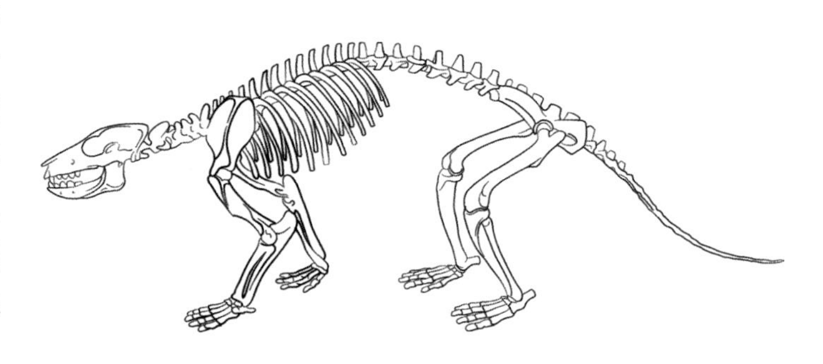
褶齿兽骨架

豕齿兽科的成员众多，大约有十几个种，它们的牙齿结构比较奇特，有四个独立齿尖的方形颊齿。大部分豕齿兽成员都生活在晚古新世，而豕齿兽却一直存活到晚始新世，也就是它们在地球上大约生活了2000万年，它们是哺乳动物王国中生存最久的一类动物，同时也见证了许多族群的兴衰。

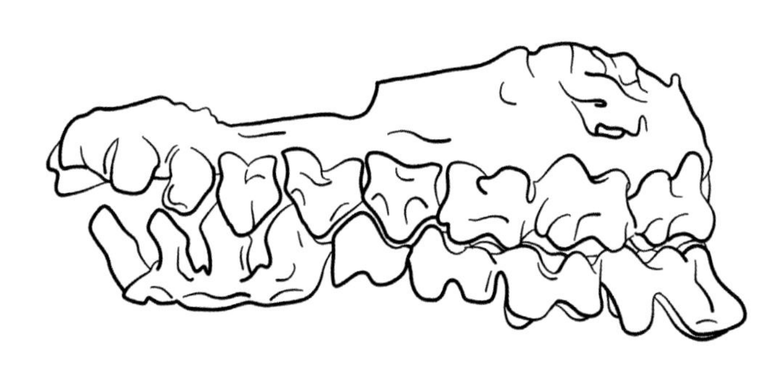
豕齿兽的颊齿

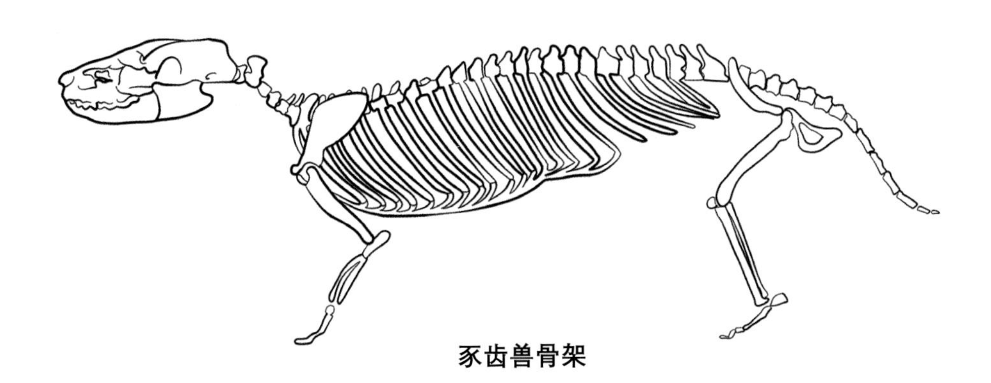
豕齿兽骨架

家齿兽的身材纤细，四肢较短，有着长长的尾巴，它们的嗅觉灵敏，和现在的鼬类比较相似，根据最新的一些解剖学特征表明，它们是奇蹄目家族的远亲，但目前还缺乏一些强有力的证据。

伪齿兽科的成员生活在北美洲和欧洲地区，早始新世的原蹄兽是比较常见的动物化石，它们一直存活至4600万年前，是除豕齿兽之外生存时间最久的一种古有蹄类。

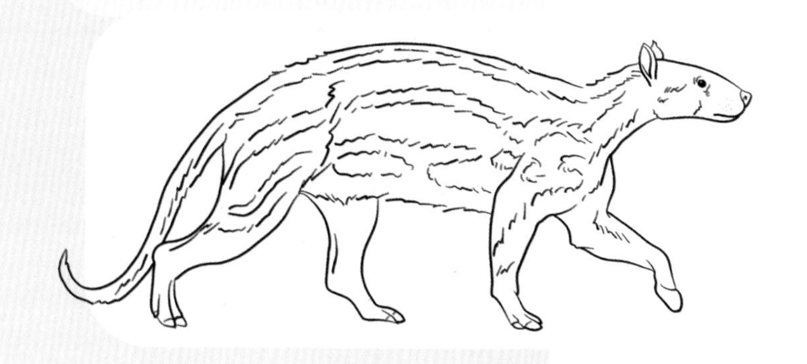

原蹄兽

原蹄兽的化石比较完整，它们长有粗壮的四肢和长长的尾巴，和如今的绵羊差不多大小，它们的四肢上虽有5趾，但拇趾较小而中趾很大，且和左右相邻的两趾承担着身体大部分的重量，显现出奇蹄目的一些特征，古生物学家推测它们可能是奇蹄目的远亲，常在草原和森林活动，可以行走和奔跑，但速度比较慢。

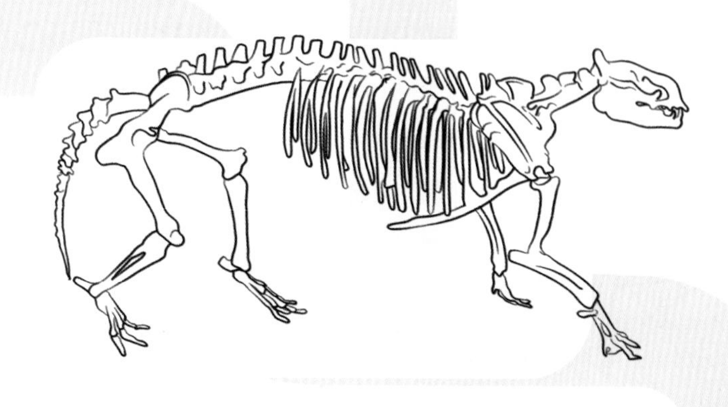

原蹄兽骨架

目前发现的最古老的中兽科一族是发现于中国早古新世的堰塘中兽。到了晚始新世，中兽一族已经演化出许多类群，比如中国中兽和江西中兽，而当时的食肉目动物数量较少，所以它们很可能是当时的大型猎食者。

堰塘中兽假想图

江西中兽假想图

蒙古中兽

从早始新世开始，中兽科一族演化出了更多的体形和熊差不多的成员，但它们约在3700万年前灭绝，而中兽科一族最后灭绝的成员是蒙古中兽，它们在3400万年前灭绝。

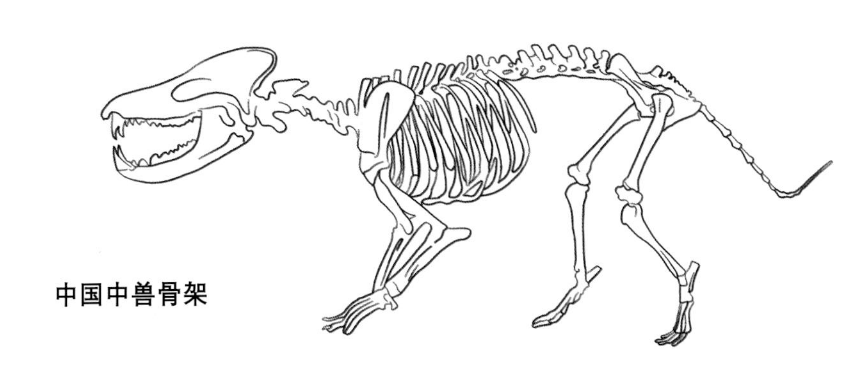

中国中兽骨架

中兽科一族由于它们类似熊的体形和巨大的犬齿，常被古生物学家归为原始的食肉哺乳动物，但通过完整的骨骼化石发现，它们并没有现生食肉目家族的爪子，而是蹄，所以它们属于古有蹄类，而且通过对其化石的分析发现，它们的牙齿更适合食腐。曾有许多学者认为中兽科是鲸类的祖先，但随着进一步的研究表明，它们至多是鲸类甚至是偶蹄目的远亲。

劳亚兽总目

Laurasiatheria

南方有蹄目

Notoungulata

南方有蹄目是一种已经灭绝的有蹄类动物，它们生活在约5700 万 ~5000 万年前的南美洲。

白垩纪晚期，南美洲从冈瓦纳大陆分离出来，生活在这里的动物便被隔离在南美洲，所以它们开始肆意生长，演化出了袋鼠、食蚁兽、犰狳等独特的物种以及一系列当地特有的有蹄类。

演化树

利昂马属
豚南兽
中黑格兽属
黑格兽科
巨弓兽属
中间兽属
黑格兽亚目
小弓兽属
粗型兽属
巨弓兽科
豚吻马形兽
古猴科
古蹄兔科
利昂马科
箭齿兽科
中黑格兽科
中间兽科
箭齿兽亚目
亨氏柱兽科
南柱兽科
型兽亚目
南方有蹄目

1. 闪兽 2. 后弓兽 3. 滑距马 4. 角箭兽 5. 厚南兽 6. 赫胥黎兽 7. 后弓兽 8. 焦兽 9. 箭齿兽

南方有蹄目的成员种类较多，有些成员长得和生活在其他大洲的哺乳动物极其相似，但它们却不是近亲。南方有蹄目可以分为箭齿兽亚目、型兽亚目、焦兽目、闪兽目和滑距骨目，目前几乎没有什么确凿的证据将它们和生活在其他地方的有蹄类联系在一起。

箭齿兽亚目的成员体形和形态各异，比如生活在晚中新世的角箭兽，它们长着短短的骨质角，有点像现生的犀牛；还有四肢强壮的巨弓兽，它们长有爪子而不是蹄，可能是为了方便取食树叶；还有生活在晚上新世，直至晚更新世才退出历史舞台的箭齿兽。

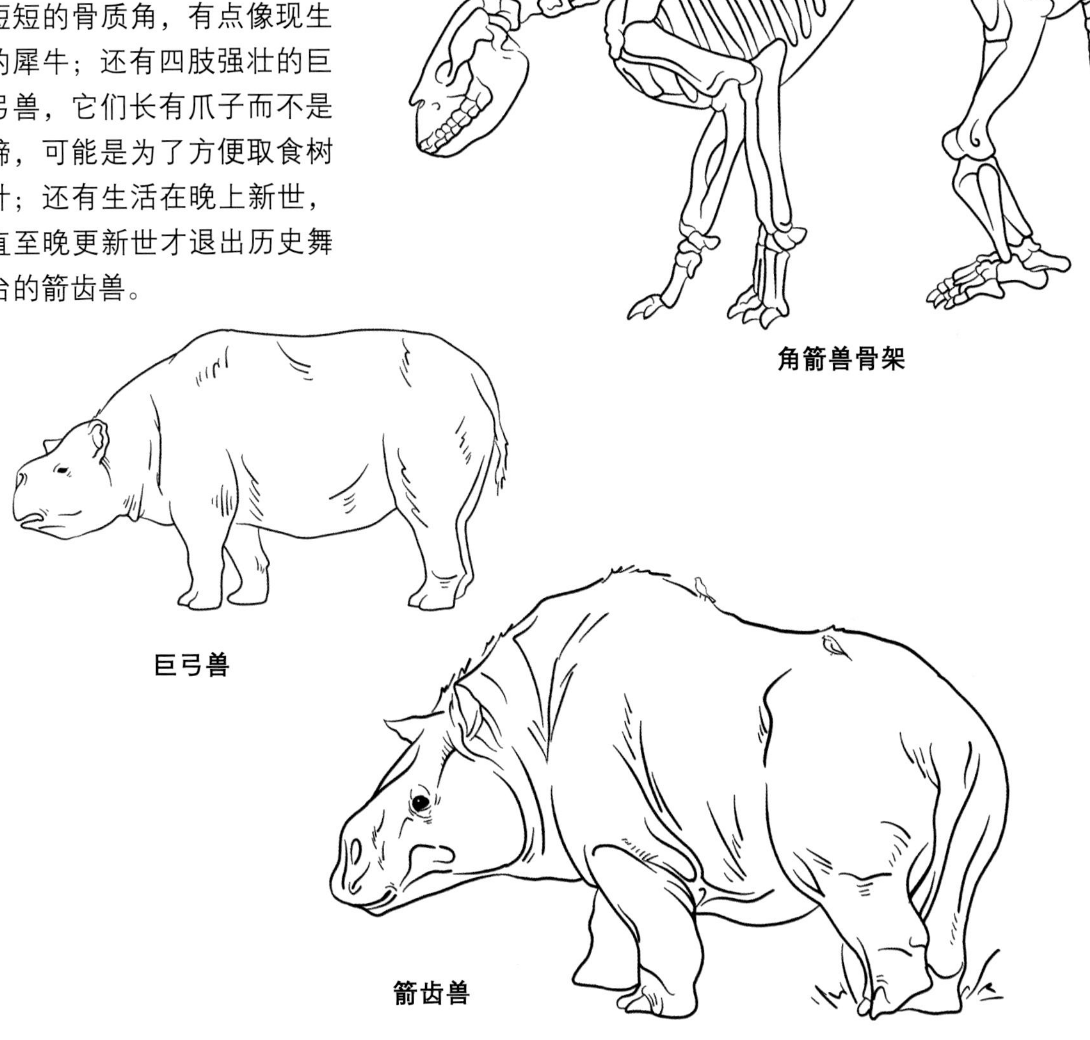

角箭兽骨架

巨弓兽

箭齿兽

箭齿兽是在 1833 年由达尔文在阿根廷潘帕斯草原的一条河边挖掘出来的动物，它们的体形和现生的犀牛似的，约 3 米长，肩高可达 1.8 米，它们的头骨特别大，约占体长的三分之一，有着可以终生生长的牙齿，使它们可以吃一些比较坚硬的食物，从而让它们存活的时间比其他南方有蹄类更久远。

型兽亚目的成员种类也是相当丰富，有和非洲蹄兔比较相似的古蹄兔型兽类，还有长着长耳朵、大眼睛的黑格兽类，它们和如今的兔子很像，有着终生生长的门齿和善于跳跃的四肢，而且它们的夜视能力很强。

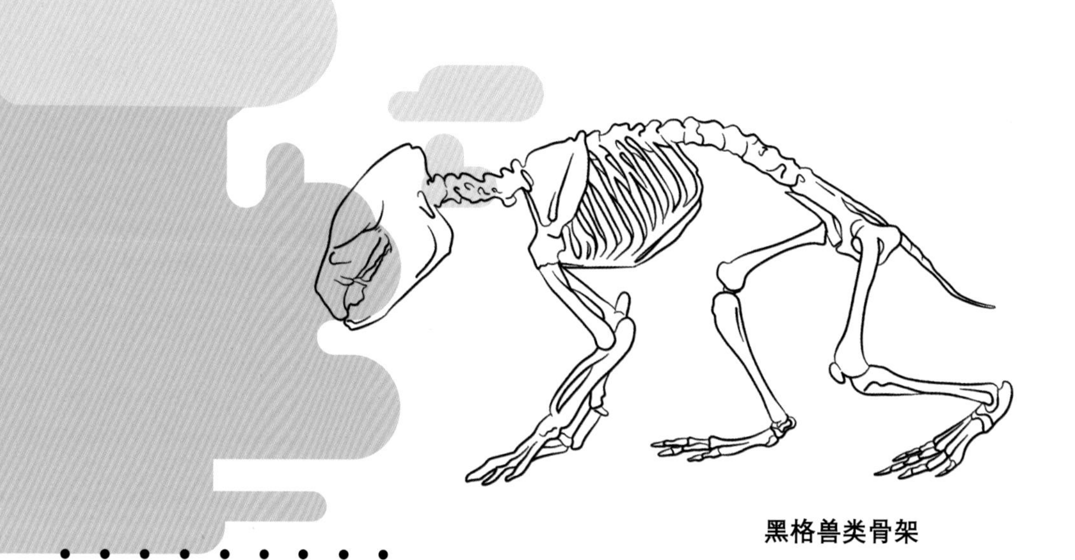

黑格兽类骨架

焦兽目的成员因发现于渐新世时期的火山灰中而得名，它们生活在古新世至渐新世，目前只发现了 6 个属。焦兽是南方有蹄目中极其特殊的一类，它们的体形呈圆筒状和如今的犀牛差不多，上下颌还长有獠牙，而且还长着和乳齿象似的长鼻，或许是用来取食树叶。

焦兽

滑距骨目的成员出现在古新世，它们种类多样，而且体形大小也不尽相同，至少有几十个属曾在地球上生活过。生活在冰河时期的后弓兽是一类比较独特的成员，它们是被达尔文在19世纪初发现，之后由英国的动物学家理查德·欧文命名。

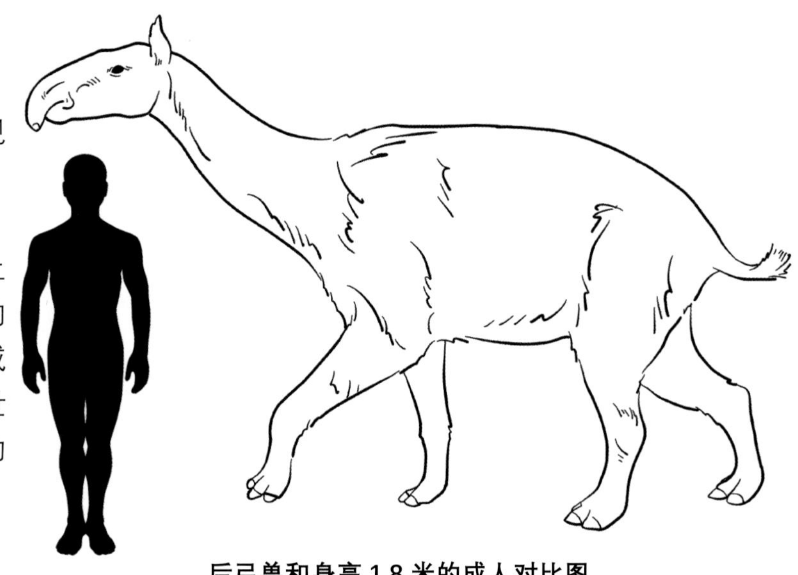

后弓兽和身高1.8米的成人对比图

后弓兽出现在约700万年前，它们是一种长得既像骆驼又像貘的动物，身长约3米，体重约1吨，它们有着长脖子和长鼻子，可以帮助它们将长在高处的叶子撕扯下来。后弓兽还长有适于奔跑的四肢以及可以迅速转弯的脚部关节，不过如此奇特的它们却消失在距今2万~1万年前。

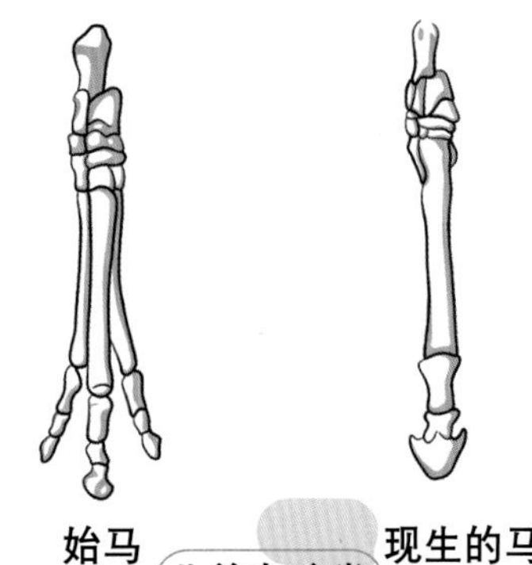

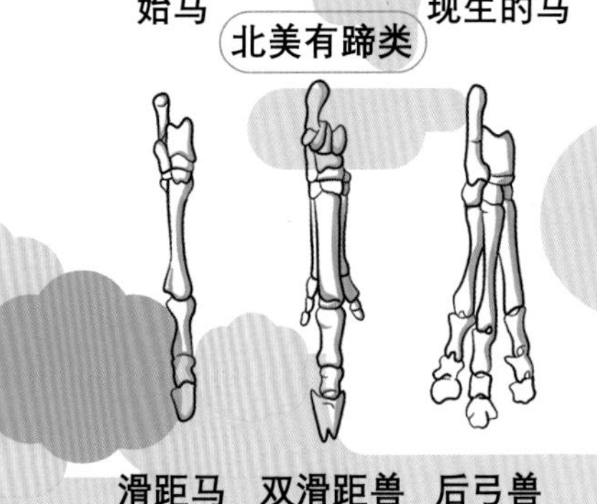

滑距马

滑距骨目家族中还有一类叫作原马形兽类的成员，其中有长着三趾的双滑距兽，它们和古老的马类——始马，有着相似的特征，还有与生活在北美洲的马类十分相似的滑距马，它们特别擅长奔跑，每只脚上只有一个脚趾，这样的演化特征甚至超过了现生的马类，而与现生的马类比较，它们算是真正的“单趾的马”。

劳亚兽总目

Laurasiatheria

偶蹄目

Artiodactyla

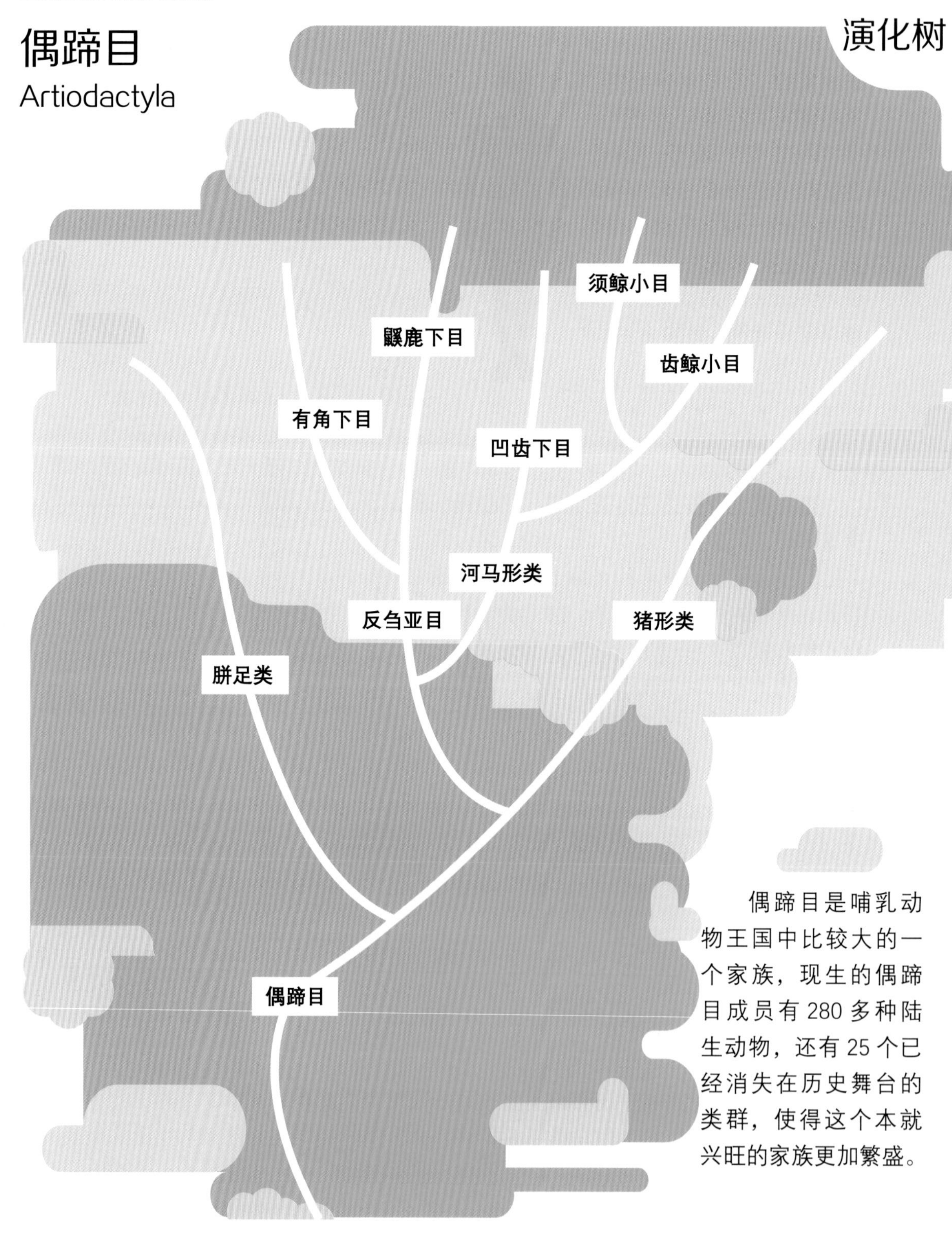

偶蹄目是哺乳动物王国中比较大的一个家族，现生的偶蹄目成员有 280 多种陆生动物，还有 25 个已经消失在历史舞台的类群，使得这个本就兴旺的家族更加繁盛。

• • • • • • • • •

偶蹄目成员四肢上的第三趾和第四趾特别发达，若从中穿过一条轴线，它们的脚掌则在轴线左右两侧对称，一般它们有 2 根或 4 根脚趾，比如骆驼有 2 根、猪有 4 根。

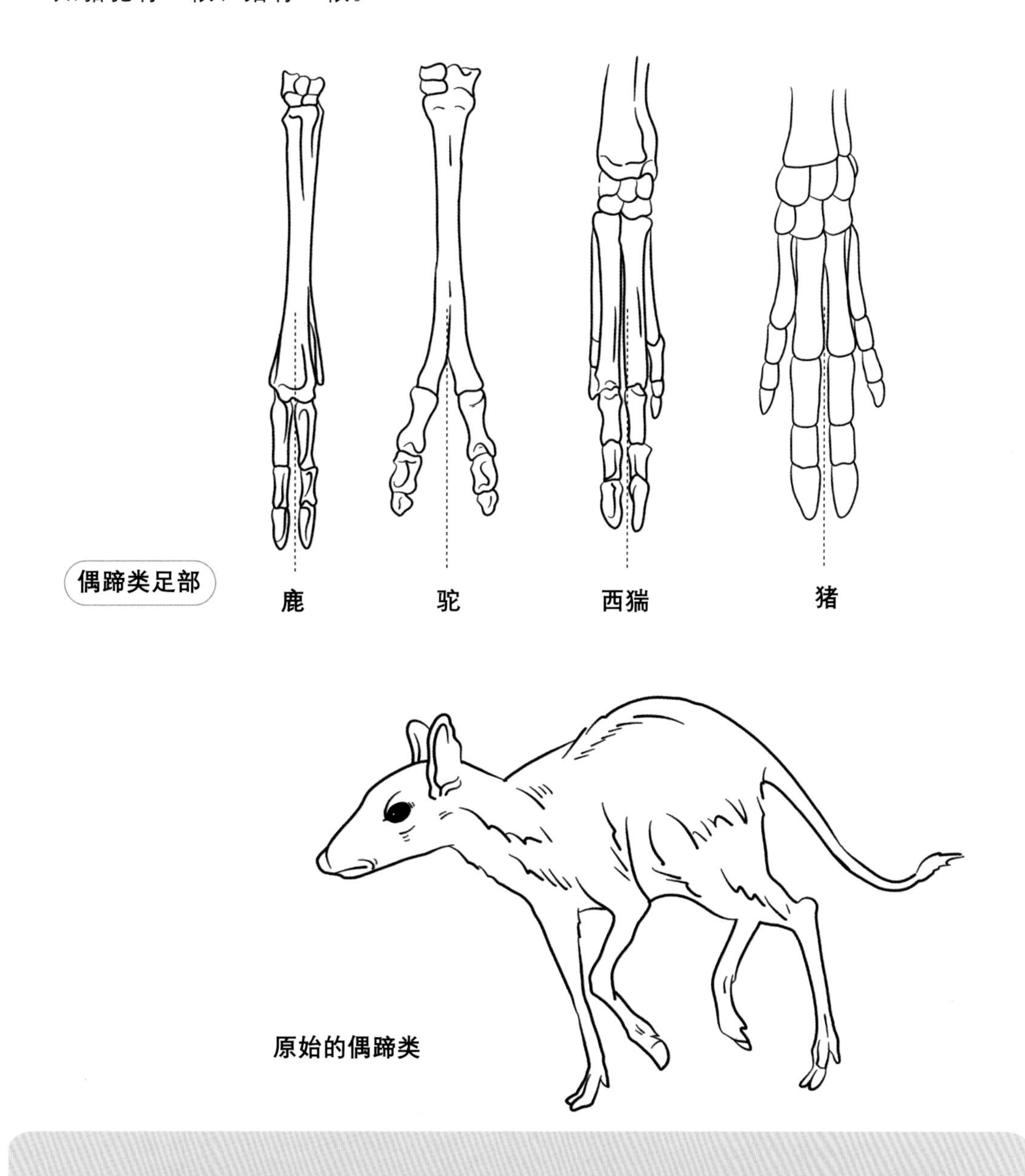

最古老的偶蹄目成员可以追溯到始新世初期，它们身材小巧，四肢细长，善于跳跃，前肢有 5 根脚趾，后肢为 4 根，而且外侧的脚趾已经退化。

现生的有蹄类动物中，偶蹄目成员大约占 90%，足迹几乎遍布每块大陆，如此成功的它们，其实才崛起几百万年。大约在 4600 万年前，偶蹄目家族中的猪形类、反刍亚目和胼足类开始出现分化，但当时的它们只能默默无闻地生活在奇蹄目家族的阴影下，吃着一些粗糙、营养低的食物，而相应的它们也进化出了强大的消化系统。

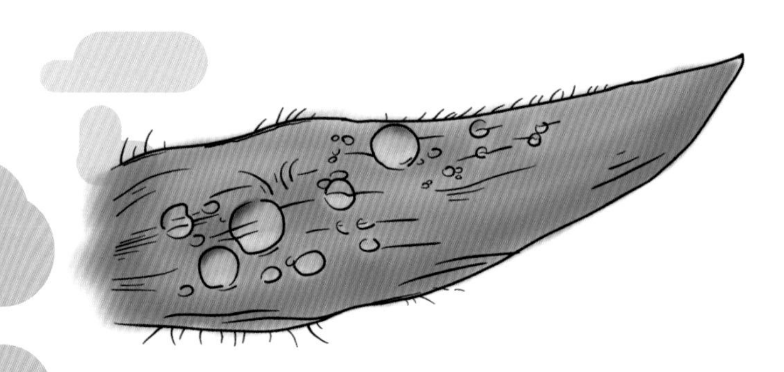

粗糙且带有锯齿的植物

800 万年前的中新世，气候环境开始改变，变得干燥少雨，森林逐渐衰退，从而出现了大片草原，以巨犀为代表的奇蹄目成员大量灭绝，而偶蹄目家族凭借着强大的消化系统迅速崛起，比如为人类做出巨大贡献的牛、羊和猪等都属于偶蹄目家族。

偶蹄目家族

偶蹄目家族成员之间的形态差异很大，比如我们常见的猪类，它们的四肢较短，有四趾，犬齿常常变成獠牙，属于杂食动物，而且胃部结构和人类差不多，比较简单。

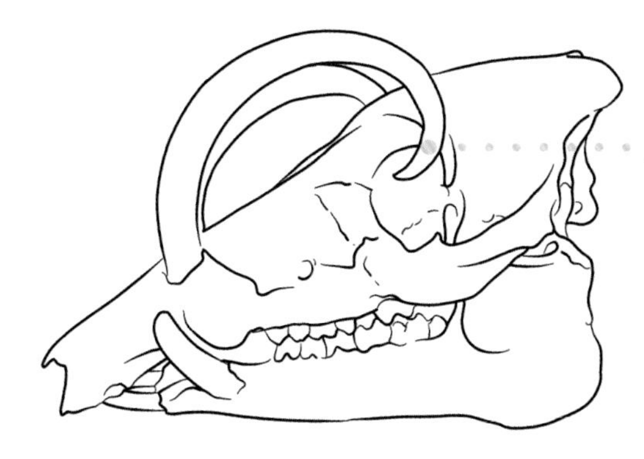

疣猪（偶蹄目）

另一类成员如牛，它们有着大长腿，四肢上有两趾，胃部结构复杂，它们为了更充分地吸收营养而出现了反刍的行为，也就是将没有完全消化的食物再吐到嘴里，然后重新咀嚼、下咽。

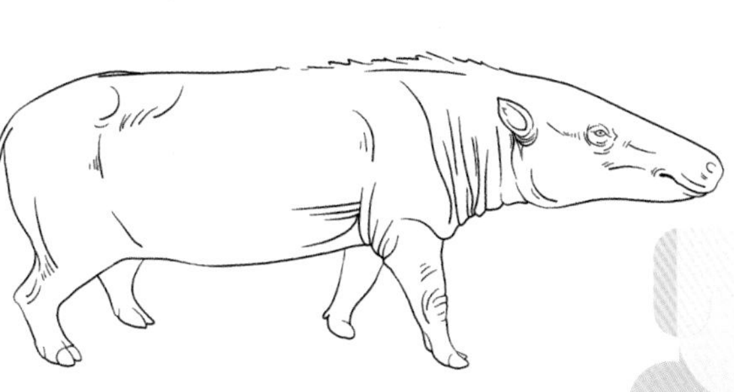

石炭兽

除了陆生的偶蹄目，还有鲸鱼和海豚等成员也都属于偶蹄目家族，它们的祖先是已经灭绝的石炭兽类。2002 年，古生物学家发现了最古老的鲸类化石，一种长有四肢，而且具有偶蹄目家族典型特征的陆生动物。

猪形类

Suina

现生的猪形类包括猪科和西猯科，它们有着粗短的四肢和厚重的躯干，而且还有着较大的头部和较长的吻部，可以帮助它们挖掘食物，它们还长着终生生长的犬齿，这可是它们的格斗武器。

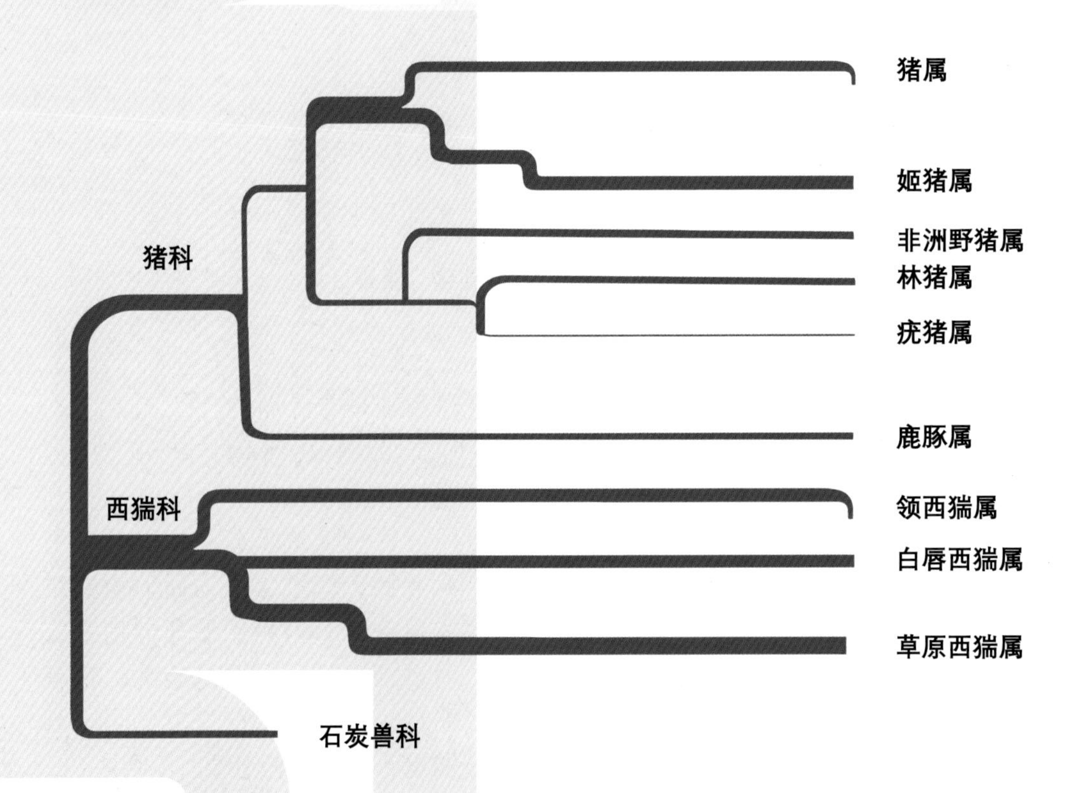

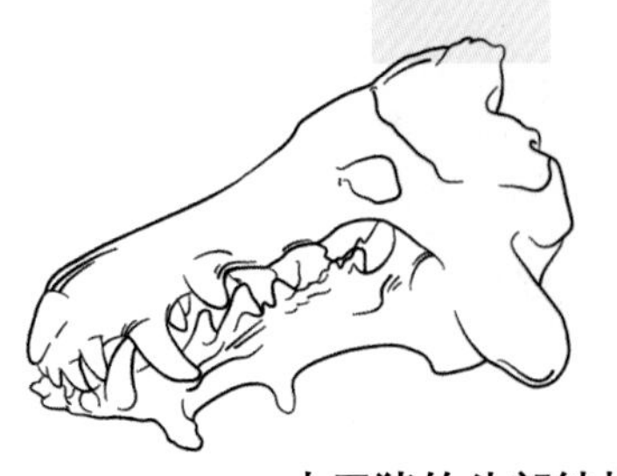

古巨猪的头部结构

猪形类家族中还有一类比较奇特的成员——豨类，也被称为“地狱大猪”，它们有着巨大的头骨和犬齿，四肢粗壮，虽然每个上面只有两根脚趾，但足以支撑起它们庞大的身躯。

猪类出现在距今约 4000 万年前的中国，目前发现的最古老的成员是体形如绵羊般大小的始猪。大约在始新世末期的时候，肩高约 1.2 米，体重约 270 千克的古巨猪出现在地球上，和现生的加大加肥版的家猪似的。

始猪

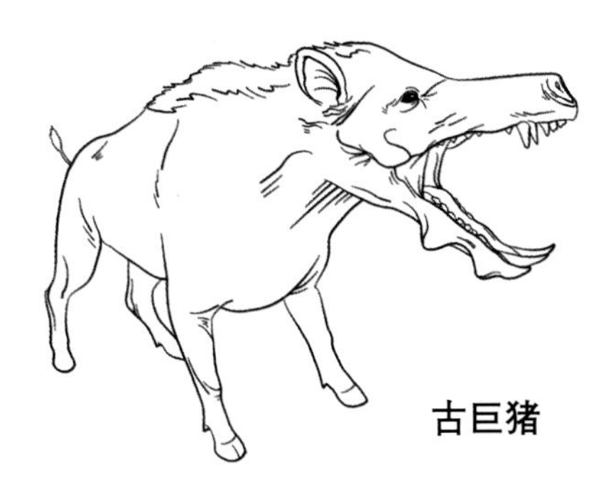
古巨猪

古巨猪头部的结构十分奇特，在它们眼睛周边以及下颌底部都长有奇特的骨突，或许这些特征是雄性地位的象征，不仅可以帮助它们赢得统治地位，还可以保护脸部不受伤害。古生物学家通过对古巨猪的牙齿结构分析发现，古巨猪会捕杀动物，甚至还可以咬碎骨头，它们几乎什么都吃，属于杂食性和腐食性动物，并且它们还会储藏食物。

恐颌猪

到了晚渐新世，一些长相更加奇特的猪类出现了，如生活在 1800 万年前的恐颌猪，它们的肩高可达 2.1 米，体重约 431 千克，如现生的犀牛般大小，而大约在 1700 万年前，猪类家族的巨兽们开始走向灭绝。

猪科又叫作真猪类，包括我们常见的家猪和一直生活在旧大陆（亚、欧和非洲）的疣猪、鹿豚等各种野猪。现存的真猪类大约有 20 多种，它们在早中新世的时候开始分化，其中包括身形庞大的库班猪类。

库班猪

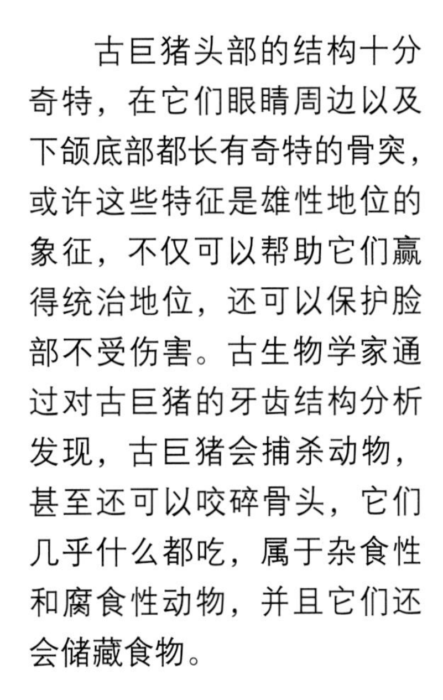

最大的库班猪肩高可达 1.2 米，体重约 500 千克，和现生的牛差不多大，它们最奇特的地方就是在它们的双眼中间长着一根角，就像独角兽似的，这个角或许是它们地位的象征，又或许可以作为搏斗的武器。

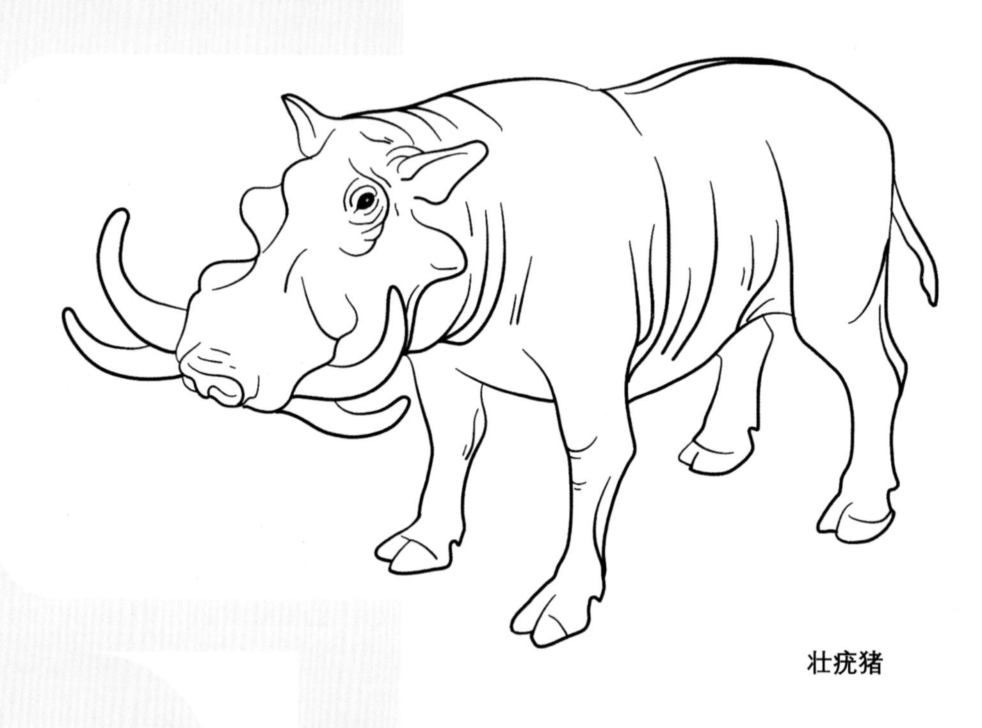

壮疣猪

在晚中新世的时候，旧大陆的猪开始迅速演化，其中有生活在非洲，长着两对大獠牙的壮疣猪，也有体形超级大的南猪，不过，它们都已经消失在地球上，而疣猪、鹿豚和红河猪等成员接过了猪科一族的大旗，成为曾出现在地球上的 40 多个猪属的现存代表。

3700万年前，西猯科一族趁着猪科在旧大陆演化的时候，它们迅速占据了新大陆的猪类生态位。西猯科的成员和野猪长得很像，但它们向下弯曲的牙齿，以及头骨等解剖学特征表明它们之间存在有明显的差异。

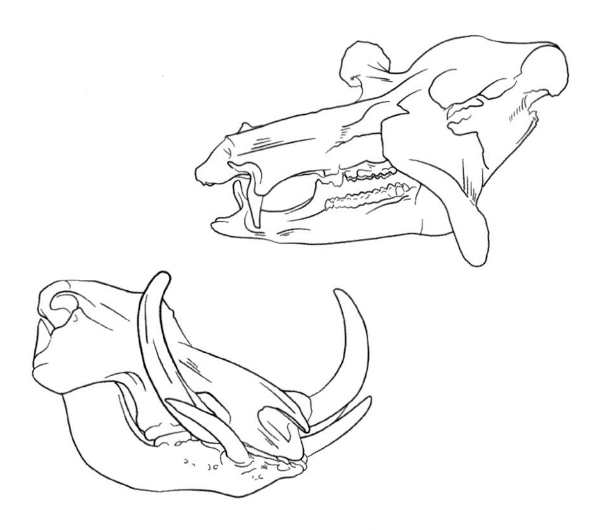

西猯的头骨和疣猪的头骨对比

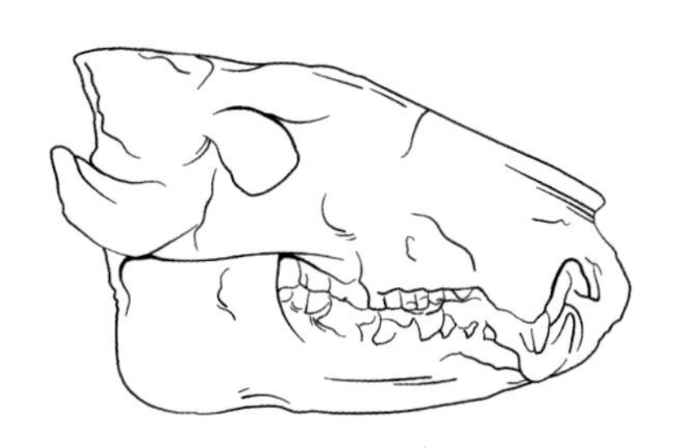

小原始猯的头骨

最古老的西猯科成员是在北美发现的小原始猯，它们的体形和如今的家猫差不多。到了晚中新世，各种形态古怪的西猯都出现了，它们的颧骨上长有奇怪的脊和凸缘，可能是身份的象征又或者是为了保护自己，但好景不长，它们中的大部分成员都在中新世末期灭绝，而现存的西猯科成员可能只有领西猯、草原西猯、白唇西猯和巨西猯四种。

草原西猯

石炭兽科是猪形类家族中的另一个类群。最古老的石炭兽类成员出现在约4000万年前，不久之后它们的成员就遍布了欧亚大陆，并以欧亚大陆为根据地开始向全球辐射，但在晚中新世的时候，它们开始逐渐衰退并可能因无法适应气候环境的改变而灭绝。

石炭兽

普通疣猪

Phacochoerus africanus

你还记得《狮子王》中那只总喜欢说“哈库呐，玛塔塔”的彭彭吗？它的原型就是普通疣猪，也被称为非洲疣猪，它们因长在脸上的疣粒而得名，这些疣粒可以保护它们的眼睛，也可以在挖洞的时候挡住飞起来的石子和泥块等。

饮水

普通疣猪的四肢细长，所以它们吃东西的时候比较困难，而且不易碰到地面，重要的是长时间低着它们的大脑袋容易引起大脑充血，所以它们在吃东西的时候会跪下来享用。它们的生存能力特别强，高温、干旱和缺水等环境对它们来说都不是问题。

生存时间
现存

分布地
非洲

物种分类
劳亚兽总目 偶蹄目
猪形类 猪科

普通疣猪常会将泥巴沾满自己的身体，洗泥巴浴，这样不仅可以帮助它们清除身上的寄生虫，还可以降温。它们喜欢群居生活，一般情况下，它们的小团体是由雌性疣猪和它的宝宝们组成，当它们出来活动的时候，常会看见一群小猪将它们纤细的尾巴竖起来，就像一面面小旗子似的，十分可爱，而成年的雄性疣猪往往会独自生活，直到繁殖期才会加入到团体中，此时的雄性疣猪会变得凶残好斗，会用头部和獠牙进攻。

泥巴浴

普通疣猪的体形紧凑结实，四肢修长，它们的背部比较平坦，上面长有深色的鬃毛，一直从颈部延伸到背部，跑起来的时候就像一头飘逸的长发似的，十分帅气。

眼睛在脸部的位置偏上，可以帮助它们及时发现敌人，它们的吻部较长，有着发达的嗅觉。

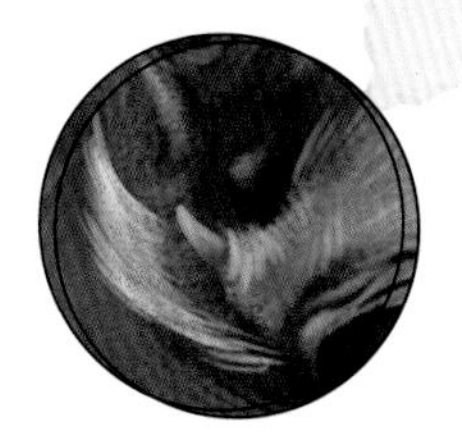

长有锋利的獠牙，一些獠牙的长度可达 50 厘米，可以帮助它们挖掘和防御。

♂

体长 90~150 厘米，肩高可达 85 厘米。

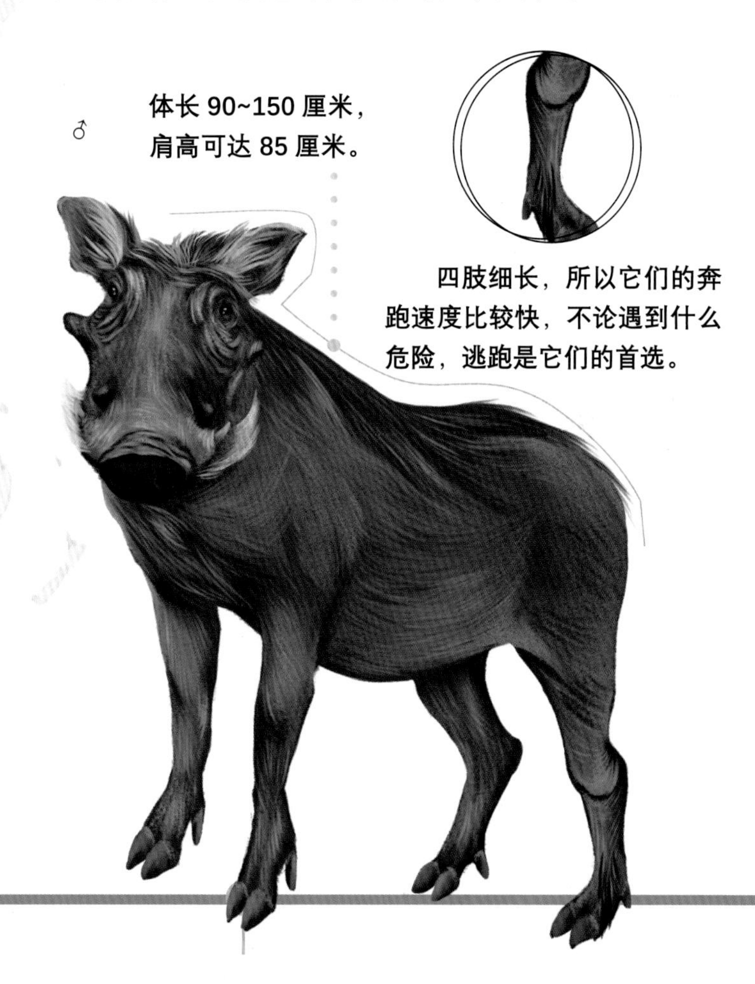

四肢细长，所以它们的奔跑速度比较快，不论遇到什么危险，逃跑是它们的首选。

普通疣猪善于挖洞，不仅可以躲避猎食者还可以在没有什么遮挡物的草原上避免风吹日晒。它们出洞的时候，总会直接冲出来，从而躲避可能藏在洞口的敌人，而当它们进洞的时候，总会倒着先把屁股塞进去，既可以防止敌人的偷袭又可以用嘴角的獠牙去对付虎视眈眈的敌人。

真兽亚纲

Eutheria

河马形类

Whippomorpha

河马形类的拉丁学名是由鲸鱼的英文单词“whale”的“wh”与河马的英文单词“hippo”组成，所以从这个拉丁学名就可以知道河马形类的家族成员有哪些。

根据最近的证据表明，河马和鲸类是由石炭兽的亲属演化而来，它们都属于河马形类这一族群。

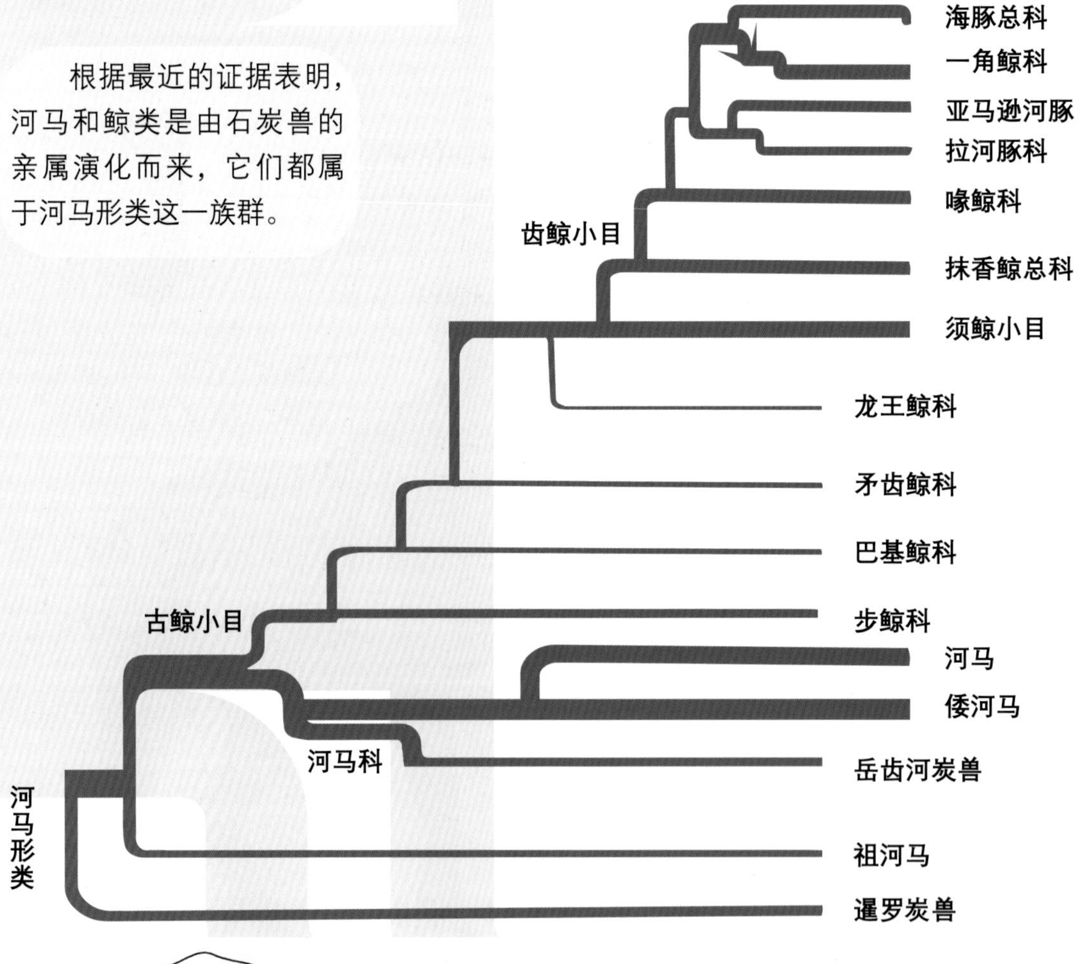

水中的河马

河马科虽然称为河马，但它们与马并没有什么亲缘关系，相反它们和猪的关系更密切。河马白天的时候喜欢在水中生活，而到了晚上，它们就会在水边吃一些草。现生的河马家族中只有两科，即生活在非洲的河马和倭河马。

最古老的河马是生活在非洲早中新世的莫罗特河马和肯尼亚河马，许多科学家认为这些早期的河马的头骨和后期的石炭兽十分相似，它们的体形大多比较小，和现生的倭河马似的。

肯尼亚河马和身高 1.8 米的成人对比图

倭河马的体长约 1.5~1.7 米，体重约 200 千克，比起它们的河马大哥，倭河马的个头显得就太过迷你了。倭河马的皮肤上可以分泌出一种红色液体，这种液体十分神奇，就像防晒乳似的可以帮助它们防晒和杀菌。

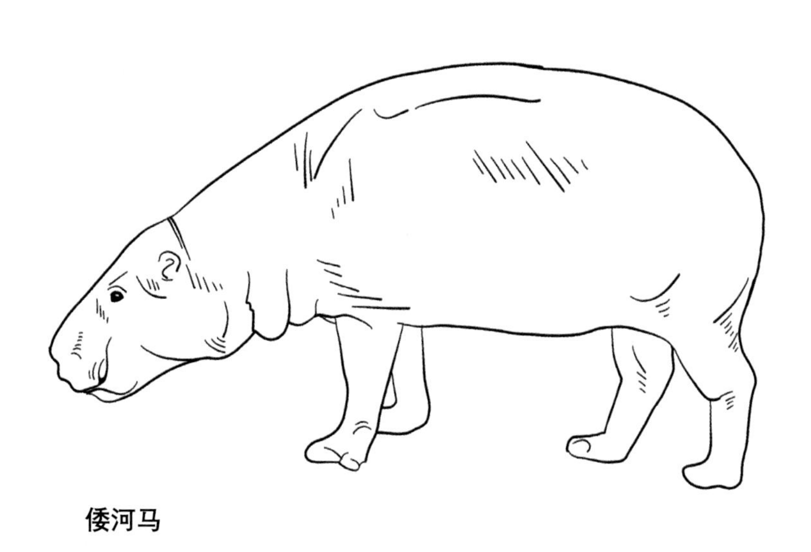

倭河马

1758 年，瑞典的生物学家林奈提出鲸类不属于鱼类而是一种哺乳动物，虽然它们的形态以及生活习性和其他的哺乳动物有明显的差异，但 20 世纪 80~90 年代，古生物学家找到了鲸类与偶蹄目家族的关系，证明它们是在 5000 万年前由生活在陆地上的偶蹄目家族演化而来，并与河马互为姊妹群。

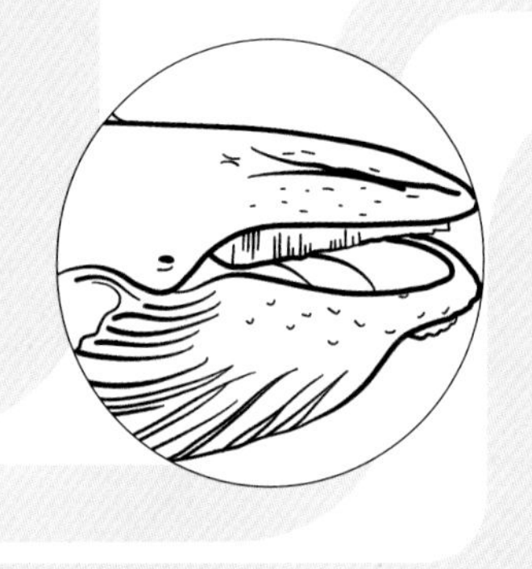

最古老的鲸类过渡成员是生活在早始新世时期，长得和兔子似的印度豖兽，它们的眼睛长在头的上部，方便它们观察四周的情况，而且后肢较长，善于跳跃，和小鹿似的，但种种骨骼特征表明它们是水生动物而牙齿结构又显示出它们的陆生特征。虽然它们和鲸长得一点都不像，但它们的耳朵已经演化出和现生鲸类很像的结构。

印度豖兽

5500万年前，出现了一种叫作巴基鲸的动物，它们长有修长的四肢，不仅可以用来跳跃和奔跑，有极高的骨密度配合，还可以在它们涉水或下潜的时候提供一定的重量。古生物学家还在巴基鲸的头骨化石中发现它们在水下具有一定的听力。据此说明它们成功地完成了从陆生类到两栖类的进化。

巴基鲸

大约在4700万年前，喜泳步行鲸登场，拉丁学名意为“喜欢游泳和步行的鲸”，它们的体长约3米，和许多原始的鲸类一样，有着长长的吻部，里边长满牙齿，它们的四肢强壮，善于划水，可以像鳄鱼似的一动不动地潜在水下，伏击路过的猎物。

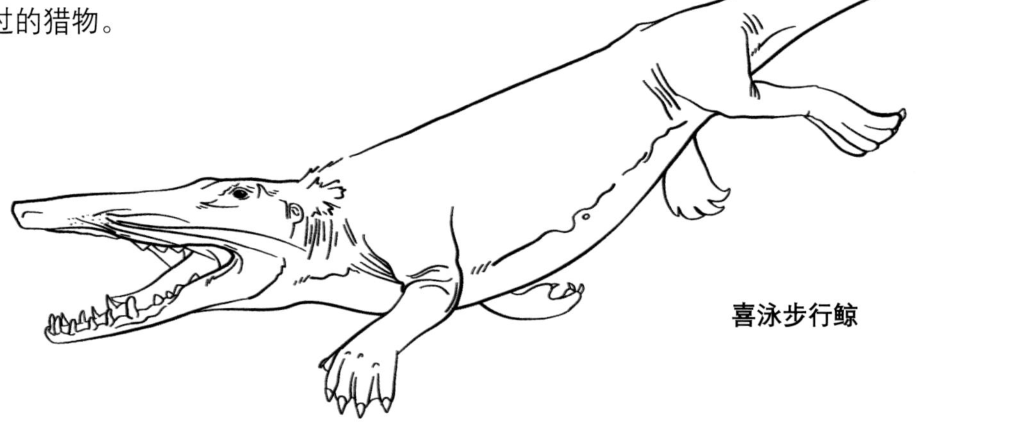

4000万年前，龙王鲸出现了，它们将鲸类的演化推向高潮，此时的它们已经完全生活在海洋中，捕食着海洋中的各种鱼类，甚至是其他的鲸类，它们可能是当时的顶级猎食者。

龙王鲸的体长约24米，体重约5400千克，这个身形与现生的鲸类相比就是“减肥前”和“减肥后”的感觉。

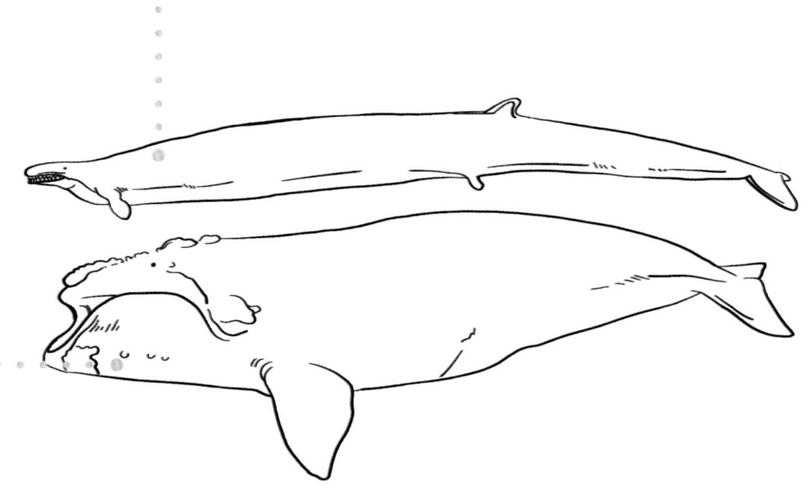

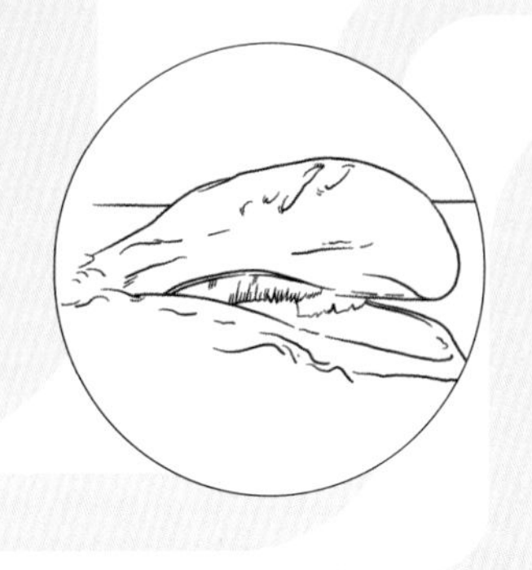

龙王鲸的头顶附近没有喷水孔，但相比喜泳步行鲸，它们的鼻孔位置已经向后演化，随着气候环境的改变，龙王鲸在3400万年前灭绝。

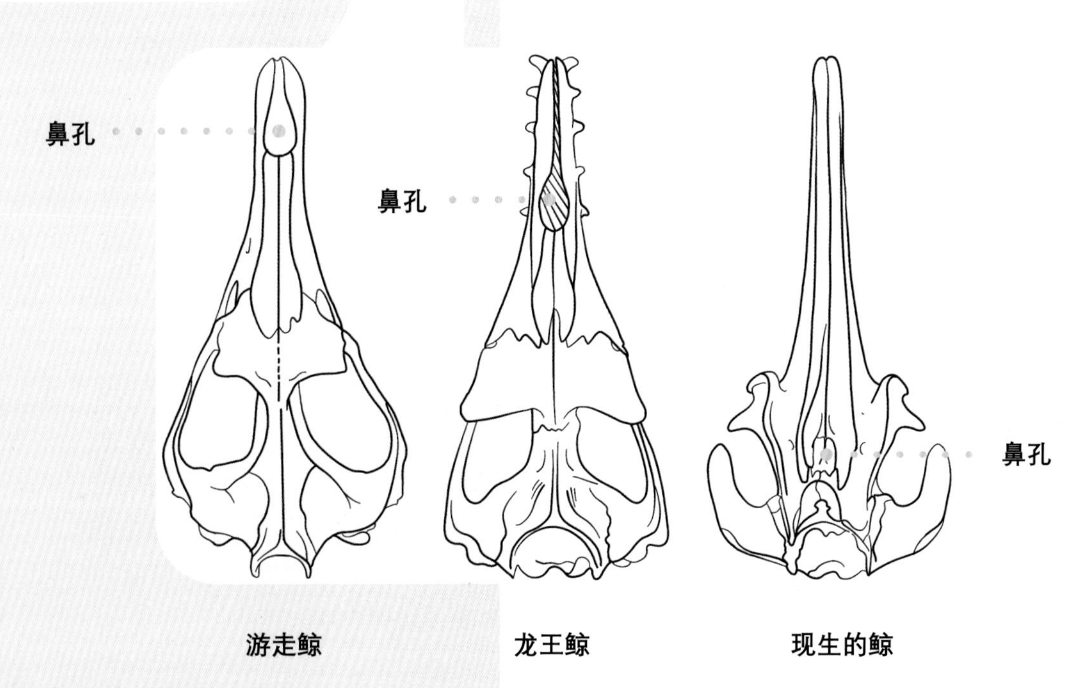

在晚始新世的时候，古鲸类一族渐渐衰退，而现生的鲸类则在逐步演化，随后便出现了齿鲸类和须鲸类两大分支。它们之间最大的区别就是牙齿，齿鲸保留了牙齿结构，而成年后的须鲸只有角质须。不同的牙齿结构造就了它们不同的食性，从而使得它们的体形差异巨大。

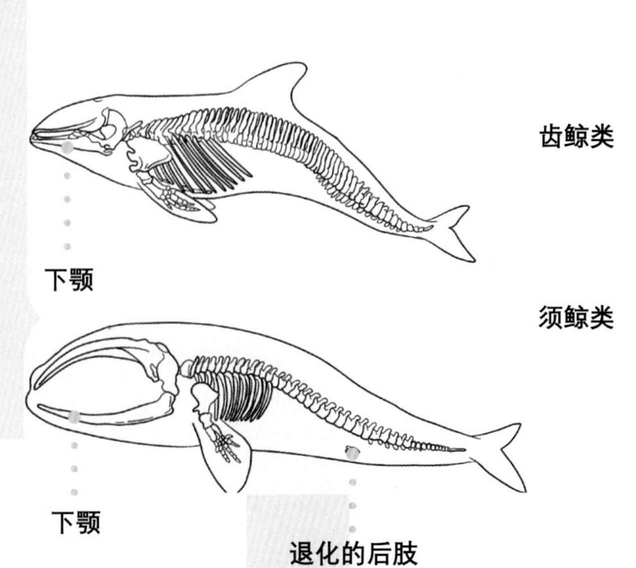

现生的齿鲸类有10个科，70多个种，如抹香鲸、海豚和一角鲸等，它们有着圆锥形的牙齿，主要以鱼类和海豹等为食，它们有很多独有的特征，比如头顶单一的喷水孔和特殊的发声结构等。

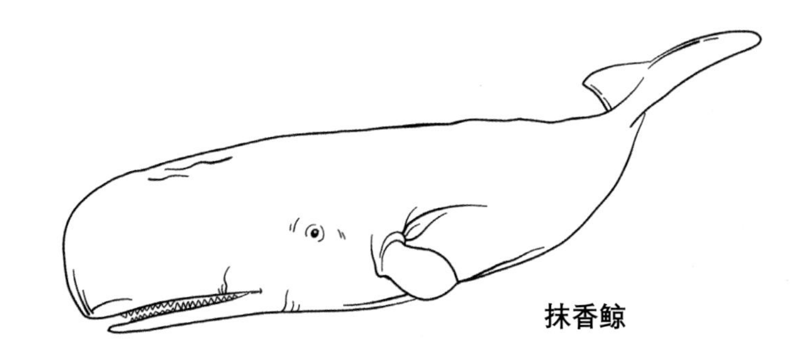
抹香鲸

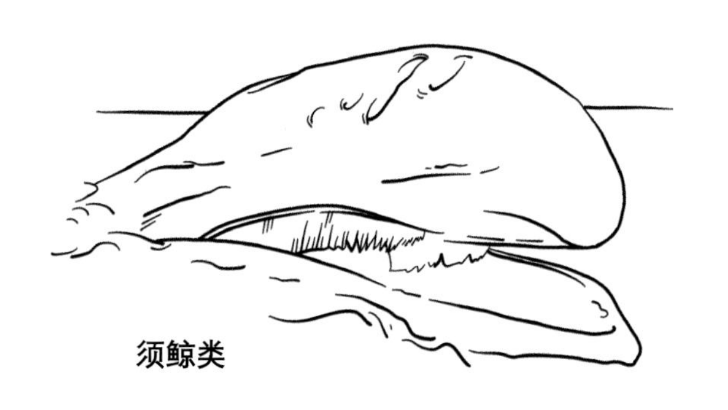
须鲸类

鲸类的另一大分支是须鲸类，其成员有4个科，15个种，如体形最大的哺乳动物——蓝鲸就属于这一家族，还有灰鲸和座头鲸等，它们没有回声定位能力，所以它们不能捕食一些快速游动的猎物。须鲸类的颌部是圆拱形，上面挂着鲸须制成的“帘子”，可以帮助它们滤食。

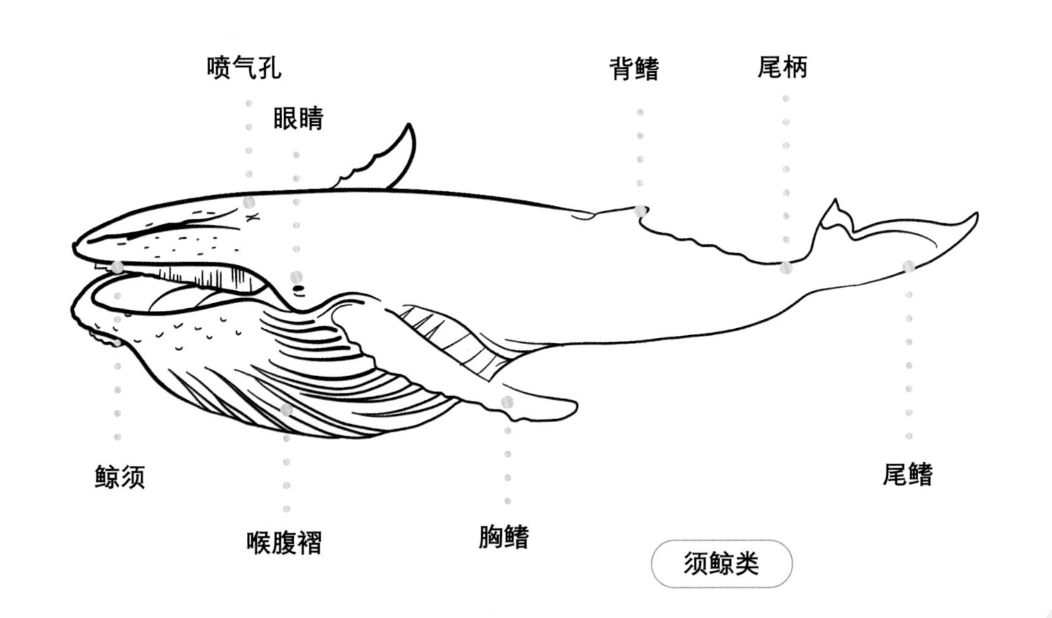

须鲸类

真兽亚纲

河马

Hippopotamus amphibius

河马的体形在陆地上的哺乳动物中仅次于大象和白犀牛，排名第三，它们喜欢生活在有很多水的地方，因为又厚又Q弹的皮肤上没有汗腺，所以它们不会出汗，一旦离开水的话，皮肤就会裂开，所以它们特别喜欢泡澡。

游泳

泡澡不仅可以让河马的皮肤水润，也可以在炎热的天气中帮助它们降温，虽然河马经常泡在水中，但它们却不会游泳，单看河马圆滚滚的身形和四条小短腿就知道它们不是“游泳健将”，所以它们会凭借着强壮的四肢在水中将自己庞大的身体向前推进。

生存时间

现存

分布地

非洲

物种分类

劳亚兽总目 偶蹄目

河马形类 河马科

河马一天中大约有 16 个小时都浸泡在水中，所以它们的各种活动，比如睡觉、休息和消食，甚至上卫生间等事情都会在水中完成，当然它们睡觉的时候会在水中下沉，但它们会时不时地浮到水面呼吸，所以不用担心它们会被淹死。

如果遇到干燥的季节，水塘中缺水，它们就会缺乏安全感，并变得十分暴躁，所以它们就会变成一个可怕的杀手，任何陌生的东西都会变成它们的攻击对象。在非洲，一年平均会有 3000 多人因河马丧命。

呼吸

河马长相呆萌，却长着一张血盆大口，虽然大部分时间它们都在水中待着，但它们并不吃水草，所以它们一般到了晚上才会去岸边吃东西，一晚大约可以吃掉 35 千克的食物。

体长约 5 米，肩高约 1.6 米，雌性河马体重约 1.4 吨，雄性可达 4.5 吨。

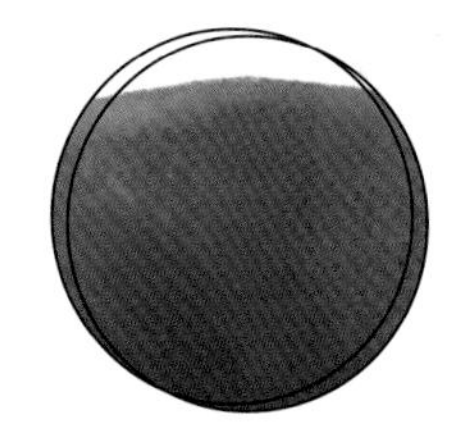

眼睛、鼻子和耳朵都分布在脑袋的上部，即使它们的身体和脑袋都在水中，也可以让它们眼观六路，耳听八方而且它们的耳朵和鼻孔可以随意开合，这样可以保证它们顺利潜入水下。

皮肤比较厚，但表皮却比较薄，容易失水，如果长时间不在水中待着的话，它们就会面临皮肤脱水和体内温度过高的危险。

脚趾之间有蹼，可以帮助它们划水。

河马能够分泌出一种红色的物质，这种物质叫作“河马汗酸”，可以吸收 200~600 纳米波长的光线，而紫外线的波段也在其中，所以河马汗酸可以防止河马的皮肤被晒伤，而且还具有杀菌的作用，是天然的护肤品。

真兽亚纲

一角鲸

Monodon monoceros

一角鲸的拉丁学名意为“一只牙”，这里的“牙”指的就是它们头上那个长约1.5~3.1米的像长矛似的牙齿，这颗牙齿其实是它们左上方的一颗门齿，上面还有螺旋纹，里边大部分是中空的，还有一些雄性会长出奇特的“双角”。

双角鲸

一直以来，一角鲸的“角”被人们赋予了各种神奇的色彩，被看作是可以包治百病的灵丹妙药，所以它们的“角”要比黄金的价格高出许多，中世纪时期的欧洲权贵会不惜重金购买它们的“角”，用来制作权杖、酒杯等但事实是它们的“角”并没有传说中的魔法功能。

生存时间

现存

分布地

北冰洋及附近海域

物种分类

劳亚兽总目 偶蹄目

河马形类 鲸下目

目前，关于一角鲸长牙的作用还没有具体的定论，起初，人们认为长牙可以帮助它们捕食，但一角鲸的牙齿几乎都退化了，没有什么实质性的用途，而且它们捕食的时候并不需要牙齿，而是将食物吸进嘴里，然后直接吞下，所以这种说法很难站住脚跟；还有人认为它们的长牙可以用来吸引雌性，同时也是格斗的武器，但在一角鲸家族中还有 15% 的雌鲸也长有长牙。根据最新的研究表明，它们的长牙中富含敏感的神经，可以帮助它们感受水温、压强和盐浓度等环境的变化。

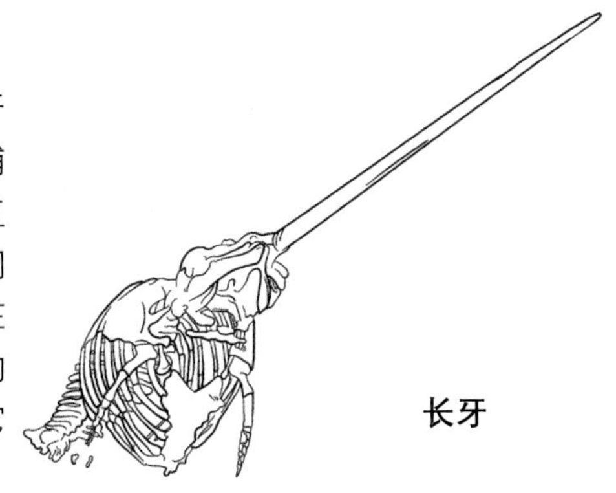

齿鲸家族的大部分成员都长着满嘴的牙齿，而一角鲸却只有两颗牙齿，而且都长在它们的上颌部。一般情况下，成年雄性左边的牙齿会长很长，而右边的牙齿只有十几厘米。

有一个用于回声定位的“大脑门儿”，可以在它们活动的时候定位猎物的位置。

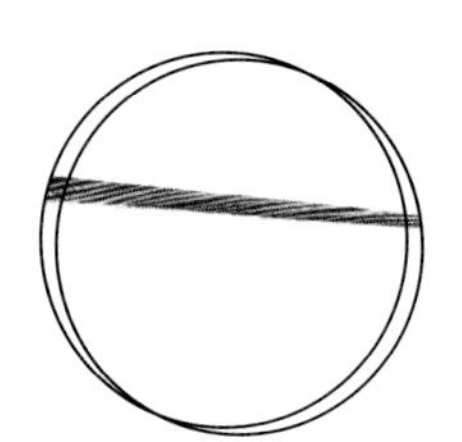

长牙的结构可以增强它们的回声定位功能，而且它们还有着极好的听力。

脂肪厚度可达 28 厘米，不仅可以抵御寒冷，还可以为它们提供浮力和储存能量。

雄性一角鲸体长约 3.9~5.5 米，体重可达 1600 千克。

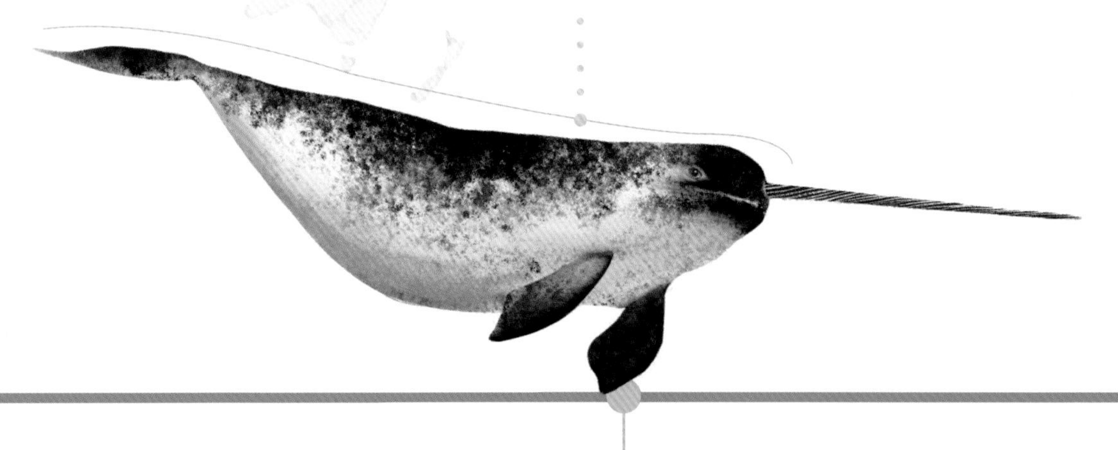

一角鲸喜欢吃乌贼、比目鱼以及一些小鱼、小虾等，为此它们在冬季的时候可以潜到 1500 米的深海中觅食，而且潜水时间可达 20 分钟，是优秀的“潜水员”。一角鲸的寿命可达 50 年，刚出生的小宝宝皮肤呈浅灰色，慢慢变为黑色，而成年的一角鲸为白色，背部长有一些黑斑，老年则几乎为白色。

劳亚兽总目

Laurasiatheria

胼足亚目

Tylopoda

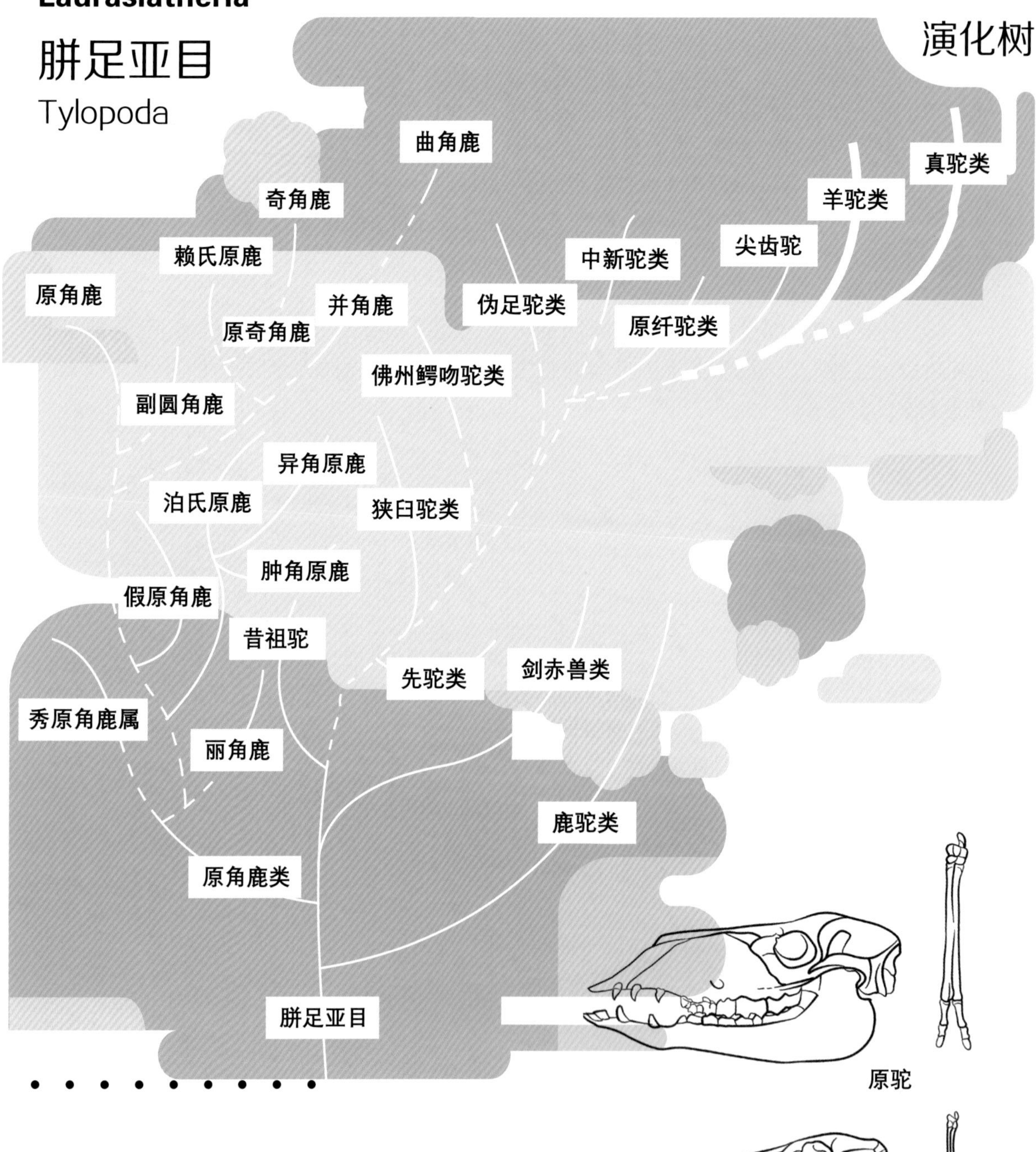

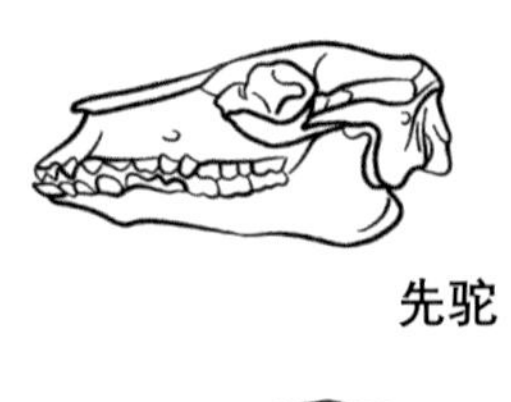

原驼

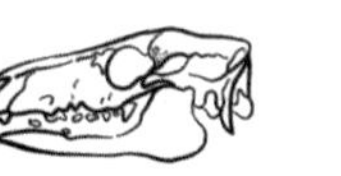

先驼

原足鹿驼

胼足亚目家族成员的踝关节和趾骨末端的伸展方式奇特，上面还长有厚厚的“老茧”，所以它们被称为胼足。胼足亚目大约出现在 4620 万年前，现存的成员只有骆驼科一族，但它们的祖上也曾有众多族群，比如鹿驼科、原角鹿科和岳齿兽科也都在其中。

骆驼科目前还有 6 个种，包含被誉为“沙漠之舟”的骆驼，以及没有驼峰的羊驼，它们头部较小，有着细长的脖子，脚掌下面还有一层富有弹性的厚肉垫，可以增大脚掌的表面积。

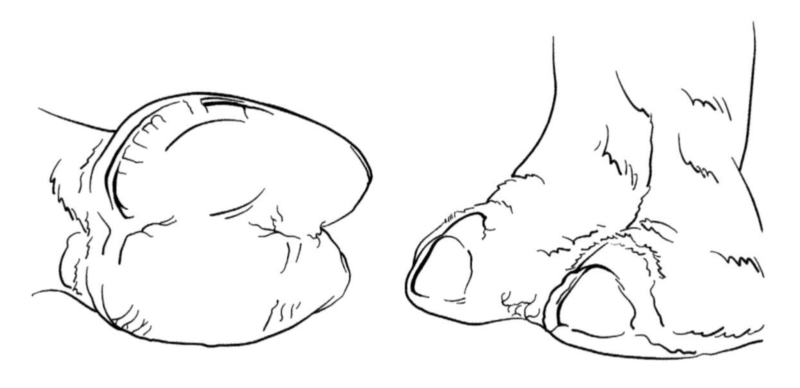

骆驼的脚掌

原疣脚兽

大约在 4000 万年前，骆驼科一族诞生于北美洲，它们在北美洲生活了很长一段时间，直至 650 万年前才离开故土，去往旧大陆。目前发现的最古老的骆驼科成员是一种只有兔子般大小的原疣脚兽，从它们的牙齿可以判断出原疣脚兽已经适于吃粗糙坚韧的植物。

到了晚始新世，出现了一种体形和小型瞪羚差不多的先驼，它们演化出了细长的四肢，成为当时奔跑速度最快的一类动物，而到了晚渐新世，骆驼科一族演化出了更多的类群，比如生活在北美的高驼，它们的脖子修长，可以与现生的长颈鹿媲美，长长的脖子使它们可达 5.5 米高，但此时的它们仍没有驼峰。

先驼

到了中新世，骆驼家族的种类可达 17 种，其中有一种身高可达 4 米，体重约 2500 千克的巨足驼，它们有着突出的脊椎骨，一些古生物学家认为这样的结构是为了支撑驼峰，而另一些人认为脊椎骨支撑的是类似猛犸象肩部的肩峰。根据巨足驼的化石发现，它们曾和古人类一起生活在北美洲的草原上，但由于气候环境的变化，它们在更新世灭绝。

巨足驼和身高 1.8 米的成人对比图

如今留存下来的骆驼一族，躲过了中新世的灭绝，一部分成为美洲的居民，一部分则在650 万年前进入欧亚大陆，演化成为如今的单峰驼和双峰驼。

双峰驼

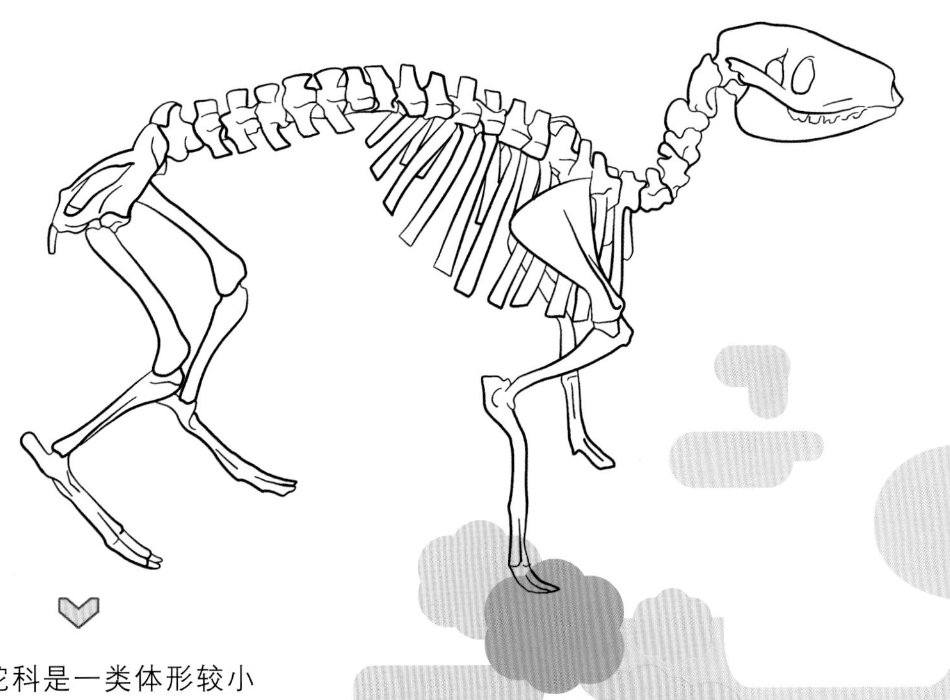

鹿驼类的骨架

鹿驼科是一类体形较小的动物，生活在始新世时期的北美洲地区，它们和骆驼一族有着较近的亲缘关系。

起初，古生物学家认为鹿驼科一族是一种非常原始的骆驼，但随着进一步地研究发现，它们的头骨和牙齿与骆驼都存在着明显的差异，所以它们只是近亲关系。

原角鹿科是北美洲特有的族群，它们的体形较小，1~2 米长，长得和现生的小鹿比较像，生活在茂密的灌木丛中，可能以树叶为食，它们最大的特点就是长着奇形怪状的角，如生活在晚渐新世的原角鹿，雄性原角鹿的头上长有三对又短又钝的角，而雌性只在脑袋后边长有一对角，这些角的作用或许是吸引异性也可能是吓跑敌人。

原角鹿

到了中新世，原角鹿的角开始演化出各种奇特的造型，比如鼻子上长着“V 字形”角的并角鹿，头顶上长着“Y 字形”角的副圆角鹿，还有角是从脑后边向前伸着的曲角鹿，它们是最后的原角鹿类。

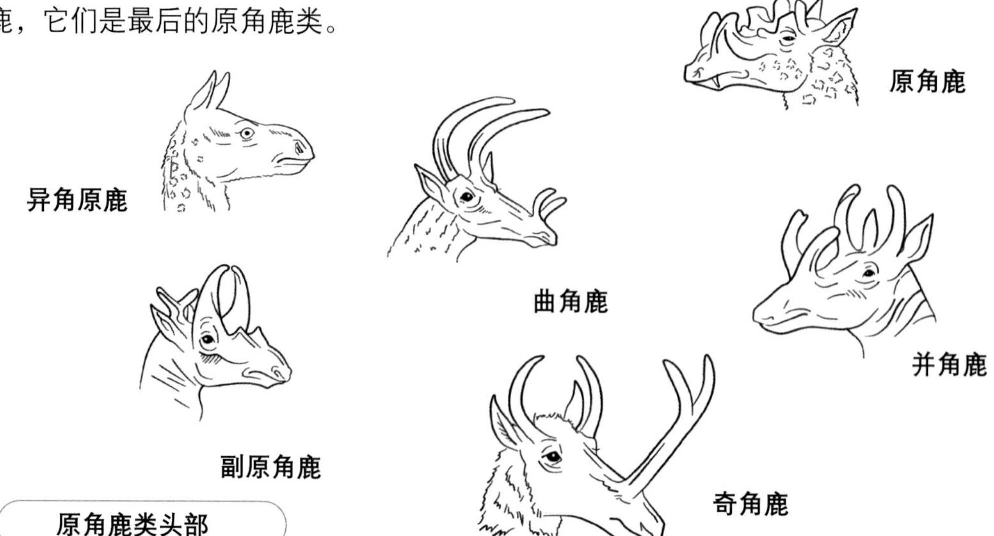

原角鹿类头部

岳齿兽科一族出现在约4800万年前，它们的体形和现生的羊差不多，但牙齿的特征表明它们和骆驼科一族比较相近。在3400万~2300万年前，它们是北美洲最繁盛的一类哺乳动物，留下了许多种类丰富的化石。

1. 兔岳兽 2. 貘岳兽 3. 细颈岳兽 4. 岳齿兽 5. 迷你岳兽 6. 奔岳兽 7. 郊猪

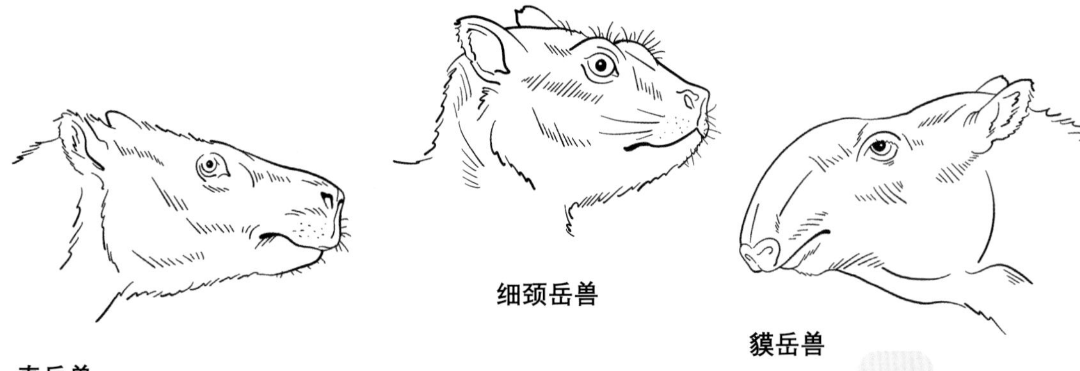

细颈岳兽

貘岳兽

真岳兽

岳齿兽类头部

目前已经识别出约60个种类的岳齿兽科成员，它们的四肢短小，上面长有巨大的爪，可以挖掘洞穴或者作为武器抵抗敌人。其中一类成员被称为细颈岳兽，它们有着较大的头部，眼睛和耳朵位于头部靠上的位置，还有一类被称为真岳齿兽的成员，它们的身形修长，四肢较短，和河马似的有着更适应水中生活的特征。

象岳兽

岳齿兽科在演化后期出现了一种和现生貘长得十分相似的貘岳兽，它们的鼻骨可以回缩，有着发达的象鼻，还有生活在中新世中期的象岳兽，也具有短短的象鼻，但是这类特化的成员在约400万年前神秘地消失在地球上。

大羊驼

Lama glama

大羊驼是美洲驼家族中个头最大的一类，它们有着憨厚的外表和百变的发型，虽然没有“神兽”——羊驼头上的毛发浓密，但也不影响它们桀骜不驯的气质，它们的毛发有很多种颜色，不需要额外处理就可以给人类提供不同颜色的驼毛，从而满足纺织需求。

羊驼家族

大羊驼的性情温顺，喜欢群体生活，它们的群体中最多有 20 只个体，它们具有一定的社会性，当群体中的雄性感受到威胁时，它们就会通过互踢和吐口水等方式互相打斗，所以它们的社会地位在不断变化，不过平时它们之间还是很友善，若遇到危险，就会向其他同伴发出警告。

生存时间

现存

分布地

欧洲、美洲

物种分类

劳亚兽总目　偶蹄目

胼足亚目　骆驼科

虽然大羊驼长得比较呆萌，但它们有一个独特的爱好——“啐”人，也就是当它们感到紧张，或者是受到威胁的时候，它们就会将脖子后仰，然后酝酿好一嘴口水，朝对方喷去，口水中有时候还会掺杂一些胃中未消化完的食物，绿油油的一坨，虽然伤害性不大，但侮辱性极强。不过，大羊驼吐口水的行为并不是意味着挑衅，它们只是生性敏感，有些怕生，而吐口水是一种应激行为，有时候雄性会向其他雄性吐口水以划分领地，而雌性还会吐向它不喜欢的追求者们。

吐口水

大羊驼有着大大的眼睛和圆圆的身形，它们的性情比较安静，喜欢在统一的地方排便，这样不仅可以标记地点，还方便人类收集粪便，从而作为肥料。

毛发不仅细密厚实，而且又长又直，就像穿了一件保暖性极好的驼毛大衣似的。

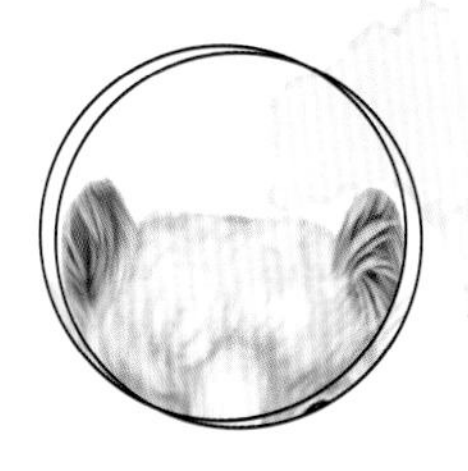

有一对较长的大耳朵，耳朵微微前弯，十分警觉，当它们感受到威胁的时候，就会将耳朵弯向后方。

肩高 1.6~1.8 米，体重 127~204 千克。

大羊驼在 4000~5000 年前被印第安人驯化，它们非常聪明，成为了美洲地区唯一被驯化的哺乳动物，它们的体形较大，而且身体壮实，所以它们可以运载 60 千克左右的货物，相当于自身体重的四分之一，而且驮上这么重的货物走 30 千米的路对它们来讲根本不是什么问题。

劳亚兽总目

Laurasiatheria

反刍亚目

Ruminantia

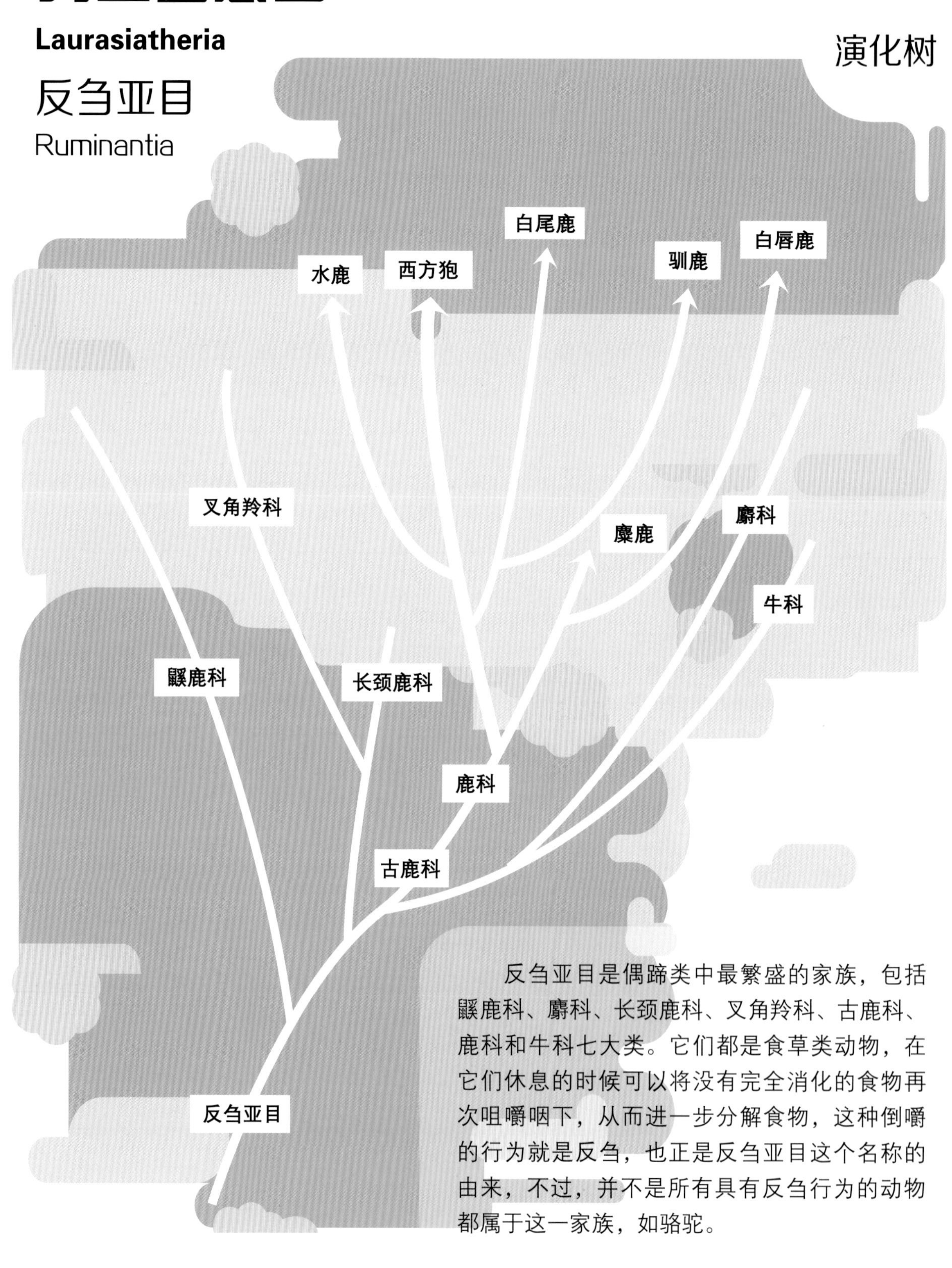

反刍亚目是偶蹄类中最繁盛的家族，包括鼷鹿科、麝科、长颈鹿科、叉角羚科、古鹿科、鹿科和牛科七大类。它们都是食草类动物，在它们休息的时候可以将没有完全消化的食物再次咀嚼咽下，从而进一步分解食物，这种倒嚼的行为就是反刍，也正是反刍亚目这个名称的由来，不过，并不是所有具有反刍行为的动物都属于这一家族，如骆驼。

反刍亚目的成员拥有独特的多个胃室，当食物被草草地咀嚼后就会直接进入消化道，然后先进入瘤胃。

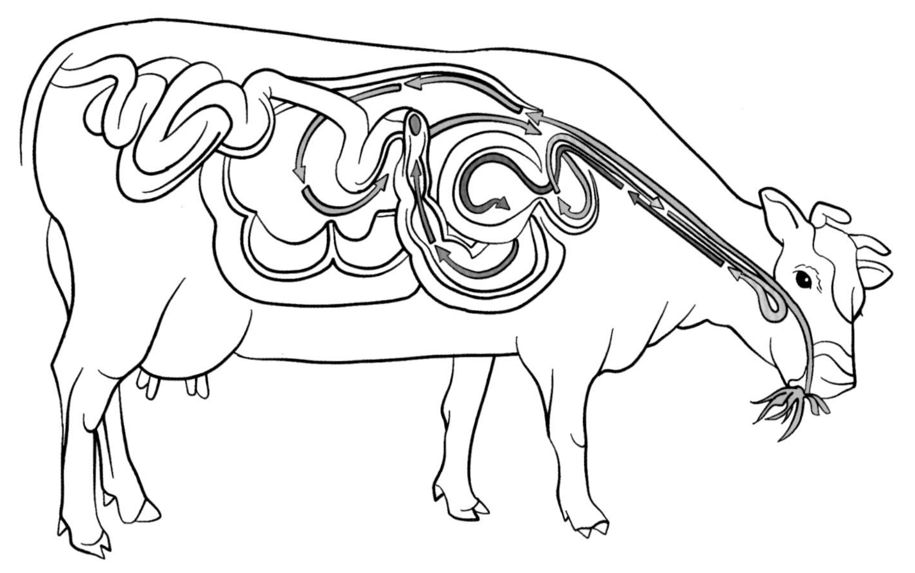
反刍示意图（绿线进→黄线出→紫线再进→蓝线进入肠道）

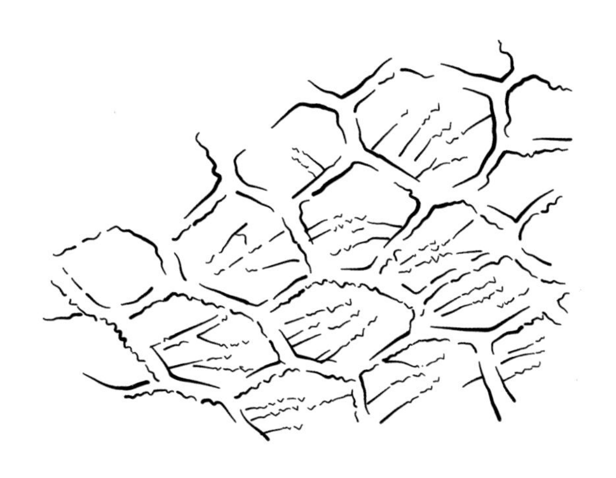
瘤胃

瘤胃中生活着各种微生物，它们可以将其他哺乳动物无法消化和吸收的糖类进行分解，而分解后的物质会被瘤胃的胃壁吸收，这样反刍亚目的成员就可以充分地吸收这些糖类，而在此过程中产生的气体会聚集在网胃中，然后通过打嗝的方式将其排放出来。

就这样，这些糜状的食物在瘤胃和网胃中反复加工，而一些食物则被反刍到口腔内，经过再次咀嚼后下咽，一些大块的食物会留在网胃中，其他细小的食物则会进入重瓣胃，然后经过重瓣胃的挤压，将其中的水分吸收，使糜状的食物变黏稠，最后进入皱胃中消化，从而在小肠中被吸收。所以，反刍动物的消化效率很高，一点食物就足以让它们存活。

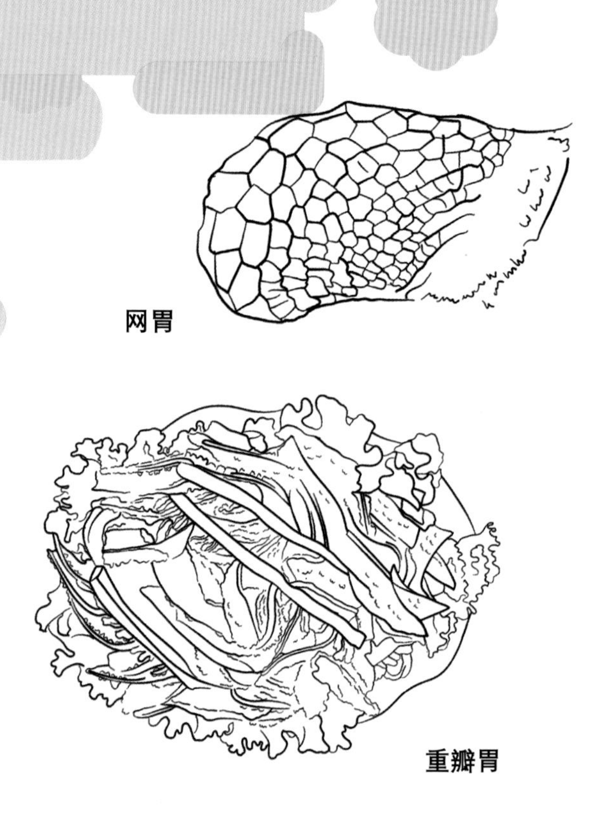

网胃

重瓣胃

除了相似的消化道结构，反刍亚目的家族成员还长着奇形怪状的“头饰”，如牛科成员、长颈鹿科成员等，虽然鼷鹿科和麝科成员的头上并没有角，但它们的雄性成员具有獠牙似的犬齿。

牛的“头饰”

鼷鹿科的成员生活在亚洲和非洲地区，它们都是体形较小的动物，体长仅 50~100 厘米，雄性鼷鹿长有较长的獠牙。目前现生的鼷鹿科只有 2 个属和 4 个种，即生活在中非热带地区的水鼷鹿和生活在亚洲的鼷鹿属成员。

鼷鹿的獠牙

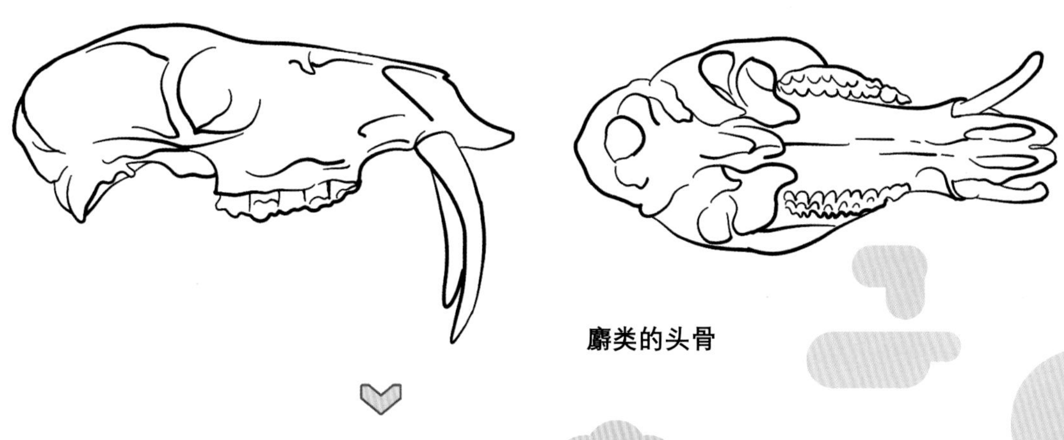

麝类的头骨

虽然现生的成员比较少，但鼷鹿科是曾经庞大家族中的唯一幸存者，它们的许多特征都比现生的一些反刍类更原始。鼷鹿科的成员虽然有四室胃，但它们和骆驼、河马似的，网胃和皱胃之间几乎没有分隔，所以只有 3 个胃室，它们向我们展示出了原始的偶蹄类和现生的反刍类之间是如何过渡的。

麝科成员和鼷鹿似的，体形较小，嘴上长有獠牙似的犬齿，但不同的是，麝科成员有完善的四室胃。雄性的麝科成员会分泌出一种叫作“麝香”的物质，用来标记领地，但这种物质在人类眼中是无价之宝，所以它们惨遭捕杀，濒临灭绝。

现生的长颈鹿科包括长颈鹿和霍加狓（出自高等教育出版社《普通动物学》）两种，虽然乍一看，它们长得完全不同，但它们之间有许多共同特征，如舌头和牙齿等。其实长颈鹿类自早中新世诞生的时候，并没有现生长颈鹿似的长脖子，而和霍加狓十分相似。

1. 长颈鹿马赛亚种 2. 长颈鹿索马里亚种 3. 萨摩麟类 4. 霍加狓

5. 梯角麟 6. 西瓦兽 7. 山西兽 8. 梵天麟 9. 长颈麟 10. 古麟

目前发现的最古老的长颈鹿类化石是在非洲，它们都长有千姿百态的角，如眶角麟。眶角麟的脖子较短，眼睛上方长有一对细长的角；梯角麟的角和现生的鹿角似的，呈分叉状；而霍加狓的角比较粗短，但它们仍存活到现在，堪称长颈鹿家族中的“活化石”。

眶角麟

在中新世的中期至晚期，长颈鹿中的西瓦兽类在非洲等地发生了一次演化，造就了具有两对“V字形”角的长颈麟，还有长着粗壮的圆锥形角的梵天麟，以及有掌状角的西瓦兽。西瓦兽的高度约3米，和现生的长颈鹿差不多，但它们的身材更加壮实，可达500千克。

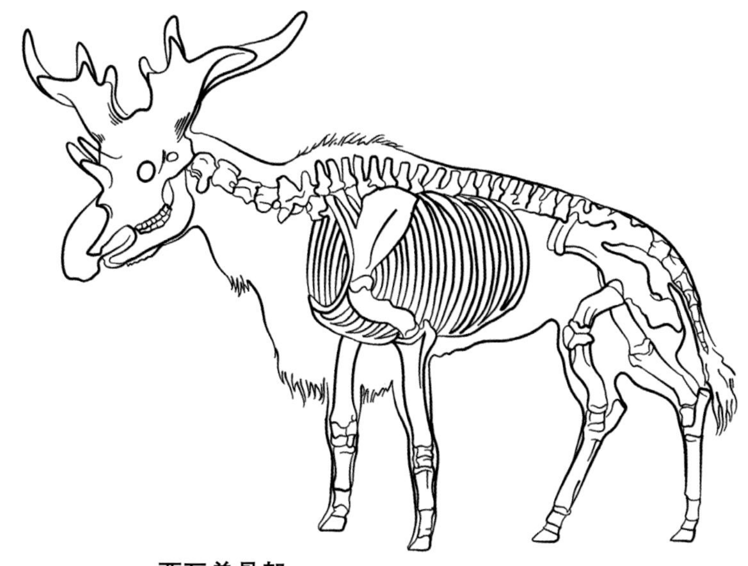

西瓦兽骨架

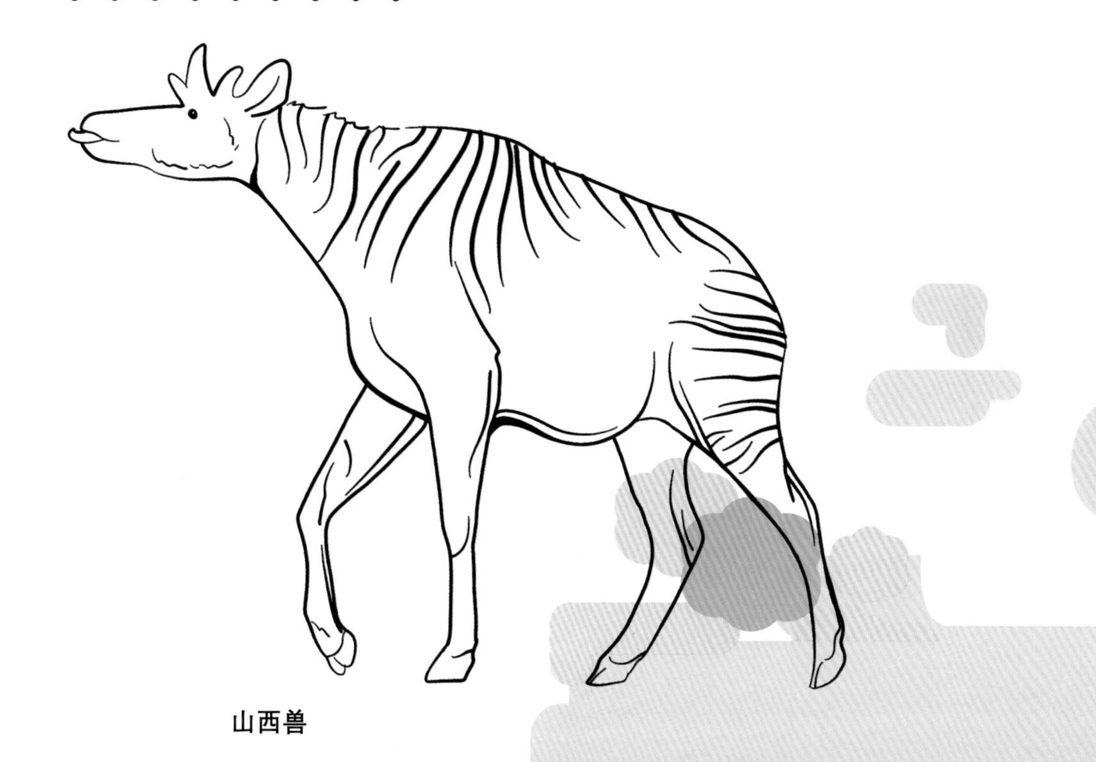

山西兽

生活在中新世中期的萨摩麟类是长颈鹿类的另一个分支，它们长着一对香蕉似的向后弯曲的角，而在中新世中期出现了现生长颈鹿类的祖先，如在中国山西发现的山西兽，它们的脖子又粗又短，与后期发现的大萨摩麟不同。

大萨摩麟的脖子长度和身体结构介于现生的霍加狓和长颈鹿之间，也向我们展示出长颈鹿一族长脖子的演化过程。

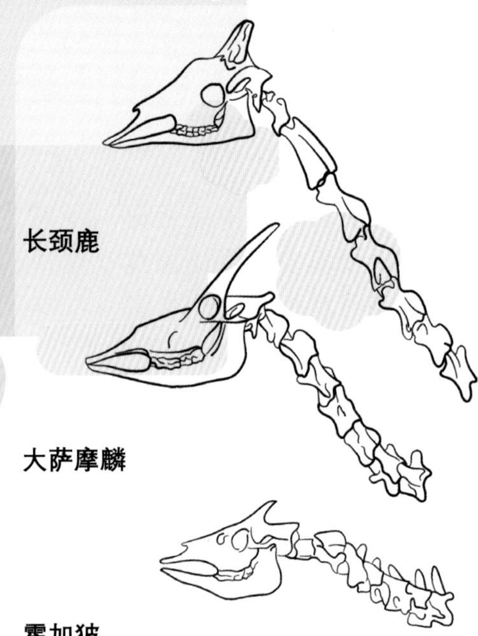

长颈鹿类颈部对比

叉角羚科起源于早中新世的北美洲，它们的成员种类众多，角的形状千姿百态，如体形较小的似叉角羚，它们长着较短且分别指向前、后的两个叉角，还有长着直立且旋转扭曲的旋叉角羚等，不过，这些成员大部分都在中新世末期消失，如今只剩下美洲叉角羚一种。

叉角羚

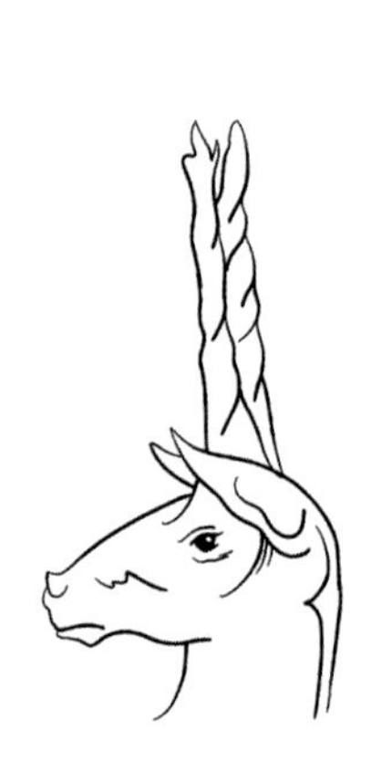

旋叉角羚

奥氏叉角羚

枝叉角羚

海氏叉角羚

斯氏叉角羚

上新叉角羚

副长柄叉角羚

六尖叉角羚

梅氏叉角羚

叉角羚类头部

古鹿科的许多特征和现生的鹿十分相似，但它们和鹿不同的是雄性古鹿的鹿角不会脱落，是永久性的。古鹿科的成员诞生于早中新世，它们在 1850 万年前去往北美洲，演化出许多长有多种多样头饰的成员，比如原颅角古鹿，它们的角不仅长在眼眶上方，头骨后边还长有角。

这些生活在北美的古鹿类在中新世中期的多样性最为丰富，但随后可能因为气候环境的改变，和麝类、原角鹿类等其他成员一起在中新世末期灭绝。

现生的鹿科成员大约有 90 个种，它们是偶蹄目家族中仅次于牛科的族群，也是我们比较熟知的一类动物。最古老的鹿科成员发现于欧洲的晚渐新世，随后在晚中新世的时候逐渐分化出了几十个种。

鹿科家族中的武角鹿长得极其古怪，它们有着像古鹿似的永久性的皮骨角，一只角长在鼻子上，四只角长在眼睛上，单看头的上半部分有点像戟龙，但更奇特的是它们的嘴上还长有一对獠牙，如果单看它们的复原图，定会认为这是来自外星的动物。

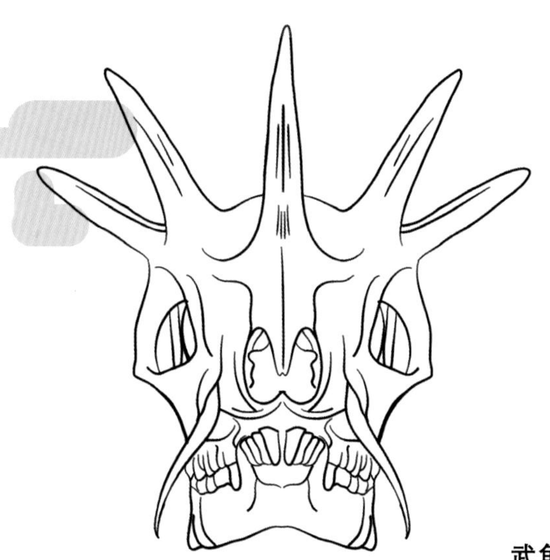

武角鹿头骨

欧亚大陆上也演化出了一种令人惊叹的鹿类——大角鹿，它们是地球上出现过的最大的鹿，长着和驼鹿似的掌状角，雄性鹿角的宽度可达 3.5 米，重约 45 千克，它们和现生的鹿似的，雄性的鹿角在每年的秋季脱落，春季再重新生长。

大角鹿

牛科成员的头上都长有角，它们的角和长颈鹿的皮骨角以及鹿科每年都要重新生长的角不同，是内部呈中空的洞角，这种角终生生长，不会脱落，是它们争斗或炫耀的工具。

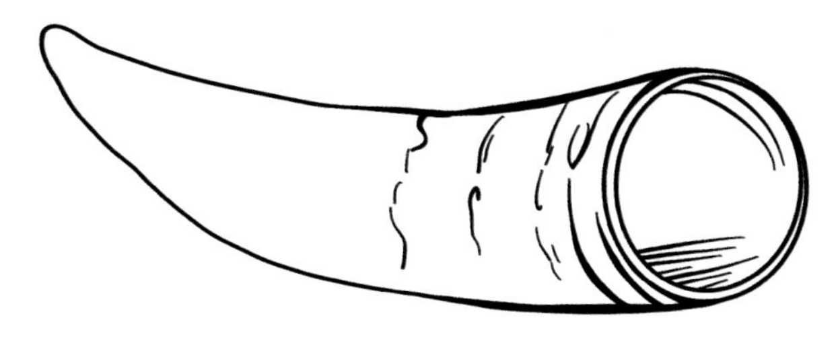

牛科动物的角

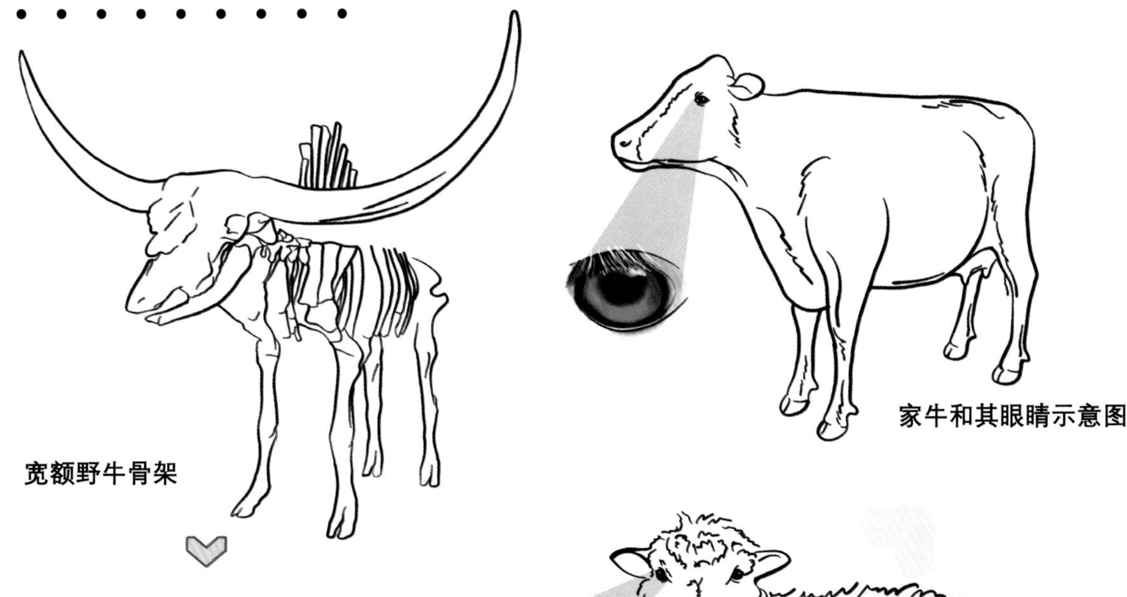

宽额野牛骨架

家牛和其眼睛示意图

牛科成员种类众多，其中的牛亚科包括家牛、牦牛、水牛、非洲水牛、印度野牛和已经灭绝的一些牛类。它们的演化让人惊叹，曾在冰河时代出现了一种体形庞大的宽额野牛，它们两个角之间的距离可达 2 米。

绵羊和其眼睛示意图

牛科家族中除了这些动物，还包括羚羊、瞪羚、霓羚、角马、狷羚以及山羊和绵羊等，是的，你没有看错，山羊等羊族的成员都属于牛科，而牛和羊之间最大的区别就是瞳孔的形状：羊的瞳孔呈条状，可以让它们的视野更清晰，而牛的瞳孔为圆形，可以让它们的视野更广阔。

真兽亚纲

林麝

Moschus berezovskii

或许你对林麝比较陌生，但你一定听说过麝香这种名贵的中药材，同时还可作为香水的原料，而林麝就是麝香的主要来源之一。林麝喜欢独居，却和同伴之间从未断过联系，因为它们的身体上有各种腺体，可以分泌出不同的气味，这些气味是它们的交流方式，也可以帮助它们标记领地。

攀爬

林麝是家族中适应能力最强的一类成员，它们的性情机警，一旦感受到危险的气息，就会跑到森林中，甚至还可以跳到树上，2 米高的树对于它们来讲根本不是问题，跳上树后，它们可以用蹄子嵌在枝条上，从而保证自己的稳定性，它们还可以在 9~12 米的树上随意攀爬，采食一些树叶。

生存时间

现存

分布地

中国、越南

物种分类

劳亚兽总目 偶蹄目

反刍亚目 麝科

刚出生的林麝宝宝身上有很多斑纹，就像是“隐身衣”似的，可以将它们与环境融为一体，如果遇到捕食者，它们会一动不动地待在原地，等待妈妈的救援，而雌性林麝会摆出战斗的姿态吓退对方，如果是一些体形较大的敌人，它们就会反复跺脚，将敌人的注意力转移到自己身上，勇猛地保护它们的孩子。

林麝趴在地上休息的时候，它们后肢上的腺体可以直接贴在地面上，并将气味涂抹在上面，除此之外，它们的排泄物也可以散发出强烈的味道。

林麝宝宝

林麝有着很强的领地意识，它们的喉部至胸部有两条白色的宽带，中间是一道明显的黑色宽带，就像是一条黑色的领带似的。

不论是雌性还是雄性都没有角，但雄性的嘴上长有一对长长的獠牙，这是它们用来打斗的工具。

体长为 60~80 厘米，体重 8~10 千克。

四肢又细又长，而且后肢长于前肢，善于跳跃，还可以在悬崖峭壁上敏捷地行走。

听觉灵敏，它们的耳朵又长又直，尖端比较圆润，外耳廓边缘有一圈白色的毛发，内部为深色，这是它们区别于其他成员的明显标志。

雄性林麝的尾巴上长有发达的腺体，可以分泌出一种带着强烈味道的分泌物，除此之外，它们的腹部还长有一个可以分泌麝香的麝香腺，但这种浓郁的味道给它们带来了灾害，导致人类杀麝取香，使得它们的数量越来越少，或许保护它们的路任重而道远，但至少请让现在成为开始。

真兽亚纲

长颈鹿

Giraffa camelopardalis

长颈鹿也被称为麒麟鹿，它们有着漂亮的花纹，而且每一只长颈鹿的花纹都不同。长颈鹿分为九个亚种，每个亚种身上的花纹形状也不同，如马赛长颈鹿的花纹很像冬天玻璃上的窗花，而网纹长颈鹿有着整齐的线条。

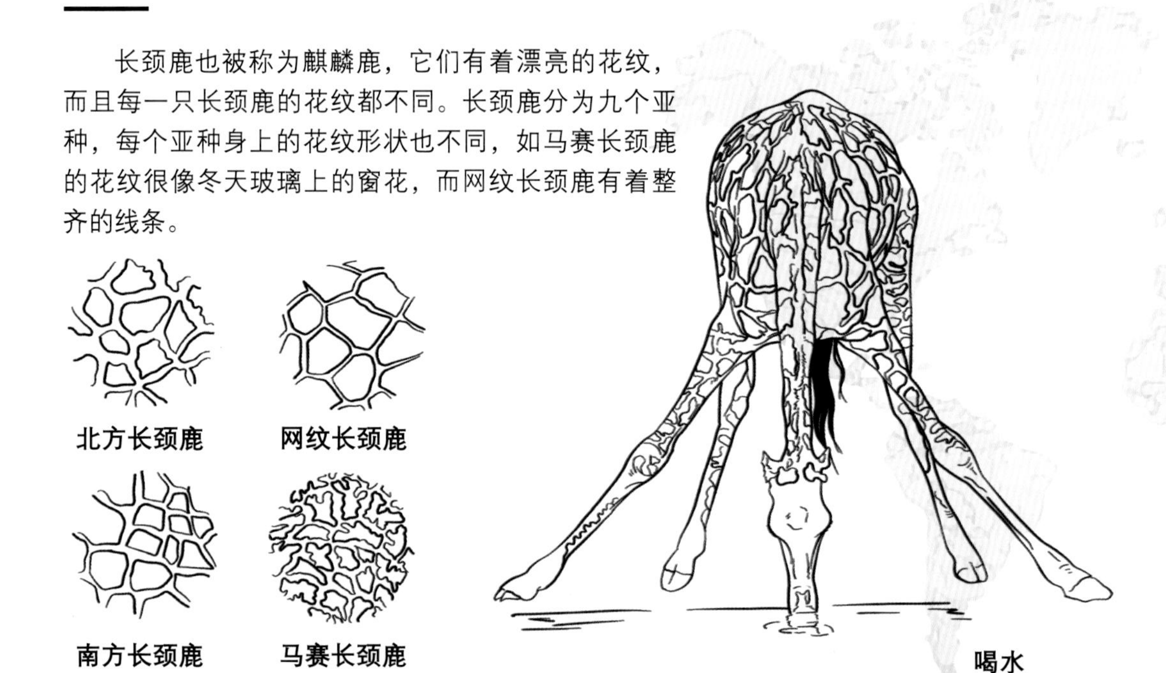

喝水

长颈鹿作为地球上最高的一类哺乳动物，喝水对它们来说是一件很麻烦的事情，所以它们总结出三个步骤：先劈叉然后低下头最后再喝水，这样的行为如果放在人类身上肯定会马上晕倒，但长颈鹿的头部有一种可以缓减血液流速的网状结构，从而保护它们不会因脑部缺血倒下。

生存时间

现存

分布地

非洲

物种分类

劳亚兽总目 偶蹄目

反刍亚目 长颈鹿科

长颈鹿成为世界上最高的动物主要靠的是它们的长脖子，但它们的颈椎骨只有 7 块，和人类一样，不同的是它们每块颈椎骨的长度约 35 厘米，超过了人类整个脖子的长度。

长脖子不仅可以使长颈鹿有效地躲避敌人、吃到高处的树叶，还可以在繁殖期的时候作为武器攻击对手，此时的长脖子就会化作“流星锤”，并上演一场“脖斗”，激烈时还会把对方的脊椎骨撞断，而且它们还会用头上的角互撞。

“脖斗”

成年后的长颈鹿平均身高在 4 米左右，而它们的宝宝一出生差不多就有 2 米高，雌性长颈鹿会站着生娃，也就是宝宝一出来就会从 2 米高的地方坠落。

舌头特别长，满是肌肉，平均约 45 厘米，可以卷到高处的树叶，而且又厚又糙，从而保护舌头不被叶子伤害。

至少有 5 个角，最明显的一对角是骨化的软骨，被皮肤和毛发包裹起来，称作皮骨角，上面还长着一小撮耸立的黑毛。

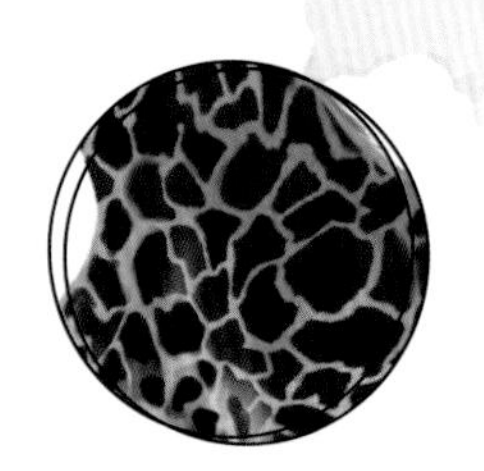

花纹下面有着丰富的毛细血管，可以带动血液快速流动，从而帮助它们散热，而且这些花纹还可以使它们与环境融为一体。

马赛亚种

雄性身高可达 5.88 米，体重约 1.1 吨。

长颈鹿是许多动物园中最受欢迎的一类动物，作为植食动物，许多人认为它们很温顺，所以常会私自投喂。但长颈鹿在吃东西的时候像撸串似的将叶子用充满黏液的深蓝色舌头卷下来，或者直接用门牙咬住树叶向后拽，整个过程都比较粗暴，所以在动物园不要私自投喂动物才是对它们最大的保护。

真兽亚纲

叉角羚

Antilocapra americana

动物王国中，几乎每时每刻都在上演着《飞驰人生》的片段，而对叉角羚来说，它们只有两个选项：要么快逃，要么尸骨无存，所以它们练就了超强的耐力和高速奔跑的能力，使得草原狼和美洲狮等肉食类动物对它们几乎没有威胁。

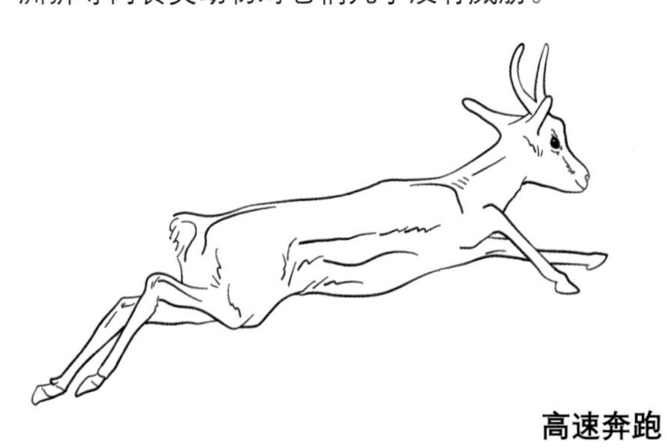

高速奔跑

猎豹的奔跑速度可达每小时 120 千米，是陆地上跑得最快的动物，但这样的速度一般不会超 3 分钟，而叉角羚的奔跑速度可达每小时 88 千米，极端情况下还可达每小时 96 千米，它们可以凭借着超强的耐力以每小时 50 千米的速度连续跑几个小时，甚至能够以每小时 72 千米的速度跑 10 千米。

生存时间	分布地	物种分类
现存	北美洲	劳亚兽总目 偶蹄目 反刍亚目 叉角羚科

叉角羚长着一个白屁股，在它们遇到危险的时候就会把屁股上的白毛炸开，使屁股看上去大了一圈，而这个显眼的白色屁股称为臀斑，可是关于臀斑的作用，还没有统一的定论。有人提出，臀斑就像是投降时举的小白旗，可以缓和气氛，有效地避免攻击；有人提出臀斑可以向同伴传递信号，警告它们有危险；还有人提出臀斑可以迷惑猎食者，当它们奔跑的时候，通过露出臀斑告诉猎食者：我在这里，然后再将臀斑藏起来，让猎食者误以为它们不见了，从而“晃晕”敌人。

叉角羚臀斑

叉角羚在冬季的时候会结成大群活动，它们为了寻找食物和水源，会进行迁徙，但它们的跳跃能力很差，常因无法跳过人类在迁徙途中设置的带刺的铁丝网而困死在上面。

一般情况下，雌雄都有角，且不会脱落，雄性的角顶部会分叉，而雌性的角不分叉而且比较小。

背部的毛发呈土黄色，而腹部为白色，它们春季的时候会换毛，毛上面有着复杂的气室，具有保温功能。

雄性叉角羚的体长为 130~150 厘米，体重 40~65 千克。

眼睛特别大，直径可达 0.5 厘米，长在头部偏上的位置，使得它们的视野更广阔，从而更容易躲避天敌。

叉角羚有着如此杰出的奔跑能力和它们迁徙的生活习性，以及为了躲避史前同样善于奔跑的北美猎豹的追捕等原因相关，所以它们演化出了细长的四肢和增大的心脏等身体结构以适应长距离的高速奔跑。可以想象一下，如果让它们来参加人类的全程马拉松，用不了 1 个小时就抵达终点了。

赤麂

Muntiacus muntjak

赤麂的体形较大，毛发呈棕红色，所以由此得名，它们还被称为吠鹿，因为当赤麂受到惊吓的时候，就会发出类似犬吠的声音。赤麂的性情温顺，特别胆小，但凡有点风吹草动就会开始狂奔。

狂奔

如果赤麂遇到受伤出血的情况，它们就会害怕得手足无措，甚至一动不动，它们的心脏不好，有先天性心脏病，当它们受到惊吓的时候，心率可达 200 多次每分钟，要知道，人类正常情况下的心率是每分钟 60~100 次，所以稍有不慎，它们就会因急性心脏病致死。

生存时间	分布地	物种分类
现存	亚洲	劳亚兽总目 偶蹄目 反刍亚目 鹿科

赤麂除了在繁殖期的时候，平时都喜欢独居生活，尤其是成年的雄性之间会刻意保持距离，它们会用蹄子刨地、用下门齿刮树皮等方式标记自己的领地，而且它们的脑门上还长着一对家族中独一无二的 “V 字形”额腺，所以它们会在一切能蹭到的地方来回蹭，比如树干和地面等，这些方式都可以让其他同伴知道这块区域是否有主人。

不过雄性也会因为领地、食物以及繁殖权等问题斗争，如果一只雄性没有获得自己的领地，就很可能会成为其他猎食者的食物。

赤麂属于鹿科麂属，大约在 600 万 ~700 万年前，麂属的成员就从鹿科中分离出来，并保持着原始的形态，且从未发生过太大的改变，与原始的鹿类一样。

角柄特别发达，上面有皮毛包裹，比犄角长，犄角只分两个叉，雌性虽然没有角，但有两个凸起，这是它们打斗时的武器。

体长约 110 厘米，体重 20~33 千克。

长有獠牙，这是斗争时的另一个武器，长长的獠牙会给头部造成致命的伤害。

眼睛下面长有发达的香腺，可以通过香腺分泌出的油脂在地上或者树上来回蹭，从而标记领地。

赤麂的繁殖能力很强，几乎全年都可以繁殖，这样奇特的习性在鹿科一族很少见，更奇特的是它们还是染色体数量最少的一种动物，而且雌雄的数量不同，如北方赤麂的雌性有 6 条染色体，而雄性有 7 条；南方赤麂的雌性有 8 条，雄性有 9 条，要知道人类可是有 46 条染色体。

真兽亚纲

藏羚羊

Pantholops hodgsoni

藏羚羊生活在中国青藏高原，是中国特有的野生动物，也是中国一级保护野生动物，它们被称为“高原精灵”，有着矫健的身姿和顽强的生命力，它们还是2008年北京奥运会的吉祥物——“福娃迎迎”的原型。

奔跑

藏羚羊生活在平均海拔5000米的地方，空气比较稀薄，但它们一点都不害怕“高原反应”。为了适应这里的生活，藏羚羊演化出了强大的心脏，可以将血液及时地输送到身体的各个部位，而且它们血液中的红细胞较多，输氧的效率也更高。

生存时间	分布地	物种分类
现存	中国	劳亚兽总目 偶蹄目 反刍亚目 牛科

大部分的藏羚羊都有迁徙的习性，它们是中国少数几种需要迁徙的有蹄类动物之一，在浩浩荡荡的迁徙大军中，主要是雌性藏羚羊，一来是因为它们的攀登能力较弱，无法前往高处获取食物；二来是因为它们在生宝宝的时候易遭到一些食肉动物的攻击，而雄性则不同，所以雄性不会随着雌性一起迁徙。

迁徙时的雌性怀有身孕，当它们到达迁徙地后，就会产下小宝宝，这些小家伙们出生 15 分钟后就可以完全站起来，三天后就可以快速奔跑，然后很快就会和妈妈再回到原来生活的地方。

藏羚羊母子

每年的 6~10 月，藏羚羊开始换毛，使得它们身体冬暖夏凉，就像自带了一部空调似的，它们长有一层十分柔软而且保暖性特别好的绒毛，不仅可以抵挡高原上的紫外线，还可以挡风御寒。

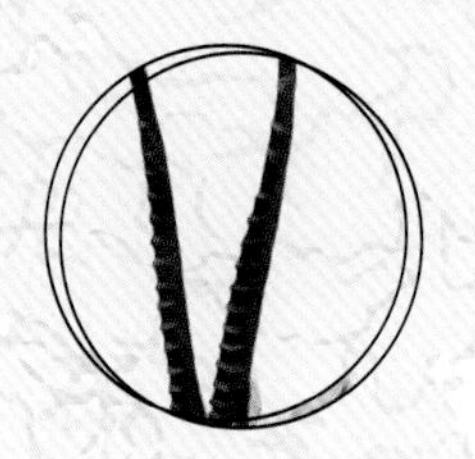

雄性头上长有又直又长的角，上面还有一些棱纹，可以用来抵御敌人，而雌性没有角。

四肢强健，腿部线条匀称，它们的行动敏捷，奔跑速度约 80 千米每小时，藏羚羊宝宝出生三天后就可以跑得比狼还快。

鼻腔宽阔，可以帮助它们吸到更多的氧气，进而提高奔跑速度，较大的鼻孔内还有很多毛细血管，可以“加热”吸进来的冷空气。

雄性体长 134~156 厘米，体重 35~40 千克。

100 多年前，中国生活着大约 100 万只藏羚羊，而许多人也并不知道这种生物的存在，所以它们在高原上自由自在地生活，而后来因为人类的贪欲，对于一种用藏羚羊绒毛做成的一种叫作沙图什的披肩的需求，导致它们的数量急剧下降，曾一度成为濒危物种，所幸在越来越多的人的保护下，它们降为易危物种。

劳亚兽总目

Laurasiatheria

奇蹄目

Perissodactyla

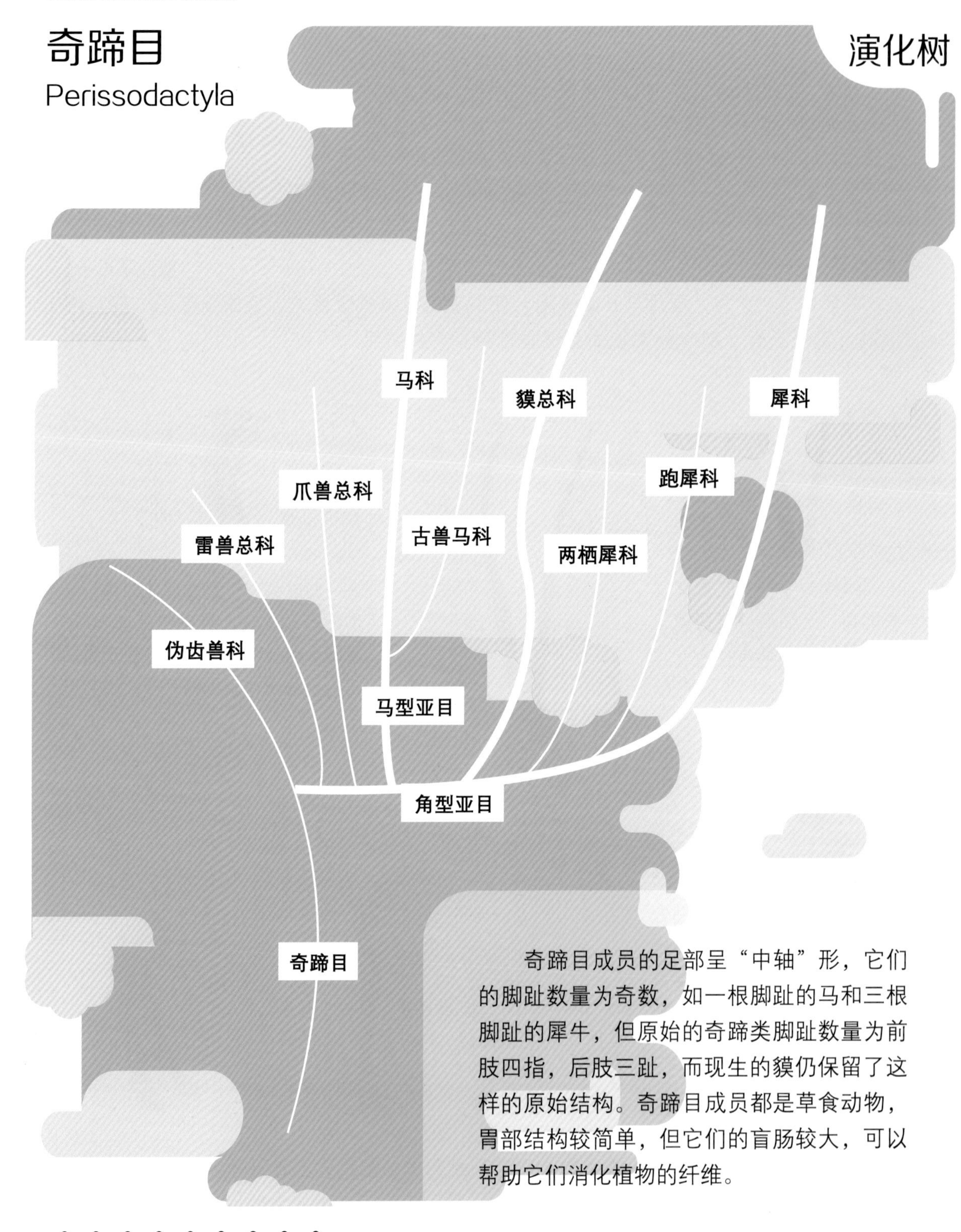

奇蹄目成员的足部呈“中轴”形，它们的脚趾数量为奇数，如一根脚趾的马和三根脚趾的犀牛，但原始的奇蹄类脚趾数量为前肢四指，后肢三趾，而现生的貘仍保留了这样的原始结构。奇蹄目成员都是草食动物，胃部结构较简单，但它们的盲肠较大，可以帮助它们消化植物的纤维。

4000 万年前，地球上的环境主要以森林为主，而奇蹄目家族的成员曾盛极一时，它们的种类繁多，占据着不同的生态位，如体形庞大的巨犀、鼻子长长的貘等，但由于 800 万年前气候环境的改变，它们渐渐衰退，大部分成员也走向灭绝，偶蹄目成员逐渐取代了它们的位置，直至今日。

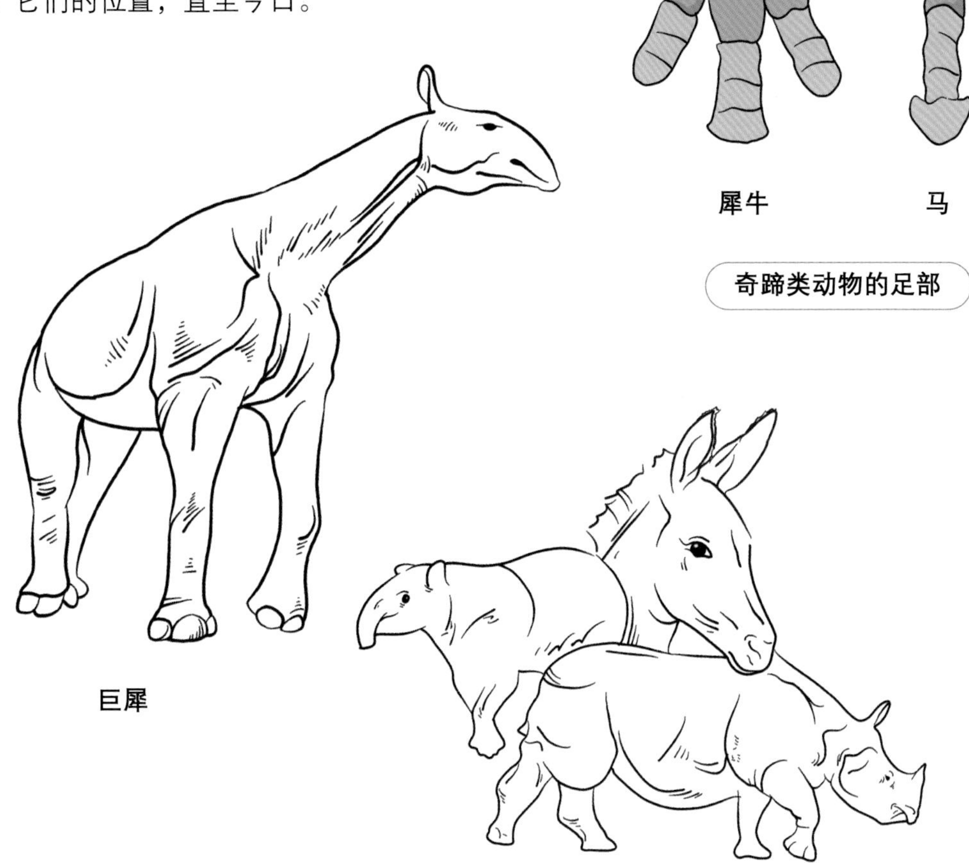

奇蹄类动物的足部

巨犀

现生的奇蹄目成员

曾经繁盛的奇蹄目一族如今只剩下马科、貘总科和犀科（真犀科），虽然它们之间的形态差异很大，但史前的它们却长得十分相似，它们可能和有蹄类的伪齿兽一族具有共同的祖先。在早始新世的时候，古老的奇蹄目一族在北美和亚洲地区都占得了一席之地，随着后期的演化，每个族群之间有了明显的差异，也都出现了各自独有的特征。

马类在奇蹄目家族中包含了丰富的化石，其中的古兽类是生活在始新世时期已经退出历史舞台的马形哺乳动物，它们是马类的远亲。古兽类出自于 1804 年法国博物学家居维叶的描述，意为“古代野兽”。

古兽

古兽类中体形最大的物种是巨古兽，它们的身体结构和现生貘比较相似，而体形却和如今的马差不多。1841 年，英国的博物学家欧文将一种动物命名为兔形始祖马，他认为这是蹄兔的亲戚，但后期的科学家认为它们是最古老的马，可见最古老的马、貘和古兽是极其相似的。

兔形始祖马

古兽类中名气最大的成员当属发现于始新世的原古马，它们的化石保存完好，肩高约 60 厘米，体重约 10 千克，虽然称之为马，但它们和现生貘长得相似。由于早渐新世气候环境的改变，古兽科一族逐渐走向灭绝。

原古马

真马

上新马

草原古马

渐新马

始祖马

马的演化

马科成员的化石极具多样性，它们从最初体形较小的原始生物，演化为如今的马、驴和斑马，它们中的大部分成员体形逐渐变大，而四肢为了适应快速奔跑的生活方式从最初的四趾退化成三趾，再到如今现生马的一趾，它们的形态还经历了许多变化：如它们的鼻子逐渐变长，头部变大，牙齿变为不会被磨损殆尽的高冠齿等。

马科成员曾广泛分布在欧亚大陆、美洲和非洲，而北美洲被认为是马类的演化中心。早始新世的时候，马类已经演化出许多种类，如原山马和迷你马等，古生物学家还在美国中西部地区发现了四肢较长而且牙冠较高的渐新马。马类成员在中新世的时候最为繁盛，仅在美国中西部的一个采石场中就曾发现有 12 种马类，而如今只剩一种野马、三种驴和三种斑马生活在野外。

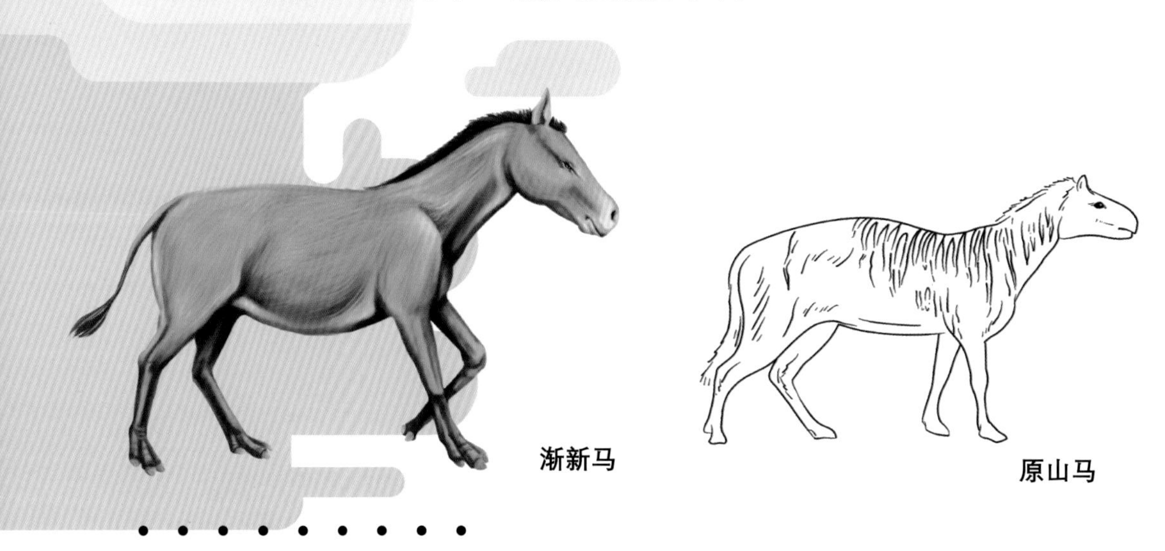

渐新马

原山马

貘形类既包括了现生的貘，也包括了许多灭绝的类群，如古怪的爪兽，它们的骨骼和大型的马类相似，但前肢修长、后肢较短，而且上面还长有弯曲的爪子，行走方式可能和大地懒相似。

爪兽

爪兽类留存下来的化石比较少，在早中新世的时候出现了一种类似大猩猩的爪兽，它们广泛分布在非洲和欧亚大陆，2300 万年前，石爪兽和隆头爪兽出现在北美洲，隆头爪兽的头顶有一个凸起，有点像肿头龙，但它们最终在中新世灭绝。

1. 钩爪兽 2. 石爪兽 3. 爪兽 4. 隆头爪兽

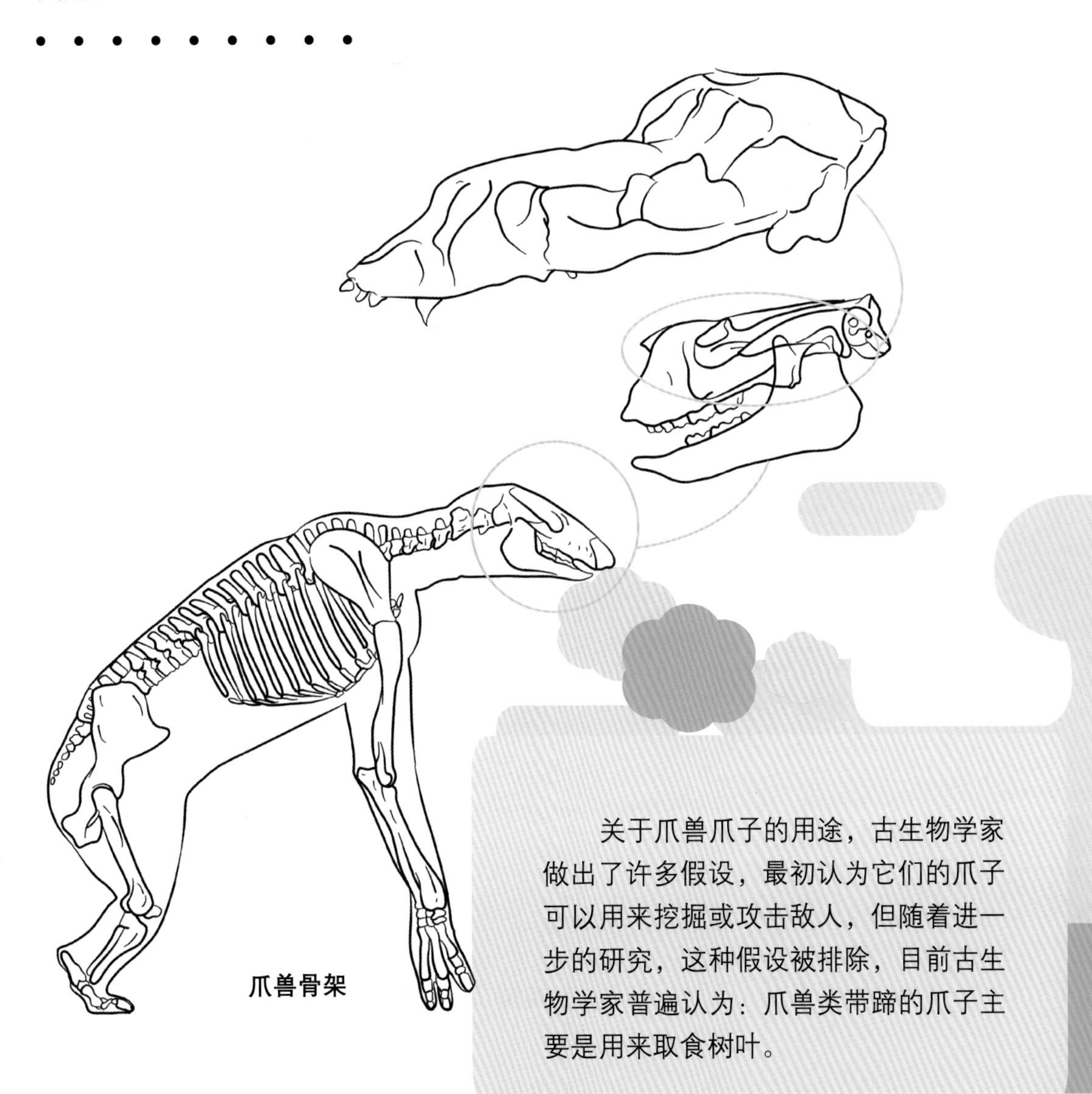

爪兽骨架

关于爪兽爪子的用途，古生物学家做出了许多假设，最初认为它们的爪子可以用来挖掘或攻击敌人，但随着进一步的研究，这种假设被排除，目前古生物学家普遍认为：爪兽类带蹄的爪子主要是用来取食树叶。

貘科的化石记录可以追溯到5500万年前，它们的体形较小，没有现生貘的长鼻，和古老的奇蹄目成员难以区分。到了晚中始新世，生活着一种叫作黄昏貘的动物，它们的鼻骨退缩，演化出了可以支持长鼻的结构，这是目前为止发现的首批出现鼻骨退缩的貘化石，而生活在渐新世的中新貘的鼻骨则出现了更大幅度的退缩。

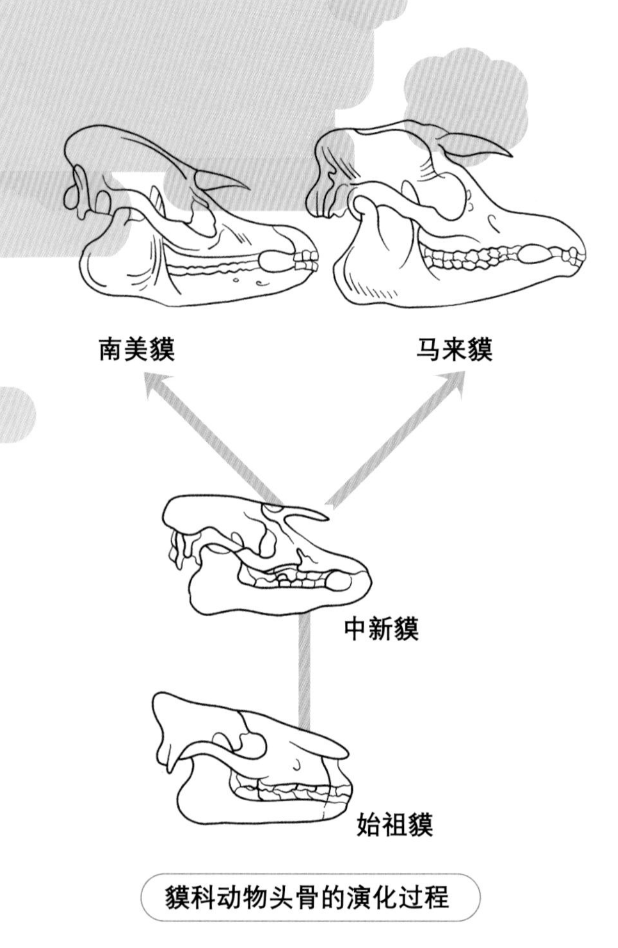

貘科动物头骨的演化过程

在距今1000万年前，貘科动物首次进入南美洲，它们在这里演化出了南美貘、中美貘等4个仍存活至今的种，而且外形上几乎没有什么太大的改变，仍保留着原始的奇蹄类特征：前肢四趾，后肢三趾，所以它们也被称为“活化石”。

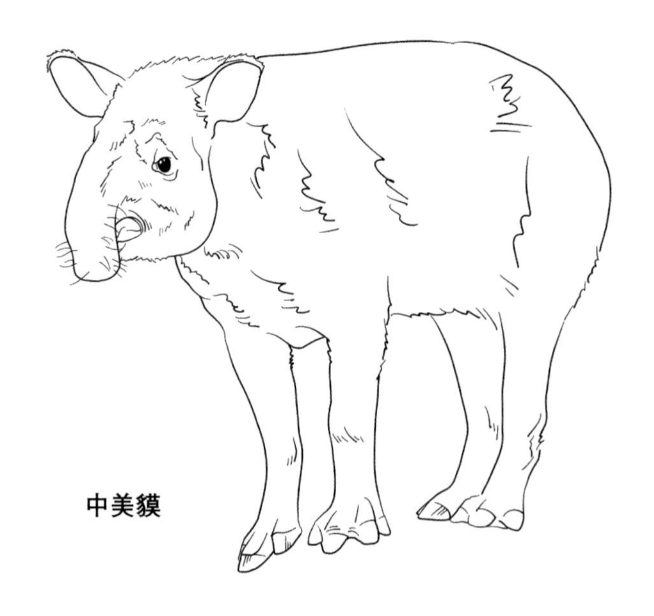

犀类包括现生的犀牛和已经灭绝的两栖犀科和跑犀科，它们都长有独特的上磨牙，目前发现的最古老的犀类化石是貘犀，它们的体形和现生的貘差不多，貘犀在始新世早期的时候开始向欧洲、北美洲甚至北极地区逐渐扩张，并分化出 3 个科。

貘犀

跑犀

卡地犀

两栖犀科的成员诞生于始新世，它们的四肢粗短，体形庞大，长着一张大嘴和锋利的獠牙，和现生的河马似的，所以它们也被称为“河马形犀牛”，它们最初生活在亚洲，随后扩散到北美洲。

在中国和蒙古国发现的卡地犀是一类只生活在亚洲地区的两栖犀类，它们长有大大的鼻孔和退缩的鼻骨，说明它们和现生貘似的，具有长鼻子。

跑犀科诞生于中始新世，它们的四肢修长，所以有时也被称为“奔跑的犀牛”。3600 万年前，跑犀将跑犀科在北美洲的演化推向了顶峰，它们是一种体态轻盈，跑得较快的动物，生活在森林中，以树叶为食。

到了晚始新世，出现了目前已知最大的陆生哺乳动物——巨犀，它们的肩高约 4.8 米，体长约 8 米，体重约 20 吨。巨犀的脖子很长，可以吃到高处的树叶，虽然它们是植食性，但庞大的体形让虎视眈眈的猎食者难以接近，不过它们还是消失在 2000 万年前，具体原因未知。

巨犀

最古老的真犀科成员诞生于 4000 万年前的亚洲和北美洲，它们有着丰富的化石记录，但大部分的犀牛化石都没有角，因为它们的角没有骨骼成分，难以保存。

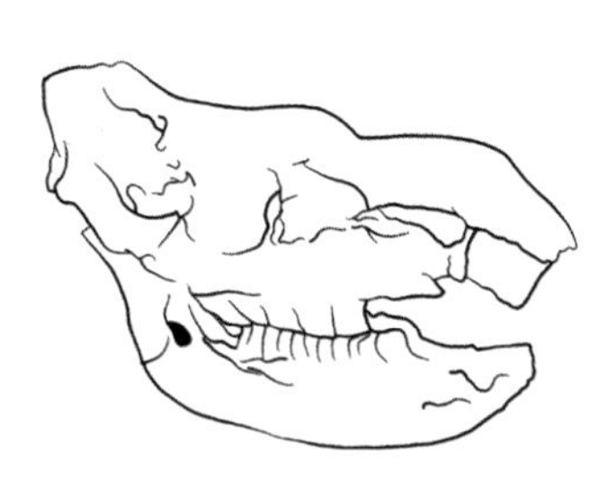

披毛犀的头骨

板齿犀

披毛犀

犀牛在漫长的演化过程中，形成了许多不同的种类，如生活在冰河时期的板齿犀，它们脑门儿上长着一个长约 2 米的角，还有和板齿犀同时期生活的披毛犀，它们长有厚重的毛发和两个扁平的角，长角的长度可达 1.5 米，可以帮助它们翻找雪地中的食物，披毛犀的雌雄都有角。

最古老的雷兽类

雷兽类

雷兽科的成员常被人称为“泰坦巨兽”，它们生活在 5600 万 ~3400 万年前，是马、貘和犀牛的远亲。最古老的雷兽科和狗的大小差不多，且没有角，但它们在始新世后来的 2000 万年中不断变大，和犀牛似的，而且头上还长出了粗大的鼻角，它们的角比较脆弱，所以并不能和对手展开激烈的竞争。

雷兽科在古生物学中留下了很多谜团，比如它们角的作用以及 3400 万年前灭绝的原因等，我们只知道在它们灭绝后，乳齿象踏上北美大陆前，那里再也没有出现过体形如此庞大的陆生哺乳动物。

普氏野马

Equus ferus przewalskii

普氏野马是世界上仅存俄国的唯一一种野马，它们有着六千万年的进化史，被称为“活化石”，它们是由俄国探险家普热瓦尔斯基在中国新疆发现，所以在1881年根据发现者的名字将其命名为普氏野马，在此之前人们普遍认为野马已经灭绝。

清理皮肤

普氏野马一般会在早晨或黄昏时分沿着固定的路线饮水觅食，水足饭饱后，它们还会面对面地站着，将头伸到同伴的身旁，相互清理皮肤，而且双方清理的都是同一部位，当其中一只换地方的时候，另一只也会换到相应的地方，它们有时还会通过在地上打滚等方式给自己清理。

生存时间	分布地	物种分类
现存	中国、蒙古国	劳亚兽总目 奇蹄目 马科

普氏野马喜欢群居生活，一个小群体往往是由一匹公马、几匹母马和一些未成年的小马驹组成。对于公马来说，它们的职责就是要保护自己的群体，保证不被其他公马入侵，所以公马之间的“地位争夺战”必不可少，它们经常会厮打在一起，场面也是极其凶悍和残酷。

普氏野马每天都会前往水源地饮水，而此时的公马则在最后保护大家，队伍便交由年长且身体强壮的母马带领，这匹母马的脑中就像安装了一份“地图”似的，它们可以凭借着精准的记忆力将大家带到目的地。

战斗

普氏野马体形壮硕，土黄色的毛发上长着整齐且直立的鬃毛，背部中间还长有一个黑色的线条，从脊柱一直延伸到尾巴根部，它们的小腿下面呈黑色，总体展现出一种野性的美。

体长约 2.8 米，体重约 350 千克。

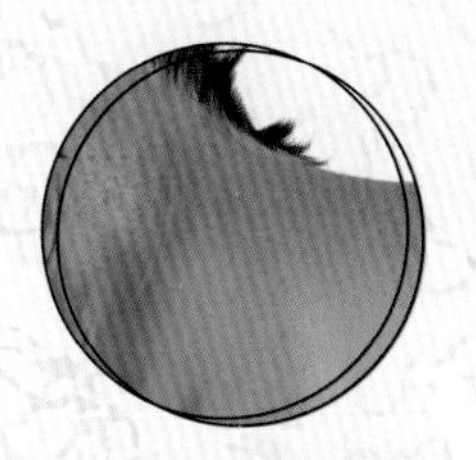

厚实的皮毛可以帮助它们抵挡寒风，但若遇到暴风雪，它们就会紧紧地依靠在一起，从而保留体力。

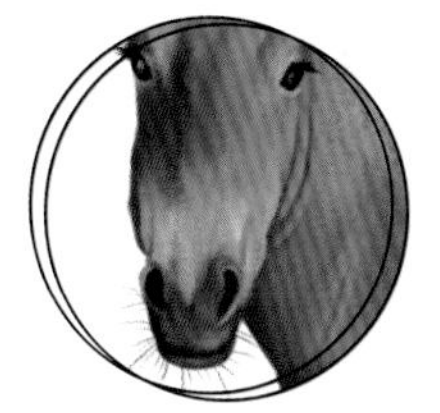

有发达的咬肌和门齿，不仅可以帮助它们咬断粗糙坚硬的植物根茎，还可以在打斗中成为它们的武器。

眼睛的距离较大，所以对于距离的感知力较差，而且无法看清距离较远的物体。

普氏野马的发现曾轰动一时，但随之而来的就是大规模的捕杀，再加上栖息地的减少等原因，它们在 20 世纪后期的保护状态从“濒危”直接变为“野外灭绝”，不过幸运的是，世界各国都意识到了保护普氏野马的重要性，才使得这一物种得以延续，目前它们的种群数量已经恢复至 2400 匹。

马来貘

Tapirus indicus

你知道“食梦貘”吗？在中国和日本的传说中，它们是一种专吃噩梦，并将噩梦变为好运的怪兽，虽然现实中没有“食梦貘”，但有一种动物和它们相似，那就是马来貘，不过它们并没有传说中强大的能力，反而有随时灭绝的可能。

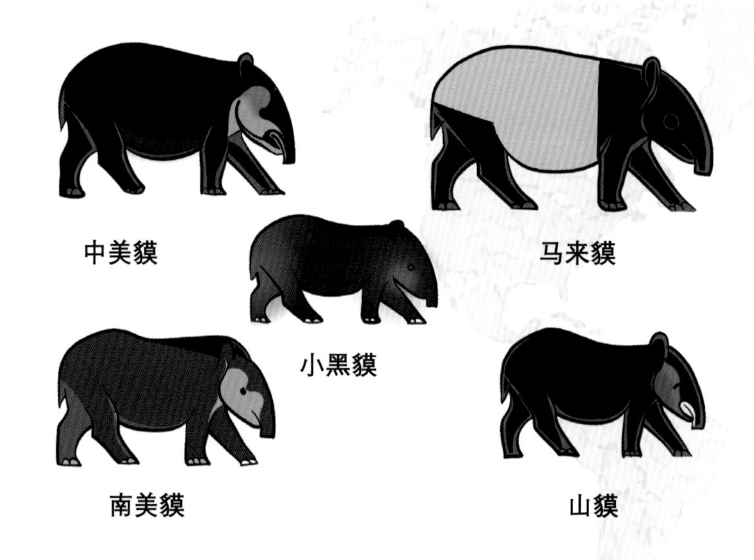

现存的貘家族

马来貘的黑白配色使得它们在家族中有着较高的辨识度，也正是因为这一特点符合古籍中所描述的“黑白驳”，所以它们便成了“食梦貘”的形象，而且人们认为：马来貘身体前边的黑色部分意为刚吃下的噩梦，后边的白色意为噩梦已消散。

生存时间	分布地	物种分类
现存	非洲	劳亚兽总目 奇蹄目 貘科

马来貘喜欢独居，每一只个体都有自己的生活领地，它们会在领地的边界喷射尿液，意在告诉其他成员：这是我的领地，勿扰。其实，马来貘的性情比较温和，如果遇到猎食者，它们就会躲进水中，待安全后才会上岸。

由于栖息地被破坏以及繁殖率较低等原因，目前全世界大约只有 3200 只马来貘。雌性马来貘两年才会生下一个宝宝，小宝宝出生后需要妈妈的精心照料，它们的毛发呈条纹状，就像西瓜皮似的，可以将它们很好地隐藏起来。

马来貘母子

马来貘是亚洲地区仅有的貘类成员，也是现存貘类中体形最大的成员，它们的身材壮硕、体态浑圆，十分可爱，成年的马来貘身上就像穿了一件肚兜似的。

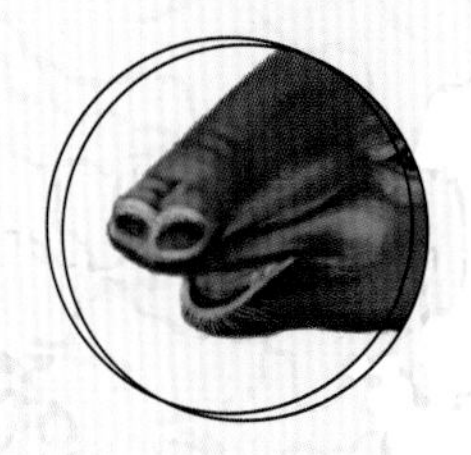

牙齿坚固耐磨，不仅可以咬断较粗的枝条，而且还可以将食物磨得粉碎，必要的时候还是保护自己的武器。

鼻子较长，可以探测食物的位置并辅助它们进食，还可以在游泳的时候将鼻子伸出去呼吸。

椭圆形的耳朵又大又直，有着敏锐的听觉，弥补了视力较差的不足。

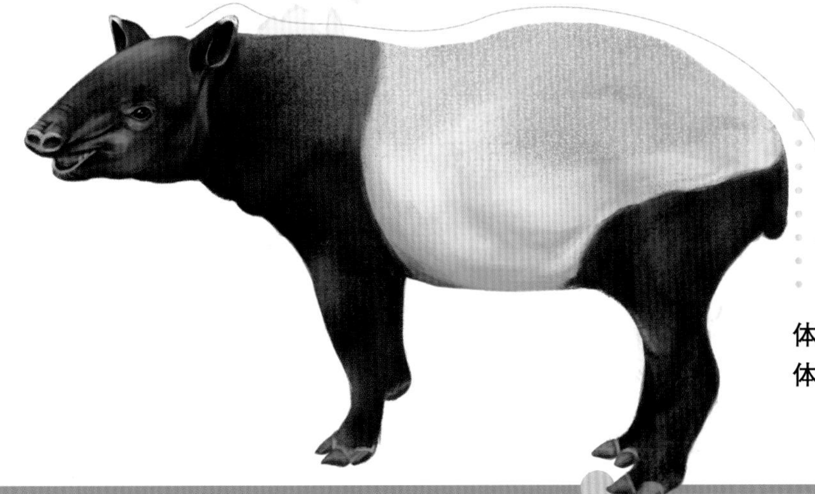

体长 1.8~2.2 米，
体重 230~310 千克。

马来貘的寿命可达 30 岁，它们的食性十分广泛，喜欢吃植物的嫩芽和水果等，是一种纯素食的动物它们一天差不多要吃掉 9 千克的食物，但就是这样一种温顺而又安静的动物已徘徊在灭绝的边缘，所以从 2008 年起，每年的 4 月 27 日被设立为“世界貘日”，从而让更多的人关注并保护这种陌生但又珍稀的物种。

真兽亚纲

北白犀

Ceratotherium simum cottoni

"北白犀"中的"白"其实是来源于荷兰语中的"wijd"，意为宽，指的是它们宽大的嘴唇，但后来被误传为"白"。白犀家族是数量最多的一种犀牛，它们的成员数量大约有 1.8 万只，这个数字看起来或许比较乐观，但其中几乎都是北白犀的同族成员——南白犀。

"纳金"和"法图"

目前，地球上只剩下两只北白犀，一只是已有 30 多岁的"纳金"，另一只是 20 多岁的"法图"，它们之间是母女关系，这就意味着北白犀一族再也无法自然繁衍，它们即将成为在西黑犀灭绝后第二个被人类的贪婪和无妄毁灭的族群。

生存时间	分布地	物种分类
现存	非洲	劳亚兽总目 奇蹄目 真犀科

2018 年 3 月 19 日，全世界已知的最后一只雄性北白犀死亡，它的名字叫“苏丹”，出生于 1973 年，当时，地球上它的同伴数量还有 1000 只左右，而在它死亡时，它的同伴仅剩两只。由于盗猎的猖獗、栖息地的丧失等原因，“苏丹”几乎是被圈养长大的，而且还被全副武装的警察 24 小时地守护着，同时为了保护它的安全，它的犀角在 2015 年被切除，虽然它活到了 45 岁高龄，但这并不是它的幸运，它本该回归自然，而它的死亡是人类无视自然最直接的体现。

“苏丹”

北白犀主要以草为食，一天中的大部分时间都在进食。它们喜欢群居生活，不过群体中主要是以雌性和未成年的小犀牛为主，而雄性除繁殖期外喜欢独居。

耳朵呈管状，可以转向声源传来的方向，所以它们的听觉很灵敏，而且宽大的鼻孔还可以闻到 1000 米以外的味道。

鼻子上长着两只角，一个又尖又长，另一个则又小又短，可以帮助它们抵御敌人以及挖掘食物。

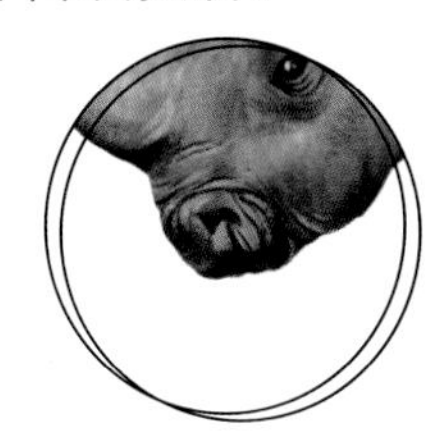

宽平的嘴唇就像割草机似的可以帮助它们紧紧地贴在地面上吃草，所以北白犀也被称为方吻犀。

体长 3.9~5.4 米，
体重 1.4~1.6 吨。

北白犀休息的时候喜欢泡在泥巴中，不仅可以降温，还可以防止它们看起来比较厚实的皮肤被晒伤，其实它们的皮肤很脆弱，上面还有很多褶皱，容易滋生细菌，所以它们有一个好搭档——牛椋鸟，此时的北白犀对于它们来说就像一个装满食物的移动餐车似的，而作为回报，它们会帮北白犀清理伤口。

兴　盛

XINGSHENG

已灭绝的新生代四大家族

6600万年前的白垩纪大灭绝，结束了恐龙在陆地上的统治地位，此前被恐龙占据的生态位一下子向其他动物敞开了大门，拥有胎盘的真兽类开始迅速崛起。虽然目前所发现的早期真兽类的化石数量并不多，但生活在非洲的非洲兽家族和生活在南美洲的异关节家族都各自形成了独特的哺乳动物类群。

美爪兽（裂齿目）

鹦鹉兽（纽齿目）

与此同时，生活在北半球的北方真兽类也加入到了这一进程中。其中，有一些已灭绝的早期北方真兽类，如恐角目、纽齿目、裂齿目和全齿目，它们大多出现在古新世初期，并迅速演化成了当时体形最大的哺乳动物，它们大多长着蹄部，甚至还有一些长着爪子，这或许可以帮助它们刨食植物的根茎，不过它们最终在晚古新世或始新世灭绝。或许是因为实现多样化的速度太快，所以目前这四大家族和其他哺乳动物的关系并不是很明确，一直存在着争议，因而本书将它们作为单独的目罗列出来。

戈壁兽（恐角目）

阶齿兽（全齿目）

恐角目

Dinocerata

在古新世至始新世时期，生活着一类体形庞大的成员——尤因它兽类，它们的头上长着奇怪的角，所以又被称为恐角目，虽然已经灭绝，但它们无疑是当时最奇特的一类哺乳动物。恐角目起源于生活在亚洲地区的原恐角兽，它们的体形和现生的猪似的，体重仅约 175 千克，而在后期出现的始王兽（拉丁学名意为“黎明帝王”），体长约 3 米，体重可达 4500 千克。

始王兽是恐角目家族中体形最大的成员，而且还有着令人咋舌的长相：头上有 6 个圆圆的突起，嘴上还有一对被下颌的骨质突保护起来的獠牙，虽然目前还不明确这些突起和獠牙的作用，但它们无疑将这一家族的演化推向了顶峰。

始王兽

接着又出现了一类长相更古怪的成员——戈壁兽，它们的头上既没有古怪的突起，也没有锋利的獠牙，但它们却长了一个球形的大鼻子，好像被谁暴打了一顿似的，而关于这个鼻子的作用，目前还没有统一的定论。

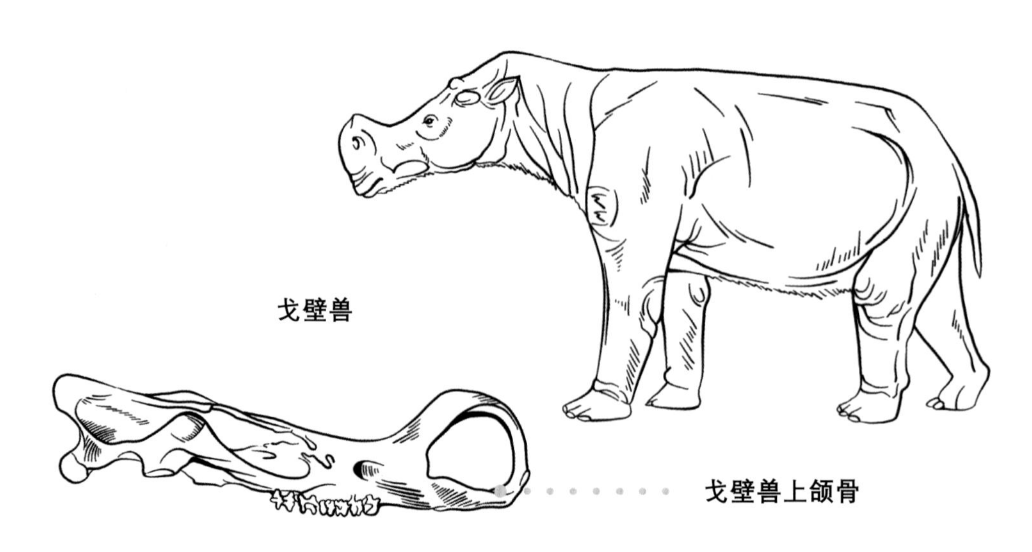

戈壁兽

戈壁兽上颌骨

恐角目家族成员的脑容量较小，在它们生活的时期，几乎没有什么强敌，虽然它们长得有点古怪，但可都是温顺的植食性动物。在始新世末期，更进步的奇蹄类动物逐渐取代了它们的生态位，恐角目逐渐走向灭亡。

恐角兽

1. 始王寿 2. 戈壁兽 3. 深颌兽 4. 原恐角兽

恐角目家族在古生物学中存在很多争议，有些学者认为它们可能长有象鼻，是大象的亲戚；有些学者则认为它们圆筒状的身形和柱子般的四肢与犀牛更相似；还有些学者认为它们的牙齿和兔形目动物比较相似，因而恐角目可能是“长着角的大兔子”，但这些观点目前都没有强有力的证据，所以它们和其他哺乳动物之间的关系还是未知。

纽齿目

Taeniodonta

纽齿目的成员生活在古新世至始新世的北美洲，它们的成员种类较少，但成员之间存在有很大的差异，其中既有大家鼠般大小的爪纽兽，也有和大型的猪差不多的柱齿兽，而后期的成员还演化出了巨大的犬齿以及爪子。

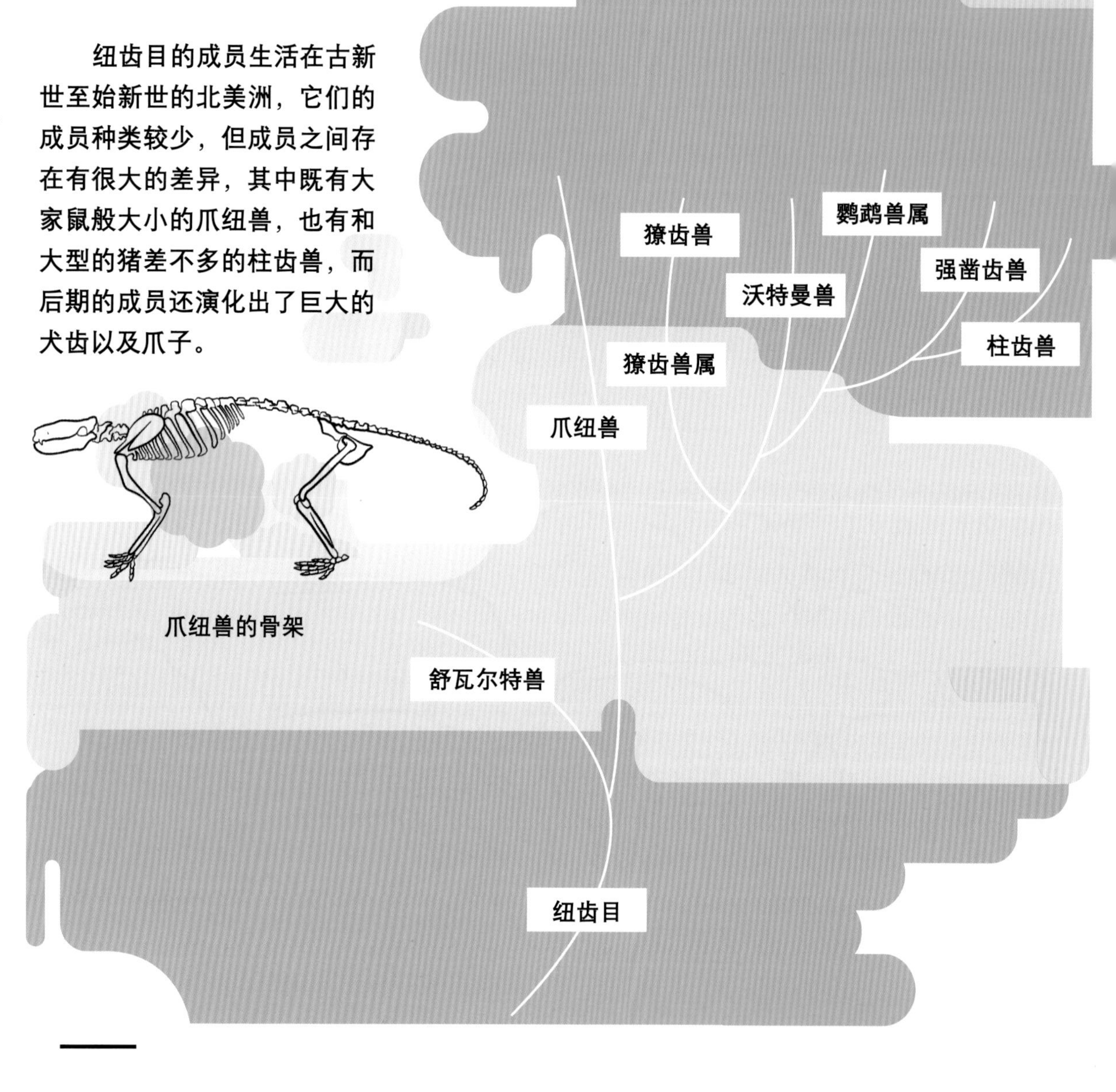

爪纽兽的骨架

爪纽兽生活在古新世早期，它们保留下了完整的骨架化石，和它们生活在同时期的其他成员大多都是一些体形较小的家伙。而在晚古新世中期出现的鹦鹉兽的体形和现生的大型犬类似的，体长约 1.1 米，体重约 50 千克，它们长有巨大的犬齿和凿状的门齿，以及粗壮的前肢和发达的爪子，这些特征在哺乳动物王国中可谓独树一帜。

鹦鹉兽

在5300万年前出现的柱齿兽将上述特征演化到了极致，它们是纽齿目家族中体形最大的一类成员，体重可达110千克，长有附着着发达肌肉的巨大头骨和粗壮的前肢，不过，从牙齿形态来看，它们觅食的方式似乎是用前肢和爪子将树枝拉下来，然后取食树叶，而不是用巨爪挖掘地面上的食物。

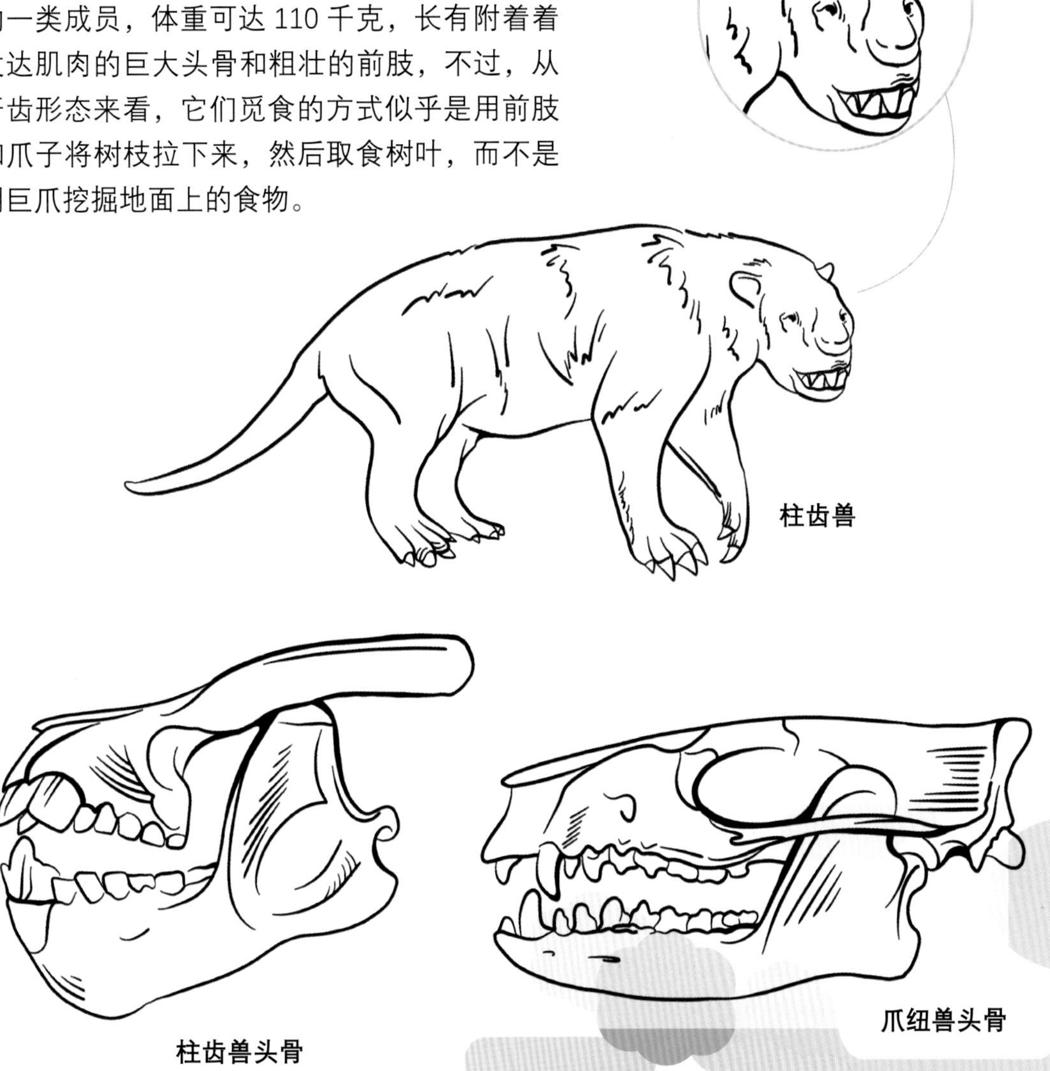

到目前为止，纽齿目与其他族群之间的关系仍是一个谜，有些学者发现它们的牙齿结构和生活在白垩纪时期的食虫哺乳动物比较相似，但这并不足以作为亲缘关系的演化证据，或许有一天这个谜底将由你来揭晓。

裂齿目

Tillodontia

裂齿目生活在古新世至始新世时期，成员种类数量比较少，大约有 20 个属。它们生活在亚洲、北美洲和欧洲，并在古新世末期和始新世早期留下了大量的化石。

裂齿目成员的头骨十分奇特，既有啮齿类成员似的终生生长的门齿，又有全齿类成员似的“V”字形牙嵴。它们起源于亚洲，最初的成员体形很小，头骨仅约 5 厘米，如本爱兽和小柱齿兽等，直至穴掘兽的出现才将裂齿目家族的演化推向了顶峰。

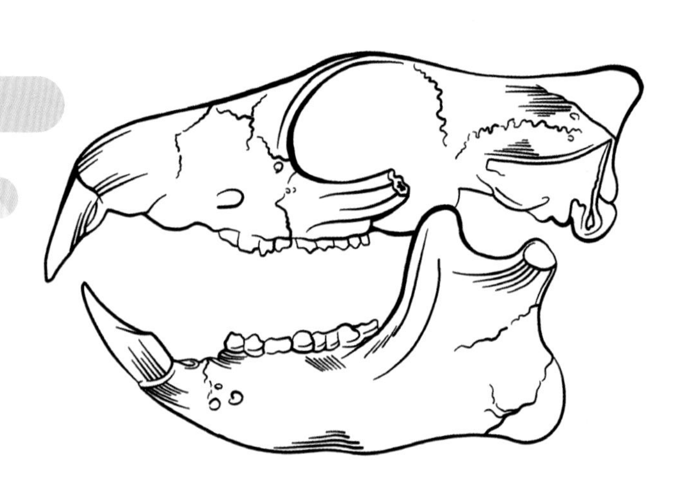

裂齿目成员的头骨

穴掘兽生活在 5300 万年前的美洲，它们的头骨约 35 厘米长，体重约 150 千克，是美洲地区留存下来的最后的裂齿目成员，同时也是唯一保存了骨架的裂齿目成员。它们的前肢粗壮，上面长有长长的爪子，根据牙齿的结构来看，它们既可以从地面上挖掘食物也可以拉下树枝取食。

穴掘兽

穴掘兽在中始新世灭绝，它们的灭绝意味着北美洲再无裂齿目成员，而生活在亚洲地区的裂齿目成员还在努力地支撑着家族的繁衍，直至 4000 万年前才灭绝。在 5600 万年前，有一类勇敢的成员——美爪兽率先从亚洲去往北美洲，虽然它们在始新世早期就已灭绝，但它们在当时发展得较为繁盛。

美爪兽

生活在始新世中期的肥后兽是美爪兽家族的延续，它们的化石发现于日本熊本县，当时的熊本县称为肥后国，所以根据化石发现地将其命名为“肥后兽”。

肥后兽是一类身长约 1.2 米的家伙，虽然古生物学家只发现了它们的右下颌化石，但化石显示出肥后兽拥有很高的裂齿齿冠，这在之前所发现的裂齿类中从未出现过。

肥后兽

裂齿目成员与全齿目和纽齿目一样，它们与其他哺乳动物的关系也存在着争议，有些学者认为它们是啮齿类的亲戚，有些认为它们是有蹄类的亲戚，还有些学者认为它们是全齿类的亲戚，到底孰是孰非，目前还没有确切的证据。

全齿目

Pantodonta

全齿目是一类生活在古新世至始新世时期已经灭绝的哺乳动物，它们的颊齿顶部看起来有点像英文字母“V”，这是一种适合吃柔嫩多汁的植物的牙齿。

全齿目成员的体形敦实，四肢强壮，而且还具有爪或蹄的结构，虽然它们的成员种类较少，但它们曾广泛分布在亚洲的中国、北美洲等地，甚至在北极圈都曾出现过它们的身影。

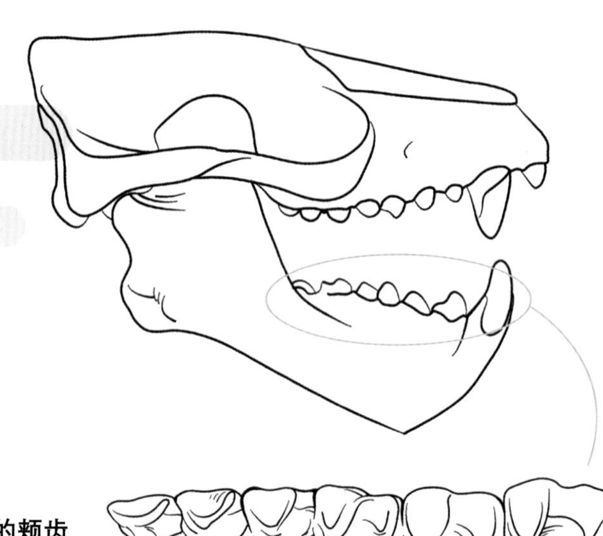

全齿目成员的颊齿

全齿目成员是最早演化出庞大体形的一类哺乳动物，和它们同时期的哺乳动物只有猫或老鼠般大小。最古老的全齿类成员——阶齿兽，它们的体形已经可以和大型的犬类相媲美。

阶齿兽与家猫体形对比图

到了晚始新世，全齿目成员就已经演化出了体长约 2.5 米，体重约 650 千克的笨脚兽，它们的四肢粗壮，上面长有爪子，再配合上结实的尾巴，或许可以帮助它们站立起来取食。

笨脚兽

在始新世早期，笨脚兽逐渐被冠齿兽取代，它们的分布较为广泛，亚洲、欧洲、北美洲甚至北极圈都曾留有它们的足迹，其中体形最小的成员体长可达 2.3 米，体重约 500 千克，而最大的成员体重可达 700 千克。

冠齿兽

冠齿兽的身形与河马比较相似，有着宽大的口鼻和壮硕的身体，表明它们可以在水中生活，它们还长有巨大的犬齿，或许可以作为斗争时的武器或挖掘食物的工具。

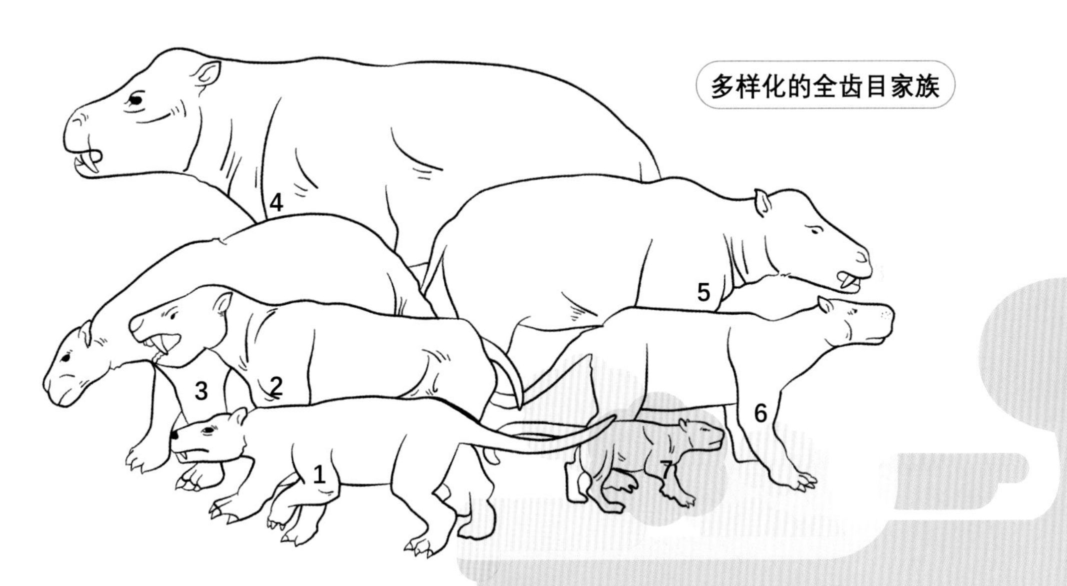

多样化的全齿目家族

1. 卡维利全棱兽 2. 似泰坦兽 3. 笨脚兽 4. 后冠齿兽

5. 冠齿兽 6. 新棱兽 7. 高冠全棱兽

20 世纪 20 年代，美国的古生物学家在蒙古国发现了后冠齿兽，它们的体形和现生的犀牛差不多，是全齿目家族留存下来的最后一类成员，但在 4000 万年前，它们突然灭绝，至此全齿目家族彻底退出了历史的舞台。

征服

ZHENGFU

- 哺乳动物的演化

- BURU DONGWU DE YANHUA

在人类漫长的历史进程中，出现过许多各种各样的古人种，如弗洛勒斯人和丹尼索瓦人等，但因为种种原因，如今的地球上只剩下现代智人，也就是“我们”这一种人类笑到了最后，并且逐渐走到了进化之路的前端。

第六章

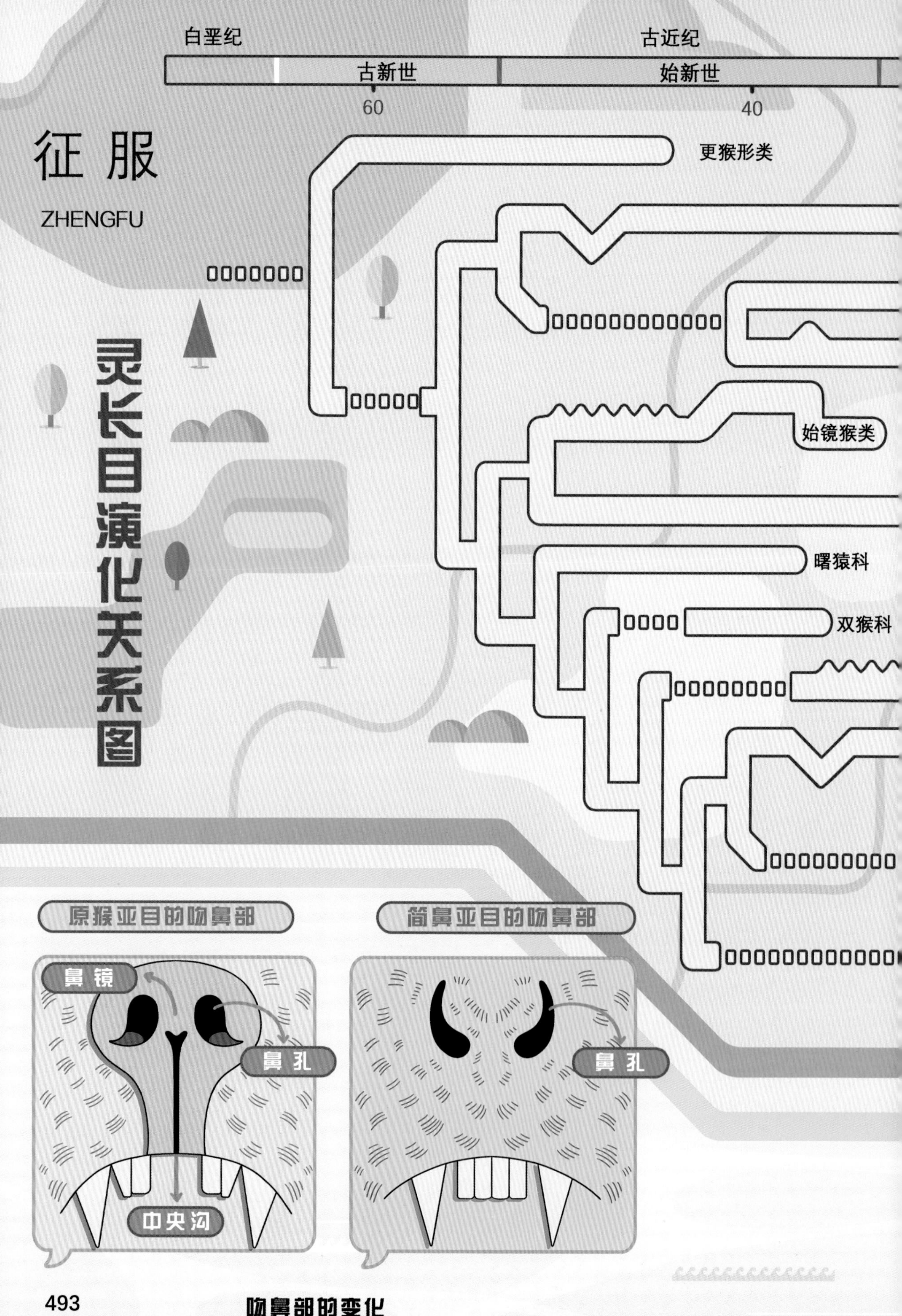

白垩纪
古近纪
古新世
始新世
60
40
征服
ZHENGFU
灵长目演化关系图
更猴形类
始镜猴类
曙猿科
双猴科
原猴亚目的吻鼻部
鼻镜
鼻孔
中央沟
简鼻亚目的吻鼻部
鼻孔

吻鼻部的变化

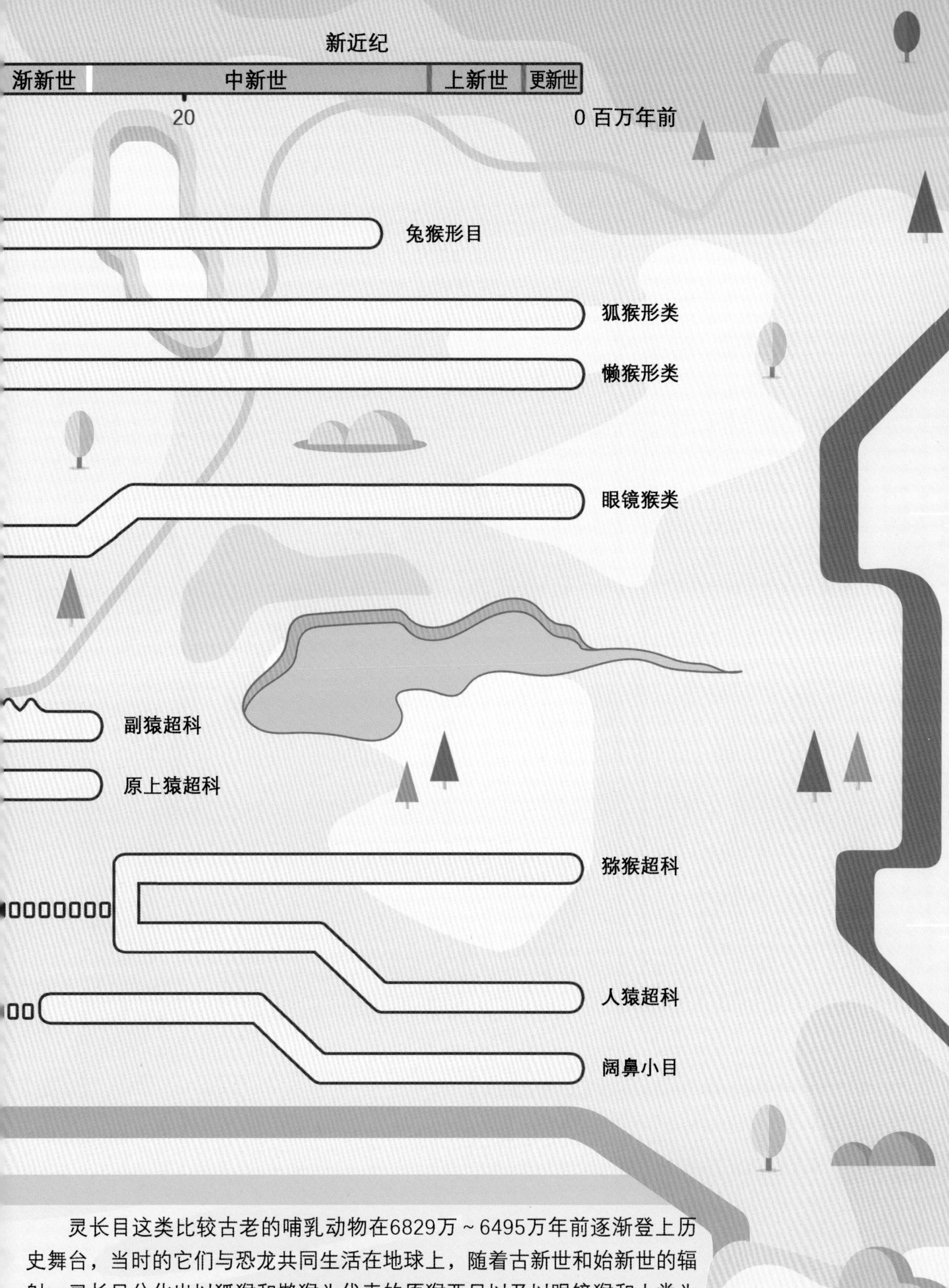

灵长目这类比较古老的哺乳动物在6829万～6495万年前逐渐登上历史舞台，当时的它们与恐龙共同生活在地球上，随着古新世和始新世的辐射，灵长目分化出以狐猴和懒猴为代表的原猴亚目以及以眼镜猴和人类为代表的简鼻亚目，前者的鼻子尖端较湿润而且裸露无毛，就像小狗的鼻尖似的，而后者的鼻尖比较干爽，不信你可以摸摸自己的小鼻子。

灵长目的三大特点

灵活的手指和脚趾

灵长类成员有着灵活的手和脚，不信可以伸出你的手并做出一个抓握的动作，怎么样，可以轻松地完成吧？可是这个动作，许多哺乳动物都无法完成。

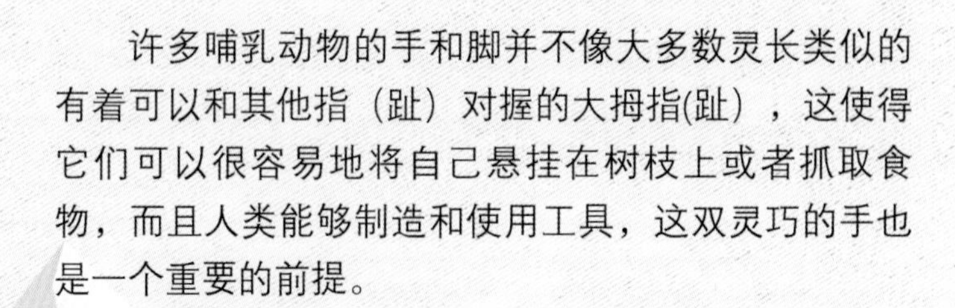

许多哺乳动物的手和脚并不像大多数灵长类似的有着可以和其他指（趾）对握的大拇指(趾)，这使得它们可以很容易地将自己悬挂在树枝上或者抓取食物，而且人类能够制造和使用工具，这双灵巧的手也是一个重要的前提。

02

发达的视觉

大部分灵长类成员的眼睛都长在脸的前方，这样两眼视野就会产生较大的重叠，从而看到的物体更立体，也可以更精准地判断距离，也正是因为这样，它们可以轻松地从一棵树跳到另一棵树。虽然一些哺乳动物如老虎也有双眼视觉，但只有灵长类既具有双眼视觉又拥有灵活的手。

03

亲代抚育行为

几乎所有的哺乳动物都会对自己的后代表现出喂养、照顾和保护等行为，也就是亲代抚育行为，而灵长类会对自己的后代投入更多，并且胎儿在母体内发育的时间也要比其他体型相同的哺乳动物更长，这是幼崽在学习和适应复杂的环境等成长过程中不可或缺的一环。

除人类外，地球上还有一种智商较高的动物——类人猿，如黑猩猩、大猩猩和猩猩等，它们的祖先和人类在很久以前走上了两条不同的道路，其中一支向着“智慧生物”的方向演化，最终演化为人类的祖先。

猿类和人类演化关系图

在古人类学界，“人类”指的是身体结构可以习惯性直立行走的智商较高的灵长类，其中既包括南方古猿和傍人等，也包括和我们较为接近的人属中的弗洛勒斯人和丹尼索瓦人等。

分子生物学的证据表明，猩猩的祖先约在1400万年前与人类分离，它们与人类的基因相似度约为96.9%；大猩猩的祖先约在1000万年前与人类分离，它们与人类的基因相似度约为98.4%；而黑猩猩的祖先在800万～700万年前与人类分离，它们与人类的基因相似度约为98.8%，千万不要小看这微不足道的差距，正因此才使得人类和类人猿演化为两个不同的物种。

人猿分界——直立行走

森林古猿和猴子一样栖息在树上，但与猴子不同的是，它们没有尾巴，所以并不需要依靠四肢运动，而是主要通过前肢来抓握树枝，甚至还可以用后肢支撑身体行走，虽然时间较为短暂，但也为之后的直立行走打下了基础。

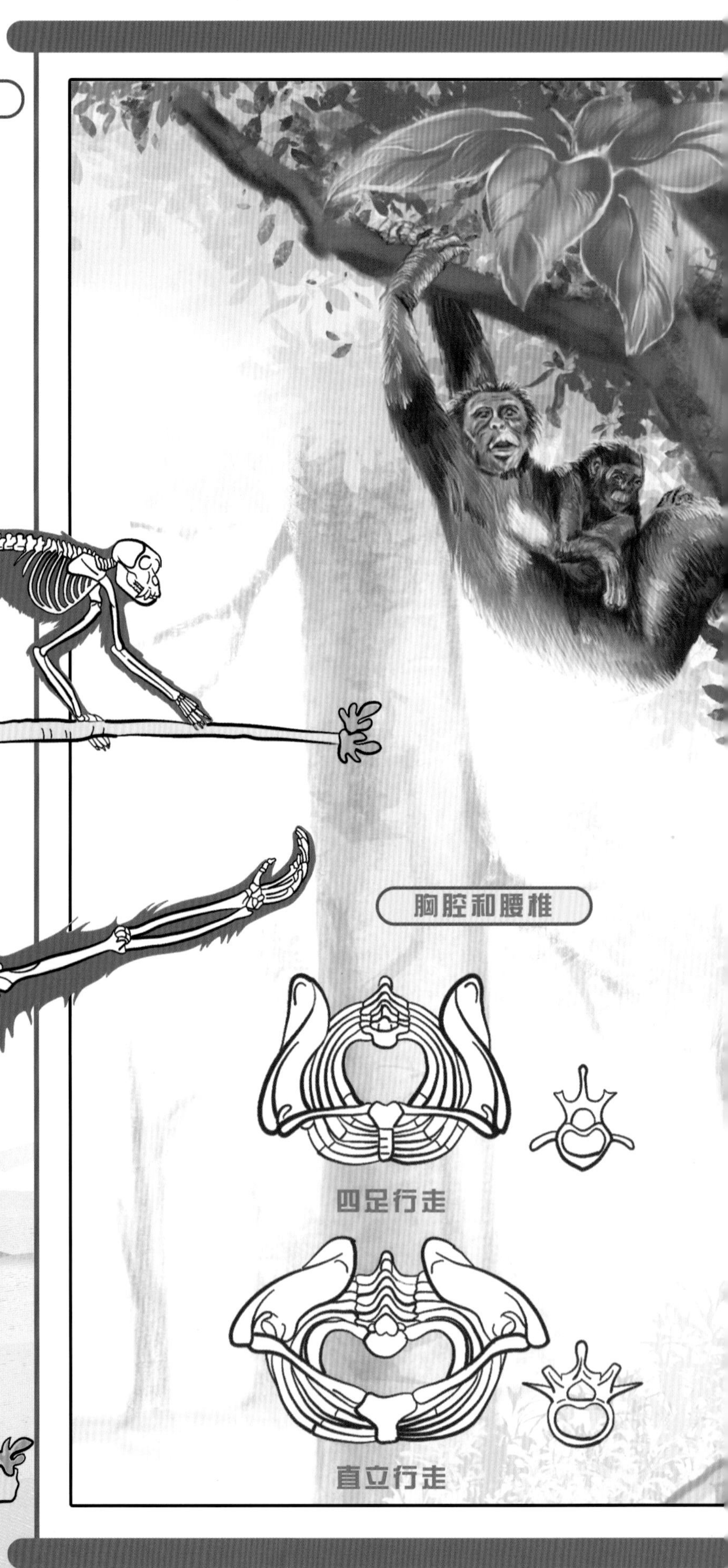

大约在800万～700万年前，森林古猿开始分化，一部分继续留在树上生活，演化为如今的黑猩猩等；另一部分则选择到地面生活并逐步演化为南方古猿，也就是人类的祖先。或许是因为取食和防御敌害等原因，古猿迈出了直立行走的第一步，将前肢解放了出来，用于制造和使用工具。

如何界定“人与猿”

传统的观点认为能够制造和使用工具是界定人类和猿类的标志，但随着进一步地研究，古人类学家以能否习惯性直立行走作为人类区别于猿类的标志，因为制造和使用工具的能力并非人类独有，与人类亲缘关系较近的黑猩猩也有。

枕骨大孔

人类的枕骨大孔位于头骨下方中央。

枕骨大孔是一个圆形的大孔，连接着动物的头部和脊椎。

人骨盆

人类的骨盆变得又宽又矮，附着在上面的臀部肌肉也更有力量，适合直立行走。

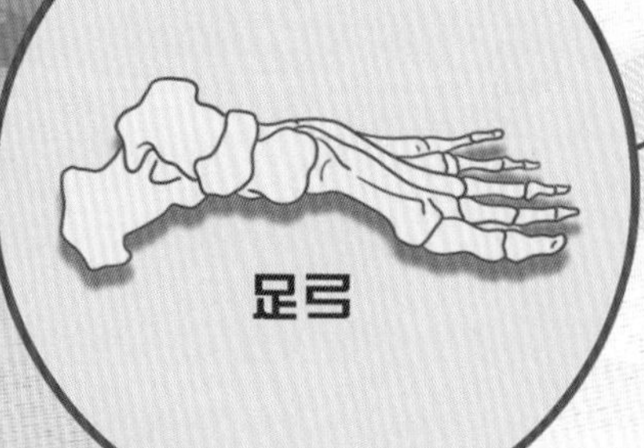

人足

人类的脚上有足弓，这一结构就像弹簧似的，可以缓解运动时落在两只脚上的全部体重所带来的冲击力，从而维持直立姿态。

两足行走导致骨盆结构和双足发生改变。

大猩猩的枕骨大孔位于头骨后方。

猩猩骨盆

大猩猩的骨盆长而宽，适合攀爬和四足行走。

习惯性直立行走是由猿到人的转变过程中最具决定意义的一步，而为了让上半身直立起来，人类的身体结构随之发生了许多改变。

猩猩足

大猩猩的脚上没有足弓，但较长的趾（指）以及与其他四趾（指）分离的大拇趾（指）可以帮助它们分担身体的重量。

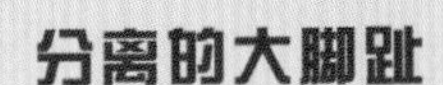

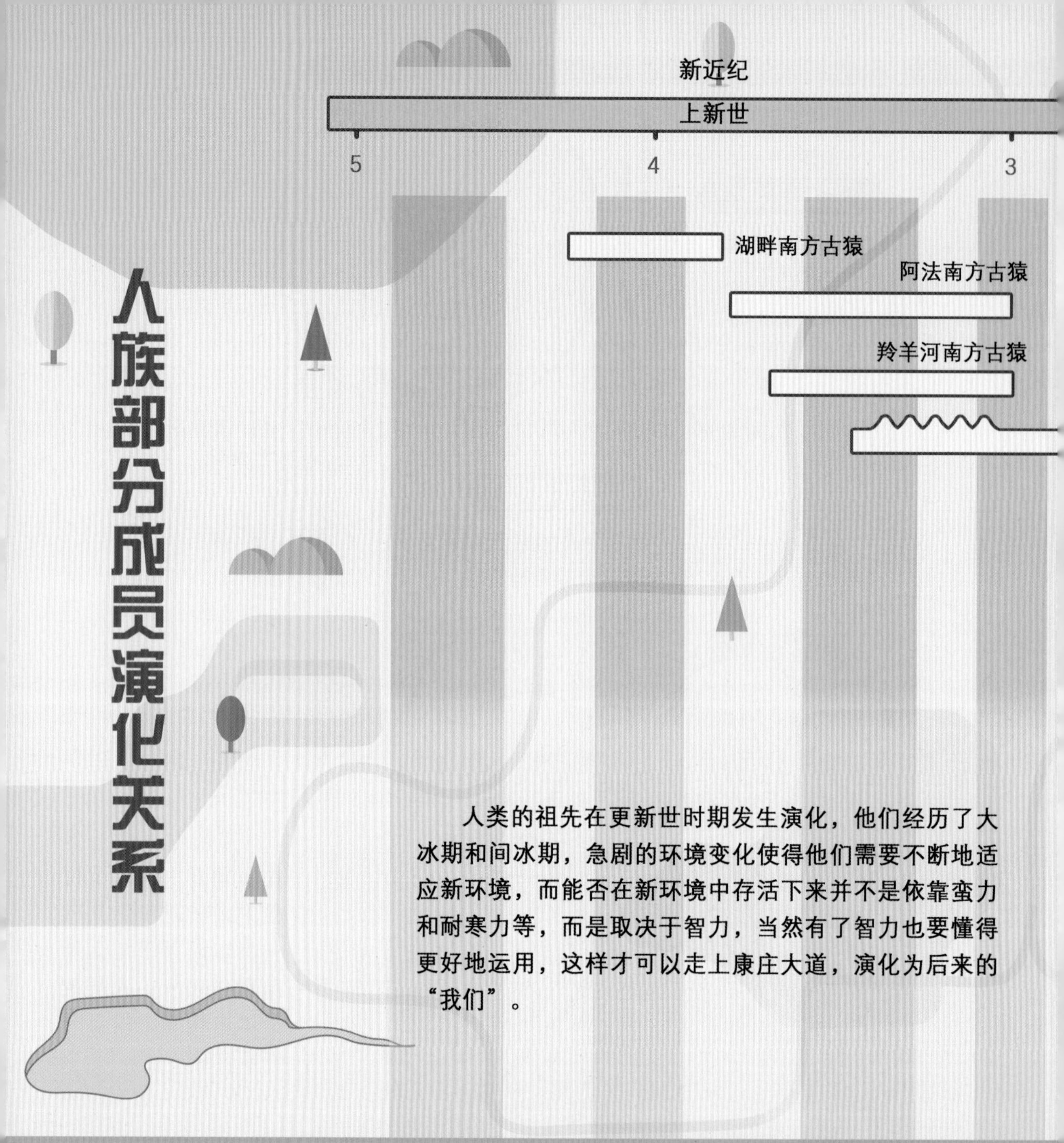

如今的地球上只有我们这一种“人”，但在过去的几百万年里，与我们有亲缘关系的古人类有很多，如南方古猿。20世纪60年代以后，古人类学以能否直立行走作为人类区别于猿类的标志，所以南方古猿的名字中虽然带有“猿”字，但位于头骨下方的枕骨大孔和宽而矮的骨盆结构等都说明他们能够直立行走，属于真正的人类。

南方古猿的名字中之所以有“猿”，是因为在1924年发现他们的时候，古人类学界定人、猿的标志是能否制造和使用工具，而当时又没有证据显示南方古猿可以制造工具，所以他们被称为“猿”。

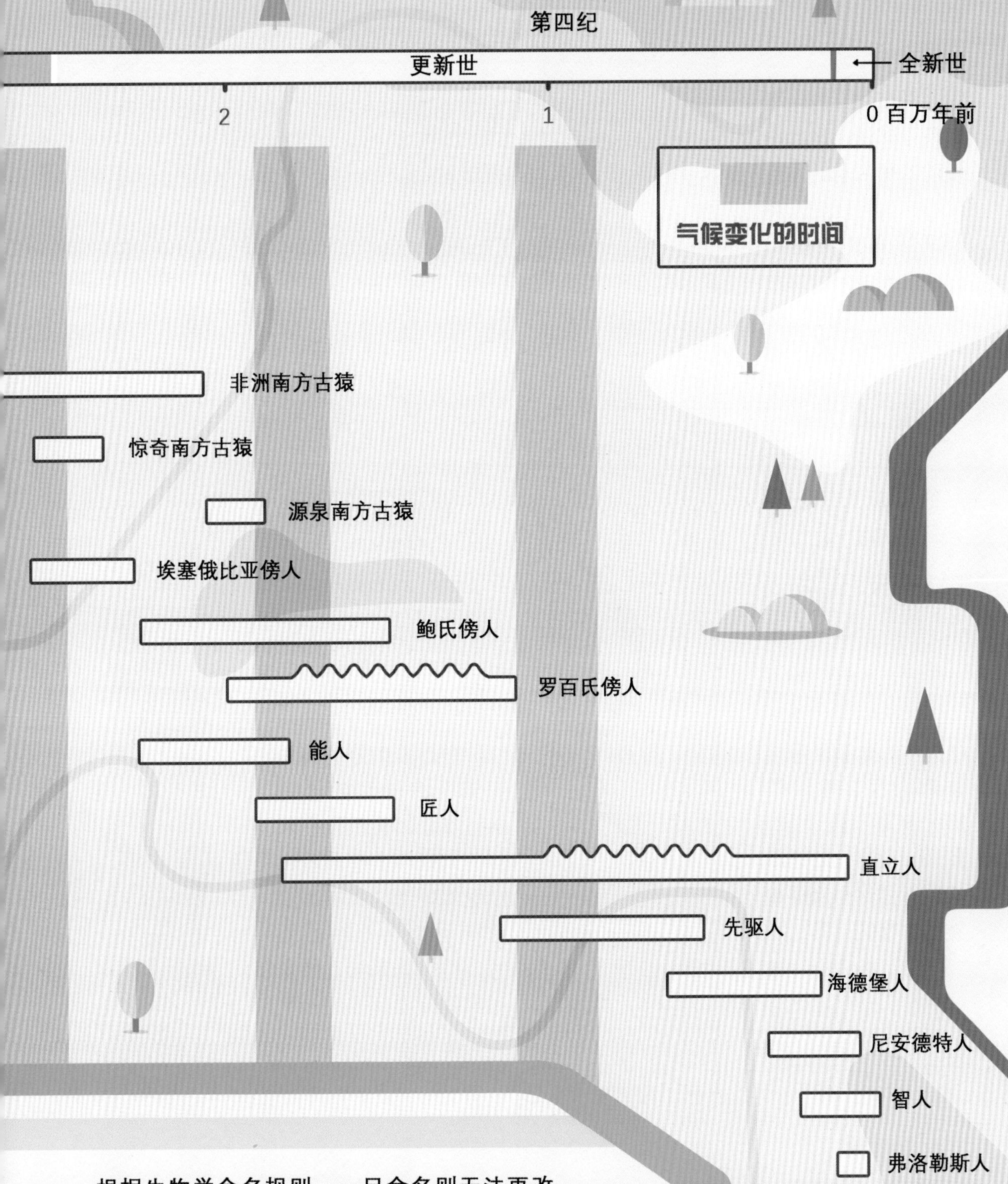

第四纪

更新世

全新世

2 1 0 百万年前

气候变化的时间

非洲南方古猿

惊奇南方古猿

源泉南方古猿

埃塞俄比亚傍人

鲍氏傍人

罗百氏傍人

能人

匠人

直立人

先驱人

海德堡人

尼安德特人

智人

弗洛勒斯人

根据生物学命名规则，一旦命名则无法更改，因此“南方古猿”这个名称被保留了下来。其实比南方古猿出现的时间更早的撒海尔人和图根原人等名称中已经带有“人”字，而且南方古猿要比这两种古人类更“进步”。

撒海尔人的化石发现于非洲，是目前发现的最古老的人科化石，也可能是人类和黑猩猩的共同祖先，推测他们可以两足行走。

能人

260 万 ~150 万年前

约 509~775 毫升

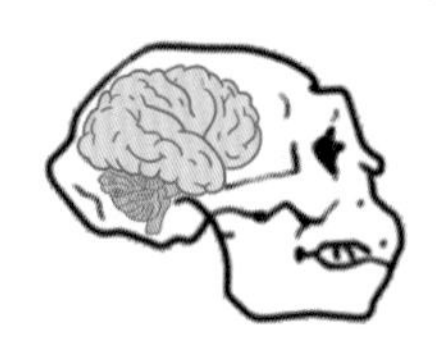

能人意为“灵巧的人”，化石发现于东非地区。能人较矮，身高不超过144厘米，但可以制造原始的石器作为武器和处理食物的工具。

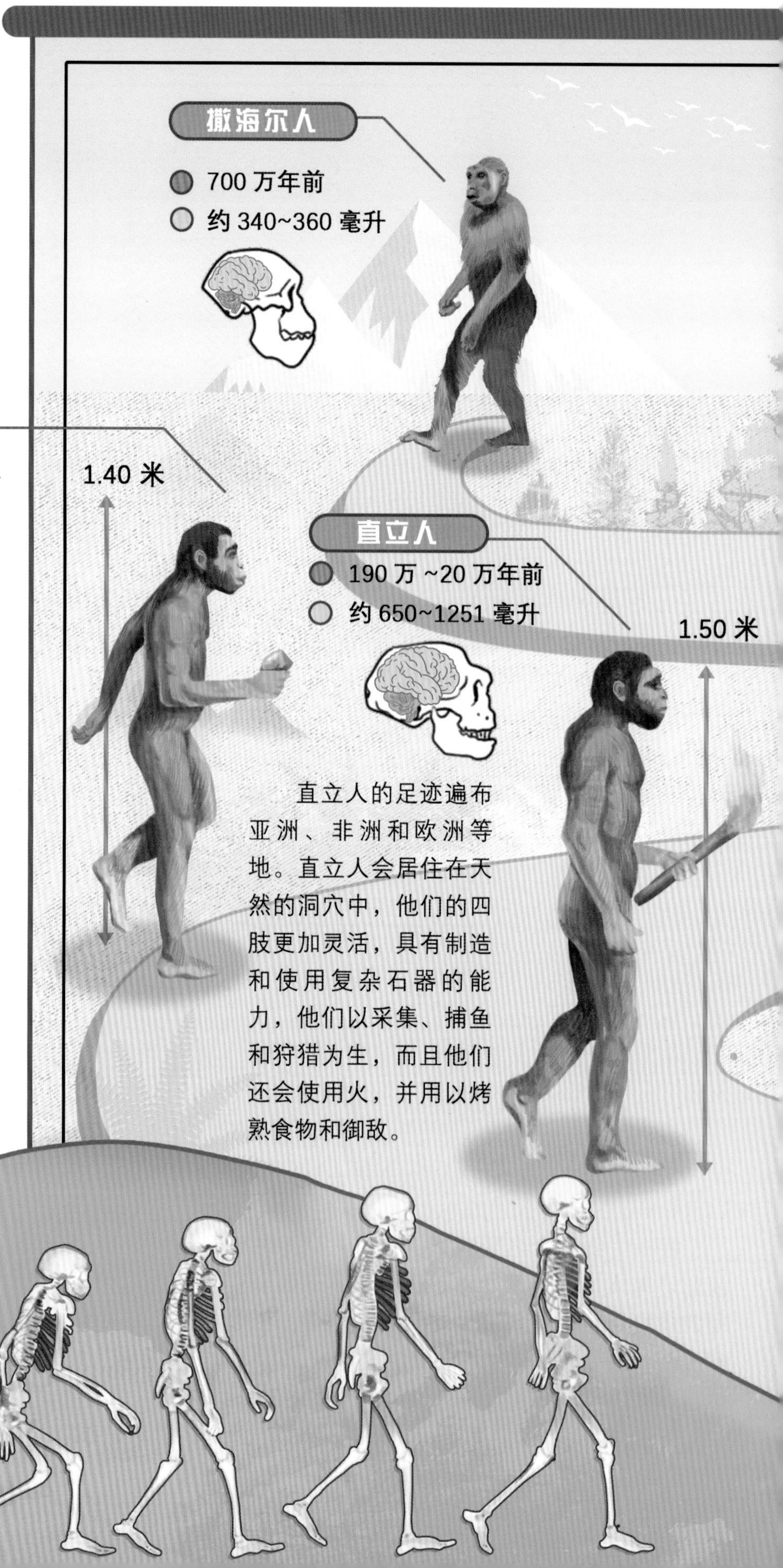

直立人的足迹遍布亚洲、非洲和欧洲等地。直立人会居住在天然的洞穴中，他们的四肢更加灵活，具有制造和使用复杂石器的能力，他们以采集、捕鱼和狩猎为生，而且他们还会使用火，并用以烤熟食物和御敌。

南方古猿的化石发现于非洲东部和南部，他们的平均身高约为1.2米，具有直立行走的身体结构，可以采摘果实和嫩叶等，大多数南方古猿还不会制造石器。

智人意为有智慧的人类，他们的身体结构和直立人相似，但脑容量却大了很多。智人有较为发达的语言，可以制造更精美的石器和骨器，还可以用骨针缝制兽皮衣物，他们不仅会取火、用火，而且还学会了生火，后期他们还懂得了绘画和雕刻等艺术。

智 人

30 万年前 ~ 至今

约 1290~1600 毫升

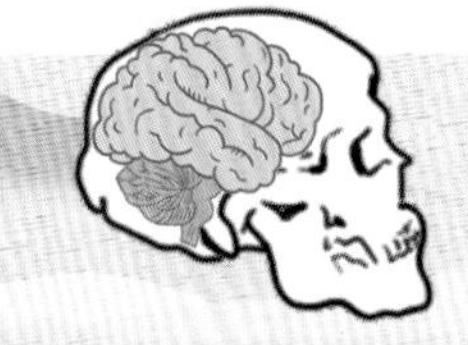

一般认为，尼安德特人生活在欧洲和亚洲地区，他们可以制造出一些尖状的石器，而且他们已经具有埋葬死者的文化习俗。尼安德特人曾与智人同时存在，在某些地方他们很可能在一起生活。

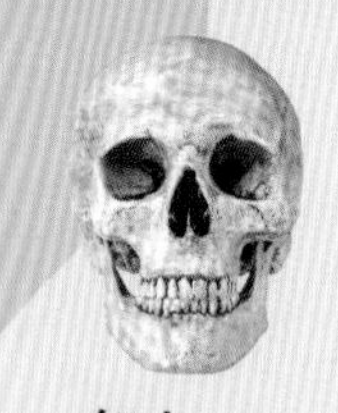

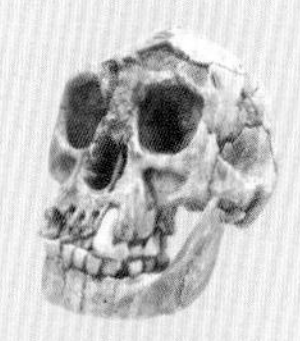

智人
30万年前~至今

至今

丹尼索瓦人
13万~3万年前

弗洛勒斯人
10万~1.2万年前

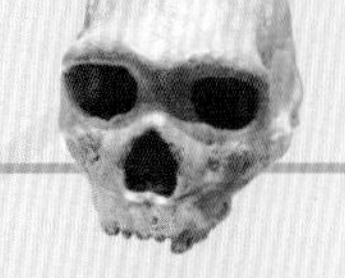

100万年前

尼安德特人
20万~3万年前

先驱人
90万年前

海德堡人
60万~10万年前

纳勒迪人
33.5万~23.6万年前

直立人
190万~20万年前

200万年前

鲁道夫人
240万~160万年前

能人
260万~150万年前

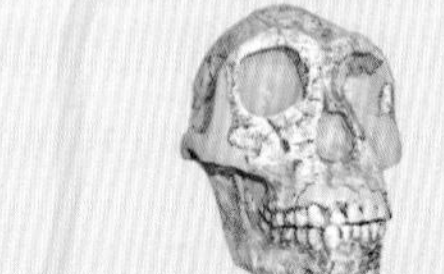

300万年前

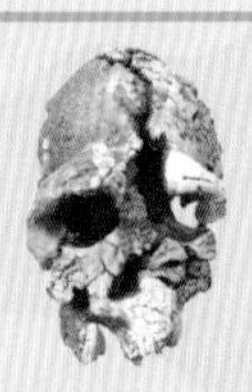

肯尼亚平脸人
330万~320万年前

400万年前

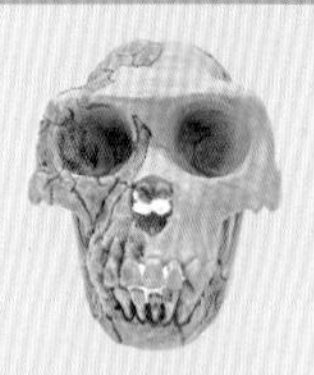

始祖地猿
580万~520万年前

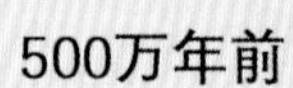

500万年前

卡达巴地猿
577万~554万年前

600万年前

图根原人
610万~570万年前

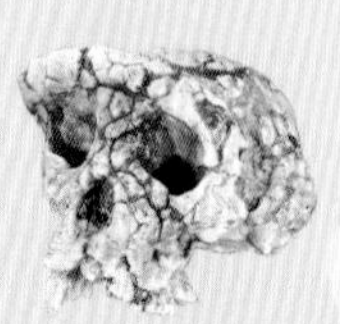

乍得撒海尔人
700万年前

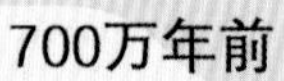

700万年前

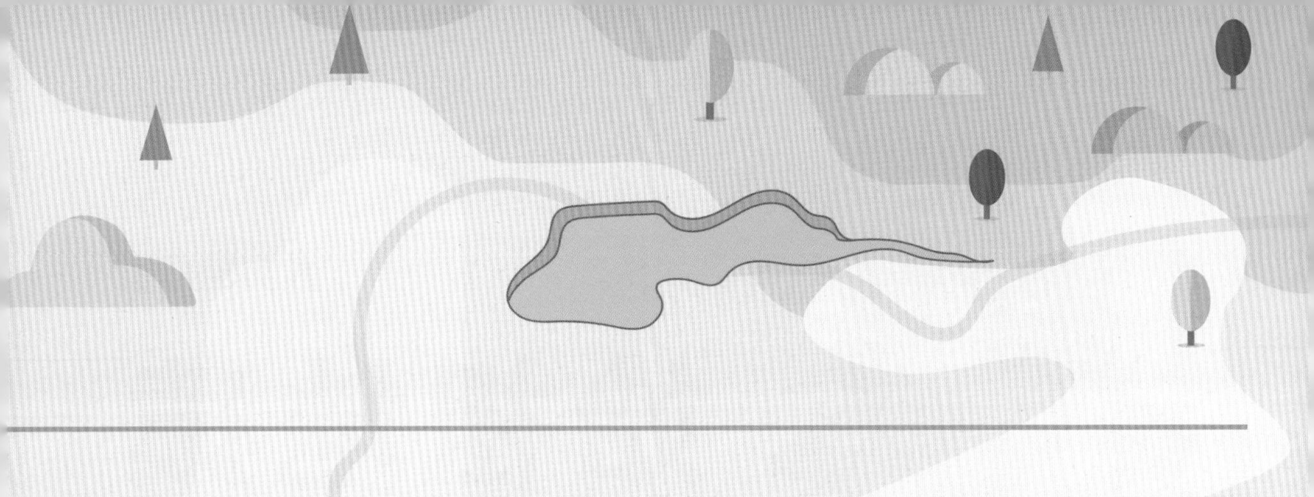

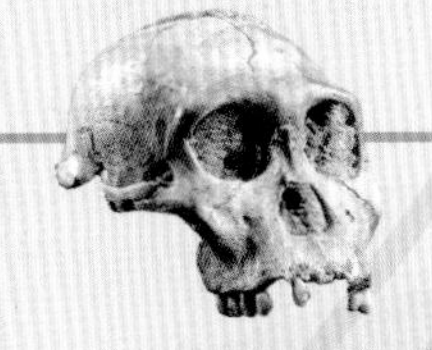

源泉南方古猿
195万~178万年前

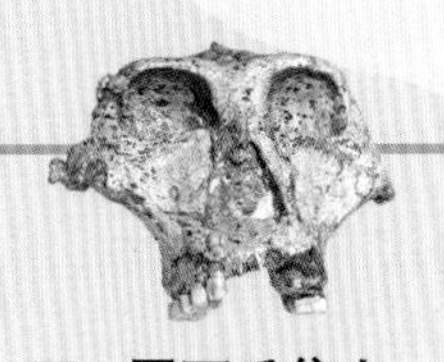

罗百氏傍人
200万~120万年前

鲍氏傍人
300万~120万年前

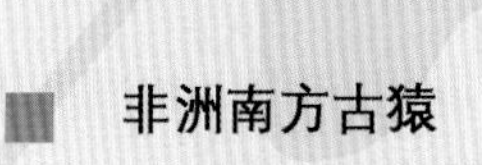

非洲南方古猿
300万~200万年前

惊奇南方古猿
300万~200万年前

埃塞俄比亚傍人
270万~250万年前

阿法南方古猿
390万~290万年前

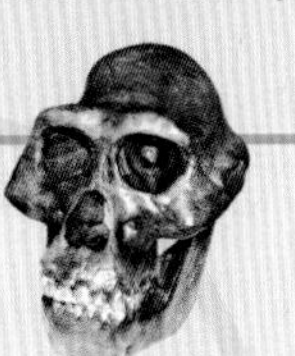

湖畔南方古猿
410万~390万年前

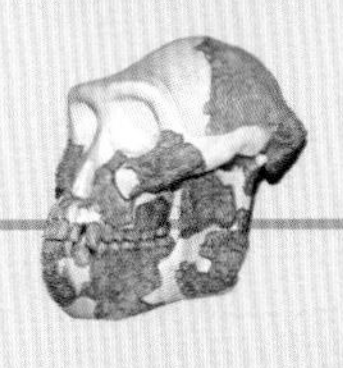

人类的每一次演化都是一次飞跃，那么古人类究竟是如何演化为现代的我们？根据迄今发现的古人类化石资料，人类起源与演化的历史可以追溯到约700万年前。虽然早期的化石会呈现出古人类和现代人类的混合特征，从而使得关于早期人类的研究比较混乱，但按照国际现行方案，目前古人类学界将人类演化大致分为六个阶段：撒海尔人阶段、南方古猿阶段、能人阶段、直立人阶段、海德堡人阶段和智人阶段。

始祖地猿

Ardipithecus ramidus

始祖地猿的拉丁学名意为“生活在地面上的始祖猿”，但其实它们还长着适合抓握的大脚趾，可以帮助它们在树上移动。始祖地猿的前肢特别长，它们并不像黑猩猩似的，会以手指关节着地的方式行走，而是像人类似的以两足的方式行走。

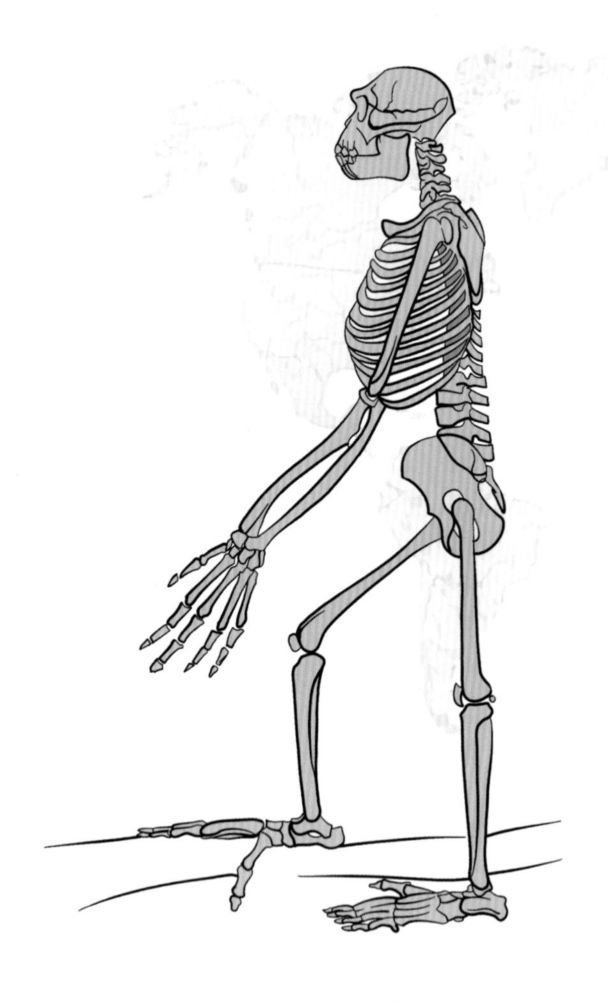

始祖地猿的行走能力没有人类高效，树栖能力也没有类人猿高效，但这种混合特征的出现使得始祖地猿被认为可能是两种生活方式之间的过渡物种，它们似乎另辟蹊径，选择了一种与众不同的运动方式。

生存时期	化石发现地	物种分类
距今 580 万 ~520 万年	非洲	灵长目 人科

目前，地猿家族有两个被描述的物种，即卡达巴地猿和始祖地猿，它们的化石都是在非洲的埃塞俄比亚中部地区被发现，前者是地猿家族中的早期种类，而后者是晚期种类，两者之间的主要区别就是卡巴达地猿的犬齿和黑猩猩更相似，而始祖地猿的犬齿则和人类更相似。

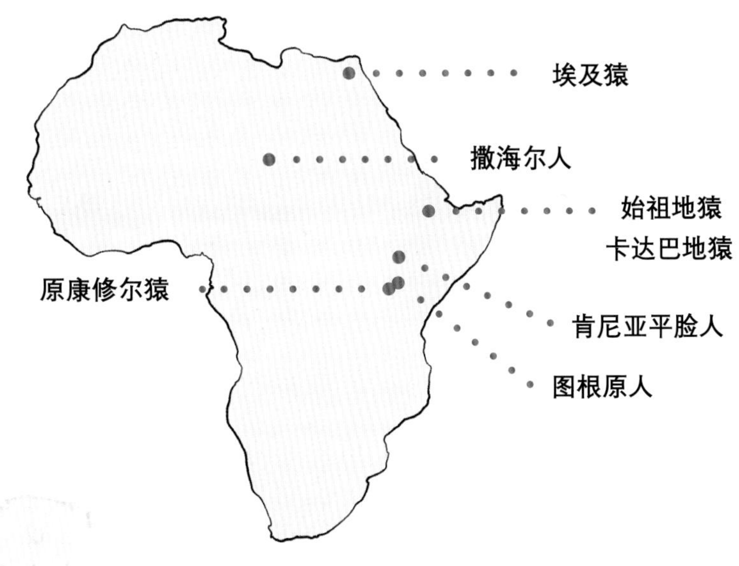

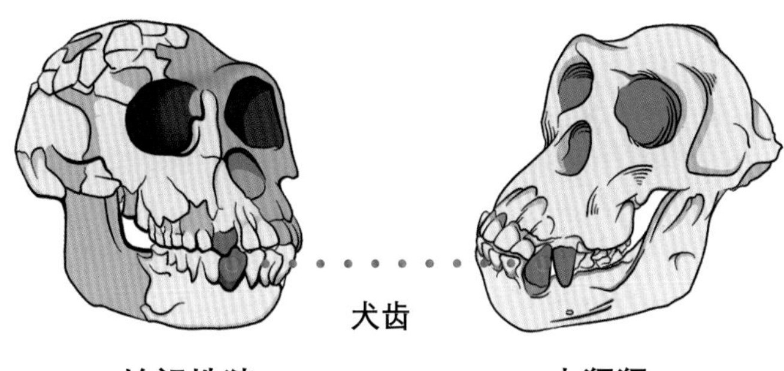

始祖地猿　　大猩猩

古人类学家通过对比雄性始祖地猿和黑猩猩的犬齿发现，始祖地猿的犬齿缩小了很多。犬齿对于黑猩猩来说是争夺配偶的武器，而始祖地猿缩小的犬齿表明它们可能不再争夺配偶，而是实行“一夫一妻制”，雌性和雄性相互协助、分工明确，从而使得它们在竞争激烈的环境中得以生存。

始祖地猿还没有具备制造工具的能力，当时的它们要时时刻刻提防猎食者，否则一不小心就会成为猛兽的晚餐，所以一般情况下，它们会居住在树上，茂密的森林中既有许多果实供它们采摘，又可以躲避猛兽的攻击。

南方古猿

Australopithecus

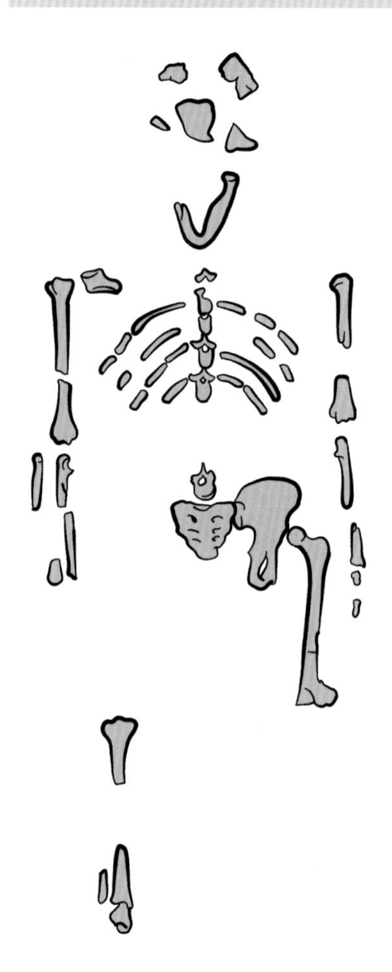

南方古猿指的是人科动物中一个已经灭绝的属，它们是一个异常庞大的家族，至少包括了 11 个种，其中最为人熟知的当属在 1974 年发现的一件叫做“露西”的标本。露西是大约生活在约 318 万年前，属于南方古猿阿法种中的一员。

古人类学家通过研究露西碎裂的骨骼发现，她可能是因为从树上摔下来而死，永远地停留在了约 20 岁的年纪，直到 1974 年才被研究人员在一个冲沟里找到，当时的露西只保留下了头骨、下颌骨、躯干骨和四肢骨等，约占全身骨骼的 40%，这也是保存率较高的人类骨骼化石。

生活时期	化石发现地	物种分类
距今 410 万年	非洲	灵长目 人科

1975 年，古人类学家在坦桑尼亚地区发现了一组早期人类足迹化石，这是目前发现的最古老的早期人类足迹化石，许多学者认为这些足迹属于南方古猿阿法种，他们的足迹和现代人类似的呈五趾并排状。留下这些足迹的人们可能在 380 万年前的某一天，火山爆发不久后，出来寻找食物，踩在了因下雨变得泥泞的火山灰上，数年后，被古人类学家发现。根据步幅推测，其中一个人的身高约为 1.4 米，一个人的身高约为 1.2 米。

南方古猿脚印场景图

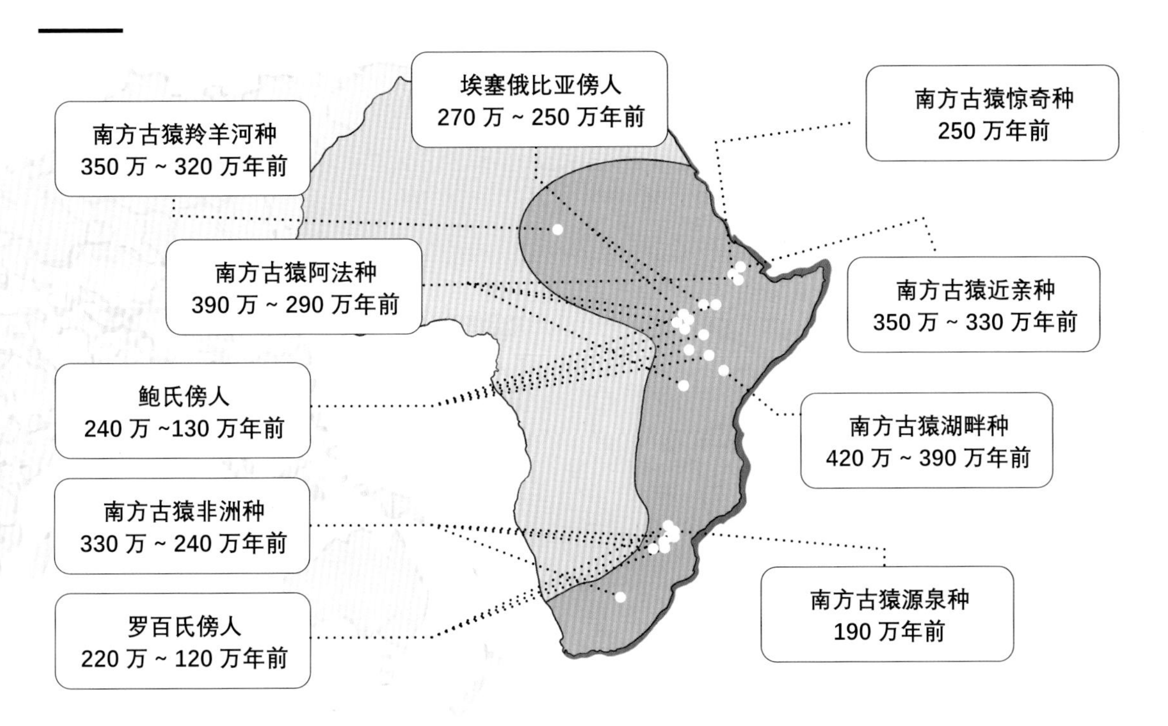

1924 年，古人类学家首次在南非发现了非洲南方古猿的一些骨头和头骨碎片，并将其取名为“汤恩幼儿”。接下来的几十年中，古人类学家陆续发现了南方古猿湖畔种、阿法种和非洲种等，并将他们归为南方古猿属，以往将鲍氏种、罗百氏种（粗壮种）和埃塞俄比亚种划分为南方古猿，但目前认为他们应属于傍人属，他们最先出现在约 270 万年前，但最终灭绝，而南方古猿中的一支还在继续向着后期的人类演化。

南方古猿虽然已经具备了直立行走的能力，但他们既没有锋利的牙齿，也没有高度的智慧，所以在与恐猫共同生存的时期，他们就像是一块块移动的肉，随时都要提防恐猫的突袭，以防成为恐猫的腹中餐，可即便是这样，古人类学家仍在南方古猿的头骨化石上经常发现恐猫的牙印。

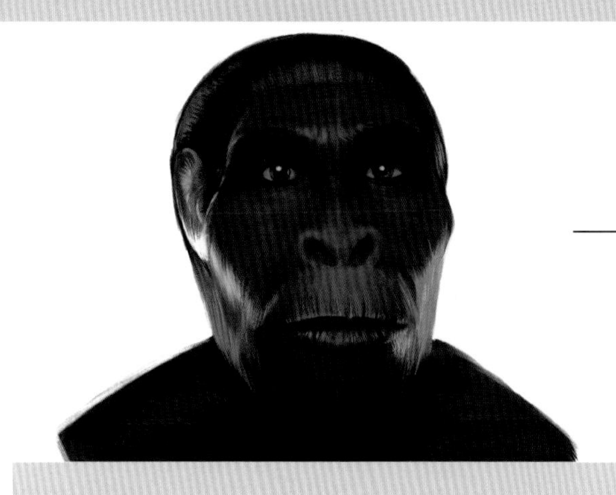

能人

Homo habilis

1960 年，古人类学家在被誉为“人类摇篮”的奥杜威河谷中发现了一些古人类化石和一些简单的石器，经研究发现这些古人类已经具备使用工具的能力，甚至还可能会搭建简单的住所，根据这一特征，古人类学家将其命名为“能人”，意为“灵巧的人”。

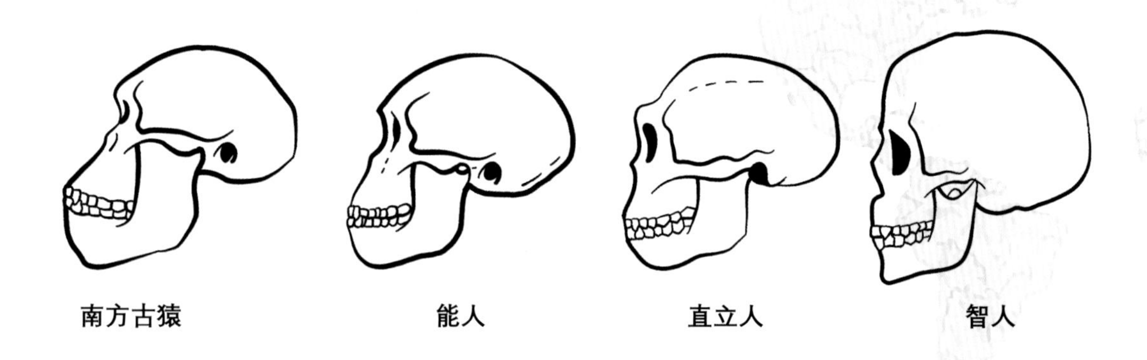

能人是介于南方古猿和直立人的中间类型，他们的头骨和牙齿比南方古猿更接近智人，尤其是眉骨变得没有那么突出，纵观人类的演化过程，其面部形态是朝着扁平化的方向发展。能人的脑容量要比南方古猿大，约为 680 毫升，但与直立人以及更进步的智人相比就差了很多。

生活时期	化石发现地	物种分类
距今 260 万 ~150 万年	非洲	灵长目 人科

能人可以制造和使用一些简单的石器工具，他们就像雕刻家似的，可以把一块块石头雕刻成能够用于刮削木头、切割植物、碾碎骨头和猎杀动物的工具，他们似乎知道某些石头在一定的打击力度下，会以特定的方式破碎，从而制造出不同类型的工具，这样的技术被称为奥尔德万文化，这也被认为是最早的文化。也正是因为石器工具的广泛使用，能人获取食物的方式才有所提升，使得他们有机会吃到更多的肉，进而促进大脑的发育。

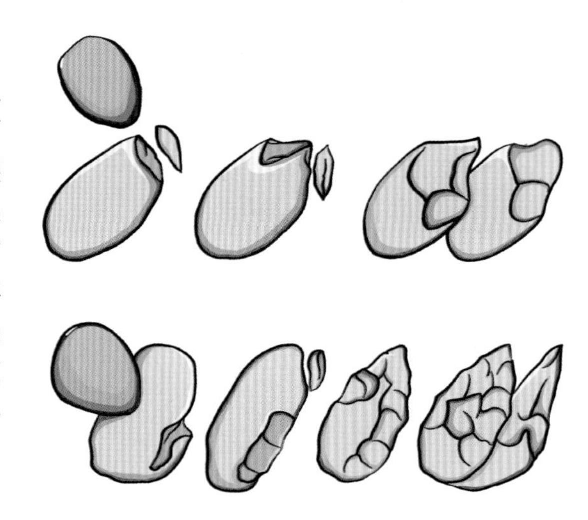

石器的制作过程

能人可以直立行走，所以他们的视野较为宽广，可以提前发现猎物，待猎物靠近时，他们会集体捕猎，并向猎物投掷出尖锐的石块，让猎物流血受伤，然后再引诱猎物奔跑。这样做的目的就是让猎物因失血过多而体力不支，最后能人再给它们致命一击，一顿可口的餐食就有了。

集体捕猎

古人类学家在奥杜威河谷中发现了一种由火山岩组成的圆圈，每隔一段距离，火山岩就会堆积到约 15~23 厘米高。这些岩石可能是为了支撑小屋的杆子而堆砌，就像现代的一些游牧民族所搭建的临时住所似的，上面再用植物或兽皮遮盖，这也被认为是早期人类留下的最古老的建筑证据。

匠人

Homo ergaster

1975 年，古人类学家在图尔卡纳湖边发现了一块人类的下颌骨和许多先进的工具，所以将其命名为匠人。在匠人家族中有一个很出名的小伙子，叫做“图尔卡纳男孩”，他留下的骨骼化石除了部分手骨和脚骨外，其余几乎特别完整。

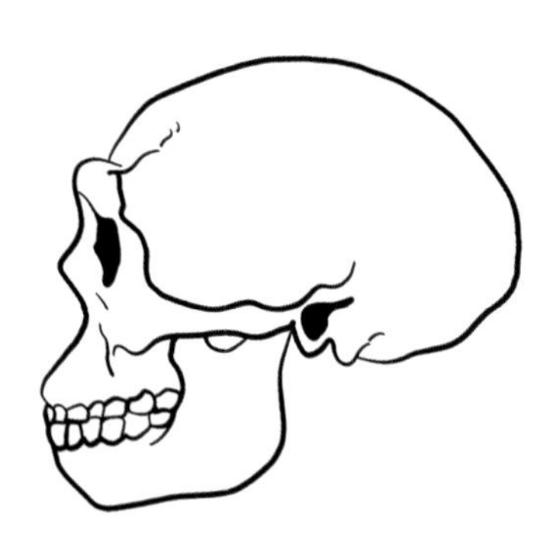

直立人头骨

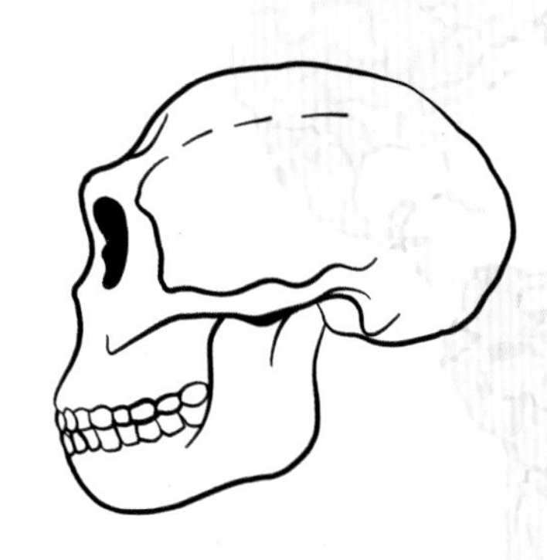

匠人头骨

匠人的分类在古人类学界一直是一个悬而未决的问题，有些学者认为他们应该成为一个独立的物种，有些学者则认为他们应该归为直立人，因为两者之间有许多相似的特征：比如他们都长着较宽大的眉骨、又大又向前突出的下巴和向后仰的额头等。

生活时期	化石发现地	物种分类
距今 180 万 ~130 万年	非洲	灵长目 人科

匠人从早期人类那里学习到了奥尔德万文化，但经过时间的演化，他们可以制造出形状更多样的石器，到165万年前，匠人已经可以在较大的石头上凿取出长约30厘米的薄片，从而制造出一种名为手斧的工具，手斧可以凿出精密的切口，简直是当时工具中的“顶配”。

虽然手斧也是需要用手拿着，但每一块手斧都是经过深思熟虑后打制而成，可能有许多不同的功能，这就是不同于奥尔德万文化的阿舍利文化，两种文化的本质区别就是前者打制出来的石器形状似乎都无关紧要，而后者会刻意制作出一些形状尖锐的石器，因为25万年前和165万年前所生产的工具并没有什么太大的差别。

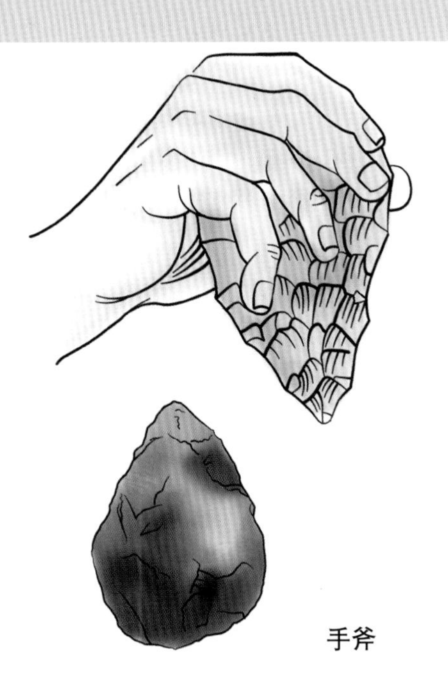

手斧

匠人生活在处处充满挑战的非洲大草原上，面对这样的环境，他们开始出现了真正的狩猎行为。匠人的脑容量约为900~1100毫升，较为发达的大脑可能使得他们产生了语言理解能力，所以当他们发现猎物的时候，一群匠人就会悄悄地跟踪猎物然后捕杀，在这个过程中匠人之间会通过某种方式进行交流，他们可能是最早发出人类声音的人科。

分割食物

匠人在捕猎的时候，常常需要奔跑，而奔跑会造成他们的体温升高，所以为了避免体温过高，匠人在自然选择的作用下慢慢褪去了身体上的大部分毛发，从而形成了裸露的皮肤。最初褪去毛发的匠人皮肤呈白色，但为了避免皮肤受到强烈的紫外线的伤害，他们的皮肤渐渐变成了黝黑色。

直立人

Homo erectus

直立人是生活在旧石器时代的早期人类，他们是除南方古猿外生存的时间最久的古人类，爪哇猿人、北京猿人、元谋人和蓝田人等都属于直立人，他们分布广泛，是人类演化过程中的一个重要阶段。

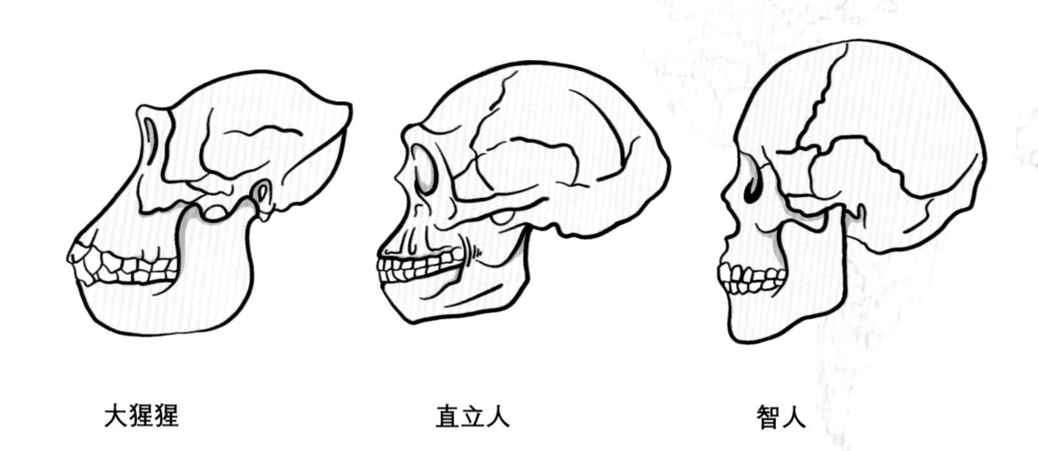

大猩猩　　直立人　　智人

直立人既有猿类的特征又有智人的特征，比如他们长着又低又平的头盖骨，可以当笔架的突出眉骨，典型“地包天”的突出嘴部，这些特征和大猩猩比较相似，而较大的脑容量、没有那么倾斜的前额以及直立行走的特征都和智人比较相似。

生活时期	化石发现地	物种分类
距今 190 万 ~20 万年	亚洲、非洲和欧洲	灵长目 人科

在人类进化的四个阶段中，南方古猿作为最原始的人类，其脑容量约为 400~530 毫升，能人的脑容量约为 509~775 毫升，而直立人的平均脑容量约为 1003 毫升，虽然仅约现代人脑容量的 74%，但他们已经学会了打制不同功能的石器和用火。

正是因为脑容量的增加，使得人类制造和使用工具的能力以及语言能力等都有所提高，从而促进了人类社会的发展。

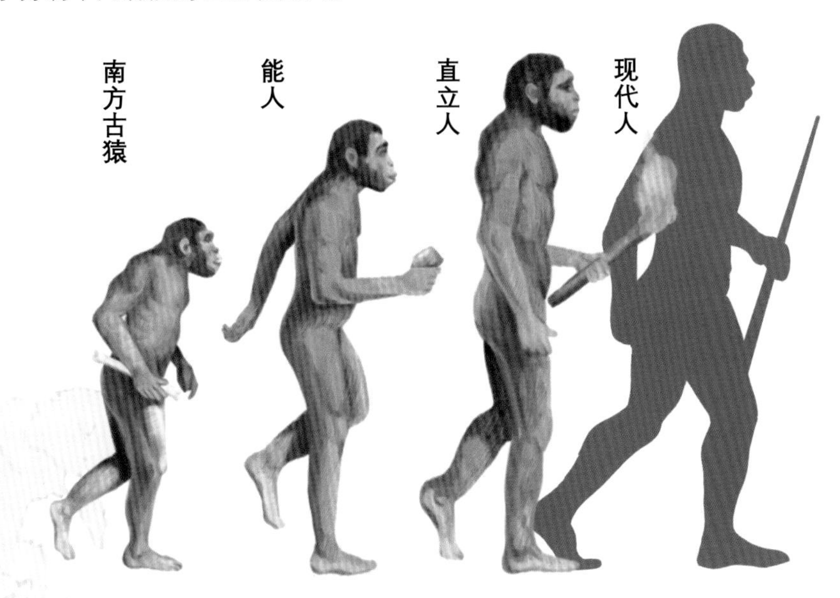

直立人被认为是第一种有效的持久性猎手，他们的运动耐力很强，而且在集体捕猎时会通过手势和叫喊声来实现合作。一项研究表明，非洲直立人可以在炎炎烈日不喝水的情况下持续捕猎约 6 小时，他们会不间断地追逐猎物，直至猎物累晕或者渴晕，这种狩猎方式是捕猎时的一种关键性策略。

集体捕猎

古人类学家在直立人的化石中找到了人类相互“关爱”的证据，那是一块在亚洲发现的头骨化石，这块头骨的主人是一位牙齿几乎掉光的老年人。要知道，在那个时期，牙齿不仅可以磨碎食物，还是很重要的武器，若是失去牙齿，他们很难独自存活，而这位老人在失去牙齿后依靠着同伴的照顾并没有很快死去。

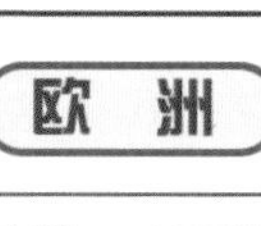

欧 洲

发现工具，150万年前
先驱人，约130万年前

直立人，约120万年前

高加索

发现工具，直立人
约177万年前

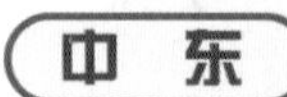

发现工具，200万年前

北 非

发现工具，240万年前

东 非

直立人，195万年前

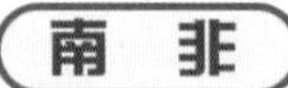

直立人，170万年前

直立人走出非洲

大约在700万年前的非洲，人类的祖先和猿类分道扬镳，开始向着智慧生物的方向进化。

石器和其他物品

人类遗骸化石

之后，南方古猿、能人和直立人等早期人类的足迹逐渐遍布到整个非洲。

可能是因为好奇心或食物短缺，一部分直立人开始勇敢地向欧亚大陆挺进，并逐渐适应草原、荒漠等各种环境。

他们通过石器和工艺品等活动遗迹以及遗骸化石等间接或直接地告诉如今的人们：“我们曾勇敢地走出了非洲！”。

在中国，直立人的化石最初是在北京附近的周口店地区发现，古人类学家将其命名为“猿人属北京种”，也就是我们常说的北京猿人，从1927~1937年，古人类学家在周口店发现了大量的北京猿人化石和他们制造的工具以及用火的活动证据等。

1963年古人类学家在陕西省发现了一位30多岁的女性头骨，经研究发现，她比北京人更古老，容貌也和猿类更相似，古人类学家将其命名为蓝田人，这位原始的居民和她的族人们共同生活在黄河流域附近。

1965年，古人类学家在云南元谋发现了两颗牙齿化石，牙齿的主人生活在约170万年前，被认为是目前在中国发现的最早的直立人牙齿，他们就是著名的元谋人。除此之外，在中国发现的直立人化石还有安徽和县人、湖北郧县人、南京汤山人和山东沂源人等。

海德堡人

Homo heidelbergensis

1907 年，古人类学家在德国海德堡地区发现了一块古人类的下颌骨化石，并根据发现地将其命名为海德堡人，之后在法国和希腊的一些地区也发现了海德堡人化石。

有关海德堡人是否只生活在欧洲和非洲，还是也生活在亚洲，这在古生物界仍是一个有争议性的问题。

海德堡人和现代人类头骨对比

海德堡人有着突出的眉骨，古人类学家认为这种奇特的眉骨结构可以帮助他们遮挡汗液，可眉骨却伴随着现代人逐渐增大的脑容量渐渐消失，难道人类的进化之路走向了下坡？显然不是，所以有些学者提出眉骨可能在社交方面还有着重要的作用。

生活时期

距今 70 万 ~20 万年

化石发现地

欧洲、亚洲

物种分类

灵长目

人科

早期海德堡人和匠人似的所使用的工具多是手斧，但他们的手斧品质在某种程度上更优质，做工更复杂。

其手斧制作过程大致可以分为四步：

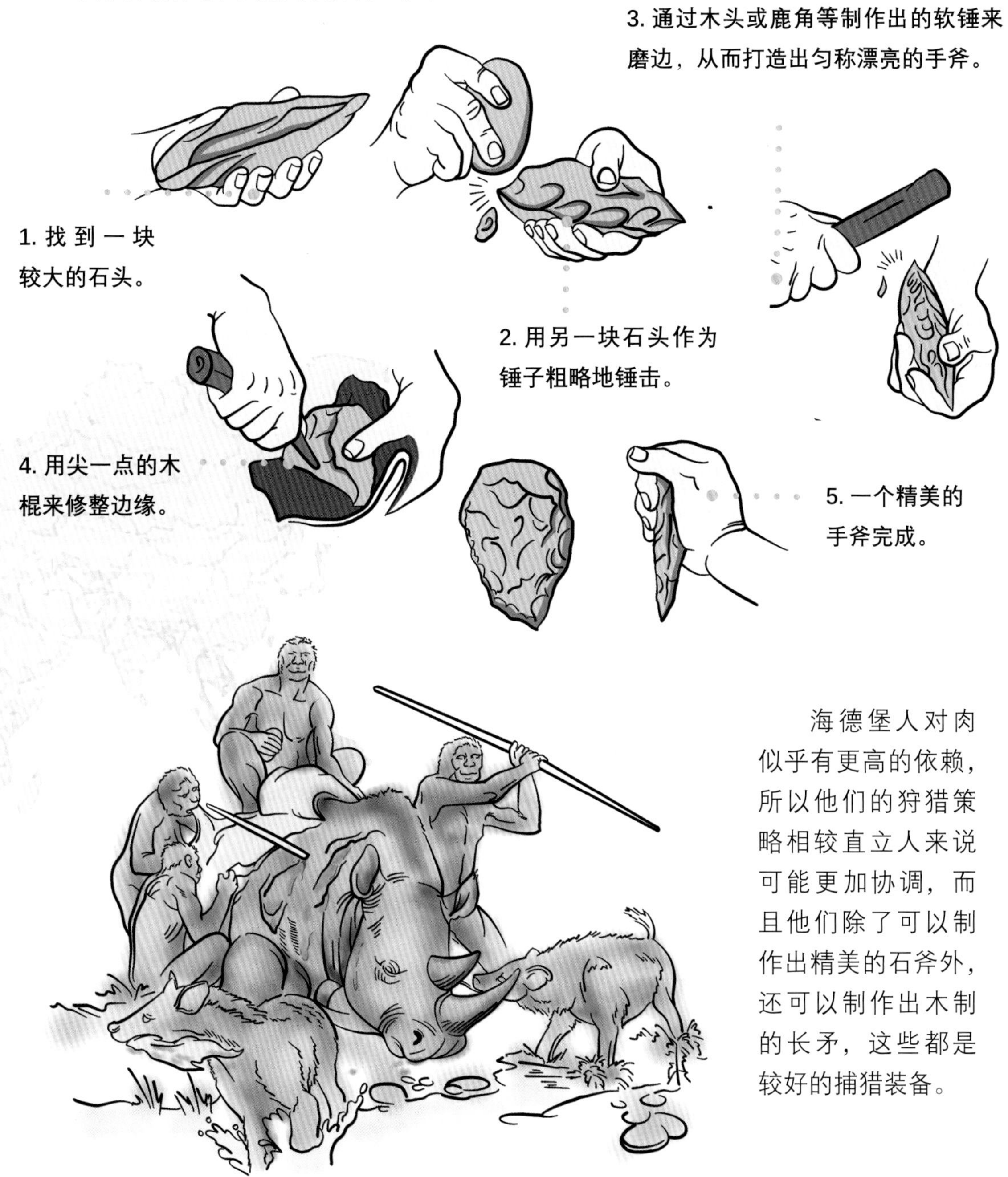

海德堡人对肉似乎有更高的依赖，所以他们的狩猎策略相较直立人来说可能更加协调，而且他们除了可以制作出精美的石斧外，还可以制作出木制的长矛，这些都是较好的捕猎装备。

在海德堡人生活的时期，古人类学家发现了确凿的古人类取火用火的证据。可能也正是因为最早学会了生火，才改变了他们的生活，从而也导致目前已知最早的肺结核病例就出现在海德堡人中，这可是一种死亡率极高的传染病。古人类学家推测海德堡人在生火时吸入了大量的污染物，从而使得肺部受损。

尼安德特人

Homo neanderthalensis

1856年，采石工人在德国的尼安德特山谷中发现了一些古人类化石，经古人类学家仔细研究后，以发现地将其命名为尼安德特人，简称尼人，他们可以称得上是旧石器时代的“文艺青年”，吃喝之余还会在动物的骨头上钻孔，制作出骨笛并开发出了音乐。

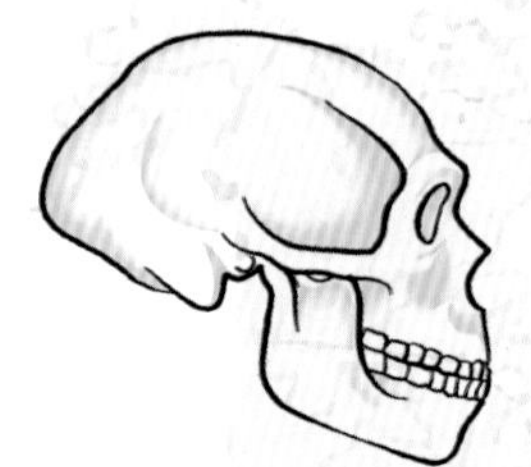

尼安德特人

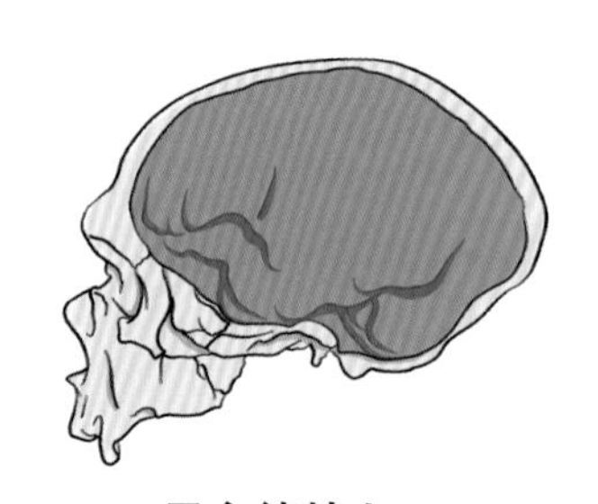

尼安德特人

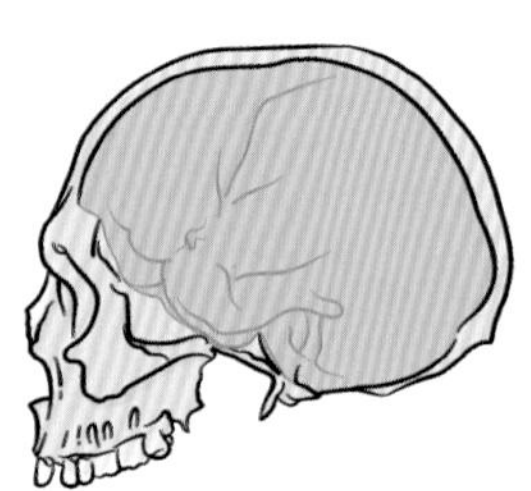

现代智人

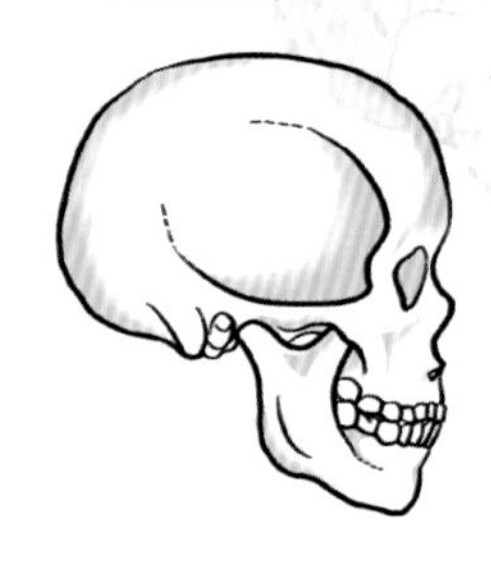

现代智人

尼人与现代智人相比有着突出的眉骨、嘴部和大鼻子，他们曾被认为是一种头脑简单的古人类，但事实却是他们的平均脑容量约为1450毫升，比许多现代智人还要大，但在约3万年前，尼人被智人取代，由此看来，只有大的脑容量还是远远不够的。

生活时期	化石发现地	物种分类
距今13万~3万年	欧洲、亚洲	灵长目 人科

尼人心灵手巧，在文化方面也比较进步，他们会采用一种被称为“莫斯特文化”的技术，通过木头、石头和骨骼来制造出一些尖锐的工具。尼人擅长制作“勒瓦娄瓦”石器，这是一种比较规整锋利的石器，堪称石器中的“瑞士军刀”。

勒瓦娄瓦的制作过程比较复杂，需要用鹅卵石打击石头，然后再从表面将石片剥离下来，就像一个不规则的乌龟壳似的，尼人通常还会将其绑在木头或动物的骨角上，形成一种杀伤力更大的武器。

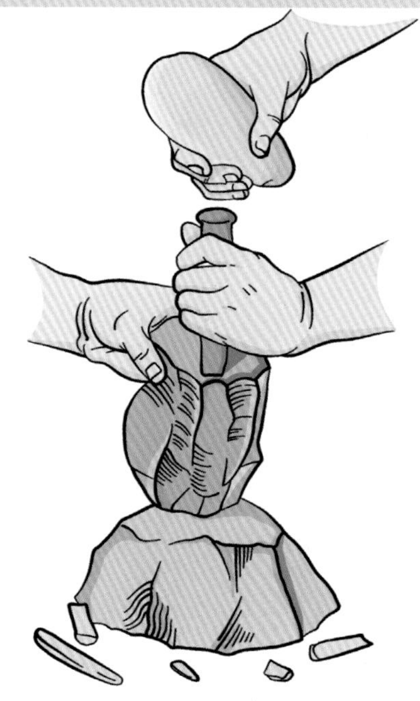

勒瓦娄瓦的制作

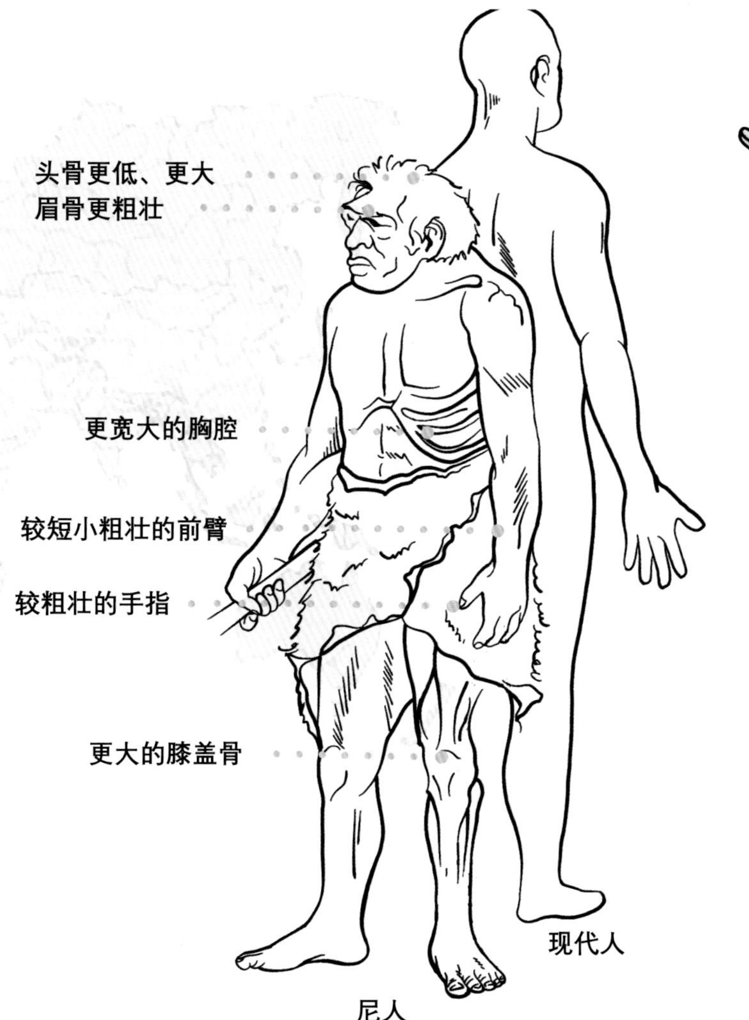

与现代人类相比，尼人的身材较矮，四肢粗壮，成年男性的身高约为1.6~1.7米，体重可达到83千克。他们有着宽大的肘关节和膝关节以及呈圆锥形的宽大胸腔，这些都是适应寒冷气候的解剖学特征。

根据最新的研究显示，尼人和现代人的祖先曾发生过多次基因交换，所以如今现代人（除非洲地区以外）的基因中至少保留了约1%~4%尼人的遗传信息。尼人身上掌握着白皮肤的配方，可以最大限度地接收阳光，合成人体所需的维生素，但他们的基因也可能增加我们出现抑郁、烟瘾和心脏病等健康问题的风险。

弗洛勒斯人

Homo floresiensis

相信看过《指环王》的你一定对里边矮小的霍比特人印象深刻，其实他们是虚构出来的人种。2003年，古人类学家在印度尼西亚的弗洛勒斯岛上发现了一群真实版的“小矮人”，他们的平均身高仅约 1 米，是现代人类的一半多一点。

古人类学家认为这些“小矮人”是一个全新的物种，所以将其命名为“弗洛勒斯人”，又因为他们的身材与霍比特人接近，所以称他们为“霍比特人”。弗洛勒斯人不仅长得矮，而且体重也很轻，仅约 16~29 千克。

现代女性　　弗洛勒斯人

生活时期	化石发现地	物种分类
距今 10 万 ~1.2 万年	印度尼西亚	灵长目 人科

复原出来的弗洛勒斯人和现代人的身体结构比较相似，但他们的眉骨比较凸出，而且没有下巴，最重要的是两者之间的脑容量差了很多。

弗洛勒斯人的脑容量特别小，约为436毫升，和南方古猿差不多，与现代人平均1490毫升的脑容量相比要小得多，但古人类学家却在发现弗洛勒斯人化石的地方找到了一些迷你的石质工具以及使用火烧煮食物的痕迹。

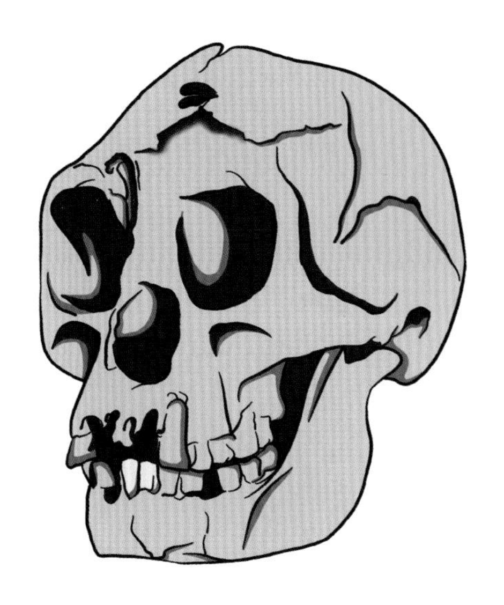

弗洛勒斯人的头骨

“放哨”

古人类学家在弗洛勒斯人化石的发现地附近还找到了一些其他生物的化石，如超级大的弗洛勒斯巨鼠、恐怖的巨蜥和身高可达1.8米的巨秃鹳等，还有较矮小的剑齿象。

巨鼠和剑齿象都是弗洛勒斯人的食物，但对于矮小的他们来说，剑齿象还是比较危险的，所以他们很可能会通过集体合作的方式来围捕幼年的剑齿象。

弗洛勒斯人是目前发现的身材最矮小的人类，古人类学家认为他们的祖先是一些直立人，因为某些原因来到了弗洛勒斯岛，但由于岛上的资源有限，所以他们的体形在演化过程中逐渐变小，一方面为了减少能量的消耗，另一方面为了适应当地湿热的气候，从而维持物种的延续。

中国发现的古人类

金牛山人

Homo Jinniushan

中国是世界上发现古人类遗址最多的国家之一，在这片广袤的大地上，曾孕育着许多早期人类。到目前为止，大约在 70 多个地方发现了早期的人类化石，如辽宁金牛山人、陕西大荔人、甘肃夏河人以及黑龙江龙人等。

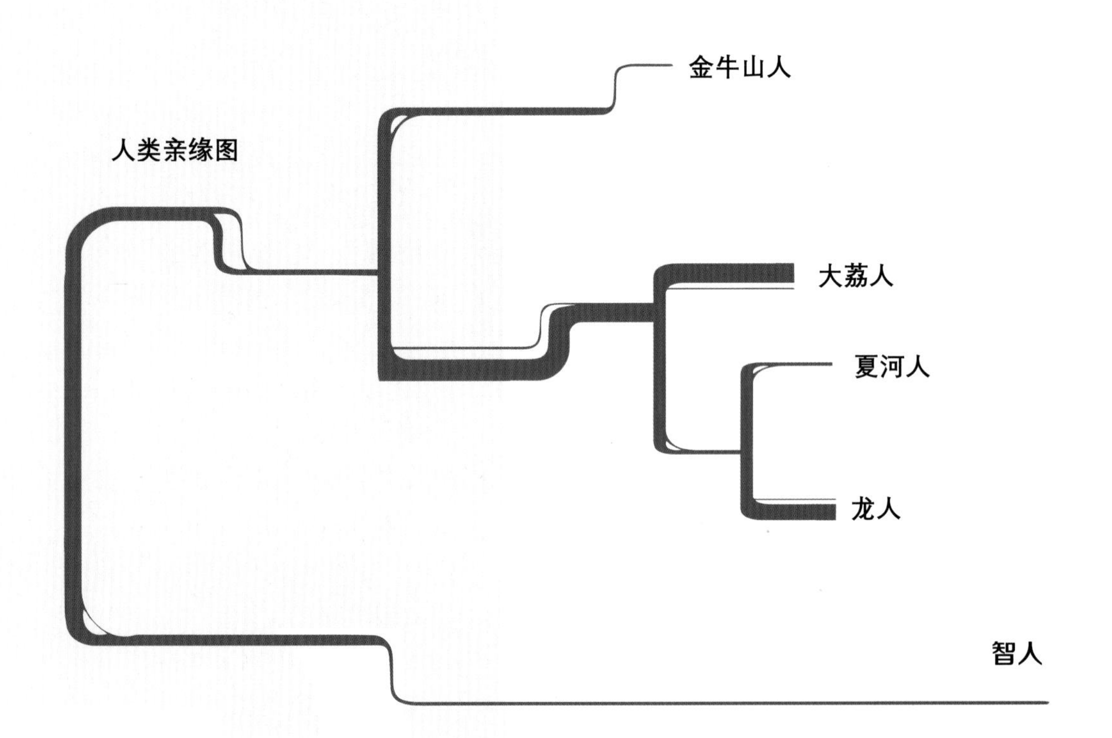

金牛山人是在 1984 年的一次联合考察中被发现，发现地是中国辽宁省营口市的金牛山遗址，研究人员不仅在这里发现了金牛山人的头骨化石，还有四肢骨和脊椎骨等，这些发现可以让我们穿越回 20 多万年前，了解到这些古人类的生活状态。

金牛山人生活在辽河流域，他们是那里的第一批居民。研究人员在金牛山人的发现地还发现了许多其他动物的化石、石器、灰烬、烧石和烧骨等，这些都足以说明他们已经掌握了如何使用火。

金牛山人

金牛山人处于直立人向早期智人的过渡阶段，所以他们的头骨结构既保留着一些直立人的原始特征，又有早期智人的特征。金牛山人的头骨硕大粗壮，化石长约 20 厘米，宽约 14.8 厘米，高约 12 厘米，其脑容量可达 1335 毫升，和现代人比较接近，而与同时代的北京人相比，他们的大脑更进步。

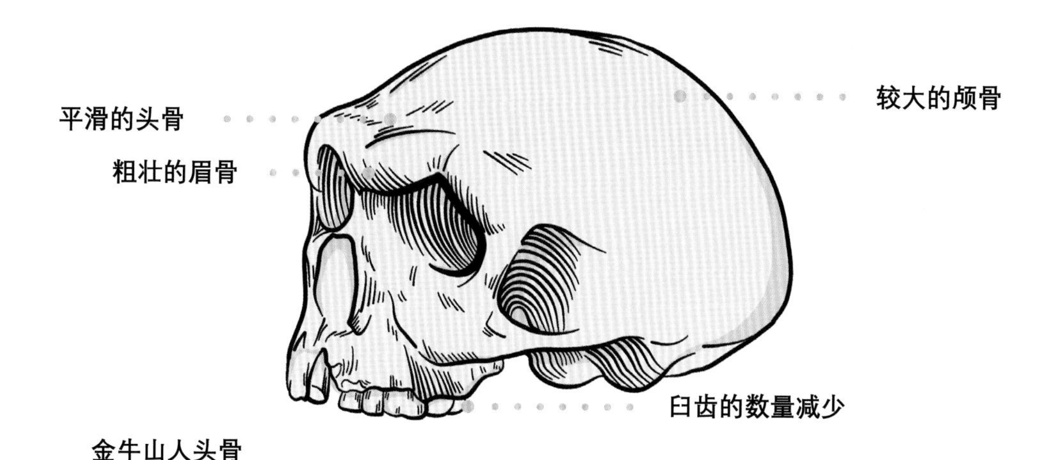

金牛山人头骨

研究人员在金牛山遗址中发现了非常丰富的金牛山人化石，而且化石保存得较为完整，这一发现填补并连接上了人类演化过程中缺失的重要一环。

大荔人

Homo daliensis

1978 年，陕西省水利局的一名员工在大荔县解放村发现了一个较为完整的古人类头骨化石，经古人类学家鉴定，这是一个大约生活在 20 万年前的新型的早期智人的头骨化石，所以根据其发现地将其命名为“大荔人”。

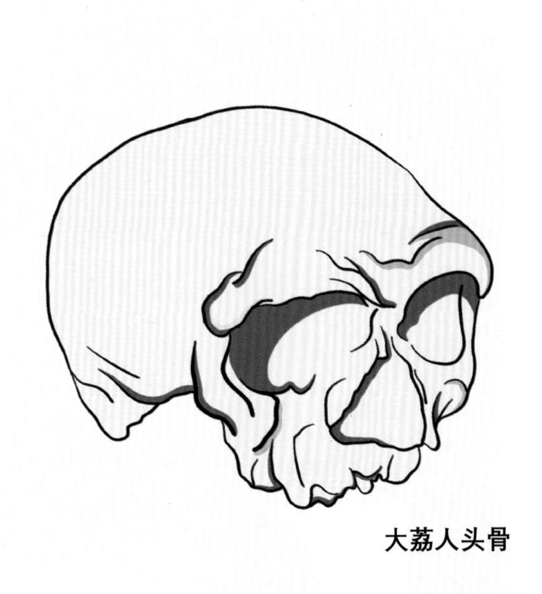

大荔人头骨

大荔人

这块头骨化石除下颌骨缺失外基本保存完好，其主人是一个不到 30 岁的成年男性，有着较矮的鼻梁，扁平的前额和粗壮的眉骨。

大荔人的脑容量约为 1120 毫升，他们和金牛山人一样既具有和北京猿人相似的原始特征，又具有智人的进步特征。

古人类学家在大荔人头骨的发现地又发现了许多石器，这些石器大多是由石英岩和燧石制成，他们会通过锤击的方法来加工石器，从而形成小巧的尖状石器等，主要用于刮削和切割，这是一种适应草原环境的工具。

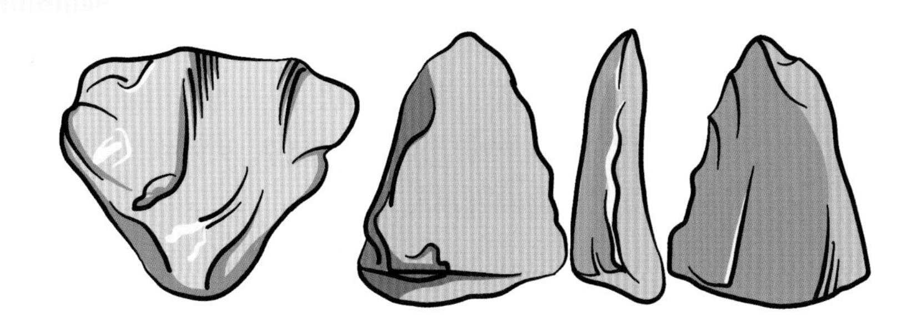

石器

在大荔人出土的地方，古人类学家还发现了许多动物的化石，如古菱齿象、野猪、鸵鸟、肿骨大角鹿、鲤鱼和蚌等，其中的肿骨大角鹿化石在北京猿人生活的洞中也有发现，由此表明大荔人和北京猿人生活的时代较为接近，但根据出土的植物孢粉来看，大荔人的生活环境可能比较干旱，不像北京人时期的温暖湿润。

大角鹿

大荔人头骨化石的发现填补了中国古人类演化过程中由蓝田人向丁村人过渡的空白，为研究渭北平原早期人类活动提供了重要线索。

龙人

Homo longi

1933 年，一块深藏于地下多时的头骨化石在中国黑龙江省哈尔滨市松花江附近重见天日，这块头骨化石的完整度非常高，但因为某些特殊的历史原因，这块化石一直没有被研究，直到 2018 年才被收藏在河北地质大学地球科学博物馆中。

研究人员发现这块头骨化石属于一个全新的已灭绝的古人类，并根据化石的发现地将其命名为龙人，该化石的主人生活在约 40 万 ~20 万年前，是一位 50 岁左右的男性。

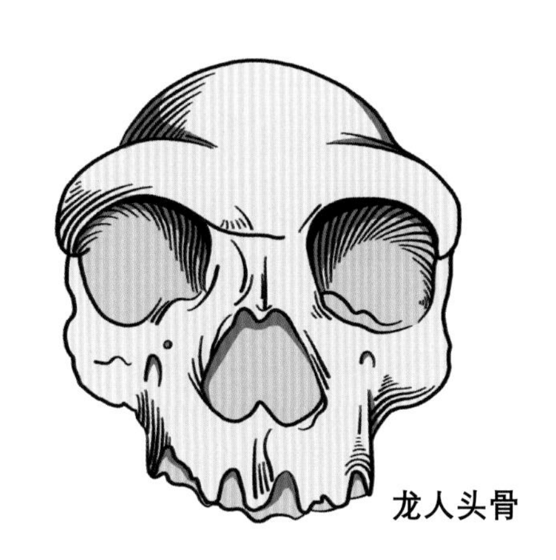

龙人头骨

龙人有着强壮的身体和聪明的大脑，可以适应恶劣的气候环境，虽然目前只发现了一块龙人的头骨化石，但 50 岁的高龄也足以证明他们有着强大的生存能力。而且经研究人员分析，这块头骨的主人曾生活在一个被森林覆盖的地方，他会捕食哺乳动物、鸟类和鱼类，甚至还会采集水果。

龙人的脑容量可达 1420 毫升，和智人比较相似，但他们有着粗壮的眉骨、方形的大眼窝、宽大的嘴巴和呈球形的鼻子，他们的嘴部向前微突，这些特征和在德国发现的海德堡人非常相似，所以龙人也被称为似海德堡人，他们可能是与我们人类亲缘关系最近的古人类。

丹尼索瓦人

Homo Denisovan

2008 年，研究人员在位于西伯利亚南部的丹尼索瓦洞中发现了一块古人类的骨骼化石，这块化石特别小，还不足 1 厘米，属于人类的一部分小拇指骨骼。

经过对该化石的 DNA 分析，研究人员发现这是一个新的古人种，所以根据化石发现地将其命名为丹尼索瓦人。

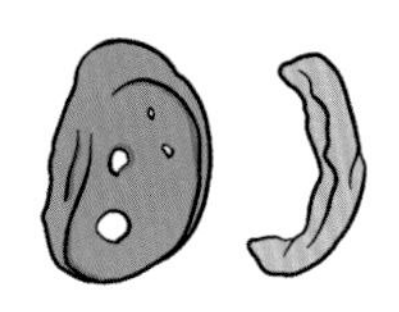

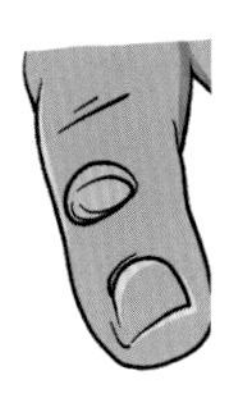

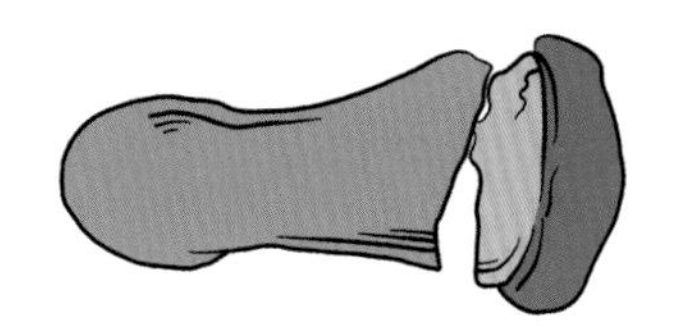

随后，研究人员在丹尼索瓦洞中又发现了一些丹尼索瓦人的牙齿化石和骨骼碎片，这些化石的尺寸都非常小，几乎用一个火柴盒就可以装下。

虽然所发现的化石数量较少，但幸运的是，几乎每块丹尼索瓦人化石中都可以提取出古 DNA，根据这些古 DNA，研究人员发现丹尼索瓦人和尼安德特人的亲缘关系十分紧密，而且还有着共同的祖先。

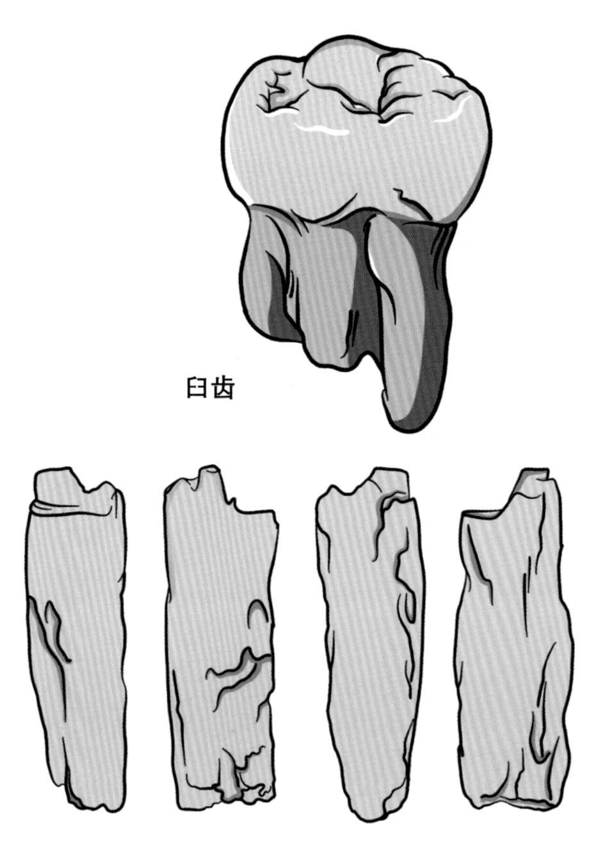

臼齿

手臂或腿部的骨骼碎片

2015 年，研究人员从一块骨骼碎片中发现了一位生活在约 10 万年前的女性，她有一位丹尼索瓦人的爸爸和一位尼安德特人的妈妈，是两种古人类的第一代混血儿，可见这两种古人类之间存在有基因交流，研究人员给这位举世瞩目的女性取名为丹妮。

研究人员在丹尼索瓦人的基因中还发现了一种高海拔环境适应基因，如今的大部分藏族人群体内就有这种基因，正是因为这种基因的存在，他们才不会出现高原反应。可是丹尼索瓦洞的海拔仅约 700 米，生活在其中的丹尼索瓦人为什么会携带高海拔环境适应基因呢？

这一困惑直到 2019 年才被解开。

研究人员在一块古人类的下颌骨中提取出了古蛋白，发现它保存了一种只有丹尼索瓦人才有的变异蛋白，所以鉴定这块下颌骨的主人是丹尼索瓦人。

其实这块下颌骨是在 1980 年由一位僧人在甘肃省夏河县白石崖溶洞修行的时候发现，上面还保留着两颗大牙，经几次辗转，才到了中科院的研究员手中，这是目前已知最早的生活在青藏高原上的古人类，也被称为夏河丹尼索瓦人，简称夏河人，这也是首次发现的在丹尼索瓦洞以外的丹尼索瓦人。通过对化石的检测分析，研究人员发现夏河人早在 16 万年前就已经登上了青藏高原并适应了那里高海拔缺氧的环境。

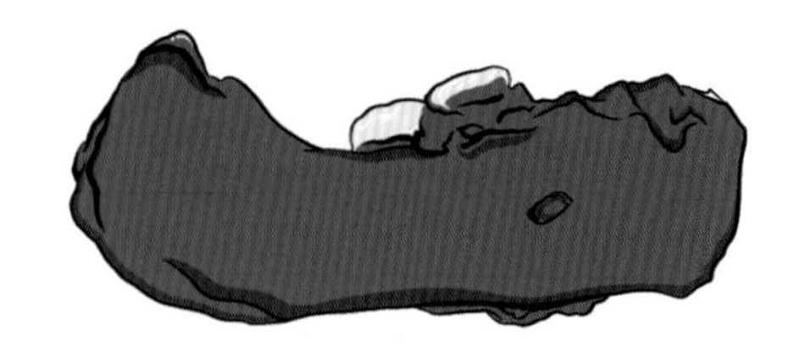

丹尼索瓦人的下颌骨

研究人员在白石崖溶洞中还发现了许多带有锋利边缘的石器，这些石器就像现代的刀似的，具有割、削和刮的功能。从这些石器和洞中发现的许多动物的骨骼化石，如羚羊、野牛和鬣狗等以及在动物骨骼上面发现的切割和砍砸的痕迹，可以判断出夏河人比较喜欢吃肉。

自研究人员发现了第一块丹尼索瓦人的骨骼以来，他们就一直在寻找有关这一古人类外貌的线索，但所发现的化石要么是比较小，要么是不够完整，所以只能通过其中所包含的遗传信息来推测他们的体质形态。

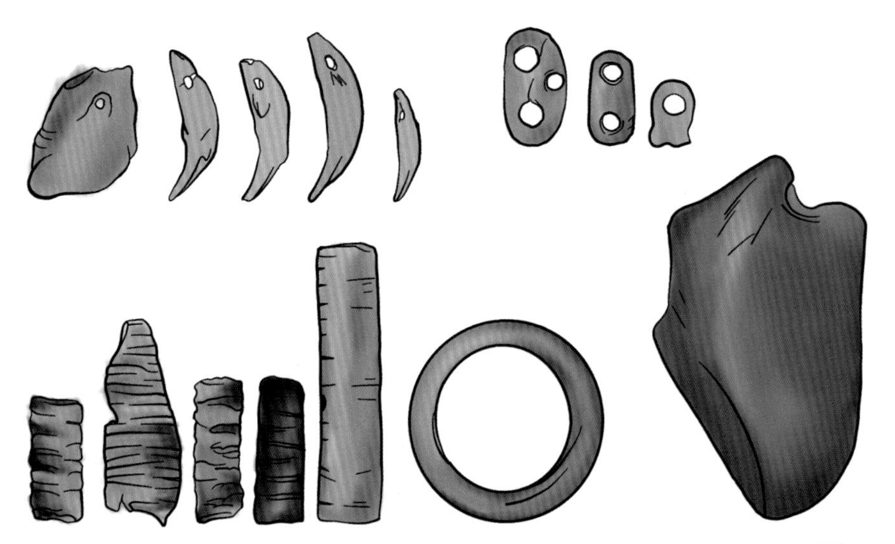

丹尼索瓦人的石器

遗传学家根据这些遗传信息为丹尼索瓦人画出了第一幅画像，一位长得和尼安德特人比较相似的年轻女性，她有着低矮的头骨和前额以及较宽阔的胸腔等特征但两种古人类在细微之处还是有一些差别，如较尼安德特人相比，丹尼索瓦人有着较窄的脸部和较小的肩胛骨等。

智人

Homo sapiens

智人意为有智慧的人类，也可以说是最成功的一类物种，我们现代人就是他们的后代，也是现存人科中唯一的代表。大约在几万年前，智人的足迹几乎遍布世界各地。

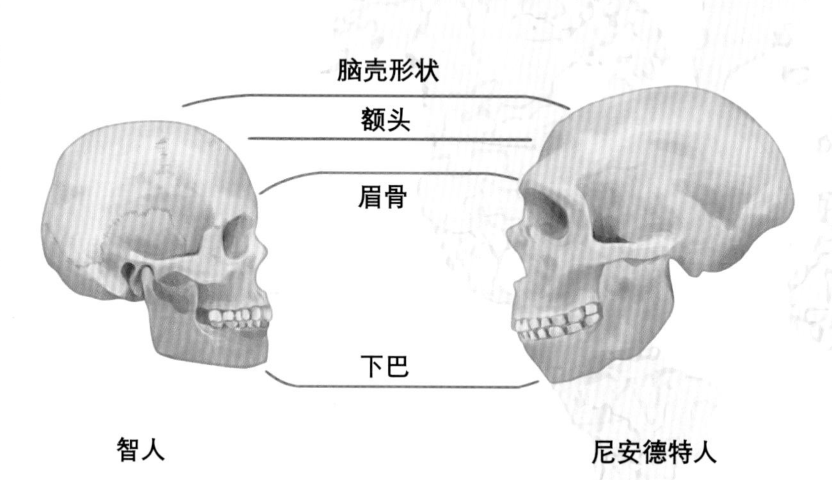

虽然现代人类被称为智慧物种，但我们的脑容量还不及尼安德特人大，仅约 1290~1600 毫升，而尼安德特人的脑容量可达 1750 毫升。除此之外，他们的头骨形状也有明显的不同，如现代人类的额头比较平滑，脑颅后端较短，有着独特的下巴等。

生活时期

距今 30 万年 ~ 至今

化石发现地

除南极洲以外的所有大陆

物种分类

灵长目

人科

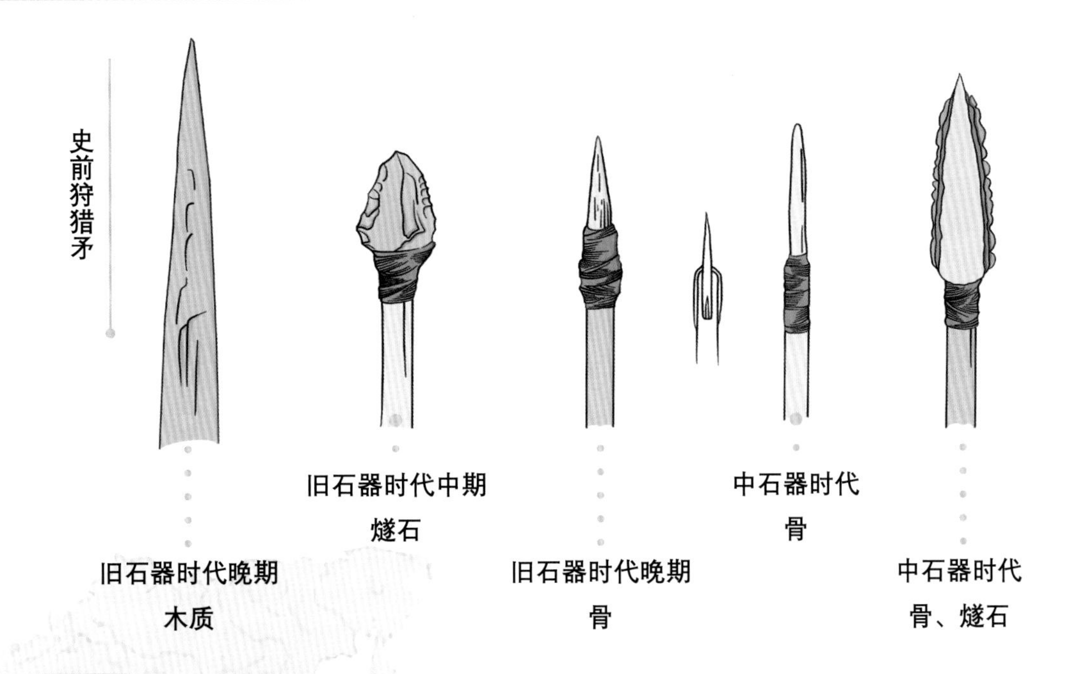

智人已经可以非常熟练的掌握生火、取火和用火的技能，他们不仅会烤熟食物，还会煮熟食物，并且为了更好的生活，他们会用不同的材质创造出许多复杂精细的工具，如尖状器、刀形器和雕刻器等，并在这些工具上加上把手和矛杆，从而增强捕猎的威力。研究人员在南非发现了一个 50 毫米左右的小石刀，可能是用来制作矛或箭等工具。

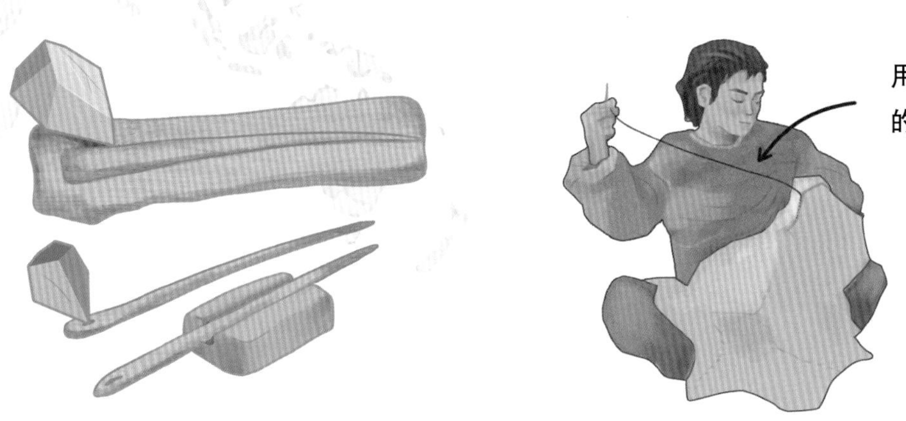

“针”的制作过程

智人会用兽皮做成御寒的衣服，并用针进行缝合。要知道，那时的针可不是买来的，而是纯手工打造。智人会先用石头将动物的骨骼削尖，再从较粗的一端钻出一个孔，这样一根针便完成了。

化石研究表明，智人与能人和海德堡人等早期的人类相比，他们是唯一具有下巴和智齿的人类，甚至连和智人有过基因交流的尼安德特人也没有下巴。古人类学家认为这一特征是因为智人可以熟练地运用火，不再需要用力地咀嚼，所以下颌骨逐渐变得又小又窄，从而出现了下巴这一结构。

有关智人登上历史舞台的时间一直在随着化石的发现而更新，根据原先的化石证据表明，智人最早出现在 20 万年前的非洲，但古人类学家在摩洛哥找到了一些生活在 31.5 万年前的古人类化石，这是目前发现的最古老的智人遗骸。

智人会将一块长而薄的石片连接在木头或石头的凹槽上，制作出一种方便投射的武器，比起手持的武器，这种武器降低了他们受伤的风险。而且他们还会将这些技术传授给自己的子孙后代。

智人的文明和他们所使用的工具都在随着时间的演化变得越来越进步，虽然生存时间较早的一些智人懂得了制作方便投射的武器，但这些工具在使用方面还是有一定的限制。

古人类学家在非洲发现了一些大约在29.8万~32万年前的辅助投掷的工具，凭借着这样的工具，他们就可以捕捉到较危险或者防守性较强的猎物。

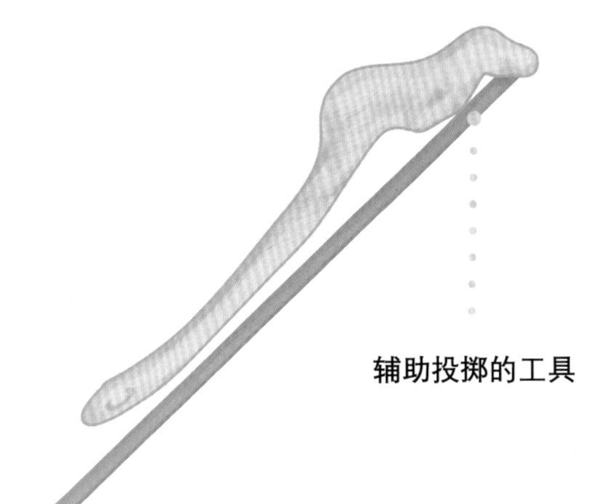

辅助投掷的工具

早在14万~7万年前，河套人就已在内蒙古鄂尔多斯萨拉乌苏河流域附近开始繁衍生息，主要以打渔、捕猎和采集为生，他们会通过集体捕猎的方式来捕获体形较大的动物，如大角鹿等。

在地球历史上的大部分时间里，智人都和其他人种共同生活在这个世界上，并与多个人种发生基因交流，其中还包括一些到目前为止我们还不知道其身份的人种。随着时间的流逝，这些人种渐渐消失，最终只剩下智人。由于地理位置和气候环境的差异，现在的智人形成了四个不同的人亚种，即白种人、黑种人、黄种人和棕种人。

智人起源的两种假说

非洲起源说

我们从哪里来，到哪里去，这是一个亘古难题，但我们从未停止过对于自身起源的探寻。20世纪80年代以来，学术界对于现代人类的起源一直存在着争论，主要包括非洲起源说和多地起源说。

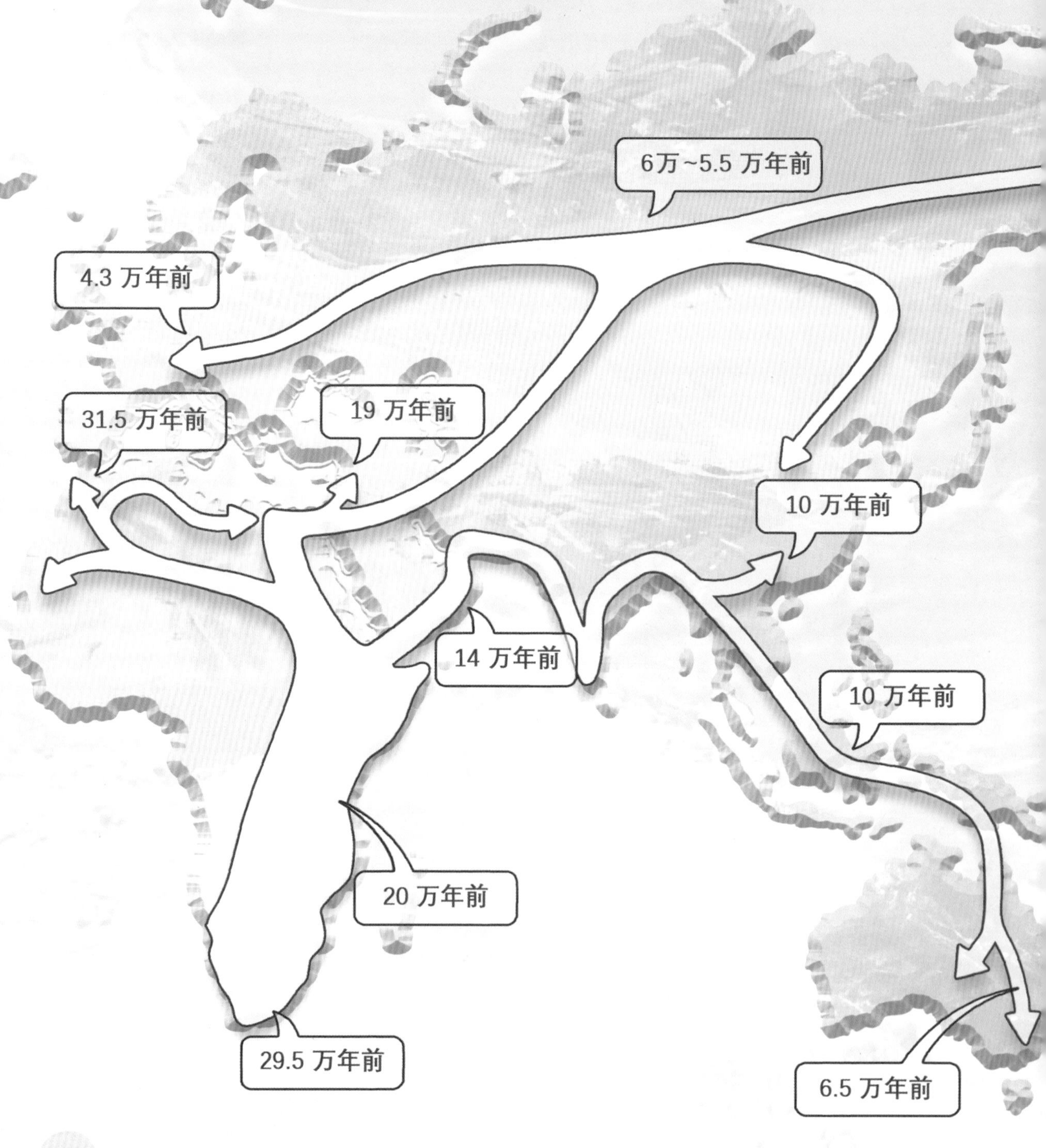

非洲起源说指的是在200多万年前，生活在非洲地区的直立人是所有现代人类的共同祖先，他们走出非洲后不断迁徙，最终遍布全球。

非洲起源说强调非洲是现代人类的唯一起源地，然后他们向外迁徙扩散并逐渐取代当地人群。

多地起源说

多地起源说认为现代人类有多个起源地，即亚、欧、非等地的现代人类都是由生活在当地的早期智人甚至直立人演化而来，他们通过适应不同的环境，再加上与其他区域人类的基因交流，最终演化为现在的我们。多地起源说强调进化是连续的，其间并未发生过大规模外来人群对当地人族的取代。

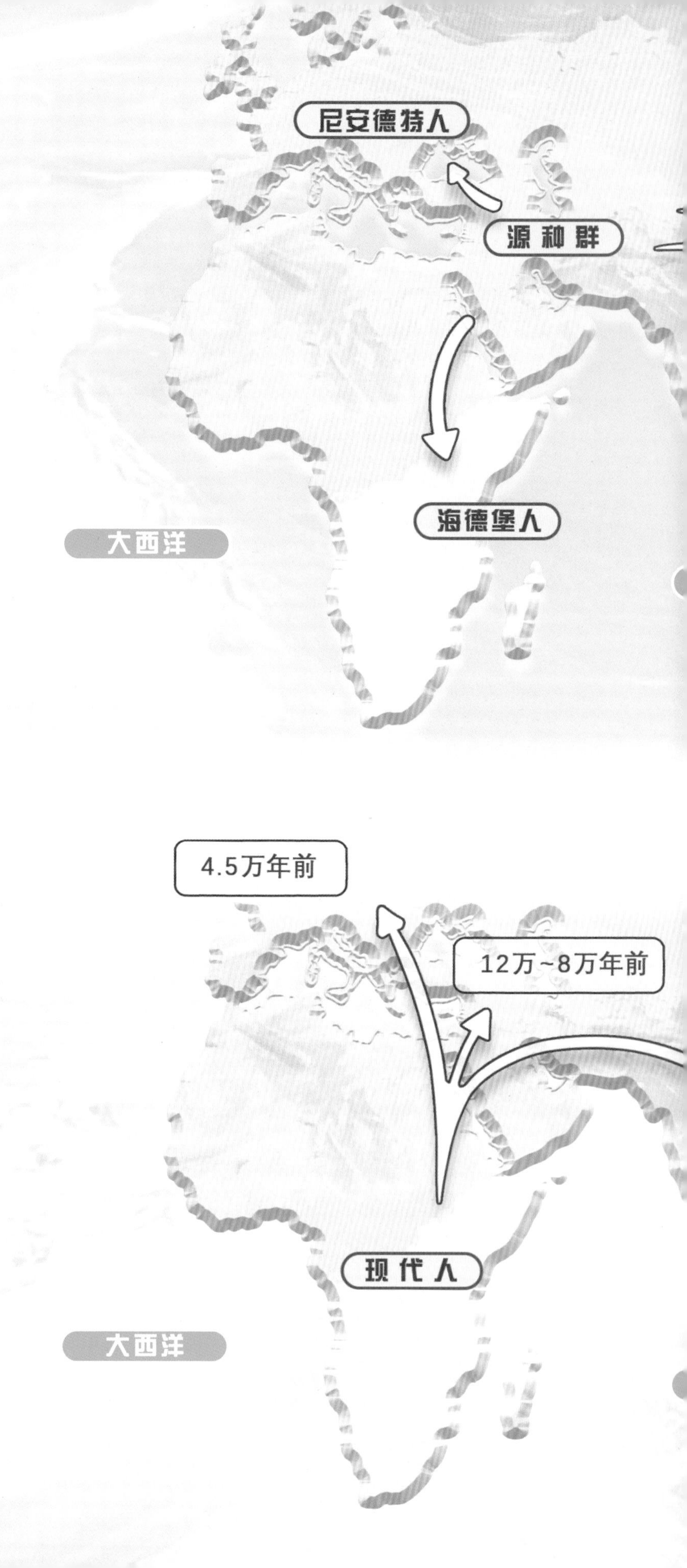

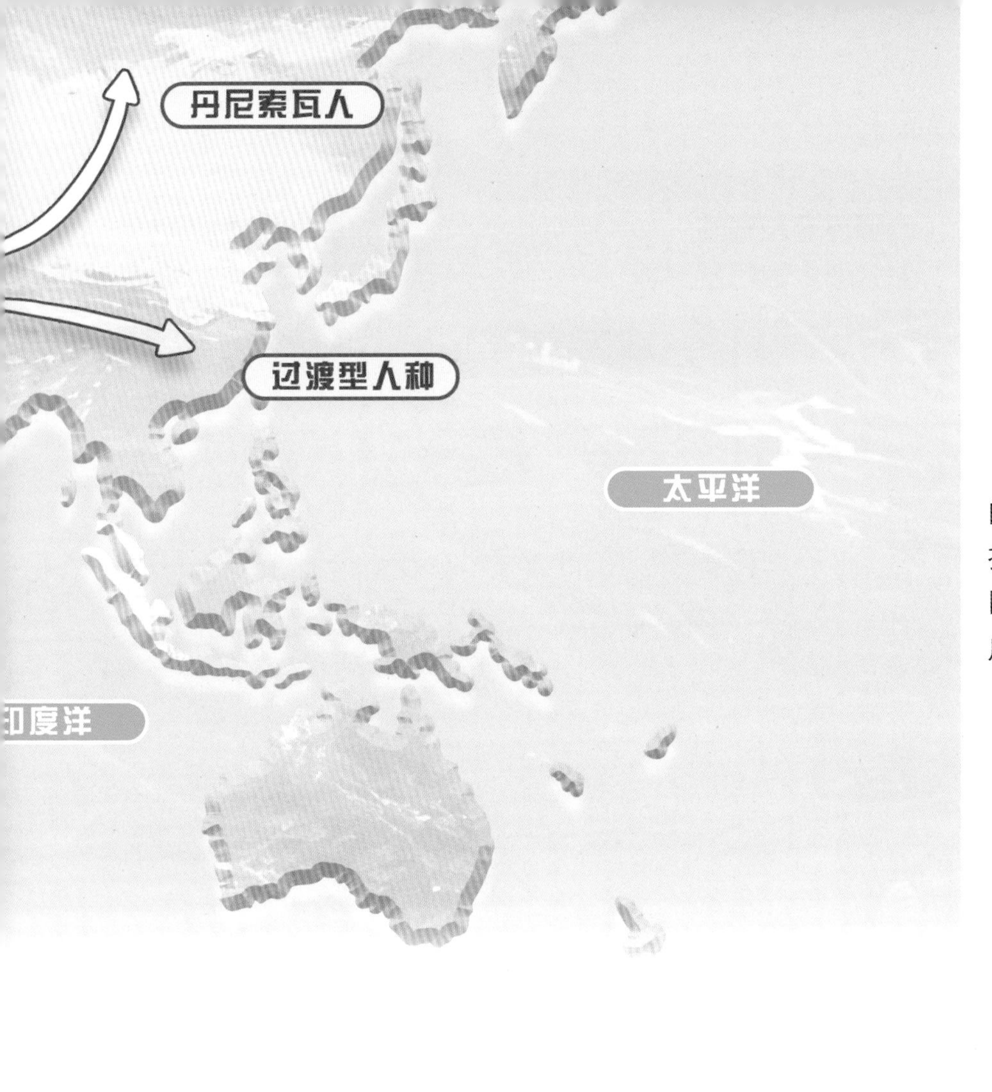

生活在中东地区的直立人的后代逐渐扩散至欧洲和东亚地区，并在非洲地区形成了海德堡人。

现代人类由生活在非洲的海德堡人或者起源于中东地区的另一个人族进化而来，他们经多次迁徙后扩散到欧亚地区。

自古人类学家在20世纪初的内蒙古首次发现河套人的化石以来，我国又在许多地方陆续发现了各种古人类的化石，如北京周口店的山顶洞人、山西丁村人和许家窑人等，他们已经懂得如何使用火，而且还会用兽皮制成衣服。

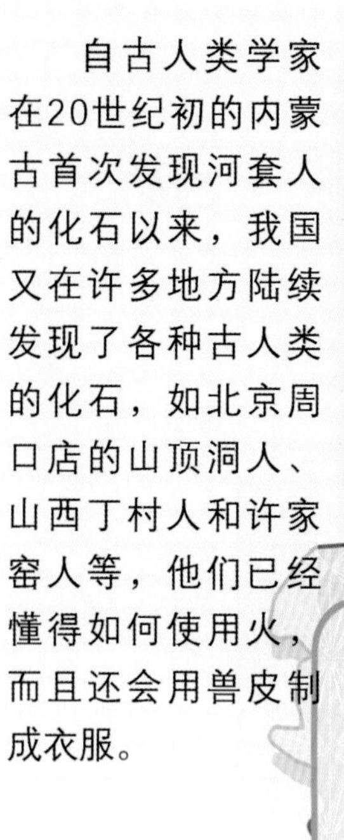

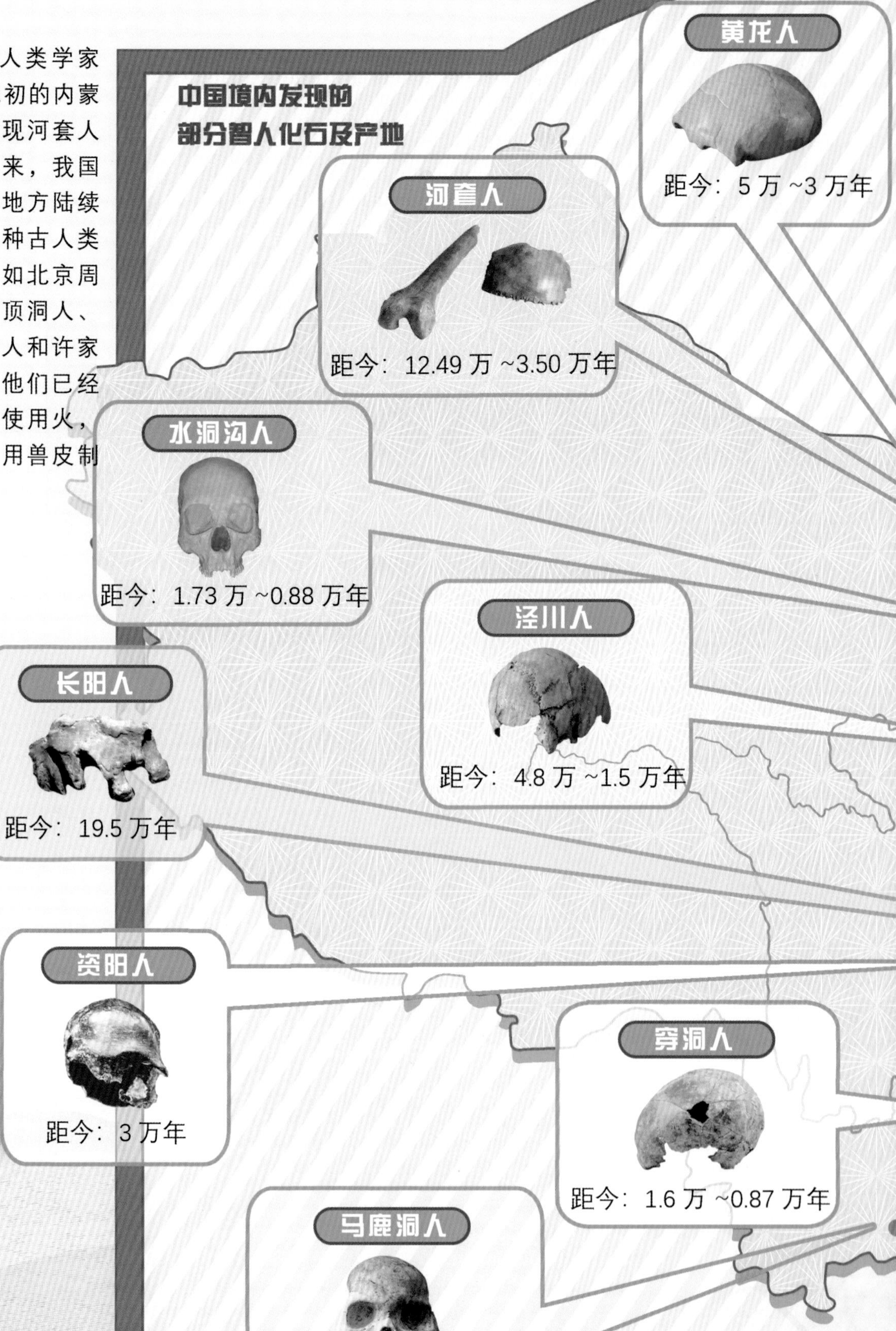

丁村人和许家窑人都会制造精细的石器，古人类学家在许家窑人的发现地找到了约1.4万件石器，如石球、石钻和雕刻器等。

生活在晚期的山顶洞人已经有了爱美之心和丰富的情感世界，古人类学家在其发现地找到了许多装饰品化石，如穿孔的兽牙和石珠等，并在他们的死者附近发现了红色的赤铁矿粉末，这是埋葬死者的标志。

旧石器时代早期

人类的历史可以分为石器时代、青铜器时代和铁器时代，而石器时代大约始于300万~250万年前，是早期人类以石头作为使用工具的时代。

随着时代的变化，人们制作出的石器越来越精细，而根据石器的精细程度又可以将其分为旧石器时代和新石器时代。

旧石器时代的时间跨度长达200多万年，人类在这段漫长的岁月中发生了很多重大的变化，按照时间划分又可以将旧石器时代分为旧石器时代早期、中期和晚期。

早期大约是距今300万~25万年前，这是人类历史的开端，像能人的奥杜威文化、匠人的阿舍利文化、北京人文化和元谋人文化等都是这一时期的代表。生活在这一时期的人类虽然可以制造工具，但都比较简单粗糙。

旧石器时代中期的时间大约是25万~3万年前，这一时期，人类的身体结构与南方古猿和能人等早期人类相比已经发生了较大的转变。他们已经有了明确的分工，可以制作出更复杂并且形状固定的工具，像尼安德特人的莫斯特文化，大荔人文化、丁村人文化等都是这一时期的典型代表。

尼安德特人不仅会人工取火，还会用木头、石头和骨骼等材料制造出精致的矛和手斧等工具，他们心灵手巧，主要生活在用动物毛皮制作的帐篷或洞穴中。

在审美方面，尼安德特人不仅会用骨头制作笛子，还会在各种物体表面进行雕刻创作，虽然这些艺术作品还不太成熟，但也是当时人们的审美和思想情感的体现方式。与此同时，他们还走在了时尚的前沿，制衣、编绳、做饰品等统统都不在话下。

更不可思议的是，尼安德特人还会为死者举行葬礼，古生物学家发现了一处墓穴，已逝老人的旁边还有花朵和松枝。

旧石器时代晚期

旧石器时代晚期的时间大约是3万~1万年前，生活在这一时期的人类和现代人长得差不多，而且寿命也更长，或许这样他们就有更充足的时间去把复杂的文化知识传授给后代，像萨拉乌苏文化和山顶洞人文化都是这一时期的典型代表。

如果说尼安德特人是石器时代的艺术家，那么生活在这一时期的智人便将人类的艺术水平推向了登峰造极的地步。他们不仅会在一些生活用具以及武器上刻上一些装饰图案，还会用天然的红土、黄土和氧化铁等制作成颜料，再用手指、木头或马毛等将马、鹿和野牛等动物画在岩壁上，而且刻画得惟妙惟肖。

生活在旧石器时代晚期的人类与尼安德特人相似，喜欢用项链、吊坠和手链等做装饰，而且还会在衣服上加一些装饰。他们在埋葬逝者的时候也会把饰品、工具等多种物品一起放在墓穴中陪葬。

新石器时代

新石器时代大约是从公元前一万年开始，并在距今约7000~2000多年结束，生活在这一时期的人们不再用打制法来制作石器，而是发展出了穿孔、切割、磨制和雕刻等技术，从而造出更精细的磨制石器。

新石器时代的人们已经懂得通过将狩猎所得的动物饲养起来或者驯化它们以及种植农作物等方式来满足自己的生活需求。如生活在中东地区的人们发明出了一种叫作“刀耕火种”的生活方式，也就是将森林中的大树砍下来后，并用腐烂的树叶和烧成灰烬的树干来施肥。

为了实现这种与众不同的生活方式，他们需要一个先进的工具“三件套”，即可以翻地的锄头、可以收割作物的镰刀以及可以砍树的斧头。在新石器时代的晚期，当时的人类还发明出了犁和轮子等更加便利的工具。

新石器时代的人类还学会了制作陶器，尤其在晚期的时候，人们开始建造窑和炉，这样就可以给陶器上釉，从而制作出较为密封的容器，可以防止液体漏掉或蒸发。这样，人们就有了可以盛放各种物体的器皿。

除此之外，他们还会建造房屋，虽然生活在不同地区的人们会选用不同的建筑材料，但都很坚固并且宽敞，房子里面还会有隔板和壁橱，一般情况下，房子的中间会有一个火堆，不仅可以取暖还可以用来照明。

慢慢地，随着社会的发展，人类对大脑的开发程度也越来越高，他们创造出了许多闻所未闻的事物，比如可以让你不出门就知天下事的互联网，就这样，人类逐渐走到了进化之路的前端。

人类演化简史
Homo sapiens 是我们现代人类共同的名字，意为“ 有智慧的人 ”，可是回望历史长河，还有许多“ 人类 ”也曾生活在这个地球上，如目前发现的最古老的人科化石——撒海尔人；被称为人类祖母的“ 露西 ”；巧手的能人，生存时间较长的直立人；可以生火做饭的海德堡人以及智人等。
撒海尔人
能 人
直立人
尼安德特人
智 人

如果将人类这段漫长的演化过程压缩成为一天的话，智人大约出现在23点59分。其实在这最后一分钟的前半秒，智人一点都不起眼，随时都可能被淹没在时代的洪流，但之后智人披荆斩棘，几乎占领了整个地球，他们的后代通过科学改变了地球的全貌，创造出了飞机、轮船和汽车等，并在艺术、诗歌和文学等方面有了很高的成就，智人的文明火种仿佛在一刹那间被点亮，照亮我们赖以生存的地球，并一直延伸到整个太阳系，甚至宇宙。

通往人类的征途

01

盘龙类（异齿龙）

生存于二叠纪
2.95亿~2.7亿年前

异齿龙的身长可达3.5米，是当时的顶级猎食者。它们有着高大的背帆，或许可以用来调节体温。

异齿龙

03

兽孔目（三尖叉齿兽）

生存于三叠纪
2.51亿~2.2亿年前

三尖叉齿兽的身材矮小，但牙齿锋利，是一种肉食性动物。

三尖叉齿兽

摩根齿兽

哺乳型类

04

摩根齿兽目（摩根齿兽）

生存于三叠纪
最早出现在2.5亿年前

摩根齿兽的腹肋退化，从而为腰椎提供了更大的活动空间，使得它们可以在洞穴中灵活穿梭。

02 兽孔类（巴莫鳄类）

生存于二叠纪
约2.67亿年前

巴莫鳄类的肩膀和四肢等结构较为进步，它们的四肢比较对称，或许可以迈着大步前进。

巴莫鳄类

05 哺乳型类 巨颅兽属（吴氏巨颅兽）

生存于侏罗纪
约1.95亿年前

吴氏巨颅兽已经具有哺乳动物的下颚关节，这在哺乳型类动物中并不常见。

06 哺乳型类 柱齿兽目（微小柱齿兽）

生存于侏罗纪晚期
1.5亿~1.45亿年前

微小柱齿兽是目前最早具有哺乳类舌骨结构的物种。

吴氏巨颅兽

微小柱齿兽

07

哺乳型类

真三尖齿兽目 爬兽科（巨爬兽）

生存于白垩纪
1.25亿~1.23亿年前

巨爬兽是目前已知体形最大的生活在中生代的哺乳动物，古生物学家在它的胃部发现了鹦鹉嘴龙幼体的残骸。

巨爬兽

08

哺乳型类

多瘤齿兽目 始俊兽科（盖氏热河俊兽）

生存于白垩纪
约1.2亿年前

盖氏热河俊兽保存了完整的中耳结构，这一发现让我们对哺乳动物中耳结构的演化有了更清晰的认识。

盖氏热河俊兽

兽亚纲 真兽类（中华侏罗兽）

09

生存于侏罗纪
距今约1.6亿年

中华侏罗兽是迄今为止最古老的真兽类动物化石，它的发现将白垩纪真兽类的化石记录向前推进了3500万年。

中华侏罗兽

11

灵长总目 近兔猴形目（麦氏普尔加托里猴）

生存于白垩纪
距今约 6600万年前

麦氏普尔加托里猴证明了最早的灵长类动物在恐龙还没有灭绝之前就已经出现。

麦氏普尔加托里猴

10

兽亚纲 真兽类（攀援始祖兽）

生存于白垩纪
约1.25亿年前

始祖兽具有上耻骨，而现生动物中除了有胎盘类，其他的哺乳动物都没有这块骨头。

攀援始祖兽

12

灵长目 人科 撒海尔人

生活于距今约700万年前

撒海尔人被称为最古老的人属祖先，它们可能是人类及黑猩猩的最近共同祖先。

13

灵长目 人科 南方古猿

生存于距今410万年前

根据南方古猿的骨骼结构发现，他们已能可以直立行走。

14

灵长目 人科 能人

生存于距今240万~150万年

能人已经具备使用工具的能力，甚至还可能会搭建简单的住所。

撒海尔人

南方古猿

能人

15

灵长目 人科 直立人

生存于距今190 万~20万年前

直立人已经可以制造复杂的工具，他们以采集、捕鱼和狩猎为生，并且学会了保存火种。

16

灵长目 人科 智人

生存于距今30万年~至今

智人的脑容量较大，约1290~1600毫升，他们已经掌握了对火的运用，而且在艺术方面也有一定的造诣。

直立人

智人

参考书目

1. 戎嘉余．生物演化与环境．中国科学技术大学出版社，2018.

2. 张向东．化石记：热河生物群与燕辽生物群古生物发现与研究．天津科学技术出版社，2021.

3. 胡杰，胡锦矗．哺乳动物学．科学出版社，2017.

4. M.J. 本顿（Michael J.Benton）．古脊椎动物学．董为，译．科学出版社，2017.

5. 孟津，王元青，李传夔．中国古脊椎动物志．第 3 卷．基干下孔类、哺乳类．第 1 册．科学出版社，2015.

6. 孟津，王元青，李传夔．中国古脊椎动物志．第 3 卷．基干下孔类、哺乳类．第 2 册．科学出版社，2015.

7. 李锦玲，刘俊．中国古脊椎动物志．第 3 卷．基干下孔类、哺乳类．第 3 册．科学出版社，2015.

8. 唐纳德・R. 普罗瑟罗．普林斯顿古兽大图鉴．邢立达，陈瑜，惠俊博，译．湖南科学技术出版社，2021.

9. 舒柯文，王原，楚步澜．证程：从鱼到人的生命之旅．科学普及出版社，2017.

10. 王原，吴飞翔，金海月．证据：90 载化石传奇．中国科学技术出版社，2019.

11. 约翰・亚瑟・汤姆森．动物生活史．胡学亮，译．岳麓书社，2021.

12. 理查德・穆迪，安德烈・茹拉夫列夫，杜戈尔・迪克逊，伊恩・詹金斯．地球生命的历程．王烁，王璐，译．人民邮电出版社，2021.

13. 戎嘉余等．化石密语．江苏凤凰科学技术出版社，2022.